Der Ursprung
der modernen Wissenschaften

Der Ursprung der modernen Wissenschaften

Studien zur Entstehung wissenschaftlicher Disziplinen

Herausgegeben von
Martin Guntau und Hubert Laitko

Akademie-Verlag Berlin
1987

ISBN 3-05-000 192-5

Erschienen im Akademie-Verlag Berlin, DDR - 1086 Berlin, Leipziger Str. 3—4

Lizenznummer: 202 · 100/30/87
Printed in the German Democratic Republic
Gesamtherstellung: VEB Druckerei „Gottfried Wilhelm Leibniz",
4450 Gräfenhainichen · 6580
Umschlaggestaltung: Angelika Schulze
LSV 0155
Bestellnummer: 754 444 3 (6869)

03200

Inhalt

Technikwissenschaften

Humanwissenschaften

Einleitung

„Vom Standpunkt der marxistischen Geschichtswissenschaft hat die Historiographie nicht das Endziel, Tatbestände der Vergangenheit bloß zu inventarisieren" – vor allem gilt es, „aus ihnen Schlußfolgerungen zu ziehen, um die Lehren der Vergangenheit für die Gestaltung von Gegenwart und Zukunft nutzbar zu machen".[1] Um dieser Forderung zu entsprechen, der sich marxistisch-leninistische wissenschaftshistorische Forschung verpflichtet fühlt, bedarf es leistungsfähiger Kategorien, die es im methodologischen Instrumentarium des Historikers erleichtern, Vergangenheit, Gegenwart und Zukunft zueinander in Beziehung zu setzen. Wenn solche Kategorien bewußt in die Thematik wissenschaftshistorischer Untersuchungen übernommen werden, dann soll damit nicht der bewährte Methodenfundus des Historikers beiseite gelegt oder die Wissenschaftsgeschichte der Wissenschaftstheorie untergeordnet werden. Die Ausarbeitung grundlegender Begriffe und Vorstellungen erfolgt vielmehr in der Absicht, diesen Fundus heuristisch zu bereichern und gedankliche Brücken zwischen der Erforschung der wissenschaftlichen Vergangenheit, der Untersuchung der wissenschaftlichen Gegenwart sowie den Erfahrungen und Bedürfnissen der praktischen Leitung der Wissenschaft zu schlagen. Die wissenschaftshistorische Forschung wird dazu angeregt, bei der Exploration der Vergangenheit nach bestimmten Strukturen zu suchen und gleichzeitig zu prüfen, ob nicht auch das bereits erschlossene geschichtliche Material, wenngleich es nach anderen Rubriken geordnet ist, diese Strukturen in sich trägt. Dabei bleibt vorausgesetzt, daß uns die Geschichte wohl Anregung und auch Anleitung zum Nachdenken über gegenwärtiges Handeln geben kann, niemals aber Algorithmen des Erfolges, die nur noch mechanisch abzuarbeiten wären, um die Zukunft zu meistern.

Zweifellos ist der Begriff der wissenschaftlichen Disziplin eine jener Kategorien, die den Brückenschlag zwischen Vergangenheit und Gegenwart, zwischen Geschichte und Theorie, zwischen Reflexion und Handeln ermöglichen. Die Wissenschaft war früher disziplinär geordnet[2], und sie ist es auch heute, wenn-

1 H. Wußing, Vorlesungen zur Geschichte der Mathematik, Berlin 1979, S. 20.

2 Wie dieses „früher" aber näher bestimmt werden soll, ist durchaus kontrovers. Einige Autoren schreiben der Wissenschaft seit ihrem Entstehen disziplinäre Gliederung zu, andere meinen,

gleich das faktisch vorhandene Muster der Disziplinen einer hohen Dynamik unterliegt. Es bedarf keiner expliziten Argumente, um plausibel zu machen, daß die Leistungsfähigkeit unseres Wissenschaftssystems in erheblichem Maße davon bestimmt wird, nach welchen Prioritäten die verfügbaren Ressourcen auf die vorhandenen Disziplinen verteilt werden, wann und wie neue Disziplinen institutionalisiert werden, ob für bestimmte neue Disziplinen in unserem Hochschulwesen spezifische Grund- oder Spezialstudienrichtungen eingeführt werden usw. Doch was ist nun eigentlich eine Disziplin? Was Petrolchemie und Molekulargenetik, strukturelle Linguistik oder Ernährungssoziologie ist, das kann man jederzeit aus Übersichtsartikeln und mitunter auch aus anspruchsvollen theoretischen Reflexionen über die qualitative Eigenart des jeweiligen Gebietes erfahren; aber davon, wie eine Disziplin (als ein spezifisches Gebilde innerhalb der Gesamtwissenschaft) oder wie Disziplinarität (als Eigenschaft oder Zustand) bestimmt werden soll, schweigen selbst die philosophischen Wörterbücher und Enzyklopädien, in denen man Antworten auf diese Frage noch am ehesten erwarten dürfte. Auch unter dem Stichwort „Wissenschaft" sucht man in solchen Publikationen meist vergebens eine Erwähnung der disziplinären Gliederung als einer fundamentalen Strukturbestimmung der Wissenschaft. Die alltägliche Vertrautheit der Wissenschaftler mit Disziplinen, ihren Grenzen und ihren Wechselbeziehungen hat über das Phänomen selbst den Schein des Unproblematischen und Evidenten gebreitet. Wir können auch nicht annehmen, daß es der gesunde antispekulative Sinn des Wissenschaftlers ist, der die Reflexion auf das Niveau des Nachdenkens über einzelne Disziplinen begrenzt und vor Generalisierungen zurückhält, weil doch – wie die Flut einschlägiger Literatur bezeugt – solche Begriffe wie „Theorie", „Gesetz", „Methode", „wissenschaftliche Phantasie", „Wissenschaftlerpersönlichkeit", „Wissenschaftspotential" usw., die der Analyse und Abbildung von Wissenschaftsprozessen dienen, ohne Scheu auf dem Niveau des Allgemeinen behandelt werden.

Der Grund ist nach unserer Auffassung ein anderer. Wenn von der Erdölgeologie oder von der Nuklearmedizin die Rede ist, dann stehen die *besonderen* Gegenstände, Methoden, Aufgaben usw. des jeweiligen Gebietes im Mittelpunkt der Betrachtung, die im wesentlichen auch mit den Mitteln dieses Gebietes beschrieben werden können. Soll aber das Phänomen „Disziplin" *allgemein* konzeptualisiert werden, treten diese Besonderheiten zurück, und es wird ganz offenkundig, daß Disziplinen als *kognitiv-soziale Einheiten* erfaßt werden müssen. Solche Systeme können weder mit erkenntnistheoretisch-methodologischen noch mit soziologischen Mitteln allein angemessen abgebildet werden, und auch die eklektische Kom-

die Disziplinarität der Wissenschaft habe erst mit dem Übergang zur Neuzeit begonnen. Dabei sind es weniger die divergierenden Ansichten, die eine verbreitete Unsicherheit in der Handhabung des Disziplinbegriffs verursachen, als vielmehr der fehlende Meinungsstreit über diesen Gegenstand, der die Opponenten nötigen würde, Pro- und Kontraargumente zu suchen und so die eigenen Positionen zu begründen.

bination beider leistet das Gewünschte nicht. Vielmehr ist – wie im einführenden Aufsatz dieses Buches dargelegt werden wird – eine weitgehende Synthese beider Sichtweisen erforderlich. Diese Synthese aber ist die theoretisch-methodologische Gretchenfrage der gegenwärtigen Wissenschaftsforschung, und sie ist nicht in einem frontalen Ansturm zu lösen.

Erst in jüngster Zeit ist der Disziplinbegriff Gegenstand etwas aufmerksamerer Beschäftigung geworden. Die Hauptursache dafür ist in den Realitäten der gegenwärtigen Wissenschaftsentwicklung zu suchen. Mit der Entfaltung der wissenschaftlich-technischen Revolution ging eine schnelle Intensivierung der interdisziplinären Beziehungen und eine Ausweitung der interdisziplinären Arbeitsformen weit über das gewohnte Maß einher. Dabei traten Organisationsprobleme auf, die zur Reflexion über das Phänomen der Interdisziplinarität zwangen – und zwar in voller Allgemeinheit, nicht beschränkt auf konkrete Einzelfälle interdisziplinären Zusammenwirkens. Literatur dieser Art, oft leitungswissenschaftlich akzentuiert, erscheint seit den 60er Jahren in wachsender Quantität; neben den Zeitschriftenaufsätzen begegnet man auch bereits Monographien und Sammelwerken[3], und es werden spezielle Konferenzen über Interdisziplinarität durchgeführt.[4] Es versteht sich, daß die beharrlichen Versuche, verallgemeinernde Aussagen über Interdisziplinarität zu gewinnen, früher oder später dazu führen mußten, den Korrelatbegriff der Disziplinarität auf einer entsprechenden Verallgemeinerungsebene zu behandeln. Zunächst erschien das Allgemeine der Disziplinarität in den Erfahrungen der Organisatoren interdisziplinärer Arbeit eher von der negativen Seite, als Quelle von Kommunikationsbarrieren. Mehr und mehr trat aber die positive Seite in den Vordergrund der Überlegungen: das hohe disziplinäre Niveau aller Beteiligten als Erfolgsbedingung für Interdisziplinarität.

Eine zweite – kaum weniger wichtige – Quelle für die Zunahme des Interesses an diesem Problemkreis war die gleichfalls mit der wissenschaftlich-technischen Revolution zusammenhängende umfassende Diskussion über den Status der Technikwissenschaften und ihre prinzipielle Nichtreduzierbarkeit auf „angewandte Naturwissenschaft“, die umfangreiche philosophisch-methodologische Untersuchungen auslöste.[5] Dabei zeigte sich, daß dieser Problemkreis wesentlich tiefer

3 Vgl. Interdisciplinarity. Problems of Teaching and Research in Universities, OECD, Paris 1972; K. Simeonova, Meždudisciplinno dviženie i organizacija na naučnute issledovanija, Sofia 1973; H. Holzhey (Hrsg.), Interdisziplinäre Arbeit und Wissenschaftstheorie, Basel–Stuttgart 1974; D. Blaschke/J. Lukaties, Probleme interdisziplinärer Forschung, Wiesbaden 1976; E. M. Mirskij, Meždisciplinarnyje issledovanija i disciplinnarnaja organizacija nauki, Moskva 1980; H. Parthey/K. Schreiber (Hrsg.), Interdisziplinarität in der Forschung. Analysen und Fallstudien, Berlin 1983.

4 Wir erwähnen hier nur die Konferenz „Philosophie und Wissenschaft – Disziplinarität und Interdisziplinarität“, die vom 27. bis 29. Januar in Berlin stattfand. Vgl. dazu den ausführlichen Konferenzbericht: K.-F. Wessel/G. Wicklein, in: Deutsche Zeitschrift für Philosophie (im folgenden: DZfPh), 5/1983, S. 621–627.

5 Vgl. dazu folgende Arbeiten, die auch zahlreiche weitere Literaturangaben enthalten: J. S.

behandelt werden kann, wenn die technischen Wissenschaften in ihrer Entwicklung betrachtet und insbesondere wissenschaftshistorische Untersuchungen zu ihrer Entstehung durchgeführt werden.[6]

Disziplinen erscheinen schon an der Oberfläche als historische Phänomene. Wer die Laufbahn eines Wissenschaftlers wählt, entscheidet sich zwangsläufig für eine bestimmte Disziplin. Er wächst in einen historisch gewordenen und weiter evolutionierenden Organismus hinein und verändert sich dabei selbst. Die Studienjahre konfrontieren ihn – nachdem ihm die allgemeinbildende Schule wohl einen ersten Eindruck von der Gliederung des menschlichen Wissens gegeben, ihm aber noch keine Entscheidung abgefordert hatte – ernsthaft mit der disziplinären Segmentierung der Wissenschaft. Er durchläuft einen Integrationsprozeß, in dem er nicht nur disziplinäre Wissensbestände mit äußerer Distanz aufnimmt, sondern in der Disziplin zu leben beginnt. Sein Denken und sein Handeln werden in spezifischer Weise „diszipliniert" – hier hat der Doppelsinn des Wortes „Disziplin" eine voll zutreffende Bedeutung. Wenn er diese Integrationsphase hinter sich hat, dann ist er nicht mehr nur ein Mensch mit physikalischen, chemischen oder biologischen Kenntnissen – er ist zum Physiker, Chemiker oder Biologen geworden. Die Disziplinbindung ist nun ein Persönlichkeitsmerkmal; offenbar haben nicht viele den dringlichen Wunsch, eine einmal erworbene Bindung im Laufe ihres Lebens gegen eine andere zu vertauschen, und noch geringer ist die Zahl derer, denen – wie Max Delbrück – ein solcher Salto mortale mit beeindruckendem Erfolg gelingt, und derer, die in ihrer Forschungstätigkeit in gewissem Sinne Universalisten und in mehreren Disziplinen paritätisch „zu Hause" sind.

Die segmentierende Gewalt der Disziplinbindung ist so groß, daß die Einheit der Wissenschaft (sie ist die Kehrseite ihrer disziplinären Untergliederung) stets und besonders von den größten Gelehrten als eine säkulare Aufgabe und für den Bestand der Wissenschaft als ein lebensnotwendiges Ideal empfunden wird, dem es beharrlich nachzustreben gilt und das doch vor den Augen jeder Wissenschaftlergeneration immer wieder in die Zukunft entschwindet. Dabei ist es natürlich

Meleschtschenko/S. W. Schuchardin/O. M. Wolossewitsch (Hrsg.), Spezifik der technischen Wissenschaften, Moskau – Leipzig 1980; V. V. Češev, Specifika techničeskogo znanija, in: Voprosy filosofii (Moskva), 4/1979, S. 59–67; ders., Osobennosti razvitija techničeskich nauk, in: Voprosy filosofii (Moskva), 8/1981, S. 120–129; ders., Techničeskoje znanie kak ob'ekt metodologičeskogo analiza, Tomsk 1981.

6 Vgl. B. I. Iwanow/W. W. Tscheschew, Entstehung und Entwicklung der technischen Wissenschaften, Moskau – Leipzig 1982; V. I. Kobzar'/K. A. Sergeev/J. N. Solonin, Metodologičeskie aspekty istorii formirovanija techničeskich nauk, in: Voprosy filosofii (Moskva), 1/1982, S. 109–115; G. Buchheim, Zur Herausbildung der Technikwissenschaften – Probleme wissenschaftshistorischer Untersuchungen, in: Dresdner Beiträge zur Geschichte der Technikwissenschaften, Heft 1, Dresden 1980, S. 12–34; J. Albert/E. Herlitzius/F. Richter, Entstehungsbedingungen und Entwicklung der Technikwissenschaften, in: Freiberger Forschungshefte, D 145, Leipzig 1982.

nicht so, daß eine wissenschaftliche Ausbildung nur eine monodisziplinäre Qualifikation im engen Sinne des Wortes vermitteln würde – im Gegenteil, alle Ausbildungsgänge sind heute mehr oder weniger multidisziplinär, aber die Stammdisziplin ist der systembildende Faktor, der die Beiträge der anderen Disziplinen integriert und das Verhältnis des werdenden Wissenschaftlers zu diesen vorprägt.

Es ist somit eine eminent praktische Frage, was Disziplinen darstellen, wie sie funktionieren und wie sie sich entwickeln. Diese Frage kann nicht ohne wissenschaftshistorische Forschung beantwortet werden, und eine besondere Bedeutung kommt dabei der Untersuchung jener Prozesse zu, in denen Disziplinen primär entstehen (*Disziplingenesen*). Wissenschaftshistoriker sind bekanntlich traditionell überwiegend disziplinhistorisch spezialisiert. Dennoch ist auch für sie der Versuch, den Terminus „Disziplin" als Bezeichnung für einen Begriff zu verstehen und deshalb bewußt zu reflektieren, mit einer neuartigen Forschungsperspektive verbunden. Betrachtet ein Historiker beispielsweise die Entwicklung der Biochemie als solcher, dann ist er ganz auf die unwiederholbare Eigenart dieses Gebietes und seines geschichtlichen Weges konzentriert. Analysiert er aber die Biochemie *als eine Disziplin*, so ist er genötigt, sie als Element einer Klasse aufzufassen und damit auf einer Ebene zu beschreiben, auf der sie – nach Identitäten und Unterschieden – mit anderen Gebilden disziplinären Typs vergleichbar wird. Diese Stufe der Verallgemeinerung ist notwendig, um eine lebendige Vermittlung zwischen der Geschichte der Wissenschaft im ganzen (als einer der Seiten der gesellschaftlichen Lebenstätigkeit) und der Geschichte der einzelnen Disziplinen herzustellen. Der Begriff „Disziplin" ergibt sich für den Historiker dabei jedoch nicht als ein spontanes Nebenprodukt seiner konkreten fachhistorischen Untersuchungen, sondern er muß – freilich nicht ohne Rekurs auf die Geschichte – theoretisch konstituiert werden.

Bestrebungen in dieser Richtung setzen etwa zeitgleich mit der Institutionalisierung der Wissenschaftswissenschaft – und in inhaltlichem Konnex mit dieser – Anfang der 70er Jahre ein. Die beiden Kolloquien „Entwicklungstendenzen der Beziehungen zwischen Wissenschaftsdisziplinen und Möglichkeiten ihrer Untersuchung in der interdisziplinären Forschung" und „Wissenschaftstheoretische und wissenschaftshistorische Probleme der Entwicklung von Wissenschaftsdisziplinen", die im Jahre 1972 am damaligen Akademieinstitut für Wissenschaftstheorie und -organisation in Berlin (heute: Institut für Theorie, Geschichte und Organisation der Wissenschaft an der AdW der DDR) veranstaltet wurden, zeigen – rückblickend betrachtet – schon eine beträchtliche Komplexität der Problemsicht[7], fanden aber in der DDR damals keine unmittelbare Fortsetzung. Erst

7 Vgl. E. Lang/B. Lange, Was gehört zu einer Wissenschaftsdisziplin? (Bericht über zwei Bereichskolloquien zum Begriff der Wissenschaftsdisziplin und Beziehungen von Wissenschaftsdisziplinen), in: G. Kröber (Hrsg.), Wissenschaft im Sozialismus. Probleme und Untersuchungen, Berlin 1973, S. 294–306.

1977 wurde der Gedanke wieder aufgegriffen, durch den Vergleich von konkreten Analysen einer größeren Zahl von Disziplingenesen, gekoppelt mit theoretischen Untersuchungen, nähere Einsicht in den Entstehungsmechanismus wissenschaftlicher Disziplinen und gleichzeitig einen genaueren Begriff vom Wesen einer Disziplin zu gewinnen. Dies war Anliegen eines ersten Symposiums zu dem Thema „Die Herausbildung wissenschaftlicher Disziplinen in der Geschichte", das am 18. und 19. 11. 1977 von der Sektion Geschichte der Wilhelm-Pieck-Universität in Rostock durchgeführt wurde.[8] Der Erfolg dieser Veranstaltung ermutigte dazu, die Bemühungen fortzusetzen und ein weiteres Symposium vorzubereiten, für das zahlreiche Wissenschaftshistoriker der DDR und der UdSSR Beiträge ankündigten. Von den Veranstaltern konnten ein höherer Grad an Explikation des Disziplinbegriffs und ein weiterentwickeltes Konzept zur Disziplingenese vorgegeben werden, wenn auch noch keineswegs in einer theoretisch ausgereiften Fassung.[9]

Auch in anderen sozialistischen Ländern, insbesondere in der VR Polen[10], sind in den 70er Jahren Untersuchungen zur Entstehung wissenschaftlicher Disziplinen aufgenommen worden. In mehreren kapitalistischen Ländern, vor allem im angelsächsischen Raum, vollzog sich in dieser Zeit eine spürbare Annäherung von Wissenschaftssoziologie und Wissenschaftsgeschichte durch die Suche nach Wegen zur Abbildung des Zusammenhangs von kognitivem und sozialem Aspekt der Wissenschaft: Die Disziplin erschien als bevorzugtes Studienobjekt für die Untersuchung dieses Zusammenhangs und inspirierte Programme zur vergleichenden Analyse von Disziplinbildungsprozessen mit ausgeprägt soziologischem Akzent.[11] Die „Gesellschaft für Wissenschaftsgeschichte" der BRD veranstaltete ihr IX. Symposium 1977 in Mainz zum Thema „Das Entstehen neuer Wissenschaften in der Neuzeit"[12]; ihr XVIII. Symposium beschäftigte

8 Die Beiträge dieses Kolloquiums wurden publiziert in: Rostocker Wissenschaftshistorische Manuskripte (im folgenden: Rostock. Wiss.-Hist. Mskr.), Heft 1 u. 2, Rostock 1978.

9 Vgl. H. Laitko, Disziplingenese als Objekt vergleichender Untersuchung — Prämissen und Fragen zum Symposium „Zur Herausbildung wissenschaftlicher Disziplinen" im Dezember 1982, in: Rostock. Wiss.-Hist. Mskr., Heft 8, Rostock 1982, S. 7—13; M. Guntau, Gedanken zur Herausbildung wissenschaftlicher Disziplinen in der Geschichte und zu Problemen der Disziplingenese in der Wissenschaftsgeschichtsschreibung, in: Rostock. Wiss.-Hist. Mskr., Heft 8, Rostock 1982, S. 19—23.

10 Vgl. T. Kotarbinski/W. Osinska/E. Geblewicz (Hrsg.), Nowe specjalności w nauce współczesnej, Wrocław — Warszawa—Kraków—Gdańsk 1977; E. Geblewicz/Z. Kotarbinski/Z. Kowalewski/W. Osinska (Hrsg.), Powstawanie nowych dyscyplin naukowych, Wrocław — Warszawa —Kraków—Gdańsk 1973.

11 Vgl. N. Stehr (Hrsg.), Wissenschaftssoziologie — Studien und Materialien, Opladen 1975; K. D. Knorr/H. Strasser/H. G. Zilian (Hrsg.), Determinants and Controls of Scientific Disciplines, Dordrecht 1976; G. Lemaine/R. MacLeod/M. Mulkay/P. Weingart (Hrsg.), Perspectives on the Emergence of Scientific Disciplines, The Hague — Paris — Chicago 1976; M. Crosland (Hrsg.), The Emergence of Science in Western Europe, New York 1976.

12 Vgl. Berichte zur Wissenschaftsgeschichte, Hefte 1 bis 4, Wiesbaden 1978.

sich 1980 in Marburg unter dem Thema „Verdrängte Wissenschaften" mit dem bisher ganz selten berührten Problem des Aufhörens der Existenz von Disziplinen und Spezialgebieten.[13]

Man kann aus dem häufigeren Auftreten von Veranstaltungen und Publikationen dieses Typs den Schluß ziehen, daß die Untersuchung von Entstehungsprozessen wissenschaftlicher Disziplinen – und zwar nicht mehr nur, wie auch schon früher, mit monodisziplinhistorischer Orientierung, sondern mit deutlich disziplinübergreifender, vergleichender Intention – international zu einem wichtigen Thema wissenschaftshistorischer Forschung geworden ist. In dieser Situation fand das Rostocker Symposium zur Herausbildung wissenschaftlicher Disziplinen in der Geschichte im Dezember 1982 statt, dessen Beiträge und Ergebnisse zum Teil im vorliegenden Band, zum Teil in den Manuskriptdruckreihen der Sektion Geschichte/Wissenschaftsbereich Wissenschaftsgeschichte der Wilhelm-Pieck-Universität Rostock[14] und des Instituts für Theorie, Geschichte und Organisation der Wissenschaft an der AdW der DDR veröffentlicht werden. Die wohl wichtigste Erfahrung dieses Symposiums war, daß sich Historiker verschiedenster Gebiete – darunter zahlreiche Historiker der Gesellschafts- und Technikwissenschaften – für diese Thematik engagierten. Es darf danach als erwiesen gelten, daß das Problem der Disziplingenese ein integratives Thema für das Zusammenführen von Wissenschaftshistorikern aller Zweige darstellt und daß seine weitere Verfolgung in dieser oder jener Form theoretisch wie praktisch interessante Ergebnisse verspricht. Auf der Basis eines reichhaltigen Angebots von Originalbeiträgen war es möglich, das Symposium nach vier Disziplinengruppen – Naturwissenschaften, Technikwissenschaften, Humanwissenschaften, Gesellschaftswissenschaften – zu strukturieren. Die Ergebnisse reichen noch nicht aus, um mit Sicherheit sagen zu können, ob es gruppenspezifische Wege und Mechanismen der Disziplinbildung gibt, aber sie erbrachten zumindest Hinweise darauf, daß solche Differenzierungen bestehen könnten und daß es nicht aussichtslos sein dürfte, sie bei weiterer Ausdehnung des Untersuchungsfeldes und besserer methodischer Durchdringung auch tatsächlich zu erfassen.

Vor allem aber zeigte das Symposium, daß es eine weit größere Mannigfaltigkeit von Typen wissenschaftlicher Disziplinen oder disziplinartiger Gebilde unterschiedlichster Lebensdauer und entsprechend auch von Mechanismen und Bedingungen ihrer Herausbildung gibt, als noch 1977 angenommen worden war. Die als Diskussionsrahmen angelegte konzeptionelle Vorgabe der Herausgeber wurde von einigen Referenten aufgegriffen, aber viele Autoren reflektierten den disziplinären Status der von ihnen behandelten Gebiete weiterhin auf einem intuitiven Niveau des Selbstverständnisses oder entwickelten unabhängig Disziplinaritätskriterien. Der Umstand, daß nicht alle Beiträge konzeptionell einheit-

13 Vgl. Berichte zur Wissenschaftsgeschichte, Heft 1 und 2, Wiesbaden 1981.

14 Vgl. dazu: Studien zur Entstehungsgeschichte naturwissenschaftlicher Disziplinen, Rostock. Wiss.-Hist. Mskr., Heft 10, Rostock 1984.

lich und vergleichbar sind, hat gewiß seine Nachteile, aber er ist realistischer Ausdruck der Erkenntnissituation, und die Vielfalt der Ansätze hat auf Aspekte des Gegenstandes aufmerksam gemacht und vor allem die Existenz von Typen disziplinartiger Gebilde gezeigt, auf die die konzeptionellen Vorgaben nicht orientiert waren. Die Situation gebietet vor allem Vorsicht bei der Formulierung allgemeiner Aussagen und doppelte Vorsicht bei Verbindlichkeitsansprüchen für solche Verallgemeinerungen. Die erfreuliche Ausdehnung des Untersuchungsfeldes war alles andere als die Belegung feststehender Leitsätze mit immer neuem konkretem Material; vor allem erbrachte sie eine bedeutende Zunahme der Mannigfaltigkeit theoretisch wesentlicher Differenzierungen. Das Fazit, das uns als Zusammenfassung und als Ausblick auf unbewältigte Problemhorizonte möglich erschien, haben wir zu formulieren versucht und als Einführungskapitel diesem Band vorangestellt. Doch die einzelnen Studien über die Entstehung konkreter Disziplinen sprechen für sich selbst; inwieweit die einführend vorgetragenen Überlegungen wirklich als gedankliche Quintessenz des vorgelegten Materials zu werten sind, bleibt dem kritischen Urteil des sachkundigen Lesers überlassen.

Martin Guntau/Hubert Laitko

Martin Guntau/Hubert Laitko

Entstehung und Wesen wissenschaftlicher Disziplinen

1. Die Kopplung von historischer und systematischer Fragestellung

Die Gliederung der modernen Wissenschaft nach Disziplinen ist eine Fundamentaltatsache, die von niemandem bestritten wird. Allenfalls bestehen in konkreten Fällen Meinungsverschiedenheiten über das Maß der relativen Selbständigkeit des zur Debatte stehenden Gebietes – darüber, ob es sich um ein innerdisziplinäres Spezialgebiet, eine Spezialdisziplin oder eine „eigentliche" Disziplin handelt –, doch diese Frage betrifft schon nicht mehr das Grundsätzliche der disziplinären Gliederung der Wissenschaft, sondern ihre quantitative Gradation und kann daher von uns vorerst zurückgestellt werden. Als nicht minder selbstverständlich gilt, daß die neuere Wissenschaft durch häufig auftretende Prozesse der Neubildung von Disziplinen gekennzeichnet ist, daß die damit verbundene Tendenz zur Vermehrung der Disziplinenzahl weiterhin anhält und ein Ende dieses Prozesses auch in der überschaubaren Perspektive nicht abzusehen ist. Neubildungen von Disziplinen haben institutionelle Voraussetzungen und Konsequenzen; die Kenntnis von Bedingungen und Mechanismen der Disziplingenese ist daher wissenschaftspolitisch relevant, und dieses Interesse rechtfertigt die verstärkte Aufmerksamkeit für die Erforschung dieser Prozesse.

Wenn wir Vorgänge in inhaltlich unterschiedlichen Gebieten der Wissenschaft *unter dem Aspekt der Disziplingenese* betrachten und damit unter ihren Begriff subsumieren, dann setzen wir begrifflich und methodisch einen Untersuchungsrahmen, in dem die unterschiedlichen Gebiete *vergleichbar* werden und die Hoffnung besteht, daß der Vergleich wesentliche Gemeinsamkeiten der einzelnen Fälle zutage fördern könnte.[1] Auf die Erkundung solcher Gemeinsamkeiten zielt natürlich das wissenschaftspolitisch-praktische Interesse, denn nur auf dieser Grundlage kann die verfügbare Erkenntnis in gestaltendes Handeln umschlagen. Dabei geht es nicht in erster Linie um Gemeinsamkeiten zeitgleich ablaufender Disziplinbildungsprozesse. Solche Gemeinsamkeiten zu erwarten liegt nahe, denn die Ähnlichkeit der gesellschaftlichen Umstände und die globale Gleichartigkeit des wissenschaftlichen Milieus einer bestimmten Zeit müssen Disziplinbildungs-

1 Vgl. M. Guntau, Zu Fragen des Zusammenhangs der Periodisierung von gesellschaftlicher und wissenschaftlicher Entwicklung und zur Entstehung wissenschaftlicher Disziplinen, in: Arbeitsblätter zur Wissenschaftsgeschichte, Heft 7, Halle 1980, S. 31–40.

vorgängen selbst bei größten Unterschieden auf der inhaltlich-gegenständlichen Ebene ganz einfach gemeinsame Züge aufprägen. Vielmehr sind wir vor die schwierigere Frage gestellt, ob zwischen früheren und späteren, unter veränderten historischen Bedingungen stattfindenden Disziplinbildungsprozessen wesentliche Gemeinsamkeiten existieren, ob wir also aus dem Studium abgelaufener Disziplingenesen etwas für die Gestaltung künftiger Disziplinbildungsprozesse Bedeutsames lernen können.

Um es vorwegzunehmen: die Ergebnisse der in diesem Buch vorgestellten Untersuchungen berechtigen zu einer vorsichtig positiven Antwort. Wenn wir als den Elementarvorgang der Wissenschafts*entwicklung* die Entstehung neuen Wissens ansehen, dann sind Disziplinen *Entwicklungsformen* der Wissenschaft, denn in ihnen erfolgt die Erzeugung des Wissens, und sie bleiben gegenüber ganzen Serien solcher Erzeugungsvorgänge *invariant*. Dank dieser Invarianz und in ihrem Rahmen werden die individuellen Akte der Wissensproduktion vergleichbar. Die Neubildung von Disziplinen bezeichnet demgegenüber schon eine höhere Hierarchieebene der Wissenschaftsentwicklung, gewissermaßen die „Evolution der Evolution". Die Veränderung der generellen Bedingungen und damit der Typen von Disziplingenesen erfolgt in noch größeren Zeitabständen; hier haben wir es mit einer noch höheren Ebene in der Hierarchie der Entwicklungsformen zu tun. Daher bestehen hier Langzeitinvarianten, und wir sind berechtigt, aus dem Vergangenen für Künftiges zu lernen. Indes muß dieses vorsichtig erfolgen[2], formale rezeptartige Schlüsse sind nicht möglich, denn wir können die Bedingungen verschiedener Typen von Disziplingenesen nicht genau spezifizieren und keine Aussagen der Art „Unter den Bedingungen B sind für Disziplingenesen der Mechanismen $A_1, \ldots, A_n$ möglich, und A_i ist der wahrscheinlichste (oder: A_i ist der optimale)" machen. Bis auf weiteres erfolgt hier wie in den meisten Fällen das Lernen aus der Geschichte in einer vom Inhalt der neu zu lösenden Aufgabe nicht eindeutig abhebbaren Gestalt; die sorgsam, aber nicht übertrieben rigoros verallgemeinerte Erfahrung der Vergangenheit wird in das Voraussetzungswissen für die Beurteilung aktueller Situationen der Disziplingenese aufgenommen.

Es ist nun Sache des – nicht empiristisch, sondern auf der Basis der marxistisch-

2 Es ist auf diesem empirisch bisher nur punktuell erschlossenen und theoretisch ungenügend durchdrungenen Gebiet beim Lernen aus der Vergangenheit für praktische Zwecke ein Gebot der Vorsicht, die historischen Abstände, über die hinweg geschlußfolgert wird, nicht zu groß zu wählen. Dabei kann man davon ausgehen, daß die kognitiven Seiten von Disziplingenese über längere Zeiträume hinweg vergleichbarer blieben als die institutionellen, in denen sich der soziale Wandel sehr viel unmittelbarer spiegelt. Danach muß es auch möglich sein, die historischen Veränderungen der typischen Disziplinbildungsvorgänge, ihrer Bedingungen und Mechanismen zu untersuchen und die geschichtlichen Intervalle zu bestimmen, innerhalb deren diese oder jene Züge der Disziplingenesen gleichartig bleiben. Die Studien dieses Bandes geben einige Hinweise auf die Existenz solcher Langzeitveränderungen, aber es ist uns hier nicht möglich, diese Frage systematisch zu verfolgen.

leninistischen Theorie und Methodologie der Geschichte arbeitenden – Historikers, diese sorgfältige Verallgemeinerung des Vergangenen zu schaffen. Bevor jedoch Untersuchungsergebnisse und weiterführende Hypothesen über Bedingungen, Kriterien, phänomenologische Merkmale, Triebkräfte, Mechanismen und Typen der Disziplinbildung vorgestellt werden, darf der Leser mit Recht erwarten, daß er zunächst eine knappe und präzise Bestimmung derjenigen Art von Erscheinungen erhält, deren Herausbildung im folgenden behandelt wird. Hier begegnen wir indes einer Schwierigkeit, die sich durch definitorische Bemühungen nicht aus der Welt schaffen läßt. Wir sind nicht in der glücklichen Lage, ausgehend von einer sicheren Kenntnis dessen, was wissenschaftliche Disziplinen sind, nach ihrer Entstehung zu fragen. Über eine systematische Theorie des Phänomens „Wissenschaftsdisziplin" verfügen wir nicht.

Nun ist es eine Binsenweisheit, daß der Historiker nicht warten kann und auch nicht warten muß, bis eine entwickelte Theorie der Erscheinung vorliegt, mit deren Geschichte er sich befaßt. Doch hier geht es noch um etwas mehr: weil Disziplinen – wie unsere vorhergehende Argumentation verdeutlicht hat – relative Invarianten der Wissenschaftsentwicklung darstellen, läßt sich ihr Wesen gar nicht unabhängig vom entwicklungsgeschichtlichen Standpunkt ausmachen. Sie sind Maßbestimmungen der Entstehung neuen Wissens (der Begriff des Maßes wird hier im Sinne der materialistischen Dialektik verwendet), und um dieses Maß zu kennen, muß man unter anderem wissen, unter welchen Bedingungen es sich einstellt. Daher sind Historisches und Logisches in der Erkenntnis der wissenschaftlichen Disziplinen wechselseitig miteinander gekoppelt.[3] Wenn wir eine statische Sicht wählen, dann stehen wir hier vor einer unentrinnbaren Zirkularität: wollen wir die Frage beantworten, wie und warum Disziplinen entstehen, müssen wir zuvor wissen, was Disziplinen eigentlich sind; beim Versuch, eine solche Bestimmung zu geben, finden wir indes, daß wir als Voraussetzung dafür die Lösung des Geneseproblems benötigen.

Eine statische Betrachtungsweise entspricht jedoch nicht der wirklichen Erkenntnissituation. Wir haben es nicht mit einem geschlossenen logischen Zirkel zu tun, sondern mit miteinander korrelierenden Erkenntnisproblemen, deren jedes gegenüber empirischem Material über die Vergangenheit und Gegenwart offen ist. Diese Offenheit ermöglicht es uns, den ganzen Komplex als ein evolutionierendes System zu behandeln, dessen Entwicklung in Richtung auf eine sukzessive Entkoppelung des erwähnten Zirkels vorangetrieben werden kann. Diese Entkoppelung wird niemals vollständig gelingen – wie es überhaupt keine systematische Theorie irgendeiner gesellschaftlichen Erscheinung geben

3 Zu dieser Problematik vgl.: H. Laitko, Erkenntnistheoretische und reproduktionstheoretische Gesichtspunkte zur Bestimmung des Disziplinbegriffs, in: Rostock. Wiss.-Hist. Mskr., Heft 1, Rostock 1978, S. 27; ders., Disziplingenese als Objekt vergleichender Untersuchung – Prämissen und Fragen zum Symposium „Zur Herausbildung wissenschaftlicher Disziplinen" im Dezember 1982, in: Rostock.Wiss.-Hist. Mskr., Heft 8, Rostock 1982, S. 7–9.

kann, die ganz und gar von deren Geschichte absieht –, aber sie wird dann einen akzeptablen Grad erreicht haben, wenn es gelungen sein wird, eine Theorie des Phänomens „Wissenschaftsdisziplin“ (oder der disziplinären Gliederung bzw. der disziplinären Struktur der Wissenschaft) aufzubauen, die die Bezugnahme auf die Geschichte in ihre Voraussetzungen oder ihren Interpretationskontext verweist.

Von diesem Ziel sind wir offenbar noch ein gutes Stück entfernt. Um uns ihm schrittweise zu nähern, muß die Forschung (im Bewußtsein der Unvollkommenheit ihrer Voraussetzungen) an irgendeiner Stelle des Zirkels einsetzen, in der Wechselwirkung mit der Empirie die ursprünglich gewählten Voraussetzungen hinterfragen und problematisieren und so iterativ fortschreiten, bis schließlich die Theoriebildung möglich wird. Diese Stelle des Beginns kann weitgehend willkürlich gewählt werden, wobei durchaus pragmatische Überlegungen – etwa das Motiv der leichten Zugänglichkeit – die bestimmende Rolle spielen dürfen. Wir bevorzugen hier als Ausgangspunkt das Bewußtsein der Wissenschaftler von ihrer disziplinären Identität; de facto, ohne ausdrücklich darüber zu reflektieren, haben sich auch die meisten Autoren der vorgelegten Fallstudien diesem Vorgehen angeschlossen. Dieses Bewußtsein ist gewiß nicht frei von Vorurteilen, doch es ist auch keine bloße Fiktion. Vielmehr widerspiegelt es stabile Verhaltensweisen, die sich in der Forschungs- und Lehrtätigkeit bewähren, und ist insoweit Ausdruck kollektiver Weisheit. In diesem Sinne konstatieren Blauberg, Mirskij und Sadovskij, daß Definitionsversuche von Wissenschaftlern ein relativ hohes Maß an Übereinstimmung in der Frage des Inhalts des Disziplinbegriffs aufweisen.[4] Eine solche Übereinstimmung bildet sich auch keineswegs ohne Reflexion, sondern ist Ergebnis jener gedanklichen Arbeit, in der Wissenschaftler die Unterschiede ihres Gebietes zu anderen Gebieten und die unter Voraussetzung jener Unterschiede bestehenden Wechselbeziehungen zwischen ihnen erfassen.[5] In interdisziplinären Situationen, wie sie für die wissenschaftliche Tätigkeit zunehmend typischer werden, wird das Nachdenken über den eigenen disziplinären Standort besonders angeregt. Freilich zielt diese Reflexion meist nicht auf allgemeine Fragen – z. B., warum die Wissenschaft insgesamt disziplinär gegliedert ist –, sondern verharrt auf der Ebene der Besonderheit und bei Fragen nach dem

4 Vgl. I. V. Blauberg/E. M. Mirskij/V. N. Sadovskij, Die wissenschaftliche Disziplin: Begriff, Phänomen, Forschungsgegenstand, in: Rostock. Wiss.-Hist. Mskr., Heft 2, Rostock 1978, S. 129.

5 Solche Arbeiten werden in den verschiedensten Wissenschaftsgebieten ausgeführt, in besonderem Maße aber in solchen Disziplinen, die gegenüber vielen anderen eine fundamentale Position einnehmen, und in solchen, die um ihre Anerkennung und Durchsetzung ringen müssen. Vgl. dazu: R. Rompe/H.-J. Treder, Über Physik, Studien zu ihrer Stellung in Wissenschaft und Gesellschaft, Berlin 1979; R. Rompe/H.-J. Treder, Grundfragen der Physik. Geschichte, Gegenwart und Zukunft der physikalischen Grundlagenforschung, Berlin 1980; S. M. Rapoport/S. Rosenthal/H.-A. Rosenthal/K. Fuchs-Kittowski, Molekularbiologie – Medizin – Philosophie – Wissenschaftsentwicklung. Essays, Berlin 1978.

Verhältnis zwischen gegebenen konkreten Wissenschaftsgebieten. In diesen bewußt vorgenommenen Unterscheidungen, auf die sich die subjektive disziplinäre Identität von Wissenschaftlern gründet, liegt gerade der Beginn einer theoretischen Erfassung der Disziplinarität als Daseinsweise der Wissenschaft.

Was wir heute über den Begriff der Wissenschaftsdisziplin und die Probleme seiner weiteren Präzisierung aussagen können, beruht auf jenem intuitiven Disziplinverständnis, das mit Hilfe erkenntnis- und wissenschaftstheoretischer Überlegungen expliziert und auf der Grundlage des Vergleichs verschiedener Untersuchungen zur Geschichte einzelner Disziplinen konkretisiert und korrigiert worden ist.[6] Diesem Erkenntnisstand müssen wir unsere Darstellungsweise anpassen. Wir verzichten bewußt darauf, durch Angabe pseudodefinitorischer Formulierungen für den Begriff „Wissenschaftsdisziplin" das Vorhandensein einer Theorie dieses Phänomens vorzutäuschen, und bevorzugen die Einführung des Disziplinbegriffs auf dem Weg über eine Gesamtheit von Merkmalen. Diese Merkmalsgesamtheit wird nicht als ein logisch streng geordnetes System vorgestellt, wenn auch versucht wird, die einzelnen Merkmale unter Berücksichtigung ihrer inneren Zusammenhänge nacheinander zu entwickeln. Das zur Zeit maximal Mögliche ist hier ein wohl ganzheitliches und im Komplex aller Merkmale auch weitgehend spezifisches, aber nichtsdestoweniger noch lockeres und prätheoretisches Bild des Phänomens „Wissenschaftsdisziplin". Auf diese Probleme machen auch nichtmarxistische Wissenschaftsforscher aufmerksam. So ist im Vorwort zu einer 1976 edierten Sammlung von Fallstudien zur Genese von Disziplinen von der Schwierigkeit, Generalisierungen zu bilden, die Rede, und es wird lediglich die bescheidene Erwartung geäußert, die Ausführung von Fallstudien und die darauf gegründeten vergleichenden Untersuchungen könnten zu einem stärker systematischen Vorgehen führen.[7] Die im folgenden gegebene Darstellung reicht nach unserer Auffassung aus, um das Phänomen „Disziplin" von andersartigen Struktureinheiten der Wissenschaft zu unterscheiden und um Untersuchungen über Genese, Struktur, Funktion und Entwicklung von Disziplinen so weit zu orientieren, daß relevante Fragen an die Empirie gestellt werden können und die Ergebnisse in gewissem Maße vergleichbar werden. Der Durchbruch zu einer Theorie bedarf noch umfangreicherer Forschungen und wohl auch grundlegender Fortschritte des allgemeinen wissenschaftstheoretischen Erkenntnisstandes.

6 Vgl. M. Guntau, Zur Herausbildung wissenschaftlicher Disziplinen in der Geschichte (Thesen), in: Rostock. Wiss.-Hist. Mskr., Heft 1, Rostock 1978, S. 11–15.

7 Vgl. G. Lemaine/R. MacLeod/M. Mulkay/P. Weingart (Hrsg.), Perspectives on the Emergence of Scientific Disciplines, The Hague – Paris – Chicago 1976, S. IX–X.

2. *Inwieweit kann eine traditionelle Auffassung der Wissenschaft zur Präzisierung des Disziplinbegriffs beitragen?*

Es ist evident, daß das Verständnis eines speziellen Wissenschaftsphänomens wie der Disziplin in nicht geringem Maße von dem generellen Begriff der Wissenschaft abhängt, den wir stillschweigend oder explizit zugrunde legen. Die traditionelle Sicht, die sich auf das Wissen, genauer auf das Gesetzeswissen als bestimmter Wissensqualität der Wissenschaft konzentriert, führt dazu, *Disziplinen als „Wissensgebiete"* aufzufassen. In der Tat ist dieser Terminus weit verbreitet. Danach läßt sich eine Disziplin als ein System wissenschaftlicher Begriffe, Fakten- und Gesetzesaussagen, Theorien usw. betrachten, die zu einem bestimmten Gegenstand in der Geschichte der Erkenntis erarbeitet wurden. Diese Auffassung ist extrem abstrakt. Unter dem Aspekt der Fragestellung dieses Buches weist sie einen Defekt auf, der sofort auffällt: es ist unmöglich, die Disziplingenese als einen historisch definiten Prozeß mit einem bestimmten Anfang in der Zeit anzusehen, denn welchen Erkenntnisgegenstand wir auch immer wählen – wir können die Akkumulation zumindest indirekter Kenntnisse über diesen Gegenstand beliebig weit in die Vergangenheit zurückverfolgen. Also werden wir veranlaßt, über diesen abstrakten Rahmen hinauszugehen und zu berücksichtigen, daß die Ideen einer Disziplin natürlich kein Eigenleben führen, daß sie sich nicht selbständig verbreiten und fortpflanzen und untereinander auch kein Netz der Kommunikation bilden. Vielmehr sind ihr Dasein und ihre Entwicklung in jedem Fall an die gedankliche und praktische Tätigkeit von Wissenschaftlern gebunden. Diese Tätigkeit ist keine äußere Existenzbedingung, sondern die wirkliche Daseinsweise der wissenschaftlichen Ideen. Um daher die für die Durchführung unserer historischen Fragestellung erforderliche Komplexität des Disziplinverständnisses zu erreichen, müssen wir für seine Grundlegung einen Wissenschaftsbegriff in Anspruch nehmen, der die kognitive Tätigkeit und die in ihr realisierten gesellschaftlichen Potenzen und sozialen Beziehungen in den Mittelpunkt stellt.

Indes können wir diese Komplexität nicht auf einmal erfassen. Der unmittelbare Zweck der disziplinären Tätigkeit ist die Gewinnung objektiv wahren Wissens über einen bestimmten Gegenstand – genauer gesagt, die Verfügung über dieses Wissen, in der seine Erzeugung nur den Initialprozeß darstellt. Jede Disziplin hat ein kognitives Fundament, und so unzureichend der Begriff des objektiv wahren Wissens allein auch ist, um die Wissenschaft zu charakterisieren, so wenig kann man dabei auf ihn verzichten. Die objektive Wahrheit von Wissen ist invariant gegenüber beliebigen sonstigen Unterschieden der Tätigkeiten, die zu ihm geführt haben. Darin liegt die relative Berechtigung der traditionellen Wissenschaftsauffassung und die Legitimation, sie als Ausgangsabstraktion zu benutzen, die erste wesentliche Merkmalsbestimmungen des Disziplinbegriffs ermöglicht.

Die disziplinäre Gliederung der Wissenschaft beruht letztlich – auch wenn von Fall zu Fall andere Merkmale im Vordergrund stehen – auf der qualitativen

Mannigfaltigkeit, die der zu erkennenden Wirklichkeit objektiv eigen ist. Unterschiedliche Disziplinen haben unterschiedliche *Erkenntnisgegenstände*. Nach unserer Ansicht ist es falsch anzunehmen, daß sich nur einige Disziplinen ihren Gegenständen nach unterscheiden, andere hingegen nach ihren Methoden und dritte wiederum nach ihrer Anwendungsorientiertheit. Vielmehr ist der Unterschied der Gegenstände der grundlegende, wobei in Betracht zu ziehen ist, daß beispielsweise gewisse Disziplinen das methodische Vorgehen in der Forschung (etwa das Gebiet der statistischen Versuchsplanung, das man heute als eine spezielle Disziplin ansehen kann) und andere die Anwendungsbeziehungen der Naturerkenntnis (so die Technikwissenschaften, wenngleich sie sich keinesfalls darauf reduzieren) zum Gegenstand haben. Mit der Differenz der disziplinären Gegenstände hängen – allerdings oft auf komplizierte Weise vermittelt – Unterschiede im methodischen Vorgehen und in Art und Grad des Anwendungsbezuges zusammen.

Die Fundamentalität des Gegenstandsbezuges als Disziplinmerkmal ist eine Konsequenz aus der materialistischen, widerspiegelungstheoretischen Auffassung wissenschaftlicher Erkenntnis. Die Bedeutung, die wir dem Terminus „Gegenstand" beilegen, bedarf dabei einer gewissen Erläuterung, weil der Wortgebrauch hier auch in der marxistischen Literatur nicht eindeutig ist. Die Wissenschaft widerspiegelt die konkreten Dinge und Erscheinungen nicht in ihrer unwiederholbaren Individualität, sondern in ihren allgemeinen, gesetzmäßigen Eigenschaften und Zusammenhängen. Als *Gegenstände* von Disziplinen betrachten wir daher Systeme solcher Eigenschaften und Zusammenhänge. Als *empirische Objekte* treten die wirklichen Dinge mit dem erkennenden Subjekt, das sie unmittelbar bzw. durch Geräte vermittelt beobachtet und experimentell untersucht, in der unerschöpflichen Totalität ihrer Eigenschaften in Wechselwirkung. Ein und dasselbe empirische Objekt kann daher für mehrere Disziplinen zum Gegenstand der Untersuchung werden. So ist eine lebende Zelle längst nicht mehr nur empirisches Objekt der Zytologie, der Zellphysiologie oder der Molekulargenetik, sondern ebenso der Biochemie, der Thermodynamik irreversibler Prozesse, der Informationstheorie und zahlreicher weiterer Gebiete. Das aber bedeutet durchaus nicht, daß die Gegenstände aller dieser Gebiete in einen zusammenfallen. Disziplinen, die nach ihren Gegenständen unterscheidbar sind, müssen das nicht nach ihren empirischen Objekten sein, und umgekehrt kann der Zugang zu ein und demselben Gegenstand natürlich über verschiedene Klassen empirischer Objekte verlaufen. Die Unterscheidung dieser beiden Schichten der zu erkennenden Realität, die wir hier mit den Termini „Gegenstand" und „empirisches Objekt" ausgedrückt haben, ist erkenntnistheoretisch wesentlich.[8] Sie wird in der aktuellen marxistischen erkenntnis- und wissenschaftstheoretischen Literatur *dem Inhalt nach* auch generell akzeptiert, jedoch mit den verschiedensten Termini bezeichnet. Ein Beispiel von vielen, das inhaltliche Übereinstimmung bei abwei-

8 Vgl. L. M. Kosareva, Predmet nauki, Moskva 1977; V. S. Švyrev, Teoretičeskoje i empiričeskoje v naučnom poznanii, Moskva 1978.

chendem Wortgebrauch vor Augen führt, ist die folgende Bemerkung von H. Scholz: „Heute ist ein Gegenstand oft das Forschungsobjekt verschiedener Disziplinen (z. B. das Eiweiß). Allein die Auswahl des Forschungsobjektes aus der Vielfalt der Erscheinungen der objektiven Realität, die von den Wissenschaftlern durch Abstraktion nach bestimmten, für den jeweiligen Zweck der Untersuchung wesentlichen Merkmalen vorgenommen wird, charakterisiert den Gegenstand als Forschungsobjekt einer Disziplin."[9] Schwierigkeiten in der Auffassung des Gegenstandsbezuges als grundlegendes Merkmal der Disziplin ergeben sich auch daraus, daß uns der Gegenstand ja nicht anders als in der Tätigkeit zu seiner erkennenden und praktischen Aneignung gegeben ist. Zu einer dieses Problem berührenden Diskussion kam es – am Beispiel der Besonderheiten der technischen Wissenschaften – auf dem Rostocker Disziplingenese-Symposium 1977 zwischen F. Richter und H. Wendt. Richter meinte, in den Technikwissenschaften sei die Bildung der Gegenstände ein Teil des Erkenntnisprozesses selbst, und gelangte zu dem Schluß: „Der Wissenschaftsgegenstand ist also nichts von der gesellschaftlichen Zielstellung Getrenntes. Vielmehr gehen in ihn gesellschaftliche Aspekte ein." Wendt entgegnete, er erblicke in Richters Ansatz die Gefahr, daß dieser „die dialektische Negation des Gegenstandes einer Wissenschaft durch wissenschaftliche Tätigkeit in Identität ‚auflöst', was in der Konsequenz auch den Unterschied von Inhalt und Gegenstand einer Wissenschaft verwischt. Man kann aber m. E. nicht unterstellen, daß die wissenschaftliche Tätigkeit, die ja primär als Erkenntnis – als geistige Produktion – in Erscheinung tritt, den Gegenstand, dessen objektive Gesetze letztlich auf Theorien abzubilden sind, hervorbringt." In seinem eigenen Referat suchte Wendt dem Faktum der Aktivität des Forschers mit der Formulierung Rechnung zu tragen, der Gegenstand einer Disziplin erscheine „selbst nicht mehr als ein schlechthin gegebener, sondern auch als ausgewählter Gegenstand"[10]. Dieser Dialog zeigt schlaglichtartig die Notwendigkeit genauer erkenntnistheoretischer Differenzierungen bei der Behandlung unseres Problems ebenso wie die echten Komplikationen, die damit verbunden sind.

Die philosophischen Arbeiten zum Themenkreis „Klassifikation der Wissenschaften" beschränken sich bisher meist auf die Behandlung von Disziplinen als Wissensgebiete, doch heben sie, soweit sie auf materialistischer Grundlage ausgeführt sind, den grundlegenden Charakter des Gegenstandsbezuges hervor.[11]

9 H. Scholz, Zur Periodisierung des Entstehungsprozesses naturwissenschaftlicher Disziplinen, dargestellt am Beispiel der Entwicklung der Chemie, in: DZfPh, 1/1983, S. 90.

10 F. Richter, Wissenschaftsentwicklung und Wissenschaftsklassifikation – ein Beitrag zur Dialektik von Historischem und Logischem, in: Rostock. Wiss.-Hist. Mskr., Heft 1, Rostock 1978, S. 61; H. Wendt, Diskussionsbemerkung, in: Ebenda, S. 63; H. Wendt, Die Dialektik in der Wirkung gesellschaftlicher Bedürfnisse bei der Herausbildung von Wissenschaftsdisziplinen, in: Ebenda, S. 47.

11 Vgl. E. I. Samurin, Geschichte der bibliothekarisch-bibliographischen Klassifikation, Bd. 1 u. 2, Leipzig 1964; B. M. Kedrow, Klassifizierung der Wissenschaften, Bd. 1 u. 2, Berlin –

Sie gehen von der qualitativen Differenziertheit der objektiven Realität aus – von F. Engels in klassischer Weise im Begriff der Bewegungsformen der Materie ausgedrückt –, um den Unterschied der Wissenschaftsdisziplinen widerspiegelungstheoretisch zu begründen. Dabei erscheint die objektive Realität jedoch nicht als ein Konglomerat, sondern als ein wohlgeordnetes System qualitativ unterschiedlicher Bereiche, wobei die hauptsächliche Ordnungsbeziehung durch den Entwicklungsgedanken bestimmt ist. Deshalb begründet diese Vorstellung nicht allein den Unterschied, sondern darüber hinaus auch die systematische Ordnung der Disziplinen. In der Gesamtheit der Disziplinen sind Systembeziehungen und „regionale" Subsysteme auszumachen, deren Elemente kognitiv ungleichwertig sind. Gewisse Disziplinen spielen die Rolle des kognitiven Fundaments für ganze Familien von anderen – so die Mengenlehre für die Mathematik, die Molekularbiologie und die synthetische Evolutionstheorie für die Biowissenschaften usw. Die Existenz dieser Ordnungsbeziehungen ist für die Genese von Disziplinen zweifellos von weitreichender Bedeutung, denn die Entstehung einer neuen Disziplin darf man sich nicht als äußerliche Hinzufügung eines Bausteins zu einem Gebäude vorstellen, sondern als Resultante des Strukturwandels eines ganzen Systems bereits vorhandener Disziplinen. Eine der Grenzen der vorgelegten Untersuchung besteht jedoch darin, daß die Disziplinen bei der Analyse hier als gleichpositionierte Elemente einer Population betrachtet werden mußten, so daß Auswirkungen der unterschiedlichen kognitiven Stellung der einzelnen Disziplinen auf den Prozeß ihrer Genese nicht direkt erfragt werden konnten, wenngleich in der deskriptiven Darstellung der verschiedenen Genesen Hinweise auf solche Effekte enthalten sind. Im ganzen mußte diese methodische Vereinfachung der wirklichen Verhältnisse in Kauf genommen werden, um die Fragestellung nicht über Gebühr zu komplizieren.

Bis etwa zu diesem Punkt führt uns die traditionelle Auffassung der Wissenschaft, die eine Betrachtung der Disziplinen als Wissensgesamtheiten nahelegt. Doch selbst dann, wenn wir allein die disziplinären Wissenssysteme im Auge haben, stellen sich Fragen, die die Grenzen dieser Auffassung deutlich werden lassen. Warum konstituiert nicht jede objektiv begründete Gliederung des Wissens eine Disziplin? Wodurch unterscheidet sich die intradisziplinäre, in jedem Lehrbuch eines bestimmten Faches nachzuweisende Gliederung des Wissens von der Demarkation zwischen den Wissensbeständen unterschiedlicher Disziplinen? Weshalb konstituieren Systeme aus Elementen, die den Wissensfonds unterschiedlicher Disziplinen entstammen, auch bei unbestreitbarer Ganzheitlichkeit nicht automatisch eine neue Disziplin? Wie kommt es schließlich, daß eine zunächst intradisziplinäre Gliederung des Wissens historisch bisweilen in eine Differenzierung von Disziplinen hinüberwächst? Um Fragen dieser Art anzugehen,

Moskau 1975/76; ders., Predmet i vzaimosvjaz estestvennych nauk, Moskva 1967; R. Rochhausen, Die Klassifikation der Wissenschaften als philosophisches Problem, Berlin 1968; F. Richter, Gedanken zur Methodologie der Wissenschaftsklassifikation, in: DZfPh, 3/1975.

genügt es nicht mehr, sich auf die Betrachtung des Wissens als fertiges Produkt zu beschränken. Mit Recht konstatiert G. Kröber: „Ein System gegenstandsspezifischer Erkenntnisse im Sinne einer propositionalen Wissenschaftsauffassung ist noch keine Wissenschaftsdisziplin."[12] Es ist daher notwendig, das Wissen im Werden und Wandel, d. h. als Moment wissenschaftlicher Tätigkeit zu betrachten und Disziplinen nicht mehr allein als Wissensgesamtheiten, sondern konkreter als Tätigkeitssysteme zu konzeptualisieren.

3. *Disziplinen als gegenstandsorientierte Systeme wissenschaftlicher Tätigkeiten*

Den konzeptualen Schlüssel zur Bearbeitung des wissenschaftshistorischen Problems der Disziplingenese bietet die Behandlung der Disziplinen als Systeme wissenschaftlicher Tätigkeiten, die in sich integriert und nach objektiven Kriterien aus der Gesamtheit aller anderen wissenschaftlichen Tätigkeiten herausgehoben, keineswegs aber von diesen isoliert sind. Diese Bestimmung ist noch immer sehr schwach; nichtsdestoweniger gestattet sie bereits einige für die historische Forschung wesentliche Differenzierungen. Bekanntlich können Systeme wissenschaftlicher Tätigkeiten nach unterschiedlichen Prinzipien konstituiert werden. Systeme beispielsweise, die durch das Ziel integriert werden, eine bestimmte praktikable Lösung hervorzubringen – (etwa das Wirkprinzip oder die Konstruktion eines Gerätes) sind *final orientierte Tätigkeitssysteme* und passen häufig nicht in den Rahmen einer Disziplin, vor allem: sie konstituieren selbst keine Disziplin. Disziplinen sind ausschließlich *gegenstandsorientierte Tätigkeitssysteme*, der systembildende Faktor ist der Abbildbezug zum Gegenstand bzw. die Abbildintention bezüglich des Gegenstandes. Damit wird die weiter oben ausgesprochene Behauptung vom konstitutiven Charakter des Gegenstandsbezuges für die Existenz einer Disziplin in die Tätigkeitsauffassung integriert. Hier ist zu beachten, daß wir keinesfalls etwa eine disjunkte Scheidung aller wissenschaftlichen Tätigkeiten in disziplinäre und nichtdisziplinäre postulieren. Wir behaupten lediglich, daß die Orientierung wissenschaftlicher Tätigkeiten auf einen bestimmten Erkenntnisgegenstand das systembildende Prinzip einer Disziplin darstellt. Die verschiedenen Tätigkeiten jedoch, die auf diese Weise zu einer Disziplin integriert werden, können in anderen Zusammenhängen *gleichzeitig* auch Elemente anderer wissenschaftlicher Tätigkeitssysteme – disziplinärer oder nichtdisziplinärer – sein, und vielfach sind sie es auch. Industrielle Forschungs- und Entwicklungsarbeiten sind ihrem unmittelbaren Zweck nach in der Regel final integriert, doch zugleich gehören sie den Tätigkeitssystemen verschiedener Wissenschaftsdisziplinen an, sofern sie neues Wissen über die Eigenschaften der Materie zutage fördern.

12 G. Kröber, Interdisziplinarität – ein aktuelles Erfordernis der Gesellschafts- und Wissenschaftsentwicklung, in: DZfPh, 5/1983, S. 575.

Als gegenständlich orientierte Tätigkeitssysteme sind Disziplinen ihrer Intention nach endlos. Jeder Gegenstand ist für das menschliche Erkennen unerschöpflich, und es ist das Erreichen beliebiger konkreter Ziele zur Erforschung des Gegenstandes nicht mit dem Erlöschen der Disziplin identisch. Anders verhält es sich mit final orientierten Tätigkeitssystemen: ein solches System hört mit dem Erreichen seines Zieles, gegebenenfalls auch mit der Einsicht in die Unmöglichkeit der Zielerreichung, zu bestehen auf. Es ist daher anzunehmen, daß zugleich mit dem Merkmal der Gegenstandsorientiertheit auch das Merkmal der *Permanenz* zu den notwendigen Bestimmungsstücken einer Disziplin gehört. Damit eine Disziplin entstehen kann, ist es also nicht hinreichend, daß die Erkenntnis überhaupt auf einen bestimmten Gegenstand gelenkt wird. Vielmehr müssen auch Bedingungen vorhanden sein oder entstehen, die die Permanenz des Gegenstandsbezuges gewährleisten.

Die Untersuchungen verschiedener Beispiele haben zu dem Ergebnis geführt, daß es nicht selten Fälle gegenstandsorientierter Erkenntnisaktivitäten gibt, denen es nicht gelingt, Permanenz zu sichern, und die früher oder später von anderen Disziplinen absorbiert werden, mitunter auch unter Aufteilung ihrer ursprünglichen Problematik auf verschiedene Zuständigkeitsbereiche. Hier besteht ein Übergangsfeld von kurzzeitigen intermediären Gebilden bis hin zu Disziplinen mit einer Perspektive ohne absehbare Grenzen. H. Hörz, der die Haupttendenz der Interdisziplinarität darin sieht, Keimform neuer Disziplinarität zu sein, vermerkt zugleich die Möglichkeit, „daß Konturen einer neuen Disziplin, die sich abzeichnen, sich wieder auflösen und daß die Lösung einer dringenden komplexen Aufgabe zwar zur interdisziplinären Arbeit führt, aber mit dem Ende der Forschung auch das Ende dieser Zusammenarbeit verbunden ist“[13]. Es ist dabei Sache der Konvention, welche Mindestexistenzdauer unterstellt wird, um von einer Disziplin sprechen zu können. Ohne Heranziehen der soziologischen Dimension der Wissenschaft wird sich hier schwerlich ein sicheres Urteil fällen lassen. Ungeklärt ist auch, inwieweit man Gebilde, die durch die Permanenz eines bestimmten Typs praktischer Zielstellungen aufrechterhalten werden und disziplinäre Institutionalisierungsformen aufweisen, jedoch keine selbständige und ganzheitliche Gegenstandsorientierung ausbilden, zu den „echten“ Disziplinen rechnen kann. Das bekannteste Beispiel eines solchen Falles ist wohl die Kameralistik.[14] Darüber hinaus kann jedes Gebiet, an dessen disziplinärem Status kein Zweifel besteht, dann sein Ende finden, wenn die Orientierung auf die Erkenntnis seines Gegenstandes nicht aufrechterhalten oder zum Teilaspekt eines umfassen-

13 H. Hörz, Die Rolle der Wissenschaftlerpersönlichkeit im interdisziplinären Prozeß, in: DZfPh, 5/1983, S. 597.

14 Vgl. B. Schminnes, Kameralwissenschaften — Bildung — Verwaltungstätigkeit, in: B. Bekemeier/H. N. Jahnke/I. Lohmann/M. Otte/B. Schminnes (Hrsg.), Wissenschaft und Bildung im frühen 19. Jahrhundert II, Institut für Didaktik der Universität Bielefeld. Materialien und Studien, Bd. 30, Bielefeld 1982, S. 99—327.

deren Gegenstandsbezuges wird. Das Problem des „Lebensweges" von Disziplinen nach Abschluß ihrer Genese und des möglichen Aufhörens ihrer Existenz soll jedoch an dieser Stelle nicht weiter untersucht werden.

Wenn wir zunächst noch von dem sozialen Mechanismus absehen, der den Gegenstandsbezug einer Disziplin permanent aufrechterhält, so können wir zunächst einmal nach der *kognitiven Orientierung* fragen, über die sich dieser Gegenstandsbezug im disziplinären Tätigkeitssystem unmittelbar verwirklicht. Diese kognitive Orientierung existiert als Disposition der Erkenntnissubjekte, als subjektive Repräsentanz des Gegenstandes – doch nicht als „ruhendes" Abbild, sondern in problemhafter und motivationaler Gestalt, in der das Bedürfnis von Wissenschaft und Gesellschaft nach systematischer Untersuchung eines bestimmten Gebietes zu persönlichen und kollektiven Antrieben wird. Es wird allgemein anerkannt, daß eine einheitliche, konsistente, operable und entwicklungsfähige Theorie dies jedenfalls leistet, und nicht selten finden wir, daß das Vorhandensein einer solchen Theorie als selbstverständliches Attribut einer Disziplin genannt wird. Allerdings sind in der philosophisch-methodologischen Literatur und auch im Selbstverständnis der Fachwissenschaftler sowie der Wissenschaftshistoriker die Ansichten darüber, welchen Anforderungen ein Aussagensystem genügen muß, um als eine Theorie akzeptiert zu werden, geteilt bis kontrovers.[15] Es ist zweifellos auch unmöglich, dafür überhistorische und für alle Gebiete gleichermaßen gültige Kriterien zu benennen. Aber wie großzügig man auch immer den Begriff der Theorie auslegen mag, unbestreitbar dürfte doch sein, daß eine Theorie eine einheitliche Ansicht über das Wesen des untersuchten Gegenstandes zum Ausdruck bringen muß. Diese einheitliche Ansicht wird sich in der Regel im rationalen Vergleich mit anderen früher oder gleichzeitig vertretenen Ansichten artikulieren und hat insofern mit paradigmatischer Abgeschlossenheit im Sinne von T. S. Kuhn nichts gemein, aber sie verpflichtet ihre Anhänger jedenfalls auf gewisse gemeinsame Erklärungsprinzipien.

Es ist nun allerdings in höchstem Maße fraglich, ob und inwieweit man selbst für hochentwickelte, „reife" Disziplinen das Vorhandensein einer solchen Theorie obligatorisch voraussetzen darf. Doch für entstehende Disziplinen, für Disziplinen *in statu nascendi*, ist eine derartige Forderung einfach utopisch. Gewiß gibt es Fälle wie den der relativistischen Physik, in denen ein gewisser Theorienentwurf den Entstehungsprozeß einer Disziplin eröffnete, doch generell dürften derartige Fälle eher eine Ausnahme als die Regel sein. Die vorliegenden historischen Studien zeigen, daß die Herausbildung von Disziplinen zwar bisweilen von theore-

15 Vgl. V. S. Stepin, Stanovlenie naučnoi teorii, Moskva 1976; V. S. Černjak, O prirode naučnoi teorii, in: Voprosy filosofii (Moskva), 6/1977, S. 71–81; G. I. Ruzavin, Naučnaja teorija. Logiko-metodologičeskij analiz, Moskva 1978; G. I. Ruzavin, Razvitie teoretičeskich form poznanija v processe naučnogo issledovanija, in: Voprosy filosofii (Moskva), 3/1980, S. 73–84; D. K. Venckovskij, Filosofsko-metodologičeskij analiz naučnoi teorii (Obzor literatyry), in: Voprosy filosofii (Moskva), 9/1980, S. 169–176.

tischer Konvergenz und Synthese, bisweilen aber auch umgekehrt von theoretischer Divergenz gekennzeichnet ist. Verschiedene Autoren heben direkt die positive Rolle theoretischer Grundsatzkontroversen bei der Entstehung von Disziplinen und damit auch die Möglichkeit ihrer Existenz und erfolgreichen Entwicklung in einem solchen Spannungsfeld hervor. Das spricht entschieden gegen eine Verabsolutierung des Konsensuspostulats und ist ein wichtiges Argument gegen eine konventionalistische Fehldeutung der disziplinären Identität.[16] Das Phänomen der theoretischen Divergenz im Stadium der Disziplinbildung ist besonders am Beispiel der Psychologie untersucht worden, da doch die Wundtsche Schule geradezu ein Paradestück des Auseinanderstrebens der theoretischen Standpunkte bot.[17] Soll man sich nun auf den Standpunkt stellen, hier könne aufgrund der tiefgreifenden Differenzen in den Fundamentalfragen von einer „echten" Disziplinbildung gar nicht die Rede sein? Ein solcher Ausweg wäre unseres Erachtens destruktiv, denn das rasche Aufblühen der Psychologie ungeachtet der grundlegenden theoretischen Differenzen, die sich im Neben- und Gegeneinander und in der Ablösung zahlreicher Schulen äußerten, bliebe sonst unerklärlich. Andererseits muß eine gewisse gemeinsame Orientierung der Wissenschaftler auf den Gegenstand vorhanden sein, damit eine Disziplin bestehen kann.

Um bei der Identifizierung des Entstehungsprozesses einer Disziplin nicht fehlzugehen, haben wir das kognitive Minimum zu bestimmen, das als elementare Existenzbedingung einer Disziplin in Gestalt einer gemeinsamen Einstellung ihrer Vertreter unbedingt gegeben sein muß und das auch im Fall tiefgreifender theoretischer Differenzen unangetastet bleibt. Von einer Theorie werden Erklärungsleistungen verlangt, zumindest in Gestalt erklärender Hypothesen, doch das ist schon ein recht hohes Niveau wissenschaftlicher Widerspiegelung der Realität. Bevor ein Phänomen erklärt werden kann, muß es korrekt beschrieben sein, und die elementarste Funktion der Beschreibung besteht in der Identifizierung der zu beschreibenden Erscheinungen, in ihrer Unterscheidung von anderen, die entweder gar nicht oder nur als Umgebung des Beschreibungsobjekts zur Kenntnis genommen werden. Damit können wir das *kognitive Minimum*, das den Einstellungen der Vertreter einer Disziplin *gemeinsam* sein muß, funktionell folgendermaßen bestimmen: es muß gewährleisten, daß empirisch registrierbare Phänomene als Erscheinungsformen des Gegenstandes der Disziplin identifiziert werden können; auf diese Weise wird eine gemeinsame Relevanzbewertung der Phänomene möglich, wenn nicht komparativ, so doch wenigstens auf der Ebene von Ja-Nein-Entscheidungen. In den Regulativen des empirischen Verhaltens der Forscher müssen gewisse Konsensusforderungen erfüllt sein, während auf der Ebene der theoretischen Interpretationen der Beobachtungen

16 Vgl. M. Guntau, Zur Herausbildung wissenschaftlicher Disziplinen in der Geschichte (Thesen), in: Rostock. Wiss.-Hist. Mskr., Heft 1, Rostock 1978, S. 20–21.

17 Vgl. M. G. Jaroševskij, Istorija psichologii, Moskva 1976, S. 225–248.

und Experimente nicht nur Differenzen, sondern sogar Gegensätze und Kontroversen vorliegen können.

Die Identifizierung von Erscheinungen ist an Prozeduren gebunden, die von der technisch „unbewaffneten“ Beobachtung sinnlich gegebener Phänomene (etwa der Zuordnung beobachteter Exemplare von Pflanzen oder Tieren nach einem Satz von Standardmerkmalen zu Arten oder Gattungen) bis zu experimentellen Prozessen mit extrem komplizierter technischer Vermittlung (etwa der Registrierung instabiler Elementarteilchen) reichen. Über die Gesamtheit solcher Prozeduren und die Resultate ihrer Anwendung muß relative Übereinstimmung bestehen. Selbstverständlich können gewisse Prozeduren unterschiedlich eingeschätzt werden, aber es ist unmöglich, daß die Vertreter einer Disziplin über alle Identifizierungsprozeduren nicht übereinstimmen. Dies ist das kognitive Minimum, das als Kristallisationskern einer Disziplin in Frage kommt. Es kann zwar beliebig überschritten, aber nicht unterschritten werden. In der ersten Etappe eines neuen Gebietes ist es nach Ansicht von E. M. Mirskij „eine für alle Teilnehmer zufriedenstellende Ausgliederung des Objekts aus der Umgebung“[18], die maximale Schwierigkeiten bereitet.

L. Läsker sieht die Normierung des Terminigebrauchs als wesentlichen Inhalt einer „Disziplinierung“ der Kommunikation und vertritt die Auffassung: „Disziplin können wir danach auch bestimmen als den Bereich der Kommunikation, in dem die Verwendung von Termini nach einheitlichen Gesichtspunkten normiert werden kann oder in dem Kommunikation ohne Bedeutungsveränderung der Termini möglich ist.“[19] Diese Feststellung hat zweifellos eine richtige Tendenz, doch sie erscheint uns zu absolut. Die obligatorische Normierung betrifft unseres Erachtens primär die empirisch-operationale und die logisch-operationale Komponente des Wissens (Meßvorschriften und Maßeinheiten, logische und mathematische Umformungsregeln usw.), weit weniger die theoretische Komponente – denn ohne fließende Begriffe kann es auch keine Entwicklung des Wissens geben.[20]

Welche gedanklichen Gebilde können jenes Minimum an Konsensus gewährleisten? Selbstverständlich sind dazu Objektbeschreibungen verschiedener Stufen imstande, auch solche, die in der Alltagssprache gehalten sind und mit Termini aus schon etablierten Disziplinen („Mutterdisziplinen“) operieren. Im Zentrum steht unseres Erachtens jedoch prozedurales Wissen, Vorschriften für die Verfahren, die zur Identifizierung der den Gegenstand repräsentierenden Objekte

18 E. M. Mirskij, Wissenschaftswissenschaft und interdisziplinäre Wissenschaftsforschungen, in: G. Kröber/H. Laitko/H. Steiner (Hrsg.), Wissenschaft und Forschung im Sozialismus, Berlin 1974, S. 436.

19 L. Läsker, Wissenschaftsdisziplinen und Wissenschaftsentwicklung an der Universität, in: Ebenda, S. 514.

20 Zur Differenzierung und zum Verhältnis von theoretisch-gegenständlichem und operationalem Aspekt des Wissens vgl.: D. V. Pivovarov, O sootnošenii predmetnogo i operacionalnogo komponentov naučnogo znanija, in: Voprosy filosofii (Moskva), 5/1977, S. 89–98.

angewandt werden. Diese Vorschriften können mit expliziten Vorstellungen über die Beschaffenheit der Objekte begründet sein, müssen es aber nicht zwingend und in jedem Fall, denn die Ansichten über diese Objekte bilden ja eben – zumal in Frühstadien der Disziplinbildung – nicht selten ein Feld, auf dem Kontroversen ausgetragen werden. Dabei ist zu bedenken, daß die Identifizierungsprozeduren durchaus nicht immer den Charakter eines mehr passiven Registrierens der Erscheinungen tragen, das die Welt der gegebenen Objekte des Untersuchungsraumes nicht wesentlich beeinflußt. Im Gegenteil ist es oft genug ein und derselbe Gerätekomplex, der durch Wechselwirkung mit den Untersuchungsobjekten die beobachtbaren Erscheinungen überhaupt erst erzeugt und der zur Registrierung dieser Erscheinungen und damit zur Identifizierung des Gegenstandes dient. Die Prozeduren und die Ergebnisse ihrer Anwendung werden in einer Sprache ausgedrückt, die hinreichend genau ist, um den Forschern, die vermittelst dieser Sprache miteinander kommunizieren, die identische Wiederholung dieser Prozeduren und damit die Reproduktion der Ergebnisse zu gestatten. In diesem Sinne faßt G. Wangermann die allgemeinen Normierungsbedingungen für den experimentellen Umgang mit Forschungsobjekten folgendermaßen zusammen: „Erstens muß vom (denkbaren) Forschungsmittel bzw. vom Typus des anzuwendenden Forschungsgerätes mit möglichst hoher Wahrscheinlichkeit angenommen werden können, daß deren grundlegende Gesetzesaussagen und Prinzipien die am Forschungsobjekt vermuteten Sachverhalte treffen. Zweitens muß vom (tatsächlichen) Forschungsgerät mit hoher Wahrscheinlichkeit angenommen werden können, daß bei dessen Einwirken die Eindeutigkeit identischer Proben des Objekts innerhalb bestimmter, angebbarer Grenzen gewahrt bleibt (umgekehrt dürfen Proben des Objekts die Eindeutigkeit des Forschungsgeräts nicht nachweislich in Frage stellen).“[21] Eine eindeutige Reproduktion empirischer Befunde ist selbst dann möglich, wenn sich die vorhandenen Kenntnisse über den Gegenstand auf prozedurales Wissen beschränken, sich (noch) nicht von der Kenntnis der Prozeduren abtrennen lassen. In modernen experimentellen Gebieten, die den empirischen Zugang zu ihren Gegenständen nicht anders als durch tiefgehende Umgestaltung der gegebenen Natur freilegen können (klassisches Beispiel: Hochenergiephysik), sind solche Situationen häufig; ihre erkenntnistheoretische Problematik ist im Zusammenhang mit der Frage nach dem Wesen der quantenphysikalischen Messung und der Objektivität der quantenmechanischen Beschreibung umfassend diskutiert worden.[22] Daran anknüpfend sei hier bemerkt, daß prozedurales

21 G. Wangermann, Objekt und Methode als Korrelat der Interdisziplinarität in der experimentellen Forschung, dargestellt am Beispiel der Elektronenmikroskopie, in: H. Parthey/K. Schreiber (Hrsg.), Interdisziplinarität in der Forschung. Analysen und Fallstudien, Berlin 1983, S. 52/53.

22 Vgl. Gnoseologičeskie aspekty izmerenij, Kiev 1968; A. I. Pančenko, Problema izmerenija v kvantovoi fizike, in: Voprosy filosofii (Moskva), 3/1982, S. 54–62; E. P. Andreev, Izmerenie kak sredstvo poznanija, in: Voprosy filosofii (Moskva), 9/1982, S. 87–94.

Wissen, obwohl es der Form nach subjektbezogen ist, dennoch keine bloße Konvention, sondern objektives Wissen über den Gegenstand ist, der mittels dieser Prozeduren empirisch-experimentell erschlossen wird. Unstreitig enthält das prozedurale Wissen einen hohen Grad an Konvention, beispielsweise bei der Festlegung von Maßeinheiten (soweit sie nicht durch objektiv-reale Maßverhältnisse bestimmt werden), doch nur ein konventionalistischer Standpunkt könnte die im wissenschaftlichen Erkennen gebrauchten Konventionen als bloße Willkür mißdeuten. Im Zusammenhang ihres Gebrauches betrachtet, erweisen sie sich als Momente flexibler Anpassung des erkennenden Subjekts an die Lösung der Aufgabe, ein objektiv wahres Abbild der Realität zu gewinnen. Prozedurales Wissen ist eben deshalb objektiv, weil die Prozeduren, die es repräsentiert, objektiv-reale Erscheinungen *reproduzierbar* zu identifizieren (und gegebenenfalls: zu erzeugen und zu identifizieren) gestatten.

Reproduzierbarkeit bedeutet, daß das prozedurale Wissen Invarianten enthält, die aus der objektiv-realen Beschaffenheit des untersuchten Gegenstandes entspringen. Das Netz dieser grundlegenden Invarianten kann man in Anlehnung an M. G. Jaroševskij als kategorialen Bau des wissenschaftlichen Erkennens ansehen.[23] Wir können danach sagen, daß das kognitive Minimum, das für die Existenz einer Disziplin erforderlich ist, mit dem Vorhandensein eines unterscheidenden kategorialen Netzes gegeben ist. Im Keimzustand existieren solche Netze als Tiefenstrukturen des prozeduralen Wissens, das die empirisch-experimentelle Beherrschung eines bestimmten Gegenstandsbereiches ermöglicht; dann aber ist ihre Existenz implizit, bleibt den Forschern verborgen – „überbewußt", d. h. über die Sphäre des dem Individuum aktuell Bewußten hinausgehend und in den kommunikativen Strukturen enthalten, die die erkennenden Individuen untereinander und mit dem Fundus der Menschheitskultur verbinden. Der von Jaroševskij eingeführte Begriff des Überbewußten scheint auch für die Analyse von Disziplin*genesen* fruchtbar zu sein, denn er verweist auf Keimformen disziplinärer Existenz. Für die dialektisch-materialistische Erkenntnistheorie ist es nicht verwunderlich, daß das wissenschaftliche Erkennen, obwohl es subjektiv in höchstem Grade bewußt verläuft, zugleich ein objektiv-realer, weil gesellschaftlicher Prozeß ist, der mehr erzeugt und mehr enthält, als jedem seiner individuellen Akteure und allen gemeinsam aktuell bewußt ist. Die Entwicklung der Erkenntnis treibt jedoch stets dahin, dem Wissen einen höheren Grad von Objektivität zu verleihen (es stärker zu „objektivieren"), indem unmittelbare theoretische Abbilder des Gegenstandes geschaffen werden, die von der Kenntnis

23 Dieses Konzept – einschließlich der für seine Darstellung neu eingeführten Termini wie „Überbewußtes" – ist von M. G. Jaroševskij im Zusammenhang mit seinen historischen und methodologischen Untersuchungen zum Werk des bedeutenden russischen Physiologen I. M. Sečenov und seiner Stellung in der Entstehungsgeschichte der wissenschaftlichen Psychologie entwickelt worden. – Vgl. M. G. Jaroševskij, Sečenov i mirovaja psichologičeskaja mysl, Moskva 1981, S. 129–185.

der Prozeduren des Umgangs mit ihm abgehoben sind; auf dieser Ebene gehen die kategorialen Netze aus ihrer überbewußten in ihre bewußte Daseinsweise über. Genaugenommen tun sie es sukzessiv und approximativ, denn auch in der Entwicklung „fertiger" Disziplinen dauert die Arbeit an der Vertiefung der kategorialen Grundlagen an. Daraus ergibt sich als Konsequenz für das Verständnis der Disziplinentstehung, daß bereits die Verständigung über den normierten Umgang mit gewissen Klassen von Forschungsobjekten, gegebenenfalls unter Einschluß von Prozeduren zur Herstellung hinreichend identischer Exemplare solcher Objekte unter kontrollierten Bedingungen, ausreichend sein kann, um den erforderlichen Kommunikationsrahmen für die Existenz eines disziplinären Tätigkeitssystems zu schaffen.

Es erscheint uns auch überlegenswert, aus dieser Sicht die Frage zu analysieren, ob Gebiete der bürgerlichen und der marxistisch-leninistischen Gesellschaftswissenschaften, die von vornherein auf gegensätzlichen theoretisch-ideologischen Fundamenten beruhen, als klassenmäßig gegensätzliche Ausprägungen ein und derselben Disziplin zu behandeln sind oder ob man sie als verschiedene Disziplinen ansehen muß. Die Problematisierung und Widerlegung bürgerlicher Positionen mit marxistisch-leninistischen Argumenten innerdisziplinären Charakters würde das erstere voraussetzen. Eine elementare Antwort ohne konkrete Analyse gibt es jedoch auf keinen Fall, denn man muß prinzipiell damit rechnen, daß Gebiete mit gleichem oder ähnlichen Namen nichtidentische Gegenstände abbilden und damit die Grundlage für ihre Zurechnung zu ein und derselben Disziplin von vornherein fehlt. So wird das Verhältnis von bürgerlicher und marxistischer Ökonomie schon dadurch kompliziert, daß ihre bürgerlichen Ansätze die Produktionsverhältnisse (die von der marxistischen Politökonomie als Zentrum ihres Gegenstandes anerkannt werden) nicht nur anders als die marxistische Theorie deuten, sondern im wesentlichen überhaupt umgehen.

Das alles bedeutet in gar keiner Weise eine Unterschätzung der Rolle des theoretischen Wissens in einer Disziplin. Es bleibt ein unverzichtbares Ideal des wissenschaftlichen Erkennens, den einheitlichen Gegenstand einer Disziplin auch in einer einheitlichen disziplinspezifischen Theorie abzubilden. Der Weg zur Realisierung dieses Ideals kann aber äußerst langwierig sein. Die Gegenstandsorientierung eines disziplinären Tätigkeitssystems kann bereits dann initiiert und aufrechterhalten werden, wenn eine disziplinspezifische Theorie noch nicht oder in kontroversen Varianten vorliegt. Theoretische Konzeptionen verschiedenen Reifegrades gewährleisten diese Funktionen jedoch effektiver. In einem der eigenen Theoriebildung vorhergehenden Zustand sind die zur Identifizierung (und gegebenenfalls Erzeugung) der den Gegenstand repräsentierenden Objekte angewandten Methoden in der Regel auch nicht Ergebnis bloßen Probierens, sondern werden mit Hilfe von Theorien anderer Disziplinen entwickelt.

4. Disziplinen als soziale Institutionen

Die kognitiven Eigenschaften eines disziplinären Tätigkeitssystems, so spezifisch und so fundamental sie auch immer sind, erklären weder sein erstmaliges Zustandekommen noch seine Permanenz. An dieser Stelle der Argumentation wird es unumgänglich, auf die Subjekte, die sozialen „Träger" dieser Tätigkeiten Bezug zu nehmen, ihre *Motivation*, die sie zu deren Ausführung veranlaßt, und ihre *Qualifikation*, die sie dazu befähigt, sowie die umfassenderen gesellschaftlichen Zusammenhänge, in denen solche Motivationen und Qualifikationen entspringen und legitimiert werden.

Eine Disziplin muß einen professionellen oder quasi-professionellen Kern von Individuen besitzen, die überwiegend für die Entwicklung der Disziplin tätig sind. Nicht immer und nicht zu allen Zeiten wurde dieser Kern durch Etablierung eines besonderen Berufes aufrechterhalten, aber die umfassende Professionalisierung der Wissenschaft im 19. Jahrhundert ist jedenfalls mit den – im Zusammenhang mit dem Aufstieg der philosophischen Fakultäten an den Universitäten – stürmisch einsetzenden Disziplinbildungsprozessen verbunden.[24] Der Konnex von Disziplinbildung und Ausprägung besonderer Berufe ist bisher ungenügend durchleuchtet; wir werden an dieser Stelle die Frage nicht weiter verfolgen, können aber davon ausgehen, daß die Herausbildung eines disziplinspezifischen Berufes mit den entsprechenden rechtlichen Regelungen und die Durchsetzung der Berufsbezeichnung ein sicherer Indikator für eine *erfolgte* Disziplingenese ist, während es umgekehrt nicht zulässig ist, aus dem Fehlen eines fixierten und anerkannten Berufes auf die Nichtexistenz der Disziplin zu schließen. Die Existenz disziplinärer Professionalisierung ist jedenfalls ein nachgeordnetes Merkmal einer Disziplin; primär bleibt das gegenstandsorientierte Tätigkeitssystem, das immer über den professionellen Kern der Disziplin hinausreicht. Vertreter der Disziplin B können auch zur Entwicklung der Disziplin A beitragen und sich damit in deren Tätigkeitssystem einschalten, obwohl sie es nicht in seiner ganzen Komplexität beherrschen. Solche Beiträge sind oft von fundamentaler Bedeutung für die Entwicklung derjenigen Disziplin, der sie zugute kommen – man denke nur an die Leistungen, die Mathematiker für den Fortschritt der Physik oder Physiker für den Fortschritt der Technikwissenschaften vollbracht haben, ohne daß sie damit aufhörten, Mathematiker bzw. Physiker zu sein.

Für den professionellen Kern einer Disziplin hat sich die Bezeichnung *„disziplinäre Gemeinschaft"* (community, soobščestvo) eingebürgert.[25] Allerdings

24 Vgl. E. Mendelson, The Emergence of Science as a Profession in Nineteenth Century Europe, in: K. Hill (Hrsg.), The Management of Scientists, Boston 1964; W. V. Farrer, Science and the German University System 1790–1850, in: M. Crosland (Hrsg.), The Emergence of Science in Western Europe, New York 1976, S. 179–192.

25 Die wohl erste große soziologische Arbeit in der gedanklichen Richtung der funktionalistischen Schule von R. K. Merton und B. Barber mit einer Fülle empirischen Materials zu

muß man dabei von den ethisch-sozialen Nuancen der Bedeutung des deutschen Wortes „Gemeinschaft" rigoros absehen, um so mehr, als konservative bürgerliche Ideologen damit bisweilen die irreführende Vorstellung von einer klassen- und systemübergreifenden, politisch neutralen Solidarität der Gelehrten aller Länder verbinden. Die Zugehörigkeit zu einer Disziplin stiftet keine solchen Werte, die den Wissenschaftler von seiner Klasse und seiner Gesellschaft abschließen, die Klassenfronten gehen durch die wissenschaftlichen Disziplinen hindurch. Eine disziplinäre Gemeinschaft wird primär durch die auf den disziplinspezifischen Gegenstand gerichtete Erkenntnisintention und -disposition der Wissenschaftler zusammengehalten, sekundär durch die institutionellen Formen, die diese Gemeinschaft hervorbringt bzw. in denen sie sich bewegt. Sie besteht aus Individuen, die bezogen auf den Gegenstand der Disziplin kompetent kommunizieren. G. Kröber schreibt, eine disziplinäre Gemeinschaft sei „immer auch eine Diskursgemeinschaft, die sich in der Kommunikation untereinander auf einem bestimmten Argumentationsstand bewegt und disziplinspezifische Argumentationsschemata entwickelt, die jeder zu befolgen gehalten ist, wenn er als zur Disziplin gehörig angesehen werden will"[26]. Diese gegenstandsbezogene Kommunikation, die die disziplinäre Gemeinschaft eigentlich erzeugt, findet in den verschiedensten, auch historisch wandelbaren Formen von interpersonellem Dauerkontakt in der Forschungsgruppe oder am Lehrstuhl über die zeitweiligen Begegnungen auf wissenschaftlichen Veranstaltungen aller Art bis hin zur Zirkulation von Literatur statt.[27]

Mit der Feststellung, daß eine disziplinäre Gemeinschaft übergeordnete gesellschaftliche Bindungen nicht außer Kraft setzt, ist allerdings nicht gesagt, daß sie keine eigenen Werte hervorbringt. Jedes permanent funktionierende System von Beziehungen zwischen Menschen erzeugt Werte, die regulierend und stabilisierend auf dieses System zurückwirken. So verhält es sich auch bei einer Disziplin, und Imponderabilien des Verhaltens, Eigenarten des Denkstils, die sich nicht aus dem Corpus des Wissens der betreffenden Disziplin erklären lassen, gehen häufig gerade auf die Wirksamkeit derartiger Wertorientierungen zurück. Nur können sich die disziplinären Werte ihrer Natur nach allein auf das beziehen, was den Inhalt der jeweiligen Disziplinen betrifft. Disziplinen haben Kriterien der Wissenschaftlichkeit, die sowohl durch die Besonderheiten ihres Gegenstandes als auch durch den Reifegrad ihrer Entwicklung modifiziert sind und bestimmen, wann eine Leistung überhaupt als Beitrag zur Disziplin akzeptiert werden kann

diesem Thema ist das Buch von: W. O. Hagstrom, The Scientific Community, New York–London 1965.

26 G. Kröber, Interdiziplinarität – ein aktuelles Erfordernis der Gesellschafts- und Wissenschaftsentwicklung, in: DZfPh, 5/1983, S. 577; vgl. auch: A. P. Ogurcov, Disciplinarno je znanie i naučnyje kommunikacii, in: Sistemnyje issledovanija, Ežegodnik 1979, Moskva 1980, S. 299–325.

27 Vgl. E. K. Scheuch/H. v. Alemann (Hrsg.), Das Forschungsinstitut. Formen der Institutionalisierung von Wissenschaft, Erlangen–Nürnberg 1978.

und wie hoch sie in der Rangskala der disziplinären Wertschätzung einzustufen ist. Man kann durchaus sagen, „daß eine wissenschaftliche Disziplin immer etwas mit *Disziplin* (im Sinne der Alltagssprache) zu tun hat: mit dem Eingeschworensein auf eine bestimmte Sichtweise des Forschungsobjekts, mit dem unbedingten Festhalten an dem disziplinären Paradigma, mit dem Gebrauch einer verbindlichen Terminologie, einer Fachsprache, eines ebenso verbindlichen Begriffsapparates, mit der strikten Einhaltung methodischer und experimenteller Standards usw."[28] Allein die Frage, wann Aussagen, Schlußfolgerungen, Theorien, Begriffe in einer Disziplin als *exakt* (oder „streng") gelten, würde bei ihrer vergleichenden Beantwortung für verschiedene Disziplinen ein ganzes Spektrum unterschiedlicher disziplinärer Wertorientierungen an den Tag bringen. Viele philosophisch-methodologische Kontroversen waren und sind damit verbunden, daß die in einer Disziplin bewährten Kriterien der Wissenschaftlichkeit auf andere Disziplinen (oder gar auf alle anderen) normativ extrapoliert werden. Damit hängen auch praktische Schwierigkeiten der zwischendisziplinären Kontakte und der interdisziplinären Arbeit zusammen, insbesondere dann, wenn sich diese Wertorientierungen mehr in emotionalen Einstellungen als in rational reflektierten Überzeugungen niederschlagen.

Noch so stabile und noch so sehr mit den Bedürfnissen der Praxis koinzidierende Erkenntnisinteressen reichen in der Regel nicht aus, um einer disziplinären Gemeinschaft – und damit einer Disziplin – Permanenz zu sichern. Es müssen soziale Voraussetzungen vorhanden sein, die es einer hinreichenden Zahl von Menschen ermöglichen, einen beträchtlichen Teil ihrer Zeit ständig der Gewinnung und Verbreitung von Erkenntnis über den jeweiligen Gegenstand zu widmen, und es muß Mechanismen geben, die die Kommunikation innerhalb dieses Personenkreises aufrechterhalten. Mit anderen Worten, Permanenz einer Disziplin ist nur durch eine gewisse soziale *Institutionalisierung* zu erreichen. Disziplinäre Institutionen sind soziale Existenzformen von Disziplinen, die ihnen Permanenz verleihen, es sind gleichsam die „geronnenen", materialisierten Gestalten ihrer gesellschaftlichen Anerkennung.[29] Es wäre allerdings nicht gerechtfertigt, einen bestimmten Satz von Institutionen einer Disziplin als für alle Fälle und alle Zeiten obligatorisch zu dekretieren; vor allem mit Merkmalen wie der disziplinären Professionalisierung ist vorsichtig umzugehen.[30] Im 18. Jahrhundert genügten vielfach Gelehrtenkorrespondenz (aber schon ihr Zustandekommen setzt eine kommunikative Infrastruktur der Gesellschaft voraus!), Bücher und gelegentliche

28 G. Kröber, Interdisziplinarität – ein aktuelles Erfordernis der Gesellschafts- und Wissenschaftsentwicklung, in: DZfPh, 5/1983, S. 576.

29 Vgl. E. M. Mirskij, Wissenschaftswissenschaft und interdisziplinäre Wissenschaftsforschungen, a. a. O., S. 433; A. Titmonas, K voprosu o predposylkach institucionalizacii nauki, in: V. Ž. Kelle/S. R. Mikulinskij (Hrsg.), Sociologičeskie problemy nauki, Moskva 1974, S. 158–173.

30 Vgl. R. Pester, Zum Verhältnis zwischen beruflicher Arbeitsteilung und Wissenschaftsentwicklung, in: DZfPh, 9/1980, S. 1058–1067; W. L. Bühl, Einführung in die Wissenschaftssoziologie, München 1979, S. 162–167.

persönliche Begegnungen, um disziplinären Zusammenhalt zu sichern, während es für die Wissenschaftler selbst noch typisch war, mehreren disziplinären Tätigkeitssystemen anzugehören – zwischen denen schon angesichts dieser personellen Multivalenz die Hürden erheblich niedriger waren als in späterer Zeit. Auch in unserer Zeit ist es durchaus nicht für jede Disziplin typisch, eigene Forschungsinstitute und Zeitschriften sowie separierte universitäre Ausbildungsgänge zu besitzen. In einer Untersuchung zur Entstehung montanwissenschaftlicher Spezialdisziplinen stellt H.-J. Gräser beispielsweise fest, daß auf die Herausbildung einer neuen Wissenschaftsdisziplin nur unter Beachtung internationaler Zusammenhänge geschlossen werden könne, und bemerkt: „Die Institutionalisierung im internationalen Rahmen ist unter Umständen – bei international erfolgter Herausbildung – bereits als vollzogen zu betrachten, wenn innerhalb eines Lehrstuhls eine relativ selbständige Vorlesungsreihe zur Disziplin besteht, ohne daß deren Bezeichnung sich in der des Lehrstuhles widerspiegelt."[31] Aus den angedeuteten Gründen ist es nach unserer Ansicht nicht angebracht, eine Liste institutioneller Attribute anzugeben, die vorhanden sein *müssen*, um von einer Disziplin sprechen zu können. Entscheidend ist vielmehr das funktionelle Charakteristikum der permanenten Konzentration eines untereinander gegenstandsbezogen kommunizierenden Personenkreises auf die Erforschung eines bestimmten Gegenstandsbereiches. Von Fall zu Fall ist zu prüfen, vermitteltst welcher institutioneller Formen die Funktionsqualität der Disziplin aufrechterhalten wird. Eine gewisse Zurückhaltung in dieser Frage erscheint uns zudem auch deshalb geboten, weil in der marxistischen Wissenschaftsforschung, die sich durch weitgefächerte Resultate zur erkenntnistheoretisch-methodologischen Seite der Wissenschaftsentwicklung auszeichnet, der soziologischen Untersuchung ihrer institutionellen Seite bislang *ungleich weniger* Aufmerksamkeit zuteil wurde. Diese Disproportion blieb nicht ohne Auswirkung auf die wissenschaftshistorische Arbeit und somit auch auf die in diesem Band vorgestellten Studien zur Disziplingenese.

Nichtsdestoweniger sind es gerade die disziplinären Institutionen, aus deren Vorhandensein am sichersten auf die Existenz einer Disziplin geschlossen werden kann. Wir haben hier jedoch daran zu erinnern, daß die Institutionen nur als die Formen zu begreifen sind, in denen das Leben einer disziplinären Gemeinschaft abläuft. Dies bedeutet nicht nur, daß sich Funktion und Entwicklung einer solchen Gemeinschaft nicht auf ihren Institutionalaspekt reduzieren lassen, sondern auch, daß eine disziplinäre Gemeinschaft bereits vorhanden sein kann, bevor ihr Dasein in eigenen Institutionen fixiert wird. Die in der Regel früheste Möglichkeit, die Entstehung einer Disziplin mit empirischen Indikatoren zu erfassen, besteht in der Identifizierung werdender disziplinärer Kommunikationsnetze

31 H.-J. Gräser, Einige Fragen der Herausbildung und Entwicklung von Spezialdisziplinen im Bereich der Montanwissenschaft, in: Rostock. Wiss.-Hist. Mskr., Heft 1, Rostock 1978, S. 121.

noch vor der Entstehung *eigener* kommunikativer Institutionen, die heute durch die rechnergestützte Analyse von Zitationsnetzen erleichtert wird. In der soziologisch orientierten bürgerlichen Wissenschaftsforschung hat sich eine Art Standardmodell des Prozesses der Entstehung von Kommunikationsnetzen in der Wissenschaft eingebürgert: Migration einzelner Forscher aus etablierten Gebieten zu einem neuen „topic"; periphere Teilnahme zahlreicher Interessenten; breitgefächerte Publikation in den verschiedensten Zeitschriften, geringer Konsensus; allmähliche Zunahme des Konsensusgrades, Anerkennung bestimmter Arbeiten als „paradigmatisch" und ständiges Zitieren dieser Arbeiten; Abbröckeln der nur peripher Beteiligten; rasches Wachstum der Menge publizierten Materials und der Rekrutierungsrate neuer Mitglieder der Gemeinschaft; Spezialisierung der Forschungslinien, so daß die Wahrscheinlichkeit der Überlappung und Konkurrenz minimiert wird.[32] Dieses Schema ist phänomenologisch in vielen Fällen zutreffend, aber der Zusammenhang mit der Entwicklung des Erkenntnisinhalts, die letztlich zur Entstehung von Forschungs- und Kommunikationsnetzwerken führt, bleibt in ihm äußerlich.

Überhaupt ist es übertrieben zu erwarten, daß die Identifizierung entstehender disziplinärer Kommunikationsnetze auf rein soziologische Weise, ohne jede Bezugnahme auf den Erkenntnisinhalt des Gebietes, möglich wäre. In diesem Zusammenhang erscheint uns M. J. Mulkays Bemerkung sehr aufschlußreich, daß die Ursprünge von Forschungsnetzwerken gewöhnlich nur retrospektiv identifiziert werden können und daß selbst die Teilnehmer an diesem Prozeß in den früheren Stadien die Herausbildung eines neuen Gebietes nicht bemerken.[33] Kommunikationsnetze können sich in der Wissenschaft aus unterschiedlichen Gründen herausbilden und müssen durchaus nicht eine gemeinsame Orientierung auf die Abbildung ein und desselben Gegenstandsbereiches vermitteln. So sehr die wissenschaftshistorische Forschung durch die Einbeziehung soziologischer Denkweisen auch bereichert werden kann, so sehr wird sie entstellt, wenn sie in ein äußerliches Soziologisieren abgleitet. Soziologische Mittel werden in der Wissenschaftsgeschichte nur fruchtbar, wenn sie dazu dienen, ihr traditionelles Problem, die Entwicklung der wissenschaftlichen Erkenntnis, bearbeiten zu helfen. Auch hier bleibt kein anderer Weg als die Verfolgung der Erkenntnisentwicklung bis zur Herausbildung jener Problemsituationen, die zum Anlaß für die Entstehung disziplinärer Kommunikationsnetze werden können. Ein wesentlicher Grund für soziologische Einseitigkeiten ist das bei bürgerlichen

32 Vgl. G. Lemaine/R. MacLeod/M. Mulkay/P. Weingart (Hrsg.), Perspectives on the Emergence of Scientific Disciplines, a. a. O., Introduction, S. 5/6; vgl. auch: P. Weingart, Wissensproduktion und soziale Struktur, Frankfurt a. M. 1976, S. 33–92.

33 Vgl. M. J. Mulkay, Sociology of the Scientific Research Community, in: I. Spiegel-Rösing/D. J. de Solla Price (Hrsg.) Science, Technology and Society. A Cross–Disciplinary Perspective, London–Beverly Hills 1977, S. 113/114; A. J. Meadows/J. G. O'Connor, Bibliographic Statistics as a Guide to Growth Points in Science, in: Science Studies, 1/1971, S. 95–99.

Autoren nicht selten festzustellende Unvermögen, die wissenschaftliche Erkenntnis aus der Sicht der materialistischen Widerspiegelungstheorie zu deuten. Deshalb geriet beispielsweise T. S. Kuhn bei der Durchführung seines Paradigmakonzepts in tiefgehende Schwierigkeiten, aus denen er – obwohl er unstreitig ein profunder Kenner der Geschichte der physikalischen Erkenntnis ist – keinen anderen Ausweg als die Flucht in ein äußerliches Soziologisieren fand, zumindest in der konzeptionellen Proklamation. Dem Vorwurf, bei ihm würden sich „Paradigma" und „wissenschaftliche Gemeinschaft" wechselseitig definieren, begegnete er in seinem „Postskript" mit der These: „Wissenschaftliche Gemeinschaften können und sollten ohne vorherigen Rekurs auf Paradigmata isoliert werden."[34] Im gegebenen Kontext bedeutet dies aber: ohne Bezugnahme auf die Erkenntnisinhalte, die eine solche Gemeinschaft kognitiv zusammenhalten, und damit gerät man in ein Dilemma, das nicht weniger gravierend ist als die erwähnte definitorische Zirkularität. Die Aufdeckung kognitiver Knotenpunkte in der Vorgeschichte von Disziplinen, an denen sich Kommunikationsnetze orientieren, bleibt die entscheidende Voraussetzung, die erfüllt sein muß, damit die Mittel der Soziologie, der Informatik usw. sinnvoll eingesetzt werden können, um das Aufkommen disziplinärer Gemeinschaften zu orten.

5. *Disziplinen als selbstreproduzierende und selbstevolutionierende Systeme*

Die zentrale Funktion der Institutionalisierung der disziplinären Gemeinschaft besteht darin, die Permanenz des disziplinären Tätigkeitssystems durch *Reproduktion* seines Potentials zu gewährleisten. Daher muß der institutionelle Mechanismus, der die Permanenz einer Disziplin garantiert, unbedingt den Anschluß neuer Generationen an das disziplinäre System und disziplinspezifische Laufbahnen von Wissenschaftlern über das ganze Leistungsalter hinweg ermöglichen, wobei die Laufbahnen gestuft sind und jede Stufe eine mehr oder minder leistungsgerechte Selektion gestatten sollte. Jahn weist mit Recht darauf hin, daß „Disziplin" ursprünglich „Lehrfach" bedeutete – ein Bedeutungsaspekt, der heute stark in den Hintergrund getreten ist.[35] Soziologisch gesehen ist eine Disziplin also als ein hierarchisch geordnetes Statussystem institutionalisiert, wobei im Idealfall die statusbestimmende Reputationszuweisung nach den für die Gewinnung, Verbreitung und Anwendung disziplinären Wissens und für die Gestaltung und Entwicklung des disziplinären Tätigkeitssystems vollbrachten Leistungen erfolgt.

34 T. S. Kuhn, Postskript – 1969. Zur Analyse der Struktur wissenschaftlicher Revolutionen, in: P. Weingart (Hrsg.), Wissenschaftssoziologie I, Frankfurt a. M. 1972, S. 288.

35 Vgl. I. Jahn, Untersuchungen zum Phasenunterschied in der Herausbildung der Botanik und Zoologie und zur Entstehungszeit der „Biologie", in: Rostock. Wiss.-Hist. Mskr., Heft 2, Rostock 1978, S. 59.

Das gilt allerdings nur im Idealfall. Real erfolgt die Reputationszuweisung danach, wie die Leistungen von Individuen (auch von Institutionen) innerhalb und außerhalb der disziplinären Gemeinschaft wahrgenommen werden; diese Wahrnehmung ist in der Regel nur genähert adäquat, mitunter aber auch so grundlegend inadäquat, daß die auf ihr beruhende Wertung von der nachfolgenden Geschichte korrigiert werden muß.[36]

Weiterhin bestehen in einer Disziplin prinzipielle, weitgehend durch Laufbahnkriterien normierte Möglichkeiten des Übergangs zu höheren Statusrängen. Der Erwerb von Diplomen und Doktorgraden (A) und (B) bildet in unserer Gesellschaft den maximal institutionalisierten Teil der disziplinären Laufbahnen. Je weniger besonders die frühen, das Persönlichkeitsprofil am stärksten prägenden Laufbahnstadien disziplinspezifisch normiert sind, um so komplizierter ist die Selbstbehauptung der Disziplin. Deshalb streben Disziplinen mit Notwendigkeit nach der Einführung normierter Ausbildungsgänge, zumindest in Form von Spezialisierungen innerhalb eines Studienfaches, Zusatzstudien usw. Das Gelingen dieser Intentionen ist ein wichtiges Kriterium für das Reifestadium von Disziplinbildungsprozessen.

Die Reproduktion des disziplinären Potentials, in deren Zentrum die Herausbildung neuer Wissenschaftlergenerationen steht, ist ein Vorgang, in dem das generelle Resultat der Vergangenheit dieser Disziplin in das Leistungsvermögen ihrer künftigen Akteure umschlägt – als ein Komplex von Kenntnissen, Denkweisen und Fähigkeiten, jedoch zugleich auch in der vergegenständlichten Gestalt von Forschungstechnik. Damit ist eine Disziplin nicht nur ein permanentes System wissenschaftlicher Tätigkeiten, dessen Potential reproduziert *wird*, sondern ein insgesamt *selbstreproduzierendes* System, dessen innerer Reproduktionszusammenhang äußere materielle und ideelle (z. B. Kenntnisse und Methoden aus anderen Disziplinen) Ressourcen selektiv aufnimmt und disziplinspezifisch adaptiert. Dieses Moment der Selbstreproduktion – das im übrigen nicht mit Autonomie verwechselt werden darf, denn der Reproduktionsprozeß einer Disziplin unterliegt gesamtwissenschaftlichen und über die Grenzen der Wissenschaft hinausgehenden gesellschaftlichen Regulativen – erscheint uns neben Gegenstandsorientiertheit und Permanenz unerläßlich, um disziplinäre Tätigkeitssysteme zu kennzeichnen.

Als ein System, das ständig neues Wissen über den disziplinären Gegenstand generiert, ist eine Disziplin nicht nur ein selbstreproduzierendes, sondern darüber hinaus zugleich ein *selbstevolutionierendes* System. Neues Wissen entsteht nicht unabhängig vom früher gewonnenen, sondern unter dessen Voraussetzung, selbst wenn es seine dialektische Negation ist. Die innerdisziplinäre Reproduktion stellt daher mit dem Durchlaufen eines Zyklus nicht einfach den Ausgangszustand wieder her, sondern reproduziert lediglich ein Moment des Identischen im irre-

36 Umfangreiche historische Belege dafür sind enthalten in: L. Kannengießer/G. Kröber (Hrsg.) Wissenschaftliche Entdeckungen. Probleme ihrer Aufnahme und Wertung, Berlin 1974.

versiblen Fortschritt des Erkennens. E. M. Mirskij bemerkt dazu: „Wenn wir eine wissenschaftliche Disziplin als ein in der Zeit relativ beständiges Organisationsschema betrachten, dann können wir bei der Beschreibung ihrer wichtigsten Prozesse nicht von dem historisch vorübergehenden Charakter aller ihrer inhaltlichen Komponenten absehen, unabhängig davon, ob es sich um disziplinäres Wissen in beliebiger Form oder um die Kriterien der Wissenschaftlichkeit ... usw. handelt."[37] Der interne Reproduktionsmechanismus, der die Ganzheitlichkeit einer Disziplin in der Zeit aufrechterhält, ist so gleichzeitig der Elementarmechanismus ihrer Entwicklung, der dieser Stabilität und Richtung gibt. Erfahrungsgemäß ist die Entwicklungsrichtung einer Disziplin viel schwerer zu beeinflussen als die eines auf die Realisierung eines begrenzten Zieles gerichteten Forschungsprojekts, weil eben eine Disziplin über einen internen Reproduktionsmechanismus verfügt und eine dauerhafte Einflußnahme auf ihre Entwicklungsrichtung nur über die Umorientierung des ganzen Reproduktionsmechanismus möglich ist. Blauberg, Mirskij und Sadovskij weisen darauf hin, daß die reibungsarme Übertragung der in Europa entstandenen Wissenschaftsgebiete in das Milieu anderer Kulturkreise mit sehr hoher kultureller Eigenständigkeit eines der stärksten Argumente für die Stabilität der disziplinären Daseinsweise der Wissenschaft ist.[38]

Nach unserer Kenntnis war E. M. Mirskij der erste Autor, der reproduktionstheoretische Überlegungen auf die Explikation des Disziplinbegriffs anwandte, und uns sind keine neueren Veröffentlichungen bekannt, die über den Mirskijschen Ansatz hinausgehen. Bezugspunkt des Ansatzes ist der Begriff der Forschungsfront (perednij kraj issledovanija) – jener Zone wissenschaftlicher Tätigkeit, in der in unmittelbarem Kontakt mit den Untersuchungsobjekten neue empirische Kenntnisse gewonnen werden.[39] Für die Forschungsfront werden keine Festlegungen darüber vorausgesetzt, ob und inwieweit sie disziplinär segmentiert ist. Zwei Fragen bestimmen die Konstruktion des Ansatzes. Die erste ist darauf gerichtet, wie die an der Forschungsfront erzielten Erkenntnisse in das gesellschaftliche Gedächtnis Eingang finden (das ist nur ein Teilaspekt der Frage nach der weiteren Verwendung dieser Resultate, aber der im Zusammen-

37 E. M. Mirskij, Meždisciplinarnyje issledovanija i disciplinarnaja organizacija nauki, Moskva 1980, S. 117.

38 Vgl. I. V. Blauberg/E. M. Mirskij/V. M. Sadovskij, Die wissenschaftliche Disziplin: Begriff, Phänomen, Forschungsgegenstand, in: Rostock. Wiss.-Hist. Mskr., Heft 1, Rostock 1978, S. 130; Y. Mitsutomo, The scientific revolution and the age of technology, in: Cahiers d'histoire mondiale, 2/1965, S. 187–207; ders., The growth of scientific communities in Japan, in: Japanese studies in the history of science, 9/1970, S. 137/158; E. Rosner, Die Rezeption der westlichen Medizin im Rahmen der Modernisierung Japans zur Meiji-Zeit (1868–1912), in: G. Mann/R. Winau (Hrsg.), Medizin, Naturwissenschaft, Technik und das zweite Kaiserreich, Göttingen 1977, S. 284–297.

39 Vgl. E. M. Mirskij, Meždisciplinarnye issledovanija i disciplinarnaja organizacija nauki, a. a. O., S. 162–173.

hang unseres Themas entscheidende). Das „Archiv der disziplinären Publikationen" ist nach Mirskij jener Teil des gesellschaftlichen Gedächtnisses, der für das Dasein der Disziplin unmittelbar konstitutiv ist. Mirskij hebt aus der Gesamtheit des disziplinären Archivs jenen Teil hervor, der aktuell wirksam ist („disziplinäres Publikationsmassiv") und in der Disziplin regulative Funktionen ausübt, so für Konsolidierung und Stratifikation der disziplinären Gemeinschaft.[40] Die zweite Frage zielt darauf, wie Individuen an die Forschungsfront gelangen, da diese nur aufrechterhalten werden kann, wenn ihr Potential stetig erneuert wird.[41] Die Beantwortung der ersten Frage führt auf einen nach „Staffeln" gegliederten Informationsstrom[42], der von der Forschungsfront in Richtung auf die allgemeine Kultur der Gesellschaft weist. Die von Mirskij angegebene Staffelung (Originalarbeiten – Übersichtsartikel – Monographien – Lehrbücher, an die sich Formen der populären Erkenntnisvermittlung anschließen) hat sich erst im Laufe des letzten Jahrhunderts eingestellt und ist auch nicht in allen Wissenschaftsgebieten gleichartig ausgeprägt, doch worauf es hier ankommt, ist die Tatsache, daß überhaupt solche Staffeln existieren, die in dem genannten Informationsstrom als Filter figurieren, an denen das Wissen selektiert und verdichtet wird[43] und zwischen denen charakteristische Übergangszeiten bestehen. Im konkreten Fall treten natürlich „Kurzschlüsse" auf, die Staffeln überspringen (beispielsweise die populärwissenschaftliche Erörterung neuer Ergebnisse der Forschungsfront, noch ehe sie in Hochschullehrbüchern Berücksichtigung gefunden haben). Doch im regulären Schema kann damit gerechnet werden, daß zwischen dem Auftauchen von Resultaten an der Forschungsfront und ihrer Erwähnung in Hochschulbüchern 10 bis 12 Jahre vergehen. Für ihre Umsetzung in Inhalte der Allgemeinbildung – sofern sie überhaupt die dafür erforderliche kulturelle Relevanz besitzen – sind noch mehrere Jahre hinzuzurechnen. Die zweite Frage zielt auf einen Prozeß der Sozialisation der Individuen, ihrer Eingliederung in die Sphäre der Forschung, der ebenfalls gestuft verläuft (Allgemeinbildung, Hochschulbildung, subdisziplinäre Spezialisierung, Einarbeitung in konkrete Forschungsgebiete) und gleichermaßen charakteristische Übergangszeiten von Stufe zu Stufe aufweist.

Mirskijs zentraler Gedanke besteht darin, daß die Staffeln der Wissensverdichtung, die sich in einer mehr oder minder großen zeitlichen Distanz von der Forschungsfront befinden, gleichzeitig Mittel der Sozialisation von Kadern in der Wissenschaft sind. Damit sind die beiden von Mirskij beschriebenen gegenläufigen Ströme – von der Forschungsfront weg und zu ihr hin – miteinander zu einem zyklischen Zusammenhang gekoppelt, der die Disziplin reproduziert und so

40 Vgl. ebenda, S. 144–148.
41 Vgl. ebenda, S. 125.
42 Vgl. ebenda, S. 124–148.
43 Zum Begriff der Wissensverdichtung als erkenntnistheoretisches Konzept, vgl.: A. K. Suchotin, Gnoseologičeskij analiz emkosti znanija, Tomsk 1968, S. 136–143.

stabil erhält. Selbst wenn an der Forschungsfront alle Untersuchungen interdisziplinär erfolgen würden – die Existenz der Disziplinen würde dadurch nicht untergraben, denn in den Staffeln sukzessiver Wissensverarbeitung werden die auf den disziplinären Gegenstand bezogenen Kenntnisse herausselektiert, und in die interdisziplinären Gemeinschaften an der Forschungsfront treten immer wieder Individuen mit disziplinär geprägten Qualifikationsprofilen ein. Mirskij argumentiert, „daß die Ausformung einer Disziplin nicht an der Front der Forschung erfolgt, sondern erheblich später auf dem Weg der allmählichen Systematisierung der neuen Forschungsresultate. In der Forschungstätigkeit selbst ist die Disziplin präsent in Gestalt einer Gesamtheit von Auffassungen und methodologischen Mitteln, über die die Forscher des betreffenden Spezialgebietes verfügen, und auch in Gestalt bestimmter wissenschaftlicher Institutionen (Zeitschriften, Programme der Ausbildung von Forschern, Archiv, Kommunikationsnormen usw.)"[44]. Der für die Entwicklung einer Disziplin charakteristische Reproduktionszyklus mit maximaler Spannweite ist derjenige, der von der Forschungsfront zur Hochschulbildung und von dieser zum Anschluß neuer Kader an die Forschungsfront führt. Er hat ein Ausmaß von 25 bis 30 Jahren, ist also mit der durchschnittlichen aktiven Verweilzeit von Wissenschaftlern an der Forschungsfront ungefähr identisch. Welche Bedeutung diese Übereinstimmung für die Entwicklung von Disziplinen hat, ist bisher ungeklärt.

Um die evolutionäre Bedeutung dieses internen Reproduktionszusammenhangs einer Disziplin deutlich zu machen, müßte das Mirskijsche Modell eigentlich dreidimensional ausgeführt sein, unter Berücksichtigung dessen, daß die Forschungsfronten unmittelbar evolutionieren, daß Artikel nicht nur durch Verarbeitung neuer empirischer Primärinformation von der Forschungsfront entstehen, sondern auch an vorhergehende Artikel anknüpfen usw. Dadurch würde es freilich seine elementare Anschaulichkeit verlieren. Bei seiner Interpretation sollte diese „dritte Dimension" jedoch mitgedacht werden. Noch ein weiterer Umstand ist zu bedenken. Der Eigenzyklus von Disziplinen existiert nicht isoliert, jeder Umschlagspunkt ist zugleich eine Stelle, an der Beiträge anderer Disziplinen und Beiträge anderer Sphären der Kultur (beispielsweise applikative Anforderungen der gesellschaftlichen Praxis) disziplinspezifisch assimiliert und integriert werden. Mit Hilfe ihres inneren Reproduktionszusammenhangs kann eine Disziplin in einer interaktionsintensiven Umgebung ihre Ganzheitlichkeit wahren und kann sich nicht trotz, sondern dank ihrer Einbeziehung in die Totalität von Wissenschaft und Kultur entwickeln.[45] Das ist natürlich nicht automatisch garan-

44 E. M. Mirskij, Meždisciplinarnyje issledovanija kak ob'ekt naukovedčeskogo izučenija, in: Sistemnyje issledovanija, Ežegodnik 1972, Moskva 1972, S. 10.

45 Der von verschiedenen Autoren betonte Gedanke, daß eine Wissenschaftsdisziplin als ein „offenes System" zu behandeln sei, ist von besonderer Bedeutung für das Verständnis ihres Wesens und ihrer Entwicklung. – Vgl. K.-F. Wessel, Weltanschauung und das Verhältnis von Disziplinarität und Interdisziplinarität, in: DZfPh, 5/1983, S. 604–610.

tiert, sondern hängt von der Intaktheit ihrer inneren Reproduktion ab. Wenn dieser Mechanismus gestört wird – etwa dadurch, daß die disziplinären Potentiale lange Zeit fast ausschließlich in Projektarbeiten verschlissen werden, während der Arbeit an Monographien (und damit an integrierenden Theorien des Gebietes), an Lehrbüchern, an der Heranbildung hochqualifizierter Spezialisten usw. zu wenig Aufmerksamkeit zuteil wird –, dann kann eine Disziplin ihre Ganzheit verlieren und zu einem Konglomerat entarten. Die Frage, wie das Gesamtpotential einer Disziplin so zu proportionieren ist, daß den typischen Reproduktionsaktivitäten ein hinreichender Aufwand gewidmet werden kann, ist näherer Untersuchung wert; sie ist eng mit der Planungspraxis der Wissenschaft und der Zeitbudgetgestaltung der Wissenschaftler verbunden, weil ja in der Regel das Schreiben von Übersichtsartikeln, Monographien oder Lehrbüchern nicht Sache besonderer Institutionen oder ausgewählter Spezialisten, sondern ein Teilstück des normalen Leistungsprofils von Instituten bzw. Sektionen und der an ihnen tätigen Wissenschaftler ist.

Wir können zusammenfassen: *Disziplinen* sind selbstevolutionierende gegenstandsorientierte Systeme wissenschaftlicher Erkenntnistätigkeiten. Sie verfügen über einen internen Reproduktionszusammenhang, der in einem mindestens vier Funktionen realisiert: erstens die Generierung und Bewahrung von gegenstandsbezogener Erkenntnis in reproduzierbarer, gesellschaftlich verfügbarer Gestalt; zweitens die individuelle „Ontogenese" der Wissenschaftler in Form disziplinspezifischer Laufbahnen; drittens den Umschlag des disziplinären Potentials zur Kompensation seines physischen und moralischen Verschleißes, insbesondere der Kontinuität der Disziplin über den Wechsel der Wissenschaftlergenerationen hinweg; viertens schließlich die Aufrechterhaltung der evolutionären Stabilität der Disziplin durch selektive Integration von „Inputs" verschiedenster Art aus der soziokulturellen Umgebung der Disziplin (insbesondere von Beiträgen anderer Disziplinen und von Anforderungen der gesellschaftlichen Praxis). Der disziplinäre Reproduktionszyklus *im ganzen* unterliegt übergeordneten gesellschaftlichen Regulativen – von der Wirksamkeit philosophischer Ideen und allgemeinwissenschaftlicher Wertmaßstäbe bis zum direkten wissenschaftspolitischen Eingriff.

So gesehen ist die Untersuchung der Genese einer Disziplin die Analyse der Herausbildung (und Stabilisierung) ihres internen Reproduktionszyklus. Institutionell können die Funktionen der verschiedenen Etappen dieses Zyklus zeitweilig von Einrichtungen anderer, bereits vorhandener Disziplinen übernommen werden, so daß es für die Entstehung einer neuen Disziplin nicht in jedem Fall erforderlich ist, ihr gesamtes Reproduktionssystem mit allen seinen Bestandteilen neu zu schaffen. Es kann hinreichen, an einer Stelle ein fehlendes Glied einzufügen, um den Zyklus zu schließen. Diese „missing links" können an verschiedenen Stellen gelegen sein, so daß sich eine große Vielfalt möglicher Initialsituationen der Disziplinbildung ergibt.

6. *Die gegenständliche Gliederung der Wissenschaft und die Maßbestimmung der Disziplin*

Die bisherigen Ausführungen haben keinen expliziten Unterschied zwischen Gebieten ganz verschiedenartiger Dimension gemacht, sofern sie nur durch gegenstandsorientierte Systeme wissenschaftlicher Tätigkeiten repräsentiert wurden. Es liegt jedoch nahe, den Disziplinbegriff nicht auf alle Fälle anzuwenden, die diesem Kriterium genügen, sondern weiter einzuschränken und allein für Gebilde zu reservieren, die innerhalb eines gewissen, nach oben und unten begrenzten Komplexitätsbereiches liegen. Damit ist die Frage einer *Maßbestimmung* des Phänomens „Disziplin“ aufgeworfen. Einstweilen können wir diese Frage bestenfalls qualitativ beantworten, und in konkreten Untersuchungen werden wir Zweifel darüber, ob das betrachtete Gebilde noch nicht oder schon oder nicht mehr als eine Disziplin aufzufassen ist, mitunter nicht ganz ausräumen können; doch schon eine solche Antwort hilft uns, das Problem der Disziplinentstehung weiter zu spezifizieren. Im Wissenschaftsbetrieb ist es üblich, von subdisziplinären Spezialisierungen und – der Sache nach, wenn auch nicht mit diesem Terminus – von supradisziplinären Verbänden zu sprechen. Wenn etwa ein Physikhistoriker vorwiegend mit der Physik des 18. Jahrhunderts, mit der Geschichte der Wärmelehre oder mit der Entwicklung der Physik in Frankreich befaßt ist, so würde man solche Gliederungen heute unzweifelhaft als subdisziplinäre auffassen. Andererseits besteht weitgehend Einmütigkeit darüber, daß die Namen „Physik“ und „Biologie“ heute nicht mehr einzelne Disziplinen bezeichnen (obwohl sie offenbar einmal Disziplinen gewesen sind – ein Postulat, gegen das man freilich auch Einwände erheben könnte), sondern ganze Disziplinfamilien, die allerdings durch ausgeprägte Verwandtschaftsbeziehungen charakterisiert sind. In allen diesen Fällen aber ist das Prinzip der Identifizierung das gleiche: die beständig aufrechterhaltene kognitive Orientierung wissenschaftlicher Tätigkeitssysteme auf bestimmte Gegenstandsbereiche.[46] Daher scheint es uns angebracht, die auf diesem Prinzip beruhenden Differenzierungen insgesamt als Äußerungen der *gegenständlichen Gliederung* der Wissenschaft zu betrachten. Diese gegenständliche Gliederung ist ihrerseits nach Niveaus der Komplexität abgestuft, und wenn wir hier dem Selbstverständnis des Wissenschaftsbetriebes folgen wollen, dann müssen wir Disziplinen als Gebilde mittlerer Komplexität ansehen. Subdisziplinäre Spezialisierungen haben ebenfalls ihre institutionale Repräsentanz – in den „invisible colleges“ der Spezialisten (die Bezeichnung geht auf Price zurück), den Mechanismen ihrer Kommunikation, spezialisierten Veranstaltungsreihen, Rubriken in Zeitschriften, mitunter auch

46 E. Dahm diskutiert diese Frage für den Komplex der „Biowissenschaften“: E. Dahm, Objektive Entwicklungsprozesse im Fortschritt der wissenschaftlichen Erkenntnis und interdisziplinären Forschung, in: G. Kröber/H. Laitko/H. Steiner (Hrsg.), Wissenschaft und Forschung im Sozialismus, a. a. O., S. 517–534.

in mit besonderen Qualifikationsausweisen bescheinigten „Subspezialisierungen“.[47] Supradisziplinäre Verbände sind nicht nur nach verwandten Gegenständen zusammengestellte Gruppen von Disziplinen, sondern realisieren gegenüber ihren Elementen echte Reproduktionsfunktionen, die auch institutionell repräsentiert sind; auch wenn also die Physik als solche heute nicht mehr als eine Disziplin betrachtet wird, so gibt es doch nach wie vor das Studium *der* Physik als gemeinsames Tor, das alle Nachwuchskräfte der verschiedensten physikalischen Disziplinen auf ihrem Weg zur Front der Forschung passieren müssen. In der Literatur der jüngsten Zeit begegnet man der Dichotomie „Disziplin“ – „Spezialgebiet“ (speciality), in der offenbar zum Ausdruck gebracht werden soll, daß der übergeordnete Verband einen Teil der Reproduktionsfunktionen des untergeordneten wahrnimmt. Die Terminologie weicht allerdings von der von uns vorgeschlagenen ab; wir halten es für zweckmäßig, die Bezeichnung „Spezialgebiet“ für subdisziplinäre Differenzierungen zu reservieren. Dabei besteht jederzeit die Möglichkeit, daß subdisziplinäre Spezialgebiete in Disziplinen und Disziplinen in supradisziplinäre Verbände hinüberwachsen. Diese sukzessiven Übergänge bezeichnen eine wesentliche *Tendenz* in der Evolution der gegenständlichen Gliederung der Wissenschaft. Das ist unbestreitbar und wird auch durch das in diesem Band vorgelegte konkrete Material bestätigt. Allerdings wollen wir damit nicht den Eindruck erwecken, als wäre diese Evolution in unserer Sicht ein Prozeß einseitig fortschreitender Differenzierung, in dem alle einmal gezogenen Grenzen auch künftig erhalten blieben und die Gebiete nur immer feiner untergliedert würden. In Wirklichkeit begegnen wir auch Phänomenen der Auflösung oder Verschiebung früherer Grenzlinien; deshalb sprechen wir von einer Tendenz, der andere entgegenstehen.

Welche Parameter unterscheiden nun aber die disziplinäre Gliederungsebene von der subdisziplinären auf der einen und der supradisziplinären auf der anderen Seite? Die vorgelegten Untersuchungen bieten dafür noch keinen sicheren Anhalt. Unseres Erachtens ergibt sich ein Zugang zur Diskussion dieser Frage über die Reproduktionseigenschaften der disziplinären Systeme. Ein Gebiet muß dann zu einer Disziplin werden, wenn die Beherrschung dieses Gebietes in seiner ganzen Komplexität die gesellschaftlich akzeptable Zeit für die Integration eines durchschnittlich begabten Individuums in die Wissenschaft voll in Anspruch nimmt, und es kann so lange eine Disziplin bleiben, wie die individuelle Beherrschung seiner Komplexität noch möglich ist. In verschiedenen Arbeiten wird diese Relativierung bei der Bestimmung des Disziplinbegriffs tatsächlich vorgenommen, wenn auch ohne besondere Hervorhebung. H. Parthey bezeichnet Wissenschaftsdisziplinen als Formen, „in denen sowohl die Art und Weise des wissen-

47 Vgl. D. J. de Solla Price/D. de B. Beaver, Colloboration in an Invisible College, in: American Psychologist, 11/1966, S. 1011–1018; C. E. Nelson/D. K. Pollock (Hrsg.), Communication Among Scientists and Engineers, Lexington (Mass.) 1970; D. Crane, Invisible Colleges, Chicago 1972.

schaftlichen Fragens als auch die Bevorzugung bestimmter methodischer Vorgehensweisen von einzelnen erworben und ausgeübt werden und in denen wissenschaftlich Tätige gesellschaftliche Anerkennung erfahren oder erringen können ..."[48]. Blauberg, Mirskij und Sadovskij bemerken: „Obwohl das Gebäude der disziplinären Kenntnisse kontinuierlich durch neue Resultate erweitert wird, kann der wissenschaftliche Inhalt der Disziplin jederzeit als Abriß (‚Kompendium') formuliert werden, der vom Umfang her durch einen Menschen erfaßt werden kann. Dabei ist die Art dieser Aneignung dergestalt, daß sie dem Menschen eine selbständige Teilnahme am Forschungsprozeß ermöglicht."[49] Diese Relativierung erscheint sehr weitreichend, doch sie ist folgerichtig, wenn man davon ausgeht, daß Disziplinen ihr aktuelles Dasein in Tätigkeitssystemen haben – man muß dann notwendig auf die Möglichkeiten der Subjekte dieser Tätigkeiten rekurrieren, ebenso auch auf die Ökonomie der Zeit, der die Gesellschaft die Laufbahnen ihrer Wissenschaftler unterwerfen muß. Subjektive „Beherrschung der Komplexität" unterstellt nicht, daß der Vertreter einer Disziplin das ganze Ausmaß seines Gebietes gleichermaßen überschaut, wohl aber, daß er in einer relativ zu seiner produktiven Lebenszeit kurzen Phase imstande sein muß, innerhalb seiner Disziplin von einer Spezialisierung zu einer anderen überzugehen. Dabei handelt es sich nur um die prinzipielle Möglichkeit, nicht darum, in welchem Umfang ein solcher Spezialisierungswechsel tatsächlich eintritt. Alle diese Argumente sind auf den durchschnittlich begabten Wissenschaftler bezogen. Außerordentliche Begabungen können die Fähigkeit aufweisen, in relativ kurzer Zeit auch zwischendisziplinäre Barrieren zu überwinden.

Beim Problem der Maßbestimmung wird deutlicher als bei den früheren Überlegungen, in denen wir eher das intuitiv verbreitete Disziplinverständnis expliziert haben, daß wir uns nicht einfach dem gängigen Sprachgebrauch anpassen können, sondern die Verwendung des Terminus „Disziplin" stärker normieren müssen. Das Maß *individuell beherrschbarer* Komplexität, das nach unserer Ansicht gemeinsam mit den zuvor eingeführten Bestimmungen eine Disziplin kennzeichnet, ist keinesfalls eindeutig durch die Extension des Gegenstandsbereichs bestimmt, denn erstens kann jeder Gegenstand in unterschiedlichem Maße komplex abgebildet werden, und zweitens ist ein Wissens-, Methoden- und Verfahrensmassiv gegebener Komplexität in Abhängigkeit von seiner Organisation (einschließlich der dabei eingesetzten Technik) in unterschiedlichem Grade ganzheitlich beherrschbar. So kann die Entstehung synthetischer Theorien oder auch die durchgreifende Technisierung von Operationen wissenschaftlicher Tätigkeiten Integrationsprozesse auslösen, in denen ursprünglich selbständige Disziplinen von umfassenderen Einheiten absorbiert werden. Die integrative

48 H. Parthey, Interdisziplinarität und interdisziplinäre Forschergruppen, in: DZfPh, 1/1983, S. 35.

49 I. V. Blauberg/E. M. Mirskij/V. N. Sadovskij, Die wissenschaftliche Disziplin, in: Rostock. Wiss.-Hist. Mskr., Heft 2, Rostock 1982, S. 134.

Bündelung von Gebieten, die zur Erweiterung der Sphäre des individuell Beherrschbaren führt, ist eine andere wichtige *Tendenz* in der Evolution der gegenständlichen Gliederung der Wissenschaft.[50]

Das Vorhandensein der beiden gegenläufigen Tendenzen – Integration und Differenzierung – ist in den Arbeiten zum Themenkreis „Klassifikation der Wissenschaften" seit langem bemerkt worden; auch die innere Zusammengehörigkeit, die dialektische Einheit beider Tendenzen wurde erörtert. Allerdings waren hier vorwiegend Wissensgesamtheiten im Blick. Während aber die moderne Wissenschaft durch das Aufkommen synthetischer Theorien von hohem Integrationsvermögen gekennzeichnet ist, kann von einer integrativen Verschmelzung der disziplinären Tätigkeitssysteme weit weniger die Rede sein, obwohl die zunehmende Integration des Wissens darin zum Ausdruck kommt, daß auch *innerhalb* der Disziplinen der Vollzug der Forschung durch interdisziplinär zusammengesetzte Kollektive immer mehr die Regel wird. So ist die absolute Zunahme der Anzahl selbständiger Disziplinen in der Wissenschaft der Neuzeit ohne Zweifel die dominierende Tendenz, auch wenn die vorhandenen Zählungen und Schätzungen wegen der durch fehlende Normierung bedingten Unschärfe des Disziplinbegriffs keine exakten quantitativen Angaben zulassen.

Muß aber diese Dominante fortbestehen? Wenn man nicht der zweifelhaften Annahme einer unbegrenzt fortschreitenden Zunahme der Wissenschaftlerpopulation das Wort reden will, dann müßte man damit unterstellen, daß in fernerer Zukunft die Disziplinen durch eine immer geringere Zahl von Individuen repräsentiert werden. Zieht man jedoch die beginnende technologische Umwälzung in der Wissenschaft in Betracht, dann ergibt sich ein ganz anderes Bild. Die Automatisierung von Massenexperimenten, Operationen der statistischen Primärdatenverarbeitung, Vorgängen der logischen Transformation theoretischen Wissens usw., die Speicherung der Massive wissenschaftlicher Erkenntnis in elektronischen Systemen, die im Dialogregime mit ihren Nutzern arbeiten – das alles wird die Fähigkeit des Individuums zur Beherrschung der Komplexität in wissenschaftlichen Tätigkeiten so sprunghaft erhöhen, daß die Perspektiven des Systems der Wissenschaftsdisziplinen ganz anders beurteilt werden müssen. Zwar wird das Prinzip der disziplinären Gliederung der Wissenschaft, soweit absehbar, auch damit nicht veralten, aber ob die tendenzielle Zunahme der Disziplinenzahl andauern oder ob sie von der Tendenz zur integrativen Vereinigung früher selbständiger Disziplinen überkompensiert werden wird, bleibt jedenfalls eine offene Frage.

Heute ist das Wissenschaftssystem freilich noch durch sehr lebhafte Herausbildungsprozesse gekennzeichnet, die die Anzahl der Disziplinen vermehren.

50 Umfangreiches Material dazu enthält die Kollektivarbeit: Sintez sovremennogo naučnogo znanija, Moskva 1973, insbesondere die Beiträge: M. D. Achundov/V. I. Borisov/V. S. Tjuchtin, Integrativnyje nauki i sistemnyje issledovanija, S. 224–249 und I. B. Novik, Sintez znanij i problema optimizacii naučnogo tvorčestva, S. 294–322.

Es ist wissenschaftsstrategisch sehr wichtig, frühzeitig zu wissen, wann sich bei bestimmten Gebieten objektiv jene Maßbestimmungen einstellen, die ihr Hinüberwachsen in Disziplinen bedeuten, um zielstrebig Institutionalisierungsmaßnahmen einleiten zu können. Frühzeitige Institutionalisierung bedeutet Zeitgewinn und Aussicht auf Prioritäten, verspätete Institutionalisierung oft aufwendiges Nachholenmüssen. Obwohl neue Disziplinbildungsprozesse niemals schablonenhafte Wiederholungen früherer sind, trifft doch das Studium historischer Präzedenzfälle auf ein aktuelles wissenschaftspolitisches Interesse, denn Intensivierung der wissenschaftlichen Arbeit erstreckt sich nicht nur auf das Funktionieren und Zusammenwirken „fertiger", sondern auch auf die Herausbildung neuer Disziplinen. Die historischen Untersuchungen sind daher auch Auskunftsinstanzen über Vorgänge der Einstellung jener Komplexitätsmaße gegenstandsorientierter wissenschaftlicher Tätigkeitssysteme, die die Einleitung disziplintypischer Institutionalisierungsvorgänge verlangen. Gewiß gibt es auch Fälle, in denen das bewußt wahrgenommene Interesse an einem neuen Gebiet zu einer so frühen Institutionalisierung führt, daß die schon vorhandenen Institutionen gleichsam zur Matrix werden, auf der sich das disziplinäre Tätigkeitssystem formiert. Häufiger jedoch geschieht es, daß zunächst das entstehende disziplinäre Tätigkeitssystem – unter Mitnutzung der institutionellen Möglichkeiten schon vorhandener Disziplinen – den entsprechenden Komplexitätsgrad erreicht und dann die eigene Institutionalisierung einsetzt.

7. *Disziplingenese als definiter historischer Prozeß*

Wir haben nun – soweit möglich – das begriffliche Rüstzeug entwickelt, um uns dem Problem der *Disziplingenese* konkreter zuwenden zu können, ohne dabei die theoretisch orientierte, systematisch-vergleichende Betrachtungsebene verlassen und auf eine unverbundene Aufreihung geschichtlicher Beispiele ausweichen zu müssen[1]. Dabei können wir davon ausgehen, daß der behandelte Merkmalskomplex wissenschaftlicher Disziplinen zugleich implizit ein Ensemble von Kriterien für die Identifizierung und Einschätzung von Entstehungsprozessen solcher Systeme darstellt. Unsere Überlegungen basieren dabei vor allem auf Studien zur Herausbildung von Natur- und Technikwissenschaften. Verschiedene Resultate von Analysen zur Genese von Human- und Gesellschaftswissenschaften lassen jedoch erkennen, daß die ermittelten Gemeinsamkeiten zumindest teilweise weiter reichen. Dennoch ist methodische Vorsicht bei der Extrapolation auf human- und gesellschaftswissenschaftliche (und wohl auch auf logische und mathematische) Disziplinen geboten, ehe nicht weitere wissenschaftshistorische Studien das Terrain gesichert haben.

Das wichtigste weiterführende Ergebnis der konzeptionellen und methodologischen Vorarbeit erblicken wir darin, daß wir nunmehr imstande sind, die *Genese* einer Disziplin als einen ***definiten historischen Prozeß*** mit Anfang und Ende in der Zeit zu untersuchen und mit guten Gründen Vorstellungen abzuweisen, die den gesamten Gang der Akkumulation von Kenntnissen über den betreffenden Gegenstand zur Geschichte einer Disziplin rechnen. Würden wir uns diese weitverbreiteten Vorstellungen hier zu eigen machen, dann hätten wir in jedem Fall kaum behebbare Schwierigkeiten, den Beginn des Entstehungsprozesses einer Disziplin zu bestimmen. Ganz besonders ausgeprägt wären sie jedoch im Fall solcher Disziplinen, deren Gegenstände den Menschen seit Jahrtausenden auf vorwissenschaftliche Weise aus dem Alltagsleben bekannt sind und mit lebhaftem Interesse erkundet werden – beispielsweise im Fall der Psychologie.[51] Weitere Schwierigkeiten ergäben sich daraus, daß diese Sichtweise dazu provozieren würde, das gegenwärtige disziplinäre Muster in die Vergangenheit zu übertragen und früheren Geschichtsepochen nur deshalb, weil sie Keime der verschiedensten Kenntnisse hervorbrachten, eine übersteigerte disziplinäre Differenziertheit zuzuschreiben. Dieses Problem ist besonders bei Untersuchungen zur antiken Wissenschaft zu beachten, deren Qualität F. Jürß – bezogen auf das Denken der frühgriechischen Philosophen – folgendermaßen kennzeichnet: „Zunächst stellt das von ihnen erarbeitete Wissen ein einheitliches Ganzes dar und zeigt deshalb notwendig einen hohen Grad von Allgemeinheit. Diese ist aber nicht die generalisierte Vielfalt der einzelnen materiellen Formen, die noch nicht erkannt sind. Deshalb spiegelt dieses theoretische Wissen die Einheit der Welt auf noch naive Weise wider, ist also gleichsam Synthese ohne Analyse und Integration ohne vorherige Differenzierung . . . Mit der Zunahme des Wissensfundus, der Formalisierung, der Methodik und Systematik gliedert sich dann diese Universalwissenschaft in Philosophie und Einzeldisziplinen auf."[52]

Als verläßliche Indikatoren für das Einsetzen von Disziplinbildungsprozessen können wir die Entstehung gegenstandsbezogener Kommunikationsnetze, die Festigung der entsprechenden kognitiven Einstellungen ihrer Teilnehmer, die Herausbildung von Fragmenten eines eigenen Reproduktionsmechanismus und selbstverständlich das Aufkommen von Insitutionen für die Fixierung und Sicherstellung solcher Leistungen ansehen. Bezogen auf eine Disziplingenese ergibt sich damit trivialerweise eine Dreiteilung der Wissenschaftsgeschichte in

a) die Vorgeschichte der Disziplin
b) die eigentliche Disziplingenese
c) die Entwicklung der Disziplin auf ihrer eigenen Grundlage (nach Abschluß der Genese).

In der Phase der *Vorgeschichte* existiert die betreffende Disziplin nur als latente Möglichkeit; reale Triebkräfte ihrer Entstehung sind nicht in Aktion. Vielmehr entwickeln und akkumulieren sich Einzelerkenntnisse und Erfahrungen zum

51 Vgl. L. Sprung/H. Sprung, Problem und Methode in der Psychologie — disziplinäre und interdisziplinäre Aspekte einer Entwicklungsgeschichte, in: H. Parthey/K. Schreiber (Hrsg.), Interdisziplinarität in der Forschung. Analysen und Fallstudien, a. a. O., S. 178—183.

52 Geschichte des wissenschaftlichen Denkens im Altertum. Von einem Autorenkollektiv unter Leitung von F. Jürß, Berlin 1982, S. 154/155.

Gegenstand der später entstehenden Disziplin in unterschiedlichen Zusammenhängen. Erste Elemente dieser Art lassen sich für viele Einzelwissenschaften bereits in frühen Phasen der Geschichte der menschlichen Gesellschaft nachweisen und werden bei historischen Darstellungen gern als Anfänge der betreffenden Disziplin angesehen. Tatsächlich umfaßt die Vorgeschichte einer Disziplin einen relativ großen Zeitraum, in dem sich aber noch keine zielgerichtete Erkenntnistätigkeit im Hinblick auf einen bestimmten Gegenstand erkennen läßt.

Wenn in dieser historischen Phase auch die Zahl der spezifischen Aussagen, Begriffe, hypothetischen Deutungen, Modelle und Methoden bedeutend sein kann, darf aus ihrem Vorhandensein nicht unmittelbar auf die Existenz einer betreffenden Einzelwissenschaft geschlossen werden. Wegen des Fehlens von stabilen Zusammenhängen zwischen den Elementen der später entstehenden Disziplin sind die Bedingungen für die Herausbildung des Systemcharakters entsprechender Erkenntnistätigkeiten und Erkenntnisresultate noch nicht gegeben. Aus diesem Grunde bilden sich auch noch nicht die Mechanismen der Reproduktion dieses gegenstandsbezogenen sozialen Systems heraus. Deshalb ist die Darstellung der Vorgeschichte einer Disziplin eigentlich immer nur retrospektiv möglich, nachdem sich die Genese dieser Disziplin bereits vollzogen hat, also „post factum". Obwohl aber die betreffende Disziplin oder Einzelwissenschaft noch nicht entstanden ist, müssen sich die bereits existierenden und später in sie integrierten kognitiven Elemente nicht auf vorwissenschaftliche Erfahrungen beschränken, sondern können durchaus bereits Kriterien der Wissenschaftlichkeit entsprechen. Das bedeutet unter anderem, daß die Aussagen in der Praxis überprüfbar und logisch widerspruchsfrei sind bzw. die Grundlage für Extrapolationen bilden. Auch Gesetzeserkenntnis (z. T. sogar in quantifizierter Form) ist in der Vorgeschichte möglich, ebenso wie treffende theoretische Deutungen von einzelnen Erscheinungen oder Klassifizierungen von Teilbereichen des Gegenstandes bzw. von Erkenntnissen der späteren Disziplin.

Während der Vorgeschichte bildet sich bei einer Reihe von Disziplinen auch ein Fundus von praktischen Erfahrungen und empirischen Fertigkeiten heraus, der in seiner Bedeutung für die spätere Entwicklung der jeweiligen Wissenschaft nicht übersehen werden darf. Aus dieser Sphäre erwuchsen in der Geschichte nicht selten vorwärtstreibende Problemstellungen oder auch Methoden, die insbesondere in der Begründungsphase einer Wissenschaft eine wichtige Rolle spielten. In einer Reihe von Fällen rekrutierten sich die ersten Repräsentanten einer neuen Disziplin aus derartigen praktisch orientierten Tätigkeitsfeldern. Das waren beispielsweise metallurgische Probierer und Apotheker für die Chemie, Bergleute und Erzsucher für die Geologie, Feldschere und Barbiere für die Chirurgie usw. Insbesondere bei den Technik-, Agrar- und Medizinwissenschaften, aber auch bei zahlreichen Naturwissenschaften darf diese praktisch orientierte disziplinspezifische Tradition in der Vorgeschichte nicht unterschätzt werden, da auch sie eine wesentliche Voraussetzung für die Konstituierung eines bestimmten Tätigkeitssystems als Wissenschaft war.

Die Beziehungslosigkeit von empirischen Fertigkeiten einerseits und hypothetischen oder gar theoretischen Vorstellungen andererseits zu einem bestimmten Erkenntnisgegenstand, die sich in der folgenden Entwicklung dann unter einem disziplinären Dach finden, ist für die Vorgeschichte einer Einzelwissenschaft besonders augenfällig. Empirisch sicher gehandhabte Verfahren werden ohne theoretische Deutung oder Erkenntnis der eigentlichen Wirkprinzipien praktiziert. Für hypothetische Bilder oder theoretische Konzepte fehlen noch diesbezügliche Beobachtungen und Messungen oder gar verifizierende Experimente.[53] Unabhängig aber von diesen Gegebenheiten ist die Vorgeschichte einer Disziplin die Quelle für die kognitiven Elemente des neuen Gebietes. Sie ist die Phase, in der sich entsprechende Problemstellungen verdeutlichen, methodische Standards herausbilden, sich die Träger der Disziplin zu profilieren beginnen oder auch spezifische Kommunikationsnetze präformiert werden. Zahl und Art der möglichen Einzelaspekte sind groß und werden auch in der konkreten Situation von Fall zu Fall verschieden sein. Dazu kommt, daß sich derartige Entwicklungen häufig nicht auf ein Zentrum oder eine mehr oder minder ausgedehnte Region beschränken. Die Formierung einzelner Elemente vollzieht sich vielfach in unterschiedlichen Ländern oder Gebieten unter jeweils andersartigen Bedingungen, woraus sich auch erklärt, daß sich oft für eine Disziplin mehrere „Väter" benennen lassen, die einen Anteil als Mitbegründer einer neuen Wissenschaft geleistet haben. Teilleistungen sind außerordentlich wesentlich auch auf dem Wege zur Entstehung einer Disziplin. Solange sich aber noch kein zwingendes und beständiges gesellschaftliches Bedürfnis nach wissenschaftlicher Erkenntnis zum betreffenden Gegenstandsbereich gezielt herausgebildet hat, ist auch der Zusammenhang zwischen den entsprechenden Erkenntnistätigkeiten und Erkenntnisresultaten nicht umfassend entwickelt und die jeweilige Disziplin demnach noch nicht existent. Wir sind somit legitimiert, die Vorgeschichte von der eigentlichen Disziplingenese zu unterscheiden, doch es ist ebenso legitim, später (aber dazu muß die Disziplin eben bereits vorhanden sein) rückblickend die Herausbildung aller jener Momente zu verfolgen, die im Geneseprozeß integriert wurden oder ihn beeinflußt haben und so die disziplinäre Vorgeschichte wirklich zu schreiben.

Ebenso begründet ist es, die *Entwicklung der Disziplin* auf ihrer eigenen Grundlage von ihrem Entstehungsprozeß abzugrenzen. Das fällt bisweilen schwer, weil in der Geschichte einer Disziplin nicht nur ein stetiger Erkenntniszuwachs stattfindet, sondern Perioden relativ ruhiger Entwicklung von Phasen tiefgreifender konzeptualer Umwälzungen und institutioneller Wandlungen (wissenschaftlicher Revolutionen) abgelöst werden, so daß sich „klassische" und „moderne" Entstehungsabschnitte eines solchen Gebietes wesentlich unterscheiden können. Deshalb ist hier daran zu erinnern, daß mit dem Abschluß ihres Entstehungsprozesses die Dialektik quantitativer und qualitativer Veränderungen, evolutio-

53 Vgl. J. Hamel, Der Beitrag der Kosmogonie für die philosophische Theorie der Erkennbarkeit der Welt im 18. und 19. Jahrhundert, Diss. A, Rostock 1981, S. 60.

närer und revolutionärer Wandlungen in der Entwicklung einer Disziplin nicht etwa außer Kraft gesetzt, sondern im Gegenteil erst auf ihr eigenes Fundament gestellt wird, auf dem sie sich in disziplinspezifischen Formen entfalten kann. Der Übergang zur Entwicklung der Disziplin auf ihrer eigenen Grundlage bedeutet, daß dieses Gebiet nunmehr seine volle Reproduktionsfähigkeit erlangt hat. Damit ergibt sich die prinzipielle Möglichkeit, zwischen kurzlebigen, „intermediären" disziplinartigen Gebilden, denen die Herausbildung der vollen Reproduktionsfähigkeit nicht gelingt, und wirklichen Disziplinen begründet zu unterscheiden. Generell kann man annehmen, daß stets nur ein Teil der Disziplinembryonen zu disziplinärer Reife gelangt.

Wir haben nun die Disziplingenese von den Zeitabschnitten, in denen sie noch nicht eingesetzt hat bzw. schon abgeschlossen ist, prinzipiell unterschieden. Es ist evident, daß die Übergänge, die über diese beiden Schnittstellen hinwegführen, in besonderem Maße kritische Phasen sind: In der Phase des Übergangs von der Vorgeschichte zur eigentlichen Disziplingenese – wir können sie ad hoc als *Frühgeschichte* der Disziplin bezeichnen – wird die latente Möglichkeit der Disziplinbildung zu einer realen, entsteht der Widerspruch zwischen dem aktuellen Zustand der Wissenschaft und heranreifenden neuen Erkenntnisbedürfnissen, als dessen Lösungsprozeß die Disziplingenese figuriert. In der Phase des Übergangs von der Disziplinbildung zur Entwicklung auf eigener Grundlage – wir können sie *Konsolidierungsphase* nennen – entscheidet sich, ob die Embryogenese der werdenden Disziplin mit einer normalen Geburt abgeschlossen wird.

Die Notwendigkeit einer frühgeschichtlichen Übergangsphase hängt damit zusammen, daß das Entstehen einer Disziplin kein zeitlich punktuelles Ereignis ist, das sich mehr oder weniger plötzlich nach einer oft über Jahrhunderte währenden Vorgeschichte vollzieht. Die Formierung einer Disziplin setzt das historische Werden entsprechender notwendiger und hinreichender Bedingungen in unterschiedlichen Bereichen voraus, unter denen dann die Herausbildung vor sich geht. Aus diesen Gründen wird sich auch kaum eine scharfe Grenze zwischen der Vorgeschichte und der Disziplinbildung ergeben. Auch hier gibt es eine von Disziplin zu Disziplin unterschiedlich sich gestaltende Phase des Übergangs, in direkter Abhängigkeit davon, welchen Reifegrad die verschiedenen konstituierenden Elemente der entstehenden Wissenschaft in ihrer Entwicklung bereits erreicht haben.

Unabhängig von allen spezifischen Besonderheiten wird die Vorgeschichte einer Disziplin wohl dann beendet sein, wenn sich wesentliche Teilgebiete des neuen Erkenntnissystems im Schoß ihrer ursprünglichen Entstehungszusammenhänge zu verselbständigen beginnen und damit die *Möglichkeit* für ihre Herauslösung gegeben ist. Diese Voraussetzungen sind erfüllt, wenn sich eine gewisse Menge von verschiedenartigen Strukturelementen der neuen Disziplin bereits formiert hat, wie z. B. deskriptive Materialsammlungen, Ansätze für die Klassifikation von entsprechenden Untersuchungsobjekten, die Gliederung diesbezüglicher Erkenntnisse, das Ausreifen einzelner spezifischer Methoden und Verfahren oder auch die Entwicklung von bestimmten Institutionen, in deren Rahmen praktische Erfahrungen für das Wirken einer neuen Wissenschaft akkumuliert werden. Die Vorgeschichte ist zunächst eine im wesentlichen ungerichtete Entwicklung des wissenschaftlichen Erkennens, die notwendige Voraussetzungen für das Entstehen einer Disziplin schafft, woraus sich aber die Herausbildung der neuen Wissenschaft noch nicht mit unabdingbarer Konsequenz ergibt. Eine solche Situation tritt erst dann ein, wenn auf der Grundlage spezifischer gesellschaftlicher Erfordernisse bestimmte Impulse den Veränderungen eine Orientierung geben und letztlich eine neue Qualität bewirken.

Der Inhalt der *Konsolidierungsphase* einer Disziplin ist hingegen der Übergang zu ihrer kontinuierlichen eigenständigen Entwicklung auf der Basis stabiler gesellschaftlicher Erfordernisse und Interessen an ihrer Existenz.[54] Die Mechanismen der Erkenntnisgewinnung, der Ausbildung immer neuer Wissenschaftler und auch der wissenschaftlichen Kommunikation wirken nun als relativ selbständige Bereiche wissenschaftlicher Tätigkeit. Es gestaltet sich ein differenziertes System von Institutionen, über das sich im wesentlichen auch die Beziehungen zu den anderen gesellschaftlichen Bereichen realisieren.

Diese Phase der Disziplingeschichte wird wesentlich durch die Wirksamkeit ihrer Eigengesetzlichkeit bestimmt. Das System der Erkenntnistätigkeiten und der entsprechenden Resultate wird auf der entstandenen Basis weiter ausgebaut, und es ergibt sich der Rahmen für ihre weitere Entwicklung.[55] Es bilden sich spezifische theoretische Auffassungen heraus, die die gefundenen Phänomene nicht nur erklären, sondern auch gleichzeitig neue Problemstellungen hervorbringen, die ihrerseits als Triebkraft der Erkenntnis wirksam sind. Es entwickeln sich beständig Erfordernisse nach neuen Erkenntnissen sowohl aus den Resultaten der Erkenntnistätigkeit der Disziplin selbst als auch aus den Anforderungen anderer gesellschaftlicher Tätigkeitsbereiche.

Die weitere Ausgestaltung der Disziplin vollzieht sich auch auf dem Wege der Herausbildung verschiedenartiger Formen der Institutionalisierung. Träger des Erkenntnissystems der Disziplin sind spezifische Einrichtungen für die Forschung oder für die Kommunikation wie Zeitschriften, Gesellschaften, Bibliotheken usw. Die auf die Reproduktion spezialisierten Einrichtungen formen sich weiter aus. Orientiert am Gegenstand der Disziplin entwickelt sich die Professionalisierung, in dieser Phase entsteht der wissenschaftliche Beruf. Es konstituieren sich Wissenschaftlergruppen, die sich mit der Disziplin identifizieren und ihren weiteren Ausbau vorantreiben. Gesellschaft und Staat werden durch

54 Vgl. G. Buchheim, Zur Herausbildung der Technikwissenschaften — Probleme wissenschaftshistorischer Untersuchungen, in: Dresdner Beiträge zur Geschichte der Technikwissenschaften, Heft 1, Dresden 1980, S. 31.

55 Vgl. H. Scholz, Zur Periodisierung des Entstehungsprozesses naturwissenschaftlicher Disziplinen, in: DZfPh, 1/1983, S. 95.

diese Gelehrten nicht nur auf das neue wissenschaftliche Tätigkeitsfeld aufmerksam gemacht, vor allem wird die weitere Entwicklung der Disziplin über ihre personellen Repräsentanten durch entsprechende gesellschaftliche und insbesondere wirtschaftliche Maßnahmen gefördert und gesichert.

Jetzt vollzieht sich auch die systematische Applikation der Resultate des neuen Erkenntnissystems in den verschiedenen gesellschaftlichen Bereichen. Ergebnisse können z. B. in der materiellen Produktion wirksam werden, Bildungsbedürfnisse befriedigen, das philosophische Denken beeinflussen oder auch in den Erkenhtnisprozeß anderer einzelwissenschaftlicher Disziplinen einfließen. Während in der Phase der unmittelbaren Disziplingenese die wechselseitige Kommunikation mit anderen Erkenntnisbereichen zeitweise stark eingeschränkt war und sich weitgehend auf die Aufnahme von Impulsen aus anderen Tätigkeitsfeldern beschränkte, entfalten sich nun die Möglichkeiten der Wirksamkeit auf vielgestaltige Weise, womit sich ihr Wert für die Gesellschaft manifestiert.

8. *Die stadiale Gliederung der Disziplingenese*

Damit haben wir den Prozeß der Disziplingenese im ganzen historisch lokalisiert. Diese Ganzheit ist *stadial gegliedert*; diese Feststellung ist durch Fallstudien zur Analyse der historischen Entwicklung verschiedener Wissenschaftsgebiete erhärtet worden.[56]

Die Disziplinbildung ist eine qualitative Umschlagphase in der Erkenntnisgeschichte und der Anfang der Existenz eines fundamentalen Strukturelementes in der Wissenschaft. Auf der Grundlage herangereifter materieller und ideeller Bedingungen in der Gesellschaft werden die Erkenntnistätigkeiten zu dem betreffenden Gegenstand intensiviert, beschleunigt und mit der Gewinnung wesentlicher weiterer Resultate zu hoher Aktualität geführt. Das Ereignis der Herausbildung einer neuen Wissenschaft vollzieht sich nicht im Verborgenen, sondern in der Regel mindestens bei interessierter Anteilnahme durch verschiedene Wissenschaftler, die auf die eine oder andere Weise an diesen Vorgängen beteiligt sind und die Mechanismen, Tendenzen und Resultate dieses Prozesses aufmerksam verfolgen. D. Diderot charakterisierte bereits 1754 eine solche Situation recht treffend mit den Worten: „Wenn eine Wissenschaft im Entstehen begriffen ist, wenden sich alle Geister zu ihr hin, dank der außerordentlichen Hochachtung,

56 Vgl. M. Guntau, Die Genesis der Geologie als Wissenschaft. Studie zu den kognitiven Prozessen und gesellschaftlichen Bedingungen bei der Herausbildung der Geologie als naturwissenschaftliche Disziplin an der Wende vom 18. zum 19. Jahrhundert, Berlin, 1984; H. Scholz, Zur Periodisierung des Entstehungsprozesses naturwissenschaftlicher Disziplinen, a. a. O., G. Pápay, Zur zeitlichen Bestimmung der Herausbildungsphase der Kartographie als selbständige Wissenschaftsdisziplin, in: Rostock. Wiss.-Hist. Mskr., Heft 8, Rostock 1982, S. 51–75; G. Pápay, Zur Herausbildung der Kartographie als selbständige Wissenschaftsdisziplin, in: Petermanns Geographische Mitteilungen, 3/1984, Gotha 1984, S. 221–231.

die man den Erfindern in der Gesellschaft entgegenbringt; dank dem Wunsche, aus eigener Anschauung eine Sache kennenzulernen, die soviel Aufsehen erregt."[57] Natürlich reicht das Interesse an derartigen Vorgängen der Wissenschaftsentwicklung in der Gegenwart weit über den Kreis der davon betroffenen Wissenschaftler hinaus. Entstehung und Entwicklung der Genetik, der Kybernetik oder der Informatik sind in ihren Wirkungen so bedeutend, daß die verschiedensten Kreise der Gesellschaft davon berührt werden und deshalb an diesem Geschehen auf die eine oder andere Weise Anteil nehmen.

Dabei vollzieht sich das Kernereignis mit den entscheidenden qualitativen Veränderungen im kognitiven Bereich auf der Grundlage einer neuen Situation in der Erkenntnistätigkeit der Wissenschaftler zunächst gewiß in einem engen Rahmen. Konkreten und aktuellen Zielsetzungen entsprechend, verknüpfen sich Erkenntnistätigkeiten und -resultate und bilden die Basis für das relativ geschlossene System der neuen Disziplin. In jedem Falle lösen sich bei diesem Vorgang die auf unterschiedliche Weise während der Vorgeschichte gewonnenen Wissenselemente aus ihren ursprünglichen Entstehungszusammenhängen heraus und bilden ein neues, relativ eigenständiges System des Erkennens. Im konkreten Fall sind das sehr komplizierte Vorgänge, bei denen verschiedene Faktoren in Wechselwirkung stehen. Deshalb ist es schwer, ein einziges Ereignis als alleinige Ursache für die Genese einer Disziplin zu bestimmen.

Diese Ereignisse im Erkenntnisprozeß lösen ihrerseits nun wieder eine Reihe von Vorgängen in anderen gesellschaftlichen Bereichen aus. Auf der Basis bestimmter Klasseninteressen wird die Disziplinbildung durch die Begründung und Entwicklung spezifischer wissenschaftlicher Institutionen (dem Gegenstand und Ziel der betreffenden Disziplin entsprechend) gesteuert und realisiert. Ganz entscheidende Bedeutung haben diese Einrichtungen für die Stabilisierung der Existenz der Disziplin, da durch sie sowohl die Reproduktion ihres Erkenntnisinhaltes mit der beständigen Ausbildung immer neuer Wissenschaftlergenerationen auf diesem Gebiet gewährleistet wird als auch die Träger für den Forschungsprozeß und die verschiedenen Formen der Kommunikationen gegeben sind. Diese Entwicklungen gehören gewiß zu den besonders auffälligen Seiten der Genese einer Wissenschaft, da sie z. B. mit Neugründungen von Forschungs- und Ausbildungseinrichtungen verbunden sind und auch oft erhebliche materielle Aufwendungen durch die Gesellschaft erfordern.

Da im konkreten historischen Prozeß alle diese Ereignisse in der Regel nicht zu einem bestimmten Zeitpunkt gemeinsam auftreten, erstreckt sich der Disziplinbildungsvorgang über eine gewisse Zeitspanne. Detaillierte Untersuchungen über diese Vorgänge am Beispiel verschiedener Wissenschaften führten zu der Möglichkeit, den Herausbildungsprozeß zeitlich nochmals zu gliedern. Danach ließen sich folgende Abschnitte unterscheiden:

57 D. Diderot, Gedanken zur Interpretation der Natur, in: D. Diderot, Philosophische Schriften, Bd. 1, Berlin 1961, S. 421.

Initialphase
Konstituierungsphase
Etablierungsphase.

In der *Initialphase* bildet sich vor allem die Orientierung der wissenschaftlichen Tätigkeiten auf den betreffenden Erkenntnisgegenstand heraus. Es entwickeln sich anfängliche Vorstellungen über das Wissenschaftsziel der neuen Disziplin, die bereits ein Bild über ihre Konturen auf der Grundlage verschiedener Erkenntniselemente voraussetzen und die auf dem Hintergrund bestimmter heranreifender gesellschaftlicher Erfordernisse verdeutlicht werden. Für die Chemie deutete sich das beispielsweise mit der Ausprägung der Zielstellung der Iatrochemie an[58], bei der Geologie mit dem Erkennen der Bedeutung derartiger Erkenntnisse für die Bergbauproduktion.[59] Das gilt auch für Disziplinen mit einer zunächst weniger auffälligen Rolle in der materiellen Produktion wie etwa die physikalische Chemie, für die bereits sehr früh eine entsprechende Problemsicht formuliert wurde. So prägte M. W. Lomonossow 1752 nicht nur den Begriff der physikalischen Chemie[60], sondern zeichnete auch ein Bild vom Wesen dieser Wissenschaft, wie es sich in der darauffolgenden Zeit im Zuge ihrer Herausbildung weitgehend realisierte. Derartige antizipatorische Bestimmungen des Ziels oder die Formulierung bestimmter Aufgaben der neuen Disziplin sind ein Ausdruck dafür, daß Voraussetzungen für ihre Herausbildung objektiv gegeben sind. Die Orientierung wissenschaftlicher Aktivitäten oder Tätigkeiten auf einen bestimmten Gegenstand kann sich auch aus Problemsituationen anderer Art ergeben, die von der notwendigen oder wünschenswerten theoretischen Fundierung praktisch gehandhabter erfolgreicher Verfahren bis zur Klärung kognitiver Widersprüche in der Erkenntnis oder der Aufdeckung von Zusammenhängen zwischen scheinbar völlig unterschiedlichen Erscheinungen reichen.

Wissenschaftler, die derartige Sachverhalte erfassen und verdeutlichen, sind natürlicherweise noch in einem anderen Erkenntnisgebiet verwurzelt, begreifen aber die Notwendigkeit der Entwicklung der betreffenden Disziplin und bringen das möglicherweise in gezielten Forderungen zum Ausdruck. Ihr Verdienst besteht darin, die historische Aktualität dieser Problematik der Wissenschaftsentwicklung zu erfassen und zu artikulieren. Auch vollziehen sich diese Erkenntnistätigkeiten häufig noch im Rahmen institutioneller Formen anderer Disziplinen oder auch schon in neuen spezifischen wissenschaftlichen Einrichtungen, bei-

58 Vgl. R. Scholz, Zur Periodisierung des Entstehungsprozesses naturwissenschaftlicher Disziplinen, a. a. O., S. 92.

59 Vgl. C. F. Zimmermann, Ober-Sächsische Berg-Academie in welcher die Bergwercks-Wissenschaften nach ihren Grundwahrheiten untersucht und nach ihrem Zusammenhange entworffen werden, Dreßden und Leipzig 1746, S. 41; J. J. Ferber, Beyträge zu der Mineralgeschichte Böhmens, Berlin 1774, S. VII.

60 Vgl. M. W. Lomonossow, Prodromus ad veram chimiam physicam, in: M. W. Lomonossow, Ausgewählte Schriften, Bd. 1, Berlin 1961, S. 195.

spielsweise kommunikativer Institutionen (Zeitschriften), die sich aber nicht immer bereits eine beständige Existenz sichern können.

Natürlich stellt die Formulierung von Zielen und Aufgaben für eine neue Disziplin in dieser Etappe ihrer Entwicklung durch Wissenschaftler lediglich ein Phänomen dar, dem objektive historische Prozesse zugrunde liegen; diese Prozesse machen den Basisvorgang der beginnenden Disziplinbildung aus. Entscheidende Elemente sind in der Initialphase die Gerichtetheit der Erkenntnistätigkeiten auf den Gegenstand der sich herausbildenden Disziplin und die unter diesen Gegebenheiten beginnende Verselbständigung verschiedener Erkenntnistätigkeiten und -resultate gegenüber ihrem ursprünglichen Entstehungszusammenhang. Damit beginnt der Entstehungsprozeß einer neuen Wissenschaft.

Der Kern des Herausbildungsprozesses der Disziplin ist die *Konstituierungsphase* mit den entscheidenden qualitativen Veränderungen im kognitiven Bereich. Häufig im Verlauf weniger Jahre oder Jahrzehnte, oft im Zusammenhang mit dem Werk eines Gelehrten oder weniger Gelehrter bildet sich das mehr oder weniger vollkommene Grundgerüst des Erkenntnissystems der Disziplin heraus. Die verschiedenen Forschungsrichtungen und Einzelsysteme der Erkenntnis verwachsen zu einem relativ geschlossenen System, wobei das auslösende Ereignis für diesen Vorgang höchst unterschiedlicher Art sein kann.

Bereits für I. Kant war der Systemcharakter ein grundlegender Gesichtspunkt für die Eigenständigkeit, wenn er formulierte: „Eine jede Lehre, wenn sie ein System, d. i. ein nach Prinzipien geordnetes Ganze der Erkenntniß seyn soll, heißt Wissenschaft."[61] Wesentlich für Kant war darüber hinaus, auf welchen Prinzipien ein solches System basiert, wobei er einem auf rationalen Grundsätzen stehenden System den Status der eigentlichen Wissenschaft zuerkannte: „Dasjenige Ganze der Erkenntniß, was systematisch ist, kann schon darum Wissenschaft heißen, und wenn die Verknüpfung der Erkenntniß in diesem System ein Zusammenhang von Gründen und Folgen ist, so gar rationale Wissenschaft."[62] Der Systemcharakter ist ganz offensichtlich eine allgemein anerkannte Bedingung für die Genese einer Disziplin[63] – ein notwendiges, aber gewiß noch nicht hinreichendes Kriterium für die stabile Existenz einer bestimmten Wissenschaft.

Die Konstituierung der Disziplin wird ganz wesentlich dadurch bestimmt, welche Mechanismen der Reproduktion für das sich ausformende System entstehen. Dabei geht es um die funktionalen Beziehungen zwischen Menschen, wissenschaftlichen Tätigkeiten und Erkenntnissen im Rahmen der neuen Disziplin, die in der historischen Entwicklung ihren Fortbestand sichern. Mit der Verwirklichung derartiger Bedingungen in der Gesellschaft vollzieht sich die

61 I. Kant, Metaphysische Anfangsgründe der Naturwissenschaft, Riga 1787, S. IV.

62 Ebenda, S. V.

63 Vgl. D. v. Engelhardt, Dimensionen und Aspekte der Entstehung neuer Wissenschaften in der Neuzeit, in: Berichte zur Wissenschaftsgeschichte, Heft 3 u. 4, Wiesbaden 1978, S. 174; A. Diemer, Das Entstehen neuer Wissenschaften, in: Ebenda, S. 178.

Etablierung der Disziplin. Dabei realisiert sich die Reproduktion des disziplinären Systems des Erkennens über die verschiedenen möglichen Formen der Ausbildung und selbst im Forschungsprozeß (wenn auch nicht in der Regel) oder im Rahmen der Kommunikation von Erkenntnissen, sofern es sich um die anfängliche Ausformung dieses neuen Bereichs wissenschaftlicher Tätigkeit handelt. Erst wenn sich derartige Mechanismen auf der Grundlage konkreter gesellschaftlicher Bedürfnisse stabil herausgebildet haben, sind Dasein und Fortbestand einer Disziplin gesichert. Unter diesen Bedingungen entstehen die ersten zusammenfassenden Darstellungen zu den Erkenntnissen und Methoden dieses Gebiets (Lehr- oder Handbücher) sowie die Anfänge spezialisierter institutioneller Formen mit stabiler Existenz, die die Basis für die Reproduktion der Disziplin gewährleisten. Mit der Verwirklichung funktionaler und institutioneller Voraussetzungen für die Existenz einer Wissenschaft ist ihre Herausbildung im wesentlichen abgeschlossen.[64]

Der Unterscheidung von verschiedenen Abschnitten (oder auch Aspekten) der Disziplingenese liegen Untersuchungen zu den Herausbildungsprozessen unterschiedlicher Wissenschaften zugrunde. Im einzelnen sind im historischen Prozeß diese Entwicklungen sehr komplex und durch fließende Übergänge gekennzeichnet, so daß man die zeitliche Abfolge der Ereignisse der genannten Etappen nicht verabsolutieren darf. Was sich bei einer Gruppe von Disziplinen in einer erkennbaren historischen Aufeinanderfolge vollzieht, das kann in anderen Fällen eine umgekehrte Reihenfolge aufweisen oder auch zeitgleich auftreten. Grundsätzlich wird aber der eigentliche Disziplinbildungsprozeß auf dem Hintergrund der Vorgeschichte durch bestimmte signifikante Vorgänge unmittelbar vorbereitet und nach der Herausbildung des qualitativ neuartigen Systems des Erkennens durch eine Reihe von Institutionalisierungen, deren Entstehung zum Teil weit in die Phase der Konsolidierung reicht, abgesichert und legitimiert.

9. *Gesellschaftliche Mechanismen der Disziplingenese*

Die Entstehungsprozesse wissenschaftlicher Disziplinen vollziehen sich auf der Grundlage verschiedener Bedingungen; sie haben ihre Ursachen in bestimmten gesellschaftlichen Erfordernissen, Interessen oder Ereignissen. Will man die Fragen danach beantworten, warum und wodurch es zur Herausbildung neuer Disziplinen in der Wissenschaft gekommen ist oder kommt, wird man sich bei der Analyse der entsprechenden Vorgänge nicht allein auf den gesellschaftlichen Erkenntnisprozeß beschränken dürfen. Die Bedingtheit der Herausbildung einzelwissenschaftlicher Disziplinen erfordert die Analyse der strukturellen und funktionalen Beziehungen der entsprechenden wissenschaftlichen Tätigkeiten zu bestimmten Voraussetzungen und Erfordernissen auch in anderen gesellschaftlichen

64 Vgl. W. Girnus, Grundzüge der Herausbildung der physikalischen Chemie als Wissenschaftsdisziplin, Diss. A, Berlin 1981, S. 209.

Bereichen. Das ist in der Tatsache begründet, daß wissenschaftliche Erkenntnis – auch wenn sie von einem Einzelforscher realisiert wird – dem Wesen nach immer gesellschaftlichen Charakter besitzt[65], da jeder Forscher auf die Leistungen anderer Wissenschaftler angewiesen ist. Mit den Bedingungen seiner wissenschaftlichen Tätigkeit wird seine Erkenntnistätigkeit auch durch zahlreiche Faktoren determiniert, die für den wissenschaftlichen Arbeitsprozeß die materiellen Voraussetzungen bilden oder mit der Wissenschaft unmittelbar auch gar keine Beziehung haben, aber die Existenz der Wissenschaftler und die Möglichkeiten für ihr Wirken sichern.

Ein Beispiel dafür ist die Entstehung der Agrikulturchemie.[66] Der mit der industriellen Revolution im 19. Jahrhundert sich entwickelnde Bevölkerungszuwachs brachte spürbare Ernährungsprobleme mit sich, die nicht auf herkömmliche Weise gelöst werden konnten. Es begann sich die Einsicht zu festigen, daß der Boden keine unerschöpfliche Naturressource ist und ihm Substanzen zurückgeführt werden müssen[67], wenn seine intensive landwirtschaftliche Nutzung nicht letztlich zu einem katastrophalen Zusammenbruch der Nahrungsmittelproduktion führen soll. Es bildete sich auf diese Weise eine gesellschaftliche Erfordernissituation heraus, die bestimmte chemische Arbeiten auf entsprechende Weise stimulierte. Obzwar die Agrikulturchemie bereits am Ende des 18. Jahrhunderts Wissenschaftler wie den Chemiker J. G. Wallerius oder den Agrarwissenschaftler A. Thaer beschäftigte[68], hatte die Chemie erst in der ersten Hälfte des 19. Jahrhunderts die Reife erlangt, nicht nur die Bedingungen und Prozesse des Pflanzenwachstums hinreichend aufzuklären, sondern auch ein theoretisches Konzept für die Pflanzenproduktion aus chemischer Sicht entwickeln zu können, das sich letztlich auch bewährte. Obwohl sich verschiedene Wissenschaftler um die Lösung dieser Fragen bemühten, war J. v. Liebig einer der Pioniere bei der Entwicklung der Agrikulturchemie, da er für diese Disziplin eine tragfähige Konzeption ausarbeitete und experimentell absicherte. Die Problemstellungen ergaben sich dazu aber nicht primär aus der chemischen Erkenntnis, sie erwuchsen aus Erfordernissen der agrarischen Produktion.[69] So war die Nahrungsmittel-

65 Vgl. K. Marx, Ökonomisch-philosophische Manuskripte aus dem Jahre 1844, in: K. Marx/F. Engels, Werke (im folgenden: MEW), Ergänzungsband. Erster Teil, Berlin 1968, S. 538.

66 Vgl. W. Krohn/W. Schäfer, Ursprung und Struktur der Agrikulturchemie, in: Starnberger Studien I. Die gesellschaftliche Orientierung des wissenschaftlichen Fortschritts, Frankfurt a. M. 1978, S. 23–68; H.-W. Schütt, Anfänge der Agrikulturchemie in der ersten Hälfte des 19. Jahrhunderts, in: Zeitschrift für Agrargeschichte und Agrarsoziologie, 1/1973, S. 83–91; M. W. Rossiter, The Emergence of Agricultural Science. 1840–1880, New Haven – London 1975.

67 Vgl. J. Liebig, Die Chemie in ihrer Anwendung aud Agricultur und Physiologie, Bd. 1, Braunschweig 1862, S. 136.

68 Vgl. W. Krohn/W. Schäfer, Ursprung und Struktur der Agrikulturchemie, in: Starnberger Studien I. Die gesellschaftliche Orientierung des wissenschaftlichen Fortschritts, a. a. O., S. 27.

69 Vgl. ebenda, S. 59.

produktion der zielgebende Impuls für die Entstehung der Agrikulturchemie unter den Voraussetzungen einer hinreichend entwickelten chemischen Erkenntnis.

Unter ähnlichen Bedingungen vollzog sich die Disziplingenese der Geologie an der Wende vom 18. zum 19. Jahrhundert.[70] Die Notwendigkeit, abbauwürdige Lagerstättenvorräte für die bergmännische Gewinnung von Edelmetallen, Buntmetall- und Eisenerzen sowie Kohlen nachzuweisen, erhöhte das gesellschaftliche Interesse an geologischen Erkenntnissen in den letzten Jahrzehnten des 18. Jahrhunderts sprunghaft. In der Zeit des Übergangs von der manufakturellen zur maschinenmäßigen Produktion wurden in mehreren feudalabsolutistisch regierten Ländern wie Sachsen, Österreich-Ungarn, Rußland oder Spanien verschiedenartige Initiativen entwickelt, die geologische Erkenntnis zu fördern und zu institutionalisieren. Diese Vorgänge wurden begleitet durch eine wachsende Aufmerksamkeit gegenüber der Naturgeschichte, in die das geologische Wissen im 18. Jahrhundert noch einbegriffen war und deren intensive Entwicklung sich aus dem Bildungsideal der bürgerlichen Aufklärung ergeben hatte. So standen die großen Beiträge zur Entwicklung der geologischen Erkenntnis des Schotten J. Hutton in dieser Tradition und hatten zunächst keinerlei Beziehungen zu einer praktischen Nutzung,[71] waren aber von erheblicher Bedeutung für die Formierung der theoretischen Konzeptionen in der entstehenden Disziplin. Der Herausbildungsprozeß der Geologie als Wissenschaft wurde dagegen durch gesellschaftliche Kräfte initiiert und geführt, die ein unmittelbares Interesse an einer steigenden Bergbauproduktion hatten und deshalb alle Voraussetzungen schufen, um die dazu notwendige geologische Erkenntnis fördern und institutionalisieren zu können. Vor allem die Systematisierung der geologischen Erkenntnis, ihre Anwendung in der Bergbauproduktion und ihre Verbreitung in verschiedenen Ländern der Erde war sehr eng mit dem Wirken des Mineralogen und Geologen A. G. Werner verbunden, der an der Bergakademie Freiberg im Zentrum des sächsischen Montanwesens wirkte.[72]

Weitere Fallbeispiele für den Einfluß von Erfordernissen der materiellen Produktion auf die Disziplingenese in der Geschichte ließen sich insbesondere aus den Bereichen der Technikwissenschaften und der angewandten Naturwissenschaften nennen. Auf diese Zusammenhänge ist auch im Rahmen von Untersuchungen zum historischen Wechselverhältnis zwischen Naturwissenschaft und Produktion eingegangen worden[73], ohne jedoch die Entstehungsmechanismen

70 Vgl. M. Guntau, Die Genesis der Geologie der Wissenschaft, a. a. O., S. 20—29.

71 Vgl. R. Porter, The Making of Geology. Earth Science in Britain 1660—1815, Cambridge 1977, S. 153.

72 Vgl. M. Guntau, Zur Herausbildung der Geologie als naturwissenschaftliche Disziplin am Ende des 18. Jahrhunderts, in: Rostock. Wiss.-Hist. Mskr., Heft 2, Rostock 1978, S. 93.

73 Vgl. H. Wußing, Versuch zur Klassifikation des historischen Wechselverhältnisses zwischen Naturwissenschaften und materieller Produktion, in: NTM — Schriftenreihe Geschichte der Naturwissenschaften, Technik, Medizin (im folgenden: NTM), Heft 1, Leipzig 1975, S. 90—104.

naturwissenschaftlicher Disziplinen detailliert oder prinzipiell zu analysieren. Keinesfalls darf – und das ist ein Ergebnis der bisherigen wissenschaftshistorischen Arbeiten zu dieser Problematik – die unmittelbare Verursachung der Disziplinbildung *allein* in Bedingungen der materiellen Produktion gesucht werden, da ein solcher Ansatz einer rein externalistischen Auffassung von der Entwicklung des wissenschaftlichen Erkennens entsprechen würde, der die tatsächliche Geschichte der Wissenschaft vereinseitigt widerspiegelt und auch den komplexen und komplizierten Vorgang der Herausbildung von Einzelwissenschaften nur unzulässig vereinfacht darzustellen vermag.

Neben den materiellen Bedürfnissen wirken als gesellschaftliche Ursachen für die Herausbildung von Einzelwissenschaften auch solche ideeller Art. Auch sie werden letztlich mit Veränderungen bzw. Einflüssen materiellen Charakters in Beziehung stehen, aber auf vermittelte Weise, so daß diese nicht als spezifische Ursache für die Genese der bestehenden Disziplinen angesehen werden können. Bei den materiellen Gegebenheiten handelt es sich zwar um allgemeine oder auch fundamentale Zusammenhänge, doch sie erklären nicht die Mechanismen des Entstehens dieser Wissenschaften, da die eigentlichen Ursachen für diese Prozesse in anderen gesellschaftlichen Ereignissen begründet sind. Politische Entwicklungen, ideologische Erfordernisse oder Bildungsinteressen besitzen die Potenz, das Entstehen von Disziplinen zu initiieren oder zusammen mit materiellen Erfordernissen zu stimulieren. Weltanschauliche Konstellationen, die Entwicklung von Bildungsidealen und -zielen, das Entstehen geistiger Informations- und Kommunikationsbedürfnisse, ein bestimmter Reifegrad des literarischen und künstlerischen Schaffens usw. haben im Zusammenhang mit der Formierung ideologischer Klasseninteressen und der Herausbildung entsprechender Klassenauseinandersetzungen insbesondere auf den Entstehungsprozeß gesellschaftswissenschaftlicher Disziplinen bestimmenden Einfluß, sind aber auch für die Genese von Einzelwissenschaften anderen Charakters von Bedeutung.

Interessant ist in diesem Zusammenhang die Herausbildung der Ägyptologie, einer verhältnismäßig kleinen Disziplin.[74] Während noch im 18. Jahrhundert bei J. Winckelmann, der sich um die Begründung der Altertumswissenschaften in hohem Maße verdient gemacht hatte, die ganze ägyptische Kultur nur eine geringe Aufmerksamkeit fand, änderte sich das an der Wende zum 19. Jahrhundert. Napoleon führte auf seinem Feldzug nach Ägypten 1798 eine bemerkenswerte Anzahl von Wissenschaftlern mit, die historische Kulturdenkmale zeichneten, dokumentierten und sammelten.[75] Diese Tatsache war offenbar einem kulturhistorischen Interesse geschuldet, das mit den machtpolitischen Bestrebungen

74 Vgl. H.-J. Trümpener, Die Existenzbedingungen einer Zwergwissenschaft. Eine Darstellung des Zusammenhangs von wissenschaftlichem Wandel und der Institutionalisierungsform einer Disziplin am Beispiel der Ägyptologie, in: Wissenschaftsforschung, 6 Report, Bielefeld 1976.

75 Vgl. ebenda, S. 27.

des französischen Großbürgertums nach Kolonien verknüpft war. In Paris erschien bereits 1809/1813 eine vierundzwanzigbändige Darstellung der Kultur Ägyptens als ein Resultat der napoleonischen „Expedition“[76], obwohl die Briten 1801 nach der Niederlage der französischen Truppen fast alles Sammlungsmaterial übernommen und nach London gebracht hatten. Das regte auch in England zu entsprechenden Forschungen an, denen gleiche Arbeiten in Deutschland, Italien und den Niederlanden folgten. Die Ägyptologie wurde eine Mode, in deren Gefolge nicht nur zahlreiche Publikationen erschienen, sondern auch Museen und Universitätslehrstühle gegründet wurden.[77] Auf der Grundlage eines aktuell gewordenen Bildungsbedürfnisses konstituierte und systematisierte sich so in den ersten Jahrzehnten des 19. Jahrhunderts der Wissenschaftsinhalt der Ägyptologie, die sich als wissenschaftliche Disziplin etwa gleichzeitig in mehreren europäischen Ländern etablierte.

Nicht in unmittelbarem Gefolge von Entwicklungen der materiellen Produktion, durchaus aber verursacht durch bestimmte Interessen des europäischen Imperialismus an Kolonien, entstand die Tropenmedizin als wissenschaftliche Disziplin. Ökonomische und politische Erwartungen, daß die Kolonien als Absatzmarkt und Rohstoffquelle zur Erzielung von Maximalprofit besonders günstige Voraussetzungen bieten könnten[78], förderten Initiativen zur gesundheitlichen Versorgung insbesondere europäischer Beamter in Asien, Afrika und Amerika die Entwicklung dieser Wissenschaft. Auf dem Hintergrund des wissenschaftlichen Erkenntnisstandes von Biologie, Naturgeschichte und Medizin im 19. Jahrhundert[79] konstituierte sich die Tropenmedizin mit einem spezifischen Komplex an wissenschaftlichen Erkenntnissen und Erfahrungen, der auch auf eine entsprechende Weise institutionalisiert wurde. Diese Entwicklung ging von Großbritannien aus, der im 19. Jahrhundert größten imperialistischen Kolonialmacht, und setzte sich in Frankreich, Italien, Belgien, Deutschland, Holland und schließlich den USA fort. Erst in den letzten Jahrzehnten wurde begonnen, die Resultate dieser medizinischen Disziplin im Gesundheitswesen der jungen Nationalstaaten zu nutzen, soweit dazu die materiellen Voraussetzungen gegeben sind. Die gesellschaftliche Verursachung der Begründung dieser Disziplin hatte sich aber zweifellos primär aus politischen und ökonomischen Interessen der imperialistischen Bourgeoisie ergeben.

Neben diesen Disziplinen, die wesentliche Impulse für ihre Herausbildung aus anderen gesellschaftlichen Bereichen erhalten haben, gibt es aber auch solche, deren entscheidende Entstehungsursachen unmittelbar in der Erkenntnisent-

76 F. Jomard (Hrsg.), Description de l'Égypte, Paris 1809–1813.

77 Vgl. H.-J. Trümpener, Die Existenzbedingungen einer Zwergwissenschaft, in: Wissenschaftsforschung, 6 Report, a. a. O., S. 31/32.

78 Vgl. M. Worboys, The Emergence of Tropical Medicine: a Study in the Establishment of a Scientific Speciality, in: G. Lemaine/R. MacLeod/M. Mulkay/P. Weingart (Hrsg)., Perspectives on the Emergence of Scientific Disciplines, a. a. O., S. 84.

79 Vgl. ebenda, S. 93.

wicklung selbst zu suchen sind. Die notwendige Erklärung bestimmter Sachverhalte, die Entdeckung von Zusammenhängen zwischen verschiedenen Erkenntnismöglichkeiten, die erforderliche Systematisierung einer gegebenen Erkenntnismenge (aus welchen Gründen auch immer), die Anwendung bewährter Methoden auf einem neuen Feld wissenschaftlicher Erkenntnis und andere Ereignisse kognitiver Art können zu entsprechenden Ursachen werden. Das bedeutet, daß gegebenenfalls ein bestimmter wissenschaftlicher Erkenntnisprozeß selbst zur Gewährleistung seiner kontinuierlichen Fortentwicklung wissenschaftlicher Tätigkeits- und Erkenntnissysteme neuer oder anderer Art bedarf, ohne dafür in anderen Bereichen der Gesellschaft zunächst eine erkennbare Anwendung oder Entsprechung zu finden. Derartige Situationen ergeben sich (auf einem bestimmten Niveau der Erkenntnisentwicklung) aus der Wechselwirkung unterschiedlicher wissenschaftlicher Erkenntnisvorgänge. So können z. B. die Resultate der einen Disziplin zur Entstehungsursache einer anderen Einzelwissenschaft werden.

Wie das gesamte Wissenschaftssystem aber nur in einem unaufhörlichen Zusammenhang mit der gesellschaftlichen Praxis existieren kann, sind natürlich auch die Vorgänge von Disziplingenesen nicht losgelöst von diesen fundamentalen Relationen möglich. Selbst die sich aus scheinbar rein kognitiven Gegebenheiten ableitenden Herausbildungsprozesse bedürfen für ihre Realisierung eines Praxisbezuges als Triebkraft für den Erkenntnisfortschritt, auch wenn dieser Zusammenhang bei weitem nicht immer offen zutage liegt.

Die Entstehung der klassischen Physik erfolgte mit der Herauslösung entsprechender Erkenntniselemente aus der Naturlehre des 18. Jahrhunderts, ohne eine deutlich erkennbare Verursachung durch Phänomene außerhalb des kognitiven Bereichs. Es trat einerseits eine Trennung von chemischen, meteorologischen und astronomischen Erkenntnissen ein, andererseits begann eine starke mathematische Durchdringung der physikalischen Arbeiten; dies wurde für die neuentstehende Disziplin und ihre weitere Entwicklung von wesentlicher Bedeutung. Diese Beziehungen wurden zunächst vor allem durch französische Physikomathematiker ausgearbeitet. An ihre Resultate knüpften dann auch in Deutschland entsprechende Forschungen an. Um die Jahrhundertwende erschienen erste Darstellungen zur Physik, zu denen auch die bemerkenswerten Arbeiten von H. F. Link in Rostock gehörten, der als einer der ersten Autoren auf eine Abgrenzung der Physik von anderen Disziplinen drängte.[80]

Die verschiedenen Erkenntnisse zur Akustik, Elektrizität und Wärme, zum Magnetismus und zum Licht wurden im ersten Drittel des 19. Jahrhunderts in einen Zusammenhang gebracht, wobei die integrative Potenz der vor allem durch I. Newton begründeten Mechanik zur Wirkung kam.[81] Bereits im 18. Jahrhundert

80 Vgl. H. F. Link, Beyträge zu Philosophie der Physik und Chemie (Beyträge zur Physik und Chemie, Drittes Stück) Rostock—Leipzig 1797, S. 19.

81 Vgl. dazu den Beitrag von P. Jakubowski, Von der Naturlehre zur naturwissenschaftlichen Disziplin — zur Herausbildung der klassischen Physik in Deutschland, in diesem Band.

hatten die Phänomene der Elektrizität die besondere Aufmerksamkeit zahlreicher Wissenschaftler und Laien gefunden, woraus sich Versuche einer theoretischen Deutung dieser in Mode gekommenen Naturerscheinung ergaben.[82]

Die Ausformung der Konturen der klassischen Physik auf der kognitiven Ebene wurde durch Maßnahmen begleitet, die die gesellschaftliche Anerkennung der neuen Wissenschaft voraussetzten und ihre Bedeutung deutlich machten. An zahlreichen Universitäten wurden Lehrstühle für Physik und teilweise auch mathematisch-physikalische Seminare gegründet.[83] Die Physik entstand als Universitätswissenschaft und wurde hier bald zu einer der naturwissenschaftlichen Grundlagendisziplinen im Lehrsystem, ohne vor der zweiten Hälfte des 19. Jahrhunderts ernsthaft zu Hoffnungen für eine technische Nutzung ihrer Resultate Anlaß gegeben zu haben.

Auf analoge Weise vollzog sich die Herausbildung der physikalischen Chemie. Auf der Grundlage der Existenz von Chemie und Physik verknüpften sich verschiedene Elemente dieser Disziplinen zu einem relativ geschlossenen System physikalisch-chemischer Tätigkeiten. Die Aufdeckung der Beziehungen zwischen der osmotischen Lösungstheorie von J. H. van't Hoff und den Vorstellungen von S. Arrhenius über die elektrolytische Dissoziation, die für die Entstehung der physikalischen Chemie von fundamentaler Bedeutung war[84], vollzog sich als Entdeckung auf der kognitiven Ebene, ohne durch bestimmte Ereignisse oder Entwicklungen in anderen gesellschaftlichen Bereichen direkt stimuliert worden zu sein. Das ergab sich in den 80er Jahren des 19. Jahrhunderts allerdings zu einer Zeit, in der sich auch die chemische Technologie intensiv entwickelte und physikalisch-chemische Erkenntnisse in hohem Maße aktuell wurden. Trotzdem formierte sich das Erkenntnissystem der physikalischen Chemie zunächst in relativer Begrenzung auf die kognitive Ebene und fand auch – wie die Physik – bald entsprechende institutionelle Formen. Es entstanden sowohl physikalisch-chemische Laboratorien und Lehrstühle an den Universitäten als auch ein System der Kommunikation[85], worin die Anerkennung der neuen Disziplin zum Ausdruck kam. Erst nachdem sich diese Entwicklungen bereits vollzogen hatten, begannen die wissenschaftlichen Resultate der physikalischen Chemie in der

82 Vgl. J. L. Heilbron, Elements of Early Modern Physics, Berkeley–Los Angeles–London 1982, S. 159–240.

83 Vgl. R. Stichweh, Zur Entstehung des modernen Systems wissenschaftlicher Disziplinen – Physik in Deutschland 1740–1890, Diss. A, Bielefeld 1982, S. 384–467.

84 Vgl. W. Girnus, Grundzüge der Herausbildung der physikalischen Chemie als Wissenschaftsdisziplin, Diss. A, a. a. O., S. 207; Ju. I. Solovjev/V. I. Kurašov, Die Genesis von neuer Erkenntnis auf den Grenzgebieten von Chemie und Physik, in: Rostock. Wiss.-Hist. Mskr., Heft 10, 1984, S. 62–74.

85 Vgl. R. G. A. Dolby, The Case of Physical Chemistry, in: G. Lemaine/R. MacLeod/M. Mulkay/P. Weingart (Hrsg.), Perspectives on the Emergence of Scientific Disciplines, a. a. O., S. 65.

kapitalistischen Produktion zunächst allmählich und dann immer spürbarer wirksam zu werden.[86]

Die Herausbildungsprozesse von Physik und physikalischer Chemie deuten an, daß die Entstehung einzelner Disziplinen auch auf der Basis von Bedingungen erfolgen kann, die sich aus der eigengesetzlichen Entwicklung dieser Erkenntnisgebiete ergeben. Werden für wissenschaftliche Erkenntnistätigkeiten entsprechende Möglichkeiten für ihre Entfaltung und Vertiefung (vor allem im Bereich ihrer Institutionalisierung) geschaffen, ist eine Konstituierung als Disziplin auf der Grundlage zielstrebiger Arbeit einiger Wissenschaftler durchaus möglich. Für ihre Existenz und den Fortbestand sind allerdings beständige gesellschaftliche Interessen oder Bedürfnisse ausschlaggebend, die dann die Reproduktion der Disziplin garantieren.

10. Die Herausbildung einer neuen Qualität der Erkenntnis im Zusammenhang mit der Disziplinentstehung

Das Hauptereignis bei der Genese einer neuen Disziplin sind die spezifischen Veränderungen im kognitiven Bereich zu dem betreffenden Erkenntnisgegenstand. Im Zuge der Herauslösung der einzelnen Elemente aus ihren verschiedenen Entstehungszusammenhängen formiert sich das neuartige System wissenschaftlicher Tätigkeiten der Disziplin sowie das entsprechende System von Erkenntnisresultaten. In verschiedenen Fällen entwickeln sich diese Zusammenhänge auf der Grundlage eines oder mehrerer erklärender theoretischer Konzepte, die wesentliche zum betreffenden Gegenstand gehörenden Begriffe, Aussagen, Methoden usw. zusammenfassen. Neben theoretischen Konzepten können möglicherweise aber auch die Ausarbeitung einer neuen wissenschaftlichen Problemsicht, die erfolgreiche Anwendung einer Methodik, das Entstehen eines spezifischen Kommunikationssystems oder auch die Entdeckung eines bestimmten Phänomens die qualitativ entscheidenden Veränderungen auf der kognitiven Ebene bei entsprechender Gegenstandsorientierung bewirken, auf deren Grundlage sich dann der Systemcharakter herausbildet.

Der Übergang von den herangereiften Möglichkeiten zur gesellschaftlichen Wirksamkeit des sich realisierenden Herausbildungsprozesses einer wissenschaftlichen Disziplin kann seinen Anlaß in sehr verschiedenen Ausgangssituationen haben. Eine bestimmte Konstellation von Erkenntnissen, unerwartete Beobachtungen oder experimentelle Resultate, die Migration von wissenschaftlichen Ergebnissen zwischen verschiedenen Forschungsfeldern[87] können genau so

86 Vgl. W. Girnus, Grundzüge der Herausbildung der physikalischen Chemie als Wissenschaftsdisziplin, Diss. A, a. a. O., S. 196–198.

87 Vgl. Problems in the Emergence of New Disciplines, in: G. Lemaine/R. MacLeod/M. Mulkay/P. Weingart (Hrsg.), Perspectives on the Emergence of Scientific Disciplines, a. a. O., S. 5.

zum *auslösenden* Ereignis für die Disziplingenese werden wie ein drängendes gesellschaftliches Bedürfnis. „Die Herausbildung der organischen Chemie begann mit der Entwicklung einer Methodik zur Ermittlung der quantitativen Zusammensetzung von Verbindungen – der organischen Elementaranalyse“[88] durch J. Liebig 1831. Ausgangspunkt für die Genese der Ägyptologie waren Auffindung und vor allem Entzifferung (1822) des Steins von Rosette mit den dreisprachigen Inschriften: Hieroglyphen, Demotisch und Griechisch.[89] Für die Ophthalmologie hatte die Erfindung des Augenspiegels durch H. v. Helmholtz 1850 eine initiale Bedeutung[90], und in der physikalischen Chemie war die Erkenntnis des Zusammenhangs „zwischen den Prinzipien der Diskontinuität (körperlicher Theorie) und der Kontinuität bei der Erklärung der chemischen Affinität“[91] (1887) das „Schlüsselereignis“ auf der kognitiven Ebene. Ausgangspunkte dieser und anderer Art markieren den Beginn des Disziplinbildungsprozesses auf der Basis herangereifter kognitiver Möglichkeiten. Es handelt sich dabei um konkrete historische Ereignisse, die Ausdruck einer herangereiften geschichtlichen Notwendigkeit sind, aber auch durch andere Erscheinungen in ihrer Funktion bei der Auslösung von Entstehungsvorgängen ersetzt werden könnten, weil die Verursachung für die Disziplingenese in allgemeinen gesellschaftlichen Zusammenhängen verschiedener Art vom Wesen her begründet ist.

Die sich abzeichnende gerichtete Entwicklung der Erkenntnis während der Initialphase für die Genese einer Disziplin kommt im wesentlichen Umfang in einer Veränderung der *Begriffe* zum Ausdruck. Es vollzieht sich ein Bedeutungswandel, in dem Begriffe aus der Umgangssprache oder aus anderen Erkenntnisbereichen einen spezifischen Inhalt erhalten. Darin drückt sich das wachsende Eindringen der Erkenntnis in das Wesen verschiedener Phänomene des Untersuchungsgegenstandes der entstehenden Disziplin aus.

So war es für die Entstehung der Chemie von großer Bedeutung, daß der Elementbegriff[92], der als philosophische Kategorie eine lange Geschichte seit der Antike durchlaufen hatte, durch R. Boyle und J. Jungius im 17. Jahrhundert eine Bestimmung erhielt, die eine wirkliche Erklärung der stoffverändernden

88 H. Scholz, Zur Periodisierung des Entstehungsprozesses naturwissenschaftlicher Disziplinen, in: DZfPh, 1/1983, S. 95.

89 Vgl. H.-J. Trümpener, Die Existenzbedingungen einer Zwergwissenschaft, in: Wissenschaftsforschung, 6 Report, a. a. O., S. 29.

90 Vgl. S. Fahrenbach, Zur Herausbildung der Ophthalmologie als eigenständige Wissenschaftsdisziplin in Preußen unter Berücksichtigung der Wechselwirkung zwischen Disziplinbildungsprozeß und der Tätigkeit der wissenschaftlichen Schule A. v. Graefes, Diss. A, Rostock 1983, S. 100/101.

91 W. Girnus, Grundzüge der Herausbildung der physikalischen Chemie der Wissenschaftsdisziplin, Diss., a. a. O., S. 118.

92 Vgl. I. Strube, Sozialökonomische und innerlogische Aspekte der Herausbildung der Chemie als eigenständiger, exakter wissenschaftlicher Disziplin an der Wende vom 18. zum 19. Jahrhundert, in: Rostock. Wiss.-Hist. Mskr., Heft 2, Rostock 1978, S. 54–56.

Prozesse ermöglichte. Analog ist die Leistung von J. Dalton im Hinblick auf den Atombegriff[93] und seine Rolle bei der Entstehung der klassischen Chemie zu bewerten. Die Inhalte weiterer Begriffe wie Verbindung, Säure, Base, Gas, Oxydation, Reduktion usw. hatten sich in wesentlichen Zügen (z. T. mit anderen Termini belegt) bereits zu Beginn des Herausbildungsprozesses der Chemie ergeben. Damit waren wichtige Bausteine des Erkenntnissystems der Chemie entstanden.

Ähnlich war die Situation in der Geologie. Zahlreiche geologische Begriffe kamen aus der Bergmannssprache oder hatten bereits im Wissensfundus der Naturgeschichte eine bestimmte Bedeutung. Durch sie wurden zunächst einzelne Erscheinungen der Wirklichkeit gekennzeichnet, d. h. beschrieben, ohne das Wesen der Phänomene in einem geologischen Sinne zu erfassen. J. G. Lehmann gab dann aber 1756 solchen Begriffen wie Ganggebirge oder Flözgebirge einen Inhalt, der der unmittelbaren Beobachtung in der Natur unzugängliche Aspekte erfaßte und genetische Vorstellungen über diese geologischen Bildungen miteinbegriff. Auf die gleiche Weise ging C. Ch. Füchsel bei der Bestimmung der Begriffe Schicht, Lager, Unterlager oder Stand vor und schuf wesentliche Grundlagen für den Formationsbegriff.[94] Diese Begriffe waren Elemente von theoretischen Auffassungen über verschiedene geologische Naturerscheinungen, die auch in der Natur vorgefundene Sachverhalte in einem bestimmten Grade zu erklären vermochten. Auf diese Weise entwickelte sich eine wesentliche Seite des Disziplinbildungsprozesses der Geologie.

Auch für die Entstehung der technischen Wissenschaften war die Entwicklung bestimmter Begriffe eine wichtige Voraussetzung. Zunächst „entstanden Termini und Verfahren, die sich auf die quantitative Bewertung morphologischer Eigenschaften der technischen Objekte bezogen: auf Form, Abmessungen, Oberflächencharakter, Material, Art der konstruktiven Verbindungen“[95]. Die bedeutenden Darstellungen von G. Agricola zur Technik in der 1. Hälfte des 16. Jahrhunderts wurden im wesentlichen auf einer derartigen Basis gegeben. Noch fehlten exakte technische Kennziffern quantitativer Art und auch funktionale Charakteristika der Mechanismen, so daß von ihm auch keine abstrakten schematischen Darstellungen in Form von technischen Theorien angewendet wurden. Trotzdem waren Agricolas morphologische Beschreibungen hinreichend genau, um als Anleitung für den Bau entsprechender technischer Objekte und Mechanismen dienen zu können. Diese Art der Darstellung reicht jedoch für das Entstehen von Technik-

93 Vgl. G. Simon, Kleine Geschichte der Chemie, Köln 1981, S. 60–64; Ju. I. Solov'ev (Hrsg.) Stanovlenie chimii kak nauki. Vseobščaja istorija chimii, Moskva 1983, S. 238–253; A. Ja. Kipnis, Die Herausbildung der chemischen Thermodynamik, in: Rostock. Wiss.-Hist. Mskr., Heft 10, Rostock 1984, S. 58.

94 Vgl. M. Guntau, Die Genesis der Geologie als Wissenschaft, a. a. O., S. 73–78.

95 B. I. Iwanow/W. W. Tscheschew, Entstehung und Entwicklung der technischen Wissenschaften, Moskau – Leipzig 1982, S. 86.

wissenschaften noch nicht aus, obwohl sie eine unverzichtbare Stufe in der Entwicklung der technischen Erkenntnis bildet.

Gegenüber dieser Ebene bilden theoretisch-abstrakte Begriffe die Elemente technikwissenschaftlicher Systeme des disziplinären Musters. Das sind Abstraktionen zu funktionellen Charakteristika[96], die nicht nur ein einzelnes konkretes Objekt abbilden. Es gehen naturwissenschaftliche Erkenntnisse in diese Begriffe ein, die von ihrem Charakter her die Potenz haben, den Aufbau von Theorien zu ermöglichen und die Entwicklung von Systemen abstrakter Objekte (technische Konstruktionen) gestatten. Grundbegriffe wie Wärme, Arbeit, Dampfparameter usw., zu deren Bestimmung auch ein bestimmtes Maß naturwissenschaftlicher Erkenntnis notwendige Voraussetzung war, bildeten die Voraussetzung für die Ausarbeitung einer Theorie der technischen Thermodynamik im 19. Jahrhundert.[97] So war die Erarbeitung spezieller Begriffe, Schemata und Modelle, die ihren Ausdruck in spezifischen sprachlichen Mitteln oder technischen Zeichnungen fanden und auf Elementen naturwissenschaftlicher Theorien basierten, eine Voraussetzung für die Herausbildung theoretischer technischer Konzepte und letztlich einzelner Technikwissenschaften.

Die sich auf diese Weise entwickelnden Begriffe waren mit ihrem Übergang von der empirischen Stufe der Erkenntnis zu einer vertieften Abbildung des Wesens der Erscheinungen zu Elementen von theoretischen Auffassungen über bestimmte Phänomene der betreffenden Gegenstandsbereiche geworden. Mit der Herausbildung von Begriffen, die Elemente des Gegenstandsbereichs in ihren Zusammenhängen logisch rekonstruieren und damit die objektive Realität tiefer widerspiegeln und ihr Wesen erfassen, ergibt sich die Beziehung zur theoretischen Erkenntnis. Sie bilden eine wesentliche Voraussetzung für die weitere Gesetzeserkenntnis und Theorienbildung im Entstehungsprozeß der Disziplin. Das ergibt sich insbesondere aus den Relationen, die sich zwischen den Begriffen herausbilden, und ihrer Funktion im Erkenntnisprozeß. Lenin sagt, „jeder Begriff befindet sich in einer bestimmten Beziehung in einem bestimmten Zusammenhang mit allen übrigen“[98]. Diese Beziehungen ergeben sich aus theoretischen Vorstellungen der in Herausbildung begriffenen Disziplin. Es formiert sich in diesem Prozeß das disziplinäre Begriffssystem, das in einer unmittelbaren, wechselseitigen Beziehung zur Genese mindestens einer theoretischen Konzeption der neuen Einzelwissenschaft steht. Wenn durch diesen Aspekt der Disziplinbildungsprozeß auch nicht hinreichend erfaßt wird, kommt darin doch eine notwendige Seite dieses Vorganges zum Ausdruck.

Für das Entstehen einer Wissenschaft ist die Herausbildung des *Systemcharakters* der gewonnenen Erkenntnisse zum Gegenstand der betreffenden Disziplin eine bestimmende Seite. Bei einem System theoretischen Wissens handelt es sich

96 Vgl. ebenda, S. 93.

97 Vgl. ebenda, S. 120.

98 W. I. Lenin, Philosophische Hefte, in: W. I. Lenin, Werke, Bd. 38, Berlin 1964, S. 187.

um eine Gesamtheit von Erkenntnissen, deren Elemente von logisch miteinander verbundenen Abstraktionen gebildet werden. Der auf der Grundlage einer bestimmten Abstraktion erarbeitete Zusammenhang zwischen den verschiedenen Elementen ist das charakteristische Merkmal eines theoretischen Systems im Unterschied zu einer bloßen Sammlung von Abstraktionen. Für die Herausbildung eines Erkenntnissystems ist deshalb die Entwicklung mindestens einer *wissenschaftlichen Theorie* von besonderer Bedeutung, die vorhandene Erkenntnisse verschiedenster Art unter einem abstrakten Gesichtspunkt logisch miteinander verknüpft und die Herausarbeitung neuer wissenschaftlicher Problemstellungen gestattet.[99] Eine solche Theorie entsteht nicht durch die einfache Summierung zum Gegenstandsbereich der entstehenden Disziplin gehöriger Begriffe, Hypothesen, Teiltheorien usw. Erst die Verknüpfung derartiger Abstraktionen durch eine weitere „tragende Idee" führt zur Entwicklung einer theoretischen Konzeption, die das Kernstück des betreffenden Erkenntnissystems der Einzelwissenschaft bildet. In der Geschichte gibt es auch verschiedene Beispiele dafür, daß im Zusammenhang mit der Genese einzelner wissenschaftlicher Disziplinen nicht selten zwei konkurrierende theoretische Konzepte die Basis für die Systembildung neuer Wissenschaften boten. Wesentlich war dabei in jedem Falle der integrierende Charakter solcher Theorien, d. h. die Eigenschaft, auf einfache Weise möglichst viele verschiedene Erscheinungen auf der Grundlage eines bestimmten Prinzips zu deuten und als Basis für weitere wissenschaftliche Problemstellungen dienen zu können. Im Rahmen verschiedener Studien und Detailanalysen wissenschaftshistorischer Art wurde auf einzelne Aspekte dieses Sachverhalts hingewiesen.

Im 18. Jahrhundert löste sich die Botanik aus den medizinischen Erkenntnissen heraus und bildete einen eigenständigen Bereich im damaligen System der „Naturgeschichte". Ihre Verselbständigung vollzog sich maßgeblich unter dem Einfluß der Arbeiten von C. Linné. „Indem er alle bisher erarbeiteten Prinzipien und Kenntnisse zu einem *Regelwerk* über Klassifikation, Nomenklatur, Pflanzenkultur, Pflanzengeographie und -ökologie *zusammenfaßte* und *systematisierte* ... machte er den gesamten Wissensstoff der *Botanik* erlernbar, umriß ein definiertes Problemfeld und induzierte ein neues Forschungsprogramm im globalen Ausmaß ... Als ‚tragende Idee' ... kann man diejenige theoretische Konzeption bezeichnen, die aus der damals neuen Erkenntnis eines spezifisch ‚biologischen' Sachverhalts – nämlich Allgemeingültigkeit der sexuellen Reproduktion auch für Pflanzen – abgeleitet worden war. Sie barg die Präzisierung des biologischen Artbegriffs (zugleich mit der Konstanzidee) in sich und brachte bald auch mehrere ‚konkurrierende Ideen' hervor, die in den Auseinandersetzungen über ‚künstliche', ‚natürliche' und ‚Stufenleiter'-Systeme in der Botanik des 18. Jahrhunderts zum

99 Vgl. H. Steiner, Die Herausbildung neuer Wissenschaftsgebiete. Eine Untersuchung am Beispiel der Wissenschaft von der Wissenschaft, in: DZfPh, 4/1973, S. 454.

Ausdruck kamen."[100] Deutlich ist hier die Idee der sexuellen Reproduktion, ihre Interpretation und Anwendung im Bereich der Pflanzenwelt zum Konzept qualifiziert, das als theoretischer Ansatz für die Verselbständigung der Botanik als wissenschaftliche Disziplin entscheidende Bedeutung hatte.

Auch in anderen Disziplinen bildete ein theoretisches Konzept die Grundlage für das Erkenntnissystem, mit dem sich die entstehende Wissenschaft auf der kognitiven Ebene emanzipierte. I. Newton trug zur Entstehung der klassischen Mechanik ganz maßgeblich bei, indem er dieser Disziplin seine Ideen von der Gravitation zugrunde legte.[101] Diese Vorstellungen vermochten verschiedene Naturphänomene verknüpfend zu erklären, so daß sie ihrer Rolle als theoretisches Grundkonzept der Mechanik auf wirksame Weise entsprachen. „Newtons Gravitationsdynamik setzte voraus und bewies die naturgesetzliche Einheit von Erde und Kosmos",[102] da sie als Synthese experimenteller Untersuchungen irdischer Massen und theoretischer Auffassungen astronomischer Art ausgearbeitet wurde. Dabei beschränkte sich Newton in seinen Vorstellungen zur Dynamik nicht allein auf die Kernidee der Gravitation, sondern erwartete auch die Entdeckung anderer Kräfte und ihre mathematische Formulierung.[103] Dieses Konzept erfüllte damit nicht nur konstituierende Funktionen im Hinblick auf die Mechanik. Es war auch hinreichend offen, weitere Phänomene der Natur zu deuten und zu integrieren.

Für Wissenschaften auch ganz anderer Art sind Basistheorien oder auch entsprechende Konzepte bzw. theoretische Modelle die wesentliche Bedingung für die Entwicklung einer neuen Qualität disziplinärer Erkenntnis. Das gilt offenbar für die Pädagogik[104] in der gleichen Weise wie für die klinische Medizin[105], die Kartographie[106] und auch solche Technikwissenschaften wie die Maschinenlehre[107] oder die Technische Thermodynamik[108]. Sowohl Reife, Charakter und Geschlossenheit der entsprechenden theoretischen Konzepte auf der einen Seite als auch

100 I. Jahn, Untersuchungen zum Phasenunterschied in der Herausbildung der Botanik, in: Rostock. Wiss.-Hist. Mskr., Heft 2, Rostock 1978, S. 61.

101 Vgl. H.-H. Borzeszkowski/R. Wahsner, Newton und Voltaire, Berlin 1980, S 18—40.

102 Ebenda, S. 24.

103 Vgl. ebenda, S. 23.

104 Vgl. Th. Ballauff, Zur Entstehungsgeschichte der Pädagogik als Wissenschaft in der Neuzeit, in: Berichte zur Wissenschaftsgeschichte, Heft 1, Wiesbaden 1978, S. 79/80.

105 Vgl. N. Tsouyopoulos, Die neue Auffassung der klinischen Medizin als Wissenschaft unter dem Einfluß der Philosophie im frühen 19. Jahrhundert, in: Ebenda, S. 94—97.

106 Vgl. G. Pápay, Zur zeitlichen Bestimmung der Herausbildungsphase der Kartographie als selbständige Wissenschaftsdisziplin, in: Rostock. Wiss.-Hist. Mskr., Heft 8, Rostock 1982, S. 64—65.

107 Vgl. dazu den Beitrag von K. Mauersberger, Technische Meachanik und Maschinenwesen — ein Beitrag zur Disziplinbildung in den Technikwissenschaften, in diesem Band.

108 Vgl. K. Krug, Zur Herausbildung der Technischen Thermodynamik am Beispiel der wissenschaftlichen Schule von G. A. Zeuner, in: NTM — Schriftenr. Gesch., Naturwiss., Technik, Med., Heft 2, Leipzig 1981, S. 79—97; K. Krug, Zur Entwicklungsgeschichte der Verfahrenstechnik von den Quellen bis zu ihrer Emanzipation, Diss. B, Dresden 1984, S. 345ff.

konkrete Wirksamkeit auf der anderen waren natürlich von Fall zu Fall recht unterschiedlich ausgeprägt. Wesentliches Element der Genese einer neuen Wissenschaftsdisziplin war in diesen Fällen aber immer ein bestimmter theoretischer Ansatz auf der Basis einer hinreichenden Menge von Einzelerkenntnissen zum betreffenden Untersuchungsgegenstand. Für solche ersten Grundideen einer Disziplin war es möglicherweise gar nicht so entscheidend, unbedingt in allen wesentlichen Aussagen richtig zu sein. Viel wichtiger war ihre Funktion, eine gewisse Zeit als Leitideen dienen zu können, an denen einerseits eine Orientierung möglich war und die andererseits die Potenz besaßen, Gegenstand vorwärtstreibender Auseinandersetzungen in den sich herausbildenden Einzelwissenschaften zu werden. Solche Eigenschaften von theoretischen Konzepten in der disziplinären Herausbildungsphase erklären sich aus der noch besonders stark vereinfachenden Abbildung der realen Zusammenhänge des Gegenstandsbereichs während dieser Entwicklungsetappe. Eine solche Situation provoziert geradezu gegensätzliche Deutungen und kontroverse Theorien, die zu intensiven Diskussionen führen und sowohl zur Auffassung und Festigung der Erkenntnissysteme als auch zur Ausbildung der Kommunikationsräume neuer Einzelwissenschaften beitragen. Die historische Entwicklung zahlreicher wissenschaftlicher Disziplinen bietet dafür interessante Beispiele, wie sich ihre Herausbildung auf dem Hintergrund konkurrierender theoretischer Konzepte vollzog.

Die Entstehungszeit der Geologie war im kognitiven Bereich durch die Kontroverse von Neptunismus und Vulkanismus bestimmt.[109] Die Auseinandersetzung darum, ob allein das Wasser oder vor allem Temperatur und Hitze die entscheidenden Faktoren in der Erdgeschichte waren, die das natürliche geologische Regime gestaltet haben, trug ganz wesentlich dazu bei, die gegensätzlichen Parteien zur vertieften Ausarbeitung ihrer Argumente auf der Grundlage von Naturbeobachtungen, Experimenten und praktischen Erfahrungen zu stimulieren. Dadurch wurde das geologische Wissen an der Wende vom 18. zum 19. Jahrhundert enorm bereichert, und der in diesem Zusammenhang geführte „Basaltstreit"[110] hat dazu geführt, die junge Geologie über den engen Rahmen einiger Fachgelehrter hinaus bekannt zu machen. Die Herausbildung der Geologie als Wissenschaft ergab sich demnach mit der Konstituierung der beiden Konzepte des Neptunismus und Vulkanismus, womit die Existenz eines Grundwiderspruchs im theoretischen System der entstehenden Disziplin gegeben war, auf dessen Basis sich ihre eigenständige Entwicklung vollziehen konnte.

Eine analoge Situation lag während der Entstehung der Chemie vor, die sich im gleichen Jahrhundert wie die Geologie als selbständige Wissenschaft herausbildete. Die Phlogistontheorie von G. E. Stahl und die Oxydationstheorie von A. L. Lavoisier (nach der Entdeckung des Sauerstoffs durch J. Priestley und

109 Vgl. M. Guntau, Die Genesis der Geologie als Wissenschaft, a. a. O., S. 83–97.
110 Vgl. O. Wagenbreth, Abraham Gottlob Werner und der Höhepunkt des Neptunistenstreits um 1790, in: Freiberger Forschungshefte, D 11, Berlin 1955, S. 183–241.

C. W. Scheele) spielten ebenso eine gegensätzliche Rolle im theoretischen Denken der Chemie wie der Neptunismus und Vulkanismus in der Geologie. Gerade die Bedeutung dieser beiden Theorien und der Mechanismus des Übergangs von der einen zur anderen für die Disziplinbildung der Chemie hat B. M. Kedrow unterstrichen.[111]

Bereits 1938 verwies F. D. Adams auf eine Entsprechung von Geologie und Astronomie in der Frage der konkurrierenden Konzepte während der Entstehungsphase dieser Wissenschaften.[112] Einschließlich der Wirkungen in weltanschaulicher Hinsicht und der Reaktion der offiziellen kirchlichen Kreise sah er einen Zusammenhang zwischen dem Neptunismus und dem Konzept des Ptolemäus einerseits und dem Plutonismus und der Theorie des Copernicus andererseits im Hinblick auf ihre Stellung im Prozeß der wissenschaftlichen Erkenntnis. Da der Übergang des geozentrischen Weltbildes zum heliozentrischen nach G. Harig in die Zeit der Entstehungsgeschichte der neuen Astronomie fiel, bietet sich ein solcher Vergleich unter dem Gesichtspunkt der Herausbildungsproblematik naturwissenschaftlicher Disziplinen geradezu an.[113]

Neuere Arbeiten haben dieses Phänomen auch in der Entstehungszeit weiterer Disziplinen und Spezialdisziplinen nachgewiesen. In der Herausbildungsphase der Kristallographie an der Wende vom 18. zum 19. Jahrhundert waren nach E. Fabian zwei unterscheidbare Konzepte zur Deutung des Kristalls existent, die strukturelle Erkenntnisweise des Franzosen R. J. Hauy und die morphologische des Deutschen Ch. S. Weiß. „Durch diese Entwicklung war die Kristallographie auf der Basis beider Erkenntnisweisen systematisch lehrbar, erlernbar und in breitem Umfang praktisch anwendbar geworden ... Damit waren zugleich auch notwendige Voraussetzungen für die Herausbildung der Kristallographie als relativ selbständige naturwissenschaftliche Disziplin gegeben."[114]

Alternative Konzepte zum Beginn der Disziplingeschichte deuteten sich auch in der organischen Chemie mit dem Paar der Radikaltheorie und der Typentheorie in den 30er Jahren des 19. Jahrhunderts[115] und in der physikalischen Chemie mit den Basiskonzepten der Thermodynamik von H. J. van't Hoff einerseits und dem korpuskulartheoretischen Ansatz von S. Arrhenius andererseits an.[116] Und selbst

111 Vgl. B. M. Kedrow, Drei Entwicklungsgesetze der Wissenschaft, in: G. Kröber/H. Laitko/H. Steiner (Hrsg.), Wissenschaft und Forschung im Sozialismus, a. a. O., S. 25.

112 Vgl. F. D. Adams, The Birth and Development of the Geological Sciences, Baltimore 1938, S. 246/247.

113 Vgl. G. Harig, Die Tat des Kopernikus. Die Wandlung des astronomischen Weltbildes im 16. und 17. Jahrhundert, Leipzig — Jena — Berlin 1962, S. 9.

114 E. Fabian, Traditionen in der Wissenschaft. Eine historisch-theoretische Studie zur Funktion wissenschaftlicher Traditionen, untersucht in der Geschichte der Kristallographie, Diss. B, Berlin 1983, S. 142/143.

115 Vgl. H. Scholz, Zur Periodisierung des Entstehungsprozesses naturwissenschaftlicher Disziplinen, in: DZfPh, 1/1983, S. 96.

116 Vgl. W. Girnus, Grundzüge der Herausbildung der physikalischen Chemie als Wissenschaftsdisziplin, Diss. A, a. a. O., S. 58—101.

in der nahezu noch im Entstehen begriffenen Informatik bestimmen konkurrierende theoretische Ansätze die Diskussion um Wesen und Ziel dieser Wissenschaft.[117] Unabhängig vom Charakter und der Erscheinungsform dieser gegensätzlichen Grundauffassungen ist ihre Entwicklung von großer Bedeutung für das Entstehen von Disziplinen. Auf diese Weise konstituieren sich die anfänglichen fundamentalen inneren Widersprüche im theoretischen System der Einzelwissenschaft, auf deren Grundlage sich die weitere eigenständige Entwicklung der Disziplin – ihre relative Eigengesetzlichkeit – durchzusetzen beginnt. Auf der Basis der Dialektik von Theorie und Praxis im wissenschaftlichen Erkenntnisprozeß bilden diese Gegensätze zwischen den konkurrierenden Konzepten eine wesentliche Triebkraft für den weiteren Prozeß der Disziplinentwicklung.

Von den konkurrierenden Ideen in der Herausbildungsphase einer Einzelwissenschaft entwickelt sich in einigen Fällen eine zu *der* ersten theoretischen Leitkonzeption, auf deren Grundlage sich dann die Konstituierung und Etablierung der Disziplin bis hin zur Herausbildung spezifischer Institutionen vollzieht. Die Wirksamkeit eines solchen Ideenansatzes in der Geschichte als verknüpfender, erklärender und orientierender Theorie ergibt sich aus ihrem Zusammentreffen mit einer konkreten gesellschaftlichen Erfordernissituation, die die Entstehung einer solchen Theorie mit tragender Bedeutung für die Herausbildung der Einzelwissenschaft bedingt und bestimmt. Das unterstreicht die Bedeutung der Theorie-Praxis-Beziehung der wissenschaftlichen Erkenntnis, auch in der Phase der Disziplinbildung.

Die sich im Prozeß der Genese einer Wissenschaft vollziehenden kognitiven Veränderungen beschränken sich nicht auf die Ausformung von einem oder mehreren theoretischen Basiskonzepten. Die Prägung des neuen Systems wissenschaftlicher Tätigkeiten steht in engem Zusammenhang mit der Entwicklung auch einer neuartigen Methodik oder Methodenkombination, der Ausarbeitung von Vorstellungen über den Gegenstand der neuen Disziplin, die Systematisierung des bereits vorhandenen Wissens unter praktischen Gesichtspunkten der Lehre, Überlegungen und Diskussionen zur geschichtlichen Entwicklung von Erkenntniselementen der entstehenden Wissenschaften, der Abgrenzung der Disziplinen gegenüber anderen Strukturelementen der Wissenschaft, der Abschätzung der theoretischen und praktischen Bedeutung der gewonnenen Forschungsresultate für andere gesellschaftliche Bereiche usw. Im gegebenen Fall haben derartige und andere kognitive Leistungen ebenfalls die Potenz, zum tragenden Element für den Herausbildungsprozeß einer Disziplin werden zu können, wenn sich über sie der Systemcharakter des Erkennens in seinem neuen qualitativen und quantitativen Rahmen realisiert. Dieser Prozeß wird nicht immer notwendig mit

117 Vgl. M. Bonitz, Zur Entwicklung der Wissenschaftsdisziplin Informatik in der DDR, in: Informatik 4/1978, S. 43–48; M. Möhring, Studie zur Herausbildung der Informatik als wissenschaftliche Disziplin unter den Bedingungen kapitalistischer Produktionsverhältnisse, Diss. A, Rostock 1984, S. 8ff.

der Entwicklung eines theoretischen Konzeptes beginnen. Der Entstehungsvorgang wird aber früher oder später zu einem gewissen Minimum an disziplinspezifischer Theorie führen müssen, wenn die dauernde Existenz einer Wissenschaft gewährleistet sein soll, da nicht nur ihre qualitativen Eigenschaften, sondern auch ihre Bedeutung für die gesellschaftliche Praxis daran gebunden sind.

11. Institutionalisierungsprozesse im Verlauf der Disziplingenese

Die Ausformung eines disziplinären Systems der Erkenntnis basiert auf bestimmten gesellschaftlichen Trägern, die sich mit der Herausbildung einer neuen Wissenschaft entwickeln. Diese unterschiedlichen Einrichtungen sind nicht nur ein Ausdruck der Etablierung einer Disziplin in der menschlichen Gemeinschaft, sie sind auch eine notwendige Voraussetzung für die beständige Existenz des neuen Erkenntnissystems. Sie bilden die materielle Basis für die verschiedenen wissenschaftlichen Tätigkeiten und sind auch die Grundlage für die verschiedenen Formen der Beziehungen eines disziplinären Gebildes zu anderen gesellschaftlichen Bereichen. Über sie realisiert sich vor allem ihre gesellschaftliche Wirksamkeit.

Die Vielgestaltigkeit der institutionellen Formen hängt sowohl von der Spezifik des Untersuchungsgegenstandes der betreffenden Wissenschaft als auch von den gesellschaftlichen Gegebenheiten ab, die das Umfeld der Disziplin bestimmen. So differenziert die Ziele und der Charakter einzelner Institutionen einer Disziplin auch sein mögen, entscheidend sind die tragenden Institutionen, über die sich die Gewinnung immer wieder neuer Erkenntnisse und die Reproduktion des disziplinären Erkenntnissystems verwirklichen. Sie sind für die beständige, Existenz, Erneuerung und Erweiterung des kognitiven Fonds einer Disziplin, für ihre Herausbildung und Lebensdauer von existentieller Bedeutung. Der Prozeß des Entstehens von institutionellen Formen einer Disziplin ist ein Ausdruck der Anerkennung dieser Einzelwissenschaft durch die Gesellschaft. Voraussetzung ist dabei immer ein bestimmter Reifegrad der wissenschaftlichen Tätigkeit zum betreffenden Gegenstand.

Auf dem Hintergrund der Ausarbeitung des Erkenntnissystems der Disziplin durch einzelne Gelehrte wird die Institutionalisierung in einer Reihe von Fällen durch die Begründung von Ausbildungseinrichtungen eingeleitet. Das setzt die Lehrbarkeit des systematischen Wissens voraus. Gelegentlich wird deshalb mit der Begründung eines Lehrstuhls oder dem Erscheinen eines Lehrbuches der Existenz-Beginn einer Disziplin angesetzt. Damit wird ein wesentlicher Aspekt des Herausbildungsvorganges einer Wissenschaft berührt, in seiner Gesamtheit natürlich aber nicht hinreichend vollständig erfaßt.

So war für die entstehende Geologie am Ende des 18. Jahrhunderts der Beginn der Lehre systematisierter Erkenntnisse über die Natur der Erde an der Bergakademie Freiberg ein erster entscheidender Schritt zur Institutionalisierung dieser neuen Wissenschaft. Und obwohl das neptunistische Konzept von A. G. Werner den differenzierteren Vorstellungen von J. Hutton in verschiedenen wesentlichen Fragen unterlegen war, etablierte sich die Geologie als Wissenschaft praktisch auf der Grundlage des Neptunismus.[118] Die neptunistische Lehrdoktrin A. G. Werners hatte mit der Bergakademie Freiberg einen institutionellen Träger gefunden, wodurch sich das Reproduktionssystem der Geologie in Gestalt verschiedener Lehrformen herausbildete und auch durch ausgeprägte Praxisbeziehungen eine hohe gesellschaftliche Wirksamkeit fand. Über Jahrzehnte kontinuierlich ausgebildete Schülergruppen trugen die im Sinne von Werner systematisierten geologischen Erkenntnisse in verschiedene Länder der Welt und etablierten die Geologie in wesentlichem Umfang nach dem Freiberger Vorbild.[119] Das war die Wirkungsweise einer wissenschaftlichen Schule, die sich in der Zeit der Herausbildung der Geologie konstituierte. Ausgehend von der Institutionalisierung der Geologie in der Lehre – woran sich wenigstens in den bergbautreibenden Ländern erhebliche Erwartungen knüpften – bildeten sich dann auch andere geologische Institutionen wie z. B. wissenschaftliche Zeitschriften oder Gesellschaften heraus.

Die Herausbildung der Ophthalmologie als medizinische Disziplin war in auffälliger Weise mit dem Wirken der wissenschaftlichen Schule von A. von Graefe verknüpft.[120] Obwohl von Graefe an der Berliner Universität lehrte, konstituierte sich die wissenschaftliche Schule, über die sich die Augenheilkunde vor allem etablierte, in seinem Privatinstitut durch die praktische Arbeit bereits ausgebildeter Mediziner.[121] Aus dieser Gemeinschaft entwickelte sich die Generation von Ophthalmologen, die ganz maßgeblich an der Etablierung der Augenheilkunde an den deutschen Universitäten am Ende des 19. Jahrhunderts beteiligt waren. Sieht man in diesem Zusammenhang von den bereits früher existierenden Augenkliniken ab, so war das Privatinstitut von Graefes in der Karlstraße in Berlin die initiale institutionelle Form, von der die Herausbildung der Ophthalmologie als wissenschaftliche Disziplin ausging. Diese Einrichtung entsprach in ihrem Charakter nicht einer Lehrinstitution mit einem klassischen Lehrer-Schüler-Verhältnis oder verfolgte gar als Hauptziel die wissenschaftliche Forschung. Die praktische Tätigkeit medizinischer Betreuung von Patienten wurde in der Klinik von Graefes auf der Grundlage moderner wissenschaftlicher Erkenntnisse und

118 Vgl. O. Wagenbreth, Wechselwirkungen zwischen Geologie und Montanwissenschaften im Prozeß ihrer Entstehung, in: Dresdener Beiträge z. Geschichte d. Technikwiss., Heft 1, Dresden 1980, S. 82 – 83.

119 Vgl. O. Wagenbreth, Werner-Schüler als Geologen und Bergleute und ihre Bedeutung für die Geologie und den Bergbau des 19. Jahrhunderts, in: Abraham Gottlob Werner, Freiberger Forschungsheft, C 223, Leipzig 1967, S. 163–176.

120 Vgl. S. Fahrenbach, Zur Herausbildung der Ophthalmologie als eigenständige Wissenschaftsdisziplin in Preußen unter Berücksichtigung der Wechselwirkung zwischen Disziplinbildungsprozeß und der Tätigkeit der wissenschaftlichen Schule A. v. Graefes, a. a. O., S. 95 und 118.

121 Vgl. ebenda, S. 116.

Methoden durchgeführt, wodurch sich gleichzeitig der institutionelle Rahmen für die Genese der Augenheilkunde als Wissenschaft ergab und die Reproduktion ihres disziplinären Systems einsetzte.[122]

Ein entscheidender Schritt der Institutionalisierung war auch für die Kartographie der Beginn einer hochschulmäßigen Ausbildung von Kartographen, wodurch – auf dem Hintergrund einer langen Vorgeschichte dieser Disziplin mit verschiedenen anderen existierenden institutionellen Formen – der Reproduktionsmechanismus für das Erkenntnissystem dieser Wissenschaft begründet wurde. Die kartographische Ausbildung begann 1923 am Vermessungsinstitut in Moskau, worauf dann sehr bald auch weitere Einrichtungen eine entsprechende Tätigkeit aufnahmen.[123]

Im konkreten Fall wird in Abhängigkeit vom Bedingungsgefüge gesellschaftlicher Art der Reproduktionsmechanismus einer Disziplin sehr verschieden gestaltet sein können und auf unterschiedliche Weise institutionalisiert sein. Als Träger von Prozessen der stetigen Erneuerung und Erweiterung disziplinärer Systeme spielen natürlich universitäre oder andere Bildungseinrichtungen eine besondere Rolle. Sie werden eigentlich zu diesem Zweck begründet. Die Möglichkeiten der Reproduktion einer Disziplin beschränken sich aber keineswegs auf diese Form. Auch im Forschungsprozeß selbst vermag sich ein solcher Mechanismus zu realisieren, was insbesondere bei der Entstehung von Disziplinen in der jüngeren Vergangenheit zu beachten ist. So war für die Herausbildung der Molekulargenetik „die autokatalytische Vermehrung der Phagen-Gruppe“[124] und die Kommunikation zwischen Wissenschaftlern auf internationaler Ebene bestimmend.

Wie die Beispiele der Geologie und der Ophthalmologie zeigen, war die Entwicklung einer ersten wissenschaftlichen Schule von besonderer Bedeutung für die Disziplinbildung und ursächlich und zeitlich mit dem Entstehungsprozeß der Einzelwissenschaft verbunden. Auch in anderen Disziplinen spielte in ihrer Anfangsphase die Konstituierung einer entsprechenden Wissenschaftlergemeinschaft eine wichtige Rolle: „Die Ornithologie als wissenschaftliche Disziplin, wie sie in den Jahrzehnten zwischen 1820 und 1850 entstand, war durch eine internationale Gruppe angesehener Experten gekennzeichnet, die über eine Reihe fruchtbarer Fragen arbeitete, eine anerkannte genaue Methode anwandte und ein gemeinsames Ziel verfolgte.“[125] Insbesondere die Verbreitung der ersten theoretischen Konzeption durch entsprechende Lehr- und Forschungsarbeiten

122 Vgl. ebenda, S. 126–127.

123 Vgl. dazu den Beitrag von G. Pápay, Die Herausbildung der Wissenschaftsdisziplin Kartographie, in diesem Band.

124 Vgl. dazu den Beitrag von W. Beese, Die Herausbildung der Molekulargenetik, in diesem Band; U. Geißler/K. Lüdtke/J. Tripoczky, Die Herausbildung der Phagengenetik — Thesen zur Entwicklung eines wissenschaftlichen Spezialgebietes, in: Rostock. Wiss.-Hist. Mskr., Heft 10, Rostock 1984, S. 15–26.

125 P. L. Farber, The Emergence of Ornithology as a Scientific Discipline: 1760–1850, Dordrecht — Boston — London 1982, S. 100.

über eine Gruppe von Wissenschaftlern trägt maßgeblich zur Etablierung der Disziplin in der Gesellschaft bei.

Die Herausbildung einer Disziplin und das Entstehen entsprechender Institutionen steht im engen Zusammenhang mit der Entwicklung spezialisierter wissenschaftlicher Tätigkeiten. Akteure dieser Prozesse sind Wissenschaftler oder an der Wissenschaft interessierte Persönlichkeiten, die in der Regel noch ausgehend von anderen gesellschaftlichen Bereichen oder von anderen Erkenntnisfeldern zu den Geburtshelfern einer neuen Disziplin werden.[126] Nachdem die Beschäftigung mit entsprechenden Problemen der sich herausbildenden Einzelwissenschaften zunächst *neben* solchen anderer Art erfolgt, bestimmt mit der Disziplinbildung die wissenschaftliche Tätigkeit zum diesbezüglichen Gegenstand in wachsendem Maße *allein* das wissenschaftliche Werk einzelner Gelehrter. So wie „die Entstehung der Wissenschaft mit der Herausbildung der Erkenntnistätigkeit zu einer speziellen Tätigkeit verbunden ist, die sich von den anderen Tätigkeiten der Menschen isoliert"[127], so differenziert sich auch die wissenschaftliche Tätigkeit selbst mit der Herausbildung verschiedener Disziplinen. Während der Entstehungsphase ist aber die disziplinär orientierte wissenschaftliche Arbeit zunächst offensichtlich auf einzelne Wissenschaftler begrenzt. Wie Untersuchungen zur Herausbildung des Chemikerberufs in der Geschichte gezeigt haben, bilden sich entsprechende berufliche Gruppen mit gesellschaftlicher Relevanz erst relativ spät im Verlauf der Konsolidierungsphase, wenn sich die Wirksamkeit der betreffenden Wissenschaft in der Gesellschaft bereits durchgesetzt hat und durch soziale Träger kontinuierlich abgesichert werden muß.[128] Offensichtlich ist das Entstehen einer Disziplin zunächst jedoch nicht mit der Entwicklung spezifischer wissenschaftlicher Tätigkeiten zum akademischen Beruf verknüpft.

Was die Gründung neuer Wissenschaften anbetrifft, wird in der wissenschaftshistorischen Literatur in nicht wenigen Fällen einem einzelnen Gelehrten das Verdienst zuerkannt, die Entstehung der einen oder anderen Disziplin allein bewirkt zu haben.[129] In Anbetracht der verschiedenen qualitativ neuartigen

126 Vgl. W. Ostwald, Die Aufgaben der physikalischen Chemie, in: G. Lotz u. a. (Hrsg.), Forschen und Nutzen. Wilhelm Ostwald zur wissenschaftlichen Arbeit, Berlin 1978, S. 193 (Beiträge zur Forschungstechnologie, Sonderband 1); W. Schröder, Disziplingeschichte als wissenschaftliche Selbstreflexion der historischen Wissenschaftsforschung, Frankfurt a. M. — Berlin 1982, S. 21/22.

127 V.V. Bykov, Der konkret—historische Charakter der Verbindung mit der Produktion, in: H. Hörz (Hrsg.), Wissenschaft als Produktivkraft, Berlin 1974, S. 85.

128 Vgl. U. Nausch, Zur Professionalisierung und Berufsbildung in der Wissenschaftsgeschichte, in: Greifswalder Philosophische Hefte, Heft 1 (II), Greifswald 1982, S. 471—476; U. Köster, Der Beruf des wissenschaftlich ausgebildeten Chemikers — seine Entstehung und Entwicklung während des 19. Jahrhunderts im deutschsprachigen Raum, Diss. A, Rostock 1984, S. 136.

129 Vgl. E. B. Bailey, James Hutton — the Founder of Modern Geology, Amsterdam — London — New York 1967; D. I. Gordeev, M. V. Lomonossov — osnovopoložnik geologičeskoj nauki, Moskva 1961.

Erscheinungen im Zusammenhang mit der Herausbildung einer Disziplin ist es fraglich, ob überhaupt ein einzelner Wissenschaftler mit seinem Wirken allein zum Begründer einer Disziplin werden kann. Über die Leistungen auf dem Gebiet der Erkenntnis hinaus gehören dazu auch die wissenschaftsorganisatorischen Aktivitäten und spezifischen Institutionen einer Disziplin. Es ist schwer vorstellbar, daß ein derartig umfassendes Programm von einer einzelnen Wissenschaftlerpersönlichkeit allein bewältigt werden kann.

Neben oder mit den Institutionen einer Disziplin, die sich als Träger für den Reproduktionsmechanismus ihres Erkenntnissystems herausbilden, entwickeln sich auch andere spezifische Einrichtungen. Sie ergeben sich sowohl aus bestimmten notwendigen Entwicklungsabschnitten der jeweiligen Disziplin selbst oder leiten sich aus Erfordernissen der Gesellschaft ihr gegenüber ab. Mit der Begründung oder Förderung der verschiedenen Institutionen einer Disziplin realisieren die herrschenden Klassen in der Gesellschaft ihren Einfluß auf die Herausbildung und Entwicklung der jeweiligen Einzelwissenschaft. Dieser Einfluß wird in der Regel über die Zuteilung entsprechender personeller, finanzieller und materieller Fonds verwirklicht, die von der Gesellschaft insbesondere in der Entwicklungsphase einem wissenschaftlichen Tätigkeitsfeld zur Verfügung gestellt werden. Auf diese Weise wird durch die wissenschaftspolitische Weitsicht und ein entsprechendes Handeln maßgeblich darüber entschieden, ob und auf welche Weise ein Erkenntnissystem in der historischen Entwicklung den Charakter einer wissenschaftlichen Disziplin annimmt.

Die disziplinären Institutionen haben sehr verschiedengestaltige Formen.[130] Ausgehend von ihren *hauptsächlichen* Funktionen in der wissenschaftlichen Arbeit lassen sich Gruppen von Institutionen unterscheiden. Den konkreten Gegebenheiten in der gesellschaftlichen Praxis entsprechend, dienen einzelne Institutionen häufig verschiedenartigen Zielen und Aufgaben gleichzeitig, weshalb die hier vorgeschlagene Klassifikation lediglich die vorherrschende Funktion der Institution berücksichtigt:

- produzierende Institutionen
  (Forschungsinstitute, Observatorien usw.)
- reproduzierende Institutionen
  (Universitäten, Hochschulen, Lehrstühle usw.)
- methodische Institutionen
  (Apparaturen, Instrumentarien, Geräte usw.)
- kollektionierende Institutionen
  (Bibliotheken mit Büchern, Zeitschriften und Karten; Archive, Sammlungen und Museen; Datenbanken, Expeditionen usw.)

130 So unterscheidet R. Whitley kognitive und soziale Institutionalisierungen in wissenschaftlichen Disziplinen. Vgl. R. Uitli, Kognitivnaja i socialnaja institucionalizacija naučnych specialnostej i oblastej issledovanija, in: E. M. Mirski/B. G. Judin (Hrsg.), Naučnaja dejatelnost': struktura i instituty, Moskva 1980, S. 218–256.

– kommunikative Institutionen
(wissenschaftliche Gesellschaften, internationale wissenschaftliche Organisationen und Gremien, Kongresse, Zeitschriften, Referateorgane)
– dirigierende Institutionen
(wissenschaftliche Räte und Kommissionen, Ministerien usw.)

Diese und gewiß noch andere Erscheinungen mit institutionellem Charakter gehören wie die Gelehrten selbst zum gesellschaftlichen Phänomen Wissenschaft, das sich nicht auf ein System ideeller Erkenntnisresultate beschränkt.[131] Mit der spezialisierten Tätigkeit von Wissenschaftlern zu dem betreffenden Erkenntnisgegenstand der entstehenden Disziplin führt diese Entwicklung auch notwendig zur Herausbildung entsprechender Institutionen[132], die eigentlich bereits mit der Formierung einzelwissenschaftlichen Erkennens in der Vorgeschichte der Disziplin einsetzt. Dieser Prozeß erhält aber während der eigentlichen Disziplingenese mit dem Entstehen eines Systems spezifischer Einrichtungen eine neue Qualität. In der Existenz derartiger materieller Einrichtungen findet die Lebensfähigkeit der betreffenden Disziplin einen spezifischen Ausdruck, und es realisiert sich über die Institutionen die Wirksamkeit der Einzelwissenschaft in der Gesellschaft.

12. Bedingungen für die zeitliche und räumliche Existenz der Disziplinen

Insbesondere die institutionellen Träger für die Reproduktionsmechanismen der Disziplin haben im Zusammenhang mit ihrer Bedeutung für die Entstehung derartiger Systeme auch bestimmenden Einfluß auf die verschiedenen Aspekte ihrer Existenz. Die Disziplinen als Strukturelemente der Wissenschaft sind offensichtlich in ihrem zeitlichen Dasein nicht ewig, besitzen vermutlich eine unterschiedliche Lebensdauer und haben auch ein Existenzende. Ebenso ist es offenbar, daß Wissenschaftssysteme bestimmter Gesellschaftsformationen, historisch determinierter Kulturregionen oder selbst einzelner Staaten (auch in einer Zeiteinheit) nicht die gleiche Gesamtheit von Disziplinen oder Einzelwissenschaften aufweisen. In einer konkreten historischen Situation sind von den möglichen Voraussetzungen her nicht alle potentiellen Disziplinen auch wirklich existent.

Überlegungen zur Herausbildung wissenschaftlicher Disziplinen implizieren in gewisser Hinsicht auch die Frage nach ihrem möglichen Ende im historischen Prozeß. Von Bedeutung ist diese Problematik insbesondere auch im Zusammenhang mit der Periodisierung der Entwicklung einzelner Wissenschaften, da es objektiv möglich ist, daß einzelne disziplinäre Formen unter Verlust ihrer eigenständigen Existenz in andere übergehen, wenn die entsprechenden gesellschaft-

131 Vgl. J. D. Bernal, Die Wissenschaft in der Geschichte, Berlin 1961, S. 20–23.
132 Vgl. G. Buchheim, Zu einigen Voraussetzungen für das Entstehen der Elektrotechnik als technikwissenschaftliche Disziplin, in: Dresdener Beiträge zur Geschichte der Technikwissenschaft, Heft 2, Dresden 1980, S. 53.

lichen Bedingungen gegeben sind. Diese Phänomene sind Gegenstand wissenschaftshistorischer Erörterungen geworden und werden unter dem Begriff der „verdrängten Wissenschaften“ diskutiert.[133]

Disziplinen wie die Alchemie, Astrologie, Naturgeschichte, Naturkunde, Kameralistik u. a., die in früheren Phasen der Geschichte eine erhebliche Rolle spielten, sind mit ihrem Erkenntnisgehalt gegenwärtig nahezu bedeutungslos und in unserer Zeit nicht mehr existent, so daß sie wohl als historische Erscheinungen angesehen werden können. Natürlich hatten derartige disziplinäre Strukturen einen sehr unterschiedlichen Charakter und haben ihr Dasein auch auf verschiedenartige Weise beendet. Dabei waren diese Gebiete durch wesentliche Merkmale einer Disziplin charakterisiert. Es handelte sich um gegenstandsbezogene Systeme von Erkenntnissen bzw. Aussagen, darauf bezogene Mechanismen der Reproduktion, entsprechende Formen der Institutionalisierung und selbst Phänomene der Professionalisierung in Form von beruflichen Tätigkeiten.

Das Ende der Existenz einer Disziplin kann seine Ursache nur in den sich historisch herausbildenden Bedingungen haben, die einige ihrer wesentlichen Elemente funktionslos machen. Die Gegebenheiten für das Ende der Existenz einer Disziplin bilden sich im historischen Prozeß auf unterschiedliche Weise heraus.

Zwingend ergibt sich das Ende einer Disziplin, wenn entsprechende Bedürfnisse zurückgehen oder einfach verschwinden. Es verändert sich das Erkenntnisziel der betreffenden Disziplin in seiner gesellschaftlichen Bedeutung und geht schließlich verloren. Deutlich ist das wohl für die Alchemie, die eine blühende Entwicklung auf Grund eines regen gesellschaftlichen Interesses der herrschenden Klassen über viele Jahrhunderte hatte[134], trotz bemerkenswert frühzeitiger Einsichten in die Unmöglichkeit der Erfüllung des ihr gesetzten Erkenntniszieles.[135] Gegenwärtig ist die Alchemie tot und wird als eine historische Etappe in der mehr oder weniger linearen geschichtlichen Entwicklung der chemischen Wissenschaften angesehen. Mit der Ausformung der Iatrochemie im 16. Jahrhundert gingen nicht wenige positive Elemente der Alchemie in den Erfahrungsschatz dieser neuen Richtung chemischen Arbeitens ein. Das Ende der Alchemie ergab sich nicht mit dem Verlust oder der Zerstörung der Erfahrungen, Erkenntnisse und Aussagen, die im Verlauf zahlreicher Arbeiten über Jahrhunderte durch sie gesammelt worden waren.[136] Diese wären sogar in ihrem Wesen und selbst in vielen Einzel-

133 Im Jahre 1980 fand ein wissenschaftshistorisches Symposium über „Verdrängte Wissenschaften“ statt. Die Beiträge sind abgedruckt in: Berichte zur Wissenschaftsgeschichte, Heft 1 u. 2, Wiesbaden 1981.

134 Vgl. P. Walden, Geschichte der Chemie, Bonn 1950, S. 26.

135 Vgl. H. Prinzler, Hortulus Alchimiae. Vom Werden und Vergehen der Alchemie, Leipzig 1979, S. 231–235.

136 Vgl. Ju. I. Solovev, Vozniknovenie i razvitie chimii s drevnejšich vremen do XVII veka, Moskva 1983, S. 278–301.

heiten in der Gegenwart rekonstruierbar. Das Dasein der Alchemie fand ein Ende, weil durch den Verlust des gesellschaftlichen Interesses an derartigen Ideen der entsprechende Reproduktionsmechanismus unterbrochen wurde und diesbezügliche Institutionen und Berufe funktionslos wurden. Es fand sich niemand mehr, der sie zu finanzieren bereit war.[137]

Eine weitere Ursache für das Erlöschen einer Disziplin ergibt sich aus dem durchgreifenden Erkenntnisfortschritt, wobei sich spezifische Grundkonzepte auflösen und durch andere überwunden werden.[138] Auf diese Weise verlor die Naturgeschichte des 18. Jahrhunderts ihre Bedeutung, und aus ihrem Schoß gingen verschiedene andere Disziplinen wie z. B. die Mineralogie, Botanik und Zoologie hervor. Aus ähnlichen Gründen ist auch die Kameralistik, die als Finanz-, Wirtschafts- und Verwaltungslehre feudalabsolutistischer Staaten im 18. Jahrhundert blühte, aus der Gemeinschaft wissenschaftlicher Disziplinen abgetreten.[139] Auch Fortschritte auf einem Wissensgebiet vermögen Erkenntnisse und Methoden in einem anderen Bereich unrationell und unökonomisch zu machen, wodurch die Existenz ehemals eigenständiger disziplinärer Strukturen bedroht oder sogar ausgelöscht werden kann. Auf diese Weise ist die Lötrohrprobierkunde – noch in den 50er Jahren unseres Jahrhunderts als Disziplin mit Lehrprogrammen, Instituten und Lehrstühlen ausgerüstet – aus der Gemeinschaft der chemischen Disziplinen verschwunden.[140] Andere Disziplinen existieren in einem sehr engen gesellschaftlichen Rahmen zwar noch, sind aber aus dem System wissenschaftlicher Tätigkeit ausgeschieden. So ist die Astrologie, wenn in diesem Zusammenhang überhaupt noch von ihr gesprochen werden kann, gegenwärtig zu einem pseudowissenschaftlichen Manipulierungsmechanismus in gewissen Kreisen der kapitalistischen Gesellschaft herabgesunken.

Alle diese genannten Disziplinen oder quasidisziplinären Strukturelemente der Wissenschaft existieren nicht mehr, und schon gar nicht sind in der Gegenwart auf diesen Gebieten professionell tätige Wissenschaftler bekannt. Die Funktion der Reproduktionsmechanismen dieser Disziplinen sind auf Grund nachlassender und schließlich fehlender gesellschaftlicher Erfordernisse erloschen. Die disziplin-

137 Diese Bedingungen für das Ende der Existenz einer Disziplin entsprechen durchaus den notwendigen Voraussetzungen für ihre Herausbildung. Wie sich die Entstehungsumstände nicht allein auf kognitive Veränderungen reduzieren lassen und die Genese einer neuen Wissenschaft durch institutionelle Träger abgesichert werden muß, verliert eine Disziplin ihr Dasein mit dem Verschwinden entsprechender reproduzierender Mechanismen und Institutionen.

138 Diesen Vorgang beschreibt unter ideengeschichtlichen Aspekten sehr anschaulich: W. Lepenies, Das Ende der Naturgeschichte, Frankfurt a. M. 1978.

139 Vgl. I. Bog, Ist die Kameralistik eine untergegangene Wissenschaft?, in: Berichte zur Wissenschaftsgeschichte, Heft 1 u. 2, Wiesbaden 1981, S. 61–72.

140 Vgl. F. Szabadváry, Geschichte der analytischen Chemie, Budapest 1966, S. 64–70; M. Henglein, Lötrohrprobierkunde, Berlin (West) 1949; F. Edelmann/F. Leutwein/E. Krüger, Allgemeine und Spezielle Lötrohrprobierkunde, 6 Lehrbriefe, Freiberg 1954/60.

spezifischen Institutionen lösten sich auf oder existieren nur noch im Rahmen ihres seinerzeitigen historischen Endzustandes gegebenenfalls in musealer Form.

Anders verhält es sich mit den im Rahmen einer nicht mehr existierenden Disziplin gewonnenen Erkenntnissen, gefundenen Gesetzmäßigkeiten, gemachten Aussagen, entwickelten Begriffen, Methoden oder Theorien. Wissenschaftliche Erkenntnisse – einmal gewonnen – können in der Regel nicht verloren gehen. Die Zahl der Beispiele, wonach gesichertes Wissen über wesentliche Sachverhalte nicht mehr verfügbar ist, weil seine materiellen Träger zerstört wurden oder andere Gründe für seinen Verlust eintraten, ist gering. Im Unterschied zu Resultaten der materiellen Produktion sind Ergebnisse der geistigen Produktion vom Wesen her beliebig oft und auch historisch unbegrenzt nutzbar. Das akkumulierte und systematisierte Wissen wird in Hand- und Lehrbüchern, Zeitschriften, Karten und sonstigen Informationsträgern in Bibliotheken oder Archiven bewahrt und läßt sich auf dieser Grundlage bei Bedarf erschließen. Fehlende oder verloren gegangene Elemente sind in der Regel aus dem Systemzusammenhang der Erkenntnisse rekonstruierbar. Der Wissenschaftsinhalt nicht mehr existierender Disziplinen ist also demnach in der Regel auch noch in der Gegenwart und selbst in der Zukunft verfügbar, allerdings eben nur in einem quantitativen Umfang und mit einem qualitativen Niveau, wie er zur Zeit der Beendigung der Produktions- und Reproduktionsmechanismen der entsprechenden disziplinären Erkenntnissysteme erreicht worden war.

Aus diesen historischen Zusammenhängen ergibt sich die Bedeutung der Institutionen als materielle Träger für die Existenz, Lebensdauer und gesellschaftliche Wirksamkeit wissenschaftlicher Disziplinen, die wiederum das Resultat aktiv tätiger Wissenschaftler sind. Die Ergebnisse wissenschaftlicher Erkenntnistätigkeiten und die Inhalte wissenschaftlicher Disziplinen bestimmen in hohem Maße das Wesen der Wissenschaft. Isoliert für sich sind sie jedoch tot und wirkungslos. Ihre Bedeutung realisiert sich erst mit ihrer Funktion in den verschiedenen wissenschaftlichen Tätigkeiten der Gelehrten, die sich im Rahmen spezifischer Institutionen oder Einrichtungen vollziehen.

Auch die regionale oder räumliche Verteilung existierender oder potentieller Disziplinen ist in einem hohen Maße vom Vorhandensein spezifischer institutioneller Träger des entsprechenden Erkenntnissystems abhängig. Es wird geschaffen – auch in einem relativ begrenzten Raum –, sobald sich ein entsprechender gesellschaftlicher Bedarf herausbildet. Ein Beispiel dafür ist möglicherweise die technische Physik[141], die nach bisheriger Erkenntnis im wesentlichen in ihrer Existenz auf Deutschland begrenzt war. In anderen Ländern waren entsprechende wissenschaftliche Tätigkeiten in andere disziplinäre Systeme eingebunden.

Abhängig von den konkreten Gegebenheiten der gesellschaftspolitischen Entwicklung, dem Stand der Entwicklung der Produktivkräfte, spezifischen

141 Vgl. dazu den Beitrag von D. Hoffmann, Zur Etablierung der „technischen Physik" in Deutschland, in diesem Band.

Traditionen der wissenschaftlichen Erkenntnisse in der Geschichte, der Einbindung in die internationale wissenschaftliche Kommunikation, den gegebenen Naturbedingungen usw. kann die disziplinäre Wissenschaftsstruktur eines Landes oder einer Region besondere Formen und Varianten des Grundmusters des Wissenschaftsgefüges aufweisen. Grundsätzlich hat sich aber im historischen Prozeß immer wieder bestätigt, daß sich der Aufbau der Wissenschaft auf der Basis solcher disziplinärer Bausteine, wie sie sich etwa in den letzten zwei Jahrhunderten vor allem in Europa herausgebildet haben, allgemein durchzusetzen vermochte. Überall dort, wo originäre Wissenschaftsentwicklungen „nachvollzogen" wurden – ob z. B. in der zweiten Hälfte des 19. Jahrhunderts in Japan[142] oder in zahlreichen jungen Nationalstaaten in unserer Zeit –, diente das gleiche disziplinäre Muster als Grundlage. Abgesehen von spezifischen Besonderheiten oder notwendigen Modifizierungen werden derartige Prozesse, ausgehend von den in Disziplinen strukturierten Erkenntnissen, über die Begründung und Entwicklung entsprechender wissenschaftlicher Institutionen gelenkt und geleitet. Das disziplinäre Muster bewährt sich hier in der gleichen Weise wie in der internationalen Kommunikation z. B. im Rahmen der Weltkongresse für Kybernetik, Geologie, Psychologie, Soziologie, Geschichtswissenschaft oder andere, die trotz thematischer Akzentuierungen prinzipiell doch der disziplinären Grundstruktur der Wissenschaft folgen. Die Anziehungskraft derartiger Begegnungen hat ihre objektive Begründung in der Tatsache, daß die kognitive Struktur der Wissenschaften einschließlich der sie tragenden Institutionen vom Wesen her gleichartig ist und einen Austausch von Ideen zwischen Wissenschaftlern verschiedener Nationen, Regionen, Ausbildungswegen oder Denkarten prinzipiell mit Gewinn ermöglicht. Die Ursachen dafür ergeben sich aus den gleichartigen Bedingungen für die Existenz wissenschaftlicher Disziplinen sowohl in historischer als auch regionaler Hinsicht.

13. *Typen von Disziplinbildungsprozessen*

Die Genese wissenschaftlicher Disziplinen war in der Vergangenheit auf unterschiedliche Weise unmittelbar verursacht und vollzog sich auch über verschiedenartige Mechanismen. In den konkreten Fällen waren Gründe und Wege für die Entstehung neuer Wissenschaften natürlich immer durch spezifische Eigenarten charakterisiert. Eine „Typologie abstrahiert von den individuellen Eigenheiten der Problemstellung und des Entstehungsprozesses einzelner neuer Forschungsrichtungen und Wissenschaftsdisziplinen, sie soll gerade durch diese Abstraktion charakteristische Prozeßtypen erkennen lassen"[143]. Derartige Ver-

142 Vgl. T. Hideomi, Historical Development of Science and Technology in Japan, Tokyo 1968, S. 98.

143 D. Schulze, Entstehung neuer Wissensgebiete — Versuch einer Typologie, in: Wissenschaftswissenschaftliche Beiträge, Heft 12, Berlin 1980, S. 35.

allgemeinerungen sind unter verschiedenen Gesichtspunkten möglich, wobei der abstrakte Charakter der gewonnenen Aussagen die historische Wirklichkeit nur in wesentlichen Zügen widerspiegelt. Das heißt, die beschriebenen Typen existieren in Wirklichkeit nicht in der beschriebenen Weise als reine Form oder streng isoliert nebeneinander. Zwischen den einzelnen Gruppen wird es Übergänge geben bzw. konkrete Disziplinbildungsprozesse werden nicht zweifelsfrei dem einen oder anderen Typ der Genese allein zugeordnet werden können.

Eine erste Möglichkeit der Typologisierung ergibt sich aus der Analyse der spezifischen Wirkungsbedingungen für die Entstehung neuer Disziplinen. Dabei geht es nicht um die allgemein notwendigen Voraussetzungen, sondern um jene konkreten Umstände, die aus den entstandenen Möglichkeiten die Herausbildung einer neuen Wissenschaft historische Wirklichkeit werden ließen. Bereits W. Ostwald beschäftigte sich mit dieser Frage und meinte, „daß alle Wissenschaft mit der Technik, mit der Anwendung begonnen hat. Zählen und Rechnen entstanden aus den Erfordernissen des täglichen Lebens, die Geometrie aus denen der Landwirtschaft. Praktische Ärzte haben die Physiologie, Bergleute die Geologie, Hüttenmänner, Färber usw. die Chemie begründet"[144]. Daneben akzeptiert er, daß Disziplinen auch „aus der *Methodik* zur Auffüllung vorhandener Lücken"[145] entsprechende Impulse für ihre Entstehung empfangen haben können, nimmt aber auch für diese Prozesse die „allgewaltigen praktischen Bedürfnisse" als eigentliche Ursache an.

Tatsächlich wird ein wie auch immer geartetes praktisches Interesse gesellschaftlicher Art als Entstehungsbedingung genauso eine notwendige Voraussetzung für die Genese einer Disziplin sein wie eine entsprechende Menge systematisierter Erkenntnisse im Resultat spezifischer wissenschaftlicher Tätigkeiten.[146] Bilden sich derartige Gegebenheiten im historischen Prozeß heraus, reifen Möglichkeiten für die Entstehung einer Disziplin, noch nicht aber die betreffende Wissenschaft in der Realität. Die Ursachen dafür sind spezifischer Art und reichen in den einzelnen Fällen von konkreten Erfordernissen der materiellen Produktion über politische oder bildungspolitische Interessen bis zu solchen, die sich aus Notwendigkeiten der gesetzmäßigen Eigenentwicklung der wissenschaftlichen Erkenntnis[147] ergeben.

Ohne hier eine ausführliche und detaillierte Darstellung von genetischen Typen für Einzelwissenschaften aus dieser Sicht geben zu können, sei nur auf einige Arten verwiesen. Insgesamt dürfte ihre Anzahl beträchtlich sein, wobei ihre

144 W. Ostwald, Angewandte und freie Wissenschaft, in: G. Lotz u. a. (Hrsg.), Forschen und Nutzen, a. a. O., S. 176.

145 Ebenda.

146 Vgl. G. Buchheim, Zur Herausbildung und Entwicklung technikwissenschaftlicher Disziplinen, in: Wissenschaftliche Zeitschrift der Technischen Universität Dresden, 6/1983, S. 60.

147 Vgl. G. Eckardt, Die Entstehung der Psychologie als „reine" Wissenschaft, in: Rostock. Wiss.-Hist. Mskr., Heft 8, Rostock 1982, S. 77—81.

Menge vom Verallgemeinerungsgrad des Gliederungsprinzips abhängig ist, das der jeweiligen Artenunterscheidung zugrunde liegt.

So entstanden Disziplinen überwiegend verursacht durch

- Erfordernisse der materiellen Produktion:
  Technikwissenschaften, Agrikulturchemie, Geologie, Geodäsie usw.
- gesellschaftspolitische Notwendigkeiten:
  Rechtswissenschaften, Militärwissenschaften, Tropenmedizin, Geographie usw.
- Bemühungen um die menschliche Gesundheit:
  Psychiatrie, Ophthalmologie, Chirurgie usw.
- Bildungsideale spezifischer Prägung:
  Ägyptologie, Ornithologie usw.
- Entwicklungsnotwendigkeiten der wissenschaftlichen Erkenntnis:
  klassische Physik, physikalische Chemie, Psychologie usw.

Es wird notwendig sein, auf der Basis weiterer detaillierter wissenschaftshistorischer Analysen die unmittelbar auslösenden Ereignisse für die Entstehung von Einzelwissenschaften sicherer zu bestimmen, um dann, von diesen Resultaten ausgehend, auch zu einer verallgemeinernden Typologie über die Ursachen der Herausbildung wissenschaftlicher Disziplinen zu kommen.

Eine andere Grundlage bieten die verschiedenen *Mechanismen* der Disziplinentstehung für eine Typologie der Herausbildungsprozesse. Dabei geht es vor allem um die Zusammenhänge und Beziehungen der sich konstituierenden Disziplin zu anderen. Nach G. N. Wolkow lassen sich alle entstandenen oder entstehenden Wissenschaften in drei Typen gliedern.[148] Eine Gruppe bildet sich am Berührungspunkt von zwei oder gar drei Wissenschaften: Biochemie oder physikochemische Mechanik. Andere entstehen als Resultat der Verkettung von Elementen einer ganzen Reihe weit voneinander entfernter Wissenschaften: Kybernetik. Wieder andere Disziplinen sind nach Meinung von Wolkow sogenannte Problemwissenschaften, denen ein fest umrissener Untersuchungsgegenstand z. B. in der Natur in Form einer Struktur oder eines Prozesses fehlt und die sich zum Zweck der Lösung eines bestimmten Problems bilden: Onkologie.

Auf andere Weise werden Herausbildungsprozesse unterschieden in Vorgänge der punktuellen Entstehung von Disziplinen, ihre Genese durch Differenzierung präexistenter Disziplinen und auch durch Abstraktion interdisziplinärer Zusammenhänge.[149]

Eine ausführlicher begründete Typologie für die Genese neuer Disziplinen gibt D. Schulze und unterscheidet prinzipiell vier verschiedene mögliche Wege der Entstehung neuer Wissenschaften.[150] Dieser Ansatz läßt sich durch zahlreiche

148 Vgl. G. N. Wolkow, Soziologie der Wissenschaft, Berlin 1970, S. 286–287.

149 Vgl. E. Lang/B. Lange, Was gehört zu einer Wissenschaftsdisziplin?, in: G. Kröber (Hrsg.), Wissenschaft im Sozialismus, a. a. O., S. 304.

150 Vgl. D. Schulze, Entstehung neuer Wissensgebiete – Versuch einer Typologie, in: Wissenschaftswissenschaftliche Beiträge, Heft 12, Berlin 1980, S. 32–43.

Beispiele in seinen Grundzügen belegen, wenn auch die charakterisierenden Kriterien für die einzelnen Typen im Ergebnis inzwischen erarbeiteter Studien zu modifizieren sind. In der weiteren Diskussion könnte geprüft werden, ob sich folgende Typen von Herausbildungsprozessen bestätigen lassen.

Typ A: Disziplinbildungsvorgänge in der historischen Anfangsphase der Ausformung erster Einzelwissenschaften vollziehen sich offensichtlich häufig *punktuell*. Ausgehend von verschiedenen praktischen Erfahrungen, gesammeltem Wissen und dem Erkennen verschiedener Zusammenhänge zwischen den Phänomenen bildet sich in einem mehr oder weniger linearen Prozeß die rationale Stufe der Erkenntnis heraus, die zur Gesetzesformulierung führt. Elemente anderer Erkenntnisgebiete oder Disziplinen spielen bei diesem Typ von Herausbildungsprozessen eine untergeordnete Rolle. Der Systemcharakter der primären Erkenntnisse zum betreffenden Gegenstand leitet sich häufig aus Erfordernissen des praktischen Lebens ab oder ergibt sich aus der wissenschaftlichen Einsicht in die Ähnlichkeit oder Gleichartigkeit von Zusammenhängen zwischen Phänomenen in unterschiedlichen Bereichen der objektiven Realität. Auf diese Weise haben sich die Astronomie oder die klassische Mechanik herausgebildet. Obwohl weniger wahrscheinlich, sind Herausbildungsprozesse dieses Typs gewiß auch nach wie vor in der jüngeren Geschichte möglich.

Typ B: Im Verlauf der quantitativ und qualitativ sich entwickelnden Erkenntnistätigkeiten einer Disziplin vollziehen sich Prozesse der *Differenzierung*, die sehr unterschiedliche Ursachen haben können, wie die sprunghaft wachsende gesellschaftliche Aktualität einzelner Teilbereiche, die Erarbeitung einer besonders erfolgreichen Methodik, die Entdeckung neuer Aspekte des Gegenstandsbereichs der Disziplin, das tiefere Eindringen in die Spezifik traditioneller Untersuchungsobjekte usw. Bei diesen Prozessen geht es eigentlich um die im wesentlichen lineare Fortsetzung der Erkenntnis im Rahmen der Zielsetzung einer Wissenschaft, die durch Verzweigungen in Teil- oder Spezialdisziplinen einmündet. Die Zahl der Beispiele für diesen Typ ist groß. Das einheitliche Feld der an der Wende vom 18. zum 19. Jahrhundert entstandenen Chemie hat sich sehr bald mindestens in die anorganische, organische und physikalische Chemie aufgegliedert. Bis zur Gegenwart ist daraus ein hierarchisches System chemischer Spezialdisziplinen, Wissenschaftsgebiete und Arbeitsbereiche geworden, das sich wie das Geäst eines Baumes verzweigt hat. Aus der Naturgeschichte (als Disziplin) des 18. Jahrhunderts sind in wesentlichem Umfang die Mineralogie, Botanik und Zoologie hervorgegangen. Mit der Beschleunigung der Wissenschaftsentwicklung werden derartige Vorgänge der Entstehung von Disziplinen durch Differenzierung gewiß weiter zunehmen. Dabei kann es sein, daß sich die ursprünglichen Ausgangsstrukturen – wie z. B. bei der Chemie – wegen einer übergreifenden Zielsetzung, einer allgemeinen verknüpfenden Theorie oder auch nur zu Zwecken der Ausbildung erhalten. Wie das Beispiel der Naturgeschichte zeigt, kann die Differenzierung aber auch zum Existenzende einer Disziplin führen, wenn das gesellschaftliche Interesse am Anliegen dieser Wissenschaftsstruktur erloschen ist.

Typ C: Ein in der jüngeren Wissenschaftsgeschichte außerordentlich weit verbreiteter Mechanismus der Disziplingenese ist das Entstehen neuer Strukturen an den *Grenzen* oder besser durch *Überlappung* von zwei oder mehreren Wissenschaften. Wesentlich für Prozesse dieser Art scheint es zu sein, daß sich nur bestimmte Elemente der Ausgangsdisziplinen – die selbst in relativer Eigenständigkeit weiterexistieren – zu einem neuen Gebilde vereinigen. Der interdisziplinäre Charakter der Vorgänge dieser Art ist offensichtlich, wobei derartige Verknüpfungen trotz ihrer auffälligen und bedeutenden Rolle in allen wissenschaftlichen Erkenntnisprozessen der Gegenwart natürlich nicht notwendig zu neuen disziplinären Strukturen führen müssen. Groß ist die Zahl der auf diese Weise entstandenen Grenzwissenschaften wie z. B. die Biophysik, Geochemie, Astrophysik, technische Mechanik, Medizintechnik usw. Häufig liefert bei derartigen Übergangswissenschaften eine der Mutterdisziplinen vor allem die jeweiligen Frage- und Problemstellungen, während die andere mit ihrem Erkenntnisreservoir und dem diesbezüglichen methodischen Erfahrungsschatz die Lösungen erleichtert.

Darüber hinaus gibt es auch eine Gruppe von Wissenschaften, deren Existenz sich aus überlappenden Problemstellungen mehrerer Disziplinen ergibt und die deshalb diesem Typ zugeordnet werden können. Es handelt sich hierbei z. B. um die Kristallographie oder die Kartographie. So konstituierte sich die Kartographie mit der Verknüpfung bestimmter Elemente der Geographie, des Militärwesens, der Geodäsie, Geologie usw., wobei jede einzelne der genannten Wissenschaften fortexistiert unter Nutzung der Erkenntnisresultate der anderen. Eine analoge Situation liegt bei der Kristallographie vor, die sich aus der Chemie bzw. Mineralogie herausgelöst hat und nun auch darüber hinaus bestimmte Problemstellungen der Physik, Technikwissenschaften und sogar der Biologie durch ihren Untersuchungsgegenstand verknüpft. Die Entwicklung derartiger disziplinärer Formen mit übergreifendem Charakter gewinnt offenbar an Bedeutung, da auch die Kybernetik, Informatik oder Bionik in diesen Zusammenhang gestellt werden können. Alle diese Disziplintypen setzen natürlich eine relativ reife Wissenschaftsstruktur voraus, da sich ihre Existenz nicht unwesentlich auf das Vorhandensein bereits historisch stabiler Elemente der Erkenntnis gründet.

Typ D: Einzelwissenschaften konstituierten sich in der Geschichte im Rahmen von *integrierenden* Prozessen, die präexistierende Erkenntniselemente mit disziplinärem Charakter miteinander verknüpften. Mit der Herausbildung übergreifender Fragestellungen oder durch die Ausarbeitung verbindender Relationen gehen bei diesen Prozessen frühere Disziplinen, Teildisziplinen oder Erkenntnisgebiete *vollständig* in das neue disziplinäre System ein, sind aber häufig im neuen Zusammenhang noch als frühere eigenständige Elemente erkennbar. Bei der Herausbildung der klassischen Physik am Anfang des 19. Jahrhunderts verflochten sich u. a. die klassische Mechanik mit den Erkenntnissen der Elektrizität und des Magnetismus sowie der Thermodynamik. Analog formierte sich die Biologie durch die Verknüpfung von Botanik und Zoologie. Im Verlauf ihrer

Entwicklung bildet sich natürlich auch bei Wissenschaften dieses Typs eine Differenzierung heraus, die dann allerdings in der Regel anderen Gesichtspunkten folgt und eher zu einer Verwischung der entsprechenden pränatalen Erkenntnisstruktur der Disziplin beiträgt.

Die Typologie zeigt die verschiedenen Möglichkeiten für die Genese von Wissenschaftsdisziplinen. Diese Gliederung hat ganz gewiß auch eine deutliche historische Dimension. Herausbildungsprozesse im Rahmen der Typen B und C werden im Verlauf der Geschichte von den möglichen Voraussetzungen her in der Gegenwart häufiger anzutreffen sein als in der Zeit des Anfangs der Wissenschaftsgeschichte. Während darin die sich verstärkenden Tendenzen der Differenzierung und Integration zum Ausdruck kommen, sind die Typen A und B Ausdruck für Prozesse der Wissenschaftsentwicklung mit mehr linearem oder auch summierendem Charakter. Auf diese Weise deutet sich an, daß die Vorgänge zur Herausbildung wissenschaftlicher Disziplinen in der Geschichte gewiß zahlreiche gemeinsame Grundzüge besitzen, im Verlauf des Fortschritts der wissenschaftlichen Erkenntnis aber auch markante Veränderungen eingetreten sind, die durch die spezifischen Bedingungen in den einzelnen Epochen der Wissenschaftsgeschichte geprägt wurden.

Naturwissenschaften

Peter Jakubowski

Von der Naturlehre zur naturwissenschaftlichen Disziplin. Zur Herausbildung der klassischen Physik in Deutschland

Im 19. Jahrhundert bildete sich eine Naturwissenschaft „von den Eigenschaften und Zustandsformen, der Struktur und der Bewegung der unbelebten Materie, den diese Bewegung hervorrufenden Kräften und Wechselwirkungen“[1] heraus, die im Verständnis des 20. Jahrhunderts als klassische Physik bezeichnet wird. Sie stellt ein System von überwiegend mathematisch formulierten Gesetzen dar, die sich auf experimentelle Messungen gründen. Sie geht phänomenologisch vor, bedient sich anschaulicher, möglichst erlebnisnaher Begriffe und charakterisiert den mechanischen Zustand, die Wärme, die Elektrizität, den Magnetismus und das Licht durch besondere Zustandsvariablen, Natur- und Materialkonstanten. Die Mechanik als Lehre von der Bewegung materieller Objekte unter dem Einfluß von Kräften, die Thermodynamik, in der Wärmeerscheinungen behandelt werden, und die Elektrodynamik, die im weiteren Sinne die gesamte Theorie der Elektrizität und des Magnetismus darstellt, sind die drei großen Teilgebiete der klassischen Physik. Auf diese Bereiche waren die übrigen zur klassischen Physik gehörenden Gebiete, wie z. B. die Akustik als Lehre von den Schallwellen, die Optik als die der Lichtwellen u. a., zurückgeführt worden, so daß ein komplexes, innerlich verwobenes Gebilde entstand, aus dem man versuchte, ein einheitliches Weltbild der Physik zu formen. Dabei dominierte eine Grundtendenz, die der bedeutende Physiker des 20. Jahrhunderts J. Franck auf folgende Weise zum Ausdruck brachte: „Zu Beginn der achtziger Jahre (des 19. Jahrhunderts – P. J.) stand die Physik auf dem Standpunkt der mechanischen Weltanschauung, d. h. Zurückführung der Erscheinungen auf Kräfte und Bewegungen.“[2]

Dieses Programm besaß während der Herausbildung und Konsolidierung der klassischen Physik eine produktive Potenz. Seine Überwindung bildete dann aber eine der Voraussetzungen für die Umwälzung der Physik zu ihrer modernen Phase im 20. Jahrhundert, die kognitiv durch die Relativitätstheorie und die Atomphysik gekennzeichnet wird.

1 R. Lenk/W. Gelbert (Hrsg.), Physik, in: Brockhaus ABC Physik, Bd. 2, Leipzig 1973, S. 1152.

2 J. Franck, Experimentalphysik, in: G. Abb (Hrsg.), Aus fünfzig Jahren deutscher Wissenschaft, Berlin – Freiberg – München – Leipzig 1930, S. 310.

Damit wird deutlich: die Entwicklung der Physik ist stadial verlaufen, wobei die Charakteristik der einzelnen Etappen in ihrer konkret-historischen Ausprägung jedoch über die Bestimmung des relevanten kognitiven Inhalts hinausgehen muß. Mit ihr sind aufs engste soziale Fragen verbunden, wie die Institutionalisierung, die soziale Stellung der in der Physik tätigen Gelehrten, die Problematik der Lehre und Ausbildung von neuen Wissenschaftlern, die soziale Gewährleistung von Kommunikationsformen u. a. m.

Die Herausbildung der klassischen Physik vollzog sich innerhalb der Bildung des Systems der Naturwissenschaften, das sich in disziplinärer Struktur bis zur ersten Hälfte des 19. Jahrhunderts entwickelte. Damit sind die Veränderungen der Physik Bestandteil eines globalen Vorganges, an dem sie partizipierte und dem sie Impulse verlieh. Das resultierte u. a. daraus, daß die einzelnen naturwissenschaftlichen Disziplinen wie Physik, Geologie, Mineralogie, Chemie, Biologie usw. in ihrer Herausbildung unterschiedlich vorangeschritten waren, woraus hemmende und fördernde Momente resultierten. In den für die sich formierenden wissenschaftlichen Disziplinen relevanten Feldern wissenschaftlicher Tätigkeit gab es Überschneidungen und nicht eindeutige Abgrenzungen. So wurde z. B. die Elektrizität am Ende des 18. Jahrhunderts betreffs ihrer atmosphärischen Erscheinungen und im Zusammenhang mit ihren Wirkungen an Tieren, an Mineralien, in chemischen Reaktionen und in physikalischen Versuchen im engeren Sinne (Elektrisierapparate, Elektroskope, Elektrophore usw.) sowohl in der Experimentalphysik des 18. Jahrhunderts als auch in den sich entwickelnden Naturwissenschaften wie der Meteorologie, der Biologie, der Mineralogie und der Chemie untersucht. Auch in Formen der Institutionalisierung, wie z. B. der Errichtung von Lehrstühlen, der Begründung spezifischer Zeitschriften und Vorstufen wissenschaftlicher Laboratorien und Institute (physikalische Kabinette, botanische Gärten usw.), gab es Tendenzen, die für die Naturwissenschaften als Ganzes galten, und es existierten für die Physik spezifische Ausprägungen. Gleiches galt auch für die Stellung der Physik in der philosophischen Fakultät, die nicht nur durch die der Physik innewohnenden spezifischen Potenzen, sondern auch durch die Möglichkeiten der gesamten Naturwissenschaften bestimmt wurde.

Diese Beispiele sollen als Beleg dafür gelten, daß die Physik in ihrer Entwicklung der Wissenschaft als Ganzes und den anderen gesellschaftlichen Bereichen zwar als ein in sich strukturiertes System entgegentrat, jedoch keine abgeschlossene, von Wechselwirkungen freie Entität darstellte. Im Gegenteil, die Beeinflussung durch andere Wissenschaften erwies sich als ein ihrer Entwicklung wesentliches Moment. Somit ergab sich ein multidimensionales Beziehungsfeld sowohl für die Bestimmung ihrer Rolle und Funktion als auch für die Verwertung ihrer Erkenntnisse in der Gesellschaft.

Neben den Vorgängen der Differenzierung der Naturwissenschaften wurde die Herausbildung der Physik durch die Veränderungen in der Philosophie, in der Mathematik und in den sich formierenden Technikwissenschaften bestimmt.

Sie war in weltanschauliche Auseinandersetzungen einbezogen und durch hochschul- sowie bildungspolitische Programme beeinflußt.

Um deshalb die Herausbildung der klassischen Physik in diesem komplexen Bedingungsgefüge zu beschreiben, wählen wir eine deskriptive Darstellung[3] als Ausgangspunkt. Dabei wird versucht, die Genese der klassischen Physik als einen in verschiedenen Reifestadien ablaufenden Prozeß zu charakterisieren. In diesem scheiden wir die Vorgeschichte von der Herausbildung und Konsolidierung.

1. *Zur Vorgeschichte der klassischen Physik*

Die Vorgeschichte der klassischen Physik ist stadial verlaufen und tritt im 18. Jahrhundert in die unmittelbare Vorgeschichte ein. Bis zu diesem Zeitpunkt vollzogen sich folgende generelle Entwicklungen: Vorderasiatische und ägyptische Überlieferungen führten im antiken Griechenland innerhalb philosophischer Überlegungen zu physikalisch relevanten Überlegungen. Der Atomismus, Bewegungsauffassungen, Erklärungsformen von Erscheinungen (wie sie z. B. Aristoteles angab), mathematische Erkenntnisse, Kunstapparate der alexandrinischen Gelehrten Heron und Ktesibios u. a. markierten den Fortschritt. Einen herausragenden Abschnitt bildeten auch die Arbeiten von Archimedes, der das Hebelgesetz und das hydrostatische Prinzip entdeckte.[4] Die Spekulation hatte hier noch nicht das Niveau einer Fachtheorie, und in der Empirie dominierte noch nicht das Experiment. Das Wissen der Antike gelangte über viele Wege in die philosophischen und weltanschaulichen Auseinandersetzungen des mittelalterlichen Europa, und sowohl in Fortführung als auch Neuschöpfung wurde in der wissenschaftlichen Revolution des 17. Jahrhunderts die naturwissenschaftliche Methode geschaffen.[5] Ihr wesentliches Kennzeichen auf kognitivem Gebiete war die Herausbildung der Mechanik als der ersten Wissenschaft von der Natur. Sie durchdrang mit den Begriffen von Masse und Kraft wissenschaftlich die elementaren Bewegungsformen in der Raumauffassung der Geometrie des Euklid und in einer absoluten, vom physikalischen Raum unabhängigen Zeit. Die Herausbildung der klassischen Mechanik ist mit den Namen von G. Galilei, J. Kepler, Chr. Huygens und I. Newton, dessen Werk den Abschluß der Herausbildung markierte, verbunden. Sie stand mit der Initiierung der Differential- und Integralrechnung im ursächlichen Zusammenhang. Des weiteren erfolgte über das

3 Vgl. Beiträge des Kolloquiums „Die Herausbildung wissenschaftlicher Disziplinen in der Geschichte" am 18. und 19. November 1977 in Rostock, in: Rostocker Wissenschaftshistorische Manuskripte (im folgenden: Rostock. Wiss.-Hist. Mskr.), Heft 1 u. 2, Rostock 1978.

4 Vgl. E. J. Dijksterhuis, Die Mechanisierung des Weltbildes, Berlin (West) — Göttingen — Heidelberg 1956.

5 Vgl. A. Rupert Hall, Die Geburt der naturwissenschaftlichen Methode, Gütersloh 1965, S. 126—160.

Newtonsche Gravitationsgesetz, in das die Massen der Himmelskörper und ihre Abstände zueinander eingehen, die Verbindung von irdischen und kosmischen Vorgängen auf dem Niveau der Mechanik im Rahmen der Himmelsmechanik. Diese und die klassische Mechanik waren jedoch noch nicht Bestandteil der Physik in der Auffassung des 17. und während einer langen Zeit des 18. Jahrhunderts. Sie wurden in der Mathematik betrieben, deren Hauptinhalt sie auch noch im 18. Jahrhundert ausmachten. Die Physik in dieser Zeit war allgemeine Naturerkenntnis und wurde überwiegend im Gewande einer spekulativen aristotelischen Physik gelehrt, in die die philosophischen Strömungen der Zeit modifizierend einflossen. Zu Beginn des 18. Jahrhunderts repräsentierten in Deutschland G. W. Leibniz und Chr. Wolff diese Entwicklung. Über die Philosophie bestand aber auch die Möglichkeit des Einflusses philosophischer Ideen Newtons und seiner Interpreten auf dieses Gebiet der Naturerkenntnis. Diese Gelehrten vertraten das Konzept, daß durch bestimmte Eigenschaften charakterisierte Teilchen und ihre aufeinanderwirkenden Kräfte in die erklärenden Naturgesetze eingehen sollten. Diese Eigenschaften der Teilchen zu bestimmen, war eine wesentliche Zielsetzung der Naturforschung im 18. Jahrhundert.

Bis zum 18. Jahrhundert hatten sich auch experimentelle Traditionen herausgebildet. Atmosphärische Beobachtungen, chemische Untersuchungen in der Alchemie und der Iatrochemie, elektrische, magnetische und thermische Erscheinungen an Mineralien und anderen Stoffen sind hier als für die Physik relevant zu nennen. Erste physikalische Apparate wie z. B. Barometer, Thermoskope, Luftpumpen, Elektrisiereinrichtungen waren neben anderen geschaffen worden.[6] Diese Untersuchungen – meist außerhalb der universitären Wissenschaft betrieben – trugen beschreibenden, sammelnden, klassifizierenden Charakter und waren in ihren Resultaten sehr heterogen. Da die Ergebnisse der empirischen Untersuchungen nicht das Niveau der Mechanik aufwiesen, gelangten nicht deren Prinzipien, sondern die der überwiegend spekulativen Naturlehre zur Geltung, die von vielen auch als Physik des 18. Jahrhunderts aufgefaßt wurde. Ein einheitlicher Äther und ein allgemein verstandenes Feuer dominierten in der 1. Hälfte des 18. Jahrhunderts als erklärende Prinzipien. In diesem Zeitraum vollzog sich die Integration der Experimentaltraditionen in die Naturlehre, die sich damit eine eigene empirische Basis schuf. Dieser Prozeß war in der Jahrhundertmitte in das entscheidende Stadium getreten, was u. a. darin zum Ausdruck kam, daß man erste Lehrstühle für Experimentalphysik, wie die Experimentalnaturlehre überwiegend genannt wurde, errichtete. Zumindest wurden Lehrveranstaltungen über dieses Gebiet angeboten.[7] Der bedeutende Gelehrte des 18. Jahrhunderts A. G. Kästner, der eine umfangreiche schriftstellerische Tätigkeit entfaltete und u. a. auch an der führenden deutschen Universität in Göttingen lehrte, vermerkte

6 Vgl. H. Kangro, Geschichte der Physik-Renaissance bis zum 18. Jahrhundert, Lüneburg 1978, S. 5–12, 72–105.

7 Vgl. F. Krafft, Der Weg von den Physikern zur Physik an den deutschen Universitäten, in: Berichte zur Wissenschaftsgeschichte, Heft 1, Wiesbaden 1978, S. 123–163.

1749 zu dieser Situation: „Es ist eine Zeit geweßen (und vielleicht erscheint diese Zeit wenigstens auf eine oder der anderen hohen Schule bald wieder), da sich die Physik, wie die ganze Philosophie, in ein Gewebe barbarischer Kunstwörter verwandelt hatte, die mit einer prächtigen Dunkelheit, entweder nichts, oder die bekannten Dinge ausdrückten. In dieser Zeit gestanden Naturforscher von besserem Geschmacke, daß sie von Jägern, Bauern, Bergleuten, ja von Goldmachenwollenden mehr physikalische Wahrheiten gelernet hätten, als aus tiefsinnigsten und gelehrten Untersuchungen de materia, forma, privatione ... Wir haben jetzt noch Ursache diesen Naturforschern zur Erhaltung einer brauchbaren Erkenntnis nachzuahmen ... Künstlern, Handwerkern, Landleuten, kurz allen, die mit natürlichem Körper umzugehen haben, sind oft gewisse Erfahrungen bekannt, die wohl einem emsigen Naturforscher nicht vorgekommen sind."[8] An gleicher Stelle bemerkt er im Sinne der Aufklärung, daß dies dazu diene, um „den Menschen als den Herren der Natur vorzustellen. Denn diese Herrschaft ..., üben wir nicht anders als durch die Physik und die damit ihr so genau verbundene Mathematik aus ... Durch sie dienen uns die entferntesten Sterne, ja die unsichtbaren Jupitermonde, unsere Wohnplätze auf der Erde zu bemerken, durch sie müssen Feuer, Luft, Wasser, Thiere, alle Kräfte der Natur, Bewegungen hervorbringen, die wir verlangen, und für die Menschenhände zu ohnmächtig sein würden."[9] Kästner zeigte hier die Heterogenität der Physik, die er mit der Naturlehre gleichsetzte. Er beschrieb die vielfältigsten Wurzeln der Naturlehre und ihre mannigfaltigen Möglichkeiten zur Nutzanwendung, verwies auf die Bedeutung von Versuchen und drängte auf eine Verbindung von Mathematik und Physik als Naturlehre. Das letztere blieb, obwohl diese Auffassung auch von anderen Gelehrten vertreten wurde, zu dieser Zeit von marginaler Bedeutung. Er machte aber auch einen Unterschied von Alltagserfahrung und wissenschaftlicher Erfahrung, wenn er vermerkte: „Die bisherigen elektrischen Entdeckungen gehören meines Wissens nur noch für Gelehrte ..."[10]

Um die Jahrhundertmitte waren Elemente der späteren Physik in den prädisziplinären Teilgesamtheiten von angewandter Mathematik, Philosophie und Naturlehre sowie der mit ihr in Beziehung stehenden Naturgeschichte eingefügt. Sie besaßen einen unterschiedlichen Reifegrad. Retrospektiv ergeben sich nun u. a. Fragen danach, wann und warum diese Eingliederung auf Grenzen stieß, welche Erfordernisse für eine Transformation der für die klassische Physik relevanten Teilgebiete in eine disziplinär strukturierte Physik auftraten, unter welchen Bedingungen, mit welchen Resultaten diese Erfordernisse artikuliert bzw. umgesetzt wurden und welche inhaltlichen Veränderungen der Begriff Physik erfuhr.

8 A. G. Kästner, Vorrede zur deutschen Übersetzung, in: Der Königlich Schwedischen Akademie der Wissenschaften Abhandlungen aus der Naturlehre, Haushaltungskunst und Mechanik, Hamburg–Leipzig 1749, ohne Seitenangabe.

9 Ebenda.

10 Ebenda.

Anzeichen für eine zu inneren Differenzierungen in der Naturlehre drängende Situation mehrten sich im letzten Drittel des 18. Jahrhunderts. Mineralogie, Geologie und Chemie erfuhren einen Aufschwung. Mit den Arbeiten von A. L. Lavoisier und anderen gelangen relativ exakte quantitative Untersuchungen, in denen sich das chemische Element und die chemische Verbindung als zentrale Begriffe der Chemie durchsetzten. Die Chemie nahm einen gewaltigen Aufschwung und wurde zu einer „philosophischen Wissenschaft“[11], die mehr und mehr aus der medizinischen Fakultät in die philosophische überging. Da man seit der Jahrhundertmitte für die Elektrizität, den Magnetismus, das Licht und die Wärme stoffliche Vorstellungen, die Fluida und Imponderabilien genannt wurden, als erklärende Prinzipien eingeführt hatte, wurden auch die unwägbaren Stoffe in die Diskussion um den Elementbegriff der Chemie einbezogen. Es gab Tendenzen, die Physik als Naturlehre auf die Chemie zu reduzieren. So betonte P. J. Macquer: „Da endlich die Chemie und die Physik jetzt nur eine und eben dieselbe Wissenschaft sind, so müssen die chemischen Laboratorien mit verschiedenen Gerätschaften und Werkzeugen versehen sein, die man ehedem nur in den Instrumentensammlungen der Naturforscher sah.“[12] In dieser Extremposition bezüglich der Physik existierten aber auch produktive Seiten, da Teile der Physik als Naturlehre in die wissenschaftliche Tätigkeit der Chemiker oder „Chymisten“, wie sie zu jener Zeit auch genannt wurden, einflossen und eine Beförderung erfuhren. Die Frage, was den Inhalt der Physik ausmachte, war damit noch nicht beantwortet. Man begann die Naturlehre zum einen extensional einzuschränken und als „eigentliche Physik“ oder zum anderen als „allgemeine Naturlehre“ und Basis der übrigen Naturwissenschaften aufzufassen.

In Deutschland äußerte sich J. S. T. Gehler in seinem „Physikalischen Wörterbuch“ aus den 80er Jahren des 18. Jahrhunderts unter dem Stichwort „Physik“, wofür er auch die Synonyma Naturlehre, Naturkunde, Naturwissenschaft, Physica, Physice und philosophia naturalis anführte, zu dieser Problematik. Er vermerkte: „Diesen Namen führt die gesamte Lehre von der Natur der Körperwelt, oder von den Eigenschaften, Kräften und Wirkungen der Körper.“[13] Dann fährt er fort: „In dieser sehr weitläufigen Bedeutung aber wird der Umfang der Wissenschaft so groß, daß zum vollständigen Unterrichte in derselben kaum die Lebenszeit eines Menschen hinreichen dürfte. Es ist daher nöthig und gewöhnlich von dieser großen Sammlung menschlicher Kenntnisse einige anschauliche

11 Der Begriff der „philosophischen Wissenschaft“ spielte bei der Formierung der Naturwissenschaften in der 2. Hälfte des 18. Jahrhunderts eine bedeutende Rolle, da mit ihm die Forderung nach einer Wissenschaft, der ein eigenes theoretisches Konzept immanent ist, erhoben wurde.

12 Zitiert nach: H. Schimank, Physik und Chemie im 19. Jahrhundert, in: Technik und Geschichte, 32 (1965), S. 109.

13 J. S. T. Gehler, Physik, in: Physikalisches Wörterbuch, oder Versuch einer Erklärung der vornehmsten Begriffe und Kunstwörter der Naturlehre, 6 Bände, Leipzig 1787–1795, Bd. 3, S. 488.

Fächer, als besondere Wissenschaften, zu trennen, was als dann übrig bleibt, den Namen der eigentlichen Physik oder Naturlehre zu lassen."[14] Die eigentliche Physik umfaßte nach seiner Meinung „die Lehren von den allgemeinen Eigenschaften der Körper, von den einfachen Stoffen ..., von der Elektrizität, dem Magnetismus und den Luftbegebenheiten. Man sah sich genötigt, die Lücken zwischen diesen wenigen und übel verbundenen Fragmenten mit etwas auszufüllen. Hierzu wählte man nun ganz schicklich die Gegenstände der angewandten Mathematik."[15] Gehler sah die Bestimmung der Objektbereiche der Physik, ihre Abgrenzung und Verbindung zu den anderen Naturwissenschaften sowie die Determination der Relationen zwischen den Bereichen als Hauptaufgabe bei der Charakterisierung der Physik an. Dabei konstatierte er ein unterschiedliches Herangehen, das zur Folge hat, daß „dasjenige, was die Naturlehrer unter dem Namen der eigentlichen Physik vorzutragen pflegen, ... noch jetzt sehr unbestimmte Grenzen"[16] besäße. Bemerkenswert dabei ist, daß er die Wärmeerscheinungen weniger stark berücksichtigte, aber die Meteorologie einschloß. Die Methoden der angewandten Mathematik und damit die der Mechanik sah er als Grundlage einer Synthese an. Die Aufgaben der Physik waren für ihn klar, wenn er schrieb: „Erklärung der Phänomene wird doch von allen als der Hauptzweck der eigentlichen Physik angesehen."[17] Dies geschieht mittels Naturgesetzen. „Da nun die Naturgesetze nur durch Induktion aus Erfahrung bewiesen werden können, so müssen wir in die Gründe unserer Erklärung einen großen Theil des Schatzes von Beobachtungen und Versuchen hineinziehen ... Wenn wir einst zu vollkommener Kenntnis der Ursachen gelangen, und im Stande seyn werden, die Naturgesetze als nothwendige Folgen aus diesen Ursachen zu erweisen, dann erst wirt es Zeit seyn, die analytische Methode zu verlassen, und das Gebäude mit genauer Absonderung des historischen und mathematischen Theils von der philosophischen Kenntnis der Ursachen, synthetisch aufzuführen."[18] Mathematik, empirische Ergebnisse und philosophische Elemente sollten in der Naturwissenschaft verschmolzen werden.

Dies war ein gültiges Programm. Es erwuchs aus den Schlußfolgerungen der Entwicklungen in den gesamten Naturwissenschaften und aus den Veränderungen in den Phänomenbereichen, die später in die klassische Physik eingingen. Es zeigte sich aber auch, daß der Reifegrad dieser Elemente ihr Zusammenwachsen zu einem bestimmten, neuartig strukturierten System noch nicht zwingend machte. Des weiteren ist auffällig, daß die eigentliche Physik in ihrer Bestimmung den Anwendungszweck, wie es Kästner noch tat, nicht explizit aufnehmen mußte. Auf dem Boden gesellschaftlicher Anerkennung – zwar mit Schwankungen –

14 Ebenda, S. 489.
15 Ebenda, S. 490.
16 Ebenda.
17 Ebenda, S. 495f.
18 Ebenda.

war ihre innere Ausgestaltung zur Hauptaufgabe geworden. Das Suchen nach wahrer Erkenntnis der Natur wurde zum fundamentalen Kriterium. Der Physiker mußte nun nicht mehr bei jeglicher Art von Erkenntnis gleich ihre Nützlichkeit und Möglichkeiten ihrer Anwendung in der Gesellschaft aufzeigen. Die Anwendung seiner Erkenntnisse war selbst zum Gegenstand wissenschaftlicher Arbeit anderer Gelehrter (z. B. in der Technologie des 18. Jahrhunderts) geworden.

Welche Entwicklung hatten nun die einzelnen Phänomenbereiche wie Mechanik, Akustik, Elektrizität, Magnetismus, Wärme und Licht genommen? In der Elektrizität war in den ersten beiden Dritteln des 18. Jahrhunderts die qualitative Beschreibung der Elektrizität durch eine Unterscheidung in Leiter und Nichtleiter, von zwei Arten der Elektrizität in Glas- und Harzelektrizität, durch die Entdeckung der Influenz u. a. m. vorangeschritten. Das Arsenal der elektrischen Apparate erweiterte sich. Die atmosphärische Elektrizität wurde mit der Reibungselektrizität verbunden. Quantitative Aussagen konnten noch nicht gemacht werden.[19] Dies geschah erst 1789 mit den Arbeiten von Ch. A. Coulomb, der mit der Drehwaage die Kraftwirkung ruhender elektrischer Ladungen (Elektrostatik) auf mechanische Kräfte zurückführte. Sein Gesetz konnte nicht allein auf der Grundlage der Messungen aufgestellt werden, weil diese nicht den erforderlichen Grad der Exaktheit aufwiesen. Hier machte sich die produktive Aufnahme der Ideen von I. Newton in Frankreich bemerkbar[20], wonach die Konzeption, daß mit Eigenschaften behaftete Teilchen und deren Kraftwirkungen aufeinander zur Aufstellung von Naturgesetzen erforderlich waren, eine erste Umsetzung auf nichtmechanischem Gebiete erfuhr.

In der Wärmelehre, die eines der Hauptarbeitsgebiete der Naturlehre zu dieser Zeit darstellte, waren ebenfalls Fortschritte zu verzeichnen.

Besonders die Scheidung von extensionalen und intensionalen Größen durch die Entdeckung der latenten und spezifischen Wärme auf der einen Seite und die klare Trennung von Temperatur und Wärme auf der anderen stellten einen Durchbruch dar, der die erste Aufstellung quantitativer Beziehungen in Form der Mischungsregeln gestattete.[21] Auf dem erklärenden Niveau bildeten sich seit der Mitte des 18. Jahrhunderts Vorstellungen über die Imponderabilien heraus. Das magnetische und elektrische Fluidum, der Wärme- und Lichtstoff besaßen ein distinktes Verhältnis, so daß keine Beziehungen zwischen ihnen existierten, was die Möglichkeit bot, diese einzelnen Phänomenbereiche in unterschiedliche Teilgesamtheiten einzuordnen, so daß die Durchführung des Gehlerschen Programmes erschwert wurde. Es existierten jedoch auch integrative Momente, da in die Vorstellungen der Fluida auch atomistische Ideen einflossen und über diese der Eingang Newtonscher Auffassungen gegeben war.

19 Vgl. J. L. Heilbron, Elements of Early Modern Physics, Berkeley—Los Angeles—London 1982, S. 207—233.

20 Vgl. H.-H. Borzeszkowski/R. Wahsner, Newton und Voltaire, Berlin 1980, S. 40—69.

21 Vgl. Ch. Singer, A short history of Science ideas to 1900, Oxford 1929, Reprint 1982, Chapter IX.

Im Rahmen der angewandten Mathematik war die Entwicklung der Mechanik, Astronomie, geometrischen Optik und der Akustik vorangeschritten.

Die angewandte Mathematik stellte noch ein recht heterogenes Gebilde dar. A. G. Kästner zählte die Statik, Hydrodynamik, Aerometrie, Hydraulik, Optik, Katoptrik, Dioptrik, Astronomie, Geographie, Chronologie, Gnomik, Artillerie, Fortification und Baukunst zu ihr.[22] Im Rahmen der Mathematik erfolgte die Konsolidierung der Mechanik, deren wesentliches Kennzeichen darin bestand, daß man sie mit den Methoden der höheren Analysis darstellte und Gleichungssysteme und Prinzipien (wie das der virtuellen Geschwindigkeiten oder das des kleinsten Zwanges) formuliert wurden (L. Euler, J. B. d'Alembert, J. L. Lagrange).[23] Diese schlossen die Möglichkeiten ein, anstelle der mechanischen Zustandsgrößen auch Zustandsgrößen anderer Phänomenbereiche, sofern sie bestimmt wurden, zu verwenden. Damit besaß die Mechanik sowohl in ihrer philosophischen Dimension als auch durch die ihr zugrunde liegenden mathematischen Methoden integrative Potenzen.

Um die Wende vom 18. zum 19. Jahrhundert vollzogen sich Prozesse, die auf eine mathematische Durchdringung von Bereichen der Naturlehre insistierten. Dabei nahmen die Gelehrten in Frankreich eine führende Stellung ein. Deutschland knüpfte später an ihre Erkenntnisse an. Eine besondere Rolle spielten in Frankreich die Physikomathematiker.[24] Neben der weiteren Ausgestaltung der analytischen Mechanik begannen sie deren mathematische Grundlagen auf weitere Naturphänomene anzuwenden, was unter anderem in der Theorie der Kapillarität von P. S. Laplace auf molekulartheoretischer Grundlage zum Ausdruck kam. Einen weiteren Schritt stellte die Neugestaltung der Akustik dar. Mit den experimentellen Arbeiten von E. F. F. Chladni wurde die Akustik aus der Lehre der Schallausbreitung in der Luft und der Berechnung von schwingenden Saiten zu einem umfassenden Gebiet der Schallausbreitung aller schwingenden Körper entwickelt. Die herkömmliche mathematische Behandlung entsprach nicht mehr dem Stand der experimentellen Forschung. Mit der Stiftung eines „prix extraordinaire" im Jahre 1808 versuchte die französische Akademie die Forschungen in Richtung einer Weiterentwicklung der Theorie zu stimulieren. Im Gewande der Lichtstoffvorstellungen wurde insbesondere durch die Arbeiten von J. B. Biot Interferenz- und Beugungsphänomene mit Methoden der höheren Analysis behandelt, was jedoch noch nicht zu einem Einsturz des Systems der Fluida führte. Die Elektrostatik wurde mit der Potentialtheorie von S. D. Poisson auf eine breitere mathematische Grundlage gestellt. Es traten jedoch z. B. Entdeckungen wie die der Polarisation des Lichtes durch E. L. Malus (1811) und die Beobach-

22 Vgl. A. G. Kästner, Anfangsgründe der angewandten Mathematik, Göttingen 1759, Vorrede.

23 Vgl. D. J. Struik, Abriß der Geschichte der Mathematik, Berlin 1976, S. 125—145.

24 Vgl. J. Grattan-Guinness, Mathematical Physics in France 1800—1835, in: H. M. Jahnke/M. Otte (Hrsg.), Epistemological and Social Problems of the Science in the Early 19th Century, Dordrecht 1981, S. 349—370.

tungen von Wärmeerscheinungen durch Graf Rumford (B. Thomson) auf, die gegen die Annahme eines Wärmestoffes gerichtet waren und sich nicht ohne Schwierigkeiten und Kunstgriffe in die Vorstellungen der Fluida einordnen ließen. Andererseits wurden auch physikochemische Methoden stark entwickelt, die u. a. den Galvanismus betrafen, der einen Schwerpunkt der Naturforschung dieser Zeit bildete. Ein ungewöhnlicher Anstieg experimenteller Befunde war damit verbunden.

Des weiteren wurden atomistische Konzeptionen, der Dynamismus (der die Teilchen als reine Kraftzentren auffaßte), die Bedeutung der Gravitation für die Naturerkenntnis, die Fern- und Nahwirkung (die langsam wieder durch die Diskussionen cartesianischer Ideen an Boden gewannen) und andere für die Physik relevante philosophische Fragen diskutiert.

Es zeigt sich also, daß seit dem letzten Drittel des 18. Jahrhunderts Tendenzen auftraten, die die Konturen der eigentlichen Physik zumindest programmatisch erkennen ließen. Schwachstellen und Widersprüche in der Naturlehre des 18. Jahrhunderts wurden deutlich. Wichtig für diesen Prozeß war, daß sich Formen der Institutionalisierung, der Kommunikation und der sozialen Sicherstellung von Gelehrten entwickelten, die zumindest die Reproduktion der Naturwissenschaft als Ganzes, von großen Teilgebieten (Naturlehre, Naturgeschichte) und auch schon von einzelnen Wissenschaften gewährleisteten. An den deutschen Universitäten, die am Ende des 18. Jahrhunderts im Gegensatz zu Frankreich die Akademien aus ihrer führenden Position verdrängten, wurden Lehrstühle sowohl für Mathematik und Physik als auch für Chemie und Physik begründet, wobei für Physik oft Naturlehre verwendet wurde. Auch gab es Kopplungen mit der Technologie, Mineralogie und physischen Geographie.[25] Die Lehrstühle waren zum überwiegenden Teil in der philosophischen Fakultät angesiedelt und hatten propädeutische Funktionen zu erfüllen.[26]

Ein relativ reiches Angebot an Lehrbüchern für die Physik als Naturlehre existierte, und erste Zeitschriften wurden gegründet. Ab 1778 wurden von L. Crell das „Chemische Journal", ab 1790 von F. A. C. Gren das „Journal der Physik", von J. H. Voigt zwischen 1799 und 1806 das „Magazin für den neuesten Zustand der Naturkunde", ab 1811 von J. C. S. Schweigger das „Journal für Chemie und Physik" herausgegeben. Auch in anderen Ländern – wie in Frankreich und England – begannen solche Zeitschriften zu erscheinen.[27]

25 Vgl. K. W. Justi/Fr. S. Musinna (Hrsg.), Annalen der deutschen Universitäten, Marburg 1798.

26 Vgl. D. Goetz, Naturwissenschaftliche Aspekte der deutschen Aufklärung. Zur naturwissenschaftlichen Bildung an deutschen Universitäten, in: Jahrbuch für Wirtschaftsgeschichte, Teil II, Berlin 1974, S. 99–120.

27 Vgl. S. Neufeldt, Chronologie Chemie 1800–1970, Anhang VI, Weinheim – New York 1977.

2. *Zur Herausbildung der klassischen Physik*

Eine qualitativ neue Phase ergab sich für die Physik um 1820. In einer relativ kurzen Zeit wurden die Initialimpulse der vorangegangenen Phase der Entwicklung aufgegriffen und der Inhalt einer neuartig strukturierten Physik konstituiert. Besondere Bedeutung kam dabei der Optik zu. An Arbeiten von Th. Young anknüpfend, schuf ab 1816 A. J. Fresnel[28] im Gegensatz zur korpuskularen Emanationstheorie des Lichtes, der die Vorstellung des Lichtstoffes zugrunde lag, die Schwingungstheorie des Lichtes, die mit der Idee von einem mit mechanischen Eigenschaften behafteten Lichtäther verknüpft war. In ihm war die Vorstellung transversaler Lichtwellen, mit deren Annahme das Phänomen der Polarisation erklärt werden konnte, denkbar geworden. Diese Ideen waren so revolutionierend, daß sie zunächst eine geringe Resonanz fanden. 1822 legte Fresnel seine Arbeit der Pariser Akademie vor. Sie enthielt sowohl eine mathematische Theorie vorhandener als auch Befunde neuartiger Experimente. Darüber hinaus boten seine Arbeiten vielfältige Anregungen zu neuen experimentellen Untersuchungen. Die Arbeiten von Fresnel stellten einen Angriff auf das System der Imponderabilien dar und provozierten Auseinandersetzungen höchster Brisanz. In der Chemie hatte sich durch die atomistische Grundlegung Daltonscher Prägung der Übergang zu einer Strukturwissenschaft vollzogen und den Ausschluß der Imponderabilien bewirkt, so daß die Physik für die Imponderabilien allein zuständig wurde.

Besondere Bedeutung gewann die Undulationstheorie des Lichtes für die Ausarbeitung von Elastizitätstheorien, die dazu beitrugen, die mathematische Theorie der Akustik zu schaffen. S. D. Poisson, A. L. Cauchy u. a. lieferten bedeutende Beiträge. Da man jedoch die Akustik mehr als Appendix der Mechanik behandelte, wurde der Verknüpfung von Optik und Akustik über die Schwingungstheorie ihre heuristische Funktion genommen.

Jedoch von anderer Seite erfolgte ein weiterer Angriff auf das System der Fluida. 1820 veröffentlichte H. Ch. Oersted die Entdeckung des Elektromagnetismus, als er die Ablenkung der Magnetnadel durch elektrische Ströme nachwies. Da die elektrischen Phänomene seit der Jahrhundertwende im Zentrum der Naturlehre standen, erregten sie das größte Interesse. Ihre Verbreitung erfolgte in allen Ländern Europas in relativ kurzer Zeit, da sie durch philosophisch beeinflußte Überlegungen (romantische Naturphilosophie) und durch die Versuche einiger Naturforscher schon vermutet wurden.[29] Da der Elektromagnetismus die Beziehungen zwischen Elektrizität und Magnetismus aufdeckte, war die Annahme zweier separater Fluida überflüssig geworden. Gleich nach der Veröffentlichung von Oersted erfolgten im verstärkten Maße experimentelle Forschungen, aber

28 Vgl. R. H. Silimann, Fresnel and the Emergence of Physics as a Discipline, in: Historical Studies of Physical Science, 4/1973, S. 77–99.

29 Vgl. F. Rosenberger, Geschichte der Physik, 3. Theil, Braunschweig 1887–1890, S. 194–214.

auch theoretische Überlegungen. Neben J. B. Biot und F. Savart kommt dabei dem Wirken von A. M. Ampère entscheidende Bedeutung zu. Im Jahr der Oerstedschen Entdeckung führte er fundamentale Versuche durch und gab eine Theorie an. Dabei beschrieb er die Wirkung von elektrisch durchflossenen Leitern aufeinander und stellte die nach ihm benannte Schwimmregel auf. In seinem Bestreben, die innere Verbindung dieser neuartigen Erscheinungen mit bekannten elektrischen Phänomenen zu ermitteln, begründete er die Elektrodynamik, der er den Namen gab und die die Theorie bewegter Elektrizität darstellt. Er schied sie von der Elektrostatik, der Lehre der ruhenden elektrischen Ladungen. An diese knüpfte er jedoch an, als er, das Coulombsche Gesetz verändernd, die erste mathematische Theorie der Elektrodynamik schuf.

Auf dem Gebiet der Wärmeerscheinung, auf dem die Koexistenz chemischer und physikalischer Forschung in Frankreich sehr eng war, förderten Physikochemiker wie J. L. Gay-Lussac, P.-L. Dulong, A. Th. Petit u. a. diese besonders in experimenteller Hinsicht. Arbeiten über Ausdehnungskoeffizienten, spezifische Wärmen und deren Beziehungen zum Atomgewicht von Flüssigkeiten, Gasen und festen Körpern standen im Mittelpunkt der Forschung. Einen Einschnitt schufen die Arbeiten von J. B. J. Fourier und S. Carnot. Fourier gelang es, mit anspruchsvollen mathematischen Mitteln den bis zu dieser Zeit in der wissenschaftlichen Erklärung unbewältigten Wärmetransport in einem 1822 veröffentlichten Werk zu beschreiben.[30] Carnot begründete in seiner 1825 erschienenen Arbeit[31] die Theorie der Kreisprozesse, in der mechanische Arbeit und Wärme berücksichtigt wurden. Beide standen zu Lebzeiten in ihren veröffentlichten Werken noch auf dem Boden des Wärmestoffes und vertraten nicht den Gedanken, daß die Wärme das Ergebnis von Bewegung kleinster Teilchen sei.

Mit den genannten Arbeiten konstituierten sich erste übergreifende, mathematisch formulierte und experimentell verifizierte Theorien in der Elektrizität, der Optik und der Wärme. Quantitative und qualitative Aspekte fanden eine Synthese in physikalischen Fachtheorien, deren Beziehungen untereinander fachspezifische und philosophische Dimensionen aufwiesen. Die Beziehungen zwischen den genannten Theorien und die Bestimmung ihres Charakters bereiteten der Forschung in der Physik erhebliche Probleme.

In dieser Situation gewann die klassische Mechanik prinzipielle Bedeutung. Über ein Jahrhundert war sie nach Newton erfolgreich vorangeschritten und hatte beispielhaft die Synthese von Experiment, mathematischen Grundlagen und philosophischer Grundlegung bewältigt. Jedoch in ihrer Beschränkung auf analytische Mechanik kam dies nicht voll zum Tragen. Deshalb forderte Poisson 1828, „daß es wünschenswert wäre, wenn die Mechaniker unter diesem physi-

30 J. B. J. Fourier, L'analytique de la chaleur, Paris 1822, und dessen Wertung in: K. M. Friedmann, The Creation of a New Science: J. Fourier's Analytical Theory of Heat, in: Historical Studies of Physical Science, 8/1977, S. 73–99.

31 S. Carnot, Reflexions sur la puissance motrice du feu, Paris 1825.

kalischen und der Natur gemäßen Gesichtspunkt die Hauptfragen der Mechanik wieder aufnähmen. Man mußte sie in ganz abstrakter Weise behandeln, um die allgemeinen Gesetze des Gleichgewichts und der Bewegung zu entdecken, und Lagrange ist in dieser Art von Abstraktion soweit gegangen, wie der Verstand überhaupt reicht, wenn er die physikalischen Verkettungen der Körper durch Gleichungen zwischen den Koordinaten ihrer Punkte ersetzt, und gerade das ist es, was die analytische Mechanik ausmacht, aber neben dieser bewunderungswürdigen Gedankenschöpfung könnte man jetzt die physikalische Mechanik errichten, deren einziges Prinzip darin bestände, alles auf Molekularwirkungen zurückzuführen, welche Wirkungen der gegebenen Kräfte von einem Punkte zum anderen überleiten und die Vermittler ihres Gleichgewichts bilden. Auf diese Art müßte man keine speziellen Hypothesen mehr einführen ..."[32]

Die Durchführung dieses Programms würde die mechanische Naturerklärung in der Physik zur Konsequenz haben. Mit dem Lichtäther, der Ampèreschen Elektrodynamik hatten mechanische Vorstellungen in der Optik, der Elektrizität und dem Magnetismus substantiell Eingang gefunden. Damit waren die Relationen zwischen den Bereichen der Physik selbst zum Gegenstand der Physik geworden, wobei die Bedeutung philosophischer Positionen evident war, da z. B. der Atomismus in dieser Zeit noch nicht als physikalische Fachtheorie angesehen wurde.

In der nächsten Phase der Herausbildung der klassischen Physik mußten die von Fresnel, Ampère, Fourier u. a. konstituierten Lösungen in weiteren Forschungsproblemen etabliert werden. Dabei gewannen deutsche Naturforscher immer stärkere Positionen. Im Gegensatz zu Frankreich wurden die Universitäten zu den Zentren der Forschung, die neben der Lehre zu einem Hauptgebiet wissenschaftlicher Tätigkeit geworden war. Seit Mitte der 20er Jahre des 19. Jahrhunderts begann an den Universitäten der Aufschwung der Naturwissenschaften, wobei durch die Institutionalisierungen und die Kommunikationsformen der Physik als Naturlehre ein relativ stabiler Rahmen zur Übernahme internationaler, insbesondere französischer Forschungsresultate gegeben war.

Im Zentrum der physikalischen Forschung standen Arbeiten zur Elektrizität, wobei in Fortsetzung der Erforschung des Galvanismus elektrochemische Phänomene besonders experimentell untersucht wurden. Einen weiteren Schwerpunkt bildete in den 30er Jahren der Erdmagnetismus. Im Zusammenhang mit diesen Arbeiten wurden das Reservoir physikalischer Instrumente (Spiegelgalvanometer) und der Fachtermini (wie z. B. in der Elektrolyse) erweitert sowie das erste elektrische Maßeinheitensystem geschaffen. Auch erfolgte die Aufstellung neuer Gesetze (elektromagnetische Induktion). Welche integrativen Potenzen die Physik dabei schon besaß, wird an der 1826 erfolgten Aufstellung des nach seinem Erfinder G. S. Ohm benannten elektrischen Gesetzes deutlich, der es in Analogie

32 Zitiert nach: P. Duhem, Die Wandlungen der Mechanik und die mechanistische Naturerklärung, Leipzig 1912, S. 75f.

zu den Arbeiten von Fourier in der Wärmelehre formulierte. Auch die Elektrodynamik, im weitesten Sinne die Theorie der elektrischen und magnetischen Erscheinungen, wurde ausgebaut. Die Bestimmung elektrischer Kraftwirkungen stand dabei im Mittelpunkt. Es wurden die Fernwirkungstheorie und als neues Element das elektromagnetische Feld (Nahwirkung) durch M. Faraday erforscht, wobei er von einem gemeinsamen Ursprung von Elektrizität, Magnetismus und Licht ausging. Im Gegensatz zur Feldvorstellung war die Fernwirkungstheorie zu dieser Zeit mathematisch formuliert und mit mechanischen Darstellungen verbunden. Zum Wesen der Elektrizität war man jedoch noch nicht vorgedrungen. Hier wurden die Grenzen phänomenologischen Vorgehens sichtbar.

Mit der Undulationstheorie des Lichtes wurde die weitere Bearbeitung optischer Phänomene fortgesetzt, und durch die 1856 durchgeführten Messungen der Lichtgeschwindigkeit in Medien erfolgte zunächst ihr scheinbar endgültiger Sieg über die Korpuskulartheorie des Lichtes.[33] Bemerkenswert war, daß neben der inneren Ausgestaltung der Undulationstheorie ihre Anwendung auf die Wärmelehre über die Untersuchung der Wärmestrahlen in den 30er Jahren des 19. Jahrhunderts erfolgte. Deren Untersuchung, in Analogie zu den Lichtwellen, ließ auf einen Zusammenhang zwischen Licht und Wärme schließen. Somit war aus Ergebnissen physikalischer Forschungen und nicht mehr nur als Resultat philosophischer Reflexionen die einheitliche Verkettung der Teilgebiete der Physik zu einem aktuellen Forschungsgegenstand geworden.

J. R. Mayer und weitere Wissenschaftler gaben mit der Aufstellung und dem Ausbau des Energieprinzips seit 1842 eine gültige Lösung. In ihm wurden unterschiedliche Energiearten (mechanische, elektrische, magnetische, chemische, die Wärme) und ihre gegenseitige Umwandelbarkeit angenommen. Energie konnte nicht aus dem Nichts erschaffen werden oder verloren gehen. Anschließend schufen R. Clausius, H. v. Helmholtz u. a. das Gebäude der Thermodynamik[34], in dem thermodynamische Zustandsgrößen und Materialkonstanten in mathematische Gleichungen eingingen. Damit war auch der Wärmestoff endgültig aus der Physik verbannt.

Die klassische Physik war damit um die Jahrhundertmitte zu einem wohldefinierten einheitlichen System der Erkenntnis geworden. Die mechanische Naturerklärung, die experimentelle Methode, das Energieprinzip und der Äther sicherten auf kognitivem Niveau die Einheit. In der Äthervorstellung summierte die Physik noch eine Reihe unbewältigter Fragen, die mit dem Wesen des Lichtes, der Elektrizität und weiteren Problemen verbunden waren. Das fand seinen Niederschlag in der Charakteristik des Äthers, der ein kompliziertes, alle Körper durchdringendes Medium darstellen sollte.[35] Er wurde zwar im Zusammenhang mit der Entwicklung physikalischer Theorien geboren; es war aber nicht logisch

33 Vgl. F. Rosenberger, Geschichte der Physik, 3. Theil, a. a. O., S. 309–318.
34 Ebenda, S. 331–428.
35 Ebenda, S. 386–428.

zwingend. Der Konsensus der Physikergemeinschaft sicherte einstweilen noch seine Existenz.

Zur Herausbildung dieser Physikergemeinschaft trug auch die Institutionalisierung der Physik bei. Lehrstühle für Physik, denen noch teilweise Mineralogie, Technologie u. a. subordiniert waren, wurden z. B. in Berlin (1810), Freiburg (1813), Heidelberg (1817), Königsberg (1819), Göttingen (1831), Giessen (1838), Halle (1843), Greifswald (1848), Kiel (1851), Bonn (1869), Rostock (1873), Münster (1877) eingerichtet.[36] In der ersten Hälfte des 19. Jahrhunderts existierte jedoch noch keine Fachstudium für Physik. In dieser Beziehung kam dem Wirken von F. Neumann in Königsberg außerordentliche Bedeutung zu. 1830 gründete er mit C. G. J. Jacobi das mathematisch-physikalische Seminar[37], das er zu einer Ausbildungs- und Forschungsinstitution entwickelte. Auch baute er das System theoretischer Vorlesungen der Physik auf. Mit dieser – und nicht mit der allgemeinen Experimentalvorlesung – war nun die Physik als disziplinäre Fachtheorie in den Vorlesungen der Universitäten vertreten.[38] In den 60er Jahren begann sich dann sein Beispiel an den übrigen deutschen Universitäten durchzusetzen. Daneben wurden Experimentalpraktika für Studenten begründet. Nach den ersten Anfängen in den 40er Jahren (Göttingen, Marburg, Leipzig) setzten sie sich als integrale Bestandteile der Fachausbildung in der zweiten Hälfte des 19. Jahrhunderts durch. Des weiteren wurden seit den 30er Jahren physikalische Institute mit bescheidener Ausstattung gegründet. Innerdisziplinäre Karrieren (Assistent, Privatdozent, a. o. Prof.) wurden möglich. Auf dem Gebiet der Publikationen erschienen Jahresberichte und Repertorien und ab 1845 die „Fortschritte der Physik", die von der „Berliner Physikalischen Gesellschaft" herausgegeben wurden. Diese Gesellschaft, der „Magnetische Verein" in Göttingen, die Fachgruppen im Rahmen der „Gesellschaft Deutscher Naturforscher und Ärzte" u. a. stellten weitere disziplinäre Kommunikationsformen dar. Vergleichbare Prozesse vollzogen sich aber auch in anderen naturwissenschaftlichen Disziplinen, so daß auch viele soziale Seiten der Herausbildung der klassischen Physik nur aus der Entwicklung der sozialen Fragen in der Wissenschaft im allgemeinen und den einzelnen anderen Naturwissenschaften im besonderen zu verstehen sind.

Entscheidende Anstöße in der Herausbildung der klassischen Physik resultierten aus technischen, ökonomischen und politischen Verhältnissen in der Zeit der industriellen Revolution.[39] Sie flossen in die prägenden innerwissenschaftlichen

36 Vgl. R. Stichweh, Zur Entstehung des modernen Systems wissenschaftlicher Disziplinen. Physik in Deutschland 1740–1980. Diss., Bielefeld 1982.

37 Vgl. F. König, Die Gründung des „Mathematischen Seminars" der Universität Leipzig, in: H. Beckert/H. Schumann (Hrsg.), 100 Jahre Mathematisches Seminar der Karl-Marx-Universität Leipzig, Berlin 1981, S. 41–73.

38 Vgl. A. Wangerin, Franz Neumann und sein Wirken als Forscher und Lehrer, Braunschweig 1907.

39 Vgl. W. Schreier, Zu Problemen der Wechselwirkungen zwischen Physik und Produktion

Bedingungen ein. Einer der Aspekte beinhaltet dabei die Interrelationen der Physik zu den Naturwissenschaften, der Mathematik und Philosophie. Den Umfang der für die Physik relevanten Problemstellungen galt es zu bestimmen, wobei Übergeneralisierungen auftraten. So wurden teilweise meteorologische, mineralogische, physiologische, chemische und astronomische Befunde als zur Physik gehörig aufgefaßt. In diese Problematik ist die Genese von Grenzdisziplinen eingebettet.

In der Mathematik hatten sich seit dem letzten Drittel des 18. Jahrhunderts Tendenzen einer „Verschärfung der Grundlagen der Analysis"[40] verstärkt, was zu einer stärkeren Orientierung auf die Erforschung mathematischer Grundlagen im Rahmen einer „reinen Mathematik" führte. In Deutschland schlug mit dem Wirken einer neuen Generation von Mathematikern wie C. G. J. Jacobi, J. Plücker, G. P. L. Dirichlet u. a. die Entwicklung der Mathematik definitiv diesen Weg ein, womit sich neue Fragen in den Beziehungen zur Physik ergaben.

Die Beziehungen zur Philosophie waren sehr vielschichtig. Innerhalb der klassischen deutschen Philosophie existierten unterschiedliche Positionen bezüglich der Stellung und Funktion der naturwissenschaftlichen Methode. Immanuel Kant, dessen Gedanken in den letzten Jahren des 18. Jahrhunderts an den deutschen Universitäten Verbreitung fanden, arbeitete die gnoseologischen und weltanschaulichen Grundlagen der klassischen Mechanik heraus und bejahte die rationale Erkenntnis der Natur mit physikalischen Mitteln. Einen gegensätzlichen Standpunkt vertrat G. W. F. Hegel, der die Physik letztendlich in der Philosophie aufheben wollte.[41] Da die Physik über ihre Modelle, Theorien, Prinzipien, Begriffe, Experimente u. a. m. spezifische Denkweisen und -inhalte mit philosophischer Relevanz entwickelte, erfolgten von ihrer Seite Reaktionen auf philosophische Bestrebungen, die die Herausbildung der klassischen Physik beeinflußten.

Abschließend sei vermerkt, daß in der Mitte des 19. Jahrhunderts die klassische Physik als einheitliches Wissenschaftssystem von den Eigenschaften und Zustandsformen, der Struktur und der Bewegung unbelebter Materie ausgebildet war. Erst auf diesem Niveau konnte sie als fundamentale Einzelwissenschaft in eine hierarchische Ordnung der Naturwissenschaften eingehen.

Wie F. Herneck betont, nahm die klassische Physik dann am Ende des 19. Jahrhunderts die führende Rolle unter den Naturwissenschaften ein, wie sie seit

im 19. Jahrhundert, in: K. Lärmer (Hrsg.), Studien zur Geschichte der Produktivkräfte. Deutschland zur Zeit der industriellen Revolution, Berlin 1979, S. 125—153.

40 H. Wußing, Vorlesungen zur Geschichte der Mathematik, Berlin 1979, S. 223.

41 Vgl. R. Wahsner, Naturwissenschaft zwischen Verstand und Vernunft, in: M. Buhr/T. I. Oiserman (Hrsg.), Vom Mute des Erkennens. Beiträge zur Philosophie G. W. F. Hegels, Berlin 1981, S. 183—204. — Zu den Einflüssen der Philosophie auf die Herausbildung der Physik äußerte sich auch F. Rosenberger in seiner „Geschichte der Physik", a. a. O., S. 19—56, 164—175.

Beginn des Jahrhunderts die Geologie und nach der Jahrhundertmitte die Chemie und Biologie innehatten.[42]

In der Geschichtsschreibung der Physik vollzog sich in den letzten Jahrzehnten ein Wandel. Einer der Gründe lag in einem neuen konzeptionellen Zugang. Die naturwissenschaftliche Disziplin wurde als ein unter konkreten historischen Bedingungen gewordenes Ganzes begriffen, das nicht mehr nur die gewonnenen Erkenntnisse beinhaltete, sondern als gesellschaftliche Erscheinung mit den ihr eigenen ökonomischen, sozialen, politischen und kulturellen Beziehungen. Erst unter diesen Bedingungen konnte die naturwissenschaftliche Disziplin als wahrhaft historisches Phänomen begriffen werden.

In der Geschichtsschreibung der Geschichte der Physik ist die Zäsur an der Wende zum 20. Jahrhundert – die Umwälzung von der klassischen zur modernen Physik – eine recht tiefgreifend analysierte historische Erscheinung. Wollte man jedoch die neue Qualität der modernen Physik verstehen, war eine Analyse der klassischen Physik unabdingbar. In den Untersuchungen kam der naturwissenschaftlichen Revolution des 17. Jahrhunderts die Funktion eines Schlüsselereignisses zu. Je tiefer man in die geschichtlichen Zusammenhänge eindrang, um so mehr ergab sich die Frage, ob die Physik vom 17. Jahrhundert bis zum Ende des 19. Jahrhunderts als „monolithisch" aufzufassen sei.[43] Es zeigte sich, daß die klassische Physik als naturwissenschaftliche Disziplin im 19. Jahrhundert nicht nur vom Standpunkt einer wegbereitenden Periode der modernen Physik erforscht werden kann, sondern ihre historische Eigenständigkeit eine Bestimmung ihres Verhältnisses zu Ereignissen im 17. und 18. Jahrhundert erforderte.[44] Für eine große Zahl von Physikhistorikern ergab sich die Erkenntnis, daß die Wende zum 19. Jahrhundert in der Geschichte der Physik ebenfalls einen Einschnitt darstellt. Das wichtigste Kennzeichen war dabei die Herausbildung der Physik als naturwissenschaftliche Disziplin.

Stellvertretend sei folgende Einschätzung zitiert: „Sloughing of the conventions of natural philosophy, physics in the first half of the nineteenth century emerged as a unified, autonomous discipline and acquired the status of a profession ...

42 Vgl. F. Herneck: Der Beitrag der geologischen Wissenschaften zum Weltbild des 19. Jahrhunderts, in: F. Herneck, Wissenschaftsgeschichte, Berlin 1984, S. 135–137.

43 Einen zusammenfassenden Überblick über den Stand der Diskussion zu dieser Problematik gibt P. M. Harmann in seiner 1982 erschienenen Monographie „Energy, Force, and Matter. The Conceptual Development of Nineteenth-Century Physics", Cambridge 1982, in der er zeigt, daß die Physik des 19. Jahrhunderts zu scheiden ist.

44 Die Wichtigkeit dieser Erkenntnisse zeigten in den 60ern und zu Beginn der 70er Jahre die acht Gespräche der G.-Agricola-Gesellschaft über die Naturwissenschaft, Technik und Wirtschaft im 19. Jahrhundert (vgl. W. Treue (Hrsg.), Naturwissenschaft, Technik und Wirtschaft im 19. Jahrhundert, Teil 1 u. 2, Göttingen 1976, insbesondere die Beiträge von W. Treue (Einleitung), H. Schimank, B. Sticker, W. Gerlach, A. Hermann, R. Hooykaas u. a.).

At the end of the eighteenth century physics was still an immature, undisciplined pursuit with indefinite limits and little cohesiveness its various concerns."[45]

In dieser Skizze zur Herausbildung der klassischen Physik konnte nur ein gedrängtes, die Konturen andeutendes Bild dargestellt werden. Wichtige Momente wie der Einfluß der Technikwissenschaften auf die Physik, soziale Veränderungen in der Berufsstruktur der Gesellschaft, der spezielle Einfluß bestimmter Industrien (Elektrotechnik, Feinmechanik, Optik, Dampfmaschinenbau) konnten nicht exemplifiziert werden und harren teilweise noch einer detaillierten Analyse.

45 R. H. Silimann, Fresnel and the Emergence of Physics as a Discipline, a. a. O., S. 137f.

Eginhard Fabian

Kristallographie: Die Entstehung einer Wissenschaft im Spannungsfeld wissenschaftlicher Traditionen

1. *Der Ausgangspunkt: Zusammenhang von Tradition und Disziplin*

Verschiedene Zugänge sind denkbar und möglich, um die Entstehung einer wissenschaftlichen Disziplin durchschaubar zu machen. Wir können die Genese einer Wissenschaft beispielsweise unter dem Aspekt des Wirkens hervorragender Gelehrter ebenso untersuchen wie unter dem Aspekt der Entwicklung wissenschaftlicher Probleme und ihrer Lösungen oder der Herausbildung spezifischer Kommunikations-, Kooperations- und Organisationsstrukturen. Dabei lassen sich für die Wahl eines jeden dieser und anderer Aspekte als Leitmotiv der historischen Analyse gute Gründe anführen, stets aber werden hinter dem bevorzugten Aspekt andere, nicht weniger wichtige Aspekte zurücktreten. Um ein einigermaßen ausgewogenes Bild des Entstehungsprozesses einer Wissenschaft zu gewinnen, müßten wir daher ein und dieselbe Disziplin unter möglichst vielen Aspekten untersuchen, und doch würde dieses Vorgehen uns nur schwerlich den inneren Zusammenhang der Aspekte erfassen lassen und den Mechanismus ihres Wechselspiels im historischen Prozeß verständlich machen können. Die Frage nach einem komplexeren Zugang zur historischen Analyse der Genese einer wissenschaftlichen Disziplin ist daher legitim.

Ein solcher methodischer Zugang läßt sich finden, wenn wir die Entstehung einer Wissenschaft im Spannungsfeld wissenschaftlicher Traditionen untersuchen. Diesen Zugang zu wählen, wird reizvoll, wenn wir davon ausgehen, daß die Untersuchung der Entstehung einer wissenschaftlichen Disziplin im Konnex wissenschaftlicher Traditionen die eingangs genannten Aspekte nicht aus-, sondern einschließt, und wenn wir uns den Zusammenhang von Disziplin und Tradition vergegenwärtigen. Es läßt sich bereits intuitiv erfassen, daß ein solcher Zusammenhang besteht, doch wird er deutlicher, wenn wir uns die Bedeutungsfelder beider Wörter in Erinnerung rufen.

Das Wort Tradition einerseits, herkommend vom lateinischen ‚tradere', bezeichnet zunächst den Akt des Weitergebens bzw. Aufnehmens im Wechsel der Generationen; davon abgeleitet dann auch das ‚Traditum', das Weitergegebene, Überlieferte. Das Wort Disziplin andererseits, vom lateinischen ‚disciplina', bedeutet Unterweisung, Unterricht, Lehre; das, was gelehrt und gelernt wird, Gelehrsamkeit, Kenntnis, Schule, Zucht; davon abgeleitet Ordnung, Gewohnheit,

Grundsätze, aber auch Einrichtung, Verfassung. Und das zugehörige ‚discere' bedeutet lernen, kennenlernen, erfahren, sich mit etwas vertraut machen.

Aus der Sicht ihrer Bedeutungsfelder ist der innere Zusammenhang beider Wörter schon dadurch gegeben, daß eine Tradition etwas ist, was bewußt oder unbewußt weitergegeben, aufgenommen und weitergeführt wird, ein Vorgang, der in vielen Bedeutungen des Wortes Disziplin erheischt und Disziplin erzeugt: Tradition ohne Disziplin ist schwerlich denkbar. Dabei ist die Herausbildung des Begriffes der wissenschaftlichen Disziplin historisch ursächlich mit dem Prozeß der Disziplinierung des Denkens und Handelns auf einem bestimmten wissenschaftlichen Gebiet verbunden. Der Begriff der wissenschaftlichen Disziplin hat immer etwas mit Disziplinierung zu tun, ein Zusammenhang, der in historischen Studien häufig zu sehr in den Hintergrund gedrängt wird. Wir dürfen daher mit einiger Berechtigung vermuten, daß für eine wissenschaftliche Disziplin auch die Umkehrung unserer Aussage gilt: Eine wissenschaftliche Disziplin ohne Tradition ist schwerlich denkbar.

2. Die grundlegende Frage: Was ist eine wissenschaftliche Tradition?

Wollen wir diesem Gedanken folgen und die Genese einer wissenschaftlichen Disziplin im Spannungsfeld wissenschaftlicher Traditionen untersuchen, so dürfen wir uns diesen methodischen Zugang allerdings nicht durch ein intuitives Alltagsverständnis von Tradition verstellen. Ihn zu nutzen, verlangt theoretische Vertiefung des Traditionsbegriffes umso mehr, als in der Wissenschaft Traditionen sehr verschiedener Art und auf unterschiedlichen Ebenen lebendig und wirksam sind.

Wir müssen dabei bedenken, daß wissenschaftliche Traditionen, die ja mit dem Erkennen der objektiven Wirklichkeit als dem eigentlichen Kern der Wissenschaft verbunden sein müssen, weder von der ideellen Widerspiegelung der Wirklichkeit losgelöst noch mit dieser einfach identifiziert werden können. Die Bindung wissenschaftlicher Traditionen an die Aktivität des Menschen spricht infolgedessen gegen ihre vereinfachende Reduzierung auf ein Wissen, das, aus der Vergangenheit überkommen, in gegenwärtigen wissenschaftlichen Tätigkeiten wirksam geblieben ist, und auch dagegen, die agierenden Subjekte selbst aus einer wissenschaftlichen Tradition auszuschließen.

Dies vorausgesetzt, läßt sich eine wissenschaftliche Tradition als ein historisch relativ stabiler Typ subjektiven Verhaltens in wissenschaftlichen Tätigkeiten kennzeichnen, der in einem ein Verhältnis zum Gegenstand des Erkennens und ein Ensemble dabei notwendig realisierter sozialer Beziehungen darstellt.[1]

Es ist dies ein Traditionsverständnis, das uns die Subsumierung sehr vieler

1 Vgl. E. Fabian, Traditionen in der Wissenschaft. Eine historisch-theoretische Studie zur

Aspekte, unter denen die Genese einer Wissenschaft zu untersuchen möglich ist, nicht nur gestattet, sondern sie nachgerade erfordert. Das Wesentliche ist, daß wissenschaftliche Traditionen in diesem Verständnis als ein an die ideelle Widerspiegelung der objektiven Wirklichkeit gebundenes soziales Phänomen begriffen werden.

Um mit einem solchermaßen umrissenen Traditionsverständnis arbeiten zu können, ist es jedoch notwendig, einen historisch aufweisbaren Repräsentanten für einen derartigen historisch relativ stabilen Typ subjektiven Verhaltens zur Verfügung zu haben. Als einen Repräsentanten dieser Art können wir die bestimmte Art und Weise ansehen, wie sich der Mensch einen Ausschnitt der Wirklichkeit erkennend aneignet. Wir wollen diese Art und Weise als Erkenntnisweise bezeichnen, ein Terminus, der mit den häufig gebrauchten Termini Denkweise und Betrachtungsweise korrespondiert, jedoch besser als diese die Einheit von theoretisch-erkennender und praktisch-gegenständlicher Tätigkeit im Erkenntnisprozeß ausdrückt.

Diese Auffassung hat eine interessante Konsequenz zur Folge. Daraus nämlich, daß eine Erkenntnisweise ein bestimmtes Verhalten des agierenden Subjekts zum Gegenstand des Erkennens beinhaltet, ergibt sich, daß stets auch andere Erkenntnisweisen in bezug auf denselben Erkenntnisgegenstand möglich sind und daher die Entstehung einer wissenschaftlichen Tradition die Entstehung einer oder mehrerer alternativer wissenschaftlicher Traditionen einschließt, wie ja überhaupt der Begriff der Tradition implizit die Wahlmöglichkeit zwischen Alternativen enthält.

Damit tut sich freilich insofern ein Widerspruch zu dem Zusammenhang auf, den wir zwischen Disziplin und Tradition hergestellt haben, als dieser zunächst eine einlinige Determination zwischen der Herausbildung einer wissenschaftlichen Tradition und der Entstehung einer wissenschaftlichen Disziplin assoziiert. Indes ist dieser Widerspruch nur scheinbar gegeben, denn der Zusammenhang wird durch die Herausbildung alternativer wissenschaftlicher Traditionen, die sich auf die Erkenntnis eines bestimmten Ausschnitts der objektiven Wirklichkeit richten, nicht aufgehoben, sondern auf eigentümliche Weise vertieft. Die relative Einheit und Geschlossenheit einer wissenschaftlichen Disziplin bestätigt sich gerade durch ihre Bildungs- und Entwicklungsfähigkeit im Spannungsfeld alternativer wissenschaftlicher Traditionen.

Ein weiteres Moment haben wir zu bedenken: Der Gedanke, daß eine wissenschaftliche Tradition im historischen Prozeß durch eine Erkenntnisweise repräsentiert wird, bedeutet nicht, daß eine solche Erkenntnisweise von Anbeginn ihrer Entstehung bereits eine wissenschaftliche Tradition darstellt. Weder ist eine Erkenntnisweise von Anfang an eine wissenschaftliche Tradition, noch ist eine bestimmte Erkenntnisweise an und für sich gegeben.

Funktion wissenschaftlicher Traditionen, untersucht in der Geschichte der Kristallographie, Diss. B, Berlin 1983.

Indes wollen wir den Prozeß der Herausbildung einer spezifischen Erkenntnisweise und deren Entwicklung zu einer wissenschaftlichen Tradition am konkreten historischen Material analysieren, am Beispiel der Entstehung der Kristallographie.

3. *Das historische Beispiel: Die Herausbildung alternativer Erkenntnisweisen in der Kristallographie*

Ausgangspunkt unserer historischen Analyse ist, daß ein Ausschnitt der Wirklichkeit im praktischen Lebensprozeß des Menschen auf unterschiedliche, den jeweiligen Bedürfnissen entsprechende Weise angeeignet werden kann. Aus dem Zweck der Aneignung resultiert dabei eine bestimmte Sichtweise des Gegenstandes in der Praxis, von der auch dessen erkenntnismäßige Aneignung ausgeht.

So führte im 16. Jahrhundert die manufakturelle Herstellung wirtschaftlich wichtiger Salze zur Beschäftigung mit der Ausscheidung von Salzen aus Lösungen. Die Beobachtung, daß Salze sich aus Lösungen in meist klaren und durchsichtigen Polyedern ausscheiden, die ein reines Produkt anzeigen, führte 1597 A. Libavius dazu, die Bezeichnung für den Bergkristall, der seit der Antike als Inbegriff stofflicher Klarheit, Durchsichtigkeit und Reinheit galt, auf die Salze zu übertragen und in Verbindung mit der geometrischen Form zum Begriff auszuprägen.[2]

Die Produktion gut kristallisierter Salze war schwierig und zeitaufwendig. Daraus resultierte ein ökonomisches Interesse an technologischen Verbesserungen, die geeignet waren, ein qualitativ gleichbleibendes Produkt zu gewährleisten und den Zeitaufwand in vertretbaren Grenzen zu halten. Die Lösung dieses Problems verlangte neues, über das vorhandene Produktionswissen hinausgehendes Wissen. Dabei zeigte sich, daß der Vorgang der Ausscheidung von Salzen und ihre geometrischen Formen als Zusammenhang von Prozeß und Resultat in der Korrelation mit der chemischen Substanz begriffen werden mußte. Diesen Zusammenhang aufzuklären, verlangte wissenschaftliche Forschung, wobei die Art, wie das Forschungsproblem formuliert wurde, ganz der Sichtweise des Gegenstandes in der Praxis entsprach.

Indes ließ sich dieses Problem durch das experimentelle Studium der Ausscheidung von Salzen aus Lösungen allein nicht bewältigen. Dazu bedurfte es einer gedanklichen Grundlage, mit deren Hilfe der Zusammenhang von Prozeß und Resultat ideell widergespiegelt werden konnte. Eine solche gedankliche Grundlage

2 A. Libavius, Alchemia, Francofurti MDXCVII; Die Alchemie des Andreas Libavius. Ein Lehrbuch der Chemie aus dem Jahre 1597, Weinheim 1964, S. 499–500; vgl. E. Fabian, Zur Entstehungsgeschichte der Kristallkunde. Ein Beitrag zum Zusammenhang zwischen der eigengesetzlichen Entwicklung der Kristallkunde und der Entwicklung ihrer gesellschaftlichen Funktion, Diss. A, Leipzig 1969, S. 37–54.

ließ sich schaffen, indem aus dem Fundus überlieferten Wissens solche Wissenselemente ausgewählt wurden, durch die Prozeß und Resultat wechselseitig erklärend aufeinander bezogen werden konnten. Dabei mußte es sich um Wissenselemente handeln, die objektives Wissen mit dem Charakter relativer Wahrheit darstellen und der Sichtweise der Praxis entsprachen.

Historisch ging die Auswahl solcher Wissenselemente von der Beobachtung aus, daß ein Kristall bei der Ausscheidung aus einer Lösung wächst. Dieses Wachstum läßt sich ideell entweder durch inneres oder durch äußeres Wachstum abbilden. Da inneres Wachstum empirisch nicht belegt werden konnte, schied diese Möglichkeit aus. Äußeres Wachstum hingegen ließ sich erklären, wenn man annahm, daß sich ein bereits vorhandener Kristallkeim durch Substanzanlagerung vergrößert. Dabei mußte entweder ein polyedrischer Kristallkeim vorausgesetzt werden, an den sich schichtenweise neue Substanz anlagert, oder die polyedrische Form mußte der gelösten Substanz selbst wesenseigen sein.

Letztere Möglichkeit wurde historisch bevorzugt. Sie entsprach sowohl der Sichtweise der Praxis als auch der im 17. Jahrhundert wiederentdeckten und weiterentwickelten Atomistik, die es nahelegte, die Entstehung der Salzkristalle und ihre geometrische Form durch eine regelmäßige Anordnung von Korpuskeln zu erklären.[3]

Auf dieser gedanklichen Grundlage bildete sich um die Mitte des 17. Jahrhunderts der Begriff der Kristallisation heraus, der den undifferenzierten Begriff der Erstarrung einer Lösung ersetzte.[4] Diese Entwicklung führte zum Bewußtwerden des Problems, ob das Zusammentreten polyedrischer Korpuskeln zu gleichgestaltigen größeren Körpern geometrisch überhaupt möglich ist. Diese Frage ließ sich nur dann beantworten, wenn gedanklich davon ausgegangen wurde, daß die geometrische Form eines Kristalls strukturbedingt ist und durch lückenlose Raumerfüllung der Korpuskeln verursacht wird.

Es ist dies ein Problem, das mit dem ursprünglichen Problem der Praxis nicht mehr unmittelbar verbunden, sondern aus der Forschung selbst hervorgegangen ist und zu dessen Lösung eine ihm entsprechende wissenschaftliche Sichtweise des Gegenstandes notwendig wurde. Eine solche wissenschaftliche Sichtweise

3 D. Sennert, De Chymicorum cum Aristotelicis et Galenicis consensu ac dissensu, in: Operum, Teil I, Lugduni Bataviae MDCLXVI, Kap. XI, S. 220–222; P. Gassendus, Animadversiones in Decimus Librum, Diogenis Laertii, qui est de Vita, Moribus, Plascitisque Epicuri, Continent autem Placita quas ille treis statuit Philosophiae partes, Lugduni MDCLXXV[3], S. 98; J. Jungius, Zwei Disputationen über die Prinzipien (Teile) der Naturkörper, in der Übersetzung von E. Wohlwill, hrsg. und mit Anmerkungen versehen von A. Meyer, Hamburg 1928, S. 16–18; N. Lémery, Course de Chymie, Paris MDCLXXV; ders., Cours de Chyhmie oder: der vollkommene Chymist, Dreßden, Leipzig 1734, S. 22–23; vgl. E. Fabian, Zur Entstehungsgeschichte der Kristallkunde, Diss. A, a. a. O.

4 C. Glaser, Novum Laboratorium Medico-Chymicum, Das ist: Neueröffnete Chymische Arzney und Werckschul, Nürnberg 1677, S. 109; vgl. E. Fabian, Zur Entstehungsgeschichte der Kristallkunde, Diss, A, a. a. O.

haben wir bereits als Erkenntnisweise bezeichnet. Aus einer Sichtweise der Praxis hervorgegangen, drückt eine Erkenntnisweise ein spezifisches Verhalten des Menschen zum Gegenstand in wissenschaftlichen Tätigkeiten aus. Sie ist jedoch mit der Sichtweise der Praxis nicht identisch, da aus ein und derselben Sichtweise der Praxis verschiedene alternative Erkenntnisweisen entstehen können. Welche alternativen Erkenntnisweisen und wann sie historisch entstehen, hängt vom Entwicklungsstand der gesellschaftlichen Produktivkräfte und des gesellschaftlichen Erkenntnisvermögens sowie von den konkreten historischen Umständen ab.

Die Möglichkeit alternativer Erkenntnisweisen erfordert es jedoch, die von der gedanklichen Grundlage der Strukturiertheit der Kristalle ausgehende Erkenntnisweise begrifflich herauszuheben. Wir bezeichnen sie als strukturelle Erkenntnisweise.

Den Hinweis, daß die polyedrischen Formen von Salzkristallen aus gleichgestaltigen Korpuskeln zusammengesetzt werden können, lieferte D. Guglielmini. Er entwarf 1688 eine geometrische „Kristallstrukturtheorie"[5] und entwickelte 1705 eine theoretische Vorstellung über den Zusammenhang von Form und chemischer Substanz einander in der Kristallform ähnlicher Salze.[6] Danach sollten imponderabile Beimischungen als „ursprünglich" angenommener Salze den ihnen ähnlichen „abgeleiteten" Salzen ihre Form aufprägen.

Guglielmini brachte damit in die gedankliche Grundlage der strukturellen Erkenntnisweise eine Idee ein, die deren heuristische Leistungsfähigkeit erhöhte. Sie ermöglichte es, nicht nur ähnliche Kristallformen von Salzen zueinander in Beziehung zu setzen, sondern auch solche polyedrischen Körper in die Untersuchungen einzubeziehen, die weder den Salzen zugerechnet werden konnten noch den definierten Kriterien eines Kristall entsprachen und die nicht ersichtlich aus Lösungen erzeugt waren, sondern sozusagen „fertig" in der Natur vorgefunden werden. Neben den „künstlich" hergestellten Salzkristallen konnten nunmehr auch die „natürlichen" Mineralkristalle zum Gegenstand der Untersuchung gemacht werden, vorausgesetzt, die möglich gewordene extensionale Erweiterung des Kristallbegriffs wurde durch seine intensionale Verschärfung ergänzt. Diesen historisch wichtigen Schritt tat 1723 M. A. Cappeller, indem er auf die Kriterien Klarheit, Durchsichtigkeit und Reinheit verzichtete, so daß ein Kristall definitiv lediglich noch durch die geometrische Form einer Substanz bestimmt blieb.[7]

5 D. Guglielmini, Riflessioni Filosofiche dedotte Figure dé Sali, Bologna 1688, in: Opera omnia, Teil I, Genevae 1716, S. 65–104; vgl. R. Hooykas, De structuurtheorie van Guglielmini, in: Chemisch Weekblaad, 46 (1950), S. 578–585.

6 D. Guglielmini, De Salibus dissertatio epistolaris physico-medica-mechanica, Lugduni Bataviae, in: Opera omnia, Teil II, Genevae 1719, S. 73–200; vgl. R. Hooykas, De structuurtheorie van Guglielmini, in: Chemisch Weekblaad, 46 (1950), S. 578–585.

7 M. A. Cappeller, Prodromus Crystallographiae de Crystallis improprie sic dictis commentarium, Luzernae MDCCXXIII; vgl. I. I. Šafranovskij, Istorija kristallografii, Teil I, Leningrad 1978, S. 110–121.

Im 18. Jahrhundert war die Kristallform keineswegs allgemein oder verbreitet als wesentliche Eigenschaft der Minerale erkannt und anerkannt. Da die Minerale hauptsächlich als chemische und metallurgische Rohstoffe gewonnen wurden, mußte sich die Beschreibung der Minerale auf eine eindeutige Kennzeichnung der chemischen Substanz orientieren. Als sichere Kennzeichen konnten dazu nur solche Eigenschaften dienen, die sich in der bergmännischen Praxis empirisch als hinlänglich signifikant erwiesen hatten. Dazu gehörten u. a. Farbe, Glanz, Härte, Spaltbarkeit und Bruch, nicht jedoch die geometrische Form, weil Minerale in ihrer Form häufig stark variieren. Daher gab es mehr Gegner der Auffassung, daß man an den geometrischen Formen der Minerale etwas wesentliches entdecken könne, als Verfechter dieses Gedankens.[8]

Indes führte die infolge der allgemeinen ökonomischen Entwicklung schnelle Steigerung der bergmännischen Rohstoffgewinnung zu einer raschen Zunahme der Kenntnisse über Mineralvorkommen und zur Entdeckung zahlreicher neuer Minerale. Das erforderte, sowohl die Mineraldiagnostik zu vervollkommnen als auch die Mineralsystematik auf der Grundlage aller bekannten Eigenschaften auf ein höheres Niveau zu heben. Das Problem der bergmännischen Praxis, die chemischen wie die „äußeren" Kennzeichen besser beherrschen zu lernen, führte auf das Problem, die „äußeren" Kennzeichen selbst gründlicher untersuchen und systematisieren zu müssen. Die Lösung dieses Problems war nur durch wissenschaftliche Forschung zu erreichen. Dabei mußte es zu einem ganzen Bündel verschiedenartiger Forschungsprobleme aufgespalten werden, in dem die Frage nach der Gesetzmäßigkeit der Kristallformen einen zentralen Platz einnahm.

Diese Frage und die Art, wie sie gestellt wurde, resultierte aus einer anderen Sichtweise des Gegenstandes Kristall im praktischen Lebensprozeß des Menschen. Für das Montanwesen hatte die Entstehung der Kristallform als Resultat des Kristallisationsprozesses eine nur untergeordnete, vorausgesetzte Bedeutung. Deshalb entwickelte sich in diesem Bereich der Praxis eine Sichtweise, in der die Kristallformen in der Trennung vom Prozeß als ein gegebenes Resultat gesehen wurden. Das Forschungsproblem mußte demzufolge ebenfalls unter dieser Sichtweise wissenschaftlich bearbeitet werden.

Dafür gab es zwei Möglichkeiten: zum einen die aus der chemischen Technologie hervorgegangene strukturelle Erkenntnisweise oder zum anderen die Sichtweise der Praxis im Montanwesen selbst. Die Wissenschaftler hatten somit die Wahl zwischen der Alternative einer bereits entwickelten wissenschaftlichen Erkennt-

8 A. von Cronstedt, Versuch einer neuen Mineralogie. Aus dem Schwedischen übersetzt von Christian Rudolf Wiedemann, Berlin 1760, S. 20; J. Wallerius, Systema Mineralogicum, Teil I, Stockholm 1773, S. 143; L. Crell, Vorrede zu: Richard Kirwans Anfangsgründe der Mineralogie. Aus dem Englischen übersetzt, mit Anmerkungen und einer Vorrede versehen von D.-Lorenz Crell, Berlin — Stettin 1785; T. Bergman, Variae crystallorum formae a spatho orthae, in: Nova Acta Regia Societatis Upsaliensis, Bd. I, Upsaliae 1773, S. 150—155; vgl. E. Fabian, Zur Entstehungsgeschichte der Kristallkunde, Diss. A, a. a. O.

nisweise und einer den Erfordernissen der Forschung noch verhältnismäßig wenig angepaßten praktischen Sichtweise.

Historisch ist zunächst durch C. von Linné versucht worden, das Problem mit der strukturellen Erkenntnisweise, genauer, mit der daraus abgeleiteten Korrelation von Form und Substanz zu lösen, indem er die Kristallformen der Minerale aus imponderabilen Beimischungen „männlicher" Salze zu „weiblichen" Erden zu erklären und darauf ein Mineralsystem aufzubauen versuchte.[9] Doch widersprach das Linnésche Mineralsystem sowohl den praktischen Erfahrungen der Mineralogen als auch den Ergebnissen der sich entwickelten chemischen Analytik. Das Linnésche Mineralsystem war so oberflächlich, daß es die Ablehnung der Kristallformen als Hilfsmittel zur Mineraldiagnostik und -systematik eher verstärkt als abgeschwächt hat.

Da die strukturelle Erkenntnisweise nicht zu Ergebnissen führte, wie sie Bergbau und Bergwerkswissenschaft brauchten, mußte ein anderer, der Sichtweise der bergmännischen Praxis besser entsprechender Weg zur Lösung des Problems gesucht werden. Die Möglichkeit, ihn zu finden, eröffnete sich in der alternativen Auffassung, daß ein Kristall infolge kontinuierlicher Substanzanlagerung an einen als gegeben angenommenen Kristallkeim durch Parallelverschiebung seiner Flächen wächst. Auf der gedanklichen Grundlage des Wachstums eines präformierten Kristallkeims ließen sich solche morphologischen Beobachtungen wie der Flächenreichtum und die Formenvariabilität vieler Mineralarten sowie auftretende Verzerrungen von Kristallformen deuten. Doch war es nicht möglich, die für die Entwicklung einer Kristallsystematik entscheidende Frage zu beantworten, wie verschiedene Formenvarietäten als genetisch zusammen- oder nicht zusammengehörig unterschieden werden können.

Dabei handelte es sich um ein Forschungsproblem, das in der Art, wie es formuliert war, der strukturellen Erkenntnisweise auf ihrer gedanklichen Grundlage nicht zugänglich war. Deshalb bildete sich eine neue, aus der Sichtweise der bergmännischen Praxis abgeleitete Erkenntnisweise heraus. Wir heben diese von der strukturellen Erkenntnisweise als morphologische Erkenntnisweise ab. In Abhängigkeit von der Art der Forschungsprobleme und der Möglichkeit, sie der einen oder der anderen Erkenntnisweise adäquat zu formulieren, konnten und mußten die Wissenschaftler sich nunmehr zwischen zwei alternativen Erkenntnisweisen entscheiden.

Das Problem der Formenvariabilität mit der morphologischen Erkenntnisweise zu bearbeiten, war indes nur möglich, wenn in ihre gedankliche Grundlage

9 C. v. Linné, Systema Naturae, Teil III, Holmiae 1768; vgl. I. I. Šafranovskij, Istorija kristallografii, Teil I, a. a. O., S. 122–132. – Linné hat nur die Grundgedanken über die Kristallformen als Grundlage einer Mineralsystematik entwickelt, deren Begründung und Ausführung indes seinem Schüler M. Kähler überlassen, der unter seiner Anleitung darüber eine Abhandlung publiziert hat. – Vgl. M. Kähler, Dissertatio de Crystallorum Generatione, Upsaliae MDCCXLVII.

eine heuristisch leistungsfähige Idee eingebracht wurde. Dazu verhalf die Beobachtung, daß die Ecken und/oder Kanten eines Kristalls oftmals durch „neue" Flächen abgestumpft erscheinen. Diese Beobachtung ließ sich nutzen, um aus einer angenommenen „Primitiv"form durch Abstumpfung der Ecken und/oder Kanten bzw. umgekehrt durch deren Zuspitzung und Zuschärfung „Sekundär"formen geometrisch abzuleiten. Mit Hilfe dieses heuristischen Prinzips gelang es nahezu gleichzeitig 1774 A. G. Werner in Deutschland[10] und ab 1772 J.-B.-L. Romé de l'Isle in Frankreich[11], Reihen zusammengehöriger Kristallformen aufzustellen.

Während für Werner die Kristallform ein äußeres Kennzeichen unter anderen blieb, konzentrierte sich de l'Isle ganz auf die Kristallmorphologie. Durch Messung mit dem eigens entwickelten Anlegegoniometer erkannte er die Winkelkonstanz der Flächenwinkel eines Kristalls und nutzte diese Entdeckung, um Kristallform und chemische Substanz miteinander in Beziehung zu setzen. Danach sollten sich Mineralarten durch ihre Primitivform oder, wenn diese gleich ist, durch die Flächenwinkel unterscheiden, so daß jede Mineralart durch eine durch die Flächenwinkel charakterisierte Primitivform definiert sein sollte.

So bedeutend diese Erkenntnisse waren, auf dieser gedanklichen Grundlage war es mit der morphologischen Erkenntnisreihe nicht möglich, über die formale Beschreibung des Zusammenhanges geometrisch auseinander ableitbarer Kristallformen hinauszukommen.

Historisch war damit um 1775 die Entwicklung an einem Punkt angelangt, an dem es weder mit der strukturellen noch mit der morphologischen Erkenntnisweise möglich war, das in der Kristallerkenntnis zutage getretene Problem befriedigend zu lösen. Die gedanklichen Grundlagen beider Erkenntnisweisen ermöglichten keinen solchen Erkenntnisfortschritt, der den Übergang zur Ausarbeitung relativ geschlossener und praktikabler Theorien gestattet hätte. Die Kristallographie blieb daher auch ein sporadisch von einzelnen betriebenes Unternehmen. Relativ stabile Kommunikations-, Kooperations- und Organisationsstrukturen konnten auf diesem Entwicklungsniveau nicht zustandekommen.

Indes verlangten die wachsenden Anforderungen der bergmännischen Praxis die Überwindung dieser Situation. Von den denkbaren Möglichkeiten, diese Situation zu überwinden, war historisch real nur die Möglichkeit, die heuristische Leistungsfähigkeit der gedanklichen Grundlage wenigstens einer der beiden Erkenntnisweisen in einem Maße zu erhöhen, das einen hohen Erkenntniszuwachs

10 A. G. Werner, Abhandlung über die äußeren Kennzeichen der Fossilien, Leipzig 1774; vgl. M. Guntau/H. J. Rösler, Die Verdienste von Abraham Gottlob Werner auf dem Gebiet der Mineralogie, in: Werner-Gedenkschrift, Freiberger Forschungshefte, C 223, Leipzig 1967, S. 47–82; I. I. Šafranovskij, A. G. Verner — znamenityj mineralog i geolog, Leningrad 1968.

11 J.-B.-L. Romé de l'Isle, Essai de Cristallographie ou Description des Figures géometriques, propres à differens Corps du Règne Minéral, connus vulgairement sous le nom des Crystaux, Paris 1771; vgl. R. Hooykaas, De kristallografie van J. B. Romé de l'Isle (1783), in: Chemisch. Weekblaad, 47 (1954), S. 848–855; I. I. Šafranovskij, Istorija kristallografii, Teil I, a. a. O., S. 216–240.

erhoffen ließ. Doch galt dies für die strukturelle und die morphologische Erkenntnisweise gleichermaßen; beide standen für den Ausbau ihrer gedanklichen Grundlage auch künftig als Alternative zur Wahl. Dabei erwies sich die Klärung der Formenvariabilität der Kristalle im Hinblick auf die Mineraldiagnostik und den Aufbau einer Kristallsystematik als Hilfsmittel für die Mineralsystematik als treibendes Motiv.

4. Der entscheidende Schritt: Die Begründung alternativer kristallographischer Traditionen

Historisch zuerst unternahm der Abbé R.-J. Hauy in Frankreich mit Hilfe der strukturellen Erkenntnisweise 1781/82 den Versuch, das Problem der Formenvariabilität zu lösen. Hauy übernahm die bisherige gedankliche Grundlage der strukturellen Erkenntnisweise, zog jedoch auch die nach bestimmten Richtungen bevorzugte Spaltbarkeit vieler Minerale als empirischen Beleg für die Strukturiertheit der Kristalle heran. Die Untersuchung der Spaltbarkeit brachte Hauy auf die Idee, aus „elementaren" polyedrischen Bausteinen zusammengesetzte Parallelepipede als die „eigentlichen" Struktureinheiten der Kristalle anzunehmen.[12]

Auf dieser gedanklichen Grundlage gelang es Hauy unter Berücksichtigung der Winkelkonstanz, durch Aufeinanderstapeln von Schichten derartiger Parallelepipede und die Annahme gesetzmäßiger Dekreszenzen an den Ecken und/oder Kanten solcher Schichten um ein, zwei oder mehr Reihen von Parallelepipeden die Formenvarietäten einer Kristallart auf geometrischem Weg abzuleiten. Die Idee der Struktureinheit Parallelepiped und die Annahme gesetzmäßiger Dekreszenzen gestatteten es Hauy, eine empirisch begründete hypothetisch-deduktive Theorie der Kristallstrukturen zu entwickeln, durch die die Gesetzmäßigkeiten der Kristallformen einer systematischen Behandlung auf mathematischer Grundlage zugänglich wurden.

Zugleich stellte Hauy eine strenge Relation zwischen strukturell erklärter Kristallform und chemischer Substanz durch das Postulat her, daß jede feste Verbindung eine durch die Flächenwinkel eindeutig bestimmte charakteristische Kristallform besitze.

Durch die enge Verbindung von Kristallstrukturtheorie und Chemie gelang es Hauy, der „rechnenden Kristallographie" als Methode der Mineraldiagnostik und -systematik Eingang in die Mineralogie zu verschaffen. Dabei fand Hauy

12 R.-J. Hauy, Essai d'une théorie sur la structure de cristaux appliquée à plusieurs genres de substances cristalisées, Paris 1784; vgl. R. Hooykaas, Kristalspliting en kristalstructuur van Kalkspaat II (R.-J. Hauy 1782), in: Chemisch Weekblaad, 47 (1951), S. 537—543; M. P. Sakol'skaja/I. I. Šafranovskij, Rene Žust Gajui 1743—1822, Moskva 1981; H.-W. Schütt, René Just Hauy und die Entwicklung der Kristallographie zu einem konstitutiven Teilgebiet der Mineralogie, in: J. Scriba (Hrsg.), Disciplinae novae, Göttingen 1979.

einerseits die Unterstützung namhafter und einflußreicher Gelehrter, andererseits beförderte er selbst zielstrebig den Prozeß der Anerkennung seiner Theorie durch eine umfangreiche und planmäßige Lehr- und Publikationstätigkeit.[13] Begünstigend wirkten sich Maßnahmen aus, die die Französische Revolution zur Entwicklung des Montanwesens ergriff.

Die Kristallstrukturtheorie Hauys fand Anerkennung nicht nur in Frankreich, sondern auch – in unterschiedlichem Maße – in Deutschland, England und Rußland. Über etwa ein Vierteljahrhundert beherrschte sie nahezu uneingeschränkt die Kristallforschung.

Mit Recht kann man daher von einem bedeutenden Einfluß Hauys auf die Entstehung der Kristallographie und die Entwicklung der Mineralogie sprechen. Mit der Idee der Struktureinheit Parallelepiped hat er der gedanklichen Grundlage der strukturellen Erkenntnisweise eine heuristische Leistungsfähigkeit gegeben, die Gesetzesaussagen auf der Basis einer relativ geschlossenen Theorie ermöglichte. Diese Idee erwies sich als stark und leistungsfähig genug, um der Kristallographie in den Mineralien ein breites Untersuchungsfeld und in der Mineralogie den kristallographischen Erkenntnissen ein breites Anwendungsgebiet zu erschließen.

Doch so leistungsfähig die Idee Hauys in Hinblick auf den Aufbau einer relativ geschlossenen Kristallstrukturtheorie einerseits war, so begrenzt war sie andererseits in bezug auf die Klärung des eigentlichen Grundproblems. Die Kristallstrukturtheorie konnte das Zustandekommen einer speziellen Formenvarietät zwar beschreiben, erklären konnte sie es nicht. Welchem Dekreszenzgesetz ein Kristall bei seinem Wachstum folgt, mußte daher schon im Kristallkeim angelegt sein; d. h. Hauy kehrte in dieser Frage im Grunde genommen zu der bereits in der morphologischen Erkenntnisweise herausgearbeiteten Auffassung zurück.

Die Kristallstrukturtheorie ermöglichte zwar die kristallographische Mineraldiagnostik, wobei sie sich vorteilhaft mit der chemischen Analytik ergänzte; in der Mineralsystematik führte sie jedoch nicht weit genug über den von de l'Isle mit der morphologischen Erkenntnisweise erreichten Stand hinaus. Die Rückwendung Hauys markiert daher eine Grenze der heuristischen Leistungsfähigkeit der strukturellen Erkenntnisweise, die ohne Veränderung ihrer gedanklichen Grundlage nicht überschritten werden konnte. Eine solche Veränderung einzuführen, war indes beim erreichten Entwicklungsstand des gesellschaftlichen Erkenntnisvermögens an der Wende vom 18. zum 19. Jahrhundert nicht möglich. Daher blieb ein Widerspruch zwischen der Leistungsfähigkeit der Hauyschen Kristallstrukturtheorie und den Anforderungen der montanistischen Praxis ungelöst.

Genau von diesem Problem ging in Deutschland C. S. Weiss aus, der mit Hilfe

13 Vgl. die Bibliografie der Arbeiten Hauys, in: M. P. Sakol'skaja/I. I. Šafranovskij, Rene Žust Gajui 1743–1822, a. a. O., S. 143–152; E. Fabian, Traditionen in der Wissenschaft, Diss. B, a. a. O., S. 172–173.

der morphologischen Erkenntnisweise und gestützt auf den philosophischen Dynamismus 1804 die Entstehung der Kristallformen durch kontinuierliche Substanzanlagerung unter dem Einfluß einer der Attraktionskraft entgegenwirkenden Repulsionskraft zu erklären trachtete.[14] Dabei sollte die Kristallform durch eine in verschiedenen Richtungen unterschiedlich starke Hemmung der Repulsionskraft zustandekommen.

Weiss brachte damit in die gedankliche Grundlage der morphologischen Erkenntnisweise die Idee der Vektorialität der morphologischen Eigenschaften der Kristalle ein, die es ihm ermöglichte, die Hauptrichtungen einer Kristallform auf dreidimensionale Achsenkreuze zu beziehen und die Primitivformen sowie die ihnen zugehörigen Sekundärformen der Kristalle derartigen Achsenkreuzen zuzuordnen.

Natürlich war auch Weiss nicht in der Lage, die Entstehung bestimmter Formenvarietäten zu erklären, er verschob die Lösung dieses Problems lediglich auf eine andere Ebene. Doch gelang es ihm, in den folgenden Jahren eine Theorie der Kristallmorphologie zu entwickeln, die den Bedürfnissen der Mineralogen und der Sichtweise des Montanwesens deshalb besser als die Hauysche Kristallstrukturtheorie entsprach, weil sie zu einer kristallographischen Mineralsystematik unter Berücksichtigung des Chemismus der Minerale führte. Sie gestattete es, alle an einem Kristall möglichen Flächenlagen zu berechnen und auf diesem Wege jede beliebige Formenvarietät sowohl einem bestimmten Kristallsystem zuzuordnen als auch eine beliebige feste chemische Verbindung anhand der Kristallform eindeutig zu identifizieren.

Daher setzte sich die Theorie der Kristallmorphologie relativ rasch gegen die Kristallstrukturtheorie durch, wozu die Herausbildung einer international weit verzweigten wissenschaftlichen Schule um Weiss sowie die Verbreitung auf dieser Theorie fußender mineralogischer Lehrbücher und Monographien wesentlich beitrugen. Im Gefolge dieses Anerkennungsprozesses gewann die morphologische Erkenntnisweise Dominanz über die strukturelle Erkenntnisweise, die sich das ganze 19. Jahrhundert über erhalten und die strukturelle Erkenntnisweise historisch zeitweilig in eine „Außenseiterrolle" gedrängt hat.

Zu dieser Entwicklung hat insbesondere auch die Entdeckung der Isomorphie und Polymorphie durch E. Mitscherlich beigetragen, Phänomene, die dem Hauyschen Postulat der Relation zwischen Struktur, Form und Chemismus widersprachen und durch die Kristallstrukturtheorie auf dem damaligen Stand ihrer Entwicklung nicht erklärt werden konnten.

Sowohl Hauy als auch Weiss haben vorhandene alternative Erkenntnisweisen und die ihnen jeweils entsprechende gedankliche Grundlage zu einem historischen

14 C. S. Weiss, Dynamische Ansicht der Krystallisation, in: R.-J. Hauy, Lehrbuch der Mineralogie, Bd. 1, Paris — Leipzig 1804, S. 365—389; vgl. E. Fabian, Tvorčestvo Christiana Samuila Vejsa i vopros o roli tradicii v razvitii nauki, in: Voprosy istorii estestvoznanija i techniki (Moskva), 3/1980, S. 10—21.

Zeitpunkt aufgegriffen, da einerseits gesellschaftliche Bedürfnisse und Interessen auf die Bewältigung bestimmter Forschungsprobleme drängten, andererseits die heuristische Leistungsfähigkeit weder der einen noch der anderen gedanklichen Grundlage der beiden alternativ verfügbaren Erkenntnisweisen ausreichte, sie befriedigend zu lösen. Dabei knüpften sie an Widersprüche und Probleme an, die durch wissenschaftliche Tätigkeiten in der jeweils anderen Erkenntnisweise zwischen empirischen Tatsachen und den Möglichkeiten ihrer ideellen Widerspiegelung bzw. zwischen theoretischer Reflexion und praktischen Anforderungen zutage getreten waren.

Die wissenschaftliche Leistung sowohl von Hauy wie von Weiss bestand darin, daß sie in die gedankliche Grundlage der von ihnen jeweils adoptierten Erkenntnisweise eine Idee eingebracht haben, die die heuristische Leistungsfähigkeit der entsprechenden gedanklichen Grundlage wesentlich, ja sprunghaft erhöhte.

Die höhere heuristische Leistungsfähigkeit der beiden alternativen Erkenntnisweisen zeigte sich jedoch nicht nur in der Möglichkeit, relativ geschlossene Theorien aufzustellen, von denen die folgenden Generationen ausgehen konnten und wahlweise ausgehen mußten. Die in die gedankliche Grundlage einerseits durch Hauy in die strukturelle und andererseits durch Weiss in die morphologische Erkenntnisweise eingebrachten Ideen waren von einer solchen Fundamentalität, die eine historisch weitreichende Erkenntnisentwicklung ermöglichte.

Die Idee Hauys, Parallelepipede als Struktureinheit anzusehen, führte unter Absehung von der polyedrischen Gestalt direkt zur Theorie der Anordnung der Strukturbausteine in einem parallelepipedischen Gitter, zur Ableitung der möglichen Gittertypen und zur Ausarbeitung der mathematischen Gittertheorie als notwendige Voraussetzung für die Entdeckung der realen Existenz der vermuteten Kristallstrukturen.[15]

Die Idee von Weiss, die Kristallmorphologie durch die Vektorialität der morphologischen Kristalleigenschaften zu beschreiben, ermöglichte dagegen die Aufstellung und Vervollständigung der Kristallsysteme, die Einführung der Flächenindizierung und der stereographischen Projektion, die Aufdeckung der Symmetriebeziehungen der Kristalle und auf deren Basis die Ableitung der Kristallklassen sowie die Entwicklung der physikalischen Kristallographie als eines neuen kristallographischen Forschungsgebietes.[16]

Die von Hauy einerseits und von Weiss andererseits in die beiden alternativen Erkenntnisweisen eingebrachten Ideen erwiesen sich als so fundamental, daß sie die weitere Entwicklung der Kristallographie historisch langfristig und in Übereinstimmung mit den gesellschaftlichen Interessen an der Forschung der Kristalle bestimmt und wechselseitig relative Selbständigkeit erlangt haben.

Durch die wissenschaftlichen Leistungen von Hauy und Weiss hatten die beiden alternativen Erkenntnisweisen in der heuristischen Leistungsfähigkeit ihrer ge-

15 Vgl. E. Fabian, Traditionen in der Wissenschaft, Diss. B, a. a. O., S. 176–226.
16 Vgl. ebenda.

danklichen Grundlagen ein Entwicklungsniveau erreicht, auf dem sie sich zu wissenschaftlichen Traditionen im Sinne unseres eingangs formulierten Traditionsverständnisses entwickeln konnten.

Auf diesem Entwicklungsniveau der beiden alternativen Erkenntnisweisen war die Kristallographie systematisch lehrbar und erlernbar sowie im breitem Umfang praktisch anwendbar geworden. Dies erforderte objektiv die Herausbildung von historisch relativ stabilen, der jeweiligen Erkenntnisweise entsprechenden sozialen Beziehungen in Gestalt z. T. weitverzweigter Kommunikations- und Kooperationsbeziehungen sowie spezifischer Institutionalisierungsformen. Auf Grund der dominierenden gesellschaftlichen Interessen entstanden diese in enger Bindung an vorhandene mineralogische Sammlungen, Lehr- und Forschungseinrichtungen sowie unter Nutzung mineralogischer Publikationsorgane.

Im allgemeinen wurden spezifische kristallographische Kenntnisse im Rahmen der mineralogischen Ausbildung vermittelt.

Ein interessanter Beleg dafür, daß bei der Herausbildung von Organisationsstrukturen die alternativen Erkenntnisweisen eine Rolle gespielt haben, ist, daß in Rußland die strukturelle und die morphologische Erkenntnisweise als Grundlage der Lehre und Forschung über lange Zeit in ein und derselben Einrichtung koexistierten. So ist im Leningrader Berginstitut an einer Saaltür eine Tafel erhalten geblieben, aus der hervorgeht, daß das Institut bereits 1819 – noch bevor die Theorie von Weiss in Rußland bekannt wurde – über ein „Mineralogisches Kabinett, aufgestellt und erläutert in der Ordnung nach dem System Werners" und über ein „Kristallographisches Kabinett nach dem System des Abbé Hauy" verfügte.[17] So konnte, je nach der Art der Lehr- und Forschungsprobleme, die morphologische oder die strukturelle Erkenntnisweise zur Disziplinierung der Studenten und jungen Wissenschaftler herangezogen werden.

Die erste spezielle Vorlesung über Kristallographie indes scheint in Deutschland Weiss gehalten zu haben, der seit 1811 in Berlin regelmäßig, meistens in jedem zweiten Semester, über „Kristallographie oder geometrische sowie mineralogische physikalische Theorie der Kristalle und der kristallinen Struktur" vortrug. Daneben hielt Weiss zuweilen auch schon Spezialvorlesungen, wie „Die Theorie der vom regulären abweichenden Kristallsysteme" oder „Beschreibender oder rein naturhistorischer Teil der Kristallographie". In späteren Jahren übernahm zeitweise G. Rose die Kristallographie-Vorlesung.[18]

Das Weiss'sche Beispiel machte Schule: So hat an der Bergakademie Freiberg Naumann die Kristallographie zu einer selbständigen Vorlesung entwickelt, die er von 1827 bis 1842 mit drei Wochenstunden hielt.[19] Doch hat auch bereits sein

17 M. P. Sakol'skaja/I. I. Šafranovskij, Rene Žust Gajui 1743–1822, a. a. O., S. 108.

18 G. Hoppe, Christian Samuel Weiss und das Berliner Mineralogische Museum, in: Wissenschaftliche Zeitschrift der Humboldt-Universität zu Berlin, Math-Nat. Reihe, 3/1982, S. 247–248.

19 O. Wagenbreth, Der sächsische Mineraloge und Geologe Carl Friedrich Naumann (1797–1873), in: H. Prescher (Hrsg.), Geologen der Goethezeit, Abhandlungen des Staatlichen Museums für Mineralogie und Geologie zu Dresden, Bd. 29, Leipzig 1979, S. 315.

Vorgänger F. Mohrs eine Kristallographie-Vorlesung gehalten, dies aber so kompliziert getan, daß er vielen Hörern unverständlich geblieben ist.[20]

Mit der Entwicklung der Kristallographie ging eine Spezialisierung der kristallographischen Arbeitsrichtungen einher. Wurde im 19. Jahrhundert die morphologische Erkenntnisweise als die dominierende insbesondere von Mineralogen und Chemikern verfolgt, gestaltete sich die strukturelle Erkenntnisweise zu einer nahezu ausschließlichen Domäne der Physiker und Mathematiker.

Zwischen diesen beiden Polen entwickelte sich die chemische und die physikalische Kristallographie, wobei letztere im 19. Jahrhundert zum Hauptfeld der Auseinandersetzung zwischen den beiden alternativen Erkenntnisweisen wurde.

Mit den wissenschaftlichen Leistungen Hauys und Weiss' hatte die Kristallographie an der Wende vom 18. zum 19. Jahrhundert ein Entwicklungsniveau erreicht, auf dem die Kristallforschung nach alternativen Erkenntnisweisen diszipliniert werden konnte und zur Sicherung des weiteren Erkenntnisfortschritts in der einen wie in der anderen Erkenntnisrichtung diszipliniert werden mußte.

Die Entstehung der Kristallographie als naturwissenschaftliche Disziplin erweist sich infolgedessen mit der Entstehung alternativer wissenschaftlicher Traditionen verbunden, die der Spezifik des Gegenstandes Kristall entsprechen. Ihre Aufnahme und schöpferische Weiterführung in der Folge der Wissenschaftlergenerationen war sowohl durch die Art der Forschungsprobleme als auch durch subjektive Entscheidung zwischen den beiden Alternativen in wechselseitiger Bedingtheit determiniert.

5. *Fünf Thesen: Zum Zusammenhang von Traditionsbildung und Disziplingenese*

Aus dem Zusammenhang, den wir anhand der Entstehungsgeschichte der Kristallographie zwischen der Genese einer wissenschaftlichen Disziplin und der Herausbildung alternativer wissenschaftlicher Traditionen skizziert haben, lassen sich abschließend einige verallgemeinernde Thesen ableiten:

Erstens: Die Entstehung einer wissenschaftlichen Disziplin ist an die Existenz alternativer Erkenntnisweisen auf einem Entwicklungsniveau ihrer gedanklichen Grundlagen gebunden, das deren Ausprägung zu wissenschaftlichen Traditionen möglich werden läßt.

Zweitens: Dieses Entwicklungsniveau ist durch Gesetzeserkenntnis, die Herausbildung einer kategorialen Grundstruktur, den Übergang zur Theorienbildung und die breite Anwendung der Theorie im Gegenstandsbereich sowie durch die Herausbildung eines Ensembles sozialer Beziehungen in Gestalt ausgeprägter und historisch relativ stabiler Kommunikations-, Kooperations- und Organisationsstrukturen gekennzeichnet.

20 Ebenda, S. 321.

Drittens: Die Disziplinierung wissenschaftlicher Tätigkeiten vollzieht sich über die Tradierung alternativer Erkenntnisweisen und findet ihren Ausdruck darin, daß die auf sie zurückgehenden Theorien sowie deren Anwendung systematisch lehr- und lernbar geworden sind und gelehrt und gelernt werden müssen.

Viertens: Die Untersuchung der Herausbildung alternativer wissenschaftlicher Traditionen gestattet es, den Übergang vom prädisziplinären Entwicklungsstadium eines Erkenntnisgebietes zur wissenschaftlichen Disziplin inhaltlich wie zeitlich genauer zu bestimmen und die Rolle der Persönlichkeit in diesem Prozeß deutlicher zu erkennen.

Fünftens: Dabei ist jedoch zu beachten, daß zwar die Ausprägung alternativer Erkenntnisweisen zu wissenschaftlichen Traditionen mit einer Disziplinierung wissenschaftlicher Tätigkeiten verbunden ist, diese jedoch nicht notwendig zur Entstehung einer wissenschaftlichen Disziplin führen muß, insbesondere dann nicht, wenn eine wissenschaftliche Tradition als neue Alternative zu bereits ausgeprägten Traditionen entsteht.

Horst Kant

Zur Herausbildung der Festkörperphysik

1. *Begriffsbestimmung*

Die Festkörperphysik ist etwa seit den vierziger Jahren unseres Jahrhunderts ein etabliertes Teilgebiet der Physik, das auch in den verschiedenen Sprachen mit analogen Namen bezeichnet wird – im Englischen: solid state physics; im Russischen: fizika tverdogo tela. Die Festkörperphysik ist in erster Linie durch den von ihr erfaßten Gegenstand bestimmt: Sie untersucht und erklärt den Aufbau, die vorkommenden Wechselwirkungen und die Eigenschaften der Festkörper.[1]

Der Begriff des Festkörpers hat sich jedoch im Verlauf dieser rund 40 Jahre nicht unwesentlich gewandelt. Allerdings ist festzustellen, daß die meisten Monographien und Lehrbücher entweder darauf verzichten, eine Definition für Festkörper und/oder Festkörperphysik anzugeben bzw. bei der Definition der Festkörperphysik den Begriff Festkörper voraussetzen. In dem grundlegenden Werk von F. Seitz (1940) heißt es: „When using the term 'solid' in this book, we shall refer to crystalline aggregates of atoms and molecules that is, we shall have little to do with substances such as glasses that do not have lattic structure."[2] Sodomka formulierte rund 25 Jahre später: „Solids are divided into two groups, amorphous and crystalline . . ."[3]

Hatte man also anfangs den Festkörper mit dem Kristall identifiziert – noch 1976 schreibt R. W. Bogdanow: „Der kristalline Zustand ist der normale Zustand eines Festkörpers, nichtkristalline Stoffe sollten eigentlich nicht als Festkörper bezeichnet werden . . ."[4] –, so gilt heute in der Regel nur das Kriterium „fest", und demzufolge formulierten Ch. Weissmantel und C. Hamann 1979: „Als Festkörper kann man auf diese Weise einen Stoff betrachten, der im Schwerefeld der Erde über einen langen Zeitraum Formbeständigkeit behält"[5]. Die Viskositätsgrenze wird also jetzt zur Beschreibung herangezogen. Damit ergibt sich die Zuordnung der „Festkörperphysik" zur Physik der „kondensierten Materie", für die G. Kelbg[6]

1 Vgl. M. Balarin, Festkörperphysik – Entwicklungstendenzen und Anwendungsmöglichkeiten, Berlin 1976, S. 13.
2 F. Seitz, The Modern Theory of Solids, New York – London 1940, S. 1.
3 L. Sodomka, Structure and Properties of Solids, London – Prague 1967, S. 11.
4 R. W. Bogdanow, Vom Molekül zum Kristall, Moskau – Leipzig 1976, S. 8.
5 Ch. Weissmantel/C. Hamann, Grundlagen der Festkörperphysik, Berlin 1979, S. 18.
6 G. Kelbg zur Umfrage „Wege der Wissenschaft", in: Wissenschaft und Fortschritt, 6/1980, S. 207.

folgende Einteilung angibt: 1. Kristallphysik; 2. Physik amorpher Festkörper; 3. Physik der Flüssigkeiten. Hiernach wären die beiden erstgenannten Gebiete der Festkörperphysik zuzuordnen.

Mit der Veränderung des Begriffes „Festkörper“ wandelte sich auch der „Umfang“ dessen, was zur „Festkörperphysik“ gezählt wird. Dieser Wandlung muß man sich bewußt sein, wenn man untersucht, wie sich die Festkörperphysik herausgebildet hat, welches ihre Wurzeln und Entwicklungslinien sind.[7]

Gehen wir ausschließlich von dem Phänomen „fester Körper“ aus, so ist der feste Körper etwas, womit sich die Physik schon sehr lange beschäftigt. Für die Erscheinung „Kristall“ gibt es sogar eine spezielle Wissenschaftsdisziplin, die „Kristallographie“. Charakteristisch für die Festkörperphysik in ihrer heutigen Bedeutung wurde aber die mikroskopisch-atomistische Betrachtungsweise, die mit der Anerkennung des Atoms als Materiebaustein um 1900 einsetzte. In diesem Sinne kann man formulieren, daß die Festkörperphysik alle Erscheinungsformen des festen Zustandes in bezug auf seine Elektronen- und Atomstruktur untersucht. Wesentliches Ziel der mikroskopischen Beschreibung ist allerdings das Verständnis der makroskopisch-phänomenologisch zu beobachtenden Eigenschaften des Festkörpers, die vor allem in der Technik genutzt werden. Die mikroskopische Beschreibung ermöglicht die quantitative Erklärung vieler Eigenschaften. Ein tiefergehendes Verständnis der Atomprozesse wurde erst durch die Quantenmechanik möglich, und deshalb ist die Festkörperphysik im engeren Sinne mit der Anwendung der Quantenmechanik verbunden. „Die Festkörperphysik ist nach altem Brauch der Schauplatz der Quantenmechanik“[8], schrieben I. M. Lifschitz und M. I. Kaganow.

Die Ausführungen machen deutlich, daß eine Abgrenzung zwischen Festkörperphysik und Kristallphysik (als Teilgebiet der Kristallographie) schwierig ist. Unterscheiden sie sich heute dadurch, daß die Festkörperphysik amorphe Substanzen einschließt, so ist es für die historische Betrachtung schwierig, wenn nicht gar unmöglich, eine exakte Zuordnung vorzunehmen. Betrachten wir die wesentlichen Eigenschaften des Festkörpers – Struktureigenschaften; mechanische, elastische, akustische Eigenschaften; thermische Eigenschaften; elektrische Eigenschaften; magnetische Eigenschaften; optische Eigenschaften –, so hat

7 Ginge man von dem heutigen Festkörperbegriff aus, so müßte man wesentlich mehr Wurzeln und historische Entwicklungslinien in die Betrachtung einbeziehen, als wenn man nur den Festkörperbegriff der 40er Jahre zugrunde legt, wie wir das in der vorliegenden Arbeit tun. Auch dabei können wir nur einige theoretische Hauptlinien aufzeigen, der experimentell-methodische Teil mit seinen z. T. engen Beziehungen zur Praxis muß zunächst weitgehend unberücksichtigt bleiben, obwohl z. B. klar ist, daß für die festkörperphysikalischen Arbeiten der 40er Jahre wesentlich verbesserte Kristallzüchtungsmethoden eine grundlegende Voraussetzung waren.

8 I. M. Lifschitz/M. I. Kaganow, Die Festkörperphysik auf der Landkarte der Wissenschaften, in: Festkörperphysik – Entwicklungstendenzen und Anwendungsmöglichkeiten, a. a. O., S. 22.

es den Anschein, als ob in der Anfangszeit der Festkörperphysik diese vornehmlich durch das Studium der Leitfähigkeit geprägt war, während die Kristallphysik die Struktureigenschaften in den Mittelpunkt der Betrachtung stellte.

Der Begriff „Festkörperphysik" ist also auf Grund der vorhandenen Literatur nicht eindeutig zu fassen. Lifschitz und Kaganow betonen: „Darum löst der Begriff ‚Festkörperphysik' selbst bei den Fachleuten ganz unterschiedliche Assoziationen aus, abhängig davon, auf welchem Gebiet sie arbeiten!" Und weiter heißt es dort: „Im Grunde genommen hat sich die Festkörperphysik in einige mehr oder weniger voneinander isolierte Bereiche aufgespalten, von denen jeder selbständig ist."[9]

Auch der gegenwärtige Entwicklungsstand der Festkörperphysik wird unter den Festkörperphysikern unterschiedlich eingeschätzt. In einer 1981 geführten Diskussion postulierte G. Eilenberger: Es „gehen der Festkörperphysik die fundamentalen Probleme aus"[10]. Damit deute sich zwar noch kein Ende festkörperphysikalischer Forschung an, aber sie könne nicht mehr in dem Maße wie bisher beanspruchen, Grundlagenforschung zu sein. Demgegenüber betonte H. Bilz: „... für viele ernsthafte Forscher in diesem Feld hat die Festkörperforschung eigentlich erst richtig begonnen."[11] – Bekanntlich gab es in der Geschichte schon öfter Diskussionen um das angebliche Ende einer Wissenschaft.

Diese unterschiedlichen Auffassungen sind für die Analyse der Disziplingenese insofern von Bedeutung, weil es problematisch ist, die einzelnen Phasen der bisherigen Entwicklung der Festkörperphysik den verschiedenen Etappen in der Herausbildung einer Disziplin zuzuordnen. Eine solche wissenschaftstheoretische Diskussion wird weiterhin dadurch erschwert, daß die Festkörperphysik – abgesehen von einigen jüngeren Einzelarbeiten – bisher historisch kaum aufgearbeitet ist. Wenn dennoch hier versucht wird, einige Grundlinien der Disziplingenese der Festkörperphysik herauszuarbeiten, so vor allem aus zwei Gründen:

1. Nach übereinstimmenden Aussagen ist die Festkörperphysik heute das Hauptarbeitsgebiet der Physiker, das zugleich am engsten mit praktischen Anwendungen verknüpft ist (nach verschiedenen Quellen machen in den letzten 25 Jahren Arbeiten zur Festkörperphysik etwa zwischen 25 % und 50 % der Veröffentlichungen in der Physik aus).

2. Die Festkörperphysik ist eine Teildisziplin der Physik, die zugleich durch das breite Spektrum der in ihr genutzten experimentellen und theoretischen Methoden das große Gebiet der Physik querschnittsmäßig erfaßt. Ihre Analyse verspricht daher interessante Aussagen bezüglich der Entwicklung von Disziplinen und Teildisziplinen. Eine Antwort auf entsprechende aufgeworfene Fragestellungen kann dieser Beitrag jedoch zunächst nur andeuten.

9 Ebenda, S. 17.

10 G. Eilenberger, Festkörperphysik: Quo vadis?, in: Physikalische Blätter, 3/1981, S. 69.

11 H. Bilz, Festkörperphysik: am Ende? – Eine Gegenrede, in: Physikalische Blätter, 8/1981, S. 278.

Neben einer kurzen Behandlung der Vorgeschichte wird nachfolgend die Herausbildung der Festkörperphysik in drei Etappen dargestellt, die sich im wesentlichen an J. Bardeen[12] anlehnen.

2. *Zur Vorgeschichte der Festkörperphysik*

Wie bereits angedeutet, liegen die Wurzeln der Festkörperphysik in der Kristallographie. In den Vorstellungen des 19. Jahrhunderts wurden die Begriffe „Kristall" und „fester Körper" praktisch miteinander identifiziert. In der klassischen Kristallphysik interessierte vor allem, in welcher Beziehung die Kristallsymmetrien zu den physikalischen Eigenschaften der Kristalle stehen.

In dieser Hinsicht nicht uninteressant, aber in seiner Bedeutung damals nicht erkannt, ist der zusammenfassende „Versuch einer Erklärung des innern Baues der festen Körper" von L. A. Seeber (1824), der nicht nur Bewegung und Struktur der festen Körper betrachtete, sondern „. . . alle Erscheinungen der Chemie und Wärmelehre . . ., ferner die Übergänge der Körper in den elektrischen und magnetischen Zustand . . .", auch akustische Erscheinungen und anderes als dazugehörig betrachtete und die Atomhypothese als mögliche Erklärung einbezog. Er stellte dann allerdings fest: „Zur Aufstellung exacter Theorien von diesen Erscheinungen ist eine genauere Kenntniß der Natur und inneren Beschaffenheit der Körper nothwendig, als wir bis jetzt besitzen."[13]

Bereits die klassische Mechanik, wenn sie über die Kinematik hinausgeht und Drehbewegungen erfaßt (wobei neben der Masse das Trägheitsmoment von Bedeutung wird), sowie bei der Untersuchung der Verformbarkeit, enthält Ansätze für die Festkörperphysik. Der Mechanik fremd sind jedoch Merkmale wie Temperatur, elektrischer Zustand, Farbe oder Geruch. Erscheinungen wie die Elektrizität oder der Magnetismus wurden im 19. Jahrhundert als makroskopisch-phänomenologische Erscheinungen untersucht, ohne sie speziell auf den festen Körper zu beziehen. Es ging vor allem um die grundsätzliche Klärung von mechanischen, elektromagnetischen oder thermischen Gesetzmäßigkeiten. Die theoretische Erklärung der Ursachen auf der Grundlage des Aufbaus und von Prozessen im Festkörper war zunächst jedoch weder möglich noch erforderlich.

Physikalische Effekte, die mit direktem Bezug zum festen Körper gefunden wurden, wie Piezoelektrizität, Drehung der Polarisationsebene des Lichtes durch

12 J. Bardeen, Solid-State Physics: Accomplishments and Future Prospects, in: Sanborn C. Brown (Hrsg.), Physics 50 years later, Washington 1973, S. 166f. – Eine solche, mehr von der „äußeren Erscheinung" ausgehende Betrachtung impliziert natürlich eine Reihe von Einschränkungen und Verzerrungen, die nur durch weiterführende Einzelarbeiten überwunden werden können.

13 L. A. Seeber, Versuch einer Erklärung des innern Baus der festen Körper, in: Annalen der Physik, 76 (1824) S. 229f.; vgl. dazu auch: N. Hager, Modelle in der Physik, Berlin 1982, S. 78.

Kristalle oder Kristall-Lumineszenz, machten es nicht notwendig, über den Rahmen der Kristallphysik hinauszugehen. Das Lehrbuch der Kristallphysik von W. Voigt von 1910 gibt einen Überblick über diesen Entwicklungsstand um die Jahrhundertwende.[14]

Um 1900 galt die Atomtheorie in der Physik als im wesentlichen anerkannt. Insbesondere die Ergebnisse der Chemie (J. Dalton, J. J. Berzelius) und der kinetischen Gastheorie (R. Clausius, L. Boltzmann) hatten zu ihrer Durchsetzung beigetragen. 1870 bezeichnete J. C. Maxwell die Atome als absolut unveränderliche Gegebenheiten. Die Untersuchung der Elektrizitätsleitung in Elektrolyten und insbesondere in Gasen führte 1897 J. J. Thomson und Ph. Lenard zur eindeutigen Bestätigung des Elektrons als Korpuskel der Elektrizität. Durch den Zeeman-Effekt wurde 1897 das Elektron als Bestandteil des Atoms bestätigt.

Daraus ergaben sich um die Jahrhundertwende eine ganze Reihe von Fragen, deren Beantwortung im Rahmen der bisherigen Kristallphysik nicht mehr möglich war. Einige seien hier in Anlehnung an F. Seitz[15] genannt:

– Im Rahmen der Kristallographie stand an vorderster Stelle die Frage nach der Anordnung der Atome oder Moleküle im Kristall.

– Warum fällt die molare spezifische Wärme kristalliner Materialien bei tiefen Temperaturen unter den Wert aus der Dulong-Petitschen Regel (allgemeiner war dies die Frage nach den Gründen für die Gültigkeit des Nernstschen Hauptsatzes)?

– Warum unterteilen sich die Festkörper in Leiter, Halbleiter und Isolatoren? Warum sind vor allem einatomige Festkörper metallisch? Wie ist das Verhalten von halbleitenden Materialien zu erklären?[16]

– Warum sinkt bei Halbleitern – im Gegensatz zu Metallen – die Leitfähigkeit mit abnehmender Temperatur? Warum wird die Leitfähigkeit bereits durch geringe Fremdatomkonzentration beeinflußt?

– Wenn die Drude-Lorentzsche Elektronengastheorie stimmt, warum ist dann die spezifische Wärme des Elektronengases kleiner als 3 R/2, wie es sich aus der Maxwell-Boltzmann-Statistik ergibt?

– Wo ist im Festkörper die Quelle des Magnetismus, und was ist die Ursache für Dia-, Para- oder Ferromagnetismus?

Anzumerken ist, daß viele dieser Fragen durch praktische Probleme, insbesondere aus der Elektrotechnik (im weiteren Sinne), angeregt wurden. Dadurch rückten vor allem Leitfähigkeitsprobleme in den Vordergrund der Betrachtung.

14 W. Voigt, Lehrbuch der Kristallphysik, Leipzig – Berlin 1910.

15 F. Seitz, Festkörperphysik – Gestern, Heute, Morgen, in: Physik in unserer Zeit, 1/1975, S. 16f.

16 Der Halbleiter-Detektor wurde z. B. in der Funktechnik eingesetzt. Seine Eigenschaften variierten jedoch von Bauelement zu Bauelement, so daß eine Produktion in größeren Stückzahlen bei gleichbleibenden Parametern nicht möglich war. Dies war einer der Gründe für die Ablösung des Detektors durch die Elektronenröhre.

3. *Die erste Etappe der Herausbildung der Festkörperphysik*

Im 19. Jahrhundert wurden experimentell zahlreiche Gesetzmäßigkeiten der Elektrizität gefunden, die mit der Leitfähigkeit der Metalle zusammenhängen, wie z. B. das Ohmsche Gesetz (1826) oder das Wiedemann-Franzsche Gesetz (1853). Im Zusammenhang mit der drahtgebundenen Telegrafie und gegen Ende des Jahrhunderts allgemein mit der Entwicklung von elektrischen Anlagen wurde es erforderlich, Näheres über die Gesetzmäßigkeiten der Leitfähigkeit von Metallen zu wissen. Um das Wesen des elektrischen Widerstandes zu erklären, nahm bereits W. Weber die Bewegung von elektrischen Teilchen im Leiter an und formulierte 1875 eine Quasi-Elektronentheorie.[17] Darauf baute um die Jahrhundertwende sein Schüler E. Riecke gemeinsam mit P. Drude (Schüler von W. Voigt) auf. Die zahlreichen Widersprüche dieser Vorstellungen resultierten u. a. daraus, daß sie noch ohne Berücksichtigung der Maxwellschen Theorie begründet wurden.

Riecke schlug bereits 1898 vor – ein Jahr nach der Entdeckung des Elektrons –, zwischen Metallmolekülen ein Gas aus leichten geladenen Teilchen anzunehmen. Hieran knüpfte Drude an und entwickelte um 1900 die Vorstellung, daß im Metall freie Elektronen vorhanden sind, die der Boltzmann-Statistik genügen. Auf dieser Grundlage konnte Drude das experimentell gefundene Wiedemann-Franzsche Gesetz bestätigen, nach M. Planck die wohl „... bedeutendste unter den theoretischen Leistungen Drudes ..."[18]

H. A. Lorentz veröffentlichte 1905 eine weiterentwickelte Fassung der Drudeschen Elektronentheorie. Er ging davon aus, daß die Elektronen in allen Metallen die gleichen sind, daß sie sich durch die Maxwellsche Geschwindigkeitsverteilung beschreiben lassen und daß die positiven Ladungen im Gitter festsitzen. Den Grundstein für seine Überlegungen hatte Lorentz bereits mit seiner Dissertation 1875 gelegt. Er hat dort „... die Maxwellsche Theorie vereinfacht durch die Einführung und Durchführung der Hypothese, daß die Elektrizität ebenso wie die Materie, atomistisch constituiert ist"[19].

Die Lorentz-Theorie lieferte so lange brauchbare Ergebnisse, wie die mittlere freie Weglänge der Elektronen Werte erreichte, bei denen der Atomabstand im Gitter vernachlässigt werden konnte.[20] So ergab sich z. B. für langwellige Strahlung Übereinstimmung mit den von Planck berechneten Werten für die Metallrefle-

17 W. Weber, Über die Bewegung der Elektrizität in Körpern von molekularer Konstitution, in: Annalen der Physik, 156 (1875), S. 1ff.; vgl. auch: K. H. Wiederkehr, Wilhelm Eduard Weber, Stuttgart 1961, S. 152ff.

18 M. Planck, Paul Drude – Gedächtnisrede, in: Verhandlungen der Deutschen Physikalischen Gesellschaft, 3/1906, S. 621.

19 Ch. Kirsten/H.-G. Körber (Hrsg.), Physiker über Physiker – Wahlvorschläge zur Aufnahme von Physikern in die Berliner Akademie, Berlin 1975, S. 166.

20 Vgl. U. I. Frankfurt, G. A. Lorenc – tworec ėlektronnoj teorii, in: Voprosy istorii estestvoznanii i techniki, 9/1960, S. 83–90; H. Kant, Hendrik Antoon Lorentz und die Elektronentheorie, in: Physik in der Schule, 6/1978, S. 225–229.

xion, für kurze Wellenlängen versagte aber die Lorentz-Theorie, und dies wies auf ein wesentliches Problem hin: Bei der Berücksichtigung der Atome wirkten neue Gesetzmäßigkeiten, die dann erst mittels der Quantentheorie zu erklären waren.

Noch offenkundiger war das Versagen der Drude-Lorentz-Theorie bei der Erklärung der spezifischen Wärme. Hingegen gelang A. Einstein mit Hilfe einer geeigneten Deutung der Planckschen Beziehung $E = h \cdot v$ eine befriedigende Erklärung der Abnahme der spezifischen Wärme fester Körper in der Nähe des absoluten Nullpunktes durch die Annahme eines einfachen Oszillartorverhaltens der Atome und Moleküle. Die weitere Diskussion dieser Erkenntnisse durch P. Debye sowie M. Born und T. von Kármán führte zu der Vermutung, daß der elektrische Widerstand reiner Metalle mit den Gitterschwingungen zu tun hat, die irgendwie die Bewegung der Ladungsträger behindern.[21]

Die in diesen Überlegungen enthaltene Voraussetzung eines periodischen Kristallgitters wurde endgültig akzeptiert, als M. von Laue, W. Friedrich und P. Knipping 1912 die Röntgenbeugung am Kristall demonstrierten. Ursprünglich waren diese Versuche dazu konzipiert, den elektromagnetischen Wellencharakter der Röntgenstrahlen nachzuweisen. Sie waren aber zugleich der eindeutige Beweis für die Kristallgitterstruktur.[22]

Zusammenfassend wäre festzustellen, daß die Drude-Lorentz-Theorie, die vor allem auf der Elektronenbewegung aufbaute, eine gute Erklärung von Transportphänomenen – wie sie z. B. das Wiedemann-Franzsche Gesetz repräsentiert – und von einer Reihe von Wärmestrahlungsphänomenen lieferte. Die Theorie von Einstein, Debye, Born und T. von Kármán, die vorwiegend auf dem Bild des schwingenden Ionengitters basierte, gab dagegen eine gute Erklärung der spezifischen Wärme.[23] Zu diesen Leitfähigkeitsproblemen kam 1911 ein weiteres dazu; in seinem Bestreben, sich möglichst weit dem absoluten Nullpunkt zu nähern, entdeckte H. Kamerlingh-Onnes die Supraleitung, die den Physikern noch für viele Jahrzehnte Rätsel aufgeben sollte.

Einen weiteren Schritt in der Erklärung bestimmter Festkörpereffekte brachte Bohrs Vorschlag, diskrete Elektronenzustände in Atomen und Molekülen anzunehmen. Man konnte nun für ausgedehnte Kristallgitter atomare oder molekulare „Zentren" einführen und auf dieser Grundlage z. B. die defektinduzierte Lumineszenz in Kristallen erklären. Hieraus ergaben sich zugleich Anknüpfungspunkte für das Verständnis der durch Verunreinigung induzierten Halbleitung, wenngleich die Ursachen der metallischen Leitfähigkeit weiterhin unklar blieben.[24]

21 Vgl. F. Seitz, Festkörperphysik – Gestern, Heute, Morgen, in: Physik in unserer Zeit, 1/1975, S. 19.

22 Vgl. P. P. Ewald, Fifty years of X-ray Diffraction, Utrecht 1962.

23 Vgl. L. H. Hoddeson/G. Baym, The development of the quantum mechanical electron theory of metals 1900–28, in: Proceedings of the Royal Society London, A 371 (1980) 1744, S. 11.

24 Vgl. F. Seitz, Festkörperphysik – Gestern, Heute, Morgen, in: Physik in unserer Zeit, 1/1975, S. 19.

4. *Die zweite Etappe der Herausbildung der Festkörperphysik*

„Wenn also die Elektronen in Metallen nicht den klassisch zu erwartenden Gesetzen genügen, so lag es nahe, zu vermuten, daß die Abweichungen in derselben Richtung zu suchen waren, wie bei den Elektronen in Atomen und Molekülen, nämlich in dem der Endlichkeit des Planckschen Wirkungsquantums *h* Rechnung tragenden Ersatz der klassischen Mechanik durch die Quantenmechanik . . . Pauli hat zuerst darauf aufmerksam gemacht, daß das von den Atomen und Molekülen bekannte Ausschließungsprinzip der Elektronen auch auf die Elektronen in Metallen angewandt werden müsse . . ." [25]

Als „Gegenstück" zur Bose-Einstein-Statistik (1924), die zur Beschreibung von Lichtquanten eingeführt worden war, entwickelten 1926 E. Fermi und P. Dirac unabhängig voneinander auf der Grundlage des Paulischen Ausschließungsprinzips eine Quantenstatistik für ein Teilchengas. Pauli griff seinerseits diese neue Version der Teilchenstatistik im Herbst 1926 auf und wandte sie auf Elektronen in Metallen an.[26] Mit dieser Arbeit „. . . eröffnete Pauli die Entwicklung der modernen Festkörperphysik."[27]

Die Anwendung dieser neuen Konzeption auf weitere Festkörperphänomene und damit die quantenstatistische Umformulierung der Drude-Lorentz-Theorie gelang A. Sommerfeld, der sich schon früher eingehend mit der Drude-Lorentz-Theorie befaßt hatte. Von Pauli wird der Ausspruch überliefert: „Ich mag diese Physik des festen Körpers nicht . . ." [28], denn dies war für Pauli bereits ein viel zu sehr „angewandtes" Problem. Sommerfeld machte die Frage, wieweit die verschiedenen Metalleigenschaften mit der neuen Theorie in Einklang gebracht werden konnten, zum Hauptthema seines Münchener Forschungsseminars – unter dessen Teilnehmern sich R. E. Peierls, H. A. Bethe, C. Eckart, W. V. Houston und L. Pauling befanden.[29]

25 F. Bloch, Die Elektronentheorie der Metalle, in: Handbuch der Radiologie, Bd. VI (Quantenmechanik der Materie und Strahlung), Leipzig 1933, S. 231.

26 W. Pauli schrieb am 19. Oktober 1926 an Heisenberg: „Ich denke jetzt wesentlich milder über die Fermi-Diracsche Statistik, und es scheinen mir jetzt mehrere Argumente für sie zu sprechen. Es besteht ja schon zwischen Kristallgitter und Strahlung ein Unterschied, nämlich betreffend die Nullpunktsenergie." Pauli meinte, daß er sich auf diese Weise die „Unterschiede im thermodynamisch-statistischen Verhalten von Licht- und Materiestrahlung durch Betrachtungen über Nullpunktsenergie genießbar machen kann"! – Pauli leitete in diesem Brief dann seine Überlegungen zum schwachen Paramagnetismus einfacher Metalle ab (in: A. Hermann/K. v. Meyenn/V. F. Weisskopf [Hrsg.], Wolfgang Pauli, Wissenschaftlicher Briefwechsel, Bd. I, New York – Heidelberg – Berlin [West] 1979, S. 340/341).

27 L. H. Hoddeson/G. Baym, The development of the quantum mechanical electron theory of metals 1900–28, in: Proceedings of the Royal Society London, A 371 (1980) 1744, S. 15.

28 H. B. G. Casimir, Pauli and the Theory of the Solid State, in: M. Fierz/V. F. Weisskopf (Hrsg.), Theoretical Physics in the Twentieth Century, New York–London 1960, S. 137.

29 Vgl. L. H. Hoddeson/G. Baym, The development of the quantum mechanical electron theory of metals 1900–28, in: Proceedings of the Royal Society London, A 371 (1980) 1744, S. 15.

Sommerfeld veröffentlichte die ersten Ergebnisse seiner Überlegungen Ende 1927. Resümierend stellte er fest: „Wir haben hier nur einen kleinen Teil des unübersehbaren Gebietes der metallischen Leitung behandelt. Der allgemeine Eindruck, der sich dabei aufdrängt, ist zweifellos der, daß durch die neue Statistik die Widersprüche der alten Theorie behoben und die Erfahrungstatsachen teils quantitativ, teils qualitativ richtig wiedergegeben werden."[30] Im Anschluß daran nannte er einige weitere Festkörpererscheinungen, die zu prüfen waren. Eine davon betraf den Ferromagnetismus. Hierfür lieferte W. Heisenberg die quantenmechanische Erklärung. Bereits 1926 hatte er sich damit befaßt, und nach Antritt seiner Leipziger Professur gelang ihm 1928 die theoretische Begründung.[31]

War Sommerfeld noch der klassischen Theorie verhaftet, so vollzog Heisenbergs Schüler F. Bloch 1928 den endgültigen Übergang zu einer Quantenmechanik des Elektrons im Kristallgitter.[32] Hauptpunkt seiner Arbeit war die Erklärung der Temperaturabhängigkeit des Widerstandes durch die Gitterschwingungen.

Als wichtigstes Resultat für die Festkörperphysik ergab sich aus Blochs Theorie das sogenannte Bändermodell.[33] Kern dieses Modells ist die Aussage, daß es möglich ist, eine brauchbare Vorstellung über das Verhalten der Valenzelektronen im Festkörper zu gewinnen, wenn man sie als voneinander unabhängig betrachtet. Die Wechselwirkung wird über die Einteilchen-Näherung berücksichtigt. Rücken die Atome zusammen (wie im Festkörper geschehen), dann verbreitern sich die diskreten Atomenergiezustände zu Bändern, die zum Gesamtkristall gehören. Die zugehörigen Elektronen können sich relativ frei durch den ganzen Kristall bewegen. Mittels dieses Bändermodells lassen sich die wesentlichen Eigenschaften von Metallen, Halbleitern und Isolatoren in ihren wichtigen Zügen erklären. Dabei ist der weitreichende Erfolg des Bändermodells durchaus erstaunlich, denn obwohl die Elektron-Elektron-Wechselwirkung in kristallinen Substanzen sehr wichtig ist, können diese Wechselwirkungsprozesse eben

Alle diese Teilnehmer lieferten in den folgenden Jahren wichtige Beiträge zur Quantenphysik des festen Körpers. Die amerikanischen Vertreter in diesem Seminar trugen nach ihrer Rückkehr in die USA mit dazu bei, daß die amerikanische theoretische Physik gerade auf diesem Gebiet einen enormen Aufschwung nahm. Man könnte zugespitzt formulieren, daß eine breitere physikalisch-theoretische Arbeit in den USA erst mit der Festkörperphysik begann. Das erklärt z. T. auch, daß die USA dann in den 30er und 40er Jahren auf dem Gebiet der Festkörperphysik und ihrer praktischen Nutzung eine führende Position einnehmen konnte.

30 A. Sommerfeld, Zur Elektronentheorie der Metalle, in: Die Naturwissenschaften, 41/1927, S. 831.

31 Vgl. W. Heisenberg, Zur Theorie des Ferromagnetismus, in: Zeitschrift für Physik, 49/1928, S. 619–636; vgl. auch: A. Hermann/K. v. Meyenn/V. F. Weisskopf (Hrsg.), Wolfgang Pauli. Wissenschaftlicher Briefwechsel, a. a. O., S. 443f.

32 Vgl. F. Bloch, Über die Quantenmechanik der Elektronen in Kristallgittern, in: Zeitschrift für Physik, 52/1928, S. 555–600.

33 Vgl. H. E. Roschach, The Contributions of Felix Bloch and W. V. Houston to the Electron Theory of Metals, in: American Journal of Physics, 7/1970, S. 897–904.

oft vernachlässigt oder durch einfache Näherungsprozesse erfaßt werden. Der Erfolg des Bändermodells, für den idealen Kristall abgeleitet, ermutigte auch zum Studium einer Reihe von Eigenschaften des realen Kristalls.

Aufbauend auf Heisenbergs Theorie des Ferromagnetismus wurden in den 30er Jahren vor allem von J. C. Slater, J. van Vleck, E. C. Stoner und H. A. Bethe die ferromagnetischen Erscheinungen weiter diskutiert. Landau berechnete 1930 den Diamagnetismus eines freien Elektronengases. 1931 erklärte A. H. Wilson die Unterschiede zwischen Metall, Halbleiter und Isolator im Rahmen des Bändermodells. Alle diese Ergebnisse machten deutlich, daß die früheren Einzeluntersuchungen über Phänomene des festen Körpers durch eine einheitliche Festkörpertheorie erklärbar waren.

In der kurzen Zeit von rund 5 Jahren wurden im Rahmen der Entwicklung der Quantenmechanik die theoretischen Grundlagen der Festkörperphysik gelegt. Peierls stellte 1932 fest: „Überblickt man den gegenwärtigen Stand der Metalltheorie, so gewinnt man den Eindruck, daß ihre Aufgabe, das typische Verhalten der Metalle aus ihren molekularen Eigenschaften zu erklären, und die existierenden quantitativen Gesetzmäßigkeiten abzuleiten, zum größten Teil ... gelöst ist. Ungelöst ist dagegen das Problem, etwa die Materialkonstanten aller Metalle aus wenigen molekularen Daten zu berechnen. Nach Ansicht des Verfassers ist dies aber eine ... interessante Aufgabe der Theorie ...“[34] Gerade in dieser letzten Feststellung deutet sich an, was F. Seitz „soziologische Verlagerung in der Physik“ für diesen Zeitraum nannte: „Während der Entwicklung der klassischen Wellenmechanik war die Festkörperphysik eng mit der Entdeckung der Grundgesetze der Physik verbunden. Sie gab dem gesamten Feld der Atom- und Quantenphysik Handwerkszeug und Erkenntnisse, die auf die Quantentheorie hinführten. Aber nachdem die Wellenmechanik formuliert worden war, wendete sich die Aufmerksamkeit der Grundlagenphysiker mehr der Kern- und Hochenergie-Physik sowie der Kosmologie zu. Die Festkörperphysik wurde ... eine eigene isolierte Welt ...“[35] – In gewisser Weise teilt sich bereits in diesen Bemerkungen die oben erwähnte Diskussion über Grundlagenforschung in der heutigen Festkörperphysik mit.

Eine Reihe von Review-Artikeln und zusammenfassenden Monographien erschienen Mitte der dreißiger Jahre.[36] Einen gewissen Abschluß dieser Periode,

34 R. E. Peierls, Elektronentheorie der Metalle, in: Ergebnisse der exakten Naturwissenschaften, 11/1932, S. 320.

35 F. Seitz, Festkörperphysik – Gestern, Heute, Morgen, in: Physik in unserer Zeit, a. a. O., S. 21.

36 Vgl. H. Bethe/A. Sommerfeld, Elektronentheorie der Metalle, in: Handbuch der Physik, Bd. XXIV/2, Berlin 1933, S. 333–622; J. C. Slater, The Electronic Structure of Metals, in: Reviews of Modern Physics, 4/1934, S. 210–280; N. F. Mott/H. Jones, The Theory of the Properties of Metals and Alloys, Oxford 1936; A. H. Wilson, The Theory of Metals, Cambridge 1936.

in der nun immer weitere Festkörpereffekte im Rahmen der quantenmechanischen Theorie quantitativ erklärt wurden, bildete die schon genannte Monographie von F. Seitz. Erwähnt sei noch, daß auch das Verständnis der Supraleitung in den dreißiger Jahren durch die Entdeckung des Meissner-Ochsenfeld-Effekts und die theoretischen Interpretationsansätze von F. und H. London und anderen einige Fortschritte machte.

Man kann sagen, daß etwa Mitte der dreißiger Jahre in allen physikalischen Laboratorien, insbesondere aber in den USA, England, Deutschland und in der Sowjetunion, ein etwa gleich hoher Stand im Verständnis der Festkörpereigenschaften erreicht war. Der zweite Weltkrieg unterbrach diese Entwicklung. Unterschiedliche praktische Anforderungen dieses Gebietes bedingten eine unterschiedliche Entwicklung. Vor allem die Bereiche, die in direktem Zusammenhang zur Elektronik (insbesondere für Kriegsausrüstungen) standen, wurden gefördert bzw. nach ihren praktischen Anwendungsmöglichkeiten geprüft. Andererseits wurde damit bewiesen, daß die Festkörperphysik breite praktische Anwendungsmöglichkeiten bot. Zugleich nahm in dieser Zeit die Entwicklung der experimentellen Technik einen enormen Aufschwung.

5. *Die dritte Etappe der Herausbildung der Festkörperphysik*

Als die Verbindung zwischen Forschung und Praxis immer enger wurde, „... vollzog sich die Entdeckung der Gesetzmäßigkeiten der Eigenschaften von Festkörpern mit einem beschleunigten Tempo", betont L. Pál. Im Verlaufe dieser in der zweiten Hälfte der vierziger Jahre einsetzenden Periode „... wurde die Technologie des Festkörpers geschaffen, die umfassend in der Industrie genutzt wurde"[37].

„Das Gebiet ist seit dem Ende des 2. Weltkrieges rapide angewachsen und ist heute der größte Bereich der Physik"[38], stellte J. Bardeen 1973 fest. Der Anwendungsbereich reicht von den Halbleitern in der Elektronik, magnetischen Materialien für Transformatoren, Magnetbändern und Computerspeichern, Lumineszenzmaterialien für Lichtquellen und Displays, Fotoleitern in der Xerografie, Supraleitern in Elektromagneten bis zu Lasern, Masern und vielem anderen. Diese Diversifikation vom Ausbau der theoretischen Grundlagen bis zur technischen Nutzung kann hier nicht abgehandelt werden, und wir müssen uns auf einige Andeutungen beschränken.

„Wesentliches praktisches Ziel der Festkörperphysik ist es, Methoden anzubieten, die es erlauben, Materialien mit bestimmten technischen Parametern zu

37 L. Pál, Neue Forschungsrichtungen auf dem Gebiet der Festkörperphysik, in: Übersetzungen und Referate, hrsg. von der Akademie der Wissenschaften der DDR (Berlin), 7/1975, S. 7.

38 J. Bardeen, Solid-State-Physics: Accomplishments and Future Prospects, in: Sanborn C. Brown (Hrsg.), Physics 50 years later, a. a. O., S. 165.

erhalten",[39] schreibt I. K. Kikoin. Aus diesen – für die Praxis unerhört wichtigen – materialorientierten Forschungen wird manchmal abgeleitet, daß die Festkörperphysik zu einer Materialwissenschaft geworden sei[40]; das dürfte aber zu einseitig sein. Daß dabei jedoch eine Fülle von Einzelfaktoren angehäuft wird und daraus folgend jedes Material seine eigene Erforschung erfordert, könnte darauf hindeuten, daß hier neue übergreifende Zusammenhänge noch aufzudecken sind.[41]

Der wichtigste Impuls für die Entwicklung der Festkörperphysik ging Ende der vierziger Jahre offenbar von der Halbleiterphysik aus, die durch ihre Nutzungsmöglichkeiten in der Elektronik zuerst den Anschluß an praktische Aufgaben fand. B. M. Vul drückte das so aus: „Nach der Entdeckung des Transistoreffekts setzte eine rapide Entwicklung der wissenschaftlichen Arbeit zur Physik, Chemie und Technologie der Halbleiter ein ... Der Transfer des Transistors aus den Labors in die Fabriken beinhaltete einen machtvollen Impuls für die Halbleiterphysik ..."[42]

Die spektakuläre Entdeckung des Transistoreffekts 1947 in den Industrielaboratorien von Bell durch J. Bardeen, W. H. Brattain und W. B. Shockley und seine unmittelbare technische Nutzung leitete praktisch die sogenannte Mikroelektronik-Revolution ein. Die Historie seiner Entdeckung und die Vorgeschichte sind relativ gut bekannt[43], demgegenüber blieb die Entwicklung des wissenschaftlichen Umfeldes bisher stets etwas im Schatten der historischen Betrachtung. Die Rolle der Halbleiterphysik in dieser Zeit betonte J. Auth: „Wenn wir nach dem Beitrag der Halbleiterphysik zur Entwicklung der Physik als Wissenschaft fragen, so können wir ... feststellen, daß sie einen ganz wesentlichen Beitrag zum tieferen Verstehen der Physik fester Körper überhaupt geleistet hat, daß sie wichtige neue Untersuchungsmethoden, die später auch auf Metalle und andere Festkörper übertragen wurden, hervorgebracht hat, und daß sie eine qualitativ neue Stufe im Herangehen an die Fragen der Reproduzierbarkeit und Definiertheit der zu untersuchenden Proben demonstriert hat."[44] Die Halbleiterphysik übernahm damit in den 40er und 50er Jahren eine gewisse Führungsfunktion für die Entwicklung der Festkörperphysik.

39 I. K. Kikoin, Razvitie fiziki tverdogo tela, in: Oktjabr' i naučnyj progress, Moskva 1967, S. 319.

40 So heißt es z. B. bei Wert/Thomson: „Die Festkörperphysik ist Teil einer wesentlich größeren Wissenschaft, der Werkstoffkunde", in: Ch. A. Wert/R. M. Thomson, Physics of Solids, New York–Toronto–London 1964 (zitiert nach der russ. Ausgabe, Moskau 1969, S. 11).

41 Vgl. H. Bilz, Festkörperphysik: am Ende? – Eine Gegenrede, in: Physikalische Blätter, 8/1981, S. 277.

42 B. M. Vul, Introductory Report to the IX International Conference of the Physics of Semiconductors, in: Proceedings, Bd. 1, Leningrad 1968, S. 9.

43 Vgl. H. Kant, Fallstudie zur Entwicklung der Halbleiterphysik, in: E. Albrecht u. a., Zyklus Wissenschaft – Technik – Produktion, Kap. 4.1 und 4.2, Berlin 1982, S. 153–179.

44 J. Auth, Halbleiterphysik in Forschung und Technik, in: Wissenschaftliche Zeitschrift der Humboldt-Universität zu Berlin, Math.-nat. Reihe, 2/1975, S. 296.

Zu beachten ist, daß in dieser dritten Etappe eine Reihe von experimentellen Methoden sowie ein spezifisches mehr oder weniger phänomenologisches Wissen sozusagen „hinzukam“, das im Rahmen der Kristallzüchtung, bestimmter chemischer Untersuchungen usw. etwa seit 1915 erarbeitet worden war. Diese Arbeiten resultierten damals z. T. aus Untersuchungen, die nicht im direkten Zusammenhang mit der hier betrachteten Hauptlinie der Entwicklung der Festkörperphysik standen. Ohne dieses Wissen wäre aber die „Kontinuität der 3. Etappe“ kaum denkbar gewesen – hierzu sind weitere Untersuchungen notwendig.

Die Festkörperphysik war damit als Teildisziplin der Physik institutionalisiert. Die ersten Monographien zur Festkörperphysik wurden bereits genannt; bald folgten Lehrbücher. Das erste über Jahrzehnte gültige Lehrbuch war das von Ch. Kittel.[45] Die erste grundlegende Monographie zur Halbleiterphysik erschien 1950 von W. Shockley.[46] Entsprechende Zeitschriften folgten, und die International Union of Pure and Applied Physics veranstaltete seit dieser Zeit internationale Kongresse zur Festkörper- und Halbleiterphysik. Den „Festkörperphysiker“ als Berufsbezeichnung gibt es allerdings nicht.

Identifizierte man zeitweilig die „Halbleiterphysik“ und die „Festkörperphysik“ nahezu miteinander, so hat die Halbleiterphysik in den 60er Jahren ihre Führungsfunktion wieder verloren, nicht etwa, weil sie inzwischen ein sogenannter „abgeschlossener“ Zweig der Entwicklung geworden wäre, sondern weil viele ihrer Probleme von allgemeinerem festkörperphysikalischen Interesse wurden und neben den Halbleitern auch andere Festkörper stärker in Anwendungsbereiche vordrangen. Auch für das Verhältnis der Festkörperphysik zur Physik der kondensierten Materie könnte die Problematik ähnlich liegen. Solche Teildisziplinen wie die hier behandelten könnten also im Rahmen der Disziplingenese nur eine zeitweilige Rolle spielen, nicht weil ihnen die Probleme ausgehen, sondern weil sie in übergreifenden Fragestellungen aufgehoben werden. Andererseits spielen offenbar praktisch-pragmatische Aspekte bei der Herausbildung solcher Teildisziplinen eine nicht unwesentliche Rolle.

45 Ch. Kittel, Introduction to Solid State Physics, New York 1956.

46 W. Shockley, Electrons and Holes in Semiconductors, New York–Toronto–London 1950.

Dieter Hoffmann

Zur Etablierung der „technischen Physik" in Deutschland

Die Herausbildung der modernen Industrie bewirkte im Verlaufe des 19. Jahrhunderts nicht nur eine gewaltige Umgestaltung der gesellschaftlichen Produktivkräfte, sondern es wurde zudem eine Entwicklung eingeleitet, die das Verhältnis von Physik und Technik grundsätzlich neu gestaltete. War die zielgerichtete Ausnutzung physikalischer Methoden, Prinzipien und Erkenntnisse bislang auf einige ausgewählte Bereiche der sogenannten „physikalischen Technik" (Technische Mechanik, Wärmelehre u. a. m.) beschränkt geblieben, so wurde die Physik nun in immer mehr Gebieten als wissenschaftliche Grundlage für die Gestaltung technischer Lösungen und technologischer Prozesse erkannt und ausgenutzt. Mit der sich beschleunigenden Expansion der Industrie und der zunehmenden Verwissenschaftlichung der Technik vertieften sich die Beziehungen zwischen Physik und Technik auch dadurch, daß man nun in wachsendem Maße an die zeitgenössische physikalische Forschung anknüpfte – bislang hatte man zumeist auf schon lange bekannte wissenschaftliche Erkenntnisse zurückgegriffen. Darüberhinaus entstanden im ausgehenden 19. Jahrhundert ganze Industriezweige – man denke an die Elektrobranche oder den wissenschaftlichen Gerätebau –, die auf das Wissen und die Methoden der Physik in ganz unmittelbarer Weise aufbauten.

Vor dem Hintergrund dieser Entwicklungen wurden spezifisch physikalisch-technische Forschungen initiiert, die sowohl einen Bezug zur traditionellen „akademischen" Physik aufwiesen als auch eine relativ eigenständige, speziell „technische" Komponente besaßen. Nicht zufällig entstanden in den Jahrzehnten um die Jahrhundertwende Forschungseinrichtungen, die sich insbesondere solcher Probleme annahmen und die über den Rahmen des bisherigen universitären Wissenschaftsbetriebs hinausgingen bzw. ihn sogar sprengten. Beispielsweise wurde damit begonnen, firmeneigene Versuchslabors einzurichten und eine industrieeigene Forschung zu betreiben. Als führender Betrieb der Elektrobranche hatte dabei die Firma Siemens & Halske im Jahre 1873 mit der Gründung eines „Physikalisch-Technischen Laboratoriums" den Anfang gemacht. Waren in den Anfangsjahren nur wenige Hochschulkader – das Siemens'sche Labor bestand zunächst aus lediglich zwei bzw. drei Mitarbeitern – mit der Bearbeitung anfallender Spezialprobleme betraut, so brachte unser Jahrhundert den endgültigen Durchbruch im Industrieeinsatz von Physikern. In den großen Industriekonzernen entstanden nach und nach eigenständige Forschungsabteilungen, die den überwiegenden Teil der Physikstudenten übernahmen. Dies hatte nicht nur weitgehende Konsequenzen für den Stellenwert physikalisch-technischer Problemstellungen, sondern auch für das Berufsbild des Physikers – nicht der Hochschulphysiker, sondern der Industriephysiker wurde nun zum Normalfall des Physikabsolventen. Schon Ende des ersten Weltkriegs waren „von allen Physikern Deutschlands etwa zwei Drittel in der Technik und ein Drittel in der Wissenschaft tätig“[1], und ein Jahrzehnt später stellte J. Zenneck fest, „daß es kaum irgendein Gebiet der produzierenden Technik gibt, in dem keine Physiker verwendet werden“[2].

Auf dieser Grundlage setzte innerhalb der Physik ein Differenzierungsprozeß ein, der – folgt man den bekannten Institutionalisierungskriterien[3] – alle Merkmale der Herausbildung eines eigenständigen disziplinären Wissenschaftsgebietes, der sogenannten technischen Physik, trug. Allerdings weist die technische Physik gegenüber anderen physikalischen Teildisziplinen jene Eigenart auf, daß dieser Terminus im modernen Sprachschatz der Physik nur noch selten Verwendung findet und auch ihre Rolle als eigenständige Wissenschaftsdisziplin nicht mehr akzeptiert wird. Insbesondere letzteres steht in einem bemerkenswerten Kontrast zur Situation zwischen den beiden Weltkriegen, wo die technische Physik ihre Blütezeit durchlebte und in der einschlägigen Fachliteratur ihre selbständige Funktion im Ensemble der „exakten Wissenschaften“ mit großer Vehemenz betont wurde.[4]

Vor der historischen Beschreibung des Phänomens „technische Physik“ ist zu klären, was die damalige „Wissenschaftlergemeinschaft“ darunter verstanden hat. Es scheint dabei für die Situation dieses Gebietes typisch, daß eine allgemeingültige Definition nicht existiert. Vielmehr wurde ein mehr oder weniger intuitives Verständnis zugrunde gelegt, das beispielsweise in der folgenden Feststellung von G. Gehlhoff, einem der führenden Vertreter der technischen Physik, zum Ausdruck kommt: „Das beste Zeichen dafür, daß ‚technische Physik‘ ein fest umgrenzter Begriff geworden ist, ist wohl, daß dieser Begriff nicht nur den Physikern, sondern auch allen anderen Disziplinen etwas sagt, etwas gut Vorstellbares geworden ist.“[5] Für Gehlhoff war eine Definition, die allein „die Anwendung

1 G. Gehlhoff, Rundschreiben zur Gründung einer Gesellschaft für technische Physik, in: Zeitschrift für technische Physik, 1/1920, S. 4.

2 J. Zenneck, Technische Physik, in: Aus 50 Jahren deutscher Wissenschaft, Berlin 1930, S. 323.

3 Vgl. dazu den Beitrag: M. Guntau/H. Laitko, Entstehung und Wesen wissenschaftlicher Disziplinen, in diesem Band.

4 Vgl. insbesondere die Bände der „Zeitschrift für technische Physik“; auch in den Inhaltsverzeichnissen der anderen physikalischen Zeitschriften taucht in jener Zeit häufig der Terminus „technische Physik“ auf.

5 G. Gehlhoff, Zehn Jahre Deutsche Gesellschaft für technische Physik, in: Zeitschrift für technische Physik, 6/1929, S. 195.

physikalischer Erkenntnisse, Gesetze, Methoden auf Probleme der Technik" betonte, zu eng. Vielmehr „handelt es sich gleichzeitig um eine andere Denkweise des Physikers, um eine besondere Form der Fragestellung wie der Durchführung der Untersuchung und Lösung"[6]. Nach der Auffassung eines anderen prominenten technischen Physikers „wäre es Aufgabe dieser neuen Wissenschaft, diejenigen im weitesten Sinne physikalischen Probleme zu erforschen, welche der Technik entweder auf ihrem bisherigen Wege bei der Verbesserung des schon Vorhandenen helfen können, oder neue Probleme zu erforschen, welche mit Wahrscheinlichkeit auf längere Sicht technische Anwendbarkeit und neue grundlegende technische Fortschritte versprechen ... Die Wissenschaft, die von solchen Männern vertreten wird, ist dazu berufen, nicht nur Tagesfragen der Technik zu beantworten, sondern den Fortschritt der Technik zu leiten, da sie allein gleichzeitig Einblick in die technischen und die physikalischen Möglichkeiten hat. Die technische Physik ist also im höchsten Sinne nicht nur Beraterin, sondern Führerin der Technik."[7]

Neben den entstehenden Einrichtungen der Industrieforschung muß die Gründung der Berliner Physikalisch-Technischen Reichsanstalt (PTR) als die früheste Institutionalisierungsform der technischen Physik angesehen werden. Sie war im Jahre 1887 mit dem Ziel der möglichst optimalen Verbindung von Wissenschaft und Industrie gegründet worden und entwickelte sich in den folgenden Jahrzehnten zum führenden Institut für physikalisch-technische Forschung in Deutschland. Nach den Intentionen der Gründungsväter – in erster Linie sind hier Wilhelm Foerster, Hermann von Helmholtz und vor allem Werner von Siemens zu nennen – stellte die Gewinnung neuer wissenschaftlicher Erkenntnisse und ihre Anwendung im Prozeß der industriellen Entwicklung zwei eng miteinander verknüpfte Aspekte dar, deren Verhältnis es unter den Bedingungen der kapitalistischen Hochindustrialisierung neu zu gestalten galt. Für W. v. Siemens beispielsweise bildete „die naturwissenschaftliche Forschung immer den sicheren Boden des technischen Fortschritts, und die Industrie eines Landes wird niemals eine internationale, leitende Stellung erwerben und sich selbst erhalten können, wenn dasselbe nicht gleichzeitig an der Spitze des naturwissenschaftlichen Fortschritts steht: Dieses herbeizuführen, ist das wirksamste Mittel zur Hebung der Industrie."[8]

Diesen Grundsätzen, die auf eine breit angelegte, wissenschaftlich-technischen Bedürfnissen Rechnung tragende Grundlagenforschung zielten, waren dann auch Tätigkeitsprofil und Organisationsstruktur der Reichsanstalt verpflichtet. Hinsichtlich letzterer gliederte man die Anstalt zunächst in zwei Abteilungen, eine

6 Ebenda, S. 194.

7 A. Schach, Technik und Physik, in: Die Naturwissenschaften, 1926, S. 378.

8 W. v. Siemens, Votum betreffend die Gründung eines Instituts für die experimentelle Förderung der exakten Naturwissenschaften und der Präzisionstechnik, in: Werner von Siemens, Wissenschaftliche und technische Arbeiten, Bd. 2, Berlin 1891, S. 576.

physikalische und eine physikalisch-technische. Sollte die Ausführung physikalischer Untersuchungen und Messungen von großer wissenschaftlicher Tragweite und Wichtigkeit Aufgabe der ersten Abteilung sein, so hatte die zweite „Ergebnisse der Forschung nach der technischen Seite hin weiter zu bilden und für die wissenschaftliche Technik nutzbar zu machen“[9]. Im Jahre 1914 hob eine Reorganisation der Reichsanstalt deren Zweiteilung, die sich als unzweckmäßig erwiesen hatte, auf und setzte an ihre Stelle eine Gliederung nach physikalischen Fachabteilungen (Optik, Elektrizität, Wärme), in denen sowohl physikalische Forschung als auch technische Prüfung betrieben wurde. Diese Neugliederung spiegelte nicht zuletzt den gewachsenen Stellenwert physikalisch-technischer und vor allem metrologischer Probleme im Tätigkeitsprofil der Physikalisch-Technischen Reichsanstalt wider, da sie dem Gesichtspunkt der Einheit von Physik und Technik einen noch größeren Raum gab.

Bei der Ausarbeitung des wissenschaftlichen Programms der Reichsanstalt wurde zwar an das wissenschaftlich wie gesellschaftlich höchst bedeutsame Problem der Entwicklung eines einheitlichen und zuverlässigen elektrischen Maßsystems angeknüpft, doch übernahm sie mit Aufnahme ihrer Tätigkeit sehr viel weitergehende Prüfungs- und Untersuchungsaufgaben. Ihr Aufgabenkatalog umfaßte schon in den ersten Jahren fast das gesamte Spektrum physikalisch-technischer Problemstellungen und reichte von thermischen und kalorischen Untersuchungen zur Bestimmung der Ausdehnungskoeffizienten bzw. anderer Materialkonstanten (das erwies sich z. B. bei der Herstellung von exakten Thermometern als bedeutsam) über entsprechende Forschungen zur Darstellung und Überwachung elektrischer Einheiten und Meßgeräte bis hin zur Übernahme vielfältiger Prüfaufgaben in fast allen Bereichen von Physik und Technik.[10] Allein die Zahl der jährlich vorgenommenen Prüfungen lag im Durchschnitt bei etwa 20000, die vom einfachen Fieberthermometer bis zum kompliziertesten elektrischen Präzisionsmeßinstrument reichten. Auch sonst fehlte es nicht an Zeugnissen für die Qualität der in der Reichsanstalt erbrachten Leistungen: So ging beispielsweise die Einführung des Manganins als Werkstoff für Präzisionswiderstände auf Forschungen der Reichsanstalt zurück; die magnetischen Untersuchungen E. Gumlichs machten den Einfluß der chemischen Zusammensetzung und thermischen Behandlung auf die Magnetisierbarkeit von Eisenlegierungen deutlich und führten zur Einführung silizierter Eisenbleche im Transformatorenbau; die Vervollkommnung optischer Methoden in der Zuckerprüfung und die Entwicklung zuverlässiger Saccharimeter bildete ebenfalls eine Aufgabe, an der Physik, Technik und Industrie in gleichem Maße interessiert waren. Die Sternstunde im frühen Schaffen der Physikalisch-Technischen Reichsanstalt waren ohne Zweifel die Lichthelligkeitsmessungen. Sie lieferten nicht nur die experi-

9 Geschäftsordnung der Physikalisch-Technischen Reichsanstalt, Berlin 1887, S. 1.

10 Vgl. die Tätigkeitsberichte der Physikalisch-Technischen Reichsanstalt in den jeweiligen Jahrgängen der „Zeitschrift für Instrumentenkunde“.

mentelle Grundlage der theoretischen Untersuchungen Max Plancks zur Hohlraumstrahlung und damit für die Plancksche Quantenhypothese, sondern sie stellten erstmals auch das Gebiet der Lichtmessung auf eine solide wissenschaftliche Basis. Die sich Ende des vergangenen Jahrhunderts vollziehende Einführung zuverlässiger und exakter Photometer und Lichtmaße war das Ergebnis der entsprechenden Forschungen der Reichsanstalt und bildete wohl das bedeutsamste Resultat ihres Wirkens auf physikalisch-technischem Gebiet.

Noch in einer weiteren Hinsicht prägte die Physikalisch-Technische Reichsanstalt die Entwicklung der technischen Physik. Wenn in den Jahren um die Jahrhundertwende bereits Präzisionsphysik im auch heute noch gültigen Sinne betrieben wurde, dann in den ausgezeichnet ausgestatteten Labors der Reichsanstalt. Auch dies hatte eine Erweiterung und Vertiefung der Beziehungen der Reichsanstalt zur technischen Physik zur Folge, da es gerade Präzisionsmessungen waren, die reine und technische Physik zusammenführten (nicht zuletzt wegen des hohen apparativen Aufwands).[11]

Mit der Gründung der Physikalisch-Technischen Reichsanstalt war „die technische Physik gleichsam gesetzlich anerkannt“[12], und ihr Wirken hatte auch maßgeblich zur Profilierung eines physikalisch-technischen Denkens beigetragen, doch bildete dies eben nur den Anfang im Institutionalisierungsprozeß dieses Wissenschaftsgebietes. Charakteristisch für das frühe Entwicklungsstadium der technischen Physik war, daß ihr erster bedeutender institutioneller Rahmen außerhalb der traditionellen physikalischen Ausbildungsstätten lag. Der technisch orientierte Physiker wurde im ausgehenden 19. Jahrhundert von seinen Fachkollegen noch keineswegs in jeder Hinsicht akzeptiert und vielfach sogar als ein „verhinderter“ reiner Physiker betrachtet. Werner von Siemens schrieb z. B. 1889 in seinen „Lebenserinnerungen“, daß die „hoch angesehenen Träger der Wissenschaft es mit ihrer Würde nicht vereinbar hielten, ein persönliches Interesse für den technischen Fortschritt zu zeigen“[13]. Selbst drei Jahrzehnte später fühlten sich die Herausgeber der neugegründeten „Zeitschrift für technische Physik“ noch zu der Feststellung veranlaßt, daß nun die Zeit vorüber sei, wo die praktisch tätigen Physiker „von den reinen Wissenschaftlern über die Schulter angesehen und ihre Wirksamkeit als bezahlte Arbeit und als nicht gleichwertig geschätzt werden konnte“[14].

Eine solche, auch heute noch latent vorhandene Haltung trug dazu bei, daß in den traditionellen Ausbildungsgang der Physik Elemente der technischen Physik nur schwer und relativ spät Eingang fanden. Typisch für diesen Konflikt

11 Vgl. E. Warburg, Das Verhältnis der Präzisionsmessungen zu den allgemeinen Zielen der Physik, in: Die Kultur der Gegenwart, Bd. Physik, Leipzig 1915, S. 653ff.

12 H. Konen, Die Einwirkungen der technischen Physik auf die reine Physik, in: Zeitschrift für technische Physik, 6/1929, S. 199.

13 W. v. Siemens, Lebenserinnerungen, Berlin 1908, S. 35.

14 G. Gehlhoff, Rundschreiben zur Gründung einer Gesellschaft für technische Physik, in: Zeitschrift für technische Physik, 1/1920, S. 4.

des Neuartigen mit dem Etablierten waren die Bemühungen des Göttinger Mathematikers Felix Klein um die Gründung eines physikalisch-technischen Instituts an der Universität Göttingen. Im Bewußtsein, „dass große Betriebe wie auch unsere zentralen Behörden immer mehr eine gewisse Zahl solcher Techniker gebrauchen werden, welche ihre besondere Fachbildung mit der vollen mathematisch-physikalischen Bildung verbinden“ [15], war es für Felix Klein klar, daß hierfür auch auf Seiten der Ausbildung die entsprechenden Voraussetzungen geschaffen werden mußten. Ein sich physikalisch-technischen Problemen widmendes Staatsinstitut, zu dem das geplante Projekt „möglichst enge Fühlung“ halten sollte, konnte eben nur der erste Schritt sein. Der zweite mußte in der Schaffung eines universitären Pendants zur staatlichen Reichsanstalt bestehen, wozu in der Kleinschen Denkschrift aus dem Jahre 1895 ausgeführt wird: „Das zu gründende Institut soll wissenschaftlich oder technisch bereits bis zu einem gewissen Grade vorgebildeten Personen Gelegenheit zu weiterer Vertiefung ihres Wissens und Könnens auf physikalisch-technischem Gebiet liefern . . . die später an der Reichsanstalt und ähnlichen Instituten besonders brauchbar sein sollten.“ [16]

Die Kleinschen Vorstellungen waren ungemein weitgefaßt, nicht zuletzt deshalb, weil sie Teil eines umfassenden Gesamtkonzepts zur Integration von Wissenschaft, Technik und Industrie bildeten.[17] So sah der Plan ein Institut mit 5 Abteilungen vor, die die wichtigsten Teilgebiete der technischen Physik (Präzisionsmechanik, Elastizitätslehre, Bewegungslehre, Thermodynamik, Elektrizität) repräsentierten. Daneben sollte es ein großzügig ausgestattetes physikalisch-technisches Praktikum geben, das auch den Fortgeschrittenen Möglichkeiten zur selbständigen Bearbeitung physikalisch-technischer Probleme bot. Auch an die Anerkennung solcher Arbeiten als Promotion war gedacht – dies 1895, zu einem Zeitpunkt, als die Technischen Hochschulen vehement um ihr Promotionsrecht kämpften, d. h. die Anerkennung technischer Untersuchungen als eine wissenschaftliche Leistung noch umstritten war!

Da die Kleinschen Pläne einen zentralen Punkt im Interessenkonflikt zwischen Universität und Technischer Hochschule berührten und zudem für ihre Zeit wohl etwas zu weitgefaßt waren, beanspruchte ihre auch nur teilweise Realisierung mehrere Jahre. „Die Aufnahme technischer Disziplinen an die Universität traf auf Widerstand . . . Die Universitätsangehörigen warfen ihm Verrat an den Idealen der Wissenschaft vor. Die Techniker fürchteten eine Einengung ihres Arbeitsfeldes, während er bei der Industrie auf Unverständnis und Ablehnung stieß.“ [18] In zähen Verhandlungen und durch die Mithilfe so einflußreicher Befürworter des Projektes wie Friedrich Althoff vermochte F. Klein schließlich doch

15 F. Klein, Über die Gründung eines physikalisch-technischen Universitätsinstituts in Göttingen, in: Zeitschrift des Verbandes Deutscher Ingenieure (VDI), 3/1896, S. 76.

16 Ebenda, S. 75.

17 Vgl. K.-H. Manegold, Universität, Technische Hochschule, Industrie, Berlin (West) 1970, S. 85 ff.

18 R. Tobies, Felix Klein, Leipzig 1981, S. 69.

die entsprechenden Geldmittel seitens der Industrie und des Staates aufzubringen, so daß im Jahre 1897 eine „technische Abteilung" am physikalischen Institut der Göttinger Universität ihre Arbeit aufnehmen konnte. Dies war ein – im Vergleich zu den ursprünglichen Intentionen – zwar bescheidener, doch bedeutsamer Anfang. Es entstand die Basis für jene Entwicklung, in deren Folge in Göttingen eine ganze Reihe weiterer technischer Einrichtungen geschaffen wurde. Die Abteilung für technische Physik war zugleich der Beginn eines Zusammenwirkens von Industriellen und Universitätswissenschaftlern, was 1898 in der Konstituierung der „Göttinger Vereinigung zur Förderung der angewandten Physik" – einem aus Wissenschaftlern und Industriellen bestehenden Zusammenschluß zur Beschaffung entsprechender Geldmittel – seine feste wissenschaftspolitische und -organisatorische Form fand.

In Verbindung mit der parallelen Wahrnehmung eines Lehrauftrags für landwirtschaftliches Maschinenwesen wurde zum Sommersemester 1897 als erster außerordentlicher Professor für angewandte Physik der Münchener Privatdozent für Maschinenbau Richard Mollier an die Göttinger Universität berufen. Allerdings verließ dieser Göttingen binnen eines Semesters, d. h. bevor die neugegründete Abteilung für technische Physik ihre eigentliche Arbeit aufgenommen hatte. Er nahm statt dessen die angesehenere Berufung auf den Lehrstuhl für theoretische Maschinenlehre der Technischen Hochschule Dresden an. Nachfolger R. Molliers wurde der Hannoveraner Dozent Eugen Meyer, dem das Institut auch den Auf- und Ausbau als Einrichtung leistungsfähiger Forschung und Ausbildung verdankt. Der Schwerpunkt der Forschungsarbeiten lag dabei auf dem Gebiet der Wärmekraftmaschinen – dies sowohl wegen des wissenschaftlichen Profils des Lehrstuhlinhabers als auch deshalb, weil hier technisch-physikalische Fragestellungen den Studenten am ehesten faßbar gemacht und demonstriert werden konnten.

Daß Göttingen in Sachen technischer Physik eine Pionierrolle spielte, macht die Tatsache deutlich, daß sich ähnliche Bestrebungen an anderen Universitäten erst mit Jahren bzw. Jahrzehnten Verspätung realisieren ließen. Obwohl die objektiven Voraussetzungen – wegen der Nähe zur Industrie – für die Errichtung solcher Lehrstühle anderswo teilweise mehr gegeben waren als in Göttingen, bedurfte es erheblicher Auseinandersetzungen mit den „Gralshütern" des humanistischen Universitätsideals. Bezeichnend ist hierfür die Geschichte der Professur für technische Physik an der Universität Jena. Selbst an dieser Hochschule, wo durch das Wirken von Ernst Abbe und die unmittelbaren Beziehungen zum Zeiss-Werk physikalisch-technisches Gedankengut gleichsam zu Hause war, muß die Opposition des Jenenser Lehrkörpers erheblich gewesen sein.[19] Nach Jahren intensiven Bemühens gelang es Ernst Abbe und dem Mathematiker A. Gutzmer (ein Vertrauter F. Kleins!), im Jahre 1902 eine Professur für technische Physik und angewandte Mathematik durchzusetzen. Lehrstuhlinhaber wurde Rudolf Rau, „ein

19 K.-H. Manegold, Universität, Technische Hochschule, Industrie, a. a. O., S. 199.

in der Praxis bewährter Elektroingenieur".[20] Der Lehrstuhl, dessen Aufteilung im Jahre 1909 erfolgte, wurde in der Folgezeit zu einem eigenständigen Physikalisch-Technischen Institut ausgebaut. Interessant ist, daß die Gründung des Lehrstuhls unter der ausdrücklichen Maßgabe zustande kam, daß die Zeiss-Stiftung, die hier eine ähnliche Rolle wie die „Göttinger Vereinigung" spielte, sämtliche anfallenden Kosten übernahm.

Auch Hans Lorenz konnte bei seinen Bemühungen um den technikfreundlichen Kreis an der Universität Halle auf die Unterstützung von Felix Klein rechnen. Letzterer bekleidete dort den Lehrstuhl für landwirtschaftliches Maschinenwesen. Es war sein Ziel, durch eine entsprechende Ausweitung seines Faches auf die gesamte angewandte Physik, die technische Physik auch in Halle fest zu etablieren. Die Bemühungen von Lorenz scheiterten, und er ging im Jahre 1900 als Nachfolger von E. Meyer nach Göttingen. Lorenz hat für den Herausbildungsprozeß der technischen Physik zusätzlich als Autor des ersten Lehrbuchs dieses Faches Bedeutung erlangt. Er verfaßte ein mehrbändiges, handbuchartiges Kompendium, das auf der Grundlage von Vorlesungen und Übungen entstanden war, die er in den Jahren 1898 bis 1902 an den Universitäten Halle und Göttingen gehalten hatte.[21]

Um die Jahrhundertwende ergaben sich auch an den Technischen Hochschulen Initiativen zur Entwicklung der technischen Physik. Doch selbst hier, wo eigentlich ein ureigenstes Interesse an der Etablierung derartiger Forschungen bestanden haben sollte, stießen die entsprechenden Initiativen auf mannigfaltige Widerstände. Eingebettet in die damaligen Auseinandersetzungen um eine Reform der Ingenieurausbildung, trafen sie vornehmlich auf das Spannungsfeld von theoretisch-wissenschaftlicher Lehre einerseits und möglichst praxisnaher Ausbildung andererseits. Nach dem Urteil vieler Kritiker wurde nämlich den mathematisch-naturwissenschaftlichen Grundlagenfächern ein zu großer und selbständiger Spielraum im Ingenieurstudium eingeräumt und demgegenüber die praktische Ausbildung vernachlässigt, was die Gefahr der Entfremdung zwischen Hochschule und industrieller Wirklichkeit in sich barg.[22] Hauptvertreter dieser einen stärkeren Praxisbezug fordernden Strömung unter den Technikern war der Professor für Maschinenbau und langjährige Rektor der Technischen Hochschule in Berlin Alois Riedler, so daß es nicht wunder nimmt, daß gerade an der bedeutendsten technischen Bildungsstätte Deutschlands die technische Physik in ihrer institutionellen Form relativ spät Fuß fassen konnte. Erst 1920 wurde hier durch die Eingliederung des ballistischen Laboratoriums der aufgelösten militärtechnischen Akademie Potsdam (Leiter Carl Cranz) ein Institut für technische Physik eingerichtet. Die Gründung des Instituts erfolgte zu jenem Zeitpunkt also nicht allein aus wissenschaftlichen Gesichtspunkten heraus, sondern hatte – wie seine Her-

20 Geschichte der Universität Jena, Bd. 1, Jena 1958, S. 479.

21 H. Lorenz, Technische Physik, München 1902.

22 Vgl. Technik, Ingenieure und Gesellschaft, Düsseldorf 1981, S. 144ff.

kunft unschwer ausweist – ganz handfeste politische Ursachen. Allerdings besaß die technische Physik im Rahmen des 1903 gegründeten physikalischen Instituts schon zuvor eine durchaus angemessene, wenngleich „inoffizielle" Vertretung. Sie wurde seit dem Jahre 1906 von einem so praktisch orientierten Physiker wie Ferdinand Kurlbaum geleitet.

An der Berliner Universität kam es aus verständlichen Gründen wegen der räumlichen Nähe der Technischen Hochschule zu keiner wirksamen Entwicklung einer technisch-physikalischen Forschung und Lehre, wenn man von der 1935 eingerichteten außerordentlichen Professur für technische Physik absieht, die von Fritz Skaupy wahrgenommen wurde.

Während in Berlin die Gruppierung um Riedler zunächst den Kampf für sich entschied, konnten in München Männer wie A. Föppl und C. v. Linde die stärkere Pflege der naturwissenschaftlichen Grundwissenschaften durchsetzen. Im März 1902 wurde an der Münchener Technischen Hochschule ein Laboratorium für technische Physik gegründet, das sein Entstehen vor allem den Bemühungen von Carl von Linde zu verdanken hat. Letzterer machte für das Projekt nicht nur sein ganzes Ansehen geltend, sondern stellte dem Institut auch „die mit Kesseln, Maschinen, Akkumulatorenbatterien und einigen Geräten ausgestatteten Räume zur Verfügung, in denen ihm im Jahre 1895 die Verflüssigung der Luft gelungen war. Erst im Jahre 1913 wurde für das Institut aus Staatsmitteln ein eigenes Gebäude errichtet"[23]. Hierdurch war auch das Forschungsprofil der Anstalt wesentlich vorgeprägt: Der Schwerpunkt lag auf dem Gebiet der Thermodynamik von Gasen und Dämpfen bei höheren Drucken. Institutsdirektor wurde – zunächst als außerordentlicher Professor – der Physiker Oscar Knoblauch.

Die technische Physik hatte somit zu Beginn des Jahrhunderts im wissenschaftlichen Leben Deutschlands Fuß gefaßt und ihr institutionelles Grundmuster ausgebildet. Die nächste bedeutsame Entwicklungsetappe, in deren Folge die technische Physik ihre Blütezeit durchlebte, setzte in den Jahren nach dem ersten Weltkrieg ein. Kriegstechnik und -wirtschaft hatten die immense Bedeutung von Naturwissenschaften und Technik augenfällig werden lassen und für die Profilierung der technischen Physik „katalytisch" gewirkt. Namentlich das Selbstbewußtsein der an den unterschiedlichsten Stellen von Industrie, Hochschule und Staat wirkenden technischen Physiker war enorm gewachsen und forderte die entsprechende gesellschaftliche Anerkennung geradezu heraus. Hierbei war gewiß nicht ohne Bedeutung, daß zu einer Zeit, in der von der Nachrichten- über die Flugzeug- bis zur Vakuumtechnik viele Gebiete die tiefe Verwurzelung der modernen Technik in der Physik verdeutlichten, die Physik selbst eine tiefgreifende Revolution in ihren Grundlagen durchmachte. Im Blickpunkt der damaligen physikalischen Forschung standen vornehmlich Quanten- und Relativitätstheorie und damit überwiegend Probleme aus dem Bereich der theoretischen

23 M. Jacob, Zum 25jährigen Bestehen des Laboratoriums für technische Physik der Technischen Hochschule München, in: Zeitschrift für technische Physik, 3/1927, S. 90.

Physik. Die Folge war eine gewisse Scheidung in der Physikergemeinschaft, die mit der Differenzierung der Forschungsergebnisse in der öffentlichen Bewertung einherging. Die Dominanz der theoretischen Physik fand auch darin ihren Ausdruck, daß deren Vertreter in den einschlägigen wissenschaftlichen Körperschaften, vor allem aber in der Deutschen Physikalischen Gesellschaft, einen bestimmenden Einfluß ausübten. Beispielsweise stellte E. Warburg in diesem Zusammenhang fest, „daß nach einer Periode glänzender Entwicklung der Experimental-Physik, die etwa mit dem Jahre 1910 abschloß, in der Deutschen Physikalischen Gesellschaft das Interesse überwiegend der theoretischen Physik sich zuwandte, so daß für die Experimental-Physik und besonders auch für die technische Physik immer weniger Raum blieb“[24].

Diesen Umstand reflektierend, regte zu Beginn des Jahres 1919 Georg Gehlhoff (außerordentlicher Professor der Physik an der Technischen Hochschule Berlin-Charlottenburg und Geschäftsführer der Optischen Werke C. F. Goerz, Berlin) in einem Rundschreiben die „Gründung einer Gesellschaft (an), der die Pflege der angewandten oder technischen Physik obliegen sollte, in Ergänzung der mehr rein wissenschaftliche Ziele verfolgenden Tätigkeit der Deutschen Physikalischen Gesellschaft“[25]. Die Initiative Gehlhoffs stieß bei den zeitgenössischen Physikern sofort auf beträchtliche Resonanz, denn schon am 6. Juni 1919 fanden sich über 60 Wissenschaftler – weitere hatten schriftlich ihre Zustimmung zu den Plänen gegeben – im großen Hörsaal der Technischen Hochschule Berlin-Charlottenburg zusammen, um die Gründung der „Gesellschaft für technische Physik“ zu beschließen. In welchem Maße die Gründung dieser Gesellschaft die objektiven Entwicklungstrends in der Physik widerspiegelte, macht die rasch ansteigende Mitgliederstatistik augenfällig deutlich[26]:

6. 6. 1919	125 Mitglieder
1919	324 ”
1920	565 ”
1921	1191 ”
1924	1660 ”
1929	1450 ”
1931	1268 ”
1934	1134 ”
1939	1275 ”

Die Gesellschaft für technische Physik hatte damit hinsichtlich ihres Mitgliederbestandes die ehrwürdige Deutsche Physikalische Gesellschaft (mit etwa 1300

24 E. Warburg, Die Beziehungen zwischen theoretischer und technischer Physik, in: Zeitschrift für technische Physik, 6/1929, S. 198.

25 G. Gehlhoff, Rundschreiben zur Gründung einer Gesellschaft für technische Physik, in: Zeitschrift für technische Physik, 1/1920, S. 4.

26 Die Zahlen wurden aus den entsprechenden Jahrgängen der „Zeitschrift für technische Physik“ entnommen.

Mitgliedern) erreicht und z. T. sogar überflügelt. Die Mitgliederlisten zeigen, daß das Interesse für die Gesellschaft über den Kreis der eigentlichen technischen Physiker hinausging und Doppelmitgliedschaften – wie z. B. die von Emil Warburg – verbreitet waren.

Gleichzeitig mit der Gründung der Gesellschaft wurde auch ein entsprechendes Fachorgan, die „Zeitschrift für technische Physik", ins Leben gerufen. Sie erlangte sehr schnell einen anerkannten Platz im Ensemble der physikalischen Fachliteratur, was sich u. a. in der Zunahme ihres Umfangs, aber auch in den vielen Aufsätzen prominenter Physiker ausdrückt. Nicht zuletzt spielte sie „bei der Herausbildung eines die Industriephysiker verbindenden Gruppenbewußtseins eine große Rolle. Die zersplitterten Aktivitäten wurden hier zusammengefaßt"[27]. Mit der Zeitschrift sowie durch die regelmäßig im 14tägigen Turnus stattfindenden Vortragsabende war einer der zentralen Programmpunkte der neugegründeten Gesellschaft – „ihrem Mitgliederkreis Gelegenheit zur Verbreiterung ihrer Kenntnisse ... zu geben, sowie gegenseitige Aussprache und schließlich auch persönliche Fühlungnahme zu ermöglichen"[28] – realisiert. Daneben schenkte man dem Problem der Ausbildung technischer Physiker ganz besondere Aufmerksamkeit, denn „bei der verantwortungsvollen und wichtigen Stellung, die der technische Physiker sich erworben hat, wird auch vom jungen Physiker das Höchste erwartet, und so vermag er nur bei allerbesten Kenntnissen und größten Fähigkeiten das Vertrauen auf seine Leistungsfähigkeit zu rechtfertigen. Eine der wesentlichen Vorbedingungen hierfür ist eine sorgfältige, den Bedürfnissen der Technik angepaßte Ausbildung, wofür die Einrichtung des Studiums der technischen Physik an den Technischen Hochschulen den besten Weg zu bieten schien, der, um vollständig zu sein, mit einem Examen (Diplom- bzw. Doktorexamen) abgeschlossen werden muß."[29]

Anläßlich des zehnjährigen Gründungsjubiläums der Gesellschaft konnte dann auch in diesem Bereich der Erfolg konstatiert werden: „Das Studium der technischen Physik wurde an allen deutschen und deutsch-österreichischen Hochschulen mit besonderen Lehrplänen und mit abschließendem Diplom-Ingenieur- und Doktor-Ingenieur-Examen dank der Bemühungen der Gesellschaft eingeführt ... Der jetzt von den Hochschulen gelieferte Nachwuchs an technischen Physikern ist bestes Material. Aber auch die Universitäten trugen den geänderten Verhältnissen durch Errichtung von Lehrstühlen für technische Physik Rechnung."[30]

Damit war seit Mitte der zwanziger Jahre auch das für die Konstituierung einer

27 H. Schultrich, Die Herausbildung des Industriephysikers im kapitalistischen Deutschland, dargestellt am Beispiel des Siemens- und Zeiss-Konzerns, Diss. A, Dresden 1982, S. 255.

28 G. Gehlhoff, Rundschreiben zur Gründung einer Gesellschaft für technische Physik, in: Zeitschrift für technische Physik, 1/1920, S. 4.

29 G. Gehlhoff, Die Ausbildung der technischen Physiker, in: Zeitschrift für technische Physik, 3/1921, S. 121.

30 G. Gehlhoff, Zehn Jahre Deutsche Gesellschaft für technische Physik, 1/1920, S. 194.

neuen Wissenschaftsdisziplin so zentrale Problem der Reproduktion des Kaderbestandes zumindest formal gesichert. Nach einem acht- bis zehnsemestrigen Studium verließen nun Jahr für Jahr regulär ausgebildete „Technische Physiker" die deutschen Technischen Hochschulen. Allerdings bildete dieser Personenkreis nach wie vor die Minorität unter den – vornehmlich in der Industrie – mit physikalisch-technischen Fragen befaßten Physikern: „... nach Schätzung der ‚Deutschen Gesellschaft für technische Physik' (hat) nur der vierte Teil der von ihr angenommenen 750–900 technischen Physiker das erst seit zehn Jahren eingeführte Fach ‚technische Physik' studiert, während die restlichen drei Viertel aus anderen Bildungsgängen herkommen."[31]

Der einst so vehement propagierte und akzentuierte Gegensatz von reiner und technischer Physik scheint in bezug auf die wissenschaftlichen Grundlagen doch nicht so gravierend gewesen zu sein, denn es bedurfte eben „nur einer sehr geringen Verschiebung der Auffassungen und Abgrenzung, um die Differenz mit ‚technischen Physikern' anderer Ausbildungsgänge aufzufüllen".[32]

Die gleiche Situation spiegelt sich auch im Verhältnis der beiden physikalischen Schwesterorganisationen wider. Auch wenn die „neue Gründung keinesfalls einen unfreundlichen Akt gegen die bereits bestehende und außerordentlich nutzbringende Arbeit leistende Deutsche Physikalische Gesellschaft bedeuten"[33] sollte, stand sie doch in einem gewissen Interessenkonflikt zur letzteren. Dieser milderte sich dann in dem Maße, wie sich die gesellschaftliche Anerkennung und das Selbstbewußtsein der technischen Physiker festigten. Seit dem Jahre 1923 wurden z. B. die gemeinsamen Physikertagungen nicht mehr nach reiner und technischer Physik aufgeteilt, und auch die regelmäßigen Sitzungen beider Gesellschaften wurden seitdem gemeinsam angekündigt bzw. sogar zusammen durchgeführt.

Diese die Einheit der Physik betonende Tendenz wurde dann auch das bestimmende Moment im weiteren Entwicklungsgang der technischen Physik. In dem Maße, wie sich in den dreißiger und vierziger Jahren der Schwerpunkt physikalischer Forschungen von den theoretischen Grundlagenfragen der Quantenphysik zu Detailproblemen sowie zu ihren Anwendungen in Wissenschaft und Technik verschob, wurde die technische Physik wieder in die „traditionelle" Physik integriert. Sie ging zunehmend in den einzelnen physikalischen und technischen Fachdisziplinen auf. Dieser Trend drückt sich beispielsweise in der oben angegebenen Mitgliederstatistik aus, die für die zweite Hälfte der zwanziger Jahre einen deutlichen Höhepunkt auswies, dann aber wieder absank. Auch sind in den dreißiger und vierziger Jahren keine neuen Lehrstühle bzw. Institute für technische Physik an den deutschen Universitäten gegründet worden (die Berliner

31 Bedarf und Nachwuchs an Chemikern und Physikern, in: Untersuchungen zur Lage der akademischen Berufe, Berlin 1932, 5/1932, S. 69.

32 Ebenda.

33 Bericht über die Gründungsversammlung der Deutschen Gesellschaft für technische Physik, in: Zeitschrift für technische Physik, 1/1920, S. 5.

Universität hat z. B. nie über ein solches dem Namen nach verfügt), und bestehende wurden in einigen Fällen sogar nicht wieder neu besetzt bzw. umstrukturiert. Im Rahmen der Neuorganisation des physikalischen Lebens nach der Zerschlagung des deutschen Faschismus 1945 wurde schließlich weder die „Gesellschaft für technische Physik“ noch ihr Publikationsorgan wieder belebt. Dies war wohl auch eine Folge der geltenden Kontrollratsbeschlüsse, die die angewandte physikalische Forschung erheblich einschränkten.

In der DDR wurde in den 50er und 60er Jahren zwar noch ein mehrbändiges Lehrbuch der technischen Physik[34] herausgegeben, doch existierten wie das Jenenser Technisch-Physikalische Institut nur noch wenige Einrichtungen, die von ihrer Bezeichnung her an die technische Physik erinnerten. Ähnliches kann über die Situation der technischen Physik in der BRD festgestellt werden. Die technische Physik hat so ihren eigenständigen disziplinären Charakter verloren (falls sie einen solchen jemals besessen hatte!) und wird heute von den einzelnen physikalischen Fachgebieten vertreten, namentlich vor dem Hintergrund der Betonung der Einheit der Physik in ihren Grundlagen und Methoden.[35]

Überblickt man den historischen Entwicklungsweg der technischen Physik, so stellt sich natürlich die Frage, ob es sich hier tatsächlich um einen Disziplinbildungsvorgang handelt. Zwar lassen sich die wichtigsten Institutionalisierungskriterien einer Wissenschaftsdisziplin nachweisen, doch waren diese Vorgänge nicht nur zeitlich, sondern auch räumlich begrenzt. Hinsichtlich der letzteren blieb die technische Physik im wesentlichen auf das deutschsprachige Gebiet beschränkt. Als Gründe für diese merkwürdige Tatsache ließen sich angeben, daß gerade in Deutschland die gesellschaftliche Stellung eines Universitätsprofessors unvergleichlich höher bewertet wurde als z. B. im angelsächsischen Raum. Hierdurch war ein Motiv gegeben, auf die Einrichtung akademischer Institutionen der technischen Physik zu drängen. Ohne Zweifel gewann auch in den anderen Industrienationen zur Jahrhundertwende physikalisch-technisches Denken einen hohen Stellenwert, doch wurde dieses z. B. in den Vereinigten Staaten vornehmlich in den sich rasch entwickelnden Industrielaboratorien gepflegt. Für die Vertreter dieser Richtung hatte zudem die Universitätskarriere nicht jene Bedeutung wie für ihre deutschen Kollegen. Sind es in Amerika nur einige wenige, so ist es im Deutschland des frühen zwanzigsten Jahrhunderts fast die Regel, daß Physiker die Universitätskarriere dem Wirken in der Industrie bzw. im Bereich staatlicher Institutionen vorziehen. Die Biographien folgender prominenter Physiker machen dies augenfällig: Wilhelm Wien wechselte im Jahre 1896 von der Physikalisch-Technischen Reichsanstalt an die Technische Hochschule Aachen; ebenfalls vertauschten Ferdinand Kurlbaum bzw. Otto Lummer ihren Posten in der Physikalisch-Technischen Reichsanstalt mit Professuren an der Technischen Hochschule Berlin bzw. an der Breslauer Universität; Heinrich Barkhausen gab seine Arbeit bei

34 W. Holzmüller, Technische Physik, Leipzig 1959.

35 Vgl. R. Rompe/H.-J. Treder, Über die Einheit der exakten Wissenschaften, Berlin 1981.

Siemens nach vierjährigem Wirken in der Industrie auf und folgte der Berufung an die Technische Hochschule Dresden; auch Jonathan Zenneck kehrte nach einer mehrjährigen Industrietätigkeit als Ordinarius der Technischen Hochschule Danzig im Jahre 1911 in den Schoß der „akademischen" Physik zurück.

Diese Zusammenstellung ließe sich ohne weiteres fortsetzen und macht jene Traditionen deutlich, in denen sich in Deutschland das am Ideal der „reinen" Forschung orientierende Wissenschaftsverständnis bewegte. Der deutsche technische Physiker hatte sich mit ganz anderen Existenzproblemen auseinanderzusetzen als sein amerikanischer Fachkollege, dessen „scientific community" einen sehr viel pragmatischeren Wissenschaftsbegriff reflektierte. Vor diesem Hintergrund scheint dann auch das Phänomen „Technische Physik" und insbesondere dessen enge zeitliche Begrenzung eine Erklärung zu finden: Könnte sie nicht auch eine auf den deutschsprachigen Raum beschränkte „Interessengemeinschaft" zur Durchsetzung eines neuartigen Typus von physikalischer Forschung gewesen sein? Für diese Auffassung spricht, daß die technische Physik kein erkennbares theoretisch-methodisches Fundament ausbildete, auf das sich solche Teildisziplinen wie technische Mechanik, technische Thermodynamik u. a. m. im Sinne des Verhältnisses von Teil und Ganzem hätten gründen können. Auch scheint es nicht zufällig zu sein, daß der disziplinäre Zusammenschluß sich in dem Maße auflöste, wie die angewandte physikalische Forschung wissenschaftlich wie gesellschaftlich Anerkennung fand. Offen bleibt jedoch die Frage, in welcher Weise die Attribute eines disziplinären Zusammenschlusses auch tatsächlich formiert und konkret ausgewiesen sein müssen, damit ein Disziplinbildungsprozeß auch als solcher konstatiert werden kann. Ohne Zweifel hatte es natürlich auch in den USA und vielen anderen Ländern eine technische bzw. angewandte Physik gegeben, nur wurde diese – aus welchen Gründen auch immer – nicht mit solcher Konsequenz und organisatorischer Akribie propagiert.

Unabhängig davon, ob es sich bei der „technischen Physik" nun tatsächlich um eine eigenständige – wenngleich inzwischen degenerierte – Wissenschaftsdisziplin handelt oder ob sie nur eine „quasidisziplinäre Strukturbildung" zur Durchsetzung eines konkreten wissenschaftlichen und gesellschaftlichen Interesses war, sollte in den Diskussionen zur Disziplingenese das Problem einer möglichen Wichtung der unterschiedlichen Faktoren bei der Disziplinbildung sowie das Verhältnis von Nationalem und Internationalem stärkere Beachtung finden. Auch weist das Beispiel „technische Physik" zumindest auf die potentielle Möglichkeit hin, daß Disziplinbildungsprozesse ebenfalls durch subjektive Fehleinschätzungen vorgetäuscht werden könnten. Das Phänomen „technische Physik" lebte eben nicht sehr viel länger als eine Wissenschaftlergeneration und ließe sich wohl auch als „disziplinäre Fata Morgana" der Physiker des ersten Drittels unseres Jahrhunderts deuten.

Hartmut Scholz

Die Entstehung der organischen Chemie als Teildisziplin der Chemie

Der Prozeß der Bildung und Entwicklung wissenschaftlicher Disziplinen beansprucht seit dem letzten Jahrzehnt die zunehmende Aufmerksamkeit der Wissenschaftshistoriker. Die Ursachen dieses Interesses verdeutlicht M. Guntau: „Es geht um die Klärung eines wesentlichen Zusammenhanges der Wissenschaftsentwicklung überhaupt, da sich die Herausbildung neuer, relativ selbständiger Disziplinen immer wieder vollzieht und sich dieser Prozeß in absehbarer Zeit auch in der Zukunft fortsetzen wird."[1]

Die folgenden Ausführungen befassen sich mit der Analyse der Bildung der organischen Chemie als einer Teildisziplin der Chemie. Die Untersuchung von Teildisziplinen erweist sich insofern als sinnvoll, da hierbei zweifellos weitere charakteristische Merkmale der neueren Wissenschaftsentwicklung, die Differenzierung einer Disziplin und damit verbunden die Spezialisierung der Wissenschaftler sowie die Integrationstendenz, mit erfaßt werden. Des weiteren kann angenommen werden, daß wesentliche Kriterien der Disziplinentwicklung auch für die Teilgebiete zutreffen. Eine Diskussion der Entwicklungsbedingungen der organischen Chemie bedarf zunächst einer kurzen Rückschau auf die Entstehung der Chemie als selbständige wissenschaftliche Disziplin und setzt die Bestimmung des Disziplinbegriffs voraus. Ohne hier das Herangehen näher erläutern zu können[2], wird unter einer Disziplin einerseits die Art und Weise des Verhaltens der Wissenschaftler zur Wirklichkeit und andererseits der Wissensbereich verstanden, in dem die Verwendung von Termini nach einheitlichen Gesichtspunkten normiert ist. Die Basis der Normierung bildet das jeweilige theoretische System. In einer Disziplin ist somit Kommunikation ohne wesentliche Bedeutungsänderung möglich, d. h. es besteht ein spezifischer Kommunikationsraum. Das Verhalten der Wissenschaftler wird stark durch die Tradition der wissenschaftlichen Gemein-

1 M. Guntau, Zu einigen Gesichtspunkten für die Analyse des Herausbildungsprozesses naturwissenschaftlicher Disziplinen in der Geschichte der Wissenschaft, in: K.-F. Wessel (Hrsg.), Struktur und Prozeß, Berlin 1977, S. 335.

2 Vgl. H. Scholz, Zur Periodisierung des Entstehungsprozesses naturwissenschaftlicher Disziplinen, dargestellt am Beispiel der Entwicklung der Chemie, in: Deutsche Zeitschrift für Philosophie, 1/1983, S. 90—91.

schaft bestimmt. Schließlich hängen Stand und Entwicklung immer von den konkreten gesellschaftlichen Bedürfnissen und Erfordernissen ab.[3]

Auf der Basis früher vorgenommener Untersuchungen zur Entstehung der wissenschaftlichen Chemie ergeben sich für diese vier Phasen des Disziplinbildungsprozesses:

1. die Vorgeschichte, die die chemischen Kenntnisse des Altertums sowie die Alchemie umfaßt;
2. die Herausbildung, beginnend mit der Iatrochemie, über die Korpuskularauffassungen bis zur Phlogistonhypothese sich erstreckend;
3. die Emanzipierung oder auch Konstituierung, ein relativ kurzer Zeitraum, der mit der Oxydationstheorie Lavoisiers und der Daltonschen Atomtheorie der Chemie ein eigenes theoretisches System bringt;
4. die Konsolidierung, in der der Ausbau des bestehenden Theoriengefüges vorgenommen sowie im wesentlichen die gesellschaftliche Stellung der Disziplin und ihrer Vertreter gesichert und erweitert wird. In dieser Phase erfolgt auch die Differenzierung in Teildisziplinen.[4]

Diese Phasen lassen sich auch bei der Entstehung der organischen Chemie nachweisen.

1. Vorgeschichte

Die ersten Kenntnisse über organische Stoffe stammen bereits aus dem Altertum. Das waren im wesentlichen Erfahrungen, die in einzelnen Berufsständen gesammelt wurden wie in der Wein- und Bierherstellung, der Bereitung von Kosmetika, der Färbung von Textilien u. a. Diese Elemente standen mehr oder weniger beziehungslos zueinander. Die Zunahme der Kenntnisse über die organischen Verbindungen blieb bis zum Beginn des 19. Jahrhunderts gering. Erste systematische Untersuchungen organischer Stoffe auf qualitativer Grundlage wurden erst ab 1770 von C. W. Scheele mit der Entdeckung mehrerer organischer Säuren sowie von A.- F. Fourcroy und L. N. Vauquelin mit der Isolierung und Unterscheidung zahlreicher Stoffe, die im Pflanzen- und Tierreich vorkommen, unternommen. Insgesamt waren um 1800 kaum 500 organische Substanzen bekannt.[5] Die Ursachen sind sicher in erster Linie in der komplizierten Struktur organischer Körper zu sehen, da diese nur aus wenigen Elementen bestehen und insofern

3 Vgl. M. Guntau, Zur Herausbildung wissenschaftlicher Disziplinen in der Geschichte (Thesen), in: Rostocker Wissenschaftshistorische Manuskripte (im folgenden: Rostock. Wiss.-Hist. Mskr.), Heft 1, Rostock 1978, S. 13–14.

4 Vgl. H. Kant/H. Scholz, Wissenschaftstheoretische Untersuchungen zur Entwicklung der Beziehungen zwischen physikalischen und chemischen Disziplinen, Bd. 1, Diss. A, Berlin 1973.

5 Vgl. O. Krätz, Der Chemiker in den Gründerjahren, in: E. Schmauderer (Hrsg.), Der Chemiker im Wandel der Zeiten, Weinheim 1973, S. 269.

fortgeschrittenere Untersuchungsmethoden erforderten. Die bis zum Ausgang des 18. Jahrhunderts vorherrschende qualitative Untersuchung chemischer Substanzen war hierfür nicht ausreichend. Aber zweifellos war bereits mit diesem empirischen Faktenmaterial eine wichtige Grundlage vorhanden.

Eine zweite wesentliche Voraussetzung für die Entwicklung der organischen Chemie bestand in der Aufstellung eines theoretischen Systems für das Gesamtgebiet der Chemie zwischen 1785 und 1810. Dieses Verdienst gebührt insbesondere A. L. Lavoisier und J. Dalton. Mit der Aufstellung der Oxydations- sowie der Atomtheorie wurden die verschiedenen Bereiche der Chemie nach grundlegenden theoretischen Gesichtspunkten integriert. Mit den chemischen Vorstellungen von den Elementen, Verbindungen und Atomen sowie den Reaktionen wurden die Kenntnisse nach einheitlichen Kriterien zusammengefaßt, und es entstand ein chemisches Begriffssystem. Weitere wesentliche Entdeckungen waren in diesem Zusammenhang die Gesetze der konstanten (J.-L. Proust) und der multiplen Proportionen (Dalton) sowie das Volumengesetz (J. L. Gay-Lussac). Mit dem theoretischen System wurde gleichzeitig die entsprechende Methodik – die Bestimmung der relativen Atomgewichte – entwickelt.

Von großer Bedeutung für die eigenständige Richtung der organischen Chemie waren die Verbrennungsanalysen Lavoisiers (1784). Er wies nach, daß pflanzliche und tierische Stoffe hauptsächlich aus wenigen Elementen aufgebaut sind, womit auch die generelle Methodik zur Ermittlung der quantitativen Zusammensetzung organischer Substanzen gegeben war. Ebenso wichtig wurden seine Vorstellungen über die organischen Sauerstoffverbindungen, die für ihn Oxide von Radikalen waren. Der Unterschied zur mineralischen (anorganischen) Chemie bestand seiner Meinung nach darin, daß die Radikale aus wenigstens zwei Elementen bestehen.

Obwohl hier schon wesentliche Fortschritte für die Untersuchung organischer Verbindungen zu erkennen sind, zählen diese Arbeiten noch zur Vorgeschichte, kennzeichnen aber bereits den Übergang zur nächsten Phase. Lavoisiers Zielstellung war darauf gerichtet, die Oxydationstheorie für das Gesamtgebiet der Chemie durchzusetzen und die Verbindungen nach chemischen Eigenschaften zu gruppieren. Demzufolge betrachtete er die vegetabilischen und animalischen (organischen) Stoffe nicht als besonderen Teil der Chemie.[6]

Schließlich ist noch eine dritte Voraussetzung zu nennen, die die theoretischen Diskussionen später auch auf organisch-chemischem Gebiet stark beeinflußt hat. Sie betrifft die elektrochemischen Erscheinungen, deren Erforschung mit den Namen L. Galvani, A. Volta, J. W. Ritter, H. Davy und J. J. Berzelius um die Wende zum 19. Jahrhundert verbunden waren.[7] Mit der Elektrizität stand nach 1800 der Chemie ein weiteres Merkmal zur Erklärung der beobachteten Phäno-

6 Vgl. C. Schorlemmer, Ursprung und Entwicklung der organischen Chemie, Braunschweig 1889, S. 13; C. Graebe, Geschichte der Organischen Chemie, Bd. 1, Berlin 1920, S. 11.

7 Näher dazu siehe: W. Girnus, Grundzüge der Herausbildung der physikalischen Chemie als Wissenschaftsdisziplin, Diss. A, Berlin 1982, S. 85ff.

mene zur Verfügung. Die Entdeckung der Elektrolyse lieferte gleichzeitig die entsprechende Methodik. Daraus folgte für die Chemie eine neue Problemstellung: Die Elektrizität war in der Lage, chemische Verbindungen zu zerlegen, die sich bisher nicht chemisch teilen ließen. Daraufhin wurde die chemische Verwandtschaft auf elektrische Kräfte zurückgeführt. Konsequent verfolgte diese Sicht Berzelius, der schrieb, „daß also jede Verbindung aus zwei, durch die Wirkung ihrer elektrochemischen Reaction vereinigten Theilen zusammengesetzt sein muß, da es keine dritte Kraft gibt. Hieraus folgt, daß jeder zusammengesetzter Körper, welche auch die Zahl seiner Bestandtheile sein mag, in zwei Theile getheilt werden kann, wovon der eine positiv und der andere negativ elektrisch ist"[8].

Auch diese Entwicklungsrichtung betrifft zunächst das Gesamtgebiet der Chemie und ist daher noch in die Vorgeschichte der organischen Chemie einzuordnen.

Charakteristisch für die Vorgeschichte sind zwei Gesichtspunkte:

– Mit dem vorhandenen Material war eine empirische Basis geschaffen worden, auf der im weiteren aufgebaut werden konnte, und die bereits verdeutlichte, daß sich ein spezifisches Herangehen erforderlich machte. Auch wenn die Basis um 1800 noch vergleichsweise klein war, so zeigt sich, daß bis zur Klärung der grundlegenden theoretischen Zusammenhänge in den 60er Jahren diese mit 3000 bekannten Verbindungen[9] nicht so wesentlich ansteigt. Eine sprunghafte Entwicklung erfolgte erst im letzten Viertel des Jahrhunderts mit 15000 Verbindungen im Jahre 1880, 74000 im Jahre 1899 und 144000 im Jahre 1910.[10]

– Das Gesamtgebiet der Chemie war mit Lavoisiers antiphlogistischem System und Daltons Atomtheorie eine selbständige Wissenschaft geworden, mit einem eigenen Begriffssystem und einer eigenen Sprache. Die Basis der theoretischen Verallgemeinerungen war dabei fast ausschließlich in der anorganischen Sphäre der chemischen Erkenntnis entwickelt worden.

2. *Herausbildung*

Nachdem die Aufmerksamkeit der führenden Chemiker im ersten Dezennium des 19. Jahrhunderts der Begründung der theoretischen Ansichten der Chemie gewidmet war, begann danach eine verstärkte Forschungstätigkeit auf dem bisher stiefmütterlich behandelten Gebiet organischer Körper. Aufbauend auf die neuen theoretischen Erkenntnisse galt es nun, die quantitative Zusammensetzung organischer Substanzen zu ermitteln und die entsprechenden empirischen Formeln aufzustellen. Die generelle Methodik der organischen Verbrennungsanalyse wurde wieder aufgegriffen und ausgebaut.

8 J. J. Berzelius, Lehrbuch der Chemie, Dresden 1827, S. 79.

9 Vgl. O. Krätz, Der Chemiker in den Gründerjahren, in: E. Schmauderer (Hrsg.), Der Chemiker im Wandel der Zeiten, Weinheim 1973.

10 Vgl. P. Walden, Geschichte der organischen Chemie seit 1880, Berlin 1941, S. 29.

Die Entwicklung der organischen Elementaranalyse ist mit den Namen Gay-Lussac und L. J. Thénard, J. J. Berzelius, J. B. A. Dumas und J. Liebig verbunden. Mit Liebigs Einführung des Kaliapparats 1831 war jener Grad an Vollkommenheit und Einfachheit erreicht worden, der die Ausführung solcher Analysen in kurzer Frist allgemein gestattete.[11] Damit war eine wesentliche Voraussetzung für die Ermittlung der Zusammenstellung einer Vielzahl neuer organischer Verbindungen geschaffen, die die Aufstellung von Hypothesen und Theorien für bestimmte Teilbereiche ermöglichte.

Im folgenden entwickelten sich zwei Richtungen, die Untersuchungen von Naturstoffen sowie die einfacherer organischer Substanzen. Aus der ersteren sind besonders die Untersuchungen M.-E. Chevreuls auf dem Gebiet der Fette (1811–1823) sowie die Entdeckungen auf dem der Alkaloide hervorzuheben. Da diese Forschungen aber den Gang der theoretischen Ansichten nicht stark beeinflußt haben, sollen sie hier nur in einer anderen Hinsicht berücksichtigt werden.

Ausgangspunkt der Untersuchungen über die Fette war eine von Chevreul der Seifenindustrie übergebene Kaliseife. Seine Ergebnisse wurden für diesen Industriezweig von erheblicher Bedeutung. Er konnte seine Verfahren rationell entwickeln und diese bildeten gleichzeitig den Ausgangspunkt für die Kerzenindustrie auf Stearinbasis sowie die technische Verwendung des Glycerins.

Ähnliche Erfolge bei der industriellen Anwendung gab es bei den Alkaloiden. Nachdem der Nachweis erbracht war, „daß die spezifischen Wirkungen der Drogen auf bestimmte in ihnen enthaltene chemische Substanzen zurückzuführen sind, lag es nahe, die gewonnene Erkenntnis auszubeuten und auf solche Weise zu Heilmitteln zu gelangen, welche die Wirkung der Drogen verstärkt und dabei genau dosierbar erreichen ließen. Unter den auf solche Weise entstandenen neuen Industriezweigen mag vor allem die fabrikmäßige Herstellung der Pflanzenalkaloide hervorgehoben werden“[12].

Diese Beispiele verdeutlichen, daß bereits in der Phase der Herausbildung der organischen Chemie eine gewisse Wechselwirkung mit der chemischen Industrie organischer Präparate bestand. Diese Beziehungen waren aber bis in die zweite Hälfte des 19. Jahrhunderts zunächst mehr zufälliger Natur. Allerdings leisteten sie bereits einen Beitrag zur Durchsetzung der gesellschaftlichen Anerkennung der chemischen Wissenschaft.

Stimuliert wurde diese Entwicklung zweifellos durch die aus der Industriellen Revolution, insbesondere der Textilindustrie und Metallurgie, erwachsenden Anforderungen an die chemische Produktion. Diese „Breitbandwirkung“[13] der ge-

11 Vgl. M. Dennstedt, Die Entwicklung der organischen Elementaranalyse, in: Sammlung chemischer und chemisch-technologischer Vorträge, Bd. 4, Stuttgart 1899, S. 1–114.

12 O. N. Witt, Wechselwirkungen zwischen der chemischen Forschung und der chemischen Technik, in: P. Hinneberg (Hrsg.), Die Kultur der Gegenwart, 3. Teil, 3. Abteilung, 2. Band, Leipzig – Berlin 1913, S. 514.

13 Vgl. H. Laitko, Disziplingenese als Objekt vergleichender Untersuchung – Prämissen und

sellschaftlichen Praxis ist auch für die Entwicklung der organischen Chemie zu berücksichtigen. Das zeigte auch die Entwicklung der Chemikerausbildung. „Um 1785 gab es den Berufsstand des Chemikers noch nicht; es gab keine gezielte, staatlich gelenkte Ausbildung von Chemikern, keine speziellen Ausbildungsstätten und Ausbildungspläne."[14] Dieser Zustand änderte sich in Deutschland bis zum Beginn der 20er Jahre des 19. Jahrhunderts nicht. So lernte Liebig den neuesten Stand chemischer Forschung sowohl in theoretischer wie in experimenteller Hinsicht erst in Paris bei Gay-Lussac kennen. Zurückgekehrt nach Deutschland, erhielt Liebig dank der Vermittlung A. von Humboldts 1824 eine Professur an der Universität Gießen. Hier begann er die erste große chemische Schule aufzubauen, die für alle nachfolgenden das Musterbeispiel wurde und auch die Bedingungen für eine kontinuierliche Reproduktion des Chemikerpotentials sicherte. Das war ein Fakt, der für die spätere Entwicklung insbesondere der organischen Chemie in Deutschland außerordentlich wichtig wurde. Über die Schule Liebigs schreibt G. V. Bykov: „Alle späteren Schulen des 19. Jahrhunderts wurden in bedeutendem Maße von den Ideen der Liebigschen Schule beeinflußt. Liebig führte als erster experimentelle Laborarbeit in die Lehre der Chemie als methodisches Vorgehen ein im Gegensatz zu Demonstrationsversuchen oder episodischen Beschäftigungen von ein oder zwei Auserwählten."[15]

Die Bedeutung der chemischen Ausbildung Liebigs lag besonders in einer breiten Grundlagenausbildung, die für Deutschland typisch wurde. Liebig selbst bestimmte diese Aufgabe: „Ein wahrhaft wissenschaftlicher Unterricht soll fähig und empfänglich für alle und jede Anwendung machen, und mit der Kenntnis der Grundsätze und Gesetze der Wissenschaft sind die Anwendungen leicht, sie ergeben sich von selbst."[16] Bykov sieht in Liebigs Engagement vor allem zwei Faktoren wirken, einen sozialen Faktor, der durch die Notwendigkeit einer grundlegenden chemischen Ausbildung gegeben ist, um den künftigen Anforderungen der chemischen Industrie gerecht zu werden, und einen persönlichen Faktor, der in der Durchsetzung des neuen Konzepts gegen staatliche und andere Widerstände besteht.[17] Daß dabei der persönliche Faktor, d. h. die Stellung einzelner Gelehrter, einen großen Einfluß haben kann, zeigt das Liebigsche Beispiel in positiver Weise.

Den ersten Versuch, eine gewisse Ordnung in die organischen Verbindungen zu bringen, unternahm Berzelius. Er stützte sich dabei auf Lavoisiers Radikalbe-

Fragen zum Symposium „Zur Herausbildung wissenschaftlicher Disziplinen" im Dezember 1982, in: Rostock. Wiss.-Hist. Mskr., Heft 8, Rostock 1982, S. 13.

14 I. Strube, Zur Entwicklung und zu den Wechselbeziehungen von chemischer Wissenschaft und chemischer Produktion in der Zeit der industriellen Revolution und der vollen Herausbildung des Kapitalismus, insbesondere in Deutschland, Diss. B, Leipzig 1978, S. 12.

15 G. V. Bykov, Die wichtigsten chemischen Schulen in der Mitte des 19. Jahrhunderts, in: Wissenschaftliche Schulen, Bd. 2, Berlin 1979, S. 62.

16 J. Liebig, zitiert nach E. Erlenmeyer, Die Aufgabe des chemischen Unterrichts gegenüber den Anforderungen der Wissenschaft und Technik, München 1871, S. 23.

17 Vgl. G. V. Bykov, Istorija organičeskoj chimii, Moskva 1978, S. 271–272, 277–278.

griff und übertrug diesen Gedanken auf die organischen Substanzen. „Da in der organischen Natur der Sauerstoff einer der wesentlichen Bestandteile ist, so können auch die organischen Producte als Oxyde von zusammengesetzten Radicalen betrachtet werden."[18]

Die erste Theorie, die die organischen Verbindungen unter einem bestimmten Gesichtspunkt betrachtete, war die 1828 von Dumas und F.-P. Boullay aufgestellte „Aetherintheorie". Dieser Theorie liegt der Gedanke zugrunde, daß Alkohol und Äther einen gemeinsamen Bestandteil, das ölbildende Gas, besitzen. Wegen ihres sehr begrenzten Anwendungskreises konnte sich diese Theorie aber nur kurze Zeit behaupten. Allerdings zeigte sich hier schon ein charakteristischer Zug für die Phase der Herausbildung. Zunächst wurde versucht, theoretische Ansätze aus anderen Gebieten – hier der anorganischen Chemie – auf die neuen Phänomene anzuwenden. „Es lag in dieser Theorie ein Bestreben vor, eine ganze Körperklasse nach einem einheitlichen Gesichtspunkt und nach Art der Zusammensetzung anorganischer Verbindungen zu betrachten."[19] Dieser Gedanke fand sich auch in der 1832 von Liebig und F. Wöhler veröffentlichten Arbeit „Ueber das Radical der Benzoesäure", mit der die Radikaltheorie ins Leben gerufen wurde. Zuvor muß jedoch noch auf einige wichtige Entdeckungen hingewiesen werden, die Berzelius 1830 mit dem Begriff der Isomerie zusammenfaßte. Damit wurde der Gesichtskreis der Betrachtung organischer Verbindungen entscheidend erweitert. Diese Entdeckungen haben gezeigt, daß die Ermittlung der quantitativen Zusammensetzung allein zur Identifizierung nicht ausreicht, sondern daß die Stellung der Atome zueinander berücksichtigt werden muß. Die Radikaltheorie wurde dann von Berzelius und Liebig weiterentwickelt. Auf die Unterschiede in den verschiedenen Auffassungen über die Radikale kann hier nicht eingegangen werden. Hervorgehoben soll aber die von Berzelius angewandte Forschungsmethodik werden: „Wenn man versucht, sich eine Idee über die organischen Zusammensetzungen zu bilden, so haben wir bis jetzt nur einen unleugbar sicheren und durch unzählige Thatsachen festgestellten Weg: wir müssen nämlich von Vergleichungen unorganischer Verbindungen ausgehen."[20] Die Aufstellung dieser Theorien geschah zunächst relativ unabhängig voneinander. Jede beschrieb eine spezifische Erscheinung, sie abstrahierte also teilweise über andere Merkmale. Dabei wurde jeweils versucht, eine Analogie zur Dualität anorganischer Verbindungen herzustellen. Erscheinungen, für die die Theorie keine Erklärung geben konnte, wurden durch Zusatzhypothesen den Vorstellungen angepaßt. Auf diese Weise wird aber das Faktenmaterial gesammelt, das erforderlich ist, um zur Spezifik organischer Verbindungen vorzustoßen.

18 J. J. Berzelius, Lehrbuch der Chemie, Dresden 1827, S. 139.

19 E. Hjelt, Geschichte der organischen Chemie von ältester Zeit bis zur Gegenwart, Braunschweig 1916, S. 63.

20 J. J. Berzelius, Ueber die Constitution organischer Zusammensetzungen, in: Annalen der Pharmacie, 6, 1833, S. 174.

A. W. Hofmann veranschaulichte den Versuch der Zurückführung der Erklärung auf die Theorien der allgemeinen Chemie sehr plastisch: „Wer den Forschungen auf diesem neuen Gebiete mit Aufmerksamkeit gefolgt ist, wird sich erinnern, wie in einer großen Reihe der ersten Arbeiten die Traditionen der Mineralchemie sich fast ausschließlich spiegelten. Man untersuchte die Gebilde des tierischen Organismus und der Pflanze mit der ausgesprochenen Absicht, in ihnen das bereits bekannte Verhalten, die bereits ermittelte Zusammensetzungsweise der Mineralkörper wieder zu finden. Überall dieselben Anschauungen, dieselben Methoden, ja dieselbe Form des Ausdrucks."[21] In den 40er Jahren des 19. Jahrhunderts erfolgte dann ein Wandel in den Anschauungen der Chemiker, nachdem man erkannt hatte, daß das Theoriengefüge der allgemeinen (anorganischen) Chemie zur Deutung der Phänomene auf organischem Gebiet nicht ausreichte. Vorbereitet wurde diese Veränderung durch die Erklärung der Substitutionserscheinungen durch Dumas und die damit verbundenen Auseinandersetzungen mit der herrschenden Radikaltheorie Mitte der 30er Jahre. Die mit den Substitutionserscheinungen aufgedeckte Tatsache, daß der elektropositive Wasserstoff durch ein elektronegatives Atom substituiert werden kann, stand den herkömmlichen Ansichten diametral gegenüber. Die Radikaltheorie stellte die elektrochemisch-dualistische Betrachtung in den Vordergrund, wohingegen die Deutung der Substitutionserscheinungen auf dem Verständnis einer einheitlichen Zusammensetzung organischer Verbindungen basierten. In Konkurrenz zur ersteren wurden diese Anschauungen (1836) durch A. Laurent zur Kerntheorie und 1839 durch Dumas zur Theorie der Typen weiterentwickelt, die in den 40er Jahren dann bestimmend wurde.

Mit der Aufstellung dieser Theorie begann der Prozeß der Anpassung der Konzepte an die Spezifik des neuen Forschungsobjektes. Liebig äußerte sich über die Auseinandersetzung: „Bis zu einem bestimmten Punkte folgen wir also den Prinzipien der unorganischen Chemie, aber über den Punkt hinaus, wo sie uns verlassen, wo sie anstatt Verwickelungen zu lösen, Verwickelungen schaffen, über diesen Punkt hinaus bedürfen wir neuer Prinzipien."[22] Und E. Hjelt urteilt: „Zwischen Berzelius einerseits und Dumas und Laurent andererseits wurde während der Jahre um 1840 ein heißer Kampf ausgefochten, auf dessen Ausgang in der Tat das Sein oder das Nichtsein der eingebürgerten dualistisch-chemischen Auffassung beruhte. In gewisser Hinsicht hing davon die Befreiung der organischen Chemie von der festen Umarmung der anorganischen ab."[23]

Die zur „Befreiung" notwendigen neuen Prinzipien wurden mit dem Ausbau der

21 A. W. Hofmann, Antrittsrede als Mitglied der Königlich Preußischen Akademie der Wissenschaften zu Berlin im Monat Juli 1865, in: Monatsberichte der Königlich Preußischen Akademie der Wissenschaften zu Berlin, Berlin 1965, S. 314—315.

22 J. Liebig, Fußnoten zu: J. J. Berzelius, in: Annalen der Pharmacie, 12, 1839, S. 72—73.

23 E. Hjelt, Geschichte der organischen Chemie von ältester Zeit bis zur Gegenwart, Braunschweig 1916, S. 92—93.

unitarischen Betrachtungseise durch Ch. Gerhardt und Laurent aufgestellt. Von besonderer Wichtigkeit war dabei die mit Gerhardt einsetzende Klärung der grundlegenden Begriffe Atom, Äquivalent und Molekül. Die Molekularhypothese war zwar von A. Avogadro bereits 1811 aufgestellt worden, wurde aber von den Chemikern zu dieser Zeit nicht anerkannt, da sie mit deren theoretischen Ansichten nicht übereinstimmte bzw. den Chemikern überhaupt nicht bekannt war. Graebe schreibt: „Zu Anfang der 40er Jahre war die Molekularhypothese also von den Chemikern vollkommen aufgegeben ... Charles Gerhardt erkannte den Wert dieser Annahme für die Feststellung der Formeln und leitete eine neue Epoche in der Geschichte der Avogadroschen Theorie ein. Gerhardt war auf Grund rein chemischer Betrachtungen, bei denen er an Stelle der meist sehr komplizierten und unter sich nicht übereinstimmenden rationellen Formeln nur von Bruttoformeln ausging, zu der Überzeugung gelangt, daß bei einer geeigneten Feststellung der Atomgewichte der größte Teil der damals benutzten Formeln zu halbieren sei.“[24] Insofern erscheint es auch berechtigt, die Molekularhypothese erst in den 40er Jahren mit zum Bestand chemischer Kenntnisse zu zählen und nicht schon im Anschluß an die Aufstellung der Atomtheorie.

1848 veröffentlichte Gerhardt die Schrift „L'introduction de la chimie par le systéme unitaire“, in der die allgemeinen Resultate seiner und der Arbeiten von Laurent zusammengefaßt sind. Die Säulen dieses Systems sind ein Molekularbegriff, der auf die Volumentheorie zurückgeführt wird, und die Auffassung der Verbindungen als ein einheitliches Ganzes. Die Weiterentwicklung dieser Ideen erfolgte durch die wichtige Erkenntnis der homologen Reihen (Gerhardt) und mündete zu Beginn der 50er Jahre in die neuere Typentheorie durch die Arbeiten von A. Wurtz und Hofmann über die Ammoniakbasen (1849 bzw. 1850), von A. Williamson über die Äther (1850) und von Gerhardt über die Säureanhydride (1852). Mit der Zurückführung der organischen Verbindungen auf wenige Typen und der Anwendung des Prinzips der homologen Reihe trug diese Theorie bereits stark synthetische Züge und war in der Lage, die verschiedenen Theorien in gewissem Umfang nach einheitlichen Kriterien zusammenzufassen. Gerhardt selbst schrieb über die Bedeutung der Typentheorie: „ Man ersieht aus dieser Zusammenstellung, wo sich Repräsentanten für die wichtigsten chemischen Spezies verzeichnet finden, dass bei der Festhaltung des Gesichtspunktes der Reihenbildung von den Typen aus dieselbe Theorie auf die Äther wie auf die Basen, auf die Radikale wie auf die Aldehyde, auf die Basen wie auf die Amide Anwendung finden kann.“[25]

Die Typentheorie stellte den Abschluß der Phase der Herausbildung dar. Mit ihrer Aufstellung waren die Voraussetzungen für die Ausarbeitung einer allgemeinen Theorie für das Gebiet der organischen Chemie geschaffen. Ihre große

24 C. Graebe, Der Entwicklungsgang der Avogadroschen Theorie, in: Journal für praktische Chemie, 87, 1913, S. 175.

25 Ch. Gerhardt, Untersuchungen über die wasserfreien organischen Säuren, in: Annalen der Chemie und Pharmacie, 87, 1853, S. 176.

Bedeutung bestand darin, daß sie bereits auf wesentliche Struktureigenschaften aufmerksam machte und zu den zentralen Problemen – Atom-, Äquivalent-, Molekülbegriff, Wertigkeit und Verkettbarkeit – hinführte. Ihr entscheidender Mangel ist in ihrer formalen Betrachtungsweise zu sehen. Sie versuchte nicht zur Erklärung der atomistischen Zusammensetzung einer Verbindung vorzustoßen.

In diesem Zusammenhang ist noch kurz die Frage des Vitalismus zu erwähnen. Da das Problem der Entstehung lebender Substanz weitgehend aus der Forschung ausgeklammert wurde[26], war der Einfluß der „Lebenskraft" auf die theoretischen Diskussionen in der organischen Chemie nicht so groß, führte aber gegen Ende der Herausbildungsphase zur klaren Abgrenzung von physiologisch-chemischen Problemen. „Der Begriff ‚organisch' muß streng von dem Begriffe ‚organisirt', welcher letztere eine besondere äussere Form des Stoffes voraussetzt, geschieden werden. Diese Form wird durch den Einfluss eines Lebensprocesses bedingt."[27]

Die Phase der Herausbildung ist durch die Normierung der Termini sowie durch die Feststellung erster theoretischer Zusammenhänge bestimmt. Charakteristisch in dieser Phase ist, daß zunächst Begriffe und theoretische Vorstellungen oft aus anderen Gebieten übernommen werden bzw. versucht wird, die Erscheinungen mit den „entliehenen Theorien" zu klären. Es werden verschiedene Hypothesen über bestimmte Teilbereiche des neuen Gebiets aufgestellt. Mit der Verallgemeinerung der Ansichten über größere Bereiche des neuen Forschungsobjektes erfolgt eine Hinwendung zu den spezifischen Problemen sowie auch eine Eingrenzung des Forschungsgegenstandes, die eine Anpassung der Begriffe (eine Transformation) erfordern. Das führt schließlich zu den fundamentalen Begriffen und stellt den Übergang zur nächsten Phase dar.

3. *Emanzipierung*

Die Phase der Emanzipierung der organischen Chemie begann hauptsächlich mit Kekulés Arbeiten über die Valenz- oder Wertigkeitsprobleme. In Verbindung mit der konsequenten Anwendung der Gerhardtschen Typentheorie und den Ideen der Wertigkeit erweiterte er diese. Zunächst sprach er aus, was implizit in der Typentheorie schon enthalten war, daß die Grundtypen nichts anderes seien als Verbindungen mit 1-, 2- und 3 wertigen Atomen in funktionellen Gruppen. Durch einige Zusatzannahmen dehnte er die Theorie auf die kondensierten Typen aus. 1858 folgte dann die Arbeit „Ueber die Constitution und Metamorphose der chemischen Verbindungen und über die chemische Natur des Kohlenstoffs", die sowohl die endgültige Erkenntnis über die Vierwertigkeit des Kohlenstoffs als auch den Gedanken der Verkettbarkeit enthält. Parallel dazu sprach auch A.

26 Vgl. J. Weyer, Die Entstehung der organischen Chemie im 19. Jahrhundert, in: Disciplinae novae, Nr. 36, Hamburg 1979, S. 94–95, 97.

27 A. Butlerow, Lehrbuch der organischen Chemie, Leipzig 1868, S. 1–2.

Couper von der Vierwertigkeit des Kohlenstoffs. Somit war ein bedeutender Teil des Valenzproblems gelöst. Diese Begriffe lieferten die Basis für die chemische Strukturtheorie A. Butlerovs. Das Neue der Gedanken Butlerovs bestand nicht so sehr im Strukturdenken, sondern vor allem darin, die vorhandenen Ideen geordnet und zu einem einheitlichen theoretischen System auf chemischer Grundlage ausgebaut zu haben. So schrieb er selbst: „Der Begriff von der chemischen Structur entspringt direct aus dem Begriffe der Valenz, und dieser letztere beruht auf dem Begriffe von dem chemischen Molecül, mit dem das Volumgesetz eng verbunden ist."[28]

Sehr wichtig war dabei auch die im Anschluß an den Chemikerkongreß 1860 in Karlsruhe weitgehend erzielte Einheitlichkeit in der Verwendung grundlegender Begriffe der Chemie wie Atom, Molekül und Äquivalent, die besonders mit dem Namen St. Cannizzaro verbunden ist. Mit der Erkenntnis der Gleichwertigkeit der Kohlenstoffvalenzen, der Doppel- und Dreifachbindungen sowie der Aufstellung der Benzoltheorie 1865 schloß diese Phase ab.

Die Emanzipierung ist dementsprechend in erster Linie als Loslösung vom Begriffs- und damit theoretischen System anderer Wissenschaften bzw. Teildisziplinen zu verstehen. Sie ist gekennzeichnet durch die Auseinandersetzung mit den bisherigen theoretischen Auffassungen, die Aufstellung einer umfassenden Theorie mit einheitlichem Begriffssystem und durch die Erklärung der bekannten Phänomene, vor allem jener, die mit der alten Theorie nicht zu erklären sind. Sie umfaßt einen relativ kurzen Zeitraum, in dem die Kommunikation mit anderen Disziplinen fast völlig unterbunden ist. Auch Hjelt hebt die Bedeutung dieses Zeitraumes hervor: „Die jetzt folgenden Jahre, von 1858 bis Mitte der sechziger Jahre waren von einem starken Interesse für die Theorie der organischen Verbindungen erfüllt. Es war eine spannende Übergangszeit ... Sie führte von den unitarischen Theorien Gerhardts zu den Ansichten Kekulés und Coupers und zum Sieg der ‚modernen Chemie', der Strukturchemie."[29]

4. *Konsolidierung*

Auf der Grundlage des aufgestellten theoretischen Systems erfolgten nun die Konstitutionsbestimmungen bezüglich einer Vielzahl von Verbindungen und die weitere Erforschung der Isomerieprobleme, deren Ausbau schließlich zur stereochemischen Anschauung durch J. H. van't Hoff und J. A. Le Bel führte (1874). Die strukturchemischen Ansichten und ihre stereochemische Erweiterung erwiesen sich als tragfähig zur präzisen Bestimmung der Konstitution der verschiedensten Verbindungsklassen.

In der letzten Phase – der Konsolidierung – wird das bestehende theoretische System ausgebaut und der Rahmen für die weitere Entwicklung abgesteckt, wobei

28 Ebenda, S. 52.

29 E. Hjelt, Geschichte der organischen Chemie von ältester Zeit bis zur Gegenwart, Braunschweig 1916, S. 238.

die prognostische Funktion der Theorie größere Bedeutung erhält. Es werden viele experimentelle Untersuchungen auf der Basis der bestehenden Theorie durchgeführt. Die Kommunikation mit anderen Gebieten wird wieder aufgenommen und produktiv.

Die Wechselwirkung mit anderen Gebieten wurde seit den 60er Jahren dadurch verstärkt, daß die organische Chemie für das Gesamtgebiet der Chemie bis zum Ende des Jahrhunderts eine Leaderfunktion übernimmt, auf die hier nur hingewiesen werden kann. E. Fischer schrieb dazu: „Die Anschauungen über Atom und Molekel hatten sich geklärt, der Aequivalentbegriff war zu dem der Valenz erweitert und in der Structurlehre hatten alle lebensfähigen Keime der älteren Theorien den geeigneten Boden zur Fortentwicklung gefunden ... Als unmittelbare Folge brachte die Kenntnis der richtigen Atomgewichte der Mineralchemie das periodische System der Elemente, dessen Ausbau der experimentellen Forschung hier einen mächtigen Anstoß gegeben hat.“[30] Und weiter: „Unter dem Einfluß der Structurlehre sind auch alle Zweige der physikalischen Chemie, welche die Abhängigkeit der äußeren Eigenschaften von der Zusammensetzung der Molekel behandeln, frisch aufgeblüht und immer mehr werden die physikalischen Constanten ... als wertvolle Hilfsmittel für die Erforschung ihrer chemischen Constitution betrachtet.“[31] Die durch diese Leaderfunktion der organischen Chemie eingeleitete Entwicklung führte dann gegen Ende des Jahrhunderts zum Entstehen der Grenzdisziplinen – der physikalischen Chemie sowie der Biochemie –, so daß die Phase ihrer Konsolidierung um 1890 als abgeschlossen betrachtet werden kann.

Das Problem der Weiterentwicklung, insbesondere in Verbindung mit den Grenzgebieten, bedarf dabei gesonderter Untersuchungen. Die von Guntau vorgeschlagene Erweiterung des Phasenmodells[32] durch eine sich an die Konsolidierung anschließende Umbruchphase, die dann zu einer „modernen Phase der Disziplinentwicklung“ führt und die eine Art wissenschaftlicher Revolution darstellt, scheint sich für die organische Chemie nicht zu bestätigen. Meines Erachtens ist hier der Betrachtung J. Weyers zuzustimmen: „Im Grunde hat dieser stabile, geordnete Zustand der organischen Chemie unter dem Paradigma der chemischen Strukturtheorie bis heute angehalten, und selbst Elektronentheorie und Quantentheorie der chemischen Bindung werden von der Mehrzahl der organischen Chemiker nicht als plötzlicher Umbruch empfunden.“[33]

30 E. Fischer, Antrittsrede als Mitglied der Akademie der Wissenschaften zu Berlin, in: Sitzungsberichte der Königlich Preußischen Akademie der Wissenschaften zu Berlin, Berlin 1893, S. 632.

31 Ebenda, S. 633.

32 Vgl. M. Guntau, Gedanken zur Herausbildung wissenschaftlicher Disziplinen in der Geschichte und zu Problemen der Disziplingenese in der Wissenschaftsgeschichtsschreibung, in: Rostock. Wiss.-Hist. Mskr., Heft 8, Rostock 1982, S. 33, 38–39.

33 J. Weyer, Die Entstehung der organischen Chemie im 19. Jahrhundert, in: Disciplinae novae, Nr. 36, Hamburg 1979, S. 100.

Die Wechselwirkung vollzog sich nicht nur auf dem Gebiet der Wissenschaft, sondern auch in sehr starkem Maße zwischen chemischer Wissenschaft und chemischer Industrie. Daß diese Wechselwirkung nicht erst in der Konsolidierungsphase begann, ist an zwei Beispielen schon demonstriert worden. Es sei noch verwiesen auf die Arbeiten F. F. Runges und besonders Hofmanns über die Teerdestillationsprodukte. Hofmanns Untersuchungen trugen sowohl zur Durchsetzung der unitarischen Anschauungen gegenüber der Radikaltheorie als auch zur Aufstellung der neueren Typentheorie bei. Zweifellos ist hier ein Einfluß der chemischen Industrie zu verzeichnen. Er unterscheidet sich aber noch wesentlich von den Verhältnissen, die dann in der Konsolidierungsphase anzutreffen sind. Dieser Einfluß war aber weniger auf eine echte Wechselbeziehung im Sinne von Rückkopplungen zurückzuführen als vielmehr auf die für die ersten zwei Drittel des Jahrhunderts typische Einstellung der Chemiker, auf ihre sehr enge Verbindung zur Praxis. Letztere kam aber weitgehend noch mit rein empirischen Arbeiten zu vielen Fortschritten.

Eine Wende brachte dann die Entstehung der Industrie der Teerfarbstoffe, die 1856 mit der Entdeckung des Mauveins ihren Anfang nahm, wobei auch hier bis Ende der 60er Jahre das empirische Herangehen vorherrschte. Die Situation änderte sich in den nächsten zwei Jahrzehnten grundlegend: „Die Quelle des andauernden Erfolges sei bei dieser, noch in unaufhörlicher Entwickelung begriffenen Industrie: eine bis in die letzten Adern der Fabrikation sich verzweigende, wissenschaftliche Durchdringung der Praxis, unablässige Fühlung mit der Bewegung auf dem Erfindungsgebiete, den Fortschritten der theoretischen und angewandten Chemie ...“[34] So beschäftigten die drei größten deutschen Betriebe auf diesem Gebiet 1899 bereits ca. 400 promovierte Chemiker[35], und die Zahl der in Deutschland insgesamt tätigen, wissenschaftlich ausgebildeten Chemiker belief sich 1895 bereits auf 6000[36], während sie zu Beginn des Jahrhunderts nicht größer als 200 gewesen sein dürfte. Mit der damit enorm gewachsenen Bedeutung der chemischen Wissenschaft für die Industrie erhöhte sich sehr schnell ihre gesellschaftliche Relevanz. Waren die bis zur Jahrhundertmitte an den Universitäten zur Verfügung stehenden chemischen Laboratorien noch recht bescheiden, entstanden nun bis zum Ende des Jahrhunderts an den verschiedensten Universitäten Deutschlands mehr als 20 neue oder stark erweiterte, modern eingerichtete Institute, um dem wachsenden Bedarf an Chemikern gerecht zu werden. Hinzu kamen in den großen Konzernen auf dem Gebiet der Teerfarben Forschungslaboratorien,

34 H. Caro, Ueber die Entwicklung der Theerfarben-Industrie, in: Berichte der Deutschen Chemischen Gesellschaft, 25, 1892, S. 960.

35 Vgl. J. Bredt, Die Doctor-Promotion an technischen Hochschulen und die Bedeutung der wissenschaftlichen Arbeit für die chemische Technik, in: Angewandte Chemie, 15, 1900, S. 366–367.

36 Vgl. C. Duisberg, Über die Ausbildung der technischen Chemiker und das zu erstrebende Staatsexamen für dieselben, in: C. Duisberg, Abhandlungen, Vorträge und Reden aus den Jahren 1882–1921, Berlin – Leipzig 1923, S. 119.

die weit besser ausgestattet waren als die Universitätsinstitute.[37] Auf die Hintergründe der unterschiedlichen Entwicklung der chemischen Industrie, besonders auf den Vergleich der deutschen, englischen und französischen organisch-chemischen Industrie, kann hier nur verwiesen werden.[38]

Abschließend sei noch auf die Institutionalisierung sowie die Kommunikation kurz eingegangen, da sie wichtige Kriterien für die Disziplinbildung darstellen. Ein wesentlicher Indikator für die Phase der Herausbildung, besonders gegen Ende dieser Phase, bestand in der Herausgabe eigenständiger Lehrbücher, von denen besonders Gerhardts „Traité de chimie organique" (1853–1856) und Kekulés „Lehrbuch der organischen Chemie" (ab 1861) genannt seien. Die Fragen der gesellschaftlichen Anerkennung sind für den Entstehungsprozeß einer Teildisziplin allerdings nicht so gravierend wie z. B. die Industrialisierung, da die Forschungen über die organischen Verbindungen im Rahmen der Disziplin Chemie erfolgten, deren Institutionalisierung bis 1850 im wesentlichen abgeschlossen war. So fiel die Einrichtung der ersten Lehrstühle für organische Chemie in die Phase der Konsolidierung – C. Schorlemmer in Manchester und A. Franchimont in Leiden jeweils 1874.[39] Auch die chemische Kommunikation war zunächst durch die bestehenden Fachzeitschriften gesichert, zumal bis zur Mitte des Jahrhunderts sich die meisten Chemiker ohnehin mit der organischen Chemie befaßten und somit automatisch der Kommunikationsraum in diesen Zeitschriften gegeben war.

Grundsätzlich läßt sich also feststellen, daß die Differenzierung einer Disziplin in Teildisziplinen nach ähnlichen Gesichtspunkten verläuft wie die Entstehung der Disziplin selbst, wobei die Kriterien der gesellschaftlichen Anerkennung und Durchsetzung infolge des schon bestehenden disziplinären Rahmens nicht so hervorstechend sind.

37 Vgl. J. Bredt, Die Doctor-Promotion an technischen Hochschulen und die Bedeutung der wissenschaftlichen Arbeit für die organisch-chemische Technik, in: Angewandte Chemie, 15, 1900, S. 364.

38 Vgl. F. Welsch, Zur Geschichte der Herstellung künstlicher organischer Farbstoffe und ihre Bedeutung für die Entwicklung der chemischen Wissenschaft und Industrie im 19. Jahrhundert, Inauguraldissertation, Leipzig 1966.

39 Vgl. J. Weyer, Die Entstehung der organischen Chemie im 19. Jahrhundert, in: Disciplinae novae, Nr. 36, Hamburg 1979, S. 101.

Wolfgang Girnus

Zu einigen Grundzügen der Herausbildung der physikalischen Chemie als Wissenschaftsdisziplin

Die physikalische Chemie entstand im Spannungsfeld enger Wechselwirkungen von Chemie und Physik. Sie setzte die stabile Existenz dieser Wissenschaften für die Ausprägung des eigenen disziplinären Charakters voraus, nicht aber für die Herausbildung ihrer verschiedenen Elemente. Diese verschiedenen Elemente der physikalischen Chemie – sie sollen hier als Forschungsrichtungen bezeichnet werden – sind nicht gleichzeitig und auch nicht nach gleichen Mechanismen entstanden. Das gilt z. B. für das Affinitätsproblem, die Vorstellungen über die Natur der Lösungserscheinungen oder das Wissen über das Verhältnis von Substanzen zu ihren Eigenschaften. Diese relativ selbständigen Linien des theoretischen Erfassens von Wesenszügen physikalisch-chemischer Naturerscheinungen bezeichnen charakteristische Wurzeln für die Herausbildung der physikalischen Chemie als Wissenschaftsdisziplin.

Die Wesenszüge physikalisch-chemischer Naturerscheinungen selbst verweisen auf den Gegenstand der physikalischen Chemie[1] als jenem relativ ganzheitlichen Komplex objektiv-realer Eigenschaften und Zusammenhänge, die die Möglichkeit und den Verlauf chemischer Reaktionen, insbesondere ihre Intensität und Selektivität, auf der Basis der Wechselbeziehungen zwischen stofflich-strukturellen und energetischen Charakteristika der reagierenden Substanzen unter Berücksichtigung der Wechselwirkungen zwischen den Reaktionssystemen und ihrer physikalischen und chemischen Umgebung bestimmen. Die für die Chemie charakteristischen Makroprozesse, die auf den Elementarreaktionen basieren und untrennbar mit ihnen verknüpft sind, sich aber nicht auf sie reduzieren lassen, sind auch für die physikalische Chemie typisch. Diese Gegenstandsbestimmung der physikalischen Chemie reflektiert weitgehend das aktuelle Wissen über die etablierte und in sich und in der Gesellschaft konsolidierte Disziplin. Für die Wesens-

1 Zum Vergleich von Gegenstand und Objekt wissenschaftlicher Tätigkeit vgl.: G. Kröber, Methodologische Probleme der Erforschung der Wissenschaft im Sozialismus, in: Methodologie der Wissenschaftsforschung, Kolloquienreihe des Instituts für Wissenschaftstheorie und -organisation der Akademie der Wissenschaften der DDR, Nr. 8, Berlin 1973, S. 13; W. Girnus, Grundzüge der Herausbildung der physikalischen Chemie als Wissenschaftsdisziplin, Diss. A, Berlin 1982, S. 8–9, 209–210.

bestimmung der physikalischen Chemie als Wissenschaftsdisziplin sowie für die Analyse ihrer Genese und Entwicklung bildet sie eine wesentliche Komponente, reduziert sich jedoch nicht auf sie. Der Gegenstand jeder wissenschaftlichen Tätigkeit ist von der historischen Evolution des Wissens über ihn *unabhängig*, nicht aber seine Bestimmung; sie setzt seine Existenz und Erkenntnisunabhängigkeit voraus. Deshalb ist es erforderlich, neben den Bemühungen um eine möglichst präzise Gegenstandsbestimmung den Schwerpunkt der Analyse auf die Untersuchung der Existenz- und Funktionsbedingungen sowie der Reproduktionszusammenhänge und -mechanismen der gegenstandsorientierten wissenschaftlichen Tätigkeiten in ihrer historischen Entwicklung zu verlagern. Dadurch wird es möglich, die Genese und Entwicklung der physikalischen Chemie als historischen Prozeß zu erfassen und das auf einem hohen Abstraktionsniveau formulierte Untersuchungsziel durch eine Reihe von Teilfragen zu untersetzen, wie z. B. der Frage nach den Ursachen und Einflußfaktoren für die Transformation eines disziplinären Gegenstandes aus der Möglichkeit in die Wirklichkeit, nach der Struktur und dem Zusammenhang der gedanklichen Resultate aus der gegenstandsorientierten wissenschaftlichen Tätigkeit in ihrer Entwicklung – d. h. nach der Entwicklung der theoretischen Vorstellungen, Probleme und Begriffe zum Gegenstand und der Herausbildung ihres Systemcharakters –, nach der Entwicklung eines spezifischen Methodenarsenals zur Realisierung der gegenstandsorientierten wissenschaftlichen Tätigkeit, nach der Entwicklung des Charakters und Verhältnisses von Forschung und Lehre und damit im Zusammenhang nach der Art und Weise der Produktion und beständigen Reproduktion der Kader, die ja offensichtlich über mehrere, einander ablösende Generationen in ihrer wissenschaftlichen Tätigkeit auf denselben Gegenstand orientiert bleiben, nach der Entwicklung der disziplinären Kommunikation, Institutionalisierung usw.

Die entsprechende Untersuchung hat zu folgenden Ergebnissen geführt:

Die Genese der physikalischen Chemie war kein punktuelles Ereignis in der Geschichte der Wissenschaft, etwa beschränkt auf das Jahr 1887, und auch nicht lokal fixiert, etwa auf Leipzig, wohin Wilhelm Ostwald 1887 als Ordinarius für physikalische Chemie berufen wurde. Es war ein nach objektiven Merkmalen bestimmbarer Prozeß. Diese Merkmale legen Inhalt und Form dieses Prozesses qualitativ und damit hinreichend fest, auch wenn sie es nicht gestatten, Anfang und Ende jeweils an ein genaues Datum zu binden. Sie unterscheiden die Disziplingenese der physikalischen Chemie einerseits von ihrer Vorgeschichte und andererseits von ihrer „eigentlichen" Entwicklung auf gefestigter disziplinärer Grundlage.

Die Disziplingenese der physikalischen Chemie setzte Ende des 18., Anfang des 19. Jahrhunderts ein. Das Heranreifen der kognitiven und sozialen Voraussetzungen dafür wurde jedoch schon einige Jahrzehnte zuvor von einzelnen Gelehrten wahrgenommen. Erste antizipatorische Bestimmungen der Ziele und Aufgaben der physikalischen Chemie aus der zweiten Hälfte des 18. Jahrhunderts, z. B. von M. V. Lomonosov, bezeugen die Sensibilität für bevorstehende Wandlungen.

Lomonosov hatte bereits 1752 in seinem „Lehrkurs der wahren physikalischen Chemie“ diese Disziplin als eine Wissenschaft definiert, „die auf Grund von Lehrsätzen und physikalischen Versuchen erklärt, was in gemischten Körpern (chemischen Verbindungen – W. G.) bei chemischen Operationen vor sich geht“[2]. Lomonosovs Ausführungen lassen keinen Zweifel daran aufkommen, daß er wohl als erster die Bedeutung einer wirklich physikalischen Chemie, wie sie im ausgehenden 19. Jahrhundert als selbständige Wissenschaftsdisziplin Realität wurde, voll erkannt und den Begriff der physikalischen Chemie in diesem Verständnis in Inhalt und Umfang geprägt hatte.[3] Andere Gelehrte dieser Zeit unterlegten diesem Begriff in der Regel eine Bedeutung, die, aus der aristotelischen Naturanschauung überkommen, mit dem Adjektiv „physikalisch“ die Zugehörigkeit der Chemie zur Naturlehre ausdrücken sollte. Das wird an einer Schrift von J. L. von Jaeger deutlich. Er schrieb 1771 zur „Benennung der Zugehörigkeit der Chemie, was darunter zu verstehen sey, ... daß die selbe sich über alle in der Natur befindlichen Dinge erstrecke, und daher wird sie physikalisch benennet“[4].

Im 17. und 18. Jahrhundert wurden Fragestellungen zum Gegenstand der physikalischen Chemie im Rahmen allgemeiner naturwissenschaftlicher Betrachtungen oder am Rande spezieller Probleme behandelt, die in der Chemie, Physik, Mineralogie oder anderen Gebieten angesiedelt waren. Physikalisch-chemische Fakten, theoretische Vorstellungen, Methoden usw. blieben dazu analog entweder undifferenziert im Rahmen der allgemeinen Naturlehre oder in die Evolution anderer praktischer und wissenschaftlicher, insbesondere chemischer und physikalischer Wissenschaftsbereiche eingebettet.

Der Entstehungsprozeß der physikalischen Chemie ist nachweislich in drei deutlich unterscheidbare Phasen gegliedert: Die *Vorbereitungsphase*, die *Konstituierungsphase* sowie die *Etablierungs- und Konsolidierungsphase*. Die unmittelbare Identifizierung der Phasen erfolgt nach Einschnitten in der Entwicklung des Kommunikations- und Kooperationsprofils der Forschungen zum Gegenstand der physikalischen Chemie, der Herausbildung spezialisierter physikalisch-chemischer Lehrtätigkeit und der institutionellen Ausformung dieser Entwicklungen. In der Erkenntnis- und Methodenbasis der physikalischen Chemie ist diese Gliederung nicht so deutlich ausgeprägt, doch besteht kein Zweifel, daß der Erkenntnisfortschritt dieses Gebietes das Rückgrat seiner in Phasen voranschreitenden Disziplingenese darstellt.

Auch die sozialökonomische Determination der Disziplingenese der physikalischen Chemie läßt sich nicht als geradliniger Kausalzusammenhang zwischen

2 M. W. Lomonossow, Ausgewählte Schriften in zwei Bänden, Bd. 1, Berlin 1961, S. 199.

3 Zur Entwicklung des Begriffs „physikalische Chemie“ vgl.: Ju. I. Solov'ev, Ob evoljucii ponjatija „fizičeskaja chimija“, in: Žurnal fizičeskoj chimii (Moskva), 54, 1980, S. 1077–1083; Ju. I. Solov'ev, Očerki po istorii fizičeskoj chimii, Moskva 1964, S. 7–12.

4 J. L. von Jaeger, Bifolivm Chemico-Physico-Metalliovm, Vorrede, Amsterdam – Leipzig 1771.

ökonomischer und wissenschaftlicher Entwicklung nachweisen, sondern stellt sich eher als eine sich von Mal zu Mal spontan einstellende Wechselwirkung dar. So entsprachen die Tätigkeitsresultate der Physikochemiker den Bedürfnissen der sich seit den 60er Jahren des vorigen Jahrhunderts stürmisch entfaltenden chemischen Großindustrie sehr weitgehend, in der Regel allerdings ohne daß das den Vertretern beider Seiten bewußt wurde. Die Ausformung der chemischen Industrie zu einem führenden Zweig der kapitalistischen Großproduktion war verbunden mit dem Übergang zur massenhaften Erzeugung chemischer Produkte, insbesondere synthetischer, auf empirischer Grundlage. Diese Tatsache, die zugleich ungeheuer anwachsende Zahl bekannter chemischer, insbesondere organisch-chemischer Verbindungen und der sich verschärfende Konkurrenzdruck innerhalb der chemischen Industrie stellte mit den 70er Jahren des vorigen Jahrhunderts qualitativ neue Forderungen an die chemische Technologie hinsichtlich der Effektivität ihrer Verfahren. Es war nicht mehr möglich, für jede chemische Verbindung ein gesondertes Verfahren zu entwickeln. Variable Verfahren für ganze Stoffklassen oder bestimmte Reaktionstypen waren gefragt. Ausbeuteerhöhungen durch Prozeßzeitoptimierung und nach Möglichkeit gleichbleibendem oder geringerem Rohstoffaufkommen rückten die Berücksichtigung kinetischer und thermodynamischer Faktoren auf die Tagesordnung. Daß J. H. van't Hoff mit seinen 1884 erschienenen „Études de dynamique chimique"[5], in denen er, ausgehend von einer organisch-chemischen Fragestellung, über die Analyse der kinetischen Verhältnisse chemischer Vorgänge und ihrer thermischen Abhängigkeit zur Formulierung des thermodynamisch begründeten Prinzips vom beweglichen Gleichgewicht und zur thermodynamischen Begründung der Affinitätslehre vorstieß, diesen Forderungen der chemischen Großindustrie schon weit entgegenkam, war damals weder ihm selbst noch den Vertretern der chemischen Industrie bewußt.

Vor der Jahrhundertwende kam es nur in vereinzelten Fällen zu einem bewußten und zielstrebigen Zusammenwirken von physikalischer Chemie und chemischer Technologie bzw. chemischer Industrie. Erst mit dem Beginn der Etablierungs- und Konsolidierungsphase in der Genese der physikalischen Chemie bildete sich eine neue Qualität im Verhältnis der beiden genannten Seiten heraus.[6]

Die *Vorbereitungsphase* in der Genese der physikalischen Chemie erstreckte

5 Vgl. H. J. van't Hoff, Études de dynamique chimique, Amsterdam 1884.

6 Zur Entwicklung des Verhältnisses von physikalischer Chemie und chemischer Technologie vgl.: Yu. I. Solovyov, The Role of Physical Chemistry in Scientific and Technological Progress at the Turn of the 20 Century, in: Acta historiae rerum naturalium necnon technicarum, Special Issue 14, Prague 1981, S. 249–273; W. D. Bancroft, The Relation of Physical Chemistry to Technical Chemistry, in: Journal of the American Chemical Society (Washington, Easton [Pa. 7]), Bd. 21, 1899, S. 1101–1107; K. Krug, Hauptaspekte bei der historischen Herausbildung der Verfahrenstechnik (Vortrag, gehalten auf der wissenschaftlichen Konferenz „Phil.-Hist. '83" der TU Dresden am 9. 2. 1983, unveröffentlicht).

sich etwa vom Beginn des 19. Jahrhunderts bis in die 80er Jahre. Hier entstanden und entwickelten sich verschiedene physikalisch-chemische Forschungsrichtungen wie die Thermochemie, die Elektrochemie, die physikalisch-chemische Erforschung der Lösungserscheinungen, der photo- und magnetochemischen Phänomene, die chemische Reaktionskinetik usw., die zunächst weitgehend unabhängig voneinander einzelne Seiten des Gegenstandes der physikalischen Chemie untersuchten. Sie bildeten sich zu unterschiedlichen Zeiten heraus und waren zunächst im wesentlichen in die Physik bzw. in die Chemie eingeschlossen, gewannen aber zunehmend innere Konsistenz. Ihre Vertreter waren Physiker oder Chemiker, die sich in ihren Untersuchungen auf die Abhängigkeit der Existenz und Veränderung physikalischer Eigenschaften chemischer Substanzen von deren Zusammensetzung konzentrierten und dabei dann zunehmend den Zusammenhang physikalischer und chemischer Effekte bei chemischen Reaktionen betrachteten. Bekannte Methoden und Instrumente der Experimentier- und Meßtechnik, wie die quantitative Gewichtsanalyse, die Thermometrie, die Kalorimetrie, die Spektroskopie, die Methoden zur Bestimmung latenter Wärmen (Verdampfungs-, Schmelz-, Sublimations-, Reaktionswärmen usw.), die Kolorimetrie, die elektrochemischen Methoden auf der Basis der Faradayschen Gesetze, die Leitfähigkeitsbestimmungen von Elektrolyten, die Methoden der Molekulargewichtsbestimmung, die Bestimmung von Reaktionsgeschwindigkeiten u. a., wurden vervollkommnet und neue entwickelt. Die Forschungsergebnisse wurden in physikalischen oder chemischen Fachzeitschriften und in thematischen Monographien mitgeteilt. Derartige Monographien wurden nicht selten für eine gewisse Zeit zu einer Art Bezugssystem für die wissenschaftliche Kommunikation zu dem entsprechenden speziellen Gegenstandsbereich. Publikationen, die hier einzuordnen sind, stammten z. B. von J. J. Berzelius[7], M. Faraday[8] für die Elektrochemie, von H. H. Heß[9], C. M. Guldberg und P. Waage[10], M. Berthelot[11], J. J. Thomsen[12] für die Thermochemie und Gleichgewichtslehre und von A. Avogadro[13] und St. Cannizzaro[14] für die theo-

7 Vgl. J. J. Berzelius, Versuch über die Theorie der chemischen Proportionen und über die chemischen Wirkungen der Electricität; nebst Tabellen über die Atomgewichte der meisten unorganischen Stoffe und deren Zusammensetzung, Dresden 1820.

8 Vg. M. Faraday, Experimental researches in electricity, Bde. 1—2, London 1839/44; M. Faraday, Experimental researches in chemistry and physics, London 1859.

9 Vgl. G. G. Gess (dtsch. H. H. Heß), Osnovanija čistoj chimii, St. Petersburg 1831.

10 Vgl. C. M. Guldberg/P. Waage, Études sur les affinités chimiques, Christiania 1867.

11 Vgl. M. Berthelot, Essai de mécanique chimique fondée sur la thermochimie, 2 Bde., Paris 1879.

12 Vg. J. J. Thomsen, Thermochemisches Untersuchungen, 4 Bde., Leipzig 1882—1886.

13 A. Avogadro, Mémoire sur les volumes atomiques et sur leur relation avec le rang, que les corps occupent dans la série electro-chimique, Turin 1844.

14 St. Cannizzaro, Scritti intorno alla teoria moleculare ed atomica ed alla notazione chimica, Palermo 1896; vgl. auch: L. Meyer (Hrsg.), St. Cannizzaro, Abriss eines Lehrganges der theoretischen Chemie, Leipzig 1891 (Ostwalds Klassiker der exakten Wissenschaften Nr. 30).

retischen Vorstellungen über die Zustände und die Struktur der Materie. Zusammenfassende Lehrbücher, die den Gegenstandsbereich der physikalischen Chemie berührten, wie z. B. die von Cl.-L. Berthollet[15], H. Buff, H. Kopp und F. Zamminer[16], L. Meyer[17], D. I. Mendeleev[18] oder A. Naumann[19] waren noch Ausnahmen. In der Hochschullehre fehlten noch spezifisch physikalisch-chemische Lehrveranstaltungen und Kurse. 1864 erfolgte erstmalig die Gründung einer eigenständigen physikalisch-chemischen Abteilung in der physikalisch-mathematischen Fakultät der Universität Charkow, die von N. N. Beketov geleitet wurde.[20] Ebenfalls 1864 wurde der erste selbständige Lehrstuhl der physikalischen Chemie an einer deutschen Universität für H. Kopp in Heidelberg errichtet, und 1871 begründete G. Wiedemann an der Universität Leipzig das erste deutsche Unterrichtslaboratorium für physikalische Chemie. In der Regel – und das gilt auch für die eben genannten Einrichtungen – mußten sich die Wissenschaftler, die auf physikalisch-chemischem Gebiet arbeiten wollten, die dazu erforderlichen Spezialkenntnisse autodidaktisch oder im direkten Lehrer-Schüler-Kontakt aneignen. Nach und nach bildete sich zwischen den verschiedenen physikalisch-chemischen Forschungsrichtungen ein System kommunikativen Austausches und inhaltlicher Abhängigkeiten und damit auch institutioneller Beziehungen heraus. Bis zum Beginn der 80er Jahre des 19. Jahrhunderts hatte sich dieses System so weit etabliert, daß seine Grundstrukturen auch in der nachfolgenden Konstituierungsphase erhalten blieben. Das wird auch von einer 1976 veröffentlichten Untersuchung R. G. A. Dolbys bestätigt, die die Häufigkeit der in J. R. Partingtons „A History of Chemistry“[21] zitierten Primärquellen zur physikalischen Chemie zwischen 1800 und 1920 zum Gegenstand hatte.[22]

Die *Konstituierungsphase* war ein Prozeß von hoher Intensität, der im wesentlichen in den 80er und in der ersten Hälfte der 90er Jahre des vorigen Jahrhunderts verlief. Die Verknüpfung der verschiedenen physikalisch-chemischen Forschungsrichtungen kulminierte hier in ihrer Synthese zu einem relativ geschlossenen

15 Cl.-L. Berthollet, Essai de statique chimique, 2 Teile, Paris 1803 (Deutsche Übersetzung: Cl.-L. Berthollet, Versuch einer chemischen Statik, das ist einer Theorie der chemischen Naturkräfte, 2 Bde., Berlin 1811).

16 H. Buff/H. Kopp/F. Zamminer, Lehrbuch der physikalischen und theoretischen Chemie, Braunschweig 1857.

17 L. Meyer, Die modernen Theorien der Chemie und ihre Bedeutung für die chemische Statik, Breslau 1864.

18 D. I. Mendeleev, Osnovy chimii, St. Petersburg 1869 (Deutsche Übersetzung: D. Mendelejeff, Grundlagen der Chemie, St. Petersburg 1891).

19 A. Naumann, Handbuch der allgemeinen und physikalischen Chemie, Heidelberg 1877.

20 Vgl. Ju. I. Solov'ev, Očerki po istorii fizičeskoj chimii, a. a. O., S. 50–52; V. F. Timofeev, O naučnych zaslugach N. N. Beketova v oblasti fiziko-chimii, Char'kov 1911.

21 Vgl. J. R. Partington, A History of Chemistry, Bd. IV, London 1964.

22 Vgl. R. G. A. Dolby, The Case of Physical Chemistry, in: G. Lemaine/R. MacLeod/M. Mulkay/P. Weingart (Hrsg.), Perspectives on the Emergence of Scientific Disciplines, The Hague–Paris–Chicago 1976.

System physikalisch-chemischer wissenschaftlicher Tätigkeiten mit einem spezifischen Arsenal gemeinsamer Probleme, Methoden und Begriffe, die sich um die Erscheinung der Ionendissoziation sowie die Entwicklung der chemischen Thermodynamik und chemischen Kinetik konzentrierten. Bis zum Beginn der 80er Jahre hatte sich der Systemcharakter und die Stabilität der auf den jeweiligen Gegenstand orientierten wissenschaftlichen Tätigkeiten innerhalb der verschiedenen Forschungsrichtungen auf einem verhältnismäßig hohen Niveau ausgebildet. Das fand seinen Ausdruck in dem jeweiligen systematischen inneren Zusammenhang der zum Teil auf quantitative Gesetzesaussagen gegründeten spezifischen Begriffe, Aussagen, empirischen Fertigkeiten und theoretischen Vorstellungen zu dem in den Forschungsrichtungen akkumulierten umfangreichen Faktenmaterial über physikalisch-chemische Sachverhalte. Für eine Reihe beobachteter Phänomene, wie z. B. die Katalyse, verschiedene Lösungs- oder elektrochemische Erscheinungen, war aber noch keine ausreichende Erklärung gefunden worden. Zu Beginn der 80er Jahre zeichnete sich eine Situation ab, die von der berechtigten Hoffnung gekennzeichnet war, daß durch die sachlich begründete Verknüpfung der theoretischen Vorstellungen unterschiedlicher Forschungsrichtungen neue Erkenntnisse gewonnen werden könnten. Das Bestreben nach einer solchen integrativen Verknüpfung verstärkte sich in dieser Zeit merklich. Als zentrales Problem, das alle Forschungsrichtungen durchzog, trat das Affinitätsproblem in allgemeiner Fassung in den Vordergrund.

Das Problem der chemischen Affinität (in älterer Terminologie: die chemische Verwandtschaft) bildete während der gesamten Dauer der Disziplingenese die Magistrale der Entwicklung des Erkenntnisinhalts der physikalischen Chemie. Als chemische Affinität wird das bei chemischen Umwandlungen immer auftretende und beobachtbare, unterschiedlich starke Bestreben der Stoffe bezeichnet, mit einem oder mehreren anderen in eine Reaktion einzutreten. Heute gilt als Maß der chemischen Affinität einer Reaktion die Abnahme ihres thermodynamischen Potentials. Schon bei den ersten Versuchen ihrer Erklärung begann sich eine Polarität zwischen zwei prinzipiellen Möglichkeiten zu zeigen, denen entgegengesetzte Auffassungen über die Beschaffenheit der stofflich gebundenen Materie zugrunde lagen. Die eine dieser Auffassungen – die chemische Atomistik – verstand den Stoff als Diskontinuum, die andere – das Kontinuitätskonzept – stellte ihn als Kontinuum dar. Dementsprechend wurde einerseits versucht, unter der hypothetischen Annahme einer diskret-korpuskularen Struktur, die Affinitätserscheinungen aus den mikrostrukturellen Bewegungszusammenhängen und Wirkungsbedingungen ihrer Grundbestandteile, d. h. den Elementarteilchen – wie wir heute sagen –, zu erklären. Andererseits wurde von den Gegnern dieser bis zum Beginn unseres Jahrhunderts nicht bewiesenen Hypothese die korpuskulartheoretische Betrachtungsweise abgelehnt, und unter der Annahme einer kontinuierlichen Materiekonstitution abstrahierten sie bei ihren Erklärungsversuchen von den mikrostrukturellen Verhältnissen. Für sie waren die einfach beobachtbaren und meßbaren Veränderungen makroskopischer Größen, wie der

Temperatur, des Drucks, des Volumens, des Gewichts, des Geschmacks, der Farbe usw., allein maßgebende Grundlagen ihrer theoretischen Schlußfolgerungen.

Bis zur zweiten Hälfte des 18. Jahrhundets waren zahlreiche Einzelerkenntnisse – in manchen Fällen bereits in quantitativer Formulierung (z. B. bei C. F. Wenzel oder J. B. Richter) – über das Verwandtschaftsverhalten chemischer Substanzen gesammelt worden. Sie waren jedoch in unterschiedliche physikalische und chemische Problemzusammenhänge eingebunden und untereinander nicht nennenswert verknüpft. Gegen Ende des 18. Jahrhunderts war bereits die Abhängigkeit des selektiven Verhaltens chemischer Substanzen und der Intensität chemischer Prozesse von äußeren Einflußfaktoren (Druck, Temperatur, Konzentration usw.) bekannt. Die Vorstellungen über die Affinität repräsentierten ein hohes Maß an theoretischer Verallgemeinerung und Abstraktion des relevanten empirischen Wissens dieser Zeit. Die Frage nach den Ursachen und dem Wesen der chemischen Affinität war auf dieser Grundlage als zentrales Problem bereits in allgemeiner Form aufgeworfen worden, ohne daß sie damit jedoch bereits beantwortet werden konnte. Ein theoretisches Fundament zu ihrer systematischen Bearbeitung fehlte noch, so daß sich die Antworten auf Interpretationen der beschriebenen Phänomene in den sehr allgemeinen Termini des Kontinuitäts- oder des diskret-korpuskulartheoretischen Konzepts beschränken mußten.

Mit der Überwindung der Phlogiston-Theorie trat der Versuch, das Affinitätsproblem zu lösen, hinter die Herausbildung der verschiedenen physikalisch-chemischen Forschungsrichtungen zurück. Dieses Zurücktreten war indes nur ein scheinbares, denn in allen diesen Forschungsrichtungen wurde während der ersten drei Viertel des 19. Jahrhunderts das vorhandene Wissen über die chemische Affinität integriert, dabei in qualitativ neuartige Zusammenhänge gestellt und somit qualitativ weiterentwickelt. Es wurden wichtige neue Zusammenhänge zwischen der chemischen Affinität und anderen physikalisch-chemischen Erscheinungen (Wärmebilanzen, thermische Dissoziation, elektromotorische Kraft usw.) festgestellt und hypothetisch gedeutet. In diesen Untersuchungen war die Konkurrenz der beiden Basiskonzepte wirksam, und sie verschärfte sich mit der Ausformung und Durchsetzung des Gedankengutes der chemischen Atomistik auf der einen und dem Einbeziehen der Thermodynamik in die Bearbeitung chemischer Probleme auf der anderen Seite.

Einen möglichen Zugang zur Lösung des Affinitätsproblems schien die thermodynamische Behandlung elektrochemischer Prozesse zu bieten, weil sie die notwendige experimentelle Messsung gleicher Größen auf mindestens zwei unterschiedlichen Wegen erlaubte. Andererseits waren die theoretischen Vorstellungen über das Wesen der elektromotorischen Kraft noch zu vage und unbestimmt, obwohl es über den Mechanismus der elektrochemischen Prozesse schon sehr detaillierte und tiefgehende Vorstellungen gab. Aus heutiger Sicht war die Wahrscheinlichkeit sehr hoch, daß ein integratives Zusammenwirken von Thermodynamik, Thermochemie, Lösungstheorie und Elektrochemie einen erheblichen Erkenntniszuwachs in allen genannten Richtungen erwarten ließ.

Die Thermodynamik hatte u. a. mit der Berechnung der thermischen Dissoziation der Gase auf thermodynamischer Grundlage (1869) oder mit der Ableitung des Massenwirkungsgesetzes mit Hilfe des Entropiesatzes (1869/73) durch A. Horstmann ihre Fähigkeit nachgewiesen, Bedingungen für die Möglichkeit, Richtung und Intensität chemischer Prozesse vorab angeben zu können, und es stand die Aufgabe, dieses wichtige theoretische und experimentelle Hilfsmittel auf den weiten Bereich der sich in Lösungen vollziehenden chemischen Prozesse anwendbar zu machen und es einem breiten Kreis von Chemikern zu erschließen. Die Einleitung dieses integrativen Zusammenschlusses der verschiedenen physikalisch-chemischen Forschungsrichtungen bildete die Verknüpfung der osmotischen Lösungstheorie von van't Hoff mit der Theorie der elektrolytischen Dissoziation von S. Arrhenius.

Von einer organisch-chemischen Fragestellung ausgehend, die van't Hoff zu einer Analyse der kinetischen Verhältnisse chemischer Vorgänge und ihrer thermischen Abhängigkeit führte, gelangte er 1884 zur Formulierung des thermodynamisch begründeten Prinzips vom beweglichen Gleichgewicht und zur Kennzeichnung der chemischen Affinität als einer Arbeitsgröße. Damit konnte er die Prinzipien der Thermodynamik streng anwenden, die Affinität mit mechanischen, elektrischen und thermischen Größen quantitativ vergleichen und weitere Schlußfolgerungen ableiten. Ohne sich aufangs der tatsächlichen Bedeutung der Thermodynamik für die Chemie bewußt zu sein, hatte van't Hoff damit zum ersten Mal seitens der Chemiker den erfolgversprechenden thermodynamischen Ansatz konsequent zu einer thermodynamischen Begründung der Affinitätslehre entwickelt. Er konnte auf diese Weise eine Vielzahl unterschiedlicher Tatsachen unter einer einheitlichen Betrachtungsweise zusammenfassen und ein geschlossenes System der verschiedenen Einflußfaktoren auf chemische Reaktionen auf quantitativer Grundlage entwickeln.

Da van't Hoffs Überlegungen und Ergebnisse nur für den verdünnten Gaszustand und die ebenfalls verdünnten „kondensierten" Systeme galten, d. h. für Systeme, die dem idealen Zustand nahe kamen, stellte er sich für seine Arbeiten in den Jahren 1884 bis 1886 ausdrücklich die strenge Ableitung der Gesetze für das Gleichgewicht in Lösungen zum Ziel, da in diesem Rahmen die absolute Mehrheit der chemischen Reaktionen ablief. Im Verlaufe seiner Untersuchungen machte er eine bedeutsame Entdeckung: Er erkannte die Bedeutung der Osmoseerscheinungen, d. h. der semipermeablen Wände und des osmotischen Druckes, für die Lösungsvorgänge. Durch sie wurde das typische Zylinder-Kolben-Modell zur Durchführung des Carnotschen Kreisprozesses in Gassystemen mit einem Modell für flüssige Systeme vergleichbar. Aus dieser Modellvorstellung konnte van't Hoff die prinzipielle Gleichartigkeit des flüssigen und des Gaszustandes für den ideal verdünnten Fall, wo die Wechselwirkungen zwischen den Teilchen vernachlässigbar klein werden, nachweisen.

Van't Hoffs Arbeiten führten weit über das bloße Anwenden der allgemeinen Thermodynamik auf chemische Probleme hinaus. Über die Erkenntnis der Bedeutung des osmotischen Drucks fand er den lange gesuchten Zugang zur thermodynamischen Behandlung chemischer Erscheinungen in Lösungen. Es gelang ihm, auf einem eigenständigen und einfachen Weg mit Hilfe der Thermodynamik als theoretischem Fundament die bis dahin ihrem Charakter nach chemisch-mechanische Lehre vom Gleichgewicht mit dem großen Gebiet der chemischen Affinitätslehre zu vereinigen. Damit leistete er zugleich den wohl bedeutendsten Beitrag zur Etablierung der chemischen Thermodynamik als einer eigenständigen physikalisch-chemischen Forschungsrichtung. Das Verstehen des van't Hoffschen theoretischen Ansatzes durch die Chemiker und dessen produktives Umsetzen in ihrer eigenen wissenschaftlichen Tätigkeit konnte sich nicht mit der verbalen Kenntnisnahme seiner Arbeiten und der Anerkennung der formalen Zulässigkeit und Richtigkeit der gewonnenen Resultate begnügen, sondern setzte die Aneignung und Entwicklung der notwendigen theoretischen und experimentell-praktischen Kenntnisse und Methoden aus der Mathematik, allgemeinen Thermodynamik und Chemie voraus. Das erforderte einen umfangreichen Lernprozeß, dessen Bewältigung bei dem damaligen Charakter der Ausbildung für Chemiker aufwendig und oft mühselig war sowie letztlich zu einer veränderten Art und Weise ihrer wissenschaftlichen Tätigkeit führte.

Es darf in diesem Zusammenhang nicht unerwähnt bleiben, daß schon vor den Arbeiten von van't Hoff auch J. W. Gibbs (1875/78) und H. von Helmholtz (1882) unabhängig voneinander Ansätze zu einer Thermodynamik chemischer Prozesse entwickelt hatten. Mit ihren Arbeiten, die auf unterschiedlichen Wegen beide zur sachgemäßen Unterscheidung von freier und gebundener Energie geführt hatten, konnten die Autoren die Bedeutung des 2. Hauptsatzes der Thermodynamik für die Auf- und Erklärung der besonderen energetischen Bedingungen chemischer Prozesse aufzeigen und elementare Bestandteile des theoretischen Fundaments sowohl für die chemische Thermodynamik als auch für die allgemeine Wärmelehre erarbeiten. Die Konstituierung und Etablierung der chemischen Thermodynamik als einer physikalisch-chemischen Forschungsrichtung vollbrachten beide Arbeiten allerdings noch nicht. Dazu war ihre Resonanz in der wissenschaftlichen Öffentlichkeit, insbesondere unter den Chemikern, zu gering und somit eine schöpferische Rezeption ihrer Ergebnisse zunächst gehemmt. Erst nachdem sich die von van't Hoffs Arbeiten bestimmte Entwicklungsrichtung der chemischen Thermodynamik konsolidiert hatte, erwuchs aus dieser Sichtweise ein neues Verständnis der Arbeiten von Gibbs und Helmholtz. Dadurch wurde ihre schöpferische Rezeption und Weiterentwicklung ermöglicht.

Van't Hoffs osmotische Lösungstheorie, die er erstmalig 1886 veröffentlicht hatte[23], besaß in ihrem Kern noch eine objektiv bedingte kritische Stelle: Um die Gültigkeit der gefundenen Zusammenhänge zwischen dem gasförmigen und dem flüssigen Aggregatzustand in jedem Falle aufrechterhalten zu können, mußte man

23 Vgl. J. H. van't Hoff, Die Gesetze des chemischen Gleichgewichts für den verdünnten gasförmigen oder gelösten Zustand, Leipzig 1900.

für eine Reihe von Stoffen in die zentrale Zustandsgleichung $p \cdot V = R \cdot T$ einen scheinbar nur auf empirischem Wege ermittelbaren Korrekturfaktor i einführen, der zunächst nicht gedeutet werden konnte. Die gesuchte Erklärung ergab sich aus der elektrolytischen Dissoziationstheorie von S. Arrhenius, der zeigen konnte, daß $i > 1$ nur dann gilt, wenn der gelöste Stoff ein Elektrolyt ist, der in wässriger Lösung nahezu vollständig dissoziiert. Arrhenius konnte den Faktor i als das Maß der Zunahme der Anzahl der sich infolge der elektrolytischen Dissoziation in der Lösung befindlichen Teilchen erklären. Damit vermochte er nicht nur eine wesentliche Unklarheit aus van't Hoffs osmotischer Lösungstheorie zu beseitigen, sondern zugleich auch eine quantitative Methode zur Bestimmung des Ausmaßes der Dissoziation eines Elektrolyten in Ionen anzugeben und damit seine ursprünglich rein qualitative Hypothese in eine experimentell nachprüfbare quantitative Theorie umzuwandeln.

Die osmotische Lösungstheorie und die Theorie der elektrolytischen Dissoziation eröffneten schon jede für sich genommenen den Zugang zur weiteren wissenschaftlichen Bearbeitung zahlreicher physikalisch-chemischer Phänomene. Ihre erfolgreiche Verknüpfung jedoch erhöhte das wissenschaftliche Gewicht einer jeden von ihnen und beschleunigte den Prozeß der Durchsetzung und Anerkennung in der wissenschaftlichen Öffentlichkeit spürbar.

Das wichtigste Resultat der Erkenntnis des Zusammenhangs beider Theorien war jedoch die Symbiose zwischen den Konzepten der Diskontinuität (Korpuskulartheorie) und der Kontinuität (Thermodynamik) bei der Erklärung der chemischen Affinität. Sie bildete das *Schlüsselereignis* für die Herausbildung eines qualitativ neuartigen Niveaus der wissenschaftlichen Tätigkeit zur gedanklichen Widerspiegelung und zur Ausnutzung der gesetzmäßigen physikalisch-chemischen Zusammenhänge und Wechselwirkungen, die den chemischen Reaktionen zugrundeliegen, und fand ihren Ausdruck in dem integrativen Zusammenschluß von Elektrochemie, Lehre von den Lösungen und chemischer Thermodynamik. Es erfolgte die Zusammenfassung, Neuordnung und Neubewertung des gesamten, in mehreren Richtungen angehäuften physikalisch-chemischen Wissens zu einem geschlossenen System von Kenntnissen zum Gegenstand der neuen Disziplin.

Mit dem Terminus „Symbiose", der in Ermangelung eines in der Literatur eingeführten Begriffs hier verwendet wird, soll eine Situation beschrieben werden, in der die beiden Basiskonzepte über die Materiestruktur aus ihrer Konkurrenz heraus in eine notwendige Korrespondenz miteinander treten, weil die Erklärung eines naturwissenschaftlichen Sachverhalts, in diesem Fall der chemischen Affinität, ohne das Einbeziehen theoretischer Vorstellungen aus dem jeweils anderen Konzept nicht möglich erscheint, die konzeptualen Grundlagen jedoch weiterhin polarisiert bleiben und beide Seiten aus dieser Korrespondenz einen Gewinn ziehen. Die Symbiose zweier Konzepte unterscheidet sich somit von ihrer wirklichen Synthese, die in diesem Fall erst später auf der Basis der Quantentheorie zustandekam.

Mit der Symbiose der beiden Basiskonzepte über die Struktur der stofflich gebundenen Materie in Gestalt der Verknüpfung der Theorien von van't Hoff und Arrhenius begann die Konstituierungsphase in der Geschichte der physikalischen Chemie. Sie ist gekennzeichnet von dem Vollzug einer vollgültigen Synthese des disziplinären Systems wissenschaftlicher Tätigkeiten und seiner institutionellen Ausformung.

In der Konstituierungsphase entstanden erste selbständige und stabile Institutionen von spezifisch physikalisch-chemischem Profil, darunter Lehrstühle für physikalische Chemie an physikalischen und chemischen Institutionen von Universitäten, sowie eigene Vorlesungen und Laborpraktika. So hielt Ostwald ab 1882 am Polytechnikum in Riga Vorlesungen über physikalische Chemie und entfaltete nach seiner 1887 erfolgten Berufung als Ordinarius an das II. chemische Institut der Universität Leipzig eine fruchtbare Tätigkeit, in der es ihm in einzigartiger Weise gelang, die Einheit von zielgerichteter Forschung, inhaltlich und methodisch gut durchdachter Lehre und Praktika sowie ihrer entschlossenen und konsequenten Leitung und Organisation zu verwirklichen. Die Zahl seiner in- und ausländischen Schüler wuchs ständig. Ostwald machte das Leipziger II. chemische Institut zum „Mekka" der Physikochemiker und begründete so eine internationale wissenschaftliche Schule, die in dieser Zeit die bedeutendste der physikalischen Chemie war. Ostwalds physikalisch-chemische Abteilung im II. chemischen Institut war die erste Institution, die einerseits für die Produktion und beständige Reproduktion eines spezifisch physikochemischen Wissenschaftlerpotentials und andererseits erheblich zur Durchsetzung der theoretischen Konzepte der physikalischen Chemie beitrug. 1894 wurden die finanziellen Mittel für den Bau und die Einrichtung eines eigenständigen „Physikalisch-chemischen Instituts" der Leipziger Universität bewilligt, das am 3. Januar 1898 eröffnet wurde.

Schon am 2. Juni 1896 war das „Institut für Physikalische Chemie und Elektrochemie" der Universität Göttingen eröffnet worden, das der Ostwald-Schüler Walther Nernst leitete. Im September 1891 wurde für J. H. van't Hoff ein neues Laboratorium an der Universität Amsterdam eröffnet. Im Gegensatz zu Ostwalds und Nernsts Institut blieb das van't Hoffsche Laboratorium ein allgemeinchemisches, die spezielle Forschungsrichtung seines Leiters erhielt in Inhalt und Umfang allerdings einen besonderen Stellenwert. 1903 eröffnete der Ostwald-Schüler A. A. Noyes am Massachusetts Institute of Technology das erste Forschungslaboratorium für physikalische Chemie in den USA, nachdem schon seit 1892 J. E. Trevor und ab 1895 W. D. Bancroft – beide ebenfalls Ostwald-Schüler – an der Universität Cornwell Kurse der physikalischen Chemie für Studenten höherer Semester abhielten.[24] Weitere Beispiele ließen sich nennen. 1913 wurden

24 Vgl. J. W. Servos, Physical Chemistry in America. Origins, Growth and Definition, Diss. A, Baltimore–Maryland 1979; J. W. Servos, The Knowledge Corporation. A. A. Noyes and Chemistry at Cal-Tech. 1915–1930, in: Ambix (London), 3/1976, S. 175–186; J. W. Servos, A disciplinary Program that failes. Wilder D. Bancroft and the Journal of Physical Chemistry. 1896–1933, in: ISIS (Bruges–New Haven), 267/1982, S. 207–232.

im Mitgliederverzeichnis der 1894 als „Deutsche Elektrochemische Gesellschaft" gegründeten und 1902 in „Deutsche Bunsen-Gesellschaft für angewandte physikalische Chemie" umbenannte Fachvereinigung 20 Institutionen mit spezifisch physikalisch-chemischer Orientierung und weitere 10 mit speziell elektrochemischer Orientierung aufgeführt.[25]

Das neue Gebiet gewann schnell an Attraktivität und zog zahlreiche ausgewiesene Wissenschaftler an. Damit setzte ein Prozeß der Umprofilierung des Kaderpotentials in Physik und Chemie ein. Die wachsende fachspezifische Kommunikation äußerte sich in einem zunehmenden Anteil physikalisch-chemischer Beiträge in den physikalischen und chemischen Journalen und in der Gründung erster spezieller physikalisch-chemischer Fachzeitschriften. Von ihnen sind in erster Linie die am 15. Februar 1887 erstmals erschienene und von Ostwald gemeinsam mit van't Hoff herausgegebene „Zeitschrift für physikalische Chemie, Stöchiometrie und Verwandtschaftslehre" sowie das ab 1896 von W. D. Bancroft in den USA herausgegebene „Journal of Physical Chemistry" und das ab 1903 von Ph.-A. Guye herausgegebene „Journal de chimie physique, electrochimie, thermochimie, radiochimie, mécanique chimique, stoechiométrie" zu nennen. Dabei kann man die „Zeitschrift für physikalische Chemie" durchaus als das damals führende deutschsprachige internationale Fachorgan der physikalischen Chemie bezeichnen. Als erste Zeitschrift ihrer Art in der Welt hat sie im disziplinären Selbstverständnis der sich konstituierenden physikalischen Chemie in hohem Maße kommunikationsbildend und -fördernd gewirkt.[26] Sie wurde zum Vorbild für Zeitschriften ähnlichen Charakters im Ausland. Eine Analyse der ersten 29 Erscheinungsjahre (90 Bände) ergab, daß die insgesamt 3724 wissenschaftlichen Abhandlungen von 1306 Autoren verfaßt wurden, unter denen sich fast alle bekannten Physikochemiker jener Zeit befanden. Die Zeitschrift gewann schnell an Achtung und Bedeutung im Ensemble der naturwissenschaftlichen Fachzeitschriften und ihrer Rezipienten. Schon in den ersten Jahren ihres Bestehens wurden in ihr etwa ein Zehntel der international bedeutsamen Entdekkungen und Erfindungen in Chemie, physikalischer Chemie und Physik veröffentlicht.[27] Damit nahm sie unter den 17 bedeutendsten europäischen naturwissen-

25 Vgl. Deutsche Bunsengesellschaft für angewandte physikalische Chemie e. V., Satzungen und Mitglieder-Verzeichnis, abgeschlossen am 31. März 1913, o. O., 1913.

26 Schon 1806 erschienen die von J. W. Ritter herausgegebenen „Physisch-Chemische Abhandlungen in chronologischer Folge", in denen der Herausgeber vor allem eigene elektrochemische Arbeiten veröffentlichte. Von 1819 bis 1823 erschienen L. W. Gilberts „Annalen der Physik und physikalischen Chemie". Während erstere Zeitschrift aber ohne Widerhall in der wissenschaftlichen Öffentlichkeit blieb, sollte der Titel der zweiten die Einheit von Physik und „exakter", d. h. nicht spekulativer Chemie, ausdrücken. Beide Zeitschriften sind in ihrem Anliegen und in ihrer Bedeutung für die Disziplingenese mit der „Zeitschrift für physikalische Chemie" nicht vergleichbar.

27 Vgl. W. Girnus, Grundzüge der Herausbildung der physikalischen Chemie als Wissenschaftsdisziplin, a. a. O., S. 168–170.

schaftlichen Fachzeitschriften den dritten Rang ein. Ihr stabiles Wachstum bis zum Ersten Weltkrieg zeigt die folgende Tabelle, wobei der hohe Anteil von Publikationen zur chemischen Energetik, Gleichgewichtslehre und chemischen Thermodynamik, zur chemischen Kinetik und zur Elektrochemie auf die inhaltliche Entwicklung der wissenschaftlichen Kommunikation hinweist (s. Tab. 1).

Einige Zeit nach der Begründung der „Zeitschrift für physikalische Chemie" begannen auch erste zusammenfassende Lehr- und Handbücher zu erscheinen.

Tabelle 1

Die Entwicklung der Publikationstätigkeit in der „Zeitschrift für physikalische Chemie" seit ihrer Gründung bis zum Jahr 1915

Jahr	Publikationen insgesamt	Publikationen zur chemischen Energetik, Gleichgewichtslehre und chemischen Thermodynamik	Publikationen zur chemischen Kinetik	Publikationen zur Elektrochemie
1887	48	23	7	4
1888	80	18	16	10
1889	87	12	23	14
1890	86	14	20	12
1891	77	13	14	4
1892	99	26	24	12
1893	105	27	18	20
1894	118	23	17	27
1895	163	18	39	26
1896	118	19	31	20
1897	122	31	27	22
1898	121	32	29	27
1899	142	28	41	27
1900	154	29	35	43
1901	141	28	37	34
1902	110	24	31	17
1903	164	40	34	34
1904	147	28	38	25
1905	123	26	32	15
1906	134	24	33	26
1907	156	36	36	31
1908	171	37	37	28
1909	176	42	36	31
1910	235	50	55	36
1911	128	26	28	23
1912	134	25	39	17
1913	201	36	64	14
1914	133	20	36	18
1915	65	5	16	14

Zu den bedeutendsten, die für ganze Generationen von Physikochemikern zu Standardwerken ihrer Disziplin wurden, zählen vor allem die zweite, wesentlich überarbeitete und erweiterte Auflage von Wilhelm Ostwalds „Lehrbuch der allgemeinen Chemie"[28], Nernsts „Theoretische Chemie vom Standpunkte der Avogadroschen Regel und der Thermodynamik"[29] sowie Ostwalds „Grundriß der allgemeinen Chemie"[30], van't Hoffs „Vorlesungen über theoretische und physikalische Chemie"[31] und Ostwalds „Hand- und Hilfsbuch zur Ausführung physiko-chemischer Messungen"[32].

Damit waren die Konturen der institutionellen Sicherung von Forschung, Lehre und wissenschaftlicher Kommunikation auf dem Gebiet der physikalischen Chemie vorhanden. In dieser Phase wurden die über viele Jahrzehnte akkumulierten Elemente der neuen Disziplin aus ihren ursprünglichen Entstehungs- und Determinationszusammenhängen herausgelöst und miteinander zu einem qualitativ eigenständigen disziplinären Wissenschaftssystem integriert.

Die *Etablierungs- und Konsolidierungsphase*, mit der die Disziplingenese der physikalischen Chemie abschloß, reichte ungefähr von 1895 bis 1910. Die gesellschaftliche Bedeutung des neuen Gebietes wurde auch über den Kreis seiner unmittelbaren Fachvertreter hinaus erkannt und anerkannt, und das wiederum wirkte fördernd auf den Institutionalisierungsprozeß zurück. Das Netz der inneren Beziehungen der physikalischen Chemie verdichtete sich. Spezielle Forschungs- und Ausbildungseinrichtungen, Fachzeitschriften, Monographien, Lehr- und Handbücher der physikalischen Chemie blieben keine Einzelerscheinungen mehr, sondern wurden international zum normalen Bestandteil des institutionellen Profils von Universitäten und Hochschulen bzw. des wissenschaftlichen Kommunikationssystems insgesamt. Die rasche Zunahme der Anzahl aktiver und erfolgreicher Forscher auf dem Gebiet der physikalischen Chemie war nicht zuletzt dem Aufblühen wissenschaftlicher Schulen geschuldet, von denen es in den 90er Jahren mindestens drei von internationalem Rang gab. Allein die Zahl der durch eigene Arbeiten bekannt gewordenen Schüler Ostwalds beträgt annähernd 150, darunter waren bereits 1898 34 Professoren – eine Zahl, die sich später noch verdoppelte.[33] Unter ihnen waren auch viele Ausländer, wie z. B. V. A. Kistjakovski, I. A. Kablukov, A. V. Speranski und N. A. Šilov aus Rußland, J. Loeb, A. A. Noyes und H. C. Jones aus den USA, J. Walker aus Schottland, Sakurai, Ikeda und Osaka aus Japan u. a. Van't Hoff-Schüler waren z. B. C. Th. Reicher, Ch. M.

28 Vgl. W. Ostwald, Lehrbuch der allgemeinen Chemie, 2 Bde., Leipzig 1891–1906.

29 Vgl. W. Nernst, Theoretische Chemie vom Standpunkte der Avogadroschen Regel und der Thermodynamik, Stuttgart 1893.

30 Vgl. W. Ostwald, Grundriß der allgemeinen Chemie, Leipzig 1889.

31 Vgl. J. H. van't Hoff, Vorlesungen über theoretische und physikalische Chemie, 3 Teile, Braunschweig 1898–1900.

32 Vgl. W. Ostwald, Hand- und Hilfsbuch zur Ausführung physiko-chemischer Messungen, Leipzig 1893.

33 Vgl. P. Walden, Wilhelm Ostwald, Leipzig 1904.

van Deventer, W. Spring, W. Meyerhoffer, E. Cohen, W. P. Jorissen, G. Bredig, H. Goldschmidt, F. B. Kenrick, F. G. Donnan, H. M. Dawson, W. D. Bancroft und A. P. Saunders.[34] Aus Nernsts Schule – er selbst war einer der ersten Schüler Ostwalds – gingen beispielsweise R. Abegg, F. W. Küster, M. Bodenstein, F. A. Lindemann, J. Eggert, A. Eucken, K. F. Bonhoeffer, E. H. Riesenfeld und P. Günther hervor. Diese Schulen der physikalischen Chemie trugen nicht nur zur Verbreitung und Propagierung der theoretisch-konzeptualen Grundlagen der neuen Disziplin bei, sondern sorgten gleichermaßen auch für die Produktion und beständige Reproduktion eines spezifisch physikochemischen Wissenschaftlerpotentials und trugen in erheblichem Maße auch zur Stabilisierung und zum Ausbau des disziplinären Kommunikationsnetzes bei.

Gegen Ende des 19. Jahrhunderts begann sich auf physikalisch-chemischem Gebiet ein gesellschaftlich normierter Ausbildungsgang, der in der Regel als spezielles Zusatzstudium zu einem physikalischen oder chemischen Grundstudium absolviert und mit einer Promotion abgeschlossen wurde, herauszubilden. Mit dem Heranwachsen eines relativ selbständigen Kaderpotentials gewann das spezielle physikalisch-chemische Tätigkeitsprofil Züge eines wissenschaftlichen Berufs. Diese Entwicklung vollzog sich einerseits in enger Wechselwirkung mit dem bereits erwähnten Wandel im Verhältnis zwischen chemischer Industrie und physikalischer Chemie. Die Anwendbarkeit der ideellen Resultate der physikalisch-chemischen Forschung in der kapitalistischen Produktion war zu dieser Zeit in einigen Fällen prinzipiell nachgewiesen worden. Beispiele aus der Elektrochemie sind die Aluminium-Schmelzflußelektrolyse (1886 – Verfahren von Hérhoult in Frankreich; ebenfalls 1886 – Verfahren von Hall in den USA), die Kupferraffination, die Calciumcarbidproduktion im Lichtbogen, die Galvanotechnik und die Chloralkali-Elektrolysen. Auf anderen chemisch-technischen Gebieten dominierte die physikalisch-chemische Durchdringung einfacher Gasreaktionen wie des CO–CO_2-Gleichgewichts, des SO_2–SO_3-Gleichgewichts, des N–NO-Gleichgewichts und des N–NH_3-Gleichgewichts.[35] Diese Gleichgewichtsreaktionen waren thermodynamisch am einfachsten zu behandeln, auch wenn z. B. bis zur großtechnischen Ammoniaksynthese nach dem Haber-Bosch-Verfahren noch einige Jahre intensiv gearbeitet werden mußte. In der Etablierungs- und Konsolidierungsphase wurde die physikalische Chemie als eine ökonomisch interessante und relevante Wissenschaftsdisziplin erkannt. Andererseits stand die Entwicklung des Berufs eines Physikochemikers in einem wechselseitigen Zusammenhang mit dem Institutionalisierungsprozeß der physikalischen Chemie. Letzterer bildete den organisatorischen Rahmen für die stabile erweiterte Re-

34 Vgl. W. P. Jorissen/L. Th. Reicher, J. H. van't Hoffs Amsterdamer Periode 1877–1895, Helder 1912, S. 94–100.

35 Vgl. Yu. I. Solovyov, The Role of Physical Chemistry in Scientific and Technological Progress at the Turn of the 20 Century, in: Acta historiae rerum naturalium necnon technicarum, Prague 1981, S. 249–273.

produktion des spezifisch physikalisch-chemischen Tätigkeitssystems, während erstere die Hauptgruppe der sozialen Träger dafür sicherte. Beide Komponenten waren notwendige Voraussetzungen und Kriterien für den kontinuierlichen Fortbestand der physikalischen Chemie als Wissenschaftsdisziplin.

Die wachsende gesellschaftliche Reputation der physikalischen Chemie widerspiegelte sich auch in der Bereitstellung finanzieller Mittel, in der Berufung von Fachvertretern in verschiedene Funktionen und Gremien, in der Verleihung von Preisen und Auszeichnungen. Im ersten Jahrzehnt unseres Jahrhunderts wurden drei Nobelpreise für Chemie an Physikochemiker verliehen (1901 – van't Hoff, 1903 – Arrhenius, 1909 – Ostwald). Van't Hoff wurde von 19 in- und ausländischen wissenschaftlichen Gesellschaften und Akademien zum Ehrenmitglied gewählt, erhielt zehnmal die Ehrenpromotion, fünf hohe wissenschaftliche Auszeichnungen und sieben sonstige Orden und Titel. Auch Ostwald hatte eine ähnliche Liste von Auszeichnungen und Berufungen aufzuweisen.

Mit der Herstellung dieser Voraussetzungen wurde die kontinuierliche Reproduktion der Disziplin gesichert und damit die Disziplingenese abgeschlossen. Die weitere Entwicklung der physikalischen Chemie vollzog sich nun auf ihrem eigenen disziplinären Fundament. Ihre Spezifik wurde durch die theoretische und methodische Orientierung auf ihren einheitlichen Gegenstand geprägt. Zu ihren ursprünglichen Bezugsdisziplinen Physik und Chemie stand die physikalische Chemie in einem Verhältnis der Subordination und Koordination – mit anderen Worten, sie stand in der hierarchischen Struktur der Wissenschaft gegenüber der Physik und Chemie auf einer nachgeordneten Stufe, verband beide Wissenschaften aber zugleich durch eine neue Qualität der Beziehungen zueinander. Dabei waren die Beziehungen der physikalischen Chemie zur Chemie enger als zur Physik. Das ergibt sich aus ihrem gegenstandsbedingten Erkenntnisziel. Der Gegenstand der physikalischen Chemie kennzeichnet sie als eine chemische Wissenschaftsdisziplin.

Das theoretische Programm der physikalischen Chemie, wie es aus dem Konstituierungsprozeß hervorgegangen war, erwies sich in der Etablierungs- und Konsolidierungsphase als hinreichend tragfähig und flexibel, um daraus über Jahrzehnte eine fruchtbare wissenschaftliche Tätigkeit zu organisieren. Die Disziplingenese zeigte jedoch eine eigenartige Inkongruenz: Während ein homogenes Kommunikationssystem zustande kam, hier also eine wirkliche Synthese erzielt wurde, blieben die theoretisch-konzeptualen Grundlagen in zwei fundamentale Konzepte polarisiert, die allerdings in der physikalisch-chemischen Forschung und Lehre nicht isoliert nebeneinander herliefen, sondern vielfältig miteinander verflochten waren. Die Integrationsstufe der theoretischen Grundlagen, die während der Disziplingenese erreicht wurde, war von der Symbiose der beiden Basiskonzepte gekennzeichnet, wie sie in dem Zusammenhang der osmotischen Lösungstheorie von van't Hoff mit der Theorie der elektrolytischen Dissoziation von Arrhenius manifest wurde.

Die Herausbildung der physikalischen Chemie als Wissenschaftsdisziplin war ein Prozeß, in dem das Entstehen eines integrierten konzeptualen Gerüstes und eines einheitlichen Methodengefüges mit der Herausbildung und Festigung eines internationalen Kommunikationsnetzes, das die Akteure dieses Prozesses gegenstandsorientiert zusammenschloß und ihre allmähliche disziplinäre Spezialisierung vermittelte, Hand in Hand ging. Beide Seiten dieses Prozesses lassen sich nur in der Abstraktion voneinander trennen; sie müssen im Zusammenhang gesehen werden, wenn der Mechanismus der Disziplingenese erfaßt werden soll. Die Kontinuität dieser Entwicklung im Zusammenhang ihrer inhaltlich-methodischen und ihrer arbeitsteilig-kommunikativen Dimension konnte nur dann gewährleistet werden, wenn in ihren verschiedenen Phasen adäquate institutionelle Formen geschaffen wurden, und wo sich die Institutionalisierung verzögerte, da traten auch in der Profilierung des disziplinären Tätigkeitssystems Hemmnisse auf. Die institutionelle Seite der Disziplingenese ist nicht nur die soziale Erscheinungsform ihres kommunikativen Aspekts, sondern gesellschaftliche Reproduktions- und Entwicklungsform des physikalisch-chemischen Tätigkeitssystems mit seiner Potentialbasis im Zusammenhang der beiden genannten Dimensionen.

A. N. Šamin/G. G. Krivošeina

Das Problem primärer und sekundärer Disziplinen in interdisziplinären Komplexen am Beispiel der Biochemie

Man kann sagen, daß die biologische Chemie in gewissem Sinne die Formierung des klassischen Systems der Wissenschaften abgeschlossen hat. H. Shapley schlug ein konstruktives Konzept der Klassifizierung der stofflichen Natur vor.[1] Bezeichnend ist, daß Shapley das Systematische in dem von ihm vorgelegten Konzept deutlich herausarbeitete. Gleichfalls verstand er, daß ein systematischer Zugang die einzige Möglichkeit bot, eine allumfassende Hierarchie der Objekte aufzubauen, die sowohl den Menschen als auch das Universum einschließt.

In der von ihm vorgeschlagenen Folge von Organisationsstufen der Materie ist eine Verzweigung auf der untersten Stufe zu beachten. Obwohl Shapley nicht selbst die Struktur des hierarchischen Aufbaus der Objekte vom Molekül bis zum Menschen detailliert ausarbeitete (gemeint ist die organische Welt), hob er jedoch auf der untersten Stufe der Skala, der er „kolloide und kristalline Aggregate" zuordnete, zwei Zweige hervor: „A. Anorganische (Aggregate)-Minerale, Meteoriten u. a. –; B. Organische (Aggregate)-Organismen, Kolonien u. a." Es ist klar, daß man die zweite Linie bis zum Menschen als dem kompliziertesten Objekt der Natur fortsetzen kann. Die Verzweigung, die wir die „Shapleysche Gabel" nennen, bietet die Möglichkeit, sich die in einem einheitlichen System vernetzten beiden Hierarchien der Naturobjekte vorzustellen.

Das klassische System der Naturwissenschaften entstand auf der Grundlage des Studiums einzelner Objekte. Gemäß der Entwicklung der Naturwissenschaft begannen später verbindende und übergreifende Wissenschaften als Resultat des Prozesses zu entstehen, der als Wechselwirkung der Wissenschaften bezeichnet wird.

Auf einer bestimmten Entwicklungsstufe dieser Wechselwirkung der Wissenschaften bedeutete das nichts anderes als die Bildung eines „linearen" Systems der Naturwissenschaften. Dieses System mußte beide Linien der Vernetzung der Objekte im Sinne der Shapleyschen Gabel umfassen. Wichtig ist hierbei, daß in der Erkenntnis beider Objekthierarchien der Prozeß der Reduktion, den man als Übergang zum Erkennen einfacherer Organisationsstufen der Materie verstehen kann, eine bedeutende Rolle spielte. Im organischen Bereich war die reduktioni-

1 Vgl. H. Shapley, Of Stars and Men. The Human Response to an Expanding Universe, Boston 1964.

stische Tendenz besonders ausgeprägt. Dort trug der Prozeß der Erkenntnis im Wesen vektoriellen Charakter. Nachdem man mit mikroskopischen Untersuchungen begonnen hatte, führte er zu der Formel „Vordringen in die Geheimnisse der Zelle".

Unter diesen Bedingungen ist das Studium der Entwicklung der biologischen Chemie von besonderem Interesse für die Lösung der Frage nach der Stellung einer konkreten Wissenschaft insgesamt und für das Studium der Struktur einzelner Wissenschaften sowie ihrer Komplexe, sowohl unter dem Aspekt der Formierung einer physiko-chemischen Biologie als auch unter dem der Ausweitung der Methoden und Begriffe der Biochemie auf die Erforschung vielfältigster Systeme von Objekten. Die an der Wende vom 19. zum 20. Jahrhundert aufkommende biologische Chemie führte gründliche Veränderungen in der Struktur der biologischen Wissenschaften herbei. Damit verbunden war, daß die reduktionistische Tendenz in der Biologie mit der Entstehung der Biochemie bis zu ihrer logischen Vollendung geführt wurde, die letzte freie Stelle im System der klassischen Naturwissenschaften war ausgefüllt, und es wurden die Grundlagen für die Entwicklung integrierender Richtungen gelegt.

Die biochemischen Methoden drangen allmählich in alle Gebiete der biologischen Forschung ein. Die Spezialisierung und Differenzierung der biochemischen Forschung führte zur Formierung einer Reihe neuer, „sekundärer" Disziplinen, die nach dem Forschungsobjekt unterschieden sind. Auf der Basis dieser neuen Richtungen bildeten sich selbständige wissenschaftliche Disziplinen heraus, denen biochemische Verfahren und Methoden zugrunde lagen. Aber die Spezifik der Forschungsobjekte zwang zur Entwicklung eigener Forschungsmethoden und eines eigenen Problemkreises. Die Formierung dieser neuen Disziplinen übte auch einen Einfluß auf die Struktur der biologischen Wissenschaften insgesamt aus, wobei sich ausgeprägte strukturelle Beziehungen zwischen den einzelnen Wissenschaften veränderten.

Das Studium der Geschichte der Biologie läßt bedeutende Veränderungen erkennen, die sich in der Struktur der biologischen Forschung ergeben haben. Die anfängliche Entwicklung der Biologie als Wissenschaft, in der verschiedenartige lebende Organismen beschrieben wurden, bestimmte auch die Einteilung der biologischen Wissenschaften nach ihrem jeweiligen Forschungsgegenstand. So entstand einerseits die Zoologie, die in sich die Teriologie, Ichthyologie, Ornithologie, Entomologie usw. einschloß, und andererseits die Botanik mit ihren detaillierten Untergliederungen. Im weiteren führte die Art und Weise dieser Betrachtungsweise zu einer klassifizierenden, taxonomischen Richtung in der Biologie.

Auch im Rahmen der beschreibenden Wissenschaft entwickelten sich allmählich neue Verfahren zur Erforschung lebender Organismen. In der Biologie führte diese Entwicklung zu einer reduktionistischen Tendenz, die mit dem Übergang zur Erforschung neuer Stufen der Organisation lebender Organismen verbunden war. Ursprünglich entwickelte sich diese Tendenz im Rahmen anatomisch-morphologischer Verfahren. Ein erster größerer Schritt in dieser Richtung war die Erfindung des Mikroskops und seine Anwendung in der biologischen Forschung. Einen bedeutenden Impuls erhielt die reduktionistische Tendenz durch die Erarbeitung der Zelltheorie durch Th. Schwann. Das Auftreten dieser Theorie kennzeichnete eine bedeutende methodologische Wende in der biologischen Forschung – den Übergang vom Studium der Vielfalt lebender Organismen zum Studium ihrer Einheit auf der Grundlage allgemeiner, für alle Organismen einheitlicher Strukturen und Metabolismen, den Zellen. In der Biologie entstand als neue Disziplin die allgemeine Biologie, die sich mit dem Studium allgemeiner Gesetzmäßigkeiten der Entwicklung und Funktion der Zellstrukturen beschäftigte. Die weitere Entwicklung der reduktionistischen Richtung führte zur Anwendung chemischer Methoden in der Biologie, zuerst zur Entstehung der physiologischen Chemie und später aber auch der Biochemie. Eine bedeutende Rolle bei der Entwicklung „reduktionistischer Programme" in der Biologie spielten die sie durchdringenden physikalischen und chemischen Methoden, auf deren Grundlage sich eine Reihe experimenteller biologischer Wissenschaften formierte. Auf diese Weise entwickelten sich in der Biologie zwei Systeme der Wissenschaften parallel: auf der einen Seite die gegenständlich-taxonomische und auf der anderen die experimentelle. Die Wechselbeziehung dieser zwei Systeme der Wissenschaften wird durch den strukturellen Typ der „geschichteten Pirogge" charakterisiert.[2]

In der gegenwärtigen Etappe führt die Entwicklung der Biologie zur Ausformung neuer Tendenzen und zur Bildung einer Reihe von Problemfeldern, die sich nicht in die traditionelle Struktur der biologischen Wissenschaften einordnen lassen. Die mit Hilfe biochemischer Methoden gewonnenen Resultate waren grundlegend für die Entwicklung einer integrativen Richtung, die sowohl mit dem Übergang zur Erforschung der Organisation lebender Organismen verbunden ist als auch die Forschungsresultate einer Reihe von Wissenschaften nach diesem Prinzip zusammenführte. Die Kompliziertheit der Struktur der biologischen Wissenschaften war auch mit der sekundären Einteilung der fundamentalen Wissenschaften nach Untersuchungsgegenstand und mit der Entstehung sogenannter „sekundärer" Disziplinen verbunden. Auf diese Weise begannen sich auf der Grundlage der Biochemie „sekundäre" biochemische Disziplinen zu formieren, die sich als Resultat aus der Wechselwirkung der Biochemie mit anderen biologischen Disziplinen ergaben.

Worin besteht nun das Wesen der Formierung sekundärer Disziplinen? Die Shapleysche Gabel bedeutet eine lineare Hierarchie der Objekte. Alles Wissen über die Natur ging auf ein bestimmtes Systemniveau über, wobei uns dabei eben nicht nur das isolierte Objekt, sondern das Objekt in einem bestimmten System interessiert. Für die biologischen Wissenschaften kann man verschiedene Möglichkeiten der Aufgliederung nach Systemen annehmen. Wir heben hier nur drei

2 Vgl. E. P. Odum, Fundamentals of Ecology, Philadelphia 1971.

prinzipielle Möglichkeiten hervor: Die erste zieht das Studium gleichartiger Objekte in Betracht (hierher gehören auch die klassischen taxonomischen Disziplinen). Die zweite beinhaltet das Studium von Objekten, die sich in einer hierarchischen Ordnung befinden. Dabei kann man z. B. das System der Objekte in Form von Taxa studieren. Ein idealer Ausdruck dieser Tendenz ist die sich gegenwärtig stark entwickelnde Gensystematik. Hierin kann man auch das Studium enkaptischer Systeme einbeziehen. Als klassisches Beispiel eines solchen Systems erweist sich die Zelle als Studienobjekt der physikochemischen Biologie, die sich in Richtung auf die Formierung einer prinzipiell neuen Biologie der Zelle entwickelt. Die dritte Möglichkeit besteht in der Wechselwirkung von Objekten ungleicher Natur. Hierzu kann man die Ökologie und alles in allem den Gesamtkomplex der Wissenschaft von der Biozönose einbeziehen.

Diese Tendenz wird von uns als Formierung eines neuen Systems der Naturwissenschaften gedeutet, für das wir die Bezeichnung „Matrizensystem" vorschlagen. Die Elemente solcher Matrizensysteme sind dann sekundäre Disziplinen.

Ein typisches Beispiel für eine sekundäre biochemische Disziplin ist die Biochemie der Insekten, die sich in den 50er Jahren des 20. Jahrhunderts herausgebildet hat. Die Geschichte der Entwicklung dieser Richtung kann als Modell für die Erforschung der sekundären biochemischen Disziplinen und des Charakters der dabei entstehenden interdisziplinären Wechselwirkung dienen.

Das Studium der Geschichte der Biochemie der Insekten zeigt, daß ihre Entwicklung drei Etappen durchlief, die mit der Änderung ihrer wesentlichen Konzeptionen und Methoden verbunden war. In den ersten beiden Etappen wurden solche Konzepte und Methoden auf die Erforschung der Insekten mechanisch übertragen, die für die Lösung von Aufgaben in anderen biologischen Wissenschaften (Physiologie, Biochemie u. a.) entwickelt worden waren. Die in der dritten Phase eingeführten Verfahren waren dagegen in bedeutendem Maße modifiziert, oder es wurden neue Methoden für die Lösung selbständiger Aufgaben der Biochemie der Insekten erarbeitet. Diese Änderungen widerspiegeln den Übergang auf ein neues Niveau der interdisziplinären Wechselwirkung. Die sich auf dieser Basis formierende Biochemie der Insekten begann im interdisziplinären Zusammenhang als selbständige einheitliche Ganzheit wirksam zu werden.

Die *erste Etappe*, die chemische, war mit der Entwicklung der Zoochemie und der Chemie der natürlichen Substanzen der vorstrukturellen Periode verbunden. Sie umfaßte die Periode vom ersten Versuch der Anwendung chemischer Methoden bei der Erforschung der Insekten bis zur Mitte des 19. Jahrhunderts, als der Schwerpunkt auf dem Studium physiologischer Prozesse im Organismus von Insekten lag. In dieser Etappe wurden die chemischen Untersuchungen der Insekten voll durch das theoretische und experimentelle Niveau der Entwicklung der Chemie bestimmt. Sie teilt sich in zwei Perioden, die mit der Veränderung der Technik und Methodik der chemischen Forschung verbunden waren. Die

Grenze zwischen diesen Perioden war etwa die Wende vom 18. zum 19. Jahrhundert.

Anfänglich richtete man die Aufmerksamkeit auf die Erforschung solcher Insekten und die Produkte ihrer Lebenstätigkeit, die in der Produktion und in der Medizin benötigt wurden. G. V. Bykov schreibt im Zusammenhang mit der Kennzeichnung der Entwicklung der organischen Chemie, fast bis zum Ende des 18. Jahrhunderts habe das Wissen über organische Substanzen allein aus den im Laufe der Menschheitsgeschichte angehäuften technisch-empirischen und medizinischen Kenntnissen über Stoffe pflanzlichen und tierischen Ursprungs bestanden. „Manchmal waren sie auch einfach von dem Interesse bestimmt, verschiedene analytische Methoden, die hauptsächlich bei der Arbeit mit anorganischen Substanzen entwickelt worden waren, auf die Erforschung organischer Stoffe zu übertragen“[3].

Besondere Aufmerksamkeit wurde in dieser Periode solchen „einfachen“ organischen Substanzen wie der Ameisensäure gewidmet, die man bei der Destillation von Ameisen erhält. Erstmals in reiner Form wurde sie um 1670 von S. Fischer erzeugt. Nach der trockenen Destillation und der Destillation mit Dampf erhielt er aus Ameisen eine Substanz, die mit Essig vermischt wurde und deren Zusammensetzung er untersuchte.[4] Die Gewinnung dieser Säure war ein höchst wesentliches Moment in dieser ersten Etappe der Erkenntnisentwicklung. Die „saure Verdampfung“ fesselte das Interesse zahlreicher Chemiker, und viele von ihnen unternahmen dazu gezielte Untersuchungen.[5]

Mit besonderem Interesse untersuchten die Chemiker auch die chemische Zusammensetzung des Honigs, des Wachses und anderer Produkte der Bienenzucht. Im „Kursus der Chemie“ berichtete N. Lémery über die chemischen Eigenschaften und Produkte der Destillation des Honigs und des Bienenwachses.[6] Das Bienenwachs wurde ebenfalls von Réaumur untersucht.[7] Überhaupt finden sich in der „Geschichte der Insekten“ von Réaumur viele Angaben über die chemische Erforschung der Insekten und über die Möglichkeiten der Verwendung einzelner ihrer Produkte wie z. B. über den Lack, der in seideabsondernden Drüsen von

3 G. V. Bykov, Istorija organičeskoj chimii. Otkrytie važneišich organičeskich soedinenij, Moskva 1978, S. 285.

4 Vgl. J. Wray, Extract of a Letter Written by Mr. John Wray to the Publisher, January, 13, 1670: Concerning Some Un-Common Observations and Experiments Made With an Acid Juice in Ants, in: Philosophical Transactions of the Royal Society London (im folgenden: Phil. Trans. Roy. Soc. London), Bd. 5, Nr. 68, London 1670/71, S. 2063–2066.

5 Vgl. H. Kopp, Geschichte der Chemie, Braunschweig 1847, S. 346; J. R. Partington, A History of Chemistry, Bd. 2, London 1961, S. 300.

6 Vgl. N. Lémery, Cours de Chymie, soutenant la manière de fair les operations qui sont en usage dans le médicine, par méthode facile, 7-ème ed rev., corrig. et augm. par l'autheur, Paris 1690.

7 Vgl. R. A. F. de Réaumur, Mémoires pour servir a l'histoire des insectes, 6 Bde., Amsterdam 1737–1748, Bd. 3.1, S. 335–341; Bd. 5.2, S. 75.

Schmetterlingen enthalten ist. Auch die Seide wurde erforscht. Man spülte sie und erhielt dabei Kantharidin und andere Substanzen, die in der Medizin und in der Industrie Verwendung fanden.

Zu Beginn des 19. Jahrhunderts veränderte sich der Charakter der chemischen Erforschung organischer Substanzen wesentlich. Die organische Chemie trat in eine neue Periode ein, in ihre analytische Periode.[8] Die Entwicklung der organischen Analyse am Ende des 18. Jahrhunderts durch A. Lavoisier (Verbrennungsmethode) diente am Beginn des 19. Jahrhunderts als Grundlage für chemische Forschungen zur qualitativen Zusammensetzung verschiedener Produkte tierischer und pflanzlicher Herkunft. Diese Forschungen legten den Grundstein für eine neue Richtung der Chemie – die Chemie der organischen Verbindungen. Im Rahmen dieser Forschungen erfolgte auch die besondere Untersuchung der Insekten. Isoliert und analysiert wurden das Kantharidin (P. S. Robiquet)[9], das Chitin (A. Odier)[10], die chemische Zusammensetzung des Bienenwachses (B. C. Brodie)[11] u. a. Die zukunftsträchtigste Arbeit dieser Zeit war die Untersuchung der Zusammensetzung der Seide durch E. Cramer[12]. Diese Arbeit war für die gesamte vorstrukturelle Chemie entscheidend. Cramer schloß mit seinen Forschungen über die Möglichkeit der Umwandlung von Serin in Alanin und sogar in Cystein die vorstrukturelle Periode der Entwicklung der organischen Chemie ab. Diese Konzeption war seiner Zeit derart voraus, daß man den Wert der Arbeit von Cramer erst nach dreieinhalb Jahrzehnten erkannte.

Wenn man über die chemischen Forschungen der Insekten bis zur Mitte des 19. Jahrhunderts spricht, muß man betonen, daß sie ein Bestandteil der Chemie natürlicher Stoffe und der organischen Chemie waren. Die Insekten dienten als grundlegende Quelle zur Gewinnung neuer chemischer Stoffe (Kantharidin, Chitin, Karminessig und Oxykarminessigsäure, Aminosäuren des Serins u. a.). Aber einige biologische Besonderheiten der Insekten erlaubten dabei auch Schlußfolgerungen allgemeineren Charakters, beispielsweise über die Möglichkeit der Umwandlung von Zucker in Lipide im tierischen Organismus. In dieser Etappe trugen die Forschungen noch keinen interdisziplinären Charakter, sondern sie sind als Wechselwirkung theoretischer Modelle und methodischer Richtungen

8 Vgl. G. V. Bykov, Istorija organičeskoj chimii. Otkrytie važneišich organičeskich soedinenij, a. a. O.

9 Vgl. P. J. Robiquet, Expériences sur les cantharides, in: Annales de Chimie (im folgenden: Ann. de Chimie), Bd. 76, Paris 1810, S. 302–322.

10 Vgl. A. Odier, Mémoires sur la composition chimique des parties cornées des insectes, in: Mémoires de la Societé d'histoire naturelle de Paris, Bd. 1, Paris 1823, S. 29–42.

11 Vgl. B. C. Brodie, An Investigation on the Chemical Nature of Wax. I. On Cerotic Acid, a New Acid Contained in Beeswax. II. On the Chemical Nature of Wax from China. III. On Myricin, in: Phil. Trans. Roy. Soc. London, London 1848, S. 147–158, 159–178; London 1849, S. 91–108.

12 Vgl. E. Craemer, Ueber die Bestandtheile der Seide, in: Praktische Chemie, Bd. 46, 1865, S. 76–98.

von zwei oder mehreren Wissenschaften zu verstehen. Die biologischen Besonderheiten der Untersuchungsobjekte (z. B. der Insekten) waren noch allein Bestandteil der Forschungen der Chemiker. Nichtsdestoweniger ist diese Etappe sowohl für die Entstehung der Biochemie insgesamt als auch für die Formierung der Biochemie der Insekten sehr wichtig, weil nämlich in den Forschungen dieser Etappe das Faktenmaterial angehäuft wurde, das die Grundlage der nachfolgenden Entwicklung dieser wissenschaftlichen Disziplinen bildete.

Die *zweite Etappe* der Herausbildung der Biochemie der Insekten war eng mit der Entwicklung der Biochemie zu einer selbständigen Wissenschaft verbunden. Wie auch die Biochemie, so entfaltete sich die Erforschung der Insekten in dieser Etappe im Rahmen der physiologisch-chemischen Konzeption, die sich mit der Entwicklung der Entomologie in der Mitte des 19. Jahrhunderts ergab. Am Beginn dieser Etappe konzentrierte sich die Hauptaufmerksamkeit der experimentellen Forschung auf drei grundlegende physiologische Funktionen der Insekten: Die Atmung, die Verdauung und die Ausscheidung.

Die Traditionen der experimentellen Erforschung der Physiologie von Insekten waren bereits mit den entomologischen Werken M. Malpighis, F. Redis und R. Réaumurs begründet worden, deren Arbeiten die Basis für die entomologische Forschung bildeten.

Die experimentellen Forschungen zur Atmung der Insekten waren ursprünglich mit einer iatromechanischen Herangehensweise in der Entomologie verbunden gewesen. In den Arbeiten M. Malpighis[13], R. Réaumurs[14] und Ch. Bonnets[15] wurde die Beteiligung der Tracheen an der Atmung der Insekten festgestellt. Man fand die Stellen, an denen die Luft in die Tracheen eindringt. Die gewonnenen Ergebnisse waren Grundlage und Impuls für die weitere Entwicklung der anatomisch-morphologischen Richtung in der Entomologie. Angaben über die Atmung der Insekten wurden gleichzeitig auch auf anderen Gebieten, die ursprünglich nicht mit entomologischen Forschungen verbunden waren, zusammengetragen. Im 17. und 18. Jahrhundert waren die Insekten häufig bevorzugte Objekte für Studien über chemische und physikalische Eigenschaften der Luft und der Gase. Eine besondere Rolle bei der Entwicklung dieser Richtung spielte die im Jahre 1660 von O. v. Guericke erfundene Luftpumpe. R. Boyle wandte sie in seinen Versuchen vielfältig an. Er studierte insbesondere den Einfluß des Vakuums und der verdünnten Luft auf die Insekten.[16] Auch Ch. Huygens

13 Vgl. M. Malpighi, Dissertatio epistolica de Bombyce, in: M. Malpighi, Opera Omnia, ed. novissima, Bd. 2, Lugdini Batavorum 1673, S. 3–48.

14 Vgl. R. A. F. de Réaumur, Mémoires pour servir a l'histoire des insectes, a. a. O.

15 Vgl. Ch. Bonnet, Recherches sur la respiration des Chenilles; sur celle des Papillons, et sur les Faux-stigmates de la Chenilie qui vit en societé sur lés pins, in: Collection Complete des œuvres de Ch. Bonnet, Bd. 3, Neuchâtel 1779, S. 35–95.

16 Vgl. R. Boyle, New Pneumatic Experiments about Respiration. Continuation of Mr. Boyle's Experiment, in: Phil. Trans. Roy. Soc. London, Bd. 5, Nr. 63, London 1670, S. 2026–2056.

und D. Papin[17], J. Priestley[18], C. W. Scheele[19] und andere untersuchten die Insekten bei ihren Experimenten. Auf diese Weise verliefen die experimentellen Forschungen zur Atmung der Insekten bis zum Ende des 18. Jahrhunderts in zwei praktisch nicht miteinander verbundenen Richtungen: einerseits im Rahmen der Entomologie durch Anwendung des iatromechanischen Konzepts und andererseits im Rahmen der Chemie. Jedoch wurden im letzteren Fall keine konkreten Schlußfolgerungen über den Charakter der Insektenatmung gezogen. An der Wende vom 18. zum 19. Jahrhundert erfolgte die Vereinigung dieser beiden Richtungen. Den Grundstein dafür legten die Forschungen von L. N. Vauquelin[20] und L. Spallanzani[21].

Schon am Ende des 18. und zum Beginn des 19. Jahrhunderts wurden mit Versuchen, die an chemische Methoden angelehnt waren, Untersuchungen zur Verdauung und Ausscheidung der Insekten vorgenommen. Hauptsächlich ging es hier um die Ermittlung des Säure- und Basengehalts des Darminhalts und einzelner abgesonderter Flüssigkeiten. Zu Beginn des 19. Jahrhunderts fanden sich entsprechende Angaben in praktisch allen Arbeiten, in denen man über die Anatomie des Verdauungssystems der Insekten berichtete. Eine grundsätzliche Untersuchung dieses Charakters war die klassische Arbeit von F. Plateau[22], der die verdauenden und ausscheidenden Systeme der meisten Insektengruppen untersuchte. Er wiederholte an Insekten alle Forschungen, die zu jener Zeit an Wirbeltieren durchgeführt worden waren.

Am Anfang des 19. Jahrhunderts begann man sehr intensiv einzelne chemische Komponenten der Insektenkörper zu erforschen, weil man auch bei Insekten solche Stoffe zu finden versuchte, die bereits bei den Wirbeltieren entdeckt worden waren. So entdeckte C. Bernard, der die glykogenbildenden Funktionen der Leber untersuchte, Glykogen auch im Körper von Fliegenlarven und Schmetterlingsraupen. Er zeigte, daß die Bildung des Glykogens eine Eigenschaft aller

17 Vgl. Ch. Huygens/D. Papin, Some Pneumatical Experiment on Animals in the Air-Pump, in: Phil. Trans. Roy. Soc. London, Bd. 10, Nr. 122, London 1675/76, S. 542–543.

18 Vgl. J. Priestley, Experiments and Observations on Different Kinds of Air, and Other Branches of Natural Philosophy, Connected with the Subject, Birmingham 1790, Reprint New York 1970.

19 Vgl. C. W. Scheele, Chemische Abhandlungen von der Luft und dem Feuer (1777), Leipzig 1894.

20 Vgl. L. N. Vauquelin, Observations chimiques et physiologiques sur la respiration des insectes et des vers, in: Ann. de Chimie, Bd. 12, Paris 1792, S. 273–291.

21 Vgl. J. Senebier, Rapport de l'air avec les êtres organisées ou Traites de l'action du poumon et la peau des animaux sur l'air comme de celle des plantes sur ce fluide. Tires des Journaux d'observations et ee l'expériences de Lazare Spallanzani, avec quelques Mémoires de l'Éditeur sur matières, Genève 1807.

22 Vgl. F. Plateau, Recherches sur les phénomènes de la digestion chez les insectes, in: Mémoires de l'Academie royale des sciences des lettre et des beaux–arts de Belgique, Bd. 41, Leipzig 1874.

lebenden Organismen ist.[23] Ebenfalls gab es Forschungen zu fetthaltigen Stoffen bei Insekten. Die Arbeiten von E. Blanchard, R. Dubois u. a. dienten als Grundlage für die Hauptuntersuchung von J. Timon David[24], in welcher sich deutlich der Übergang von der Erforschung solcher Stoffe, die Insekten und Wirbeltiere gleichermaßen besitzen, zum Studium der Besonderheiten der biochemischen Zusammensetzung der Insekten äußerte. Diese Forschungen, die in den 20er Jahren des 20. Jahrhunderts begannen, waren sehr aufschlußreich. Sie widerspiegelten den allmählichen Übergang von der physiologisch-chemischen zur biochemischen Erforschung der Insekten. Noch bis in die Mitte der zwanziger Jahre des 20. Jahrhunderts hinein trugen die Forschungen über die Insekten hauptsächlich physiologisch-chemischen Charakter, d. h. man untersuchte nicht die Zwischenprodukte des Stoffwechsels, sondern die Ausgangs- und Endprodukte. Eine Ausnahme bildeten nur Arbeiten über den Leuchtvorgang bei Insekten, der unmittelbar mit einem wichtigen biochemischen Problem, den biologischen Oxydationsprozessen, verknüpft war.

Zum ersten Mal wurden biochemische Methoden für die Lösung von entomologischen Aufgaben in der Arbeit von D. Keilin[25] angewendet, der die Atmungsanpassung von Zweiflüglerlarven untersuchte. Bezeichnend ist, daß das Resultat dieser Forschung – die Entdeckung der Cytochrome – im Zusammenhang mit dem Fortschritt der Biochemie insgesamt entstanden ist. Die Arbeit von Keilin, die man als einen Höhepunkt in der Entwicklung der biochemischen Erkenntnis der Insekten bezeichnen darf, schuf die Voraussetzungen für den Übergang zu einer neuen Etappe – der Etappe der Biochemie der Insekten – und zur Formierung der Biochemie der Insekten als selbständige wissenschaftliche Disziplin.

Doch diese Entwicklung vollzog sich erst später in den 50er Jahren, als eine ausreichende Menge von Fakten über die biochemischen Mechanismen bei Insekten gesammelt worden war. Das Entstehen der Biochemie der Insekten als selbständige Richtung innerhalb der Biochemie wurde erstmals auf dem IV. Internationalen biochemischen Kongreß in Wien (1958) deutlich, auf dem zum ersten Mal ein Symposium zur Biochemie der Insekten organisiert worden war.[26] Die weitere Entwicklung zeigte, daß sich ihre Eigenständigkeit festigte.

Auf diese Weise vollzog sich der Übergang zur *dritten Etappe*, der Etappe der Biochemie der Insekten als selbständige wissenschaftliche Disziplin. Diese Phase

23 Vgl. C. Bernard, De la matière glycogene chez les animaux depourvus de fois, in: Comptes rendus des séances et mémoires de la Societé de biologie, Bd. 1, Paris 1869, S. 53–55.

24 Vgl. J. Timon David, Récherches sur les matières grasses des insectes, in: Annales de la faculté des sciences de Marseille, Ser. 2, Bd. 4, Marseille 1930, S. 29–207.

25 Vgl. D. Keilin, On Cytochrome, A Respiratory Pigment, Common to Animals, Yeast, and Higher Plants, in: Proceedings of the Royal Society of London (London), Ser. B: Biological Sciences, B 690/1925, S. 312–329.

26 Vgl. Proceedings of the 4th International Congress of Biochemistry. Vienna, 1.–6. September 1958; Symposium III: Biochemistry of Insects, London 1959.

ist durch die Entwicklung spezieller biochemischer Methoden zur Erforschung der Insekten charakterisiert. Eine außerordentlich wichtige Rolle spielten in diesem Zusammenhang chemische Untersuchungen, die mit der Selektierung, der Identifikation und Synthese biologisch aktiver Stoffe der Insekten – der Hormone und Enzyme – zusammenhängen. Diese Forschungen waren die unmittelbare Fortsetzung von zwei Arbeitsrichtungen, die für die Entomologie wesentlich waren: die Entwicklung der Insekten und die Rolle des Geruches in deren Leben. Mit diesen Problemen waren auch die ersten richtungweisenden chemischen und biochemischen Forschungen über Insekten am Ende des 19. und zu Beginn des 20. Jahrhunderts verbunden.

Eine besonders wichtige Rolle bei der Aufstellung einer Konzeption über die hormonelle Steuerung der Entwicklung von Insekten spielte der experimentelle Zugang zu den Untersuchungen dieses Entwicklungsvorganges. Es gelang, die hormonabsondernden Organe zu isolieren. Im Resultat weiterer Untersuchungen wurde festgestellt, daß drei Hormone grundlegende Bedeutung für die Regulation der Entwicklung der Insekten haben: Das Aktivationshormon, das Juvenilhormon und das Häutungshormon (Ekdyson).

Die ersten Hormone der Insekten konnten 1954 isoliert werden. A. Butenandt und P. Karlson erhielten aus der ersten Verpuppung des Seidenspinners 25 mg kristalliertes β-Ekdyson und 0,33 mg α-Ekdyson.[27] Die Struktur des Ekdysons klärte P. Karlson mit seinen Mitarbeitern in den Jahren 1963–1965 auf.[28] Die bei der Analyse erhaltenen Daten wurden in der darauffolgenden Synthese des Ekdysons bestätigt. Die Isolierung des Juvenilhormons erwies sich als komplizierter. Der Professor der Harvard-Universität C. M. Williams arbeitete lange Zeit mit dem Seidenspinner Platysamia cecropia. Im Jahre 1965 entdeckte er, daß im Abdomen der männlichen Falter dieser Art in bestimmten Stadien der Entwicklung eine große Menge des Juvenilhormons auftritt.[29] Für die Isolierung des Hormons aus dem Extrakt des Abdomens dieser Falter, genannt sekretiertes Öl, waren fast 10 Jahre notwendig.[30] Später fand man auch andere Juvenilhormone und klärte ihre Struktur auf (Gruppe um G. Reuller u. a.).

Bei der Erforschung der Rolle des Geruchs im Leben der Insekten waren anfänglich drei Fragen eng miteinander verflochten: 1. Die Feststellung und der Beweis dafür, daß Insekten duftende Substanzen abgeben, 2. die Erforschung

27 Vgl. A. Butenandt/P. Karlson, Über die Isolierung eines Metamorphose-Hormons der Insekten in kristallisierter Form, in: Zeitschrift für Naturforschung, Teil B: Chemie, Biochemie, Biophysik, Biologie (Tübingen – Wiesbaden), 6/1954, S. 389–391.

28 Vgl. P. Karlson, Die Struktur des Ecdysons und seine Konzentration während der Entwicklung, in: Zoologisches Jahrbuch, Bd. 71, Abtl. 1, 1965, S. 655–657.

29 Vgl. C. M. Williams, The Juvenile Hormone of Insects, in: Nature (London), Nr. 4526 vom 28. Juli 1956, S. 212–213.

30 Vgl. C. M. Williams/J. H. Law, The Juvenile Hormone. IV., in: Journal of Insect Physiology (Oxford – London – New York), 5/1965, S. 559–581.

der Organe, die diese Duftstoffe absondern, 3. das Studium des Geruchssinns der Insekten. Zum ersten Mal wurde die Bedeutung der Duftstoffe im Leben der Insekten im Buch von Ch. Butler beschrieben, das 1609 in Oxford herausgegeben wurde.[31] Im 19. und 20. Jahrhundert entstanden mehrere Arbeiten, in denen auf verschiedene Weise auf die Funktion der Duftstoffe bei Insekten und den Bau ihrer Duftdrüsen eingegangen wurde. Parallel dazu verliefen auch Studien zum Geruchssinn der Insekten, doch die Entwicklung dieser Richtung wurde durch den in der Biologie des 19. Jahrhunderts vorherrschenden anthropomorphen Zugang gehemmt.

Eine neue Etappe im Studium der von Insekten ausgeschiedenen Stoffe begann in den 30er bis 50er Jahren des 20. Jahrhunderts. In dieser Periode entstanden Arbeiten über die wichtige Rolle chemischer Substanzen für die Übertragung von Informationen zwischen Organismen. Davon zeugt eine ganze Reihe von Versuchen, solche Stoffe in einer speziellen Gruppe biologisch aktiver Substanzen zusammenzufassen (A. Bethe, G. Koller, A. L. Pikens, J. D. Kirschenblatt). Als besonders gelungen erwies sich der Begriff „Pheromon", der von P. Karlson und M. Lüscher vorgeschlagen wurde.[32]

In dieser Periode gelangen bedeutende Erfolge bei der Untersuchung der chemischen Struktur der Pheromone der Insekten. Der erste Versuch einer planmäßigen Erforschung der Sexualhormone der Insekten wurde in den USA bereits in den 20er Jahren gemacht, konnte aber noch nicht erfolgreich abgeschlossen werden.[33] Zum ersten Mal wurde das Sexual-Pheromon 1959 von A. Butenandt und seinen Mitarbeitern isoliert und identifiziert.[34] Gegenwärtig werden Pheromone der wichtigsten Schädlinge in der Landwirtschaft bestimmt und synthetisiert.[35]

Die Erforschung der Hormone der Insekten und der Analogien der Hormone sowie die Erarbeitung einer Konzeption der mit Pheromonen verbundenen Organismen dienten als Grundlage für die Entwicklung eines wichtigen Gebietes der Ökologie, der chemischen Ökologie.

Wir unterschieden also in der Entwicklung der Biochemie der Insekten drei Etappen: 1. Die chemische, die sich im Rahmen der organischen Chemie entwickelte, 2. die biochemische, die mit der Entwicklung der physiologischen

31 Vgl. Ch. Butler, The Feminine Monarchy or a Treatise Concerning Bees, an the Due Ordering of Them (1609), New York 1969.

32 Vgl. P. Karlson/M. Lüscher, Pheromones: A new Term for a Class of Biologically Active Substances, in: Nature (London), Nr. 4653 vom 3. Januar 1959, S. 55—56.

33 Vgl. C. W. Collins/S. F. Potts, Attractans for the Flying Gypsy Moths as an Aid in Localling New Infestations, in: Technical Bulletin. United States Department of Agriculture (Washington), 336/1932, S. 1—44.

34 Vgl. A. Butenandt, Bombycol, the Sex-Attractive Substance of the Silkworm, Bombix mori, in: Journal of Endocrinology (London), 3/1963, S. IX—XVI.

35 Vgl. M. Jacobson, Insect Sex Pheromones, New York — London 1972; C. Birch (Hrsg.), Pheromones, Amsterdam — London — New York 1974.

Chemie und der Biochemie verbunden war, und 3. die Etappe der Biochemie der Insekten als selbständige wissenschaftliche Disziplin. Ein solcher Zugang zur Periodisierung der Geschichte wissenschaftlicher Richtungen, basierend auf der Abfolge dominierender Konzeptionen und methodologischer Verfahren, wurde von uns zum ersten Mal in der wissenschaftshistorischen Forschung vorgeschlagen. Er erwies sich für die Analyse der interdisziplinären Wechselwirkung bei der Entstehung neuer wissenschaftlicher Disziplinen als sehr günstig, weil er auf dem Charakter dieser Wechselwirkungen basiert. Die Biochemie der Insekten ist ein Beispiel und ein Modell einer neuen wissenschaftlichen Richtung, die im Ergebnis solcher Wechselwirkungen entstand.

Analysiert man die Geschichte der Entwicklung der Biochemie der Insekten, so lassen sich interdisziplinäre Wechselwirkungen auf zwei Ebenen zeigen. Im Prinzip kann man von Interdisziplinarität erst im Stadium der Formierung einer wissenschaftlichen Disziplin oder eines Problemfeldes sprechen, d. h. bei einem genügenden Grad ihrer kognitiven Institutionalisierung. Unter diesem Gesichtspunkt ist die erste Etappe der Biochemie der Insekten, die chemische, nicht als interdisziplinär zu bezeichnen. Sie verlief insgesamt im Rahmen der Chemie und der Chemie organischer Verbindungen. Die Forschungen dieser Etappe entsprachen vollkommen dem Forschungsprogramm der organischen Chemie, das sich im wesentlichen auf die qualitative Untersuchung der Vielfalt der chemischen Zusammensetzung lebender Organismen orientierte. Andererseits sammelten sich aber in dieser Zeit Informationen über lebende Organismen, die notwendige Voraussetzungen für die Entstehung von Wechselwirkungen zwischen Chemie und Biologie bildeten, die für den Übergang zur folgenden biochemischen Etappe wichtig wurden. Weiterhin waren in dieser Etappe die Forschungen über die Insekten wesentlich. Aber hier ist nicht das biologische Objekt als solches mit seinen Besonderheiten von Bedeutung. Eine Wechselwirkung entstand zwischen der Chemie, die über ein Reservoir an Methoden und Verfahren zur Untersuchung chemischer Stoffe verfügte, und der Biologie, die den abstrakten lebenden Organismus untersuchte. Die Verwendung chemischer Methoden in dieser Phase widerspiegelte die weitere Entwicklung des reduktionistischen Programms in der Biologie und den Übergang zur Forschung auf molekularem Niveau. Auf dieser Entwicklungsstufe kann man nicht von Wechselwirkung zwischen Chemie und Entomologie (oder einer beliebigen anderen biologischen Disziplin) sprechen. Die Biologie trat hier noch als ein einheitliches Ganzes auf. Im Prozeß der Formierung der Biochemie wurden jene molekularen Prozesse in die Forschung einbezogen, die in der abstrakten lebenden Zelle stattfinden. Die grundlegende Aufgabe war die Aufdeckung der biochemischen Gemeinsamkeiten, nicht aber die der Vielfalt lebender Organismen.

Am Ende des 19. Jahrhunderts, als die Biochemie sich zu einer selbständigen wissenschaftlichen Disziplin herausbildete, trat der Prozeß der interdisziplinären Wechselwirkung in eine neue Phase. Die Biochemie als einheitliche Wissenschaft trat zu anderen biologischen Disziplinen in Wechselwirkung. Die Herausbildung der Biochemie rief bedeutende Veränderungen in der Struktur und im System der biologischen Wissenschaften hervor. Ihre Entwicklung führte allmählich dazu, daß sie von der Untersuchung der Einheit zur Untersuchung der Mannigfaltigkeit lebender Organismen überging. Die größte Bedeutung wurde nicht den gemeinsamen Aspekten, sondern den Anomalien beigemessen, die häufig als hypertrophierende Entwicklungen von Prozessen und Erscheinungen auftraten. Gleichzeitig trat damit der Organismus als einheitliches System, das sowohl allgemeine als auch besondere Eigenschaften besitzt, an die erste Stelle der Arbeiten. Auf dieser Stufe kann man bereits von einer sachlichen Divergenz zwischen der Biochemie und den Forschungsobjekten sprechen.

Alles oben Gesagte kann anschaulich am Beispiel der Biochemie der Insekten illustriert werden. Eine der ersten Arbeiten, die das besondere Interesse für die biochemische Erforschung der Insekten auslöste, war die Arbeit D. Keilins. Durch sie wurde offensichtlich, daß die Insekten geeignete Objekte für die Erforschung einer Reihe biochemischer Prozesse sind. Die in dieser Periode durchgeführten Forschungen waren so intensiv und zielgerichtet, daß man ein Vierteljahrhundert nach der Entdeckung Keilins schon von der Existenz der Biochemie der Insekten als einer biochemischen Richtung sprechen konnte und bald darauf auch schon von einer eigenständîgen Existenz dieser wissenschaftlichen Richtung.

Das Entstehen der Biochemie der Insekten zeugte vom Auftreten interdisziplinärer Wechselwirkungen neuen Charakters, zwischen einer gegenständlichen und einer experimentellen Wissenschaft. Im Prozeß der Wechselwirkungen der Biochemie und der Entomologie vollzog sich ein sehr wichtiger Prozeß. In den Anfangsphasen der Wechselwirkung trat die Biochemie als System von Theorien, Verfahren und Methoden zur Erforschung der Insekten auf. Der Entomologie aber blieb das Forschungsobjekt überlassen. Sukzessiv ließen sich Rolle und Bedeutung der Biochemie in dieser Wechselwirkung auf die Forschungsmethodik zurückführen (häufig stark von der Spezifik des Gegenstandes modifiziert). Zuerst trat die Entomologie als System von Vorstellungen und Problemen auf, die sich für eine Bearbeitung durch biochemische Methoden anboten, aber auch spezifische entomologische Bedeutung besaßen; die Biochemie begann sich erst durch ihre Methoden bei der Lösung entomologischer Aufgaben zu etablieren. Von diesem Moment an kann man sagen, daß die Biochemie der Insekten sich zu einer selbständigen wissenschaftlichen Disziplin entwickelt hatte, als in sich abgeschlossene Richtung, die zur selbständigen Wechselwirkung mit anderen wissenschaftlichen Disziplinen in der Lage ist.

Es ist völlig natürlich, daß im Prozeß ihrer Entstehung die sekundären Disziplinen jene Etappen durchlaufen, die auch die Grundlagendisziplinen im Stadium ihrer Herausbildung aufweisen. Andererseits besitzt die Vorgeschichte der Entwicklung sekundärer Disziplinen oftmals auch eine ganze Reihe von Besonderheiten. Grundlegende Etappen können zeitlich versetzt sein, oder die Grenzen zwischen ihnen zerfließen. In der Biochemie der Insekten z. B. ließ sich bei einem

Vergleich zum frühen Entwicklungsstand der Biochemie eine beträchtliche Verspätung feststellen. So trugen biochemische Forschungen über Insekten bis zum Ende des ersten Viertels des 20. Jahrhunderts praktisch einen ausnehmend physiologisch-chemischen Charakter. Und erst auf Grund der Arbeit von D. Keilin wurde die biochemische Erforschung der Insekten im eigentlichen Sinne entwickelt.

Wolfgang Beese

Die Herausbildung der Molekulargenetik

Die Molekulargenetik ist in der Gegenwart ganz wesentlich an dem gravierenden Erkenntniszuwachs der Biologie beteiligt, wirkt heute weit über den Bereich der Biowissenschaften hinaus und findet seit geraumer Zeit Anwendung in Medizin, Pharmakologie und Agrikultur. Doch nicht nur deshalb finden ihre Resultate großes öffentliches Interesse; dies resultiert auch und vor allem aus den zum Teil weitreichenden philosophischen Implikationen, die über den Rahmen der einzelwissenschaftlichen Forschung hinausführen. Selbst das Nachzeichnen der Entwicklung dieser Disziplin wirft zahlreiche philosophische Fragestellungen auf.

Die Molekulargenetik wird gelegentlich als die „*Molekularbiologie* im engeren Sinn“ bezeichnet. Sie untersucht die „... molekularen Grundlagen der Speicherung (genetischer Kode), der Weitergabe (Replikation), der Abgabe (Transkription, Translation), der Veränderung (Mutation) und des Austausches (Rekombination) genetischer Information einschließlich der Regulation dieser Prozesse“[1]. Die Molekularbiologie erweist sich als umfassendere Disziplin, und ihre Geschichte müßte umfangreichere historische Strukturen und Prozesse untersuchen.

Beide Begriffe, Molekularbiologie und Molekulargenetik, wurden und werden jedoch häufig synonym verwendet, wobei besonders im angelsächsischen Sprachraum der Begriff „*Molecular Biology*“ auch dann angewandt wird, wenn ausdrücklich nur genetische Sachverhalte angesprochen sind. Der historische Verlauf rechtfertigt es, bei der Molekulargenetik von einer eigenständigen Disziplin zu sprechen. Ihre Etablierung begann etwa um 1940 und wurde von den daran Beteiligten zunächst als *Mikroben-* oder *Phagengenetik* bezeichnet. Der weitaus größte Teil der wesentlichen neuen Erkenntnisse kam aus einer Gemeinschaft von Wissenschaftlern, die als *Phagen-Gruppe* bekannt geworden ist. Zumindest für die Phase der Disziplingenese erscheint es berechtigt, die Entwicklung der Phagen-Gruppe mit der Entwicklung der Molekulargenetik überhaupt gleichzusetzen. Erst in späteren Entwicklungsphasen wurden die Einflüsse anderer Gruppen, Institutionen und wissenschaftlichen Schulen bedeutsam.

1 E. Geißler (Hrsg.), Molekularbiologie, Leipzig 1972, S. 209.

1. Zur Vorgeschichte oder das Nebeneinander der Konzeptionen

Disziplingenese kann sich auf verschiedenen Wegen vollziehen. Für die Molekulargenetik gilt, daß sie sowohl aus der Wechselwirkung bereits vorhandener Disziplinen als auch aus der inneren Differenzierung bestehender Disziplinen hervorgegangen ist. Beide Möglichkeiten sind im vorliegenden Fall gar nicht voneinander zu trennen. Die *Vorgeschichte* einer Disziplin ist eine Feststellung post factum und keinesfalls ein zielstrebiger Prozeß in Richtung Disziplingenese.[2] Vielmehr findet ein Wissenschaftler vorhandenes Wissen vor, Erkenntnisse verschiedenster Disziplinen, deren theoretisches, experimentelles und methodisches Rüstzeug. Er bezieht sie entsprechend seinen konzeptionellen Überlegungen in seine Forschung ein, oft einschließlich der sie repräsentierenden Individuen. Zunächst ist kurz auf die vorhandenen Disziplinen einzugehen, auf die wesentlichsten, ohne deren Entwicklungsstand in den dreißiger Jahren auch nur annähernd vollständig darstellen zu können. Dies erfolgt hier vorwiegend aus der Sicht von Wissenschaftlern, die maßgeblichen Anteil an der Disziplingenese hatten.[3]

Erstens: Die *klassische Genetik* hatte zweifellos einen Höhepunkt erreicht. Beginnend bei Mendel, über de Vries und Johannsen, bis hin zu den Arbeiten von Morgan, Muller und Timofeeff-Ressovsky, waren zahlloses empirisches Material und hervorragende theoretische Überlegungen zur Vererbungsforschung zusammengetragen worden, z. B. die Chromosomentheorie der Vererbung, die Untersuchungen an Drosophila melanogaster, detaillierte Chromosomenkarten einzelner Untersuchungsobjekte, der Nachweis der mutagenen Wirkung verschiedener Agenzien und Strahlungen u. v. a. Direkten Aufschluß über Struktur und Funktion des genetischen Materials ergaben sich aus der klassischen Genetik jedoch nicht, was hauptsächlich erkenntnistheoretische und methodische Gründe hat. Für die folgende Entwicklung wirkte sich jedoch der Umstand aus, daß die „... klassische Genetik das herausragende Beispiel einer formalen oder theoretischen Entwicklung in der Biologie darstellte“[4].

Zweitens: Die *Biochemie* hatte inzwischen eine Entwicklung vollzogen, bei der es kaum noch Überschneidungen mit der Genetik gab. „Um den Stand der biochemischen Genetik um 1940 zu rekapitulieren, muß man wohl an die genetischen Kenntnisse der Biochemiker denken, die vernachlässigbar waren, und an die

2 Vgl. H. Laitko, Disziplingenese als Objekt vergleichender Untersuchung — Prämissen und Fragen zum Symposium „Zur Herausbildung wissenschaftlicher Disziplinen“ im Dezember 1982, in: Rostocker Wissenschaftshistorische Manuskripte (im folgenden: Rostock, Wiss.-Hist. Mskr.), Heft 8, Rostock 1982, S. 10.

3 Diese Vorgänge sind ausführlich beschrieben in: J. Cairns/G. S. Stent/J. D. Watson (Hrsg.), Phagen und die Entwicklung der Molekularbiologie, Berlin 1972 (im folgenden: Festschrift genannt, da sie ursprünglich so in die Literatur eingegangen ist. Sie war Max Delbrück zum 60. Geburtstag gewidmet).

4 R. D. Hotchkiss, Gen, transformierendes Prinzip und DNS, in: Festschrift, a. a. O., S. 179.

biochemischen Kenntnisse der Genetiker, die zwar gelegentlich von tiefer Einsicht zeugten, aber im wesentlichen nicht funktionell waren."[5] Wie zutreffend diese Einschätzung ist, geht auch daraus hervor, daß die Biochemiker noch in den Jahren nach den Arbeiten über die Transformation die veränderte Chemie von Mutanten und nicht die Chemie des genetischen Materials untersuchten.

Drittens: Die *Bakteriologie* und *Mikrobiologie* verfügte über ein sehr differenziertes Repertoire von Methoden, Kenntnissen, Instrumentarien und vor allem Arbeitstechniken. In diesem Zusammenhang sind besonders die ersten Arbeiten mit Bakteriophagen zu nennen, die unabhängig voneinander von Twort und D'Herelle im Jahr 1915 bzw. 1917 entdeckt wurden. Außerdem die Arbeiten von Griffith (1928) über Transformation oder die Kristallisation des TMV durch Stanley (1935). Burnets Untersuchungen zu Beginn der dreißiger Jahre legten die Vermutung nahe, daß Bakteriophagen für genetische Untersuchungen geeignet sein könnten. Jedoch galt es für die Mehrheit der Mikrobiologen als ausgemacht, daß diese gar keinen genetischen Apparat besitzen.

Sieht man von wenigen Ausnahmen ab, gilt, daß die klassischen Genetiker, die Biochemiker und die Mikrobiologen in den dreißiger Jahren mit Konzeptionen auftraten, die zwar von einem ausgeprägten disziplinären Niveau zeugten, von denen aber für die ungelösten Fragen der Vererbung kaum Antworten zu erwarten waren. Es gab kaum Berührungsflächen. Die ersten entscheidenden Antworten kamen von einer Gruppe von Wissenschaftlern, die nur schwer in die oben genannten Disziplinen einzuordnen sind. Das war die *Phagen-Gruppe*.

2. *Die Beteiligten oder der Einfluß von Außenseitern*

Max Delbrück, der häufig und völlig zutreffend als „Begründer und Anwalt" dieses neuartigen Zugangs zur Genetik bezeichnet wird, machte 1963 auf einen Sachverhalt aufmerksam, der für das Verständnis der hier in Rede stehenden Disziplingenese von Bedeutung ist: „Die moderne Biologie ist deshalb schwierig für die Biologen, weil sie nicht von berufsmäßigen Biologen, sondern von Außenseitern gemacht worden ist, von Leuten, die sehr wenig Biologie studiert haben, von Medizinern, Chemikern, Physikern, Mathematikern und Ingenieuren."[6]

Die Tatsache, daß solche *Außenseiter* wie etwa auch die Physiker einen wesentlichen Anteil an der Herausbildung der Molekulargenetik gehabt haben, ist bekannt und wird häufig reflektiert. Immer wieder und sicher zu recht, wird da Schrödinger genannt. Seinem Buch „Was ist Leben?" wird eine überragende Rolle eingeräumt, besonders was dessen Wirkung auf die Physiker anbelangt. Der Einfluß des Buches soll hier nicht bestritten werden: „... ein Buch, das mit

5 Ebenda.

6 M. Delbrück, Inwiefern ist die Biologie zu schwierig für die Biologen?, in: Physikertagung Stuttgart 1963, Mosbach — Baden 1963, S. 94.

Neugier von der ersten Nachkriegsgeneration von Studenten gelesen wurde, besonders von Physikern, die aus dem Krieg zurückkehrten und auf der Suche waren nach einer anspruchsvollen friedlichen Beschäftigung."[7]

Die Wirkung Schrödingers in der allzuoft formulierten Ausschließlichkeit ist aber zu relativieren. Sein Buch erschien 1944 und fand seine größte Verbreitung in der zweiten Hälfte der vierziger Jahre. In jener Zeit hatten aber Physiker schon einschlägige biologische Forschung betrieben. Die Phagengenetik existierte schon, was als Beginn molekulargenetischer Forschung zu werten ist. Und hatte nicht Delbrücks „quantenmechanisches Genmodell" Schrödinger erst inspiriert? Das Modell wird dort ausführlich diskutiert und akzeptiert. Zu diesem Zusammenhang äußert sich auch Delbrück: „Inhaltlich basiert Schrödingers Buch ja stark auf dem grünen Heft von 1935 und dieses indirekt auf Bohr, der mir den Anstoß in die Biologie gab"[8]. Die eigentliche Anregung Bohrs ergab sich aus der Beschäftigung mit erkenntnistheoretischen Problemen. Konkret geht es hier um das *Komplementaritätsprinzip*, ursprünglich von ihm für die theoretische Physik entwickelt und später auf die Biologie übertragen. Delbrück bekennt, daß „Bohrs Vorschlag von einer Komplementaritätssituation in der Biologie analog derjenigen in der Physik für mindestens einen Physiker das ursprüngliche Motiv für das Interesse an der Biologie gewesen ist"[9]. Daß er sich als theoretischer Physiker der Genetik zuwandte, wurde dadurch gefördert, daß die klassische Genetik eine formale, theoretische Entwicklung der Biologie eingeleitet hatte, die quantitativen Untersuchungen zugänglich war. Wesentlich war jedoch die erkenntnistheoretische Ausgangssituation, vor allem aber die Hoffnung, in der Biologie auf „andere Gesetze der Physik" zu stoßen. Letzteres war eine Erwartung, die sich nicht erfüllte, die aber schon 10 Jahre vor Schrödingers Buch Physiker motivierte, biologische Forschung zu betreiben und erste experimentelle Resultate und theoretische Überlegungen hervorgebracht hatte. Bohr, Schrödinger und Delbrück sind hier stellvertretend für den Einfluß von Nicht-Biologen, zumal von Physikern, auf die Herausbildung der Molekulargenetik genannt. Letztgenannter erweist sich dabei nicht nur als Anreger, sondern als einer der Begründer dieser Disziplin. Durch seine originellen Arbeiten hat er sich frühzeitig als produktiver, ideenreicher Forscher ausgewiesen. Seine theoretischen und konzeptionellen Überlegungen machten ihn bald zu einer legendären Person. Faßt man die Phagen-Gruppe als *wissenschaftliche Schule* auf, hat er als Schulenbegründer zu gelten.

Bezüglich des Einflusses von Physikern ist letztendlich herauszustellen, daß es dabei nicht vordergründig um eine Anwendung physikalischer Verfahren und

7 M. Delbrück, Virology Revisited, in: Proceedings of International Symposium on Molecular Basis of Host Virus Interaction, Benares Hindu University, October 1976, S. 2 (noch unveröffentlicht, eine Manuskriptkopie in Besitz des Verfassers und von diesem aus dem Englischen übersetzt).

8 M. Delbrück, persönliche Mitteilung an den Verfasser vom 9. März 1979.

9 M. Delbrück, Ein Physiker betrachtet die Biologie, in: Festschrift, a. a. O., S. 32.

Methoden auf biologische Prozesse und Objekte ging. Entscheidend dabei war der Denkansatz, der neuartige Zugang, den Pontecorvo sehr treffend beschrieb: „... in den Jahren unmittelbar vor dem zweiten Weltkrieg ereignete sich etwas völlig Neues: Die Einführung von Ideen (nicht von Methoden) aus dem Bereich der Physik in den Bereich der Genetik – vor allem hinsichtlich der Probleme der Größe, Mutabilität und Selbstreproduktion der Gene."[10] Mit den *physikalischen Denkweisen* und *Ideen* wurden zugleich auch die *Mathematik*, Verfahren der *Statistik* und der *Wahrscheinlichkeitsbetrachtung* erneut in die genetische Forschung einbezogen. Nicht zuletzt dadurch wurde die neue Forschungsrichtung anziehend für Außenseiter, wie Physiker, Biophysiker, Chemiker u. a., die Interesse an der Biologie hatten. Der Forschungsgegenstand erzwang geradezu ein Einbeziehen verschiedenster Spezialisten. Wenn dagegen eingewandt wird, daß schon vordem Physiker einen solchen Weg beschritten, so ist auf den Unterschied aufmerksam zu machen. Die von ihnen vorgebrachten Fragestellungen waren vorher stets sehr allgemeiner Art, ihre Bedeutung lag vorwiegend im methodologischen Bereich. Delbrück ging dagegen mit seiner Konzeption das Problem der *Genreplikation* direkt an. Er hielt den *Replikationsmechanismus* für geeignet, ihn einer Erforschung nach seinen Intentionen zugänglich zu machen. Auf spezielle Fragen erhielt er so schnelle und präzise Antworten, was folgenreich für die Entwicklung der Molekulargenetik war und wohl heute noch ist.

3. *Untersuchungsobjekte oder große Experimente an kleinen Organismen*

Die *Wahl geeigneter Untersuchungsobjekte* war aus verschiedensten Gründen von beträchtlicher Bedeutung, und die ersten Experimente damit markieren die *Initialphase*. Die Benutzung von *Bakteriophagen*, *Bakterien*, *Viren* und anderen *Mikroorganismen* gestattete nämlich die Erforschung verschiedener Aspekte; sowohl das individuelle Verhalten als auch das von Populationen kann betrachtet werden. Dabei bieten sich *quantitative Untersuchungen* an, da wesentliche Verhältnisse immer mathematisch formuliert werden können. Die Mathematik hält einen enormen Vorrat von Strukturen bereit, die diese Verhältnisse abbilden können. Das Einbeziehen von Verfahren der Statistik und der Wahrscheinlichkeitsrechnung kommt zu neuer Bedeutung, seit sie durch Mendel und Nägeli in die Biologie eingeführt wurden.

Wie kam es dazu, daß *Bakteriophagen* zum *bevorzugten Untersuchungsobjekt* der Molekulargenetik in ihrer Entstehungsphase wurden? Delbrück hatte während seiner Berliner Zeit mit Timofeeff-Ressovsky auf dem Gebiet der Drosophila-Genetik erfolgreich gearbeitet. Warum 1937 in Pasadena ein Wechsel

10 G. Pontecorvo, Trends in genetic analysis, New York 1958, in: Festschrift, a. a. O., S. 48.

eintrat, sieht er so: „Your second question why I worked on phage after I came to Pasadena although I had come here to learn about Drosophila genetics I would answer by saying that I did at first try to work on a problem in Drosophila genetics—some horribly complicated problem concerning recombination in the fourth chromosome that Sturtevant had suggested to me—but I got bogged down and disgusted by very complicated terminology of Drosophila literature. Therefore when the opportunity came to work with Ellis on phage I jumped at it. In both cases the intent was to learn about the nature of the gene and as it turned out phage was a good choise."[11] Es gehört zweifellos zu den großen Leistungen der ersten Phagengenetiker, die Bedeutung von Mikroorganismen, besonders von Phagen, für die Aufklärung genetischer Phänomene erkannt zu haben. Damit verlor Drosophila melanogaster, wohl das bekannteste Untersuchungsmaterial der klassischen Genetik, zunächst an Bedeutung. So groß die Erfolge dieser Forschungen waren, es war damit nicht gelungen, die Kluft zwischen Genotyp und Phänotyp zu überwinden. Zwar wurde eine Substanz in den Chromosomen vermutet, die Informationsträger und gleichzeitig reproduzierbar war. Mit dem Untersuchungsmaterial gelang es aber nicht, die Substanz selbst, ihre Struktur und Funktion zu erforschen. Mit der Einführung von Mikroorganismen, wie Bakterien, Viren und namentlich Phagen, aber auch von Hefen und Pilzen in die genetische Forschung, konnten diese Probleme angegangen werden. Die Phagengenetiker setzten sich dabei über zahlreiche als gesichert geltende Auffassungen hinweg, die bislang solche Untersuchungen verhindert hatten.

Da die Begründer der Phagengenetik zumeist biologische Außenseiter waren, geschah dies vermutlich aus Unkenntnis dieser gesicherten Auffassungen oder aus Ignoranz. Die Wende trat ein, als durch die Phagengenetik metabolische Reaktionen, Resistenzentstehung u. ä. der genetischen Analyse unterzogen wurden. Die Bedeutung, die die Einführung von Mikroorganismen in die genetische Forschung hatte, läßt sich so zusammenfassen:

– Sie stellten ein geeignetes Material zur *Aufklärung des Replikationsmechanismus* dar, denn die „Fähigkeit, komplexe Molekülstrukturen immer wieder genau nachzubilden, ist das grundlegendste und allgemeinste Charakteristikum eines lebenden Organismus und gleichzeitig vom chemischen Standpunkt das geheimnisvollste"[12].

– Die *enorme Proliferation* führt in extrem kurzer Zeit zu gewaltigen Populationen, die das Anwenden statistischer Methoden und das Einbeziehen von Wahrscheinlichkeitsrechnung gestatteten.

– Die Tatsache, daß bei Bakterien *genetisches Material* auch auf andere Art als auf sexuellem Weg übertragen wird, führte zur Überwindung der Ansicht von der *Korrelation zwischen sexueller Reproduktion* und *Vererbung*,

11 M. Delbrück, persönliche Mitteilung an den Verfasser vom 3. Juli 1979.

12 M. Delbrück, Wie vermehrt sich ein Bakteriophage?, in: Angewandte Chemie (Weinheim), 13/14/1954, S. 391.

– *Biochemie, kristallographische, elektronenmikroskopische* Verfahren und eine Vielzahl anderer Untersuchungsweisen ermöglichten an Phagen und Bakterien die sukzessive Aufklärung der *Feinstruktur* des *genetischen Materials*.
– Durch die Einführung der Mikroorganismen ließen sich viele traditionelle Techniken vereinfachen und somit gleichzeitig anwenden. Das erforderte und förderte *interdisziplinäre Zusammenarbeit*, die für die Phagen-Gruppe charakteristisch war.

Auf eine umfassende Darstellung der ersten experimentellen Arbeiten muß hier verzichtet werden.[13] Sie führten dazu, eine Wende im Verständnis der Vererbungsphänomene anzubahnen und waren grundlegend für die Konstituierung der Molekulargenetik. Als Beispiel seien Arbeiten genannt über: Einstufenvermehrung, Rekombinationstheorie bei Phagen, Bakterienkonjugation, sexuelle Differenzierung bei Bakterien, Injektion von Phagen-DNS usw. Auf zwei Arbeiten muß dennoch etwas ausführlicher eingegangen werden, wegen ihrer herausragenden Bedeutung für die Etablierung der Molekulargenetik bezüglich der gewonnenen Erkenntnisse und auch wegen ihrer attraktiven Wirkung auf potentielle Mitstreiter. Zuerst die *Fluktuationsanalyse* von Delbrück und Luria über die selektive Erfassung seltener Ereignisse, deren Bedeutung letzterer so beschreibt: „1. Sie erbrachte den hinreichenden Beweis, daß phagenresistente Mutanten durch spontane Mutationen und nicht als Folge von Phageninfektion entstehen. 2. Sie lieferte Methoden zur Messung von Mutationsraten durch die Analyse der Verteilung von Mutanten in Bakterienkulturen. 3. Als wichtigstes lieferte sie eine quantitative Methode zur Messung solcher Mutationsraten, die mehrere Größenordnungen geringer als jene waren, die ... bisher einer Untersuchung zugänglich waren. Dieser letzte Beitrag war vielleicht deshalb der wichtigste, weil durch das Eröffnen neuer Wege zum Studium von Mutation und Mutagenese die Aufmerksamkeit für die bemerkenswerten Möglichkeiten der Bakteriengenetik erregt wurde."[14]

Auf eine andere Arbeit Delbrücks, diesmal gemeinsam mit Balley, sei hier ebenfalls verwiesen. Sie gehört zu denen, die „alle frühen Phagenforscher als grundlegend für das neue Gebiet ansahen, das später Molekularbiologie genannt wurde"[15]. Dazu kurz folgendes: Ein Bakterium wurde gleichzeitig mit Phagen infiziert, die genetisch unterschiedlich waren. Unter der Nachkommenschaft traten neue Phagen-Genotypen auf. Das weist auf *Rekombination* hin. Dies war eine außerordentliche Entdeckung, die nach Novieks Meinung die Phagengenetik überhaupt erst begründete.[16]

13 Eine ausführliche Wertung der experimentellen Arbeiten, die für die Etablierung der Molekulargenetik grundlegend waren, einschließlich genauer Quellenangaben, befindet sich in: W. Beese, Die Arbeit von Max Delbrück und die Entstehung der Molekulargenetik. Einige weltanschaulich-philosophische und wissenschaftshistorische Probleme. Diss. A, Berlin 1980.
14 S. E. Luria, Mutationen von Bakterien und Bakteriophagen, in: Festschrift, a. a. O., S. 174.
15 A. Novieck, Phänotypische Mischung, in: Festschrift, a. a. O., S. 137.
16 Vgl. ebenda, S. 137/138.

Insgesamt waren diese Arbeiten angetan, zahlreiche neue Mitarbeiter „an die Festtafel der Mikrobengenetik" zu locken. Die beste Werbung waren natürlich die schnell veröffentlichten Resultate der experimentellen Untersuchungen, ihre Einfachheit, Präzision und Eleganz sowie die dazu gehörenden Aussagen theoretischer Art, einschließlich der attraktiven konzeptionellen Überlegungen. Daneben wurde in den frühen Publikationen eindringlich auf die Möglichkeiten hingewiesen, die sich für Nichtbiologen bieten, wie hier in dem übrigens ersten deutschsprachigen Artikel zur neuen Phagenforschung: „Man möchte glauben, daß wir in der Bakteriophagenforschung an der Schwelle wichtiger Einsichten stehen. Das Ausschließungsprinzip für unähnliche Phagen und die Faktorenübertragung bei ähnlichen Phagen sind krasse und herausfordernde Tatsachen, von denen sich jeder Anfänger durch einfache Experimente überzeugen kann. In der außerordentlichen Einfachheit der Handhabung liegt der große Reiz dieses Materials, besonders für Außenseiter, die nicht durch die traditionelle Schule der Bakteriologie gegangen sind."[17] Oft enthielten diese ersten Publikationen neben ausführlichen Literaturübersichten noch einen Anhang, in dem „methodische Kunstgriffe" vorgestellt wurden.[18]

4. *Die Etablierung oder die autokatalytische Vermehrung der Phagen-Gruppe*

„Die Genese einen Disziplin ist ein über einen längeren Zeitraum erstreckter und in nach objektiven Kriterien unterscheidbare Reifestadien gegliederter Prozeß."[19] Dies ist unbestritten und ergibt aus der Sicht der Entstehung der Molekulargenetik folgendes Bild: Als zur *Vorgeschichte* gehörend, wurde eingangs die Situation in der klassischen Genetik, der Biochemie und der Mikrobiologie in den dreißiger Jahren geschildert. Es muß hier nochmals darauf hingewiesen werden, daß sich die Etablierung der Molekulargenetik daraus keineswegs mit logischer Stringenz ergab. Jedoch waren die Entwicklungen in diesen und anderen Disziplinen, ihre Erkenntnisse, Methoden und Instrumentarien notwendige Voraussetzung für den dann einsetzenden Disziplinbildungsprozeß. Kennzeichnend für diese Zeit ist weiterhin das Nebeneinander der Konzeptionen im Hinblick auf Vererbungsprobleme. Das für die *Initialphase* als typisch bezeichnete Heranreifen des Widerspruchs im Disziplinsystem beginnt in der Vorgeschichte, wobei betont werden muß, daß diese nur ein Widerspruch vom Stand-

17 M. Delbrück, Über Bakteriophagen, in: Die Naturwissenschaften (Berlin — Göttingen), 10/1947, S. 305.

18 Vgl. ebenda, S. 306.

19 H. Laitko, Disziplingenese als Objekt vergleichender Untersuchung — Prämissen und Fragen zum Symposium „Zur Herausbildung wissenschaftlicher Disziplinen" im Dezember 1982, Heft 8, Rostock 1982, S. 16.

punkt der zu begründenden Disziplin ist, nicht aber für die vorgeschichtlichen Disziplinen selbst. Zur Initialphase der hier in Rede stehenden Disziplin gehören schon die Impulse durch Bohr (Komplementaritätsprinzip) und damit hauptsächlich die Einführung und das Anwenden von Ideen aus dem Bereich der Physik in die genetische Forschung. Das Einbeziehen physikalischer Denkweisen und der damit verbundenen quantitativen Untersuchungsverfahren wird effektiv, nachdem neue geeignete Untersuchungsobjekte gefunden sind. Mit den ersten Phagenversuchen um das Jahr 1940, im vorherigen Abschnitt beschrieben, findet die Initialphase ihren Abschluß. Die Notwendigkeit eines neuartigen Zugangs war damit erkannt, die neuen Konzeptionen und die Forschungsstrategie wurden formuliert und publiziert und die Entwicklung einer neuen Disziplin auf den Weg gebracht. Dies geschah freilich alles noch im Rahmen überkommener Strukturen institutioneller wie informeller Art, auf der Grundlage herkömmlicher disziplinärer Muster. Die Originalität des Zugangs begründete jedoch die Eigenständigkeit. Für die Molekulargenetik sah das konkret so aus: „Ende der dreißiger Jahre nahmen drei Leute das Studium der Bakteriophagen auf: Hershey, Luria und Delbrück. Als sie sich 1940 trafen, war dies die Geburtsstunde der Phagen-Gruppe“[20]. Genauere Angaben finden sich im Briefwechsel zwischen Luria und Delbrück.[21]

Die ersten Arbeiten waren in der Tat originell und mit der prämolekulargenetischen Phase der Phagenforschung nicht zu vergleichen. Durch den neuartigen Zugang gab es zunächst kaum Mitstreiter, der Zulauf war gering. So bestand neben der eigentlichen Forschung die Aufgabe, geeignete Mitarbeiter zu finden: „Unsere Korrespondenz zwischen 1940 und 1943 befaßte sich sehr oft mit dem Problem, wie man das Interesse von Genetikern, Biochemikern und Zellphysiologen auf die vorerst nur mit matten flüchtigen Blicken bedachten ‚grünen Weiden‘ des gelobten Landes lenken könnte.“[22]

Das in der Folgezeit sprunghaft wachsende Interesse an der Phagengenetik ist so zu erklären: „Aber 1945 tat Delbrück einen Schritt, der eine rasche und autokatalytische Vermehrung der Phagen-Gruppe zur Folge hatte. Er organisierte den alljährlichen Phagen-Sommerkurs in Cold Spring Harbor. Das Ziel dieses Kurses war eindeutig missionarisch: das neue Evangelium unter den Physikern und Chemikern zu verbreiten“[23]. Es fand bereitwillige Aufnahme und schnelle Verbreitung. An anderer Stelle vorliegender Arbeit wurde schon darauf hingewiesen, daß in diesem Zusammenhang das Ende des Zweiten Weltkrieges, der Abwurf der ersten Atombombe und das dadurch verursachte Berufsunbehagen der Physiker von Bedeutung waren.

20 G. S. Stent, Einleitung: Warten auf das Paradoxon, in: Festschrift, a. a. O., S. 15.

21 Der fast vollständige Briefwechsel befindet sich im Besitz des California Institute of Technology Archive und ist zum Teil wiedergegeben, in: S. E. Luria, Mutationen von Bakterien und Bakteriophagen, in: Festschrift, a. a. O., S. 172–177.

22 Ebenda, S. 177.

23 G. S. Stent, Warten auf das Paradoxon (Einleitung), in: Festschrift, a. a. O., S. 16.

Damit ist der Ubergang von der Initialphase zur *Etablierungsphase* vollzogen. Diese ist zuallererst gekennzeichnet durch umfangreiche experimentelle Arbeiten und theoretische Überlegungen, in denen die grundlegenden Arbeiten der Initialphase nachwirkten, verfeinert und vervollkommnet wurden. Die Anstengungen, Vertreter verschiedenster Disziplinen in die Arbeit einzubeziehen, wurden weiter verstärkt. Gegen Ende der vierziger Jahre nahm die Zahl der Phagenforscher immer mehr zu, ausgewiesen durch die stetig wachsende Teilnahme an den Phagenkursen in Cold Spring Harbor bzw. durch die zunehmende Anziehungskraft von Delbrücks Labor am California Institute of Technology in Pasadena, was letztlich dazu führte: „Jedermann, der in der Phagenforschung etwas darstellte, verbrachte mindestens einige Zeit am Caltech."[24] In relativ kurzer Zeit finden die Ideen der neuartigen Phagenforschung weiteste Verbreitung. Der Anteil Delbrücks an dieser Entwicklung ist groß. Nicht nur die schon erwähnten Impulse für die Fragestellungen, das neue Untersuchungsmaterial, sondern vor allem auch die Art und Weise, *wissenschaftliche Arbeit zu organisieren*, Lehre und Forschung miteinander zu verbinden, müssen hier genannt werden. Auch war die Forschung von Anfang an auf *interdisziplinäre Gemeinschaftsarbeit* angelegt. Unbedingte *Bereitschaft zur Kooperation* war gefordert. Dies hat einige Grundvoraussetzungen. Eine davon ist die effektive Vergleichbarkeit von Untersuchungsergebnissen. Dazu trafen die Phagenforscher im Jahre 1944 unter Delbrücks Einfluß eine wichtige Entscheidung. Zuvor hatte jeder „seine eigene private Sammlung von Phagen und Wirtsbakterien. Es war daher nahezu nutzlos, Ergebnisse verschiedener Bearbeiter zu vergleichen oder auch nur eine befriedigende Menge von Informationen über ein System zu sammeln. Delbrück bestand darauf, daß wir unsere Aufmerksamkeit auf eine Reihe von sieben Phagen desselben Wirtes konzentrierten, den jetzt berühmten E.-coli-Stamm-B und seine Mutanten, in Nährbouillon bei 37 °C. Er verlangte, daß jedermann unter diesen Standardbedingungen arbeitete"[25]. Dies ist besonders bedeutsam, wenn man bedenkt, welche Art von Gemeinschaftsarbeit hier angestrebt war. Eine zahlenmäßig kleine Gruppe von Forschern, unter ihnen Stent und Luria, arbeiteten mit Delbrück über einen relativ langen Zeitraum am Caltech in Pasadena ständig zusammen. Daneben gab es viele Wissenschaftler, die für längere oder kürzere Zeit dort arbeiteten. Delbrück legte großen Wert darauf, solche *zeitweiligen Mitarbeiter* zu haben, und auf der anderen Seite war er bemüht, einen Teil seiner Leute in anderen Instituten unterzubringen. Auf diese Weise wurde erreicht, die jeweils neuesten Arbeitstechniken an die beteiligten Forscher weiterzugeben. Die experimentellen Resultate und die Hypothesen fanden so schnelle Verbreitung. Natürlich hat solche Vorgehensweise noch andere Vorzüge, z. B. der persönliche

24 G. Streisinger, Terminale Redundanz oder Ende gut — alles gut, in Festschrift, a. a. O., S. 318.

25 T. F. Anderson, Elektronenmikroskopie der Phagen, in: Festschrift, a. a. O., S. 82/83.

Kontakt, die Verbreitung des Arbeitsstils u. a. Eine andere beabsichtigte Wirkung war, daß die zeitweiligen Mitarbeiter, nachdem sie Pasadena wieder verließen und von der Phagenforschung „infiziert" waren, sehr zur Verbreitung dieser „Infektion" beitrugen. Sie wirkten als Multiplikatoren. Gelegentlich spricht Watson davon, daß es gelang jemanden einen „Phagen-Floh" ins Ohr zu setzen.[26]

Auch die jährlich von Delbrück organisierten Phagen-Sommerkurse in Cold Spring Harbor oder andere Symposien dienten der Verbreitung des „Evangeliums" der Phagenforschung, dem Vertrautmachen mit neuen Ergebnissen und der Verständigung über neue Konzeptionen. Dem Umstand, daß die Phagenforscher oft räumlich weit voneinander entfernt arbeiteten, wurde mit diesen regelmäßigen Treffen Rechnung getragen. Eine *effektive Kommunikation* war jedoch auch zwischen solchen Treffen notwendig. Dazu gab es den *Phage Information Service*, der privat unter den Beteiligten zirkulierte. Beachtlich ist in diesem Zusammenhang der enorme Umfang der Korrespondenz, die keineswegs eine überholte Form der Kommunikation in der Wissenschaft ist. „Die Wissenschaft entwickelt sich zur Zeit vielfach in einer Art Familienbetrieb. Einige wenige Personen verkörpern für ein bestimmtes Fachgebiet die eigentliche Front. Dieser zahlenmäßig beschränkte Kreis pflegte innigen Kontakt durch Briefe und Begegnungen ... Wer nicht zu diesem briefwechselnden Kreis gehört, kommt schwer hinein. Er muß selbst starke Leistungen aufweisen können oder sich in den Laboratorien der Führenden bewähren."[27] Eine andere Kommunikationsform, die für die von Delbrück angestrebte Art der Zusammenarbeit notwendig war, war die unverzügliche Publikation neuer Ergebnisse. Neben der schnellen Information war damit zugleich die theoretische Aufarbeitung angestrebt. Dazu wurden „pipettenfreie Tage" angeordnet. Mit der ihm eigenen Konsequenz achtete er auf die Anwendung der verschiedenen Formen der Kommunikation, da die von ihm angestrebte Kooperation eine *Vielfalt in der Gestaltung von Information und Kommunikation* benötigte. Die Publikation erfolgte in den verschiedensten Zeitschriften und Periodika, meist schon vorher existierenden Fachorganen anderer Disziplinen, etwa der Genetik, der Biochemie und der Bakteriologie. Sie wurden Ende der vierziger, Anfang der fünfziger Jahre jedoch von Beiträgen der Molekulargenetik beherrscht. Sie können so als zur neuen Disziplin gehörend angesehen werden. Auch die *institutionelle Sicherstellung* bahnt sich in dieser Zeit an. Im Mittelpunkt stehen dabei das California Institute of Technology und das Cold Spring Harbor Laboratory of Quantitative Biology, sie waren „das Mekka und Medina der Phagen-Gruppe, wohin die ‚Gläubigen' regelmäßig pilgerten"[28]. Labors und Institute anderer amerikanischer Universitäten bauen entsprechende Einrichtungen auf.

Das Ende der Etablierungsphase – die m. E. mit dem Entwurf des Modells

26 Vgl. J. D. Watson, Jugendjahre in der Phagengruppe, in: Festschrift a. a. O., S. 237.
27 K. Mothes, Rede des Präsidenten, in: Nova Acta Leopoldina, N. F. Nr. 184/1968, S. 16/17.
28 G. S. Stent, Vorwort zur englischen Ausgabe, in: Festschrift, a. a. O., S. 108.

zur DNS-Struktur durch Watson und Crick und der allgemeinen Anerkennung der Bedeutung der DNS für die Vererbung durch die scientific community zusammenfällt – ist erreicht. Hershey und Chase finden 1952 mit ihrem sogenannten Waring-Blendor-Versuch heraus, daß die Phagen-DNS Träger der Erbinformation ist. Dies wird zur überragenden Neuigkeit des ersten internationalen Phagensymposiums in der Abtei von Royaumont (Frankreich).

Watson, damals Lurias Student, beschäftigte sich nun intensiv mit Modellvorstellungen der DNS, und Delbrück rät ihm, dazu nach England zu gehen, wo dann tatsächlich in der Zusammenarbeit mit Crick und anderen eine brauchbare Modellvorstellung entsteht (1953). In die Zeit zwischen den beiden von Delbrück organisierten Symposien „Viren 1950" und „Viren 1953", deren Protokolle allergrößte Wirkung haben, fallen die grundlegenden Erkenntnisse über den Vermehrungszyklus der Phagen, über die DNS als genetisches Material und der Vorschlag über die DNS-Struktur.

Für das *Ende der Etablierungsphase* war jedoch noch ein anderer Sachverhalt bedeutsam, der eben schon kurz anklang: das erneute Zusammengehen vorher getrennter Zugänge. Gemeint ist das Zusammentreffen der *strukturalistischen* und *funktionalistischen* Richtung.[29] Die Phagen-Gruppe repräsentierte die funktionalistische Richtung, während die strukturalistische auf die Schule von Astbury und Bernal zurückgeht. Ihr Zentrum ist das Molecular Biology Laboratory in Cambridge (England). In dieser Zeit wurden auch verstärkt Erkenntnisse aufgenommen, die aus dem Pasteur-Institut (Paris) kamen. Für die gesamte Zeit der Disziplingenese bleibt jedoch die herausragende Stellung der Phagen-Gruppe erhalten. Von hier werden die Kommunikationsformen, das ganze Kommunikationsnetz wesentlich beherrscht und entfaltet, hier sind die bestimmenden Ausbildungseinrichtungen auszumachen, von ihren Mitgliedern stammt das Schrifttum mit Lehrbuchcharakter, und nicht zuletzt auch der Professionalisierungsprozeß setzt hier ein. Dabei handelt es sich, wie schon angedeutet, insgesamt um einen Prozeß der Schulenbildung in einer klassischen Form, was in diesem Rahmen aber nicht ausführlich diskutiert werden kann, aus der vorliegenden Beschreibung jedoch hervorgegangen sein sollte. Erst am Ende der Etablierungsphase und dann in der Konsolidierungsphase, die nach 1953 einsetzte, wurden die Beiträge der anderen Richtungen wesentlich, z. B. die Arbeiten von Crick, Perutz, aber auch von Monod und Jacob.

In die *Konsolidierungsphase* fiel die verstärkte Unterstützung dieser Forschung durch staatliche Stellen in den USA und die vollständige Etablierung der neuen Disziplin in den Universitäten. Vorher wurden die Forschungen hauptsächlich durch Organisationen wie die Rockefeller-Stiftung unterstützt. Weiter war für die Konsolidierungsphase typisch, daß schon bald eine innere Differenzierung einsetzt. Ursache ist der enorme Erkenntniszuwachs. Das möglicherweise Besondere an der Molekulargenetik ist, daß sich diese Differenzierung – nicht

29 Vgl. M. Delbrück, Geleitwort zur deutschen Ausgabe, in: Festschrift, a. a. O., S. 7.

ausschließlich – in einer erneuten Hinwendung zu den Disziplinen vollzieht, aus denen die Molekulargenetik ursprünglich hervorgegangen ist, eine Einordnung in prädisziplinäre Muster, wie sie Guntau für möglich hält.[30] So arbeiten Molekulargenetiker heute in der tierischen und pflanzlichen Virologie, in der Bakteriologie, in der Medizin, in der Pharmakologie, in der Mikrobiologie, aber auch in der Humangenetik oder im „genetic engineering", um einen neuesten Zweig molekulargenetischer Forschung zu nennen. Dieser Sachverhalt erschwert gelegentlich die Zuordnung und manchmal wohl sogar das Selbstverständnis mancher Wissenschaftler. Molekulargenetik ist heute längst nicht mehr allein Grundlagenforschung, sondern oft im Rahmen anderer Disziplinen von erheblicher Bedeutung für industrielle und landwirtschaftliche Produktion, für Medizin und Pharmakologie geworden.

30 Vgl. M. Guntau, Gedanken zur Herausbildung wissenschaftlicher Disziplinen in der Geschichte und zu Problemen der Disziplingenese in der Wissenschaftsgeschichtsschreibung, in: Rostock. Wiss.-Hist. Mskr., Heft. 8, Rostock 1982, S. 38.

GYULA PÁPAY

Zur Herausbildung der Wissenschaftsdisziplin Kartographie

Das von der Internationalen Kartographischen Vereinigung herausgegebene mehrsprachige Wörterbuch bestimmmt die Kartographie als „Wissenschaft, Technik und Kunst der Herstellung von Karten und kartenverwandten Darstellungen, ausgehend von unmittelbaren Beobachtungen und der Auswertung von Quellen, mit den Arbeitsvorgängen des Kartenentwerfens, der Kartengestaltung, der Ausführung des Kartenoriginals und der Kartenvervielfältigung sowie der Lehre der Kartenbenutzung"[1]. Aus dieser Definition ist ersichtlich, daß die Kartographie, zu der auch die Wissenschaft Kartographie gehört, eine Reihe von praktischen und wissenschaftlichen Tätigkeiten umfaßt, die sich um Karten und andere kartographischen Darstellungsformen (wie z. B. Globen, Reliefmodelle, perspektivische Darstellungen), d. h. um spezifische Modelle der Realität, zentrieren. Das Spezifische der kartographischen Modelle, die sowohl in der Praxis als auch im wissenschaftlichen Erkenntnisprozeß – als Forschungsmethode bzw. als Darstellungsmittel – wichtige Aufgaben erfüllen, besteht darin, daß sie bestimmte räumliche Strukturen am adäquatesten abbilden können.

Obwohl Karten bzw. kartenähnliche Darstellungen bereits in der Urgesellschaft – vermutlich noch vor der Entstehung der Schrift – angefertigt wurden, bildete sich die Wissenschaftsdisziplin Kartographie erst in unserem Jahrhundert heraus. Ihr Herausbildungsmechanismus weist neben dem langwierigen Entstehungsprozeß weitere Besonderheiten auf, die aus der engen und spezifischen Verbindung von praktischen und wissenschaftlichen Tätigkeiten sowie aus der historischen Wandlung ihrer Beziehungen zum Wissenschaftsganzen resultieren. Zunächst war die Kartenherstellung ein Teilgebiet der Kunst und der prädisziplinären Wissenschaft. Später erhielt die mit der Kartenherstellung verbundene wissenschaftliche Tätigkeit eine naturwissenschaftliche Orientierung, wobei sie sich zunehmend im Grenzbereich der Geographie und der Geodäsie entfalten konnte. Die Kartographie entwickelte sich auch als Bestandteil der Militär- und Technikwissenschaften und trat außerdem durch die thematische Entfaltung der Karten in Beziehung zu einer Reihe von naturwissenschaftlichen und gesellschaftswissenschaftlichen Disziplinen. Bereits in dieser prä-, multi- und

1 ICA Multilingual Dictionary of Technical Terms in Cartography, Wiesbaden 1973, 1.1.

interdisziplinären Entwicklung der kartographischen Tätigkeit mit wissenschaftlichem Charakter kommt die Multilinearität der Herausbildung der Wissenschaft Kartographie zum Ausdruck, die aus der Wechselwirkung von Transformationsprozessen des Wissenschaftsganzen und der Gesamtkartographie auf der Grundlage ständig wachsender gesellschaftlicher Bedürfnisse resultiert. Als Folge dieser Wechselwirkung bildete sich die relativ selbständige Wissenschaftsdisziplin Kartographie (die Wissenschaft Kartographie) innerhalb des Gesamtrahmens der umfassenden Kartographie (der Gesamtkartographie) heraus.

In der kartographischen Literatur widerspiegelt sich der langwierige und komplizierte Herausbildungsprozeß der Wissenschaft Kartographie in einer äußerst bunten Palette von verschiedenen Auffassungen. Da man diesen Prozeß nach unterschiedlichen Kriterien und vorwiegend punktuell zu bestimmen versucht, zeigen die Zäsursetzungen eine große zeitliche Divergenz. In mehreren Werken zur Kartengeschichte vertritt man die Auffassung, daß die Kartographie als Wissenschaft bereits im Altertum entstanden ist, wobei unter der Wissenschaft Kartographie die Gesamtkartographie verstanden wird.[2] Auch in vielen Publikationen, in denen zwischen der Gesamtkartographie und der Wissenschaft Kartographie deutlich unterschieden wird, begegnet man der Ansicht, daß die Grundlegung der Wissenschaft Kartographie sehr früh – schon durch die Babylonier und Sumerer oder zumindest in der Antike – erfolgte. Der von US-amerikanischen und zum Teil von westeuropäischen Kartographen vertretene Standpunkt, wonach die Wissenschaft Kartographie sich erst in den 60er oder sogar in den 70er Jahren unseres Jahrhunderts herausbildete, stellt in zeitlicher Hinsicht das andere Extrem der Auffassungen dar.[3] Nach Meinung von sowjetischen Kartographen emanzipierte sich die Wissenschaft Kartographie schon in den 30er Jahren. Dieser Prozeß begann nach K. A. Sališčev in dem ersten Viertel des 20. Jahrhunderts – insbesondere durch K. Peucker und M. Eckert – in Westeuropa. Der Schwerpunkt verlagerte sich dann in die UdSSR, wo die Emanzipation dieser Wissenschaft erfolgen konnte.[4] Zwischen dieser Ansicht und den in der westeuropäischen Fachliteratur überwiegend vertretenen Auffassungen läßt sich eine Übereinstimmung nur hinsichtlich des Beginns der Emanzipierung feststellen.[5] Über die hier erwähnten Auffassungen gibt es in der Fachliteratur noch andere Ansichten, die die Entstehung der Wissenschaft Kartographie – oder zumindest ihren Beginn –

2 Vgl. L. Bagrow, Die Geschichte der Kartographie, Berlin (West) 1951, S. 19.

3 Vgl. J. A. Wolter, Cartography–An Emerging Discipline, in: The Canadian Cartographer (Toronto), 2/1975, S. 210–216.

4 Vgl. K. A. Sališčev, Idei i teoretičeskie problemy v kartografii 80-ch godov, Moskva 1982, S. 4, 10–12.

5 Vgl. u. a.: E. Arnberger, Der Weg der Theoretischen Kartographie zur selbständigen Wissenschaft, in: Geodätische Woche Köln 1975, Stuttgart 1976, S. 267; U. Freitag, Grundlagen, Aufbau und zukünftige Aufgaben der kartographischen Wissenschaft, in: Kartographische Aspekte der Zukunft, Bielefeld 1979, S. 32–33.

wie folgt datieren: zweite Hälfte des 16. Jahrhunderts, Mitte und Ende des 18. sowie Anfang und Mitte des 19. Jahrhunderts.

Zu der konkret-historischen Analyse des Herausbildungsprozesses der Wissenschaft Kartographie wurde die nachstehend dargelegte Periodisierung erarbeitet, bei der die historische Wandlung der vielfältigen Entwicklungslinien sowohl in bezug auf ihre quantitativen und qualitativen Veränderungen als auch in bezug auf ihre Verknüpfungen berücksichtigt wird.

In der *Frühgeschichte der Kartographie* (von den Anfängen bis zur ersten Hälfte des 18. Jahrhunderts) entstand vor allem die topographische Kartographie.[6] Die ersten kartenähnlichen Darstellungen entstanden bereits in der Urgesellschaft und in der altorientalischen Klassengesellschaft. In der antiken Sklavenhaltergesellschaft waren schon mannigfaltige gesellschaftliche Bedürfnisse an Karten vorhanden. Sie umfaßten neben wirtschaftlichen und politischen (militärischen und administrativen) auch wissenschaftliche Bedürfnisse, so z. B. wurde die Anfertigung von Weltkarten von der Philosophie inspiriert. In diesem Zusammenhang begann sich die Kartennetzentwurfslehre – insbesondere durch C. Ptolemäus – herauszubilden, die die Anwendung der Mathematik auf ein spezifisch-kartographisches Problem (Abbildung der kugelförmigen Erde in der Ebene) darstellte.

Während der Renaissance erfolgte die Rezeption, die Weiterentwicklung und die Überwindung des Ptolemäischen Erbes. Die Anwendung neuer Projektionsarten und die kritische Verarbeitung der kartographischen Quellen (vor allem durch G. Mercator) spielte dabei eine wichtige Rolle. In Zusammenhang mit der Herausbildung der frühkapitalistischen Verhältnisse entstanden kartographische Wissens- und praktische Tätigkeitsbereiche wie z. B. die nautische Kartographie und die Atlaskartographie. In der letzteren bildeten sich „Schulen" in der Form von Familienunternehmen bzw. -dynastien (wie z. B. Mercator-Hondius, Merian, Blaeu-Schenk, Sanson) heraus, in deren Rahmen die empirisch gewonnenen Kenntnisse bezüglich der Kartenherstellung tradiert wurden. Die wissenschaftlichen und praktischen kartographischen Tätigkeiten bildeten in dieser Zeit eine untrennbare Einheit. Die Kartenherstellung galt als Kunst im Sinne eines hochstehenden, auch wissenschaftliche Erkenntnisse voraussetzenden Handwerks. Der wissenschaftliche Aspekt wurde in erster Linie in der Erarbeitung der Kartengrundlagen (Aufnahme und Kartennetz) sowie des Karteninhalts gesehen, die nur teilweise zu dem wissenschaftlichen Tätigkeitsfeld der später entstandenen Wissenschaftsdisziplin gehört. Die Kartographie war ein integrierter Bestandteil der Kosmographie. Sie bildete in professioneller Hinsicht – wie das die kartographische Tätigkeit von Nicolaus Cusanus, Christoph Kolumbus, Leonardo da

6 In der Kartographie unterscheidet man u. a. zwischen den folgenden zwei Bereichen: der topographischen (oder der sog. „allgemein-geographischen") und der thematischen Kartographie. Die erstere zieht die Darstellung konkreter Objekte heran, für die eine geodätische Erfaßbarkeit von Länge, Seite und Höhe gegeben ist. Die thematische Kartographie (wie z. B. Wirtschafts- und Geschichtskartographie) befaßt sich hingegen mit der Darstellung von spezifischen Themen.

Vinci, Albrecht Dürer, Nicolaus Kopernikus, Johann Kepler usw. unterstreicht – ebenfalls noch keinen eigenständigen Tätigkeitsbereich, obwohl sich schon einige wenige Spezialisten in den ersten Kartenwerkstätten und -verlagen beruflich ausschließlich mit der Herstellung von kartographischen Erzeugnissen beschäftigten.

In der *unmittelbaren Vorgeschichte* der Herausbildung der Wissenschaftsdisziplin Kartographie (von der ersten Hälfte des 18. Jahrhunderts bis zur ersten Hälfte des 19. Jahrhunderts) lassen sich zielgerichtete Entwicklungsprozesse im Hinblick auf die Disziplingenese noch nicht erkennen. In dieser Zeit begannen sich jedoch weitere Elemente der Kartographie herauszudifferenzieren bzw. zu entfalten, deren Entwicklung und Integration in der Vorbereitungsphase die Konstituierung der Wissenschaftsdisziplin Kartographie einleitete. Aus diesem Grund erscheint es uns gerechtfertigt, diesen Zeitraum von der Frühgeschichte als eine besondere Periode abzuheben.

Die großmaßstäbigen topographischen Karten erreichten aufgrund der französischen Gradmessungen und durch die wissenschaftlich großangelegten Landesaufnahmen (in Frankreich, Preußen, der Österreichischen Monarchie usw.), die vorrangig militärischen Bedürfnissen entsprachen, eine beachtliche Genauigkeit. Diese Entwicklung betraf auch die Karten kleinerer Maßstäbe. Zu ihrer strengen quellenkritischen Bearbeitung kamen die entscheidenden Impulse von J. B. B. d'Anville. Durch diese Prozesse wurde die Karte während der Aufklärung weitgehend exakt, „sie gab sich nicht mehr chaotisch und irrational, sondern als Spiegel des durch Vernunft geordneten Kosmos"[7]. Gleichzeitig damit löste sie sich „mehr und mehr aus den universalen geistigen und künstlerischen Zusammenhängen", sie wurde „zweckberufenes, wissenschaftliches und technisches Hilfsmittel".[8]

Unter den vielfältigen Differenzierungsprozessen, die u. a. die Institutionalisierung der Landesaufnahme und damit die der großmaßstäbigen topographischen (zunächst in England und Frankreich)[9] sowie auch die beginnende Entfaltung der thematischen Kartographie (siehe dazu Anm. 6) umfaßten, erlangte die folgende Differenzierung in bezug auf die Disziplingenese die größte Bedeutung. Es begann sich nämlich neben der wissenschaftlichen Tätigkeit, die in dem konkreten Kartenherstellungsprozeß integriert war, ein wissenschaftliches Tätigkeitsfeld herauszubilden, dessen unmittelbarer Gegenstand nicht mehr – oder nicht vorrangig – die kartographisch abzubildende Realität war, sondern die Karten, ihr Herstellungsprozeß und ihre Nutzung oder allgemeiner gesagt: die unterschied-

7 F. Wawrik, Berühmte Atlanten. Kartographische Kunst aus fünf Jahrhunderten, Dortmund 1982, S. 22.

8 G. Grosjean/R. Kinauer, Kartenkunst und Kartentechnik vom Altertum bis zum Barock, Bern–Stuttgart 1970, S. 5.

9 Im Juli 1791 wurde das Ordnance Survey of Great Britain, im November des gleichen Jahres in Frankreich das Dépot de la Guerre gegründet, und im Jahre 1800 veranlaßte Napoleon die Gründung des Deposito della Guerra in Milano, aus dem später das Wiener Militärgeographische Institut hervorging.

lichen Aspekte der kartographischen Modellierung. In der Fachliteratur wird dieser Bereich der Kartographie im Gegensatz zu der praktischen Kartographie als „theoretische Kartographie" bezeichnet. Er umfaßt jedoch außer der Theorie vielfältige Widerspiegelungsformen der konkreten kartographischen Modellierung. Anstelle der „theoretischen Kartographie" verwenden wir daher die Bezeichnung „Metasphäre der Kartographie". Die konkrete kartographische Modellierung, die praktische Kartographie, kann hingegen als „Objektsphäre" bezeichnet werden.

Neben der Kartennetzentwurfslehre, die in dieser Periode in bedeutendem Maße – vor allem durch J. H. Lambert (1771), L. Euler (1777) und J. L. de Lagrange (1779) – ausgebaut wurde, erschien zu Beginn des 18. Jahrhunderts ein weiteres Element der Metasphäre: die Kartengeschichtsschreibung. Die ersten Werke zur Kartengeschichte wurden von C. Gottschling (1711), J. C. Gregorii (1713), E. D. Hauber (1724), Lenglet-Dufresnoy (1742) und Vaugondy (1755) entwickelt. Die kritische Betrachtung der alten Karten erweiterte sich auch auf die damalige Gegenwartskartographie, und in Verbindung mit der quellenkritischen Bearbeitung der Karten entstanden Kartenrezensionen (A. F. Büsching, 1773) und kritische bibliographische Zusammenstellungen (z. B. J. Ch. Adelung, 1796).

In der zweiten Hälfte des 18. Jahrhunderts begann sich ein weiteres Element der Metasphäre herauszubilden: die Methodenlehre der Reliefdarstellung. Sie entfaltete sich allmählich zu einer dominanten Entwicklungslinie in dem Herausbildungsprozeß der Wissenschaft Kartographie. Die methodologischen Überlegungen zur Verbesserung der Reliefdarstellung wurden in erster Linie durch militärische Bedürfnisse angeregt. Die Darstellung des Terrains in Karten und ihre Auswertung zur Führung von militärischen Aktionen bildete u. a. den Gegenstand von militärwissenschaftlichen Spezialdisziplinen, wie der militärischen Terrainlehre und der Situationszeichnungslehre, von denen wesentliche Anregungen zur Verbesserung der Schraffenmethode kamen. Eine bedeutende Rolle spielte dabei der Ingenieurmajor L. Müller, der im Dienste Friedrichs II. stand. Seine Vorschläge wurden von dem sächsischen Major J. G. Lehmann weiter ausgebaut, der die Schraffenmethode auf mathematische Grundlage stellte.[10] In Frankreich wurde an der Verbesserung der Schraffenmethode ebenfalls gearbeitet, größere Erfolge wurden jedoch bei der Erarbeitung einer neuen Methode – der Höhenliniendarstellung – (vor allem durch M. Du Carla und J. L. Dupain-Triel) erzielt. Wie vielfältig die gesellschaftlichen Bedürfnisse an der Lösung der Probleme der Reliefdarstellung um die Wende des 18. Jahrhunderts waren, zeigt uns die folgende Bemerkung von J. G. Lehmann aus dem Jahre 1799: „... mir däucht, auch die Naturforscher im Allgemeinen, der Staatswirth, der Berg- und Forst-Mann, der Land- und Wasser-Baumeister, der Unternehmer großer Fabriken, und selbst der größere Landwirth bedarf dieser hier entwickelten Kenntnisse als

10 Vgl. J. G. Lehmann, Darstellung einer neuen Theorie der Bezeichnung der schiefen Flächen im Grundriß oder Situationszeichnung der Berge, Leipzig 1799.

Hilfsmittel; denn überhaupt beruht ja der irdische und geistige Wohlstand unser Aller, als Menschen und Staatsbürger, auf der richtigen Erkenntniß und klugen Benutzung der Erdoberfläche."[11] Diese vielfältigen Bedürfnisse drängten nach der Beseitigung des Widerspruches, der zwischen der vorwiegend subjektiven Wiedergabe des Reliefs und der weitgehend exakten Darstellung der anderen Kartenelemente bestand. Damit entstand eine neue Problemsicht, eine spezifisch-kartographische Fragestellung, die eine Reihe Versuche, methodologische Diskussionen über alternative Auffassungen, ein Suchen nach richtigen Lösungswegen induziert hat.

Die Kartographie erreichte in dieser Periode einen verhältnismäßig hohen Differenzierungsgrad, wobei der beginnende Polarisationsprozeß von Objekt- und Metasphäre im Hinblick auf die Disziplingenese die größte Bedeutung hatte. Die Elemente der Metasphäre befanden sich jedoch noch in einer sehr lockeren Relation zueinander.

Die integrative Sicht der einzelnen Elemente der Kartographie setzte sich in der *Vorbereitungsphase* der Disziplingenese (von der ersten Hälfte des 19. Jahrhunderts bis zum Beginn des 20. Jahrhunderts) durch. Die Kartographie differenzierte sich in dieser Phase weiter, so daß Integrations- und Differenzierungsprozesse miteinander wechselseitig verbunden waren. Einerseits entstanden zwischen der sich differenzierenden Wissenschaft und der sich ebenfalls differenzierenden Kartographie Integrationsbereiche, die zu einer quantitativ neuen Form der Eingliederung von Teilbereichen der Kartographie in unterschiedliche Disziplinen (insbesondere in die Geographie und in die Militärwissenschaften) führte. Andererseits begann sich mit der Weiterentwicklung der einzelnen Elemente der Metasphäre der Kartographie in dem Rahmen unterschiedlicher Disziplinen die Erkenntnis durchzusetzen, daß die Erarbeitung und Nutzung von Karten mit anderen kartographischen Darstellungsformen trotz ihrer Vielfalt auch gleichgeartete Problemstellungen besitzen. Die integrative Sicht erhielt einen ersten deutlichen Ausdruck durch die Entstehung des Begriffes „Kartographie". In der Fachliteratur herrscht die ungeteilte Meinung, daß dieser Begriff von dem Kartenhistoriker M.-F. de Barros y Sonza, Vizconde de Santarém im Jahre 1839 geprägt wurde.[12] Nach unserer Ermittlung wurde er jedoch schon zehn Jahre zuvor in einer von Heinrich Berghaus herausgegebenen Zeitschrift mehrmals verwendet.[13]

Die Methodenlehre der Reliefdarstellung erfüllt in der Formierung der Metasphäre der Kartographie, die in dieser Phase Systemcharakter anzunehmen be-

11 J. G. Lehmann, Die Lehre der Situation—Zeichnung oder Anweisung zum richtigen Erkennen und genauen Abbilden der Erdoberfläche, in: K. A. Becker/G. A. Fischer, Charten und Planen, Dresden—Leipzig 1828, S. 3.

12 Vgl. K. A. Sališčev, Wie alt sind die Begriffe Karte und Kartographie?, in: Petermanns Geographische Mitteilungen, 1/1979, S. 65.

13 Vgl. Kritischer Wegweiser im Gebiete der Landkartenkunde nebst andern Nachrichten zur Beförderung der mathematisch-physikalischen Geographie und Hydrographie, Bd. 1, Berlin 1829, S. 80.

gann, eine wichtige integrative Funktion. Diese Methodenlehre bestand aus Erörterung, Begründung und Widerlegung der Vor- und Nachteile alternativer bzw. kontroverser Darstellungsmethoden, wie z. B. Höhenlinien- oder Schraffenmethode, Annahme von Senkrecht- oder Schrägbeleuchtung bei der Schraffenmethode oder bei der Schummerung. Diese Fragestellungen lösten heftige Diskussionen aus, an der Vertreter unterschiedlicher Disziplinen teilnahmen. In engem Zusammenhang mit den alternativen Auffassungen bildeten sich unterschiedliche Stilrichtungen in der praktischen Kartographie heraus, so z. B. die „französische Manier", die „Schweizermanier". Die Reliefdarstellung gelangte zu einer hohen Meisterschaft, insbesondere in der Schweiz (vor allem durch J. M. Ziegler, R. Leuzinger, X. Imfeld, F. Becker und H. Kümmerly), wo die exakte und zugleich anschauliche Darstellung des Hochgebirges, die auch durch den einsetzenden Alpentourismus erforderlich wurde, an die Reliefkartographie besondere Anforderungen stellte.

Die integrative Rolle der sich entfaltenden Methodenlehre der Reliefdarstellung kam auf unterschiedliche Weise zum Ausdruck. Einerseits führte sie zu einer verstärkten Wechselwirkung zwischen der Geographie, den Militärwissenschaften und der Geodäsie (über die Topographie bzw. Landesaufnahme), andererseits trug sie auch zu der Herausbildung einer einheitlichen Methodologie der topographischen Kartographie in bezug auf ihre groß- und kleinmaßstäbigen Bereiche bei. Es erfolgte eine Ausdehnung der methodologischen Diskussionen auch auf die Reliefdarstellung in den Karten kleinerer Maßstäbe, wo ebenfalls neue Darstellungsmethoden (wie z. B. die hypsometrische Farbgebung, die ebenfalls mit alternativen Fragestellungen verbunden war) entwickelt wurden. Die Methodenlehre der Reliefdarstellung übte außerdem in gewissem Maße eine Leitfunktion hinsichtlich der Herausbildung weiterer methodologischer Elemente aus.

Die sich in der zweiten Hälfte des 19. Jahrhunderts abzeichnende Klärung der optimalen Anwendung der einzelnen Reliefdarstellungsmethoden, die schließlich auch zu einer gewissen Aufhebung gegensätzlicher Auffassungen führte, brachte ein umfangreiches empirisches Material zustande. Es kam auch zu Versuchen der Theoriebildung, sogar in bezug auf solche ansonsten als künstlerisch angesehene Darstellungsmethode wie die Schräglichtschummerung. Ihre Tonabstufung versuchte H. Wiechel (1878) auf eine mathematische Grundlage zu stellen. Wesentlich bedeutender war in bezug auf die Disziplingenese jedoch die erste Zusammenfassung der vorwiegend empirisch gewonnenen Resultate der Reliefdarstellung durch K. Peuckers „Farben- und Schattenplastik" (Wien 1898), die einen weiteren theoretischen Ansatz zum Ausbau der Reliefdarstellung in der sog. „Farbenplastik" enthielt. Auf der Grundlage der stürmisch wachsenden und immer vielfältiger werdenden gesellschaftlichen Bedürfnisse an kartographischen Darstellungsformen, die im Zuge der kapitalistischen Entwicklung und der industriellen Revolution zunehmend wirtschaftliche, technische, wissenschaftliche und kulturelle Bedürfnisse neben den militärischen umfaßten, entfaltete und differenzierte sich nicht nur die topographische, sondern auch die thematische Kartographie. Entsprechend den gewachsenen Anforderungen und in enger Beziehung mit mehreren natur- und gesellschaftswissenschaftlichen Disziplinen wurden in der thematischen Kartographie zahlreiche neue Darstellungsmethoden herausgearbeitet.[14] Die Methodenlehre der thematischen Kartographie, die sich zwar schon 1817 durch eine Abhandlung von A. v. Humboldt über die Isoliniendarstellung herauszubilden begann, blieb gegenüber dieser Entwicklung in der praktischen Kartographie beträchtlich zurück. Es wären lediglich die Arbeiten von W. Unschuld (1859) und E. Friedrich (1901) hervorzuheben. Auch diese immer deutlicher werdende Diskrepanz zwischen dem unterschiedlichen Entwicklungsstand der thematischen Kartographie in der Objekt- und in der Metasphäre drängte nach dem umfassenden Ausbau der Metasphäre der Kartographie.

Zu der Entfaltung der praktischen Kartographie hat auch die Weiterentwicklung der Reproduktionsverfahren, so z. B. die Einführung der Lithographie, der Galvanoplastik und der Heliogravüre, in wesentlichem Maße beigetragen. In diesem Zusammenhang bildete sich ein weiteres Element der Metasphäre heraus, das die technischen Probleme der Kartographie reflektierte. Damit begann sich die Kartographie auch als Teilgebiet der technischen Wissenschaften zu entwickeln.

Die Auffächerung der Objektsphäre der Kartographie schloß auch das Aufspalten des Kartenherstellungsprozesses durch die zunehmende Arbeitsteilung zwischen den vorwiegend handwerklich-technischen und den vorrangig wissenschaftlichen Tätigkeitsformen in sich ein. Dieser Prozeß führte zur Herausbildung des neuen Typs des Kartographen, des wissenschaftlichen Kartographen. Den institutionellen Rahmen bildeten privatkapitalistische Verlagsunternehmer wie Justus Perthes (Gotha) sowie militärisch-topographische Einrichtungen wie z. B. das Militärgeographische Institut (Wien), aber auch Gesellschaften, wie z. B. der Schweizer Alpenklub. Daneben bildeten sich Spezialisten für die wissenschaftlichen Fragen der Kartographie (vor allem in bezug auf die Kartennetzentwurfslehre und Methodenlehre der Reliefdarstellung) in höheren Bildungsanstalten – wie Universität, technische Hochschule und Militärakademie – ebenfalls heraus. Auf diesem Wege entstand in der Vorbereitungsphase die personelle Basis der Konstituierung der selbständigen Wissenschaftsdisziplin.

Die zunehmend integrative Betrachtung der Kartographie, die von einem wachsenden Identifikationsgrad der Kartographen begleitet war, kam in der Vorbereitungsphase auf unterschiedliche Weise zum Ausdruck. Es kam beispielsweise zu den ersten Versuchen, eigenständige kartographische Institutionen – über die Rahmen der praktischen Kartographie hinaus – zu schaffen. Auf diese Weise sind die von Heinrich Berghaus herausgegebene kurzlebige Rezensionszeitschrift, der „Kritische Wegweiser im Gebiete der Landkarten-Kunde nebst andern Nachrichten zur Beförderung der mathematisch-physikalischen Geographie und Hydrographie"

14 Vgl. A. S. Hodgkiss, Understanding Maps. A Systematic History of Their Use and Development, Folkstone 1981, S. 161–168.

und die ebenfalls von ihm im Jahre 1839 in Potsdam gegründete und nur kurze Zeit existierende Ausbildungsstätte für Kartographien zu werten. Die integrative Betrachtung der Kartographie lag mehreren kartographischen Publikationen zugrunde, so z. B. den von E. Sydow in Petermanns Mitteilungen von 1865 bis 1863 gegebenen Jahresberichten, den Berichten über die Kartographie in den Weltausstellungen, den von E. Hammer gegebenen Forschungsberichten im Geographischen Jahrbuch ab 1894 und vor allem den ersten zusammenfassenden selbständigen Publikationen von A. Tóth (Pest 1869) und H. Zondervan (Leiden 1898; Leipzig 1901). Die zunehmende integrative Sicht der Kartographie spiegelte sich auch in den Bestrebungen zur Gründung einer internationalen Gesellschaft für Kartographie wider, wozu wiederholte Anregungen von dem russischen General-Leutnant Aleksej Andrejewitsch v. Tillo (1895 und 1899) kamen.

Mit den oben skizzierten Differenzierungs- und Integrationsprozessen waren die Voraussetzungen zur Konstituierung der selbständigen Wissenschaftsdisziplin Kartographie gegeben. Die *Konstituierungsphase* (von Beginn des 20. Jahrhunderts bis zur ersten Hälfte der 20er Jahre) begann mit den programmatischen Publikationen von K. Peucker[15] und M. Eckert[16], in denen sie die gewachsene integrative Sicht der Kartographie in bezug auf ihre Metasphäre mit der Konzeption der selbständigen Wissenschaftsdisziplin Kartographie verbunden haben. Sie erblickten in dem Loslösen von den bisherigen disziplinären Unterordnungen der sog. „theoretischen Kartographie" eine Bindung für die ungehinderte Entwicklung der Gesamtkartographie. Diesen Überlegungen lag die sich nur allmählich durchsetzende Erkenntnis zugrunde, daß die kartographische Modellierung einerseits – trotz ihrer Vielfalt – invariante Problemstellungen besitzt und andererseits eine hinreichende Kompliziertheit aufweist, um die permanente Orientierung einer eigenständigen Wissenschaftsdisziplin auf diesen spezifischen Gegenstands- und Aufgabenbereich, auf den sich mannigfaltige und wachsende Bedürfnisse der Praxis und der Wissenschaft richteten, zu sichern. Die Zusammenführung der kognitiven Elemente der Metasphäre wurden erforderlich, um die komplizierten Prozesse der konkreten kartographischen Modellierung beherrschen und weiterentwickeln zu können. Die Akkumulation von spezifischem kartographischen Wissen in der Objektsphäre und in den unter-

15 Vgl. K. Peucker, Drei Thesen zum Ausbau der theoretischen Kartographie, in: Geographische Zeitschrift (Leipzig), 2/1902, S. 65–80; 3/1902, S. 145–160; 4/1902, S. 204–222; K. Peucker, Neue Beiträge zur Systematik der Geotechnologie, in: Mitteilungen der k.k. Geographischen Gesellschaft in Wien, Bd. 47, Wien 1904, S. 280–325; 365–420; K. Peukker, Physiographik. Entwurf einer einheitlichen Abbildungslehre der uns umgebenden Welt, in: Mitteilungen der k.k. Geographischen Gesellschaft in Wien, Bd. 50, Wien 1907, S. 681–744.

16 Vgl. M. Eckert, Die Kartographie als Wissenschaft, in: Zeitschrift der Gesellschaft für Erdkunde zu Berlin, 1907, S. 539–555; M. Eckert, Die wissenschaftliche Kartographie im Universitätsunterricht, in: Verhandlungen des sechzehnten Deutschen Geographentages zu Nürnberg vom 21. bis 26. Mai 1907, S. 213–227.

schiedlichen Disziplinen, in deren Rahmen sie sich bisher entwickelten, reichte dazu nicht mehr aus. Als Ergebnis dieser vielfältigen Vorgänge, die auch die Verlagerung der Dominanz der wissenschaftlichen Tätigkeit von der Objektsphäre auf die Metasphäre der Kartographie umfaßten, wurde ein spezifischer, von dem anderer Disziplinen divergenter Erkenntnisgegenstand und ein ebenfalls spezifisches Erkenntnisziel erkannt und proklamiert.

Die Proklamierung der eigenständigen Wissenschaft Kartographie war auch eine Differenzierungserscheinung der Geographie, in der gegensätzliche Tendenzen zum Ausdruck kamen. Der Gegenstandsbereich der Geographie erweiterte und differenzierte sich in der zweiten Hälfte des 19. Jahrhunderts, indem auch die Geographie der organischen Natur und die Geographie der Menschen einbezogen wurden (z. B. F. v. Richthofen, F. Ratzel) und die Geographie sich nicht mehr auf die physische Geographie begrenzte.[17] Die Bestrebung nach Ganzheitlichheit führte einerseits dazu, daß die Bedeutung der Kartographie für die Geographie wuchs und die Geographie sich den wissenschaftlichen Problemen der Kartographie in stärkerem Maße zuwandte (z. B. A. Penck, A. Hettner); weiterhin trug sie auch zu der Integration der Elemente der Kartographie bei. Andererseits traten die Geographen gegenüber den Emanzipierungsbestrebungen der Wissenschaft Kartographie vorwiegend desinteressiert oder z. T. ablehnend entgegen, da sie den Verlust der Ganzheitlichkeit ihrer Disziplin fürchteten.

Die Konstituierung der Wissenschaft Kartographie war selbstverständlich mehr als eine bloße Ausdifferenzierung der Kartographie aus der Geographie. Sie war Resultat komplizierter Differenzierungs- und Integrationsprozesse, die von zahlreichen Entwicklungslinien geprägt wurden. Diese verdichteten sich erstmalig in der Kartographie des deutschen Sprachraumes zu Knotenpunkten, auf deren Grundlage die Konstituierung erfolgen konnte. In Wien, wo Karl Peucker tätig war, erreichte die Geographie einen hohen Entwicklungsgrad. Hier war außerdem eine entwickelte Verlagskartographie vorhanden, so z. B. der Verlag Artaria & Co., in den Peucker 1891 nach seiner Promotion zu einer geographischen Thematik eintrat. Außerdem war Wien der Sitz des Militärgeographischen Instituts, das zu jener Zeit zu den größten Kartenherstellern der Welt gehörte und auch eine Zeitschrift herausgab, in der auch kartographische Themen behandelt wurden. Hier hatte die Kartographie innerhalb der Militärwissenschaften eine reiche Tradition, die sich nicht nur in zahlreichen Publikationen, sondern auch im Unterricht zu Teilgebieten der Kartographie an der militärischen Ingenieur-Akademie ausdrückte. Eine weitere Entwicklungslinie war hier in der Alpenvereinskartographie vorhanden.

Max Eckert war ebenfalls ein Geograph, der sich auf die Kartographie spezialisierte, jedoch war er beruflich nicht in der praktischen Kartographie tätig. Mit geographischen Themen promovierte er 1895 bei F. Ratzel in Leipzig und habilitierte 1903 bei O. Krümmel in Kiel. 1894 erhielt er seinen ersten Lehrauftrag für

17 Vgl. J. G. Sauschkin, Studien zur Geschichte und Methodologie der geographischen Wissenschaft, Gotha–Leipzig 1978, S. 116–119.

Kartographie als Assistent bei Ratzel. 1907 wurde Eckert auf den neugegründeten Lehrstuhl für Wirtschaftsgeographie und Kartographie der Technischen Hochschule Aachen berufen, wo er bis zu seiner Emeritierung verblieb. Die ersten Anregungen zu intensiver Beschäftigung mit der Kartographie erhielt er in Leipzig. In dieser Zeit entstanden hier die ersten Promotions- und Habilitationsarbeiten mit spezifisch kartographischer Thematik (S. Mehedinţi, E. Friedrich). In den großen kartographischen Verlagen wirkten hier bedeutende Kartographen wie z. B. E. Debes, H. Fischer und O. Winkel. Von F. Ratzel ging auf Eckert im Hinblick auf die Konstituierung der Wissenschaft Kartographie nur eine indirekte Wirkung aus, die z. B. zu der besonderen Beachtung der thematischen Kartographie führte. Es ist dagegen anzunehmen, daß der von O. Krümmel, dem Mitbegründer der Ozeanographie als Teilwissenschaft der Geographie, neben der indirekten Vorbildwirkung hinsichtlich der Begründung einer Wissenschaft auch konkretere Anregungen erhielt, denn er publizierte mit ihm gemeinsam 1908 eine Einführung in die Kartenkunde. Während des ersten Weltkrieges erlebte Eckert als Leiter einer 800 Mann starken Vermessungsabteilung die große Bedeutung der Karte für die Kriegführung. Paris wurde z. B. nach seiner kartographischen Vorbereitung im Jahre 1918 mit den Ferngeschützen beschossen. Bereits während seines Kriegsdienstes entwickelte er die Idee zur Gründung eines kartographischen Forschungsinstituts. Nach dieser Entwicklung des Motivationsfeldes, in dem sein ausgeprägter Nationalismus eine Rolle spielte, faßte Eckert das spezifische Erkenntnissystem der Kartographie zu Beginn der 20er Jahre in seinem zweibändigen Werk „Kartenwissenschaft" zusammen.[18] Diese Zusammenfassung enthielt vor allem eine deskriptive, sogar den historischen Aspekt berücksichtigende Systematisierung der vorwiegend empirisch-traditionell entstandenen Erkenntnisse und einiger theoretisch fundierter Elemente, vor allem auf dem Gebiet der Reliefdarstellung (wie z. B. die von K. Peucker erarbeitete Theorie der Farbenplastik). Die Kartennetzentwurfslehre, die von der Geographie lange Zeit als einziger theoretischer Bereich der Kartographie erachtet wurde und in dieser Zeit in bedeutendem Maße – auch in theoretischer Hinsicht – ausgebaut wurde, spielte bemerkenswerterweise in dieser Beziehung keine dominante Rolle. Anstelle des mathematisch-theoretischen Aspektes wurde der spezifisch-kartographische Aspekt (so z. B. die Wahl der dem Kartenzweck am besten entsprechenden Projektion) in den Vordergrund gestellt. In konzeptioneller Hinsicht ist weiterhin noch bemerkenswert die konsequente Berücksichtigung aller Bereiche der Kartographie, so z. B. der thematischen Kartographie. Zu der weitgehend integrativ aufgefaßten Wissenschaft Kartographie gehörte auch die Beachtung der wissenschaftlichen Tätigkeit in der praktischen Kartographie, obwohl in erster Linie unter der „Kartenwissenschaft" die sog. „theoretische Kartographie" (eigentlich die Metasphäre) verstanden wurde. Die Überschneidungsrelation der „Karten-

18 Vgl. M. Eckert, Die Kartenwissenschaft. Forschungen und Grundlagen zu einer Kartographie als Wissenschaft, Bd. 1, Berlin–Leipzig 1921; Bd. 2, Berlin–Leipzig 1925.

wissenschaft" mit der praktischen Kartographie betrachtete Eckert als einen der Vorzüge dieser Wissenschaft, wodurch sie direkt der Praxis dienen kann. Wir können also feststellen, daß die Genese der Wissenschaft Kartographie nicht mit einer Sezession von der praktischen Kartographie, höchstens im Rahmen von Transformationsprozessen innerhalb der Gesamtkartographie, verbunden war.

Andererseits ist zu vermerken, daß in der „Kartenwissenschaft" Theorien der kartographischen Darstellung von übergreifendem Charakter weitgehend fehlten. Die Zentrierung der einzelnen Elemente basierte vor allem auf der Erkenntnis der spezifischen Modelleigenschaften der Karte und nur in sehr geringem Maße auf der Erkenntnis von allgemeinen und notwendigen Zusammenhängen der kartographischen Modellierung. Zu der Entwicklung von allgemeinen Theorien fehlten noch die Voraussetzungen, so z. B. auch dadurch, daß eine Reihe von Wissensgebieten (wie Modell-, Kommunikations- und Informationstheorie), die dazu die Grundlage liefern könnten, noch nicht oder in ungenügendem Maße herausgebildet waren. In der „Kartenwissenschaft" lag also ein Erkenntnissystem vor, das nur sehr bedingt als geschlossen bezeichnet werden kann. Mit ihr wurden trotzdem die kognitiven Bedingungen für die nachfolgende Etablierung geschaffen, indem sie die Vielfalt der Kartographie und damit ihre Divergenz zu den anderen Disziplinen in hinreichendem Maße sichtbar zu machen vermochte. Die „Kartenwissenschaft" wurde lange Zeit als Begründung der Wissenschaft Kartographie betrachtet; später wurde ihre diesbezügliche Bedeutung vor allem aufgrund der Entfaltung der theoretischen Kartographie retrospektiv relativiert. Nach unserer Einschätzung bildet die „Kartenwissenschaft" entsprechend ihrer oben umrissenen Funktion den Abschluß der Konstituierungsphase. Ihre Funktion wurde von W. Kreisel wie folgt charakterisiert: „Eine gedanklich klare Situation entstand ... erst mit der ... Eckertdeklaration. Die war nämlich in der verworrenen Situation das Ei des Kolumbus! Die Kartographie weder eine geographische, noch eine Ingenieurwissenschaft, sondern etwas ganz Selbständiges; das war damals toll, sehr toll! Man muß jene Periode miterlebt haben, um das richtig einsehen zu können. Man muß gesehen haben, wie von allen Seiten her Ansprüche auf die Kartographie erhoben wurden. Militär, Geographen, Naturwissenschaftler, Zivilingenieure, alle glaubten sich berufen, die Kartographie zu führen. Die Deklaration von Eckert war daher auch eine mutige Tat, denn er mußte beträchtlichen Machtinteressen entgegentreten."[19]

Die Wissenschaftsdisziplin Kartographie erhielt in der *Etablierungsphase* (von der ersten Hälfte der 20er Jahre bis Ende der 30er Jahre) ihre eigenen kommunikativen und reproduktiven Institutionen. Sie etablierte sich zuerst in der Sowjetunion und in Deutschland unter gegensätzlichen gesellschaftlichen Verhältnissen. Während man in Deutschland in den 30er Jahren die Kartographie in Dienste der faschistischen Ideologie und der aggressiven Eroberungspläne zu stellen versuchte, diente die Kartographie in der Sowjetunion dem Aufbau des Sozialismus

19 W. Kreisel, Organisation der integralen Kartographie, Einsiedeln 1960, S. 17.

und seiner Verteidigung. In der Sowjetunion wurde dementsprechend innerhalb kurzer Zeit eine institutionelle Basis für die Kartographie geschaffen, die auch die reproduktive Entwicklung der Wissenschaft Kartographie sicherte. Zur Durchsetzung der Erkenntnis, daß die Kartographie bei der sozialistischen Umgestaltung des Landes eine nicht zu unterschätzende Bedeutung besitzt, hat W. I. Lenin einen entscheidenden Beitrag geleistet. Er regte bereits in den ersten Monaten der Sowjetmacht die Zusammenfassung aller kartographischen Arbeiten in einer Organisation an. Selbst während des Kampfes des Sowjetstaates auf Leben und Tod fand er Zeit, eine diesbezügliche Regierungsverordnung zu formulieren, die er am 15. März 1919 unterzeichnete.[20] Das Dekret „sah die Vereinigung und Abstimmung der kartographisch-geodätischen Tätigkeit aller Institutionen der Republik vor, zusammenhängende systematische Aufnahmen im ganzen Raum des Landes, die Herstellung staatlicher Karten, die für die Volkswirtschaft erforderlich sind, die Ausführung von Arbeiten nach einheitlichen Instruktionen und Methoden, die Sammlung, die Systematisierung und Aufbewahrung der Ergebnisse der kartographisch-geodätischen Arbeiten, die Organisierung wissenschaftlicher Forschungen und die Ausbildung wissenschaftlicher Arbeitskräfte auf allen Gebieten des Karten- und Vermessungswesens."[21] Die mit diesen mannigfaltigen Aufgaben betraute Oberste Geodätische Verwaltung wurde später (1938) in Hauptverwaltung für Geodäsie und Kartographie (GUGK) umbenannt und erhielt den Status eines Ministeriums. Mit einer weiteren, ebenfalls von W. I. Lenin unterzeichneten Verordnung (vom 7. August 1919) wurden die Aufgaben der Kartographie auf dem Gebiete der Kultur und Erziehung umrissen. Eine bedeutende Konsequenz der Anerkennung der Kartographie war die Einführung der hochschulmäßigen Ausbildung der Kartographen, die die erstmalige Etablierung der Wissenschaft Kartographie als eine selbständige Disziplin im Hochschulwesen darstellte. Diese erfolgte zuerst im Jahre 1923 in Moskau am damaligen Vermessungsinstitut. In den Jahren 1929 und 1930 wurden kartographische Abteilungen an den geographischen Fakultäten der Universitäten Moskau und Leningrad eingerichtet. Die Moskauer Hochschule für Geodäsie, Photogrammetrie und Kartographie (MIIGAiK) erhielt 1936 eine kartographische Fakultät. Eine besondere Bedeutung erhielt für die kartographische Forschung das im Jahre 1929 gegründete Zentrale Wissenschaftliche Forschungsinstitut für Geodäsie, Luftbildaufnahme und Kartographie (CNIIGAiK). Die sowjetischen Kartographen wandten sich vornehmlich den Problemen der Kartenredaktion, der Kartengestaltung, der kartographischen Generalisierung und der Technologie der Kartenherstellung zu. Auf diese Weise bildeten sich neue Spezialgebiete der Kartographie heraus.

20 Weiterhin hat W. I. Lenin mit kartenredaktionellen Hinweisen und konzeptionellen Darlegungen, z. B. zu einem Imperialismusatlas, die Entwicklung der sowjetischen Kartographie auch in methodologischer Hinsicht gefördert. — Vgl. S. Radó, Lenin und die Geographie, in: Petermanns Geographische Mitteilungen, 1/1970, S. 9.

21 K. A. Sališčev, Einführung in die Kartographie, Bd. 1, Gotha — Leipzig 1967, S. 178.

Es entstanden weiterhin Subdisziplinen in bezug auf die thematische Kartographie, wie die Wirtschaftskartographie durch N. N. Baranskij.[22] Diese innere Differenzierung der Wissenschaft Kartographie war vorwiegend ein Ausdruck für den Ausbau ihres Erkenntnissystems auf eigenen kognitiven und institutionellen Grundlagen. Damit trat die Wissenschaft Kartographie in der Sowjetunion bereits am Ende der 30er Jahre in die Konsolidierungsphase ein.

Widersprüchliche Beziehungen bestanden dagegen in Deutschland zwischen den Aktivitäten zur Etablierung und der Reaktion auf die Etablierungsversuche, die nicht nur aus den völlig anderen gesellschaftlichen Verhältnissen, sondern auch aus den traditionellen institutionellen Einbindungen der Kartographie resultierten und schließlich zu einem anderen Typ der Etablierung führten. Die Widersprüchlichkeit dieser Beziehungen erfolgte einerseits aus den wachsenden staatlichen Interessen an der Entwicklung der Kartographie, die sich jedoch verhältnismäßig einseitig auf die Kartenherstellung richteten; sie ergab sich andererseits daraus, daß die Institutionen mit vorwiegend Produktionscharakter (das Reichsamt für Landesaufnahme, kartographische Verlage) und die Institutionen anderer Disziplinen für die Wissenschaft Kartographie Entwicklungsmöglichkeiten, wenn auch in begrenztem Maße, boten. In diesem Interessenzusammenhang entstanden Aktivitäten zur Etablierung; sie stießen jedoch auf selektiv wirkende Reaktionen von der staatlichen Seite und sogar auf eine gewisse Resistenz seitens der anderen Disziplinen, vor allem der Geographie, in deren Rahmen sich die Kartographie als eine Spezialdisziplin entwickelte.

Die erste eigenständige Institution erhielt die Wissenschaft Kartographie in Deutschland durch die Gründung der Deutschen Kartographischen Gesellschaft, die im Jahre 1937 in Leipzig erfolgte. Die Hauptinitiativen zur Gründung kamen vom Reichsamt für Landesaufnahme (H. J. v. Loeschebrand, H. H. F. Meyer) und von der Verlagskartographie bzw. vom Deutschen Buchgewerbeverein (C. Wagner, K.-H. Wagner, K. Frenzel, E. Lehmann). Ein wichtiges Anliegen dieser Gesellschaft, die Forschungsgremien und ein eigenes Kommunikationsmittel sowie Hunderte von Mitgliedern besaß, war „die Kartographie als selbständige Wissenschaft zu fördern“[23]. Das übergeordnete Anliegen bestand jedoch in der Zusammenfassung „der kartographischen Wissenschaft, der amtlichen Kartographie und der privaten Kartographie ... zu einer untrennbaren Einheit“[24], um die Leistungsfähigkeit der deutschen Kartographie zu erhöhen. Damit wurden auch nationalistische Ziele verfolgt, denn auf diese Weise sollte die deutsche Kartographie die führende Position erobern. Darüber hinaus sollte sie sowohl in wirtschaftlicher

22 Vgl. I. M. Maergoiz, Grundfragen der Entwicklung der ökomonischen Kartographie in der UdSSR, in: Petermanns Geographische Mitteilungen, 3/1971, S. 119.

23 Gründungstagung der Deutschen Kartographischen Gesellschaft e. V. am 6. und 7. November 1937 in Leipzig, in: Mitteilungen des Reichsamtes für Landesaufnahme (Berlin), 6/1937, S. 365.

24 Ebenda, S. 356.

und militärischer als auch in ideologischer Beziehung in den Dienst des faschistischen Staates gestellt werden.[25] Trotz dieser widersprüchlichen Entwicklungsmöglichkeiten der Wissenschaft Kartographie konnte H. Haack im Jahre 1942 über ihre Etablierung folgendes berichten: „... ihre Anerkennung als selbständige Wissenschaft hat sich allgemein durchgesetzt und in der Gründung der ‚Deutschen Kartographischen Gesellschaft' auch sichtbaren Ausdruck gefunden; mit dieser hat sie sich nicht nur eine wirkungsvolle und einflußreiche Fachvertretung geschaffen, sondern in ihrem Organ, dem neugegründeten ‚Jahrbuch der Kartographie' auch ein Zentrum, in dem sich die vielgestaltigen Arbeitsgebiete ... zusammenfinden können. Für die Regelung der fachmännischen Ausbildung des kartographischen Nachwuchses sind erfolgversprechende Schritte getan worden."[26] Aus diesen Ausführungen ist deutlich ersichtlich, daß die Etablierung der Wissenschaft Kartographie in Deutschland im Vergleich mit ihrer Etablierung in der Sowjetunion in wesentlich begrenzterem Umfang erfolgte. Es kam nicht zur Gründung von kartographischen Lehrstühlen und zur Ausbildung von Diplomkartographen, auch die mehrfachen Bemühungen zur Schaffung eines kartographischen Forschungsinstitutes sind erfolglos geblieben.

Entsprechend den restriktiven Reaktionen auf die Etablierungsbestrebungen wurden diese wiederholt mit Legitimierung verbunden, d. h. mit der Sichtbarmachung der Aufgaben und Möglichkeiten der Wissenschaft Kartographie. Sie richteten sich vorrangig an übergeordnete staatliche Instanzen, von denen man eine wissenschaftspolitische Unterstützung erhoffte. Es ist bemerkenswert, daß die große Wertschätzung der Kartographie in der Sowjetunion in die Argumentation einbezogen wurde.[27] An der Legitimierung war M. Eckert in bedeutendem Maße beteiligt. Sein letztes, postum erschienenes Werk, war ebenfalls eine Legitimierungserscheinung.[28] Er versuchte sogar, den bedeutenden Anteil des deutschen Sprachbereiches an der Herausbildung der Wissenschaft Kartographie in Legitimierung umzumünzen: „Wir Kartenwissenschaftler und Kartographen haben es nicht nötig, wie etwa eine ‚deutsche' Physik so eine ‚deutsche' Kartographie zu entdecken, weil sie einfach da und volksdeutschbewußt ist."[29] Eckert, indem er nach einer seiner aus der Geschichte der Kartographie gezogenen Schlußfolgerung „die Kartographie folgt gern der politischen Macht"[30] handelte, wurde ein Opfer seiner Illusionen. Er erhoffte von der erhöhten Rüstung eine viel-

25 Vgl. H. H. F. Meyer, Die Bedeutung der Karte für Staat und Wirtschaft, in: Mitteilungen des Reichsamtes für Landesaufnahme, 6/1937, S. 368—390.

26 H. Haack, Die Fortschritte der Kartographie (1936—42), in: Geographisches Jahrbuch, Halbbd. 1, Gotha 1942, S. 4.

27 Vgl. H. H. F. Meyer, Die Bedeutung der Karte für Staat und Wirtschaft, in: Mitteilungen des Reichsamtes für Landesaufnahme, 6/1937, S. 378.

28 Vgl. M. Eckert-Greifendorff, Kartographie. Ihre Aufgaben und Bedeutung für die Kultur der Gegenwart, Berlin 1939.

29 Ebenda, S. 406.

30 M. Eckert, Die Kartenwissenschaft, Bd. 1, a. a. O., S. 442.

seitigere Beachtung der Kartographie, wobei er in „einem gründlich fundierten und ausgestatteten Kriegswesen, zu dem auch die ‚Karte' gehört, das beste Friedensmittel"[31] sah. Durch die Kriegsvorbereitung jedoch wurden die staatlichen Interessen an der Entwicklung der Kartographie zunehmend einseitiger. Die faschistische Regierung, die die Gründung der kartographischen Gesellschaft noch unterstützte, denn sie sah in ihr die Zusammenführung aller kartographischen Kräfte und eine Möglichkeit der Intensivierung der kartographischen Produktion insbesondere im Hinblick auf die Kriegsvorbereitung, hat an der konsequenten Weiterführung der Etablierung der Wissenschaft Kartographie, die übrigens auch einer Differenzierung der Wissenschaft gleichgekommen wäre, kein Interesse gezeigt.

Im Gegensatz zu dieser widerspruchsvollen Entwicklung kam die Wissenschaft Kartographie in der Sowjetunion auf der Grundlage der konsequenten Etablierung zu einer derartigen Entfaltung, daß sie hier schon am Ende der 30er Jahre in die Konsolidierungsphase eintrat. Damit schloß die sowjetische Kartographie die Herausbildungsgeschichte der selbständigen Wissenschaftsdisziplin Kartographie bezüglich des Hauptweges dieser Wissenschaft ab, die W. Bonacker als eine „wahrhaft edle" und „weltweite Wissenschaft" bezeichnete, „die jedem dient und allen nützt in Staat und Wirtschaft, Technik und Verkehr, Schule und Haus, in jedem Bereich der Forschung und des Lebens"[32].

31 M. Eckert-Greifendorff, Kartographie, a. a. O., S. 322.

32 W. Bonacker, Kartenmacher aller Länder und Zeiten, Stuttgart 1966, S. 20–21.

Technikwissenschaften

J. S. Voronkov

Die Entwicklung theoretischer und konstruktiver Grundlagen neuer Zweige der Technik am Beispiel des Düsenflugwesens

Das Verhältnis von Theorie und Praxis, von abstrakter Darstellung und praktischer Umsetzung ist in wissenschaftshistorischen Darstellungen und insbesondere auch in solchen zur Technikgeschichte eine immer wieder aktuelle Problematik. Diese Beziehung hat auch bei der Analyse der Entwicklungsgeschichte erster Düsentriebwerke im Flugwesen eine große Bedeutung. Deshalb soll hier der „Mechanismus" der Entwicklung erster flugfähiger Typen von Gasturbinentriebwerken und die Rolle theoretischer Grundlagen und Forschungen in diesem Prozeß dargestellt werden.

Die Serienproduktion von Gasturbinentriebwerken setzte am Ende des Zweiten Weltkrieges ein, nachdem erste flugfähige Formen bereits Ende der 30er Jahre entwickelt worden waren. Dabei stammte der überhaupt erste Entwurf eines Gasturbinentriebwerkes für das Flugwesen aus dem Jahre 1923[1] von dem sowjetischen Ingenieur V. I. Basarov, der dafür ein Patent erhielt. Deshalb begrenzen wir uns bei unserer Darstellung auf die Zeit vom Beginn der 20er bis zum Ende der 30er Jahre unseres Jahrhunderts, werden jedoch auch relevante Prozesse vorangegangener Zeiträume in die Betrachtungen einbeziehen.

Zunächst ist die Bestimmung einiger grundlegender Begriffe notwendig. So verstehen wir unter einer Theorie eine in sich abgeschlossene Gesamtheit wissenschaftlicher Sätze und kausaler Verknüpfungen von Parametern, die eine sowohl konkrete und ideale als auch praxisbezogene Lösung für den Bau eines neuen, noch nicht existierenden Typs von Triebwerken zu geben vermag. Das Experiment umfaßt Regeln und Lösungen für den Bau und die Erprobung konkretrealer Elemente von Aggregaten und letztendlich des ganzen Triebwerkes. Mit der Konstruktion werden dann die Erprobung und Nutzung wirklich existierender Teile und Triebwerke realisiert.

Die erste zu lösende Frage ist die Klärung der Ausgangspositionen, aus denen sich letztendlich die bestimmende Idee und die konstruktive Form der Düsentriebwerke herleiten. Die beiden grundlegenden Momente, die für unsere Untersuchungen vermutlich die notwendigen Voraussetzungen bilden, sind das Reaktionsprinzip und die Nutzung des Schaufelgasgenerators. Das Reaktionsprinzip

1 Vgl. Patent UdSSR, Nr. 645, kl. 46, zajavlen 9. 06. 1923 g.

existiert in der belebten Natur und ist in der technischen Praxis hinreichend lange bekannt. Wenn man die zahlreichen gemischten, zusammengesetzten und Zwischenformen nicht einbezieht, lassen sich folgende Typen von Gasturbinentriebwerken unterscheiden: Strahltriebwerke und darunter Luftstrahltriebwerke mit und ohne Kompressor. In den kompressorlosen Strahltriebwerken, in denen das Zusammenpressen der Luft infolge hoher Geschwindigkeiten erfolgt, unterscheiden wir Stau- und Pulsostrahltriebwerke. Die Strahltriebwerke mit Kompressor werden in Propeller-Turbinenluftstrahltriebwerke, Turbinen-Luftstrahltriebwerke und Doppelstromturbinen-Luftstrahltriebwerke unterteilt.

Die ersten Entwürfe von Luftstrahltriebwerken wurden an der Wende vom 19. zum 20. Jahrhundert entwickelt. Sie waren mehr des Resultat intuitiver Überlegungen als ein Ergebnis systematischer Berechnungen. So kam einem der ersten Erfinder des Prinzips eines Luftstrahltriebwerkes, dem russischen Erfinder S. S. Neždanovski, die Idee zu einem Modell im Jahre 1895 auf experimentellem Wege, als er die Arbeit einer Lötlampe detailliert untersuchte.[2] Man kann sagen, daß das Modell eines Gasturbinentriebwerkes eine Weiterentwicklung des kompressorlosen Luftstrahltriebwerkes darstellt, welches mit einem Gasgenerator kombiniert wurde. Eine Veränderung des Anwendungsbereiches des Luftstrahltriebwerkes war dabei die Folge. Dies bewirkte, daß gleichzeitig Modelle von Luftstrahltriebwerken mit Kompressor und Turbinen entstanden. Aus diesem Grunde fanden auch die ersten Vorschläge des russischen Physikers P. N. Lebedev von 1892, wonach Turbinenanlagen für Flugapparate genutzt werden sollten, Aufmerksamkeit.[3]

Im folgenden wird versucht nachzuvollziehen, wie Turbokompressoren mit den Gasturbinentriebwerken verbunden wurden. Die modernen Turbomaschinen, die auch Propellerantriebe genannt werden, gehen von Prozessen aus, in denen die natürlichen Arbeitsstoffe Luft und Wasser verwertet werden. Eine relativ weite Verbreitung erfuhren zunächst Wasseraggregate. Unter ihnen existierten Turbinen, die den Wasserläufen die Energie entnahmen, und Kompressoren, die diese weitergaben. Für rotierende Wasserkraftmaschinen fand man grundlegende theoretische Aussagen über die Vorgänge, die den Durchfluß des Wassers durch das System der Rotoren mit ihren Schaufeln betrafen. Für unterschiedliche Verhältnisse existierten adäquate Formen der Konstruktion. Die weitere Entwicklung von Wasserturbinen führte dann in den 80er Jahren des 19. Jahrhunderts zu ersten Projekten von Dampfturbinen.

Bis zur zweiten Hälfte des vorigen Jahrhunderts bewirkte der Zuwachs an Wissen auf dem Gebiet der Physik die Begründung einer neuen wissenschaftlichen Disziplin, der Thermodynamik. Gegenstand dieser Disziplin sind die grundlegenden Fragen der Umwandlung von Wärme in Arbeit und der umgekehrt verlaufenden

2 Vgl. Naučno-memorialnyj muzej N. E. Žukovskogo fond S. S. Neždanovskogo. Rab. Aetrad. inv. Nr. 2990/3, S. 223.

3 Vgl. Archiv AN SSSR, f. 293, op. I, d. 90, S. 180–182.

Prozesse. Des weiteren wird die Zeitabhängigkeit der Wärmevorgänge berücksichtigt. Die Thermodynamik ermöglichte eine naturwissenschaftlich begründete Berechnung von Dampfmaschinen und führte zu allgemeinen Forschungsmethoden in der Bestimmung des Wirkungsgrades einer Maschine.

Die Entwicklung der Dampfturbinen stimulierte die Forschungen über das Ausströmen von Dämpfen und die effektive Nutzung der Dampfenergie. Diese fanden bei der Ermittlung der Haltbarkeit von Materialien und Aggregaten, bei der Berechnung von Details in der Projektierung und anderem mehr Berücksichtigung. Ohne die Entwicklung von Dampfturbinen wäre somit die der Gasturbinenanlagen nicht möglich gewesen.

Betrachtet man nun das Entstehen von Gasturbinenanlagen zum Zeitpunkt der Entwicklung von Gasturbinentriebwerken für das Flugwesen im Vergleich zu den Dampfturbinen, so gilt es sowohl den theoretischen als auch den praktischen Aspekt zu berücksichtigen. Das theoretische Niveau war zunächst nicht sonderlich hoch. Da eine funktionsfähige Anlage noch nicht gebaut worden war, bereitete die Entwicklung grundlegender Elemente für die experimentelle Arbeit erhebliche Schwierigkeiten. Klarheit bestand dagegen über Vorzüge und Mängel bestimmter Modelle und Prozesse. Das betraf in erster Linie die Begründung der Vorteile eines Verbrennungsvorganges bei gegebenem Druck.

Die thermodynamischen Forschungen begannen zunächst an Gasturbinenanlagen. Einen ersten vollständigen Überblick gab die Monographie „Gasovye turbiny"[4] des sowjetischen Gelehrten V. V. Uvarov.

In konstruktiver Hinsicht erreichte man wenig, da nur eine unbedeutende Anzahl funktionierender Anlagen existierte und deren experimentelle Erforschung gering war. Es ergab sich ein Widerspruch. Wollte man die Vorbehalte gegenüber Gasturbinenanlagen abbauen, die insgesamt noch eine zu geringe Effektivität aufwiesen, mußte man sie aber experimentell erforschen, um eine Verbesserung der Aerodynamik des Verbrennungsprozesses und anderer Parameter zu erreichen. Dieser Widerspruch konnte bis zum Jahre 1936 nicht gelöst werden, obwohl eine Reihe detaillierter Modellentwürfe existierte. Dies betraf im besonderen Maße die Wahl eines geeigneten Kompressors. Somit gewann der Bau von Versuchsanlagen, die die praktische Realisierbarkeit und Effektivität dieser Antriebsart zeigen sollten, entscheidende Bedeutung in der Entwicklung von Gasturbinentriebwerken.

Dem Bau von Gasturbinentriebwerken ging die Entwicklung von Gasturbinenanlagen voraus. Man darf jedoch die Gasturbinentriebwerke nicht als direkte, bloße Fortsetzung von Gasturbinenanlagen ansehen, da beide unterschiedliche Anwendungsbereiche haben und damit auch Besonderheiten in der Konstruktion verbunden sind. Stationäre Gasturbinenanlagen besitzen im Gegensatz zu Gasturbinentriebwerken keine reaktive Düse, so daß in letzteren hohe Geschwindigkeiten zu berücksichtigen sind. Andererseits existierten Turbozusatzsysteme, die

4 Vgl. V. V. Uvarov, Gazovye turbiny, ONTI – NKTP – SSSR, Moskva – Leningrad 1935.

bei Kolbenflugantrieben Verwendung fanden und ein Analogon des Turbokompressors für Gasturbinentriebwerke bildeten.

Bis 1929 wurden keine nennenswerten Arbeiten über Luftstrahltriebwerke publiziert. Eine Erklärung findet dieser Umstand, wenn man bedenkt, daß auch nicht ein Experiment über Luftstrahltriebwerke durchgeführt wurde, wenn man von den sehr primitiven Versuchstriebwerken von Koandé und von unvollkommenen Experimenten von Melo absieht.

Einige verallgemeinernde Schlußfolgerungen ergaben sich dagegen auf empirischem Wege. So kam z. B. S. S. Neždanovski, als er den Luftzug durch ein Düsentriebwerk bestimmen wollte, 1887 zu dem richtigen Ergebnis, wonach sich die Abhängigkeit des Luftstromes von der Änderung der Bewegungseigenschaften der in das Triebwerk eintretenden Luft und der entstehenden Gase ergibt. Die Unkenntnis der thermodynamischen Prozesse, die sich im Triebwerk abspielen, gestattete es jedoch nicht, eine fundierte mathematische Formel aufzustellen. Bemerkenswert war, daß in dieser ersten Etappe der Entwicklung von Düsentriebwerken die theoretischen Gebiete rasch ausgearbeitet wurden, was an sich nur für eine Periode umfangreicher Experimente, die ja aber fehlten, verständlich wäre. Zu diesen Arbeiten sind besonders die Forschungen von N. E. Žukovski und S. A. Čaplygin zu zählen.

Im Zentrum der wissenschaftlichen Tätigkeit von Žukovski über das Flugwesen standen aerodynamische Untersuchungen auf dem Gebiet der Theorie von Tragflächen und Propellern. Auf der Grundlage seiner theoretischen und experimentellen Forschungen über Auftriebskräfte stellte sich Žukovski 1904 erneut dem genannten Problem und löste es erfolgreich. Die Ergebnisse legte er in seinem fundamentalen Werk „O prisoedinennych vichrjach" im Jahre 1906 dar.[5] Seit 1912 begann er in seinen Arbeiten über die Wirbeltheorie von Luftschrauben zu publizieren. Auf der Grundlage seiner Theorien wurden alle modernen Anschauungen über Tragflügel und Luftschrauben entwickelt. In weiteren Arbeiten legte er die Methoden über den Aufbau aerodynamischer Profile von Tragflügeln und der Beherrschung der sie umgebenden Strömungsverhältnisse dar. Diese wurden zur Basis für die Projektierung von Propellertriebwerken.

1902 erschien von S. A. Čaplygin, einem Schüler von N. E. Žukovski, die Dissertation „O gasovych strujach". Diese Arbeit, die die Gasdynamik als einen neuen Zweig der Wissenschaft begründete, hatte lange Zeit eine ausschließlich theoretische Bedeutung. Sie eilte den Fragen der Praxis jener Zeit weit voraus. In ihr war wohl zuerst in exakter mathematischer Form die Frage aufgeworfen worden, die Kompressibilität von Luft bei hohen Geschwindigkeiten zu berücksichtigen. Diese Untersuchungen jedoch hatten in jener Zeit keinen Bezug zu den Arbeiten über Luftstrahltriebwerke.

Die Grundlagen einer verallgemeinerten Theorie von Luftstrahltriebwerken

5 Vgl. N. E. Žukovski, O prisoedinennych vichrjach, Trudy otdelenija fizičeskich nauk obščestva ljubitelej estestvoznanija, A. XIII, 1906.

schuf B. S. Stečkin.[6] Sie war das Resultat von Arbeiten über die Theorie von Luftstrahltriebwerken, und ihre Elemente wurden während seiner Vorlesungen an der „N.-E.-Žukovski-Akademie" der Luftstreitkräfte aus dem Jahre 1923 dargelegt.

Für inkompressible Flüssigkeiten wurde die Kraft eines Düsenstrahles unter Vernachlässigung von kalorischen Prozessen schon ausführlich von N. E. Žukovski behandelt. B. S. Steckin führte zunächst analoge Untersuchungen durch, wobei er elastische Strömungsmaterialien berücksichtigte. Er behandelte das Problem des Energietransportes eines Luftstromes im Inneren des Antriebes und kam zu folgendem Schluß: Wie auch immer das Gesetz der Wärmeübertragung durch die Luft aussehen mag, muß doch das Integral, das die Arbeit bestimmt, ein geschlossenes Ringintegral sein. Es stellt den Prozeß der Zustandsänderung der Luft dar, die durch das Triebwerk gelangt. Aus diesen Erkenntnissen konnte der thermische Wirkungsgrad des Wärmezyklus bestimmt werden. Der gesamte Wirkungsgrad der Anlage ergab sich aus dem Produkt des thermodynamischen Wirkungskreises und dem des Triebwerkes. Außerdem zeigte er, wie sich der Wirkungsgrad für ein Luftstrahltriebwerk bestimmen läßt, wenn die äußere Energie ganz oder teilweise dem Luftstrom zugeführt wird. Steckin betrachtete auch den Fall, in dem der Luftstrom im Ergebnis eines Verlustes an Bewegungsenergie zusammengepreßt wird, wie es auch Lorin und Fonó in ihren Modellen taten. Seine Arbeiten bezogen sich jedoch nicht nur auf Staustrahltriebwerke, sondern in ihnen wurden auch Triebwerke mit Kompressoren behandelt, wobei dem Luftstrom beim Durchgang durch das Strahltriebwerk äußere Arbeit zugeführt wird. Die Veröffentlichungen von Steckin schufen die Grundlagen einer Theorie von Luftstrahltriebwerken und markierten zwei Perioden der Entwicklung von Gasturbinentriebwerken. Bis zu diesem Zeitpunkt waren die Forschungen über sie lückenhaft. Es wurden allgemeine Modelle entwickelt. Ihre Realisierung war aber ohne Kenntnis der Vorgänge im Inneren von Luftstrahltriebwerken nicht möglich.

Die erste theoretische Arbeit über Luftstrahltriebwerke war keine zufällige Erscheinung. Die Modellentwürfe hatten bis zu dieser Zeit ein solches Niveau erreicht, daß ihre experimentelle Umsetzung und Überprüfung zu einer aktuellen Frage wurden. Dies betraf aber nur Entwürfe von Stau- und Pulsostrahltriebwerken. Die Experimente konnten jedoch nicht ohne theoretische Verallgemeinerungen und Verknüpfungen realisiert werden.

Somit hatte bis zu diesem Zeitpunkt schon die Entwicklung von „Ideen" über Luftstrahltriebwerke bewirkt, daß allgemeine theoretische Zusammenhänge gefunden wurden. Diese Feststellung wird noch dadurch erhärtet, daß unmittelbar nach dem Erscheinen der Arbeiten von Steckin eine ganze Reihe weiterer Autoren mit entsprechenden Veröffentlichungen hervortrat. Steckins Resultate enthielten zwar die Voraussetzungen für eine Theorie von Luftstrahltriebwerken mit Kom-

6 Vgl. B. S. Steckin, Teorija vozdušnogo reaktivnogo dvigatelja, in: Technika vozdušnogo flota (Moskva), 2/1929, S. 96–103.

pressoren, aber seine Annahmen waren zu allgemein und hatten ein unzureichendes Niveau für eine detaillierte technische Verwertbarkeit, so daß eine experimentelle Verwirklichung der Entwürfe nicht möglich war. Es wurde immer dringlicher, ein Gasturbinentriebwerk zu konstruieren und zu bauen.

Als erster schlug der Engländer F. Whittle[7] 1930 ein Modell eines technisch realisierbaren Turbinenluftstrahltriebwerkes vor. Es beinhaltete einen Kompressor und eine Gasturbine, die an den jeweiligen Enden ein und derselben Welle angebracht waren. Dieses Patent konnte nicht verwirklicht werden. Es war sehr konventionell. Außerdem waren die Verluste einer Nutzung „individueller" Düsen so erheblich, daß eine Verwendung des Triebwerkes nicht zweckmäßig war.

Wenn wir uns an die Entwürfe von Lebedev und Basarov erinnern, so kann Whittle nicht als der Pionier der bedeutenden Erfindung angesehen werden, mit der eine Verbindung von Gasturbinen und Rückstoßbewegung vollzogen werden sollte. Doch gerade ihm wurde die Priorität zugesprochen. Die Arbeit von Whittle aus dem Jahre 1930 muß man als eine Entwicklung des Modells von Basarov ansehen, der die Gasturbine im kompressorlosen Strahltriebwerk verwendete.

Als 1936 in Großbritannien die Firma Power Jets gegründet wurde, begann die Etappe der Realisierung in der Praxis.[8] Die genannte Firma erhielt den Auftrag von dem Unternehmen Thomson Howston, ein Triebwerk herzustellen, das eine Brennkammer und einige andere Aggregate enthalten sollte. Ein Turbinen-Luftstrahltriebwerk mit einem einstufigen Kompressor und zweiseitigen Eingängen war zu schaffen. Die Verbrennung des Treibstoffes erfolgte dabei in einer getrennten Brennkammer. Zu Beginn schlug Whittle vor, die Arbeiten zum Bau des Triebwerkes etappenweise durchzuführen. Zunächst sollte der Kompressor hergestellt und erprobt werden. Anschließend war die Erprobung der Turbine geplant, und zum Schluß sollte die Montage aller Aggregate erfolgen. Finanzielle Erwägungen und der Zeitdruck zwangen jedoch dazu, die Anlage als Ganzes zu bauen und zu erproben. Nur die Ausführung der Brennkammer übernahm eine andere Firma.

Die Erprobung der ersten Variante des Triebwerkes mit einer Brennkammer wurde am 12. April 1937 begonnen und mit Unterbrechungen bis zum 23. August fortgesetzt.[9] Die Versuche ergaben, daß die Brennkammer mit dem Evaporationssystem und dem Kompressor die Schwachstelle der Konstruktion darstellte. Eine zweite Variante, die teilweise durch das britische Luftfahrtministerium finanziert wurde, war dann am 16. April 1938 fertig. Auch hier arbeitete die Brennkammer noch nicht zufriedenstellend. Die Erprobungen eines dritten Modells begannen Ende Oktober 1938 und zogen sich bis Anfang 1941 hin.

Als offensichtlich wurde, daß das Triebwerk eine Perspektive besaß, schloß

7 Vgl. Patent Anglii, Nr. 347206, kl. 46d, zajavlen 16. 01. 1930 g.

8 Vgl. F. Whittle, Early History of the Whittle Jet Propulsion Gas Turbine, in: Flight, 1920/1945, S. 399.

9 Vgl. F. Whittle, The Whittle Jet Propulsion Gas Turbine, in: Engineer, 4683/1945, S. 288.

die Firma schon in der Erprobungszeit eine Reihe von Verträgen zur Produktion von Triebwerken und Flugzeugen ab. Für die Herstellung von Triebwerken und die Produktion eines Versuchsflugzeuges E 28/39 erfolgten die Abschlüsse mit der Firma Gloster am 12. Juli bzw. 30 August 1939. Flugerprobungen mit dem Triebwerk W 1 mit der Schubkraft von 385,5 kp im Flugzeug E 28/39 begannen am 14. Mai 1941.

Während der Vorbereitung der Triebwerke für die Flugerprobung war eine Reihe organisatorischer Fragen gelöst worden. Sie hatten einen bedeutenden Einfluß auf die weitere Entwicklung des Turbinen-Luftstrahltriebwerkes mit Turbokompressoren in England. Die wichtigsten waren:

1. Die Schaffung einer einheitlichen wissenschaftlichen Forschungsanstalt für die Herstellung von Probe- und Serientriebwerken bei der Firma Power Jets.
2. Die Ausweitung der Arbeiten zur Herstellung von Turbinen-Luftstrahltriebwerken in einer Reihe von Firmen zur Serienproduktion.
3. Die Gründung einer Gesellschaft zur Projektierung von Flugzeugen mit diesen Triebwerken.

Die Lösung dieser und einer Reihe weiterer organisatorischer Probleme beschleunigte die erfolgreiche Überführung des Triebwerkes in die Serienproduktion und auch seine Weiterentwicklung.

Wie nach dem zweiten Weltkrieg bekannt wurde, fand die erste Flugerprobung eines Turbinen-Luftstrahltriebwerkes in der Luft durch die deutsche Firma Heinkel mit dem He S 3 Ende August 1939 statt. Es war ein Triebwerk He 178 eingebaut.

Das Triebwerk der He S 3 besaß einen Turbokompressor. Die Nutzung dieses Prinzips erfolgte, weil die deutsche Flugzeugindustrie wie die der Mehrzahl anderer Länder hauptsächlich auf dem Gebiet von Turbokompressoren und Radialgebläsen Erfahrungen gesammelt hatte. Diese Art von Verdichtern wurde als Zusatzaggregat von Kolbenantrieben verwendet. So erklärt sich die Verwendung von Radialgebläsen. Die Nutzung von radialen Turbinen im Turbinen-Luftstrahltriebwerk bei Heinkel resultierte aus der zur damaligen Zeit herrschenden Meinung, daß sie einen größeren Wirkungsgrad besäßen, weil die unterschiedlichen Ringgeschwindigkeiten an Ein- und Ausgang einen höheren Gewinn an Wärmeumsetzung bringen würden.

Im April 1941 fanden wiederholt Flugerprobungen von Turbinen-Luftstrahltriebwerken bei Heinkel statt.[10] Zwei Triebwerkstypen wurden entwickelt. Der mit geringer Länge sollte in den Flugzeugrumpf und der mit relativ kleinem Durchmesser in den Tragflügel eingebaut werden. Im zweiten Fall ergaben sich Schwierigkeiten, weil hohe Machzahlen auftraten und eine große Kapazität des Verdichters im Eingangsteil des Triebwerkes benötigt wurde. So mußten Anlagen mit geeigneten Vorverdichtern und entsprechend kleinen Propellern ge-

10 Vgl. W. Kamm, Der Stand der Entwicklung der Luftstrahltriebwerke in Deutschland, in: Schriften der Deutschen Akademie der Luftfahrtforschung (Berlin), 1038/1941, S. 11.

schaffen werden, was zu einem kombinierten Kompressor führte. Unter den deutschen Gasturbinentriebwerken war das der He S 3 das einzige, welches Turbokompressoren besaß. Es zeigte sich, daß ihre Verwendung völlig berechtigt war. Eine gewaltige Arbeit wurde deshalb geleistet, um die entsprechenden Kompressoren für Gasturbinentriebwerke herzustellen.

Auch in der UdSSR wurden Entwürfe von Turbokompressoren ausgearbeitet. Lange vor Beginn des Großen Vaterländischen Krieges war die Entwicklung von Gasturbinentriebwerken mit diesen Kompressoren unter Leitung von A. M. Ljul'ka begonnen worden. Nach vielen theoretischen und experimentellen Untersuchungen erwies der Kompressor seine Zweckmäßigkeit. 1941 wurde daraufhin Ljul'ka das erste Patent, ein Autorpatent, für das Modell eines Doppelstrom-Turbinen-Luftstrahltriebwerkes mit Turbokompressor erteilt.[11] Jedoch keiner der unterschiedlichen Kompressortypen wurde gebaut. Man entwickelte nur die beiden genannten Typen, wobei die Zahl der Arbeiten über den axialen Kompressor bedeutend größer war. Auch war die endgültige Entscheidung über die Konstruktionsgrundlagen der Brennkammer noch nicht erfolgt, wobei unterschiedliche Modelle existierten. Dagegen bestimmten gekühlte und ungekühlte Turbinen zwei klar ausgeprägte Richtungen in deren Konstruktion.

Die anderen Modelle von Gasturbinentriebwerken wiesen unterschiedliche Entwicklungsstufen auf. Das betraf z. B. Propeller-Turbinen-Luftstrahltriebwerke und Doppelstrom-Turbinen-Luftstrahltriebwerke. Die Intensität, mit der sie entwickelt wurden, war bedeutend geringer als die bei den Turbinen-Luftstrahltriebwerken, da ihre Konstruktion erhebliche Schwierigkeiten bereitete. Zu ihrer unzureichenden Entwicklung trug auch die unzureichende wissenschaftliche Kenntnis ihrer Besonderheiten bei.

Man wußte, daß die Ausführung der einzelnen Teile eines Triebwerkes nur aus der Sicht der ganzen Anlage beurteilt werden konnte, weil der Wirkungsgrad des ganzen Triebwerkes in starkem Maße von dem der einzelnen Bestandteile abhängt. Deshalb besaß der Bau eines flugfähigen Antriebes große Bedeutung, woraus sich die Konzentration auf Turbinen-Luftstrahltriebwerke ergab.

Einige Fragen der Theorie und der Fertigung von Gasturbinentriebwerken wurden mit Hilfe der Modellmethode gelöst, die sich vor allem im Flugzeugbau herausgebildet hatte. Gerade für die Erforschung von Kompressoren und Turbinen konnte sie recht einfach angewendet werden. Da die grundlegende Theorie von Gasturbinentriebwerken als Propellermaschinen die der Schaufelgitter ist, wurden experimentelle und theoretische Forschungen an Schaufelgittern von Kompressoren und Turbinen durchgeführt. Bei Schaufelgittern von Kompressoren ergab sich z. B., daß die Winkelanstellung der Luftschrauben in Abhängigkeit von den Umströmungsverhältnissen zu ändern war. Es mußte eine Verlustgröße bei Schaufelgittern von Kompressoren eingeführt werden, wenn eine Luftkühlung der Turbinen erfolgte. Große Bedeutung erlangte die Modellierung bei den Untersuchungen von entscheidenden Baugruppen des Gastur-

11 Vgl. Avtorskoe svidetelstvo SSSR, Nr. 117179, kl. 46d, zajavlenie 22. 04. 1941 g.

binentriebwerkes, wie sie die Turbine und die Brennkammer darstellten. So bestimmten deutsche Forscher, auf die Ähnlichkeitstheorie gestützt, das Temperaturfeld der Turbinenschaufeln bei Triebwerksmodellen, wobei sie Resultate von Experimenten an Anlagen mit niedrigen Temperaturen nutzten. Verstärkt wurde die Modellierung auch bei der Konstruktion der Brennkammer in Anwendung gebracht. Die Experimente mit den Brennkammern in den Triebwerken waren sehr langwierig. Erprobte man sie jedoch getrennt, so konnten allein während eines Monats beim Bau der dritten Modifikation des Triebwerkes von Whittle zehn Formen von Evaporatoren und neun Varianten von Feuerkanälen entwickelt werden. Die Anwendung der Methode der Modellierung auf einzelne Aggregate des Triebwerkes ermöglichte es, die Entwicklungszeit bedeutend zu verkürzen. Außerdem waren durch die getrennte Untersuchung die anderen Baugruppen bei Mißerfolgen eines Versuches nicht der Gefahr der Zerstörung ausgesetzt.

Aus der Verallgemeinerung der Wechselwirkung von Theorie und Konstruktion bei der Entwicklung der ersten Gasturbinenantriebe, die eine prinzipielle neue Richtung in der Flugwissenschaft und -technik darstellten, lassen sich Schlußfolgerungen ableiten. Zunächst wurde die Idee eines Gasturbinentriebwerkes ausgearbeitet. In dieser Zeit war die theoretische Voraussage ihrer Existenz die wichtigste Leistung. Es folgten konstruktive Entwürfe allgemeiner Typen und Modelle von Triebwerken auf dem Niveau von Erfindungen. In dieser Phase, die bis zur Mitte der 30er Jahre dauerte, fand man zwar unterschiedliche konstruktive Lösungen, aber es erfolgte keine Umsetzung in der Praxis. Im weiteren Verlauf mußte dann die technische Realisierung geklärt werden. Es war herauszufinden, welches Modell in der praktischen Ausführung zu einer optimalen Konstruktion führt. War die eine oder andere konstruktive Lösung der Modelle von Gasturbinentriebwerken durch relevante technische Gesetze bestimmt, so erwiesen sich Zeit und Tempo der praktischen Realisierung als direkt von den sozialen Bedingungen abhängig.

Man muß daran erinnern, daß Gasturbinentriebwerke beim Einbau in Flugzeuge, die als Waffe dienen konnten, eine hohe Kriegsbedeutung hatten. Damit wird die äußerst umfangreiche Arbeit an ihnen im faschistischen Deutschland erklärlich. Als Aggressor plante es schon frühzeitig den Bau neuer Waffenarten. In England und auch in der UdSSR wurde die Herstellung von Gasturbinentriebwerken weniger intensiv betrieben. Ihnen wurde in England bis 1938/39 keine große Bedeutung beigemessen. So kam es dazu, daß nur der Antrieb von Whittle vorhanden war, als die Vorkriegslage eine Vervollkommnung der Flugtriebwerke erforderte. Die UdSSR befand sich in einer ähnlichen Situation. Mitte der 30er Jahre existierten in der Sowjetunion zwar Modelle von Gasturbinentriebwerken, die hätten realisiert werden können; da aber zu dieser Zeit die Aufgabe, die Luftfahrt mit modernen Kolbenmotoren auszurüsten, noch nicht endgültig gelöst war, traten hier neben technischen auch ökonomische Schwierigkeiten bei der Entwicklung von Gasturbinentriebwerken auf.

In einer Reihe von Staaten wie z. B. der Schweiz und Schweden waren die vorhandenen Modelle von Gasturbinentriebwerken noch gar nicht in das Realisierungsstadium überführt worden, obwohl Entwürfe dazu vorhanden waren. Dieser Sachverhalt zeigt, daß die technische Lösung von Problemen nicht allein von den den fortschrittlichen technischen Mitteln innewohnenden Realisierungsmöglichkeiten abhängt. In den angeführten Ländern fehlte eine zweite Bedingung für die Realisierung von Gasturbinentriebwerken, nämlich die Entwicklung einer Luftfahrt mit ihren Forderungen nach starken Triebwerken. Diese Länder waren deshalb in der Entwicklung von Gasturbinentriebwerken nur in eine qualitative Etappe eingetreten, wie sie sich praktisch in allen industriell entwickelten Ländern mit der Zeit ergab. Es fehlte jedoch die Phase der Realisierung, in der die quantitativen Verhältnisse in den Entwürfen und einzelnen Aggregaten ermittelt wurden.

Letztendlich hatte die qualitative Phase zu dem Ergebnis geführt, daß Erprobungs- und Konstruktionsbüros in der Industrie eingerichtet werden mußten, was denn auch in England und in der UdSSR geschah. Später wurden in der Flugzeugindustrie in Deutschland und auch in anderen Ländern selbst Erprobungs- und Konstruktionsbüros für Gasturbinentriebwerke geschaffen. Auf diese Weise ging die Herstellung von Gasturbinentriebwerken aus dem Zustand halbempirischer, halberfinderischer Arbeiten in das System des Flugantriebsbaus über, der einen der grundlegenden ingenieur-industriellen Komplexe darstellt.

Die sozialen Bedingungen des untersuchten Zeitraumes, die das Entwicklungstempo experimenteller Muster von Gasturbinentriebwerken bestimmten, bewirkten auch die Auswahl eines bestimmten Triebwerkstyps. Es war das Gasturbinentriebwerk, das konstruktiv relativ einfach und schnell zu verwirklichen war. Damit wurden die Grundlagen für eine Serienfertigung geschaffen.

Der Beginn der experimentellen Arbeiten bewirkte auch ein breites Studium theoretischer Probleme. Das hatte zur Folge, daß bei Herstellung von Erprobungsmustern von Gasturbinentriebwerken neben wissenschaftlich-technischen Organisationsformen auch spezifische Methoden wie die der Modellierung einzelner Prozesse und Aggregate auf speziellen Anlagen verwendet wurden. Ging zu Beginn des untersuchten Zeitraumes die Entwicklung der Ideen von Gasturbinentriebwerken vom Teil zum Ganzen, das heißt einzelne schon bekannte Aggregate wurden in einem Modell zusammengefaßt, so war zuletzt eine entgegengesetzte Tendenz zu verzeichnen. Die ersten Erprobungsmuster von Triebwerken dienten als Grundlage einer schwerpunktartigen Lösung von Problemen. Die Anwendung ihrer Resultate auf Entwicklungsarbeiten an Kompressoren, an der Brennkammer usw. sicherte einen steilen Anstieg ihres anfänglichen Wirkungsgrades. Es wurden besonders große Mängel dieser Aggregate beseitigt. Die konstruktiven Lösungen für die einzelnen Baugruppen des Gasturbinentriebwerkes führten, wie gezeigt wurde, zur Kenntnis entsprechender technischer Gesetzmäßigkeiten. Sie enthielten mehrere Varianten von Ergebnissen, die von der Wahl der unterschiedlichen Faktoren abhängig waren. Von besonderem Interesse war zu jener Zeit die konstruktive Lösung für eine Turbine. In Deutschland stimulierte das Fehlen von hitzebeständigen Spezialstählen die Herstellung gekühlter Turbinen und die Suche nach neuen Materialien. In England, wo derartige Stähle existierten, wurde eine Turbine ohne spezielle Kühlung entwickelt.

Abschließend sei vermerkt, daß die theoretischen Grundlagen von Gasturbinentriebwerken in drei Etappen erarbeitet wurden. Ihre Grenzen ergeben sich aus der Lösung der Fragen nach der theoretischen Realisierbarkeit, der technischen Durchführbarkeit sowie der technischen und ökonomischen Zweckmäßigkeit. Während die Lösung der ersten beiden Aufgaben nur mittelbar mit den sozialen Erfordernissen verbunden war, wurde die dritte ganz durch sie determiniert. Sie wurde während des zweiten Weltkrieges bewältigt. Die Leistungsentwicklung des gebräuchlichen Kolbenmotorantriebes hatte ihre Grenze im Flugwesen erreicht. Darüber hinaus war eine Vervollkommnung nicht mehr möglich. Durch die Anwendung der Produktion des Gasturbinentriebwerkes wurde dieses bis zu dem damaligen Zeitpunkt in der Geschichte der Luftfahrt größte Problem erfolgreich bewältigt.

Klaus Mauersberger

Technische Mechanik und Maschinenwesen. Ein Beitrag zur Disziplinbildung in den Technikwissenschaften

Der hohe Stellenwert der Maschinenwissenschaften innerhalb der Technikwissenschaften resultiert aus der Produktivkraft der Maschinerie, die von der industriellen Revolution hervorgebracht wird. Als traditionelle Technikwissenschaften schlossen sich Maschinenwissenschaften wie Maschinenlehre, technische Mechanik, Wärmelehre, Strömungslehre, mechanische Technologie und Werkstoffkunde in ihrer Herausbildungsphase bereits zu einem disziplinären System zusammen, dem wissenschaftlichen Maschinenwesen.

Eine Leitdisziplin bei der Herausbildung dieses Disziplinengefüges ist die technische Mechanik gewesen. Auf ihrer Grundlage vollzog sich historisch in starkem Maße die Verwissenschaftlichung des Maschinenbaus; von ihr kamen Anregungen struktureller, methodischer und theoretischer Natur für die Wissenschaftsentwicklung in benachbarten Disziplinen. Maßgebliche Voraussetzung dazu war der theoretische Reifegrad der Mechanik als klassische Naturwissenschaft sowie eine kontinuierliche Verknüpfung mit maschinentechnischen Problemen in ihrem Entstehungsprozeß.[1]

Ansätze zur Entwicklung der technischen Mechanik im 17./18. Jahrhundert innerhalb der naturwissenschaftlichen bzw. praktischen Mechanik (Maschinenkunde) wiesen in allen bedeutenden europäischen Ländern Ähnlichkeiten auf. Dagegen zeigten sich mit einsetzender industrieller Revolution, dem Beginn der Herausbildung[2] dieser Disziplin, verstärkt nationale Besonderheiten. Allgemein kann die Herausbildungsperiode der technischen Mechanik zwischen 1780 und 1860 angesetzt werden. Das Auftreten der maschinellen Produktion als wesentliche Triebkraft für die Entwicklung entsprechender Maschinenwissenschaften verlief in diesen Ländern nicht zeitkonfotm. Überdies zog die kapitalistische

1 Tiefergehende gnoseologische Untersuchungen, in: B. I. Iwanow/W. W. Tscheschew, Entstehung und Entwicklung der technischen Wissenschaften, Moskau — Leipzig 1982.

2 Periodisierungsansätze zur Geschichte der Technikwissenschaften nach: G. Buchheim, Zur Wechselwirkung zwischen Naturwissenschaften und Technikwissenschaften in ihrer historischen Entwicklung, in: NTM–Schriftenreihe für Geschichte der Naturwissenschaften, Technik und Medizin, Leipzig 15/1978, S. 113–119; G. Buchheim, Zur Herausbildung der Technikwissenschaften — Probleme wissenschaftshistorischer Untersuchungen, in: Dresdener Beiträge zur Geschichte der Technikwissenschaften, Heft 1, Dresden 1980, S. 12–34.

Produktionsweise nicht sofort und unmittelbar die Entstehung der Technikwissenschaften nach sich. Der Maschinenbau selbst schuf erst die Objekte wissenschaftlicher Forschung und trug zur Schaffung der materiellen Voraussetzungen für die Etablierung technikwissenschaftlicher Disziplinen bei.

In England, dem Mutterland der industriellen Revolution, entstand der Maschinenbau am Ende des 18. Jahrhunderts vorrangig auf der Grundlage bodenständiger Empirie. In der Ausbildung der Maschinenbauer herrschte bis in das 19. Jahrhundert hinein das Werkstattprinzip vor. Aber bereits in der Entwicklung der Dampfmaschine erfolgte noch vor den ersten thermodynamischen Untersuchungen die systematische Bearbeitung technisch-mechanischer Probleme. Die doppeltwirkende Dampfmaschine von James Watt zeigte bezüglich Entwicklungsmethode und Entstehungsbedingungen Merkmale, die untypisch für den handwerklichen Schaffensprozeß waren.[3] Konnten bei ihrer Entwicklung Erkenntnisse der Mechanik noch sporadisch herangezogen werden, so wurde bald eine Verflechtung mechanischer Theorien und praktischer Erfahrung Methode.[4]

Die Spezifik der englischen Entwicklung im wissenschaftlichen Maschinenbau nach 1800 liegt in einer starken Praxisbezogenheit. Die Konkretheit technikwissenschaftlicher Ansätze in Mechanik und Maschinenlehre war entsprechend groß. Faustregeln, Tafeln und Tabellen galten als praktikables Handwerkszeug des Maschinenbauers. Darüberhinaus hoben sich bei den bedeutendsten Ingenieuren und Mechanikern erste theoretische Methoden zur Lösung mechanischer Probleme im Maschinenbau ab.[5]

Hauptobjekte waren Dampfmaschinen und Antriebsmaschinen anderer Art, weniger die Werkzeugmaschinen.

Technikwissenschaftliche Elemente wurden allerdings in England bis um 1850 kaum in disziplinären Strukturen vereint. Dies ist insbesondere den hervorstechenden Eigenheiten der englischen technischen Bildung geschuldet, zu deren wesentlichen Merkmalen die Abneigung gegen staatliches Reglement und Dirigismus gehörte. Träger technischer Bildung waren überwiegend die Societies sowie private Initiativen. Später widmeten sich auch Wissenschaftler an Universitäten und Colleges der technischen Mechanik und Maschinenlehre, aber zumeist als Anhängsel ihres naturwissenschaftlich orientierten Hauptfaches. Allerdings be-

3 Vgl. G. Buchheim/K. Mauersberger, Die Herausbildung der Technikwissenschaften in der Zeit der industriellen Revolution, in: G. Wendel (Hrsg.), Beiträge zur Wissenschaftsgeschichte. Die Zeit der industriellen Revolution, Berlin 1982, S. 167—182.

4 Englische Standardwerke über Dampfmaschinen bis 1850. Vgl. J. Robinson, Artikel „Steam" und „Steam Engine", in: Encyclopaedia Britannica, Sonderabdruck, Edinburgh 1818; J. Farey, Treatise on the Steam Engine, Historical, Practical and Descriptive, London 1827; Th. Tredgold, The Steam Engine, Its Invention and Progressive Improvement, London 1838.

5 Vgl. Th. Young, Lectures on Natural Philosophy, London 1807. O. Gregory, Theoretische, praktische und beschreibende Darstellungen der mechanischen Wissenschaften, Halle 1828 (Übersetzung der 2. Aufl., London 1815).

wirkte das geistige Klima in Werkstätten und Societies außerordentlich direkte Formen wissenschaftlicher Kommunikation und regen Schriftenaustausch. Darüber hinaus beherrschte das früh industrialisierte England bis 1850 uneingeschränkt die europäische Konkurrenz, so daß vorerst kein Fingerzeig für ein forciertes Betreiben wissenschaftlicher Methoden im Maschinenbau gegeben war.

Anders verlief die Entwicklung in Frankreich, das bekanntlich Ende des 18. Jahrhunderts als Hochburg der Wissenschaften galt. Die Newtonsche Mechanik hatte im französischen Empirismus einen guten Nährboden gefunden. Verschiedene geistige Traditionen, die in enger Wechselwirkung standen, führten zu einer gewissen Balance von theoretischem und praktischem Denken als Voraussetzung für eine Herausbildung technikwissenschaftlicher Denkstile. Bereits im „ancien régime" wurden Gelehrte in das Militärwesen und die Kontrolle der Gewerbe einbezogen. Aufklärung und Enzyklopädie verkündeten programmatisch die Anwendung der Wissenschaften in der Industrie zum Nutzen des Gemeinwohls.

Aber erst nach der Französischen Revolution setzte eine Epoche der systematischen Förderung von Wissenschaft und technischer Bildung ein. Die Verfassung garantierte die Entfaltung der Bourgeoisie und damit der kapitalistischen Produktionsweise. Die Möglichkeiten zur Herausbildung der Technikwissenschaften waren mit der Gründung eines Systems technischer Schulen optimal. Besonders die École Polytechnique, aus den militärischen Bedürfnissen der Revolution entstanden, vereinte die institutionellen und organisatorischen Vorzüge der vorherigen Militär- und Eliteschulen. Dort wurde die Maschinenlehre ganz auf das Niveau der rationalen Mechanik gehoben, dort wurde eine technische Mechanik geschaffen.

Insgesamt war die französische Polytechnik vom Gedanken der Einheit der technischen Bildung geleitet. Im Mittelpunkt stand die Schaffung bzw. Antizipation technischer Gebilde, vornehmlich Mechanismen, Maschinen und Bauwerke. Mathematik und Mechanik wurden dabei zu Grundpfeilern der Ingenieurwissenschaften. Nicht von ungefähr war die Ausbildung eines konstruktiven Entwurfsdenkens in den Lehrplänen der Maschinenbauer verankert. Diesen wurde die für den Ingenieur unentbehrliche „deskriptive Geometrie" zu Grunde gelegt. Die synthetische Methode der Maschinenwissenschaften nahm Gestalt an.

Aufbauend auf geometrisch-grundlagenorientierten Werken von Gaspard Monge, François Lacroix und Lazare Carnot[6] schufen insbesondere J. N. P. Hachette und Charles Dupin[7] eine kinematische Maschinenlehre, die von der geometrischen Systematisierung der Maschinenelemente ausging. Weit größeren Einfluß auf die weitere Entfaltung der Maschinenwissenschaften hatte aber die dynamisch-energetisch orientierte Maschinenlehre des großen Dreigestirns Henri

6 Vgl. G. Monge, Géometrie descriptive, Paris 1795; S. F. Lacroix, Complément d'éléments de géometrie, Paris 1797; L. Carnot, Géometrie de position, Paris 1803.

7 Vgl. J. N. P. Hachette, Traité élémentaire des machines, Paris 1811; Ch. Dupin, Géometrie et mécanique des arts et métiers, 3 Bde., Paris 1825—1827.

Marie Navier, Gustav Gaspard Coriolis und Jean Victor Poncelet. Ihre Arbeiten[8] begründeten eine technikwissenschaftliche Maschinenlehre, die eng mit der technischen Mechanik verbunden war.

Gleichermaßen wurde an den französischen Ingenieurschulen eine rationalgrundlagenorientierte Mechanik kultiviert, die ganz in der analytischen Tradition des ausgehenden 18. Jahrhunderts stand und im anregenden Nebeneinander kontinuumsmechanischer und atomistischer Modellvorstellungen einen theoretischen Vorlauf schuf, der erst im 20. Jahrhundert gänzlich ausgeschöpft werden konnte. Zu den herausragenden Vertretern dieser dennoch immer der Technik nahestehenden Entwicklungslinie gehörten Simeon Denis Poisson und Augustin Louis Cauchy.[9]

Ihre enge Anbindung an Bauaufgaben führte insbesondere die Festigkeitslehre (Baustatik) zu einer frühen Reife. Sie kann daher als die wohl traditionellste Teildisziplin der technischen Mechanik angesehen werden. In ihrem theoretischen Gerüst sind Prototypen technikwissenschaftlicher Methoden zu finden. Mitte des 19. Jahrhunderts war die Festigkeitslehre, die sich im Rahmen des Maschinenwesens besonders den metallischen Werkstoffen zugewendet hatte, die wesentliche Grundlage der Maschinenkonstruktion. Von ihren Begründern sind Charles Augustin Coulomb und Navier hervorzuheben.[10]

Allerdings waren die Rückwirkungen der französischen technischen Mechanik und Maschinenlehre auf die industrielle Praxis geringer, als anzunehmen ist. Zum einen verlief die Industrialisierung und Herausbildung des Maschinenbaus in Frankreich schleppend und gehemmt durch übermäßigen staatlichen Zentralismus. Zum anderen führte die ausgeprägte Trennung von theoretischer und angewandter Mechanik, in der gewiß eine Eigengesetzlichkeit der Methodenentwicklung lag, zu Disproportionen zwischen empirischem und theoretischem Wissen, die zunächst einen Abstand zu praktischen Problemen schufen. Erst nach 1830 wurde die technische Mechanik zunehmend auf die Bedürfnisse des Maschinenbaus orientiert und damit eine Harmonisierung verschiedener Wissensebenen bewirkt. Ferner hatte die starke Militarisierung und Bürokratisierung der elitären technischen Bildung in der napoleonischen Ära, die insbesondere in einem komplizierten Aufnahme- und Prüfungsregime zum Ausdruck kam, zu einer gewissen institutionellen Erstarrung der Technikwissenschaften geführt.

In der nach England und Frankreich einsetzenden Entwicklung des wissenschaftlichen Maschinenwesens in Deutschland ist auf den ersten Blick eine Syn-

8 Vgl. H. M. L. Navier, Mechanik der Baukunst (Ingenieur-Mechanik), Hannover 1851 (Übersetzung der 2. Aufl., Paris 1833); G. G. Coriolis, Traité de la mécanique des corps solides et du calcul de l'effect des machines, Paris 1829; V. Poncelet, Lehrbuch der Anwendung der Mechanik auf Maschinen, 2 Bde., Darmstadt 1845 und 1848 (Übersetzung der 1. Aufl., Paris 1926).

9 Vgl. S. D. Poisson, Lehrbuch der Mechanik, Berlin 1826 (Übersetzung der 1. Aufl., Paris 1811); A. L. Cauchy, Exercises de mathématique, Paris 1827.

10 Vgl. M. Rühlmann, Vorträge über die Geschichte der Technischen Mechanik, Leipzig 1885, S. 237, 353.

these der bestehenden Entwicklungstendenzen zu erkennen. Insofern, als hier in der Spezifik der Herausbildungsperiode bereits gesamteuropäische Wesenszüge der Periode der Konsolidierung angelegt sind, erscheint eine eingehendere Darstellung angezeigt. Im Mittelpunkt steht dabei die technikwissenschaftliche Theorienbildung und Methodenentwicklung.

Das zähe Festhalten an feudalen Verhältnissen und die territoriale Zersplitterung hatten zur Folge, daß in Deutschland der praktische Maschinenbau weit hinter England zurückgeblieben war; auch in der Anwendung der Naturwissenschaften auf technische Belange stand Deutschland hinter den westeuropäischen Nachbarn zurück. Um 1800 wurde der Druck der englischen Konkurrenz spürbar, der sich 1815, nach Aufhebung der Kontinentalsperre, noch verstärkte. Unter diesen Umständen verbreitete sich auf dem Kontinent der Gedanke, daß nationale Unabhängigkeit auf die Dauer nur durch den Aufbau eigenständiger Industrien gewährleistet werden könne. Trotz restaurativer Tendenzen trafen sich in diesem Punkt die Interessen der aufkeimenden Bourgeoisie und des liberalen Adels in Österreich und Deutschland. Gewerbeförderung und Industrialisierung wurden zu einer tragfähigen Basis zur Deckung von Schuldenlasten, für die Verbesserung der Handelsbilanz, kurz, für eine Liberalisierung der Wirtschaft.

Wesentlicher Bestandteil staatlicher Gewerbeförderung war der Aufbau eines technischen Bildungssystems. So ging im deutschsprachigen Raum die Entstehung der Maschinenwissenschaften eng mit dem Aufstieg der polytechnischen Schulen einher. Ausgehend von der Gründung des ersten namhaften Polytechnischen Instituts in Wien (1815), wo sich technische Mechanik und Maschinenlehre als Hauptfächer etablieren konnten, wurden Wissenschaft und technische Bildung bald zu einem bedeutenden Faktor des wirtschaftlichen Aufschwunges. In Anlehnung an die Vorzüge der französischen Ingenieurausbildung und in Besinnung auf die eigenen Traditionen, insbesondere an den Bergakademien, formierte sich ein eigenständiges polytechnisches Konzept, welches methodisch das Verhältnis von naturwissenschaftlichen Erkenntnissen und praktischen Erfahrungen zu erfassen suchte.[11]

Die theoretischen Voraussetzungen seitens der Mechanik für eine wissenschaftliche Konzeption im Maschinenbau waren allgemein vorhanden. Es galt nunmehr, von den Höhen der angewandten Mathematik und theoretischen Mechanik zu den praktischen Aufgaben des Ingenieurs herabzusteigen. Ferner lag die Notwendigkeit vor, die zerstreuten Erkenntnisse verschiedener Fachrichtungen bzw. theoretischer und praktischer Strömungen zu ordnen und in eine für die Behandlung des Maschinenproblems erforderliche einfache und übersichtliche Form zu bringen.

Mit einer solchen Aufbereitung des akkumulierten Wissens begann die erste Phase der Herausbildung des wissenschaftlichen Maschinenwesens in Deutsch-

11 Vgl. Die k. k. Technische Hochschule in Wien. Gedenkschrift zum 100jährigen Bestehen, Wien 1915, S. 20.

land, die etwa von 1810 bis 1840 reichte. Dieser Prozeß schlug sich in einer Fülle von Handbüchern, Lehrbüchern, Maschinenenzyklopädien und Nachschlagewerken anderer Art nieder. Faustformeln, Verhältniszahlen und anwendungsbereites Wissen in Form von Tafeln und Tabellen kennzeichnen diese Stufe der Verwissenschaftlichung. Anfangs hatten sich besonders der Praxis nahestehende Universitätsmathematiker, -mechaniker und Kameralisten um solche Nachschlagewerke verdient gemacht.[12] Gewöhnlich war das aber der unvollkommene Versuch, theoretisches Wissen mit praktischen Anschauungen zu verknüpfen. Wenn sie auch nicht alle von einem Überhang theoretischer Erwägungen geprägt waren, so ist doch diesen Büchern eine spröde Behandlung des technischen Stoffes eigen. Erst Polytechniker wie Johann Albert Eytelwein, Franz Joseph Gerstner, E. H. A. Kayser sowie der Pionier des sächsischen Maschinenbaues Johann Andreas Schubert näherten sich in den 30er und 40er Jahren spezifisch technikwissenschaftlichen Herangehensweisen.[13]

Weit über die Anfänge hinaus aber gehen die Arbeiten von Julius Weisbach und Ferdinand Redtenbacher, den wohl größten Autoritäten im wissenschaftlichen Maschinenbau des 19. Jahrhunderts. Von ihrem Schaffen ist die zweite Phase der Herausbildungsperiode 1840–1860 geprägt.

„Wer sich nur etwas in der Praxis umgesehen hat, wird wahrgenommen haben, wie selten dieselbe noch von der Theorie Gebrauch macht, und wie nicht selten die Theorie von den Practicern hinten angesetzt wird und in Mißcredit steht"[14] – so drückte Weisbach treffend die Situation im Maschinenbau Mitte des 19. Jahrhunderts aus, eine Einschätzung, die um so mehr für die dreißiger Jahre galt. Welches waren die Ursachen für solchermaßen Vorbehalte und Vernachlässigungen? In erster Linie zählen dazu wohl der Mangel an Einfachheit und Überschaubarkeit im hochgestochenen Theoriensystem der klassischen Mechanik, der große Allgemeinheitsgrad der mechanischen Prinzipien und die daraus resultierende umständliche und beschwerliche Anwendung. Weisbachs Vorgehen zielte daher zunächst auf die „Erleichterung des Apparates im Umgang mit den mathematischen Prinzipien der Mechanik".[15] In bezug auf eine einfache Handhabung entwickelte er folgende Methode: 1. Statt großer und allgemeiner Formeln mehrere kleine und vereinfachte Spezialformeln; 2. Ausweichen auf Näherungsformeln und 3. Einführen von Koeffizienten und Verhältniszahlen zur Vereinfachung der Rechnung.

12 Vgl. K. Mauel, Das technische Lehr- und Fachbuch im Maschinenbau des 19. Jahrhunderts, in: Technikgeschichte in Einzeldarstellungen, Nr. 17, Düsseldorf 1969, S. 165–174.

13 Vgl. J. A. Eytelwein, Handbuch der Statik fester Körper, Berlin 1808; F. J. Gerstner, Handbuch der Mechanik, Prag 1831, J. A. Schubert, Handbuch der Mechanik für Praktiker, Dresden–Leipzig 1832; E. H. A. Kayser, Handbuch der Mechanik mit Rücksicht auf ihre Anwendung, Karlsruhe 1842.

14 J. Weisbach, Lehrbuch der Ingenieur- und Maschinenmechanik. Bd. 1, Braunschweig 1856, Vorrede zur 3. Aufl.

15 Ebenda, Bd. 2, Braunschweig 1847, Vorrede zur 1. Aufl.

Von solcherart methodischen Ansätzen zeugt Weisbachs bekanntes „Lehrbuch der Ingenieur- und Maschinenmechanik“, welches in sehr vielen Auflagen erschienen ist und in sieben Sprachen übersetzt wurde.[16] Mehr noch als dieses fundamentale Werk, worin viele Zusammenhänge äußerst breit und zuweilen weitschweifig dargestellt werden, vermittelte die Kurzfassung „Der Ingenieur“[17] anwendungsbereites Wissen. Diese gedrängte und geordnete Zusammenstellung wurde ein echtes Vademecum für den Ingenieur. Absicht und Sinn eines solchen Vorhabens, „Leichtigkeit, Sicherheit und Bequemlichkeit im Gebrauche“[18] wurden damit hinlänglich erfüllt. Prägnante Beispielrechnungen trugen wesentlich zur nicht nachlassenden Popularität dieses Standardwerkes der Maschinenbaupraxis bis zum Beginn des 20. Jh. bei.

Ein vergleichbares Nachschlagewerk, das dem gewachsenen Bedürfnis der Maschinenbauer nach Lehrbüchern gerecht wurde, erschien mit Redtenbachers „Resultate für den Maschinenbau“[19]. Redtenbacher, dessen Eigenheit es vor allem war, Wissen in konzentrierter Form zu vermitteln, wandte sich darin weniger an Arbeiter und Werkmeister als vielmehr an „Zeichner, Constructeurs, Ingenieurs und Fabrikanten“.[20] Für den höheren Anspruch an Wissenschaftlichkeit spricht auch die Benennung „Maschinenlehre“ gegenüber ihrer sogenannten „niederen Form“, der „Maschinenkunde“.

All diese Fachbücher stießen in Deutschland auf ein aufnahmebereites Publikum. Die ersten Maschinenfabrikanten konnten ihre Leistungsfähigkeit unter Beweis stellen und warteten neben dem Nachbau englischer Maschinen mit Eigenentwicklungen auf. Mitte der vierziger Jahre wurden in Deutschland Übersetzungen der Werke französischer Polytechniker einer breiten Öffentlichkeit zugänglich gemacht[21], nachdem Zeitschriften wie Dinglers Polytechnisches Journal, Glasers Annalen, das Polytechnische Centralblatt u. a. für deren Verbreitung in kürzeren Artikeln gesorgt hatten. Aber immer noch mußten ausländische Spezialisten angeworben werden; allein im Jahr 1825 waren 2500 englische Fachleute auf dem Kontinent tätig. Zu den Wegen des technologischen Transfers gehörte

16 Vgl. ebenda, Bd. 1, 1. Aufl., Braunschweig 1846; 2. Aufl., Braunschweig 1850; 4. Aufl., Braunschweig 1862; 5. Aufl., Braunschweig 1875; Bd. 2, 1. Aufl., Braunschweig 1847; 5. Aufl., Braunschweig 1882–1887; Bd. 3, 1. Aufl., Braunschweig 1860; 2. Aufl., Braunschweig 1876–1901 (Übersetzt ins Engl., Russ., Ital., Schwed., Franz., Span., Poln.).

17 Vgl. J. Weisbach, Der Ingenieur. Sammlung von Tafeln, Formeln und Regeln der Arithmetik, Geometrie und Mechanik, 1. Aufl., Braunschweig 1848, 6. Aufl., bearbeitet von F. Reuleaux, Braunschweig 1874–1877.

18 Vgl. ebenda, Vorrede zur 2. Aufl., Braunschweig 1850.

19 Vgl. F. Redtenbacher, Resultate für den Maschinenbau, 1. Aufl., Mannheim 1848, 6. Aufl., Hrsg. F. Grashof, Heidelberg 1875.

20 Vgl. ebenda, Vorrede zur 1. Aufl., a. a. O.

21 Zusammenstellung wichtiger Übersetzungen, in: A. Kahlow, Philosophische Probleme der Theorienentwicklung technischer Wissenschaften am Beispiel der Herausbildung der Technischen Mechanik im 19. Jahrhundert, Diss. A, Berlin 1981, S. 69–70.

die auch als Bildungsreise kaschierte Industriespionage und die illegale Ausfuhr von Maschinen bzw. Teilen davon.[22] Allmählich verringerte sich jedoch der Nachholebedarf im Maschinenbau. Betrug die Leistung der produzierten Dampfmaschinen 1840 in Deutschland nurmehr insgesamt 40000 PS, so waren es 1860 bereits 850000 PS. Ähnliche Steigerungsraten waren auch in anderen Zweigen des Maschinenbaus und in der Eisen- und Stahlerzeugung zu verzeichnen. Der rapide Fortschritt in der Produktion zu Beginn der zweiten Phase der industriellen Revolution, in die Deutschland Mitte des 19. Jh. eingetreten war, zog auch steigende Anforderungen an den Maschinenbau nach sich. Besonders wachsende Leistung, Baugröße, Geschwindigkeit und Sicherheit ließen einen wissenschaftlich betriebenen Maschinenbau immer dringender erscheinen. Aber auch Fragen des Preises und der Effektivität sowie das anhaltende Bestreben, das englische Monopol zu brechen, führten in den 50er und 60er Jahren zu immer entschiedenerem Bestreben, den „Maschinenbau auf sicheren Regeln zu gründen."[23]

Doch stieß das Eindringen in den spezifischen Gegenstand dieser Disziplin auf nicht geringe Widerstände. Die Maschinenwissenschaftler standen bei der Erschließung des Gegenstandes ihrer Disziplin vor wissenschaftlichem Neuland. Schon Weisbach sah sich auf der Suche nach geeigneten ingenieurwissenschaftlichen Methoden und Verfahren der Kritik verschiedener Fachvertreter ausgesetzt. In seiner „Bergmaschinenmechanik"[24], die aus der Vorlesung zur Bergmaschinenlehre an der Bergakademie Freiberg hervorging, war er darum bemüht, sich zur engen Verknüpfung von Mechanik und Maschinenbau bewußt der höheren Mathematik zu bedienen. Weisbach versuchte dabei einen Weg der Mitte zu gehen und sowohl dem mathematisch gebildeten Ingenieur und dem „eigentlichen Mathematiker" als auch dem „mit Kenntnissen der Mathematik nicht genügend ausgerüsteten Praktiker"[25] gerecht zu werden. Doch brachte ihn dieser Kompromiß bei beiden gleichermaßen in Mißkredit. Beim Mathematiker setzte er sich dem Vorwurf minderer Wissenschaftlichkeit aus, wohingegen der Praktiker sich an geringer Faßlichkeit stieß.[26] Entgegen seiner guten Kenntnis der französischen Methodik – Weisbach war 1839 in Paris mit seinen berühmten Fachkollegen Poncelet, Coriolis und Morin zusammengetroffen – nahm er in seiner „Ingenieur- und Maschinenmechanik" bewußt einiges zurück und verzichtete teilweise auf

22 Vgl. W. Weber, Industriespionage als technologischer Transfer in der Frühindustrialisierung Deutschlands, in: Technikgeschichte (Düsseldorf), 3/1975, S. 287–305.

23 Brief von R. Redtenbacher an W. Derschwanden vom 1. April 1845, in: R. Redtenbacher, Biografische Skizze Ferdinand Redtenbacher, München 1879, S. 39.

24 Vgl. J. Weisbach, Handbuch der Bergmaschinenmechanik. Zum Gebrauche für Berg- und Hütten-Leute, Maschinisten u.s.w. überhaupt und für die Vorlesungen über Mechanik und Maschinenlehre an der königl. sächs. Bergakademie insbesonders., 2 Bde., Leipzig 1835 u. 1836.

25 Vgl. ebenda, Vorrede, Bd. 1, Leipzig 1835.

26 Vgl. J. Weisbach, Lehrbuch der Ingenieur- und Maschinenmechanik, Bd. 1, Vorworte zur 1., 3. und 4. Aufl., Braunschweig, a. a. O.

eine Darstellung mit den Mitteln der höheren Analysis.[27] Im Titel des 3. Bandes ist sogar ausdrücklich vermerkt „ohne Anwendung des höheren Calculs". Nun ist diese Tatsache nur bedingt als ein Verzicht auf wissenschaftliche Orientierung zu werten, obgleich es oft so interpretiert wurde. Unter dem Druck der Ingenieurpraxis (der durchschnittliche Techniker war in der Tat noch immer mäßig mit der Infinitesimalrechnung vertraut), gingen die deutschen Polytechniker zunächst bewußt andere Wege als die elitäre französische Ingenieurausbildung, die sich noch nicht gänzlich von abstrakten Darstellungsweisen gelöst hatte. Gerade die handhabbare Darstellung einmal auf mathematischem Wege gefundener Erkenntnisse in Form von Koeffizienten, Tabellen, Verhältniszahlen u. a. kennzeichnen das methodische Herangehen in der Herausbildungsperiode dieser Disziplin. Besonders in Hinsicht auf die Ausbildung von Maschineningenieuren waren solche Vereinfachungen nachdrücklich geboten. Im Spannungsfeld von Wissenschaftlichkeit und Praktikabilität neigte Weisbach zu einer didaktisch-anschaulichen Methode, deren wissenschaftlicher Hintergrund aber als abgesichert gelten mußte.[28] Angesichts eines Vorlesungspensums von wöchentlich 4 Stunden allgemeiner Elementarmechanik, 3 Stunden elementarer Bergmechanik, 6 Stunden Bergmaschinenkunst und 2 Stunden allgemeiner Markscheidekunst (1866)[29] sind die Vorzüge einer solchen Einheit von streng wissenschaftlichen Auffassungen und allgemeinverständlicher, faßbarer Umsetzung ganz offensichtlich. Hier kristallisierten sich die unterschiedlichen Ansprüche an Wissenschaftlichkeit in Forschung, Lehre und Ingenieurpraxis heraus. Schon in jener Periode hatte sich die Verschmelzung dieser Ebenen technikwissenschaftlicher Tätigkeit in einer Wissenschaftlerpersönlichkeit, wie sie bei Weisbach und Redtenbacher anzutreffen war, bewährt. Spitzenleistungen der Wissenschaft gab es vor allem dort, wo neue Technik sich den Weg bahnte, wo technische Probleme mit konventionellen Mitteln nicht mehr zu lösen waren. Dennoch ist nicht zu übersehen, daß die Ingenieurpraxis im wesentlichen mit Handbüchern und Erfahrungswissen zu meistern war und der Routine noch ein breites Feld eingeräumt wurde.

Einen starken Impuls auf die Disziplinbildung übte das Werk des Karlsruher Maschinenbauprofessors Redtenbacher aus, der zu Recht von seinen Schülern als der Begründer des wissenschaftlichen Maschinenbaus gefeiert wurde. Im Hinblick auf den Erkenntnisfortschritt und die Methodenentwicklung sind seine „Prinzipien der Mechanik und des Maschinenbaus"[30] ein Markstein in der Ge-

27 J. Weisbach schreibt (Bd. 1, Vorrede zur 1. Aufl.): „Mein Hauptstreben bei der Bearbeitung dieses Werkes war darauf gerichtet, die größte Einfachheit bei der Entwickelung und Beweisführung zu erzielen und alle in der Anwendung auf die Praxis wichtigen Sätze nur mit Hülfe der niederen Mathematik abzuhandeln."

28 Solche Wege gingen durchaus auch französische Polytechniker: Vgl. V. Poncelet, Industrielle Mechanik, Nürnberg 1845.

29 Vgl. G. Zöllner, Lebensbild Julius Weisbachs, in: Gedenkschrift zu seinem 150. Geburtstag, Freiberger Forschungshefte, Kultur und Technik, D 16, Berlin 1956, S. 34.

30 F. Redtenbacher, Prinzipien der Mechanik und des Maschinenbaues, Mannheim 1852.

schichte des Maschinenwesens und zugleich ein Credo für die wissenschaftliche Methodik.

Wie bereits angedeutet, hatten nicht der Grad der Mathematisierung des Lösungsansatzes, sondern die Modellvorstellungen die Schlüsselrolle bei der Theorienbildung in den Technikwissenschaften inne. Allein die Komplexität des Maschinenproblems, die große Anzahl der beim Entwurf von Maschinen benötigten Größen schließen exakte Methoden nach dem Ideal der Naturwissenschaften aus, fordern eine Beschränkung auf Wesentliches. Bereits die Modellbildung hat dabei auf den konkreten Verwendungszweck, die Funktion und auf Randbedingungen Rücksicht zu nehmen. Die Praxis, speziell der Maschinenbau, ist das Bezugsfeld beim Aufstellen adäquater Theorien.

Dennoch entlehnten die emporkeimenden Maschinenwissenschaften ihre methodischen Ansätze selbstverständlich den Naturwissenschaften, was in Ermangelung eigenständiger Methoden zunächst durchaus legitim war. Die deduktive Methode und die Suche nach geschlossenen Lösungen waren das Fernziel aller Verwissenschaftlichungsbestrebungen Redtenbachers und seiner Schüler. Zugleich aber war ihnen intuitiv klar, daß der Weg zur Verallgemeinerung nur induktiv über das Studium der Besonderheiten des Einzelfalles erfolgen konnte.[31]

Dialektik der Methodenentwicklung ist auch dem Verhältnis von Analyse und Synthese abzulesen. Die technische Antizipation und konstruktive Gestaltung einer Maschine ist der Kern des spezifischen Gegenstandes der Maschinenlehre. Anfang des 19. Jh. war die technische Zeichnung zur Sprache des Technikers geworden. Ein geordneter Entwurf aber setzte die Zerlegung in Maschinenelemente voraus, ebenso wie die Zerlegung in Einzelphänomene, -zusammenhänge und -einflüsse, in die Determinanten eines technischen Vorganges schlechthin, erst ein technisches Objekt einer wissenschaftlichen Betrachtung zugänglich macht. Um die in einer Maschine wirkenden Gesetzmäßigkeiten aufzudecken, hatten sich die Maschinenwissenschaftler das Baconsche Prinzip „dissecare naturam“ zu eigen gemacht. Redtenbacher trieb dies bis zu molekulartheoretischen Erwägungen und Ätherbetrachtungen.[32] Weisbach benutzte oft „Versuche im Kleinen“[33] zur Zergliederung eines Vorganges und zum Herauslösen aus

31 In seinem „Dynamiden-System. Grundzüge einer mechanischen Physik“, Mannheim 1857, dessen Entstehung im engen Zusammenhang mit den „Prinzipien der Mechanik und des Maschinenbaues“ zu sehen ist, schreibt Redtenbacher (S. 5): „Die wahre Geschichte zeigt, daß jede Naturwissenschaft mit der Induction anhebt, mit der Deduction schließt“. Diese Aussage übertrug er methodisch auf die Maschinenwissenschaften.

32 Vgl. ebenda. Atomistische Vorstellungen legte Redtenbacher erstmals im 2. Abschnitt „Allgemeine Eigenschaften der Materie“ in seinen „Prinzipien der Mechanik und des Maschinenbaues“, a. a. O., S. 17—41, dar.

33 Vgl. J. Weisbach, Die Experimental-Hydraulik, Freiburg 1855. Im Untertitel heißt es: „Eine Anleitung zur Ausführung hydraulischer Versuche im Kleinen, nebst Beschreibung der hierzu nöthigen Apparate und Entwickelung der wichtigsten Grundformeln der Hydraulik, so

größeren Zusammenhängen. Auch die Einteilung in theoretische und technische Maschinenlehre diente diesem Anliegen. Wiederkehrende Erscheinungen, Aussagen und Gesetzmäßigkeiten an einer Maschine wie Reibung, Trägheit, Stoß, Festigkeit u. a. wurden im theoretischen Fach einer Einzelanalyse unterzogen. Die praktische Maschinenlehre hatte dagegen die jeweilig konkrete Situation einer Maschine zum Gegenstand.

Mit der Aufspaltung tritt auch das Spezifikum der technischen Mechanik hervor. Weisbach behandelte z. B. in seinen mechanischen Grundlagen die Reibung nicht als allgemeines Naturgesetz, sondern am konkreten Maschinenelement (Keil, Zapfen, Seil). Seine Festigkeitslehre bezog sich nicht allgemein auf den Balken, sondern auf vorteilhafte und bewährte Profile für praktisch relevante Belastungsarten. Auch das Gleichgewicht wurde nicht abstrakt-theoretisch abgehandelt, sondern etwa am Beispiel der Riemenreibung. Die Naturkonstante „Reibungskoeffizient" wurde so zu einem technischen Parameter, der in Versuchen ermittelt werden kann.[34]

Entsprechend entwickelte sich das technikwissenschaftliche Experiment im Maschinenwesen. Weisbach nutzte das Experiment noch vorrangig als Unterrichtsmittel und zu Demonstrationszwecken.[35] Redtenbacher überprüfte damit Theorieansätze und bestätigte sie aus dem Vergleich.[36] Beide stellten aber mehr und mehr den Zusammenhang zur Theorienbildung her: Die Bereitstellung empirischer Koeffizienten zur „Auffüllung" theoretischer Ansätze.

Wie nun sollte die technikwissenschaftliche Theorie aussehen, welche Einflüsse durften in der Modellbildung Berücksichtigung finden? Ganz allgemein mußte Wesentliches von Unwesentlichem unterschieden werden. Dazu gehörte praktisches Urteilsvermögen und Erfahrung. Die Hauptgrößen für eine analytische Maschinentheorie standen allerdings fest; es waren zumeist ökonomische Kennwerte, nach denen eine Maschine entworfen werden sollte: Effekt, Gewicht, Kosten, Leistung. In seinem Entwurf einer Maschinentheorie, deren Ziel die Bestimmung vorteilhafter Konstruktionsverhältnisse und die Wahl zweckmäßiger Konstruktionselemente und -materialien war, ging Redtenbacher von solchen Hauptgrößen aus, die er in Abhängigkeit von zumeist geometrischen Nebengrößen darstellt. Die Lösung der Dimensionierungsaufgabe ergab sich dann aus

wie Vergleichung der durch diese Apparate gefundenen Versuchsresultate mit der Theorie und mit den Erfahrungen im Großen."

34 Vgl. J. Weisbach, Lehrbuch der Ingenieur- und Maschinenmechanik, Bd. 1, 2. Aufl. a. a. O., S. 208–209.

35 Vgl. J. Weisbach, Die Experimental-Hydraulik, a. a. O.; J. Weisbach, Versuche über die Leistung eines einfachen Reaktionsrades, Freiberg 1851; siehe dazu auch die in zahlreichen Zeitschriftenartikeln abgedruckten Versuchsbeschreibungen, z. B. „Versuche bei Vorträgen über Elasticität und Festigkeit fester Körper", in: Civilingenieur (Dresden), 5/1868.

36 Vgl. F. Redtenbacher, Theorie und Bau der Turbinen, Mannheim 1860, S. 44–52 (Vergleich seiner Theorie mit Versuchen von Murin und Fourneyron) und S. 53–71 (Allgemeine Theorie zu Fourneyron'schen Turbinen und Vergleich mit eigenen Versuchen).

der Maximierung bzw. Minimierung der Hauptgrößen durch schrittweise Elimination aus dem entsprechenden Gleichungssystem.[37]

Bei allen fruchtbaren Ansätzen zeigten sich jedoch Grenzen einer solch streng aufgebauten deduktiven Theorie. Oft erwies sich die ökonomische Lösung nicht als die technisch realisierbare; der Komplexität des Maschinenproblems wegen mußten Vernachlässigungen getroffen werden, welche die Anwendbarkeit der Ergebnisse beeinträchtigten; zudem gab es mathematische Lösungen, die sich einer technischen Interpretation entzogen.

Insgesamt hielt Redtenbacher daher an Näherungsverfahren fest. Das Grundprinzip der Übertragung von Bewährtem auf neue Verhältnisse bei gleichzeitigem Abwägen der möglichen Einflüsse und Störgrößen entsprach noch ganz den Erfordernissen der Zeit. Es ist Redtenbachers Verdienst, die „Methode der Verhältniszahlen" kultiviert und das aus der Architektur entlehnte Verfahren für den Maschinenbau aufbereitet zu haben. Begleitet war diese Methode von der Festlegung geeigneter technischer Parameter, in denen entsprechende Charakteristika zum Ausdruck kamen. Initiiert von technischen Fragestellungen, wie z. B. der Beurteilung von Strömungshindernissen u. a., pflegte Weisbach den Umgang mit technischen Koeffizienten, wie Widerstands-, Kontraktions-, Geschwindigkeits- und Ausflußkoeffzient. Diese hatten den Vorzug, meßbar und damit vergleichbar zu sein.[38] Die Aufstellung solcher Koeffizienten diente auch der Festigung des Begriffsgefüges der Maschinenlehre. Größen wie Sicherheitsfaktor, Tragmodul, Elastizitätsgrenze und Schubmodul gehörten durch ständigen Gebrauch in Nachschlagewerken schon bald zum gängigen Handwerkszeug des Ingenieurs. Solche praktikablen Parameter vermittelten auch ihren theoretischen Hintergrund.[39] Von sinnvollen Definitionen ging auch Redtenbacher stets aus. Er verschrieb sich dabei der Angabe relativer Bezugsgrößen (dimensionsloser Kennwerte), die den Vorteil boten, unabhängig von Maßsystemen zu sein. Zudem waren Verhältniszahlen leicht einprägbar und bildeten beim Ingenieur das Gefühl für richtige Konstruktionsverhältnisse aus. Eine solch vereinfachte Maschinenberechnung ging in richtiger Weise von der Geometrie des Bewegungsmechanismus aus (später Gegenstand der Kinematik und Getriebelehre), berücksichtigte ferner die Festigkeit des Materials und mündete schließlich in der Aufstellung von Konstruktionsregeln für die Maschinenteile.

Redtenbacher, der einen ausgeprägten Sinn für die hypothetische Natur solcher Theorieansätze hatte, legte großen Wert auf ihre Überprüfung und unterzog sie einer ständigen Verbesserung durch Neuansetzen. In der Absicht, sich der hochgesteckten Ziele seiner „Principien" wenigstens teilweise zu nähern, leitete er ganz spezifische modifizierte Theorien für bestimmte Maschinen her. Für entsprechende

37 Vgl. F. Redtenbacher, Prinzipien der Mechanik und des Maschinenbaues, a. a. O., S. 258–267.
38 Vgl. J. Weisbach, Experimental-Hydraulik, a. a. O., S. 16–40.
39 Vgl. J. Weisbach, Lehrbuch der Ingenieur- und Maschinenmechanik, Bd. 1, 4. Aufl. a. a. O., S. 338–356.

Optimierungsaufgaben verwarf Redtenbacher sogar die „ausschließlich rechnende Methode".[40] Noch treffender kommt sein Anliegen in den Worten zum Ausdruck: „Mit den Prinzipien der Mechanik erfindet man keine Maschine, denn dazu gehört, nebst dem Erfindungstalent, eine genaue Kenntnis des mechanischen Prozesses, welchem die Maschine dienen soll. Mit den Prinzipien der Mechanik bringt man keinen Entwurf einer Maschine zu Stande, denn dazu gehört Zusammensetzungssinn, Anordnungssinn und Formensinn".[41]

Mit Konsequenz führte Redtenbacher solche modifizierten Verfahren bei der Behandlung von Wasserturbinen[42] und in einer Abhandlung über die Grenzen einer „calorischen Maschine" ein.[43] Es grenzte schon an ein deduktiv-axiomatisches Vorgehen, wenn er seine Rechnung wie folgt entwickelte: 1. Voraussetzungen; 2. Definition der Rechengrößen; 3. Entwicklung der Theorie; 4. Bedingungsgleichungen für Effekt-Maximum; 5. Herleitung von Dimensionierungsregeln; 6. Berücksichtigung von Nebenbedingungen (Störfaktoren, Verluste); 7. Ableitung allgemeiner Gesetze für Bau und Betrieb von Turbinen aus dem Vergleich mit Experimenten; 8. Kostenberechnung (Material).

Eingedenk der Unvollkommenheit der Verhältniszahlen, die ja auf statischen Prinzipien beruhten, wog Redtenbacher immer wieder die Vor- und Nachteile von Näherungsverfahren gegeneinander ab. Letztlich sah er aber in dieser Art der Beschreibung der realen Verhältnisse ein wesentliches Kriterium einer technikwissenschaftlichen Theorie: die hinreichende praktische Genauigkeit. Die notwendigen Vereinfachungen in den Modellvorstellungen hatten in der praktischen Umsetzung Ungenauigkeiten zur Konsequenz, die aber bewußt in Kauf genommen wurden. Redtenbacher blieb allerdings dabei nicht stehen, sondern suchte die entworfene Theorie durch Fehlerabschätzungen und Erwägungen über vernachlässigbare Einflüsse aufzubessern.[44] Dieses Vorgehen schärfte seine Fähigkeit, bestehende Technik zu beurteilen und zu bewerten sowie Trends im Maschinenbau einzuschätzen. Auch Weisbach kam es nicht auf „scrupulöse Genauigkeit" an, er gab stets der Übersichtlichkeit den Vorzug.[45]

Schließlich sei im Zusammenhang mit der Theorienentwicklung im Maschinenwesen auf das Problem der Angemessenheit des theoretischen Apparates eingegangen. Angemessenheit ist nicht allein nach hinreichender Genauigkeit der Ergebnisse und dem Rechenaufwand zu beurteilen. Eine Anzahl von Problemen war einfach zu trivial, um einer mathematisch-theoretischen Lösung zugeführt zu werden. Das trifft vor allem auf herkömmliche Technik zu, wie Kunstgezeuge,

40 F. Redtenbacher, Prinzipien der Mechanik und des Maschinenbaues, a. a. O., S. 287—291.

41 F. Redtenbacher, Resultate für den Maschinenbau, Vorrede zur 1. Aufl., a. a. O.

42 Vgl. F. Redtenbacher, Theorie und Bau der Turbinen, a. a. O., S. 23—118.

43 Vgl. F. Redtenbacher, Die calorische Maschine, Mannheim 1853.

44 Vgl. Z. B. bei der Einführung eines „potenzierten Mariotteschen Gesetzes" in: F. Redtenbacher, Die calorische Maschine, a. a. O., S. 85—91.

45 Vgl. J. Weisbach, Handbuch der Bergmaschinenmechanik, Vorrede, Bd. 2, Leipzig 1836.

Hebewerke u. a., deren Jahrhunderte währende Überdimensionierung nicht als ökonomischer Verlust zu werten ist.[46] Andere Maschinen hingegen waren schon bis an die Grenzen der aktuellen Theorie berechnet und durchkonstruiert. Es war abzusehen, daß weitere konstruktive Verbesserungen in keinem Verhältnis z. B. zu den Möglichkeiten der genauen Ausführung und Fertigung ständen.[47] Hinzu kommt, daß die Auslegung einer Maschine nach ökonomischen Kriterien oft überhaupt an die Grenzen technischer Ausführbarkeit stieß und bei ungenügender Berücksichtigung der Eigengesetzlichkeit technischer Entwicklungen einseitige ökonomische Vorteile zur Absurdität führen konnten.

Eine forciert betriebene Theorienbildung sowie intensive methodische Studien zeigen das Ende der Herausbildungsperiode an. In den sechziger Jahren ließen auch die ersten Erfolge des wissenschaftlichen Maschinenwesens nicht auf sich warten, verhießen aber keinesfalls allgemeine Vorzüge und durchgängige Anwendbarkeit der neuen technikwissenschaftlichen Prinzipien. Im Stadium des Kapitalismus der freien Konkurrenz wurden die Wissenschaften schrittweise in den Reproduktionsprozeß einbezogen. Erst mit dem Übergang zum Imperialismus werden sie zum wesentlichen Element der Produktivkraftentwicklung. Hinzu kommt, daß traditionelle technikwissenschaftliche Disziplinen wie die Maschinenlehre erst nach einer relativ eigenständigen Entwicklung und Vervollkommnung ihres Theoriensystems die notwendige Reife für die umfassende Lösung technischer Probleme erlangen konnten. Das aber vollzog sich in der Periode der Konsolidierung.

Das Fundament des wissenschaftlichen Maschinenwesens war um 1860 gelegt. Freilich waren die programmatischen und konzeptionellen Vorhaben der Polytechniker für gewöhnlich den Realitäten voraus. Diese Tatsache verweist auf das sich ständig neu stellende Problem der Wechselwirkung von empirischem und theoretischem Wissen und ist zugleich Ausdruck des Spannungsfeldes zwischen *Erkenntnisgewinnung*, *Ergebnisdarstellung* und *praktischer Umsetzung*. Die augenfällige Unterscheidung von theoretischer und technischer Maschinenlehre unterstreicht, daß es noch nicht gelungen war, die verschiedenen Ströme technikwissenschaftlicher Erkenntnis hinlänglich zusammenzuführen.

Immerhin hatten die deutschen Maschinenwissenschaftler mit ihren eigenständigen Methoden eine gewichtige Stimme im Konzert des europäischen Maschinenbaus erkämpft. Das Nachrücken Englands auf dem Feld der Theorie und die zunehmende Praxisorientierung in Frankreich hatten im technikwissenschaftlichen Sektor wiederum eine gewisse Ausgeglichenheit hergestellt, die auch in einer großen Anzahl gegenseitiger Fachbuchübersetzungen und in einem regen wissenschaftlichen Austausch über die Ländergrenzen hinweg ihren Niederschlag fanden. Den Abschluß der Disziplinbildung des wissenschaftlichen Maschinenwesens kennzeichnen zusammenfassend folgende Gesichtspunkte:

46 Vgl. J. Weisbach, Lehrbuch der Ingenieur- und Maschinenmechanik, Bd. 3, a. a. O., S. 923–934.
47 Vgl. F. Redtenbacher, Theorie und Bau der Turbinen, Vorrede, a. a. O.

1. Wesentliche theoretische Grundlagen sind übersichtlich und in gut handhabbarer Form dargestellt. Die theoretischen Elemente bilden ein relativ geschlossenes Erkenntnissystem. Die Anwendung mathematischer Methoden ist vorrangig auf mechanischen Prinzipien gegründet. Technische Mechanik und Maschinenlehre sind die Grundpfeiler des Maschinenwesens in dieser Periode.

2. Die Konturen spezifisch technikwissenschaftlicher Methoden im Maschinenbau treten stark hervor. Trotz der Unterschiede im theoretischen Denken der drei fortgeschrittensten europäischen Nationen schält sich ein einheitlicher rationaler Kern heraus: die konstruktive Vorwegnahme maschinentechnischer Gebilde, d. h. der wissenschaftlich fundierte Entwurf einer Maschine nach technisch-ökonomischen Kriterien.

3. Das wissenschaftliche Maschinenwesen entfaltet sich zu einem breit aufgefächerten Disziplinengefüge. Seine Institutionalisierung vollzieht sich in vielfältiger Weise. Die Kommunikation innerhalb das Fachgebietes erhält gegen Ende der Herausbildungsperiode eine internationale Dimension.

Klaus Krug

Zur Herausbildung der Verfahrenstechnik

Die Verfahrenstechnik ist ein Wissenschaftsgebiet der Technikwissenschaften, das die Gesetzmäßigkeiten industrieller Stoffwandlungen zum Gegenstand hat. Die Änderung des Zustandes und der inneren Struktur der Stoffe sind dabei bedeutungsvoller als die Änderung ihrer makrogeometrischen Form. Der Objektbereich der Verfahrenstechnik ist die gesamte stoffwandelnde Industrie, d. h. die chemische Industrie, die Energie- und Brennstoffindustrie, die Baustoff- und Baumaterialienindustrie, die Papier- und Zellstoffindustrie, die Holz- und Faserwerkstoffindustrie, die Textilindustrie sowie die Lebensmittelindustrie und Nahrungsgüterwirtschaft.[1] Diese Charakterisierung kennzeichnet die Verfahrenstechnik als ein technologisch orientiertes Wissenschaftsgebiet, in dem nicht die Konstruktion und Fertigung von Arbeitsmitteln, sondern Produktionsverfahren mit ihren natur- und gesellschaftswissenschaftlichen Bezügen im Mittelpunkt stehen.

Im 19. Jahrhundert war für die wissenschaftliche Beschreibung des o. g. Objektbereiches eine stofforientierte Strukturierung unter dem Konzept der „Chemischen Technologie" typisch und ausreichend.[2] Gegen Ende des 19. Jahrhunderts begann sich mit der Orientierung an den in stoffwandelnden Verfahren wiederkehrenden Prozessen, wie Destillation, Trocknung, Filtration, Flotation u. v. a., die klassische Verfahrenstechnik (Prozeßverfahrenstechnik) herauszubilden. Für die Herausbildungsperiode, die von ca. 1890 bis ca. 1940 reichte, war die chemische Industrie aus verschiedenen Gründen der repräsentative Objektbereich.

1. *Einige für die Herausbildung der Verfahrenstechnik bedeutsame Entwicklungslinien in der chemischen Industrie*

Deutschlands Zugang zur chemischen Großindustrie war im letzten Drittel des 19. Jahrhunderts im wesentlichen über die Teerfarbenindustrie erfolgt. Der stoffwirtschaftliche Zusammenhang mit der Produktion anorganischer Produkte führte

1 Vgl. Autorenkollektiv (Ltg. G. Gruhn), Einführung in die Verfahrenstechnik, Leipzig 1982, S. 82.

2 Vgl. K. Krug, Technologieauffassungen in der Wissenschaftsgeschichte und die Einordnung der Verfahrenstechnik (unveröff. Manuskript), Merseburg 1977.

zu einer neuen Generation von Verfahren, von denen das Solvay-Verfahren, das Schwefelsäurekontaktverfahren, die elektrolytischen und elektrothermischen Verfahren sowie die Elementarsynthese von Ammoniak hervorgehoben seien. Die für diese Zeit typischen Merkmale organischer und anorganischer Verfahren sind in der folgenden Übersicht zusammengestellt (vgl. Tabelle 1).

Tabelle 1:

Typische Merkmale der Produktion von Teerfarben und Großanorganika

Merkmale	Teerfarbenproduktion	Anorganika-Produktion
stoffliche:		
Produktzahl	8000–9000	ca. 250
Masse/Produkt	ca. 100 t/a	ca. 100000 t/a
Veredlungsgrad	sehr hoch	gering
Preis/t (um 1900)	10^3 bis 10^4 M	10^1 bis max. 10^3 M
technisch-technologische:		
Faktor d. Maßstabsübertr.	ca. 10^1 bis 10^2	bis 10^3
Arbeitsmittel	billige Einzelapparate	„maßgeschneiderte" Großanlagen
Chemismus	kompliziert und im Mittelpunkt	überschaubar
Hauptoperationen	chemische	physikalische
Prozeßbedingungen	in der Nähe der Normalbedingungen	Temperatur bis 2500 K
Prozeßführung	vorw. Chargenbetrieb	kontinuierl. Verfahren
Mechanisierungsgrad	rel. gering	sehr hoch
wissenschaftliche Anforderungen		
· an Chemie	sehr hoch (organ.)	gering
· an physik. Chemie	gering	sehr hoch
· an Technikwissensch.	gering	sehr hoch

Beiden Zweigen gemeinsam war der Massencharakter der Produktion. In der Produktion organischer Produkte äußerte sich dieser Aspekt in einer kleintonnagigen Vielproduktenindustrie, während für die Erzeugung anorganischer Stoffe die um den Faktor 10^3 größeren Massen typisch waren. Die Anwendung der Elektrizität und vor allem die anorganisch-katalytischen Verfahren stellten vollkommen neue Anforderungen an Apparatetechnik und Prozeßführung. Für die Herausbildung der Verfahrenstechnik sind sie insbesondere durch die Merkmale der Massenproduktion, des kontinuierlichen Betriebes und durch die hohen Faktoren der Maßstabsübertragung von besonderer Bedeutung gewesen. Für die anorganischen Verfahren wurde die physikalische Chemie ebenso gefordert wie bei der Teerfarbenindustrie die organische Chemie.

Die in den 20er und 30er Jahren unseres Jahrhunderts entwickelten Verfahren wie die Methanolsynthese, die Verfahren der katalytischen Kohlehydrierung nach Fischer und Tropsch sowie nach Bergius, die Erzeugung synthetischer Fette, die Polymerisationsverfahren zur Herstellung von Chemiefasern, Plasten und Elasten stellten aufgrund ihrer technischen Durchbildung neue Anforderungen an das Ausbildungsprofil eines Verfahrenstechnikers und an eine verfahrenstechnische Forschung. Damit verschwanden die in der Tabelle 1 angegebenen und bis etwa zum ersten Weltkrieg typischen Unterschiede zwischen den organischen und anorganischen Verfahren; die neue Generation organischer Großsynthesen stellte sowohl an die Natur- als auch an die Technikwissenschaften höchste Anforderungen. Für viele dieser Verfahren war die Ammoniaksynthese das Vorbild. Blenke schreibt dazu: „So brachte die Ammoniaksynthese mit ihren extremen technischen Ansprüchen nicht nur die Entwicklung der Hochdrucktechnik, die weit über dieses Verfahren hinausreichend den Fortschritt der Technik förderte, sondern damit auch den Einsatz von Ingenieuren im Chemiebetrieb und den Beginn der Verfahrenstechnik."[3] Zweifelsohne hat die Ammoniaksynthese einen wesentlichen substantiellen Beitrag zur Herausbildung des Wissensprofils eines Verfahrenstechnikers geliefert, aber in Deutschland begann erst 1928 – 15 Jahre nach der Inbetriebnahme des Verfahrens in Oppau – die Ausbildung für „Chemie-Ingenieure" an der Technischen Hochschule Karlsruhe[4] und blieb bis zum zweiten Weltkrieg eine Ausnahme. Das Prinzip der deutschen chemischen Industrie bestand in der Arbeitsteilung und der Kooperation zwischen Chemikern und Ingenieuren, wodurch integrative Elemente a priori ausgeschlossen blieben.

Die Monopolisierung in der chemischen Industrie, deren bedeutendstes Ereignis die Gründung der IG Farbenindustrie AG Ende des Jahres 1925 war, führte zu bedeutenden Rationalisierungsmaßnahmen und zu bisher nicht gekannten finanziellen Möglichkeiten für Modernisierungsinvestitionen. In den Jahren 1927/28 wird z. B. in den Leuna-Werken die beträchtlich modernisierte Anlage zur Ammoniaksynthese unter dem Namen „IG-Verfahren" in Betrieb genommen. Welsch weist nach, daß z. B. die Zahl der Aktiengesellschaften in der deutschen Wirtschaft gegenüber 1924 um etwa 4000 zurückging.[5] Erklärte Ziele dieser Maßnahmen bestanden in der Zurückeroberung der durch den ersten Weltkrieg verlorengegangenen Positionen im allgemeinen und in der Verringerung des technologischen Rückstandes zu den USA im besonderen. Das gelang zumindest teilweise durch Vereinbarungen mit USA-Konzernen, durch Patentaustausch, Spezialisierung der Produktion, Profilbereinigungen usw. Während vor dem ersten Weltkrieg fast 30 % der auf dem Weltmarkt gehandelten chemischen Produkte aus deutschen Fabriken stammten, war 1938 mit rund 25 % wieder ein ähnlicher Wert erreicht.[6]

3 H. Blenke, Verfahrenstechnik, in: Die berufsbildende Schule, 7 u. 9/1965, S. 475–480.

4 Vgl. Die Technische Hochschule Fredericiana Karlsruhe, Festschrift anläßlich des 125jährigen Bestehens, Karlsruhe 1950, S. 224.

5 Vgl. F. Welsch, Geschichte der chemischen Industrie, Berlin 1981, S. 95.

6 Vgl. A. Metzner, Die chemische Industrie der Welt. I. Europa, Düsseldorf 1955, S. 15/16.

Der beispiellose Aufstieg der deutschen chemischen Industrie im letzten Drittel des 19. Jahrhunderts führte zu einer vor allem während des ersten Weltkrieges in den USA spürbaren Abhängigkeit.[7] In den 20er Jahren setzte in den USA aufgrund einer Reihe günstiger Umstände eine stark extensive Entwicklung der chemischen Industrie ein, die 1938 zu einem Anteil von 29 % an der Welterzeugung von Chemieprodukten geführt hatte.[8]

Während Deutschland das Land der Kohleveredlung geworden war, hatten sich die USA zum Land der Erdölverarbeitung entwickelt. Äußerer Ausdruck war die Anmeldung von mehr als 700 Patenten auf dem Sektor der Kohleveredlung im Zeitraum zwischen 1919 und 1934, deren deutscher Anteil bei ca. 90 % lag. Allein zur Methanolsynthese wurden vom IG-Farben-Konzern 250 Patente genommen. An den über 400 Patenten zu Verfahren der Kohleverflüssigung hatten die IG-Farben, F. Bergius, F. Fischer und die Gemeinschaftspatente der IG-Farben mit der „Standard Oil Company of New Jersey" den weitaus größten Anteil.[9] Insgesamt wurden von der IG Farbenindustrie AG allein mit USA-Konzernen etwa 2000 Patente ausgetauscht.[10]

In den USA hatte sich die Erdölförderung von 34 Mill. t im Jahre 1913 auf 138 Mill. t im Jahre 1929 entwickelt, was zwei Drittel der Weltförderung entsprach. Deutschland förderte dagegen 1929 nur ca. 100000 t oder ein halbes Promille der Gesamtfördermenge.[11]

Bis zur Weltausstellung in Philadelphia (1876) war das Niveau der USA-Industrie durch Europa generell unterschätzt worden, obwohl sich in bezug auf die chemische Industrie bereits zeigte, daß „zahlreiche Methoden und Apparate besserer Art als in Europa"[12] waren. Bereits für 1877 stellte Grothe fest, daß „die Produkte der Petrolraffinerien aus Philadelphia, Buffalo u. a. Ölregionen wahrhaft imponierend auftreten."[13] Der akute Arbeitskräftemangel in den USA, das im Durchschnitt um 70 % höhere Einkommen der Erwerbstätigen gegenüber Deutschland, die hohen Einheitsleistungen der Chemieanlagen – Elektrolyseanlagen, Erdölraffinerien u. a. – waren einige Faktoren, die schon frühzeitig zur Rationalisierung und zur Forderung nach Ausbildung von Chemieingenieuren zwangen.[14]

7 Vgl. W. Ludewig, Die Entwicklung der Verfahrenstechnik zu einer Wissenschaft, in: Zeitschrift des Vereins Deutscher Ingenieure (im folgenden: VDI-Z.) (Düsseldorf), 9/1967, S. 369.

8 Vgl. A. Metzner, Die chemische Industrie der Welt. I. Europa, a. a. O.

9 Vgl. A. Schmidt, Die industrielle Chemie in ihrer Bedeutung für das Weltbild, Berlin und Leipzig 1934, S. 431.

10 Vgl. F. Welsch, Geschichte der chemischen Industrie, a. a. O., S. 466.

11 Vgl. A. Schmidt, Die industrielle Chemie in ihrer Bedeutung für das Weltbild, a. a. O., S. 446.

12 H. Grothe, Die Industrie Amerikas (Vereinigte Staaten von Nordamerika). Ihre Geschichte, Entwicklung und Lage, Berlin 1877, S. 334.

13 Ebenda, S. 336.

14 Vgl. C. Köttgen, Das wirtschaftliche Amerika, Berlin 1925, S. 70.

Der dadurch auf die Hochschulen ausgeübte Druck in den 20er Jahren fehlte im Deutschland jener Zeit.

2. *Zum Übergang von der chemischen Technologie zur Verfahrenstechnik*

Die Verfahrenstechnik verfolgt gegenüber der um die Jahrhundertwende vorherrschenden chemischen Technologie ein neues Konzept. Es ist der Übergang von der speziellen zur allgemeinen chemischen Technologie und stellt einen Paradigmawechsel dar, der u. a. vom Übergang von der verbal-deskriptiven Beschreibung stofforientierter Gesamtverfahren zur quantitativen Behandlung der diese Verfahren konstituierenden Prozesse geprägt wird. Dabei war man sich über die qualitativen und quantitativen Grenzen der stofforientierten Verfahrenskunde schon um die Mitte des 19. Jahrhunderts klar[15], aber noch um die Jahrhundertwende findet man die Ansicht, daß die spezielle Technologie „heutigen Tages in der chemischen Technologie fast noch ausschließlich" dominiert, „weil die chemischen Gewerbe wohl eine gemeinsame theoretische Grundlage, aber in ihrer praktischen Ausführung wenig gemeinsame Anknüpfungspunkte besitzen"[16]. Dieser Sachverhalt kommt in den Lehr- und Handbüchern der Chemischen Technologie u. a. dadurch zum Ausdruck, daß einzelne in den Verfahren wiederkehrende Prozesse (vgl. Abschnitt 1.) keine allgemeine Behandlung erfahren, sondern als völlig getrennte Vorgänge beschrieben werden, die nur im Zusammenhang mit dem jeweiligen Gesamtverfahren bzw. dem Stoffsystem ihre Bedeutung finden. Weder die apparative Gestaltung noch die praktische Prozeßführung lassen das Gemeinsame erkennen; sie sind in langer empirischer Tradition den Stoffsystemen angepaßt worden, wodurch die „Grundform der Bewegung" selbst oder gerade dem Eingeweihten verdeckt bleiben kann. Das Gesamtverfahren wurde als chemisch-technologischer Gegenstand angesehen, seine Elemente jedoch nicht als physikalische oder chemische Vorgänge quantitativ behandelt, die – unabhängig vom Stoffsystem – den gleichen Gesetzmäßigkeiten unterliegen. Anläßlich einer Diskussion um die Methoden der Technologie im Jahre 1877 erklärte in diesem Sinne der Hofmann-Schüler und Mitbegründer der AGFA, C. A. v. Martius, daß es darauf ankomme, die „in der chemischen Technik in Anwendung kommenden Methoden auf wenige Grundbegriffe zurückzuführen. Es könnten die in fast allen Zweigen der chemischen Technik sich wiederholenden Methoden der Destillation, des Verdampfens, der Filtration, der Kristallisation, des Schmelzens, Lösens etc. und die dabei in Anwendung kommenden mechanischen Hilfsmittel im allgemeinen besprochen werden"[17]. G. Lunge an der Eidge-

15 Vgl. F. Knapp, Lehrbuch der chemischen Technologie zum Unterricht und Selbststudium, Bd. 1, Braunschweig 1847, S. 2.

16 K. Karmarsch, Erinnerungen aus meinem Leben, Hannover 1903, S. 9.

17 W. F. Exner, Die neueren Bestrebungen der Technologie und ihre Beziehungen zur Kine-

nössischen Technischen Hochschule in Zürich und G. E. Davis an der Manchester Technical School, beide Professoren für chemische Technologie, gelten als Initiatoren dieser Entwicklung. Bei beiden spielte Ende der achtziger Jahre die günstigere Lehrfähigkeit des derart angeordneten Stoffes eine nicht unbedeutende Rolle. Lunge betonte 1893 aber auch die Bedeutung dieser Konzeption für die Forschung, indem er schrieb, daß die Technik dieser Prozesse so gründlich entwickelt worden sei, daß sie fast einer Spezialwissenschaft gleiche.[18] Sowohl Lunge als auch Davis blieben aber Anhänger des verbal-beschreibenden Konzeptes der Chemischen Technologie.

Eine qualitativ neuartige Behandlung erfuhren die thermischen Prozesse, Destillation, Verdampfen, Kühlen, Kondensieren, Trocknen ab 1893 durch den Apparatebauer E. Hausbrand, der in mehreren Monographien Dimensionierungsvorschriften für zu bauende Apparate entwickelte, indem er die komplizierten und unübersichtlichen Vorgänge in den Apparaten auf die jeweilige thermische Grundoperation zurückführte. Hausbrand, mehr als 40 Jahre Direktor der Apparatebaufirma C. Heckmann, die insbesondere Apparate für Zuckerfabriken und Brennereien fertigte[19], gilt in der amerikanischen Literatur als der „Vater der neuzeitlichen Behandlung der Grundoperationen“[20]. Seine vordergründige Zielstellung bestand darin, für die unterschiedlichen Anforderungen in bezug auf Rohstoff- und Produktqualitäten sowie Produktionsbedingungen wissenschaftlich gesicherte Auslegungsvorschriften für die zu bauenden Apparate zu entwickeln. Auch von diesen Bestrebungen, die empirisch-technischen Kenntnisse des Apparatebaues mit denen der physikalischen Chemie zu verknüpfen, gingen nur geringe Impulse für eine entsprechende Hochschulausbildung von Chemie-Ingenieuren aus.

Das Zentrum der weiteren konzeptionellen Entwicklung verlagerte sich nach den USA. Sie wurde besonders durch die Anforderungen der destillativen Erdölverarbeitung wie der gesamten chemischen Industrie forciert und durch eine utilitaristischere Wissenschaftsauffassung begünstigt. Im Jahre 1915 definierte A. D. Little: „Das ‚chemical engineering‘ ist die Übertragung eines chemischen Verwandlungsprozesses in den Großbetrieb durch Anwendung einer Zahl von mechanischen Operationen (unit operations).“[21] Nach ihm existieren etwa 20

matik und Maschinenkunde (Vortrag v. 4. 6. 1877), in: Verhandlungen des Vereins zur Beförderung des Gewerbefleißes in Preußen, Berlin 1877, S. 106–115.

18 Vgl. G. Lunge, zit. nach: G. M. Brown et. al. (Hrsg.), Unit Operations, New York 1950.

19 W. K. Lewis, zit. nach: G. M. Walker/W. K. Lewis/W. H. McAdams, Principles of Chemical Engineering, New York 1923, S. 3.

20 C.-J. Heckmann, Gespräche des Verfassers mit Prof. Heckmann am 4. 11. 1981 in Leipzig; vgl. auch: C.-J. Heckmann, Heckmannwerk. 150 Jahre chemischer Apparate- und Anlagenbau, Leipzig 1969, S. 10.

21 A. D. Little, zit. nach: R. Koch, Die Ausbildung des Chemie-Ingenieurs im Auslande. I. Amerika, in: Die chemische Fabrik (im folgenden: Die Chem. Fabr.) (Berlin), 14/1932; vgl. auch: E. Moser, Die Verfahrenstechnik in Österreich, in: Österreichische Chemiker-Zeitung (Wien), 1/1977, S. 55.

solcher Operationen, durch deren Kombination die Tätigkeit des „chemical engineer“ gekennzeichnet wird. Je nach dem Einteilungsprinzip werden heute 100 bis 200 solcher Grundoperationen in den Bereichen der thermischen und mechanischen Verfahrenstechnik definiert. Hinzu kommen noch die verarbeitungstechnischen Operationen. Interessant ist demnach, daß das Konzept der „unit operations“ ursprünglich nur physikalische Vorgänge beinhaltete und die Prozesse der chemischen Reaktionen vorerst ausgeklammert blieben. Im Jahre 1923 erschien in den USA das erste verfahrenstechnische Lehrbuch unter dem Titel „Principles of chemical Engineering“[22] von G. M. Walker, W. K. Lewis und W. H. McAdams. In diesem Werk wurde die Vorgehensweise von Hausbrand erstmals zusammenfassend verwirklicht und bedeutend erweitert. Im Vergleich dazu erschien das erste deutsche verfahrenstechnische Lehrwerk „Der Chemie-Ingenieur“ erst ab 1933 in 13 Bänden und wurde von A. Eucken und M. Jacob herausgegeben.[23] Der Physikochemiker Eucken war auch der erste Vorsitzende des 1935 im VDI gegründeten Fachausschusses „Verfahrenstechnik“. Im Vorwort erkannten die Herausgeber des „Chemie-Ingenieur“ an, daß „man im letzten Jahrzehnt wohl zuerst in Amerika zu einer Ordnung nach typischen Prozessen übergegangen (ist), die bei den verschiedensten Stoffen und Fabrikationen immer wiederkehren ... Dieser Gedanke liegt z. B. dem bekannten amerikanischen Lehrbuch Principles of chemical engineering ... zugrunde, dessen Lektüre uns sogar den allerersten Anstoß zu dem Plan des vorliegenden ... Werkes gegeben hat.“[24] Die breite Einführung dieses Werkes an den Hochschulen Deutschlands wurde durch den zweiten Weltkrieg verhindert. Auf diese Weise wurden jedoch in den 30er Jahren die wesentlichsten Voraussetzungen für das Konzept der Grundoperationen in Deutschland geschaffen. Bei einer historischen Bewertung dieses Konzeptes sind folgende Aspekte bemerkenswert:

a) Es ist das Ergebnis der Auflösung stofforientierter Gesamtverfahren in deren konstituierende Prozesse. Wissenschaftshistorisch ist es ein Übergang vom Konzept der speziellen zu dem der allgemeinen Technologie. Erst seit der Herausbildung der Systemverfahrenstechnik ab Mitte der 50er Jahre und deren Einheit mit der Prozeßverfahrenstechnik konnten alle Aspekte der chemischen Technologie auf höherer Stufe verwirklicht werden.

b) Der Übergang zum Konzept der Grundoperationen begann vorzugsweise in der chemischen Industrie, was durch die Dimensionen dieser Prozesse, durch den zunehmenden Übergang zum kontinuierlichen Produktionsregime, durch den vorwiegend fluiden Zustand der Stoffsysteme u. ä. begünstigt wurde. Später überschritt das Konzept den Industriezweig im Sinne einer im Abschnitt 1 gekennzeichneten Ausdehnung auf die gesamte stoffwandelnde Industrie.

c) Der wichtigste Fortschritt dieses Konzeptes bestand in den Möglichkeiten

22 Vgl. G. M. Walker/W. K. Lewis/W. H. McAdams, Principles of Chemical Engineering a. a. O.

23 Vgl. A. Eucken/M. Jacob (Hrsg.), Der Chemie-Ingenieur, 13 Bde., Leipzig 1933—1940.

24 Ebenda, Bd. 1.1, Leipzig 1933, S. V.

einer breiten Anwendung physikalischer und physikalisch-chemischer Gesetzmäßigkeiten, d. h. in dem vermittelten Zugang der Mathematik sowie dem Einsatz gezielter Experimente in das Chemieingenieurwesen (s. Abschnitt 4).

d) Durch die gesetzmäßige Verknüpfung von Prozeß- und Apparateparametern wird die Eigenständigkeit des Gebietes sichtbar. Außerdem kennzeichnet es die Wechselwirkungen zum Naturwissenschaftler und zum Konstrukteur. Das Konzept ist die Grundlage der wissenschaftlich fundierten Dimensionierung von Apparaten und deren Standardisierung.

e) Das Konzept der Grundoperationen wurde zum Grundgerüst für die akademische Ausbildung von Verfahrenstechnikern (s. Abschnitt 5).

3. Hauptlinien der Quantifizierung in der klassischen Verfahrenstechnik

Bis gegen Ende des 19. Jahrhunderts gab es für chemische Apparate kaum Ansätze einer auf die Beschreibung der in ihnen ablaufenden Prozesse begründeten Dimensionierung. Die Bemessung der Apparate erfolgte in der Regel durch empirisch ermittelte Verhältniszahlen ihrer geometrischen Hauptabmessungen. Bei dieser Art der (direkten) Benutzung von Elementarmathematik durch die Apparatebauer blieben die naturwissenschaftlichen Erkenntnisse über die in den Apparaten ablaufenden Prozesse außerhalb der Betrachtung. Allerdings wurde die Notwendigkeit der über die Naturwissenschaften vermittelten (indirekten) Einbeziehung der Mathematik gegen Ende des 19. Jahrhunderts in zunehmendem Maße spürbar. Eine Übersicht über wesentliche Entwicklungslinien dieser Art ist in der Tabelle 2 gegeben, die im folgenden knapp interpretiert werden soll.

Hausbrand gehörte zu den ersten Apparatebauern, die eine wissenschaftliche Betrachtungsweise einführten. In seiner Monographie über „Die Wirkungsweise der Rektifizier- und Destillier-Apparate“[25] von 1893 berechnete er auf der Grundlage des Phasengleichgewichtes und der Troutonschen Regel über die Konstanz der Verdampfungsentropien am Siedepunkt die Zahl der Böden einer Destillationskolonne. Er verknüpfte demnach die thermodynamischen Größen mit einem der Apparateparameter. Dieses grundsätzliche Merkmal soll als ein Aspekt des Übergangs zu technikwissenschaftlichen Gesetzmäßigkeiten verstanden werden. Fast 30 Jahre später, im Jahre 1922, versuchte Lewis, die umständliche Methode von Hausbrand zu ersetzen und berechnete die Bodenzahl unter der Annahme einer stetigen Funktion durch Integration.[26] Diese Annahme führte aber zu einem um so größeren Fehler, je größer die Konzentrationsänderung auf einem Boden ist. Diesen Mangel umgingen im Jahre 1925 W. L. McCabe

25 Vgl. E. Hausbrand, Die Wirkungsweise der Rektifizier- und Destillier-Apparate, Berlin 1893.

26 Vgl. W. K. Lewis, The Efficiency and Design of Rectifying Columns for Binary Mixtures, in: Industrial and Engineering Chemistry (im folgenden: Ind. Engin. Chem.) (Washington), 4/1922, S. 492.

Tabelle 2:

Hauptlinien der Mathematisierung in der Verfahrenstechnik bis ca. 1945

	Lösung von Differentialgleichungen	Dimensionsanalyse/ Ähnlichkeitstheorie	statist. Methoden	Modelle von Prozeßeinheiten
bis 1900	einfache Sonderfälle	Impuls-/Wärmetransport (1874 Reynolds, 1910 Prandtl)		
1900–1920	Lösung über Ähnlichkeitstheorie aufgrund von Experimenten	Wärme-/Stofftransport (1916 Nusselt)		erste Reaktormodelle (Bodenstein, Wolgast, Langmuir 1908)
1920–1945	Grafische Integrationsverfahren (Walker, McCabe, Thiele u. a.)	Impuls-/Wärme-/Stofftransport bei chem. Vorgängen (1936 Damköhler)	Beschreibung polydisperser Haufwerke (Rammler/Bennet 1933) Verweilzeitverteilungen bei Strömungsprozessen (1935 McMullin)	Modelle thermischer Stofftrennprozesse (McCabe/Thiele 1925) Wärmeüberträgermodelle (Bosnjakovič um 1940) Reaktormodelle (Förster/Geib 1934)

und E. W. Thiele, indem sie das klassische graphische Verfahren einführten, bei dem auf der Grundlage der Massenbilanz die sogenannten Arbeitslinien konstruiert wurden, zwischen denen und der Gleichgewichtskurve sich die Zahl der theoretischen Böden als Treppenkurve ergab.[27] Diese Darstellung war in übersichtlicher Form geeignet, wesentliche Parameter des Destillationsprozesses zu veranschaulichen, und spielt auch heute noch – insbesondere für die Ausbildung – eine bedeutsame Rolle. Die Konstruktion der Arbeitsgeraden stellt den typisch technikwissenschaftlichen Sachverhalt dar, der über die physikalisch-chemische Behandlung des Phasengleichgewichtes hinausreicht. Dieser Übergang von zumeist umständlich zu handhabenden numerischen Methoden zu graphischen Lösungen war in den 20er Jahren für verschiedene verfahrenstechnische Problemstellungen typisch. Auf diese Weise entstanden für das behandelte Beispiel erste Modelle zur Berechnung von Destillationskolonnen. Eine weitere anzudeutende Linie der Quantifizierung in der Verfahrenstechnik ist die Anwendung statistischer Methoden. Diese setzten naturgemäß zur Beschreibung grobdisperser Systeme,

27 Vgl. W. L. McCabe/E. W. Thiele, Graphical Design of Fractionating Columns, in: Ind. Engin. Chem., 6/1925, S. 605

z. B. der Korngrößenverteilung bei Mahlvorgängen, ein. Ebenfalls in den 30er Jahren wurden diese Methoden bereits zur Ermittlung von Verweilzeitverteilungen in Strömungsprozessen herangezogen. Erst in den 50er Jahren gelangten in die Modellvorstellungen zur Stoffübertragungstheorie statistische Elemente in Gestalt von Zufallsverteilungen. Das für die Verfahrenstechnik insgesamt wohl bedeutsamste Gebiet der Quantifizierung ist das der Bilanzgleichungen und der auf ihnen beruhenden Ähnlichkeitsprinzipien. Bis um die Mitte der 30er Jahre waren insbesondere durch die Arbeiten von Reynolds (1874), Prandtl (1904), Nernst (1904), Langmuir (1908), Nusselt (1916) u. a. die prinzipiellen Grundlagen dafür geschaffen worden, um eine verfahrenstechnische Grundoperation durch den Massenstrom, den Wärmestrom und den Impulsstrom mit Hilfe der Erhaltungssätze beschreiben zu können. Die physikalischen Ähnlichkeiten zwischen diesen Strömen gingen aus diesen Arbeiten hervor, so daß durch die Umformung in Kriterialgleichungen dimensionslose Ähnlichkeitskennzahlen gewonnen werden konnten, die die Grundlage für die Maßstabsübertragung vom Modell in die industrielle Dimension darstellten. Für chemische Vorgänge, die bislang ausgeklammert waren, formulierte Damköhler im Jahre 1936 die Bilanzgleichungen für chemische Reaktionen in strömenden Systemen und leitete daraus die vier nach ihm benannten Damköhler-Zahlen ab.[28] Seine Arbeiten stellten eine Erweiterung der klassischen Reaktionskinetik um die Vorgänge der Konvektion und Diffusion dar und dienen als Grundlage für die Reaktormodellierung. Seit jener Zeit gehört die Reaktionstechnik in den Bestand der klassischen Verfahrenstechnik, die sich nun nicht mehr auf die Beschreibung der physikalischen Grundoperationen beschränkte. Damit sind um 1940 die wissenschaftlichen Grundlagen der klassischen Verfahrenstechnik formuliert. Die um 1920 noch verstreuten Einzelerkenntnisse haben Systemcharakter erhalten, und damit ist die kognitive Disziplinierungsperiode der klassischen Verfahrenstechnik im wesentlichen abgeschlossen. Eine neue Entwicklungsperiode setzte nach 1950 ein, ist aber nicht Gegenstand dieses Beitrages.

4. Zur Institutionalisierung der Verfahrenstechnik

Zu Beginn des 20. Jahrhunderts waren für die Hochschulen aller entwickelten Länder Lehrstühle für Chemische Technologie bzw. Technische Chemie typisch. In Deutschland galt das besonders für die Technischen Hochschulen.[29] Deutschland war die „höchste Instanz in der organischen Chemie und verfügte über die

28 Vgl. G. Damköhler, Einflüsse der Strömung, Diffusion und des Wärmeüberganges auf die Leistung von Reaktionsöfen, in: Zeitschrift für Elektrochemie (Weinheim), 2/1936, S. 846.

29 Vgl. F. Fischer, Das Studium der Technischen Chemie an den Universitäten und Technischen Hochschulen Deutschlands und das Chemiker-Examen, Braunschweig 1897, S. 16, 85–86.

meisten Experten der Chemischen Technologie, so daß deutsche Sprachkenntnisse erforderlich waren", beschreibt Hougen die Situation für die USA.[30] Allerdings wurde in den USA bereits auf die Synthese von Chemikern und Ingenieuren Wert gelegt. Ausgangspunkt war zunächst das „mechanical Engineering".[31] Die Integration wird indessen durch die Tatsache verdeutlicht, daß in den USA ca. zwei Drittel aller Lehrstühle für „chemical engineering" ihren Ursprung in „Chemistry Departments" hatten.[32]

Im folgenden sind im Hinblick auf die Hauptlinien der territorialen Verschiebung einige ausgewählte Daten der Institutionalisierung zusammengestellt.

a) USA

1908: Gründung des „American Institute of Chemical Engineering" (Aiche)[31]

1915: Definition des „Chemical Engineering" durch A. D. Little[22, 30, 31]

1920 bis 1925: Lehrstühle für „Chemical Engineering" an 14 Hochschulen der USA (ähnlich UdSSR)[33]

1923: Erstes Lehrbuch der Verfahrenstechnik „Principles of chemical engineering" von Walker, Lewis und McAdams[22]

1930: Ca. 10000 eingeschriebene Studenten für „chemical engineering"[34]

b) Rußland/UdSSR

1909: Lehrstuhl für „Prozesse und Apparate der chemischen Technologie" am Petersburger Technologischen Institut (A. K. Krupski)

1912: Selbständige Disziplin für „Prozesse und Apparate der chemischen Technologie" an der Moskauer höheren technischen Lehranstalt (I. A. Tischtschenko)

1920: Gründung des Mendelejew-Institutes für Chemische Technologie (erster Rektor: I. A. Tischtschenko)

c) Weitere Länder außer Deutschland

1921: Gründung des „Institute of Chemical Engineers" in London[35, 36]

30 Vgl. O. A. Hougen, Seven Decades of Chemical Engineering, in: Chemical Engineering Progress (New York), 1/1977, S. 89–104.

31 Vgl. R. Koch, Die Ausbildung des Chemie-Ingenieurs im Auslande. I. Amerika, in: Die chem. Fabr., 14/1932, S. 105–112.

32 Vgl. J. W. Westwater, The Beginnings of Chemical Engineering Education in the USA, in: W. F. Furter (Hrsg.), History of Chemical Engineering, Advances in Chemistry Series 190, American Chemical Society, Washington 1980.

33 Vgl. W. Ludewig, Die Entwicklung der Verfahrenstechnik zu einer Wissenschaft, in: VDI-Z., 9/1967, S. 372.

34 Vgl. Trotz Wirtschaftskrise Bedarf an Chemie-Ingenieuren in Amerika, in: Die chem. Fabr., 8/1932, S. 63.

35 Vgl. J. A. Reavell, Die Ausbildung des Chemie-Ingenieurs im Auslande. II. England, in: Die chem. Fabr., 15/1932, S. 116–117.

36 Vgl. K. Kutzner, The Institution of Chemical Engineers in: Die chem. Fabr., 23/1932, S. 197–199.

1922: Erster Lehrstuhl für „Chemical Engineering" an der kaiserlichen Universität Kyoto[37]

1923: Ramsay-Lehrstuhl für „Chemical Engineering" an der Universität London[35]

1927: Erster Lehrstuhl für Chemieingenieurwesen am Königlichen Polytechnikum in Mailand[38]

d) Deutschland

1926: Gründung der „Deutschen Gesellschaft f. chem. Apparatewesen" Dechema (M. Buchner)[39]

1928: Institut und Lehrstuhl für chemischen Apparatebau an der Technischen Hochschule Karlsruhe (E. Kirschbaum)[39, 40, 41]

1928: Beginn der Ausbildung für „Chemieingenieure" an der Technischen Hochschule Karlsruhe[39]

1933 bis 1940: Erstes deutsches Lehrwerk für Verfahrenstechnik „Der Chemie-Ingenieur" von Eucken und Jakob

1934: Lehrstuhl für chemische Technik an der Technischen Hochschule Karlsruhe (F. A. Henglein)[40]

1934: Ordinariat „Verfahrenstechnik" an der Technischen Hochschule Danzig[39]

1936: Fachausschuß „Verfahrenstechnik" im Verein deutscher Ingenieure (VDI) und Übergang von der Bezeichnung „Verbrauchsgütertechnik" (1934) zu „Verfahrenstechnik"[39, 42]

Aus den Daten geht eindeutig hervor, daß trotz erster Publikationen zu Prozessen der Verfahrenstechnik in Europa die Institutionalisierung einschließlich aller reproduktiven Elemente in den USA zuerst erfolgte. Die Ursachen für die Verspätung in Deutschland können wie folgt zusammengefaßt werden:

1. Bis um die Jahrhundertwende genügte das Konzept der „Chemischen Technologie". Es genügte die Kontemplation industrieller Vorgänge als technische Vorbildung für Absolventen der Chemie. In den wissenschaftsfreundlichen, weil profitgierigen Chemiekonzernen Deutschlands erfolgte eine hervorragend ge-

37 Vgl. S. Kamei, Die Ausbildung des Chemie-Ingenieurs im Auslande. III. Japan, in: Die Chem. Fabr., 16/1932, S. 122—123.

38 Vgl. H. Molinari, Die Ausbildung des Chemie-Ingenieurs im Auslande. IV. Italien, in: Die Chem. Fabr., 42/1932, S. 385—387.

39 Vgl. S. Kießkalt, 30 Jahre Verfahrenstechnik im VDI, in: VDI-Z., 4/1964, S. 131—133.

40 Vgl. Die Technische Hochschule Fredericiana Karlsruhe, a. a. O., S. 142.

41 Vgl. E. Kirschbaum, Das Institut für Apparatebau an der Technischen Hochschule Karlsruhe, in: Die Chem. Fabr., 43/1932, S. 397—401.

42 Vgl. 25 Jahre Verfahrenstechnik, in: Nachrichten aus Chemie, Technik und Laboratorium (Weinheim), 7/1959, S. 378.

plante Einarbeitung der Absolventen[43], die sich z. B. Klein- und Mittelbetriebe nicht leisten konnten.

2. Die Erfolge der deutschen chemischen Industrie insbesondere mit den Hochdruckverfahren (Ammoniak, Methanol, Kohledruckhydrierung) gaben bis ca. Mitte der 20er Jahre keinerlei Veranlassung zur Konzeptänderung. Die Konzerne pflegten die arbeitsteilige Zusammenarbeit zwischen Chemiker und Ingenieur und hielten die Hochschulen zur verstärkten Grundlagenausbildung an. C. Bosch schuf sich z. B. einen Forschungsstab, dem u. a. angehörten: Mittasch als Physikochemiker, Lappe als Maschinenbauer, Wilke als Physiker und Nusselt als Wärmetechniker. Dadurch wurde das Profil des Verfahrenstechnikers teilweise ersetzt.
Dieses Konzept war bei der Entwicklung der Teerfarbenindustrie überaus erfolgreich gewesen, genügte jedoch in der Rationalisierungsphase nicht mehr den Anforderungen.

3. Der chemische Apparatebau jener Zeit war ein Stiefkind des Maschinenbaus, so daß z. B. die Ergebnisse von Hausbrand auch für den wissenschaftlichen Maschinenbau weitgehend unbeachtet blieben. In den chemischen Großbetrieben entstand ein eigener Maschinenbau. An Größe und Vielseitigkeit der Ausrüstungen stehen diese Werkstätten denen einer Maschinenfabrik größeren Formates nicht nach.[44] Darüberhinaus wurden die verfahrenstechnischen Erkenntnisse vielfach geheimgehalten, und für die Hochschulen mit ihren bescheidenen Mitteln fehlte jegliche Anregung und Möglichkeit, das Gebiet zu etablieren.

4. Die Blüte der physikalischen Chemie in Deutschland[45] mit dem „Weltzentrum" um Ostwald in Leipzig schuf wesentliche Grundlagen der Verfahrenstechnik und kam hinsichtlich der Ausbildung der chemischen Großindustrie entgegen (C. Bosch, Mittasch, Pier, Bergius u. a. entstammen dieser Schule). Dadurch wurde das verfahrenstechnische Konzept der Grundoperationen ersetzt.

5. Die in Deutschland verbreitete neuhumanistische Auffassung von der (nicht praktizierten) zweckfreien Wissenschaft Humboldtscher Prägung verhinderte nicht nur den Zugang technischer Disziplinen an die Universitäten, sondern ließ auch das Wissenschaftsprofil des „Chemie-Ingenieurs" als „unrein" erscheinen.

43 Vgl. C. Duisberg, Der Einfluß Liebigs auf die Entwicklung der chemischen Industrie, in: Zeitschrift für angewandte Chemie (im folgenden: Z. angew. Chem.) (Berlin), 25/1903, S. 585.

44 Vgl. Mechanische Werkstätten in der deutschen Industrie, in: Deutsche Bergwerkszeitung (Essen), Nr. 295 v. 17. 12. 1927.

45 Vgl. W. Girnus, Grundzüge der Herausbildung der physikalischen Chemie als Wissenschaftsdisziplin. Vortrag auf dem III. Rostocker Wissenschaftshistorischen Symposium „Vergleichende Analyse zur Genese wissenschaftlicher Disziplinen in der Geschichte", in: Rostocker Wissenschaftshistorische Manuskripte (im folgenden: Rostock. Wiss.-Hist. Mskr.), Heft 8, Rostock 1982.

C. Duisberg bringt diese Auffassung, die z. B. in den USA keinerlei Bedeutung hatte, wie folgt zum Ausdruck: „Wenn nur irgend möglich, ziehe ich ... Arbeitsteilung vor und lasse dem Ingenieur die Ingenieurwissenschaft und dem Chemiker die Chemie, denn daß eine Person beide Wissenschaften *beherrscht* und in sich vereinigt, bestreite ich entschieden. Der Chemiker-Ingenieur ist beides halb und nichts ganz ...“[46] Diese Meinung begann sich erst Ende der 20er Jahre zu ändern, als die kommerzielle Erfolge der amerikanischen chemischen Industrie unübersehbar waren.

Der Kälte- und Lebensmitteltechniker R. Plank war ein eifriger Vertreter des Chemieingenieurwesens und ausgezeichneter Kenner des amerikanischen Ausbildungssystems. Er sah in der technischen Physik, der physikalischen Chemie und der chemischen Technik die Grundpfeiler für die Ausbildung von Verfahrensingenieuren und formulierte die Wechselbeziehungen zwischen diesen Pfeilern und damit das Profil wie folgt: „Die Physik soll technisch empfunden, die Chemie physikalisch durchdrungen und die Technik chemisch erlebt werden.“[47] Trotz der vorhandenen verfahrenstechnischen Erkenntnisse und trotz der Einsichten blieben in Deutschland eine Reihe von Vorhaben bis nach dem 2. Weltkrieg Pläne.

5. *Schlußfolgerungen*

Der für die Wissenschaftsentwicklung der Verfahrenstechnik bedeutsamste Vorgang im betrachteten Zeitraum war die Ausarbeitung des *Konzeptes der Grundoperationen*. Das Konzept war notwendig geworden, nachdem das stofforientierte, verbalbeschreibende Konzept der „Chemischen Technologie“ nicht mehr ausreichte, die industriellen Aufgabenstellungen zu lösen. Diese bestanden in einem zunehmend massenhaft produzierten und reproduzierten Bedarf an chemischen Produkten als einer verallgemeinerbaren Voraussetzung für die Herausbildung zumindest eines Typs von Technikwissenschaften.[48] Durch die Massenproduktion zeigte sich zunächst eine rasche Zunahme an verfahrenstechnischen Tätigkeiten in der Produktion, die von Chemikern, Physikern und Ingenieuren verschiedener Richtung ausgeführt und weiterentwickelt werden. Ihre straff organisierte arbeitsteilige Zusammenarbeit in der deutschen chemischen Industrie zeigt sich der Schaffung von Prototypen moderner chemischer Großverfahren noch erstaunlich gut gewachsen, zumal mit dem industriell beschäftigten Physikochemiker – nach dem Organiker und dem „Betriebschemiker“ – dafür ein neuer

46 C. Duisberg, Über die Ausbildung der technischen Chemiker und das zu erstrebende Staatsexamen für dieselben, in: Z. angew. Chem., 4/1896, S. 97.

47 R. Plank, Wege und Ziele der Ausbildung von Verfahrensingenieuren, in: VDI-Z., Beiheft Verfahrenstechnik, 2/1937, S. 42–44.

48 Vgl. H. Wendt, Die Dialektik in der Wirkung gesellschaftlicher Bedürfnisse bei der Herausbildung von Wissenschaftsdisziplinen, in: Rostock. Wiss.-Hist. Mskr., Heft 1, Rostock 1978, S. 51.

Typ von Chemiker zur Verfügung steht. Trotzdem wird – in Deutschland zunächst entschieden bestritten – der „Vektor der Disziplinbildung"[49] zur Verfahrenstechnik allmählich sichtbar. Die weitere technische Durchbildung der Verfahren, allgemein als eine Phase der „kapitalistischen Rationalisierung" in den 20er Jahren bezeichnet, kennzeichnet die Grenzen des Konzeptes der Arbeitsteilung zwischen dem Chemiker und dem Maschinenbauingenieur, zwischen „reiner" und „angewandter" Wissenschaft. Die Behandlung dieser Kategorien als Antithese und nicht als Synthese belastet noch gegenwärtig die wissenschaftspolitische Diskussion und wird durch den „Plan Wissenschaft und Technik" oder die Antipoden „Wissenschaftler und Ingenieure" stetig genährt. Die weniger reduktionistische, dafür mehr utilitaristische Wissenschaftsauffassung war sicherlich ein Grund für die am ehesten in den USA erfolgte Herausbildung der Verfahrenstechnik. Noch wesentlicher dafür scheint die in den USA bereits Anfang der 20er Jahre vollzogene Einheit von produktiven und reproduktiven Elementen, demnach des Aufbaues eines Reproduktionsmechanismus[50] der verfahrenstechnischen Erkenntnisproduktion zu sein, der insbesondere in Deutschland gestört war. Dem nach einem bestimmten Konzept systematisierten Faktenstrom vom Objektbereich zum Wissenschaftssystem, bzw. der Entwicklung eines solchen Konzeptes aus diesen Daten, kommt im Verhältnis von Wissenschaft und Produktion eine erhebliche Bedeutung zu.

Das Konzept der Grundoperationen zerlegte den Gegenstand der chemischen Technologie zunächst in die „konstituierenden Elemente" und verlieh danach den verstreut vorhandenen Einzelerkenntnissen Systemcharakter, indem es die empirisch-technischen Kenntnisse der chemischen Technologie und des Apparatebaues mit den theoretisch-methodischen Erkenntnissen der physikalischen Chemie und der technischen Physik zu verknüpfen suchte. Der in Gestalt der Grundoperationen neuartige wissenschaftliche Gegenstand ermöglichte die Entwicklung einer spezifischen experimentellen Basis und war mit dem über die Naturwissenschaften vermittelten Zugang mathematischer Methoden quantitativ erfaßbar, ohne daß – wie gezeigt wurde – dieser Aspekt „ein hinreichendes Kriterium für die Bestimmung eines Erkenntnissystems als Wissenschaft sein" kann, „noch als alleiniges Charakteristikum für das Stadium seiner historisch bedingten Herausbildung gegenüber anderen Disziplinen angesehen werden" darf.[51]

49 Vgl. H. Laitko, Disziplingenese als Objekt vergleichender Untersuchung. Prämissen und Fragen zum Symposium „Zur Herausbildung wissenschaftlicher Disziplinen" im Dezember 1982, in: Rostock. Wiss.-Hist. Mskr., Heft 8, Rostock 1982, 8, S. 10

50 Vgl. ebenda, S. 15.

51 M. Guntau, Gedanken zur Herausbildung wissenschaftlicher Disziplinen in der Geschichte und zu Problemen der Disziplingenese in der Wissenschaftsgeschichtsschreibung, in: Rostock. Wiss.-Hist. Mskr., Heft. 8, Rostock 1982, S. 24.

Humanwissenschaften

M. G. Jaroševskij

Die Rolle der interdisziplinären Verbindungen bei der Entstehung der Psychologie als Wissenschaft

Die Psychologie erlangte den Status einer selbständigen Wissenschaftsdisziplin im letzten Viertel des vorigen Jahrhunderts. Damals nahm die Untersuchung ihrer Probleme professionellen Charakter an, es entstanden – zunächst in Gestalt von Laboratorien an den Universitäten – eigene wissenschaftliche Zentren, psychologische Periodika erschienen, und erste spezielle Kongresse wurden einberufen. So vollzog sich die organisatorische Ausformung der Psychologie als eines Wissensgebietes mit einem eigenen, von dem anderer Disziplinen unterschiedenen Gegenstand. Es bildete sich eine Forschergemeinschaft heraus, in deren Selbstbewußtsein die Arbeit auf diesem Gebiet als ein Indikator dafür erschien, daß sie auf dem Boden einer neuen Disziplin stehen.[1]

Nach der bekannten Konzeption des amerikanischen Wissenschaftshistorikers T. S. Kuhn ist Bedingung für die Konsolidierung einer disziplinären Gemeinschaft, daß die an der Bearbeitung eines bestimmten Gegenstandsbereiches Beteiligten ein gemeinsames Paradigma haben – ein von allen Angehörigen dieser Gemeinschaft akzeptiertes und von paradigmatisch vorgeschriebenen Normen, Orientierungen und Regeln ausgehendes Modell der Lösung konkreter Forschungsaufgaben.[2]

In der Diskussion um die Konzeption Kuhns wurde klargestellt, daß dieses Konzept zwar eine Reihe wichtiger Probleme der Struktur und der Entwicklungsgesetzmäßigkeiten der Wissenschaft aufwirft, aber der kardinalen Frage der Entstehung neuen Wissens hilflos gegenübersteht. Sehr deutlich wurde die Begrenztheit des Begriffes „Paradigma" als Faktor des Zusammenschlusses der individuellen Subjekte eines Gebietes der wissenschaftlichen Erkenntnis bei der Diskussion darüber, ob die Kuhnsche Konzeption zur Erklärung des Entwicklungsweges einer „weichen" Wissenschaft wie der Psychologie angewandt werden kann.[3]

1 Vgl. E. G. Bering, A history of experimental psychology, New York 1950; E. Esper, A history of psychology, Philadelphia 1964.

2 Vgl. T. S. Kuhn, The structure of scientific revolutions, Chicago 1962.

3 Vgl. L. B. Briskman, Is a Kuhnian analysis applicable to psychology?, in: Science Studies (London), 2/1972; D. S. Palermo, Is a scientific revolution taking place in psychology? in: Science Studies (London), 1/1971.

Hier sind die Ansichten geteilt. Nach Ansicht einiger Historiker bildete sich die wissenschaftliche Gemeinschaft der Psychologen auf der Basis des Systems von W. Wundt heraus, das damit paradigmatischen Charakter annahm. Als Hauptargument für diesen Standpunkt wird darauf verwiesen, daß Wundt die Notwendigkeit der Umgestaltung der Psychologie in eine Erfahrungswissenschaft nicht allein deklariert (das taten auch viele Wissenschaftler vor ihm[4]), sondern diese Idee auch verwirklicht habe, wobei er sich von einem Programm der konkreten experimentellen Untersuchung der psychischen Funktionen leiten ließ. Dieses Programm wurde erstmals in dem von Wundt geschaffenen Speziallaboratorium (1879) ausgearbeitet; später wurde dieses Labor in ein Institut an der Leipziger Universität umgebildet.[5]

Aus Wundts Institut ging die erste Generation professioneller Psychologen hervor. Es waren junge Forscher, die aus verschiedenen Ländern der Erde nach Leipzig kamen, um sich den neuen Typ der Forschung anzueignen, und nach der Rückkehr in ihre Heimat Laboratorien nach dem Beispiel des Wundtschen errichteten. Deshalb gibt es gewichtige Gründe für die Behauptung, daß die Psychologie als selbständige Wissenschaft von der Schule Wundts ihren Ausgang nahm. Er war ihr erster Führer, der es zusammen mit einer großen Gruppe von Schülern und Nachfolgern vermochte, der Psychologie – die jahrhundertelang als Magd der Philosophie galt – die Würde einer selbständigen, mit anderen von der Philosophie unabhängigen Wissensgebieten gleichberechtigten Disziplin zu geben.

In organisatorischer Hinsicht waren die Bemühungen Wundts unstreitig von großer Bedeutung für die Festigung des disziplinären Status der Psychologie. Anders verhält es sich jedoch mit den gedanklichen, gegenständlich-logischen Grundlagen der neuen Disziplin. Obwohl zahlreiche Forscher, für die die Untersuchung von Problemen der Psychologie zu einem besonderen Beruf wurde, in der Wundtschen Schule tätig waren, und obwohl sich auch jene, die diese Schule nicht unmittelbar durchliefen, an deren Erfahrungen orientierten, läßt sich doch keineswegs behaupten, daß der begriffliche und methodische Apparat dieser Schule „paradigmatische" Bedeutung gewonnen hätte und von allen in die wissenschaftliche Gemeinschaft der Psychologen neu eintretenden Forschern akzeptiert worden wäre. Bereits innerhalb dieser Schule begannen zwischen denen, die in Wundts Laboratorium arbeiteten, ernsthafte Divergenzen in Erscheinung zu treten. Diese Divergenzen nahmen zu, und bald war unter seinen bedeutendsten Schülern E. Titchener der einzige, der noch Wundts Linie folgte.[6]

Indes fuhr die Psychologie fort, trotz der – bisweilen tiefgehenden – Divergenzen zwischen den verschiedenen Forschern, deren jeder sein eigenes Programm verfocht, ihre disziplinären Positionen zu festigen und eine eigene wissen-

4 Vgl. J. Herbart, Handbuch der physiologischen Optik, Leipzig 1867; E. Beneke, Lehrbuch der Psychologie als Naturwissenschaft, Leipzig 1833; A. Bain, The senses and the intellect, Edinburgh 1864.

5 Vgl. W. Wundt, Grundzüge der physiologischen Psychologie, Leipzig 1874.

6 Vgl. E. G. Titchener, A text-book of psychology, New York 1913.

schaftliche Sprache herauszubilden, die es den Vertretern unterschiedlicher Schulen ermöglichte, miteinander in Wechselwirkung zu treten und zum allgemeinen Fundus des Wissens über die psychische Regulation des Verhaltens ihren Beitrag zu leisten.

In den verschiedenen Zweigen der Psychologie gingen die Arbeiten erfolgreich voran, und ihre Autorität unter den Wissenschaftlern nahm zu. Worin aber bestand hier das konsolidierende Prinzip der Disziplin? Welche Faktoren bewirkten die Aufrechterhaltung ihrer relativen Stabilität? Offenkundig sind die Ursachen dafür, daß es der jungen Disziplin gelang, sich unter den anderen Wissenschaftsgebieten zu behaupten und ständig neue Kräfte heranzuziehen, in ihrer intellektuellen Infrastruktur zu suchen, denn Organisationsfaktoren allein sind unter den Bedingungen wissenschaftlich-schöpferischer Arbeit nicht imstande, die Konsolidierung einer wissenschaftlichen Gemeinschaft zu sichern. Diese Formen existieren nicht um ihrer selbst willen. Sie bilden sich als Mittel der Realisierung von Erkenntnistätigkeit durch ein kollektives Subjekt heraus (Wissenschaftlergemeinschaft als Korrelat der Existenz und Entwicklung einer Disziplin).

Eine Disziplin zerfällt, wenn die in ihrem Rahmen tätigen konkreten Akteure nicht auf der Ebene der Suche und Erzeugung neuen Wissens durch bestimmte invariante Komponenten zusammengeschlossen sind. Das System dieser Invarianten kann als das Kategoriengebäude einer Wissenschaft bezeichnet werden. Es umfaßt jene extrem allgemeinen Begriffe und Prinzipien ihres Funktionierens, die die untersuchte Realität in ihren stabilen Merkmalen abbilden und es so ermöglichen, einen Gegenstandsbereich vom anderen zu unterscheiden, um in die Spezifik seiner Erscheinungen, die allgemeinen Gesetzmäßigkeiten seiner Entwicklung einzudringen.[7]

Die „äußeren" Verfahren und Formen der Ausarbeitung wissenschaftlicher Vorstellungen von dieser Realität und die Muster der Wechselwirkung zwischen den mit ihrer Erforschung befaßten Individuen bilden nur einen – den organisatorischen – Aspekt der Konsolidierung einer Disziplin, der erst in Einheit mit ihrem kognitiven Aspekt seinen realen Sinn gewinnt; letzterer wird in konzentriertester Form durch den Kategorienapparat der Disziplin repräsentiert. Daher muß die Suche nach den Grundlagen des disziplinären Zusammenhalts hauptsächlich auf jene Faktoren abzielen, unter deren Einwirkung der Kategorienapparat der konkreten disziplinären „Matrix" entsteht. Solange sich dieser nicht herausgebildet hat, können sich auch die Organisationsformen (Institutionen, Informationskanäle, Wege der Kaderausbildung u. a.) nicht ausprägen, die für die Selbstbehauptung der Disziplin erforderlich sind.

Die Wissenschaft verfügt über einen diffizilen Apparat, ein eigenes „Organon", in dessen Formen der Inhalt der untersuchten Wirklichkeit erfaßt wird.

Das System dieser Formen, die dem Inhalt nicht von außen aufgenötigt werden,

7 Vgl. M. G. Jaroševskij, Psichologija v 20 stoletii, Moskva 1974.

sondern ihn von innen her organisieren, bezeichnen wir als Kategoriensystem. Nach der philosophischen Tradition versteht man unter Kategorien extrem allgemeine Begriffe (wie z. B. „Quantität", „Qualität", „Form", „Inhalt" usw.). Sie sind für beliebige Äußerungen geistiger Aktivität gültig, auf welche Objekte sich diese auch konzentrieren mag.

Wenn aber ein besonderes Fragment des Seins (in unserem Fall die psychische Realität) zum Objekt dieser Aktivität wird, dann reicht der Apparat der philosophischen Kategorien – obwohl er die Bewegung des forschenden Denkens weiterhin bestimmt – zur Aneignung des betreffenden konkreten Fragments und zu seiner Umbildung in einen Gegenstand wissenschaftlicher Erkenntnis schon nicht mehr aus. Dieser Gegenstand wird durch das Funktionieren eines Systems spezialwissenschaftlicher Kategorien konstitutiert. Eben dieses System in seiner historischen Entwicklung gestattet es, die untersuchte Erscheinung nicht nur global (aus der Sicht der Kategorien Quantität und Qualität, Möglichkeit und Wirklichkeit usw.), sondern auch in seinen spezifischen, das jeweils bestimmte Wissensgebiet von allen anderen unterscheidenden Merkmalen zu reflektieren.

Auf theoretischer Ebene wird dieses Gebiet durch eine Gesamtheit untereinander verbundener und in Termini fixierter Begriffe dargestellt, deren Merkmale angeben, was von der Wissenschaft als für die jeweilige Klasse von Erscheinungen wesentlich angesehen wird (beispielsweise werden in der Psychologie Merkmale hervorgehoben, die das Denken von der Wahrnehmung, die emotionalen Prozesse von den volitiven, die Wertorientierungen der Persönlichkeit von ihren Fähigkeiten usw. unterscheiden). Im Ensemble der Termini und in der Vielfalt ihrer Verknüpfungen erstreckt sich vor uns das Feld des Wissens mit seinen hauptsächlichen Grenzlinien, seinen Komponenten und den Verbindungen zwischen ihnen.

Die Termini können unterschiedliche Allgemeinheitsgrade annehmen und sowohl auf umfassende Gruppen von Erscheinungen (z. B. „Gedächtnis") als auch auf spezielle Phänomene (z. B. „Erkennung") hinweisen. In allen diesen Fällen bleiben wir innerhalb der Grenzen der Wissenschaft als Wissen, ganz gleich, welchen Allgemeinheitsgrad unsere Begriffe und theoretischen Schemata jeweils haben. Deshalb ist der bloße Hinweis darauf, daß den Kategorien der höchste Allgemeinheitsgrad eigen ist, nicht hinreichend für den Übergang zur Analyse der Wissenschaft als Tätigkeit. Die Kategorien sind Grenzbegriffe, die weder aus anderen hergeleitet noch auf andere reduziert werden können. Daraus folgt jedoch nicht, daß das Verhältnis der Kategorien zu anderen Begriffen dem Verhältnis zwischen allgemeinen und besonderen Begriffen ähnlich wäre, wie es sich aufgrund der formallogischen Prozedur der Einbeziehung in eine Klasse darstellt. In diesem Fall würden die Kategorien nämlich nur als Begriffe von extremer Allgemeinheit figurieren, während es doch ihre Bestimmung ist, als Organisatoren der Wissenserzeugung wirksam zu werden.

Die Entwicklung der Wissenschaft ist nicht nur Veränderung des Wissensbestandes, sondern auch Wandlung seiner Formen, von denen das Wissen nicht zu trennen ist. Sie bilden ein kategoriales „Netz“, das sich nicht vom Apparat der wissenschaftlichen Erkenntnis losreißen läßt. In den Umgestaltungen, denen der Erkenntnisapparat im Prozeß des Wissenswachstums unterworfen ist, sind diese „Netze“ am stabilsten. Sie bestimmen, welcher Bereich des empirisch Gegebenen in welcher Richtung gesehen wird, und bilden das Gerüst der Programme zu seiner Untersuchung mit dem Ziel seiner theoretischen Aneignung.

Obwohl die Wissensebene und die Tätigkeitsebene der Wissenschaft nicht voneinander zu trennen sind, verfließen sie doch nicht undifferenziert ineinander.

In den Kategorien ist die Tätigkeitsebene repräsentiert. Sie sind Arbeitsprinzipien des Denkens, seine inhaltlichen Formen, die den Forschungsprozeß organisieren. Keineswegs können sie vom Inhalt abgetrennt werden. So steht hinter der Kategorie des psychischen Abbildes eine Vielzahl von Erscheinungen, die mit Termini wie „Empfindung“, „Wahrnehmung“, „Vorstellung“ usw. bezeichnet werden. Diese Termini drücken die Vielfalt des Wissens aus, das die Wissenschaft über die Repräsentation der äußeren Objekte und ihrer Eigenschaften in der psychischen Realität zusammengetragen hat.

Die Kategorie des Abbildes schließt diesen Inhalt ein, doch sie erschöpft sich nicht in seiner Verallgemeinerung und reduziert sich nicht darauf, daß sie die den Empfindungen, Vorstellungen usw. eigenen Merkmale in sich konzentriert. Ihre Bestimmung besteht schließlich darin, den Forschungsprozeß zu organisieren und zu lenken, in konkreten Problemsituationen wirksam zu werden. Dazu muß sie die akkumulierten früheren Erfahrungen bei der Bearbeitung des betreffenden Realitätsbereiches (hier als die Erfahrungen bei der Behandlung des Abbildaspekts der psychischen Realität) in einen besonderen Kontext – den Kontext der Tätigkeit – einschließen. Deshalb ist eine wissenschaftliche Kategorie (z. B. die Kategorie des psychischen Abbildes) zum Unterschied von einem wissenschaftlichen Begriff (z. B. den Begriffen der Empfindung, der Wahrnehmung, der Vorstellung usw.) durch eine gewisse Bipolarität gekennzeichnet. Sie bezieht sich sowohl auf den Pol des Wissens, weil sie in ihrem Inhalt Merkmale einschließt, die auf ein von ihr unabhängiges Objekt hinweisen, als auch auf den Pol der Tätigkeit, weil sie den Denkprozeß organisiert und auf die Suche nach neuen Lösungen lenkt (z. B. zur Frage nach den Mechanismen der Abbildentstehung, nach der Determination des Abbildes usw.).

Ähnlich den sprachlichen Formen werden die Kategorien der Wissenschaft aktualisiert, sobald sie mit dem Ziel angewandt werden, Anwort auf eine Frage (Beschreibung – „Was ist dies?“; Erklärung – „Warum?“, „Auf welche Weise“?, „Wozu?“; Voraussage) zu erhalten. Bei Benutzung der Sprache mit ihren offen zutageliegenden oder verborgenen Frage-Antwort-Formen denken ihre Träger und Schöpfer, wenn sie die erforderliche „Redewendung“ aufsuchen, niemals über die Aufgabe der Transformation dieser Formen nach, obwohl solche Aufgaben (objektiv unbewußt) fortlaufend gelöst werden. Ebenso stellt sich ein Forscher in der Regel nicht das Ziel, eine bestimmte Kategorie (beispielsweise die des psychischen Abbildes oder der psychischen Handlung) auszuarbeiten oder zu entwickeln. Vor ihm stehen nur spezielle wissenschaftliche Probleme – so etwa das Problem, wie die Abhängigkeit der menschlichen Wahrnehmungen vom Charakter der Reize (oder von der Abwesenheit von Reizen unter Bedingungen der sensorischen Deprivation), vom Nervensubstrat (beispielsweise von der rechten oder der linken Großhirnhemisphäre), vom Stress, von den Einstellungen usw. beschaffen ist.

Im Bewußtsein eines Forschers äußert sich das von ihm zu lösende Problem als ein lokales, konkretes, unmittelbar gegenständliches, aposteriorisches, das empirisches Studium verlangt. Er hat mit Objekten zu tun, die experimenteller Einwirkung und Beobachtung zugänglich sind. Dabei fixiert und analysiert er die Reaktionen des Nervensubstrats, die sensorischen, motorischen oder verbalen Reaktionen seiner Probanden usw. Aus diesem empirischen „Rohmaterial" extrahiert er Daten für die Lösung der Forschungsaufgabe, die seinen Verstand beschäftigt. So kann er aber nur deshalb handeln, weil er mit einem Kategorienapparat ausgerüstet ist, der im Unterschied von dem zu lösenden speziellen Problem nicht lokalen, sondern globalen, nicht aposteriorischen, sondern apriorischen Charakter trägt. Apriorisch ist er nicht im Kantschen Sinne als eine dem Intellekt von Anfang an eigene Form. Von seiner Apriorität kann nur insoweit die Rede sein, als er für das Bewußtsein der einzelnen Wissenschaftler als eine Struktur fungiert, die sich aus ihrer persönlichen Erfahrung nicht extrahieren läßt, obwohl ohne sie diese Erfahrung unmöglich wäre. Hinter dieser Struktur steht jedoch die geschichtliche Erfahrung vieler vorhergehender Forschergenerationen, die ganze Phylogenese des wissenschaftlichen Denkens.

Der „instrumentale" Charakter einer Kategorie kann nicht erfaßt werden, wenn man sie isoliert, „an sich", ohne Beziehung zum System der anderen Kategorien, Prinzipien und Probleme betrachtet. Es ist unmöglich, die psychische Realität unter einer einzigen Kategorie (z. B. der des Abbildes oder der der Handlung) zu denken.

Die Realität ist dem erkennenden Verstand nur durch das ganzheitliche „Prisma" des Kategorienapparates gegeben. Weil jedoch dieses „Prisma" ein evolutionierendes Organ ist, hängt vom Charakter seines „brechenden Mediums" die Wahrnehmung der Welt der psychischen Erscheinungen, der Orientierung und der Arbeit in ihr ab. Obwohl keine der Komponenten des Kategorienapparates unabhängig von den anderen funktionsfähig ist, kann in der Tätigkeit eines einzelnen konkreten Forschers (infolge der Spezifik der Ontogenese seines Schaffens und der Spezifik des bearbeiteten Problems) eine verstärkte Sensibilität für bestimmte Aspekte der psychischen Realität auftreten. Die Konzentration auf diese Aspekte führt dazu, daß eine der Komponenten (Blöcke) des Kategorienapparates mit größter Energie aktualisiert wird. Bei erfolgreichem Eindringen in den Gegenstand hat das eine intensivere Entwicklung eben dieses Blockes zur Folge, der damit einen neuen Inhalt gewinnt.

Das Funktionsniveau der anderen Blöcke kann dabei unverändert bleiben. Aber daraus, daß es keinen wesentlichen Veränderungen unterliegt, folgt keineswegs, daß etwa die anderen Kategorien, die mit der in der Struktur der betreffenden Konzeption höchstbewerteten Kategorie gekoppelt sind, entfielen und für die Eigenart und die weitere Entwicklung dieser Struktur keine wesentliche Bedeutung mehr hätten.

Verfolgt man den Entstehungsprozeß der Psychologie als einer selbständigen Disziplin unter diesem Blickwinkel, dann stellt sich ihr konzeptuales Antlitz anders dar als im Fall der Beschränkung auf jene programmatischen Positionen, von denen ausgehend die Wundtsche Richtung die Unabhängigkeit der Psychologie von den anderen Wissenschaften vertrat. Diese Richtung behauptete als den Gegenstand der Psychologie, der von keiner anderen Wissenschaft untersucht wird, die „unmittelbare Erfahrung" – die Gesamtheit der Bewußtseinsphänomene, die das Subjekt bei sorgfältiger, speziell organisierter innerer Beobachtung (sog. introspektive Methode) erfassen kann, weil sie ihm direkt gegeben sind.[8] In verschiedenen Varianten wurde die Vorstellung darüber, daß nur die Hinwendung zum „inneren Gewebe" des Bewußtseins, das mit Hilfe des Experiments zergliedert wird, dem Psychologen seinen unikalen Bereich eröffnet, von allen Vertretern der neuen Wissenschaft akzeptiert (eine Ausnahme bildete lediglich I. M. Sečenov, der mit seinem Plan einer objektiven Psychologie seiner Zeit weit voraus war[9]).

Wenn man die genannte Vorstellung als die Wasserscheide betrachtet, die die neue Psychologie als selbständige Disziplin von der vorhergehenden („prädisziplinären") trennt – und eben dies war der Standpunkt ihrer ersten Vertreter –, dann verliert die Frage nach der Bedeutung interdisziplinärer Verbindungen für ihre Herausbildung als eine besonders disziplinäre Gemeinschaft ihren realen Sinn, denn keine der Wissenschaften, in deren Umkreis die Psychologie ihr Recht auf Selbständigkeit vertrat, vermochte jenen Weg der Ausarbeitung ihres Gegenstandes und ihrer Methoden zu beeinflussen, unter dessen Ägide dieses Recht verfochten wurde.

Aus der Sicht Wundts und derjenigen, die dem von ihm markierten Forschungskurs folgten, mußte sich das Verhältnis der Psychologie zum gesamten sonstigen wissenschaftlichen Wissen nach dem Postulat gestalten, daß diese Wissenschaft von den anderen prinzipiell unterschieden ist – sowohl nach dem Gegenstand (keine andere Wissenschaft analysiert die „unmittelbare Erfahrung") als auch nach der Methode (keine andere Wissenschaft gewinnt ihre Daten, indem das Subjekt die Phänomene seines eigenen Bewußtseins beobachtet). In bezug auf die Psychologie verschwand so die Frage nach der Wechselwirkung der Wissenschaften, nach ihrem Einfluß aufeinander, von der Tagesordnung; sie stellte sich als eine in sich geschlossene Disziplin dar.

Diese „egozentrische" Einstellung gab Anlaß für die Entwicklung der unter der Bezeichnung „Psychologismus" bekannten Konzeption – psychische Faktoren und Kräfte figurierten als primäres Prinzip sowohl gegenüber den biologischen

8 Vgl. E. G. Bering, A history of introspection, in: Psychological Bulletin (Washington), 50, 1953, S. 169–189.

9 Vgl. I. M. Sečenov, Izbrannyje filosofskije i psichologičeskije proizvedenija, Moskva 1947.

als auch gegenüber den sozialen Erscheinungen. Im Hinblick auf die Psychologie führte diese Konzeption dazu, daß die Nerven- und Muskelprozesse den psychischen Prozessen untergeordnet wurden. So wirkt beispielsweise nach Ansicht Wundts aus der Tiefe des Großhirns heraus eine immaterielle Kraft, die Apperzeption, die die Ausrichtung des Bewußtseins, seine Konzentration auf das Handlungsziel usw. bestimmt.

Hinsichtlich der Soziologie wurde den gesellschaftlichen Gesetzmäßigkeiten die Wirkung einer nicht weiter erklärbaren psychischen Determination unterschoben. Wundt erachtete es für prinzipiell unmöglich„ die sogenannten höheren psychischen Funktionen (Denken, Sprache, Wille u. a.) experimentell zu untersuchen, und nahm an, daß ihre Natur durch Eindringen in die Sinnschichten der Kultur (der Sprache, des Mythos u. a.) erschlossen werden könne. Tatsächlich jedoch erbrachten seine Versuche, in dieser Richtung voranzukommen, nichts anderes als eine Psychologisierung von Phänomenen, die durch die Wirkung sozialhistorischer Ursachen erzeugt waren. Weil es unmöglich ist, die Schöpfungen der Kultur aus dem individuellen Bewußtsein abzuleiten, führte Wundt als Hauptprinzip der Erklärung den Begriff des „Volksgeistes" ein.[10]

Wir sehen, daß die in der Periode der Herausbildung der Psychologie als selbständige Wissenschaft entstandende inadäquate Auffassung vom Charakter ihrer Beziehungen zu den anderen Wissenschaften falsche methodologische Schlußfolgerungen nach sich zog, die die Situation sowohl in der Psychologie als auch in den angrenzenden Wissenschaften beeinflußten, in die die für eine deterministische Erklärung natürlicher und gesellschaftlicher Erscheinungen gefährlichen Keime des Psychologismus eindrangen.[11]

Ein anderes Bild tut sich vor uns auf, wenn wir in der Bewegung der wissenschaftlichen Ideen zwei Ebenen unterscheiden – die kategoriale Tiefenschicht (d. h. die Ebene, auf der tatsächlich die Herausbildung des Kategorienapparates der neuen Disziplin vor sich ging) und, mit Vorbehalt gesagt, die „Oberflächenschicht" (die Ebene der Reflexion der Theoretiker aus der nun entstehenden disziplinären Gemeinschaft über die gegenständlichen und methodischen Prinzipien, auf deren Grundlage sie sich konsolidiert).

Die Behauptungen über die Faktoren, die die Unabhängigkeit der Psychologie bestimmen, dürfen nicht mit den realen Prozessen identifiziert werden, die zu ihrer Ausprägung als eine besondere Wissenschaft geführt haben. Gewiß, ohne diese realen Prozesse wäre es auch nicht zu jenen Behauptungen gekommen, doch die theoretischen Erwägungen, die den besonderen disziplinären Status der Psychologie begründen sollten, entsprachen nicht dem, was ihn in Wirklichkeit bestimmt hat.

An der „Oberfläche", auf der Ebene der theoretischen Reflexion über Gegenstand und Methoden der Psychologie, waren „unmittelbare Erfahrung" und „Introspektion" die Schlüsselwörter. Im Rahmen dieser Vorstellungen konnte,

10 Vgl. W. Wundt, Die Völkerpsychologie, Bd. 1, Leipzig 1900.

11 Vgl. S. L. Rubinštejn, Osnovy obščej psichologii, Moskva 1946.

wie schon bemerkt, von Interdisziplinarität keine Rede sein. Bei eingehender historischer Analyse der Forschungspraxis, in der die realen Prozesse der Herausbildung des eigentlichen Kategorienapparates der Psychologie abliefen (die auch ihre Umwandlung aus einem Anhängsel der Philosophie in eine besondere Disziplin bestimmten), bleibt keinerlei Zweifel daran, daß Wechselwirkungen interdisziplinären Charakters eine entscheidende Rolle bei der Geburt dieser Disziplin gespielt haben.

Davon zeugt bereits die Tatsache, daß die Forscher, deren Bemühungen bewirkt haben, daß die Psychologie ihr Gesicht veränderte und mit immer größerer Bestimmtheit den Charakter einer selbständigen Disziplin annahm, aus den Reihen der Physiologen hervorgegangen sind.

Die Untersuchung dieses Prozesses ist in mehrfacher Hinsicht lehrreich, vor allem im Zusammenhang mit dem Problem der Entstehung des neuen Wissens, das sich im folgenden zu einem besonderen disziplinären Erkenntnissystem kondensierte.

Diesem Problem war, wie schon erwähnt, das Kuhnsche Konzept nicht gewachsen, dessen Popularität mit der Orientierung auf die Ermittlung der intellektuellen Struktur verbunden war, die den Zusammenschluß einer wissenschaftlichen Gemeinschaft als eines besonderen Subjekts wissenschaftlicher Tätigkeit ermöglicht. Bevor sie diesen Zusammenschluß garantieren, entstehen diese neuen Ideen bei Forschern, die innerhalb einer anderen Disziplin arbeiten, aber unter dem Druck der Anforderungen der wissenschaftlichen Erkenntnis von Objekten, die nicht in das kategoriale „Netz“ dieser Disziplin passen, über deren Grenzen hinausgehen.

Die Evolution der Wissenschaft bietet verschiedene Präzedenzfälle der Wechselwirkung von Disziplinen (und entsprechender Forschergemeinschaften, deren Tätigkeit die Disziplin erhält und entwickelt). Bei der Analyse des Phänomens der Interdisziplinarität wird gewöhnlich vorausgesetzt, daß ein bestimmtes Wissenschaftsgebiet bereits disziplinären Charakter angenommen hat und so mit einem anderen Gebiet in Wechselwirkung tritt, das gleichfalls disziplinär „gefestigt“ ist. So hatte beispielsweise die Entstehung der Biochemie die Annäherung verhältnismäßig konsolidierter Wissenschaften zur Voraussetzung, deren jede mit einem bereits ausgebildeten eigenen kategorialen, konzeptualen und methodischen Apparat operierte. Die Psychologie indes existierte noch nicht als Wissenschaftsdisziplin, als sich Wissenschaftler anderer Gebiete mit der Problematik befaßten, bei deren Bearbeitung sich Elemente des Kategorienapparates der künftigen Disziplin zu formieren begannen.

Den ersten Rang unter diesen Wissenschaftlern nahmen die Physiologen ein. Selbst Wundt – der anerkannte Führer der ersten Generation professioneller Psychologen – kam aus den Reihen der Physiologen. Doch obgleich man ihn als die führende Autorität des ersten Kapitels in der Chronik der Psychologie als selbständige Wissenschaft betrachtet, leisteten andere Physiologen einen noch bedeutenderen Beitrag im Prozeß ihrer „Autonomisierung“, vor allem H. Helmholtz[12], dessen Assistent Wundt mehrere Jahre an der Universität Heidelberg gewesen war. Helmholtz seinerseits synthetisierte die Errungenschaften der Physiologie einer ganzen Epoche. Die Hinwendung zu den Sinnesorganen und den Muskelbewegungen veranlaßte die Physiologen mit Notwendigkeit, in den Kreis ihrer Analyse Realitäten aufzunehmen, die ihrer Natur nach von den traditionellen physiologischen Prozessen verschieden sind. So konnte sich beispielsweise die Untersuchung des Gesichtssinnes, die dank neuer Ergebnisse Anfang der 20er Jahre des vergangenen Jahrhunderts (Arbeiten von J. Müller und J. E. Purkyně) wesentlich vorangeschritten war, nicht auf die entsprechenden körperlichen Substrate beschränken. Sie schloß Informationen ein, die aus Angaben des Subjekts stammten, das über die vom Sinnesorgan wahrgenommenen Reize Rechenschaft zu geben vermag. Neben Daten über die physischen Stimuli (der wahrgenommenen äußeren Objekte) mußte sie zwangsläufig auch Angaben über psychische Realitäten ermitteln – über die Abbilder, die weder mit dem Nervenprozeß noch mit dem abgebildeten Objekt identisch sind.

Indem die Physiologie jene disziplinären Grenzen überschritt, die sich bei der Untersuchung aller ihrer sonstigen Objekte herausgebildet hatten, schuf sie einen heterogenen Abschnitt, von welchem ein Wissen erzeugt wurde, das später in den Fundus der psychologischen Erkenntnisse Eingang fand. Die gewohnten Grenzen der Disziplin verwischten sich, und es entstand eine Richtung, die mehrere Jahrzehnte später zur Komponente einer anderen Disziplin wurde. Diese Richtung wurde von einer Gruppe von Forschern verfolgt, die nach ihrer beruflichen Stellung und nach ihrer Denkweise zur Gemeinschaft der Physiologen gehörten. Was sie über die Grenzen dieser Gemeinschaft hinaustrieb, war die Logik der Bearbeitung von Problemen, die auf dem Boden der Physiologie entstanden waren (die Untersuchung bestimmter Körperorgane und ihrer Funktionen), aber von den Positionen dieser Wissenschaft infolge der Spezifik der neuen Phänomene nicht adäquat erklärt werden konnten. Folglich war die Eigenart des Gegenstandes, auf den das forschende Denken gestoßen war und dessen wesentliche Eigenschaften mit den üblichen Begriffen, konzeptualen Schemata und Erklärungsprinzipien der Physiologen nicht hinreichend erfaßt werden konnten, der entscheidende Faktor einer spezifischen „Krise" in der begrifflichen Struktur der physiologischen Wissenschaft (obwohl die Forscher selbst die Situation durchaus nicht als krisenhaft empfanden); diese „Krise" kam darin zum Ausdruck, daß innerhalb einer bestimmten Disziplin gewisse Grenzgebiete entstanden waren – die Physiologie der Sinnesorgane (der Rezeptoren) und die Physiologie des Bewegungsapparates (der Effektoren). Das erstere wandte sich mit den Empfindungen, die dem Subjekt zum Bewußtsein kommen, einem für das naturwissenschaftliche Denken ungewohnten Bereich zu. Das zweite beschäftigte sich mit Impulsen, deren Quelle bei den sogenannten Willkürbewegungen der Muskeln wiederum das

12 Vgl. H. Helmholtz, Lehre von den Tonempfindungen, Braunschweig 1863; H. Helmholtz, Handbuch der physiologischen Optik, Leipzig 1867.

Subjekt ist, d. h. ein qualitativ andersartiges Objekt als die Determinanten, von denen der Physiologe auszugehen pflegte, der nur die der Erfahrung und objektiven Untersuchung zugänglichen Eigenschaften des Nervensystems auf der einen und der äußeren objektiven Einwirkungen auf das Nervensystem auf der anderen Seite in Betracht zog. Natürlich darf man diese am „Rande" der Physiologie entstandenen Arbeiten zur Untersuchung der Funktionen der sensorischen und der motorischen Apparate nicht als im üblichen Sinne des Wortes (Interdisziplinarität als „Feld" des Wissens, das verschiedene disziplinäre Gebiete vereinigt und sich in ihrer Berührungszone herausbildet) interdisziplinär betrachten.

Schließlich gewann die Psychologie die Würde einer besonderen Disziplin erst später, einige Jahrzehnte nach jener Zeit, in der jene großen Erfolge bei der Untersuchung der sensorischen Systeme erzielt wurden, die die Voraussetzung für ihre Umwandlung in eine von der Physiologie unabhängige Experimentalwissenschaft bildeten.

In der Anfangsperiode der Untersuchung solcher Objekte wie der Funktionen der Sinnesorgane und der Bewegungsorgane streckte die Physiologie gleichsam „Fühler" nach der künftigen Disziplin aus. Das bedeutet nicht, daß die Physiologen die Bearbeitung der Probleme, die auf ein ihnen fremdes Gebiet führten, auf unberührtem Boden begonnen hätten. Es gab eine jahrhundertelange Tradition in der Untersuchung der psychischen Erscheinungen. Unter dem Einfluß von Anforderungen der sozialen (vor allem der pädagogischen und der medizinischen) Praxis hatten sich Kenntnisse von diesen Erscheinungen geradezu im Überfluß angesammelt.

Es besteht jedoch ein Unterschied zwischen Kenntnissen schlechthin und den zu einer disziplinären Struktur „verdichteten" und umgestalteten Kenntnissen. Über Wissen des letztgenannten Typs verfügten die Physiologen in der ersten Zeit noch nicht. Beim Umgang mit Methoden und Begriffen, die späterhin als Bestandteile der Struktur einer besonderen, von der Physiologie unterschiedenen Disziplin „kodifiziert" wurden, waren sie nicht an die Normen und Beschränkungen gebunden, mit denen die Physiologie in der Folgezeit rechnen mußte, als die genannte Disziplin bereits ihren Platz in der Familie der anderen Wissenschaften errungen hatte.

Bei der experimentellen physiologischen Untersuchung der Funktionen des menschlichen Organismus entstanden Keime der neuen Disziplin. Die experimentelle Physiologie wuchs in die experimentelle Psychologie hinüber. Das Gebiet des Psychischen, das sich jahrhundertelang im Zuständigkeitsbereich der Philosophie befunden hatte, wurde zu einem Gegenstand positiver Experimentalwissenschaft, als deren Subjekt sich eine besondere Gemeinschaft etablierte. Die Abhängigkeit des Prozesses der Umwandlung der Psychologie in eine selbständige Disziplin von den Ergebnissen der Physiologie und der Rolle der von ihr ausgearbeiteten experimentellen Methode in diesem Prozeß ist in wissenschaftshistorischen Arbeiten ausführlich beleuchtet worden. Der Charakter dieser Abhängigkeit bleibt jedoch unaufgeklärt.

Nunmehr wurden im Laboratorium nicht mehr nur Tiere, sondern auch Menschen untersucht, und man begann, mit den psychischen Prozessen des Menschen zu experimentieren, die über Jahrhunderte als Außerungen einer unkörperlichen Seele gegolten hatten. Dieser Übergang wurde zu einem Ereignis, dessen Bedeutung für den Fortschritt der psychologischen Erkenntnis kaum zu überschätzen ist. Die experimentelle Methode veränderte die Gestalt der Erkenntnis in der Psychologie und der Kriterien ihrer Wissenschaftlichkeit, und ihr Eindringen in die konkrete Forschungsarbeit wurde zu der Grundlage, auf der sich diejenigen, die diese Arbeit ausführten, zu einer besonderen professionellen Gruppe (wissenschaftlichen Gemeinschaft) zusammenschlossen.

Wenn man aber von der Bedeutung der experimentellen Methode spricht, die die entstehende Psychologie aus der Physiologie übernahm, so muß man auch beachten, daß mit ihr unterschiedliche theoretische Orientierungen in unterschiedlichen Kontexten verbunden waren: Einerseits ging es um die physiologische Untersuchung der Sinnesorgane, andererseits um die Suche der Psychologen nach den „Primärelementen" des Bewußtseins. Im ersteren Fall dominierte die Intention, die Abhängigkeit der subjektiven Phänomene – der Empfindungen – von den Eigenschaften der äußeren Reize und vom Aufbau des Nervenapparates, mittels dessen diese Eigenschaften unterschieden werden, aufzuklären. Im zweiten Fall wurden die Determinationszusammenhänge der psychischen Erscheinungen mit physikalischen und physiologischen Variablen hingegen als unwesentlich aufgefaßt. Deshalb können wir mit Recht davon sprechen, daß die in dem einen Gebiet ausgearbeitete Methode bei ihrem Eindringen in die andere Disziplin eine radikale Transformation durchmachte.

Hier begegnen wir dem generellen wissenschaftstheoretischen Problem des Verhältnisses von Theorie und Methode in interdisziplinären Forschungen. Eine Methode ist nicht neutral gegenüber dem konzeptualen Kontext, in dem sie angewandt wird. Sie hängt von ihm ab und kann, wie es bei der Übertragung der experimentellen Methode aus den physiologischen Untersuchungen der Sinnesorgane in die psychologische Erforschung der Struktur des Bewußtseins der Fall war, ihren Charakter wesentlich verändern. Die naturwissenschaftliche Methode war dem theoretischen Schema angepaßt und der deterministischen Erklärung der psychischen Realität fremd.

Kann man in diesem Fall eigentlich von einer positiven Einwirkung der Physiologie auf den Fortschritt der psychologischen Erkenntnis sprechen? Schließlich ist dieser Fortschritt unmöglich bei einer Abweichung von den deterministischen Analyseverfahren, die als unerläßliche Bedingung dafür zu betrachten sind, daß das gewonnene Wissen den Kriterien der Wissenschaftlichkeit genügt. Bei der Diskussion dieser Frage muß der weiter oben erwähnte Unterschied zwischen theoretischen und kategorialen Aspekten der Wissenschaftsentwicklung in Betracht gezogen werden. Die physiologische Untersuchung der Sinnesorgane bereitete die Separierung der Psychologie zu einer besonderen Disziplin nicht allein durch die Entwicklung der Methoden vor, nach deren Muster das psychologische Experiment ursprünglich konzipiert wurde. Sie formierte die kategoriale Architektur der Psychologie und ermöglichte vor allem die Entwicklung solcher

„Blöcke“ des Kategoriengebäudes wie „psychisches Abbild“ und „psychische Handlung“. Hier spielte die Physiologie bei der Vorbereitung des Bodens für die disziplinäre Verselbständigung der Psychologie eine nicht minder wichtige Rolle als auf der Ebene ihrer methodischen Ausstattung.

Konfrontiert mit den realen Funktionsbesonderheiten der menschlichen Sinnesorgane, bemerkte der Physiologe mit Notwendigkeit die Unzulänglichkeit der verfügbaren Erklärungsprinzipien und Kategorien. Die von diesen Organen hervorgebrachten Erscheinungen bezeugten die Existenz von besonderen Determinationsfaktoren – der psychischen Determinanten des Verhaltens, die sich nicht auf seine physiologischen Mechanismen und Regulationen zurückführen lassen. Das Wissen von diesen psychischen Determinanten wurde von den entsprechenden Blöcken des Kategorienapparates der neu entstandenen Wissenschaft akkumuliert. Es war bereits (obgleich von Physiologen gewonnen) nicht mehr physiologisches, sondern psychologisches Wissen. Zudem darf man sich, um den Entwicklungsweg dieses Wissens in den Grenzen des uns hier interessierenden Problems der Interdisziplinarität zu verstehen, nicht auf den Zusammenhang von Physiologie und Psychologie beschränken. Bei den Versuchen, die Eigenart der Erscheinungen zu erklären, auf die sie bei der Untersuchung der Tätigkeit der Sinnesorgane gestoßen waren, konnten sich die Physiologen, als sie ihren vertrauten festen Boden verließen, noch nicht auf die Psychologie stützen, weil deren eigene deterministische Analysemittel damals noch nicht ausgearbeitet waren. Das veranlaßte sie, die Phänomene, die in den Funktionen des Nervensubstrats wurzelten (und daher der Kompetenz der Physiologie zugerechnet wurden), mit solchen Phänomenen in Beziehung zu setzen, die allein sozialen Ursprung haben konnten.

Das läßt sich anschaulich an den Begriffen zeigen, die Helmholtz eingeführt hatte, um die Eigenart des psychischen Abbildes und der psychischen Handlung zu erfassen – jener Kategorien, deren Ausarbeitung die ersten Steine für das Fundament der neuen Wissenschaftsdisziplin legte.

Solange Helmholtz die Empfindungen als Produkt der Erregung der sensorischen Nervenfasern untersuchte, beschränkte er sich darauf, daß er den sensorischen Effekt (Farbe, Laute usw.) bei der Einwirkung des Reizes auf den Rezeptor fixierte. Hinter seiner ganzen erstaunlich umfangreichen und diffizilen experimentellen Arbeit stand hier ein mechanisch-deterministisches Schema. Für ihn ergab sich jedoch die Frage nach dem Verhältnis der sensorischen Effekte zum Verhalten des Organismus im umgebenden Milieu, nach ihrer vitalen Bedeutung, die die Richtung seines Denkens veränderte. Wozu dienen diese Effekte? Welche nützliche Arbeit vollbringen sie? Die Sonderung des physischen, real existierenden Objekts von dem psychischen Abbild, in dem es repräsentiert ist, war eine wichtige methodologische Orientierung. Ihre Wichtigkeit wurde besonders offenkundig, als sich die Stimmen aus philosophischen Kreisen zu mehren begannen, die behaupteten, ein wahrhaft positives Vorgehen verlange den Verzicht auf den „Dualismus“ von Abbild und Ding.

Diese damals von E. Mach (der sich zu Beginn seiner wissenschaftlichen Laufbahn ebenfalls mit Psychophysik und Psychophysiologie befaßt hatte) besonders energisch progagierte neoberkeleyanische Version führte zu einem Bild, in dem sowohl die physische als auch die psychische Realität verschwanden. In seinem Werk „Materialismus und Empiriokritizismus" deckte W. I. Lenin den philosophischen und sozialen Sinn der Konzeption von E. Mach und der ihr verwandten Konzeptionen auf. Bei Mach wurden die physischen Objekte mit dem sinnlich Gegebenen identifiziert, das seinerseits jeglichen unabhängig von ihm existierenden gegenständlichen Inhaltes beraubt wurde.

Für Helmholtz waren sowohl die physischen Dinge als auch ihre psychischen Abbilder Realitäten und nicht etwa vom Spiel der philosophischen Phantasie hervorgebrachte Phantome. Seine methodologische Position hinderte ihn jedoch daran, ihr Verhältnis zueinander als Widerspiegelung zu begreifen. Er deutete die Empfindung als Zeichen eines Dinges. Für sich genommen sagt ein Zeichen überhaupt nichts über das Bezeichnete aus. Aus der Lautgestalt eines einzelnen Wortes kann man keinesfalls seinen gegenständlichen Sinn erschließen. Wenn man die Unterschiede zwischen psychischem Abbild und Zeichen nicht sieht, dann tendiert man unschwer zu der Ansicht, ersteres könne ebensowenig über die reale Wirklichkeit mitteilen wie der Klang der Sprache über den Sinn, den er überträgt. Damit wurde das Vertrauen in die Fähigkeit der sinnlichen Abbilder untergraben, über die von ihnen unabhängige Welt zu informieren.

Einerseits wurde der Organismus als Körper angesehen, der wie alle übrigen Körper den Gesetzen der mechanischen Bewegung unterliegt. Seine sensorischen Reaktionen (die Empfindungen) galten als Effekt äußerer Anstöße. Diese Anstöße verwandeln die in den sensorischen Nervenfasern gespeicherte Energie in einen dem Subjekt sichtbaren Lichtblitz oder in einen hörbaren Laut. Andererseits überschritt Helmholtz die Grenzen der mechanisch-deterministischen Analyseebene und betrachtete den Organismus vom Standpunkt seiner Orientierung in der Umgebung und nicht nur vom Standpunkt seiner Reaktion auf die Einwirkung physikalischer Reize. Die Empfindungen dienen der Aufgabe dieser Orientierung. Aber wie sollte man die Empfindung mit den äußeren Bedingungen verbinden, wenn von vornherein angenommen wurde, sie basiere auf dem von diesen Bedingungen unabhängigen Aufbau des Organs?

Die Vorstellung vom Zeichencharakter der Elemente der sensorischen Erfahrung war dazu bestimmt, mit dieser Kollision fertigzuwerden. Jedes dieser Elemente wurde als ein Zeichen aufgefaßt, das es ermöglichen sollte, Objekte zu unterscheiden. Dazu brauchte es mit seinem Objekt keinerlei Ähnlichkeit zu haben. Schließlich sind auch die Laute der Sprache den mit ihnen assoziierten Begriffen nicht ähnlich, obwohl eben mit Hilfe dieser Laute die zu erkennenden Objekte unterschieden werden. Helmholtz betonte die Bedeutung der Sprache als „Werkzeug" und benutzte diese ihre Eigenschaft, um in der Theorie auch den pragmatischen Sinn der Empfindungen in Analogie mit der Sprache darzustellen.

Die Empfindungen sind jedoch Produkte spezialisierter sensorischer Apparate, die den Lebewesen von einer bestimmten Entwicklungsstufe der Biosphäre an eigen sind. Sie sind ein allgemeinbiologisches und nicht ein speziell menschliches Phänomen. Seit den Zeiten des Aristoteles wurde die Fähigkeit des Empfindens zu den Eigenschaften der Tierseele gerechnet. Von der allgemeinbiologischen Natur dieser Fähigkeit ging auch Helmholtz aus. Es könnte scheinen, daß dies für ihre psychologische Erkenntnis eine ziemlich biotrope Orientierung gewesen sei. Wie wir gesehen haben, ging Helmholtz jedoch zu einer anderen, soziotropen Orientierung über. Die „pragmatische" Funktion der Empfindungen (die Unterscheidung von Eigenschaften der Umgebung, ohne die ein effektives Verhalten in ihr nicht möglich ist) bei beliebigen Lebewesen wird erklärt, indem sie zu der analogen Funktion der menschlichen Sprache – einer genuin sozialen Funktion – in Beziehung gesetzt wird.

Wir wollen hervorheben, daß hier keine einfache Analogie, sondern eine besondere Form der Synthese von Ideen vorliegt, die sich auf zwei unterschiedliche Gebiete der Wirklichkeit beziehen. Im Denken von Helmholtz führte die Vereinigung von Empfindung und Wort unter der gemeinsamen Rubrik des Zeichens dazu, daß das psychische Abbild nicht nur dem Substrat, in dem es besteht, sondern auch dem äußeren Objekt, mit dem es nicht identisch ist, zugeordnet wird. So bereicherte die Verknüpfung der biologisch determinierten Empfindungen mit den sozial determinierten sprachlichen Zeichen das Verständnis des psychischen Abbildes als einer besonderen Determinante.

Die Analyse der realen historischen Situation, in der sich die Psychologie aus verschiedenartigen Wissensfragmenten, Methoden und Orientierungen zu einer selbständigen Disziplin entwickelte, konfrontiert uns also mit einem Komplex von Problemen allgemeineren Charakters, die mit den Entwicklungsgesetzmäßigkeiten der Wissenschaft als einer Form von Tätigkeit verbunden sind. Das wichtigste von ihnen betrifft die Klärung des Verhältnisses zwischen den methodischen Mitteln, die unter Bezug auf den gegenständlichen Inhalt einer bestimmten Disziplin geschaffen worden sind, und der konzeptualen Ausstattung eines anderen Wissensgebietes, das diese Mittel zu seinen eigenen Zwecken übernimmt.

Dabei muß man, wie unsere Analyse gezeigt hat, die Funktion der Methoden auf der Ebene der theoretischen Vorstellungen von ihrer Rolle beim Aufbau der kategorialen Grundlagen der spezialwissenschaftlichen Erkenntnis unterscheiden.

Nicht minder wesentlich ist die Aufgabe, die Unterschiede zwischen den theoretischen und den kategorialen Strukturen in der Entstehungsperiode einer neuen Disziplin zu klären.

Um die Herausbildung der Gemeinschaft, die als Subjekt der Psychologie in Erscheinung trat, zutreffend zu deuten, muß man sich den Prozessen zuwenden, die zur Geburt des neuen Kategoriengebäudes geführt haben, an der Vertreter anderer Disziplinen, vor allem der Physiologie, den entscheidenden Anteil hatten.

Die Schaffung des Kategoriensystems, mit dem sich das eigene Gegenstandsgebiet der psychologischen Forschungen umreißen ließ, wurde in einem „Kreislauf" komplizierter interdisziplinärer Wechselwirkungen möglich.

B. V. Loginov

Zur Dialektik der Entstehung neuer interdisziplinärer Richtungen der Neurowissenschaften

Es liegt ein tiefer Sinn in der Tatsache, daß wir bei der Lösung einer wichtigen praktischen Aufgabe – der Ausarbeitung einer wissenschaftlichen Methodologie für die Analyse der disziplinären Gliederung an der vordersten Front der gegenwärtigen Wissenschaft – gezwungen sind, auf historische Erfahrungen und Ereignisse zurückzugreifen, von denen uns Jahrzehnte oder Jahrhunderte trennen. Die Zeit erweist sich als ein großer Filter, der kurzlebige und kurzzeitige Moden, Tendenzen oder euphorische Überhöhungen aussondert und stabilere, objektiv vorhandene Elemente oder „Taxone" im System der wissenschaftlichen Erkenntnis zu selektieren gestattet, die wir als wissenschaftliche Disziplinen bezeichnen. Indem er die Strukturen der Prozesse wissenschaftlicher Erkenntnisgewinnung adäquater zu erfassen sucht, gelangt der Historiker vermittels mehrfacher Integration umfangreichen Materials, seiner Bewertung und Beurteilung zur Hervorhebung von Schlüsseldaten, mit denen sich verschiedene Phasen der Wissenschaftsentwicklung unterscheiden lassen, zur Identifizierung signifikanter Faktoren, Zweige und Richtungen dieser Entwicklung.

Doch nicht minder bedeutsam ist offenbar die andere Seite der Sache. Durch das Prisma der Analyse der Gegenwart, der Analyse konkreter „Wachstums-"prozesse, die heute an der Front der Forschung verlaufen, kann der Historiker die verborgenen Wesenszüge und Gesetzmäßigkeiten der Wissenschaftsentwicklung, die in der Vergangenheit wirksam waren, aus einem neuen Blickwinkel betrachten. Eine solche Analyse ist wie ein Vergrößerungsglas, das uns gestattet, feine und sich verändernde Einzelheiten, die sich in einer weiten Retrospektive dem Blick entziehen würden, zu unterscheiden. Das bezieht sich auch auf Probleme der wissenschaftshistorischen Erfassung von Mechanismen der Herausbildung neuer naturwissenschaftlicher Disziplinen, also auf Probleme, deren Lösung nicht nur Vertreter wissenschaftsplanender und -leitender Instanzen, sondern auch viele derjenigen, die heute naturwissenschaftliche Forschungstätigkeit ausüben, von den Historikern erwarten.

Wohl noch nie in der Vergangenheit machten Prozesse der Entstehung neuer Methoden, neuer Meß-„Technologien" und der mit ihnen verbundenen wissenschaftlichen Richtungen mit solcher Dynamik und Schärfe von sich reden, wie das heute im Bereich jener Forschungen der Fall ist, deren Objekt das Gehirn und

Verhalten des Menschen und der Tiere ist. Hirnforschung und Verhaltenswissenschaften erleben z. Z. ein ungestümes Wachstum. In ihnen arbeiten gegenwärtig zwischen drei und fünf Prozent aller Wissenschaftler der Welt – eine Zahl, die – nach einigen indirekten Schätzungen[1] – bereits die Zahl der Forscher in solchen Gebieten wie der Atomenergie oder der Elektronik übersteigt bzw. der Zahl der Spezialisten im Bereich der Geowissenschaften nahezu gleich ist. Dieses Wachstum widerspiegelt sich in der raschen Vergrößerung der Zahl der neurologischen Problemen gewidmeten Periodika: Allein in den Ländern Westeuropas und in den USA erscheinen gegenwärtig mehr als 70 Zeitschriften und 40 wissenschaftliche Publikationsserien zu dieser Problematik. Unter Einbeziehung verwandter klinischer Richtungen (Psychiatrie, Neuropathologie, Neurochirurgie) und der Verhaltenswissenschaften (Ethologie, vergleichende Psychologie) sind es über 100 Zeitschriften (mit 15- bis 20000 Artikeln und wissenschaftlichen Mitteilungen jährlich) und mehr als 70 Serien monographischer Veröffentlichungen (nicht gerechnet die vielen Monographien und Sammelbände, die alljährlich in „zwangloser Folge" herausgebracht werden)[2].

Hinter diesen äußeren Indikatoren verbergen sich dynamische, stürmisch verlaufende konzeptuale Prozesse, die ihren Ausdruck im kontinuierlichen Entstehen immer neuer und neuer wissenschaftlicher Strömungen und Richtungen (und in der ihnen eigentümlichen Konkurrenz) finden – angefangen bei den bereits alteingeführten wie „Neuropsychologie" und „Neurokybernetik" bis zu den neueren und weniger bekannten Richtungen wie „Neuroethologie", „Neurobiologie", „Psychobiologie", „Psychoneuroendokrinologie", „Psychosomatik", „Biobehaviorologie", „Neuropsychopharmakologie", „Synaptologie", „Neurotoxikologie", „Neuroimmunozytochemie", „Neurozytologie, „Neurochemie", „Neurolinguistik" usw. usw. Die Zahl dieser quasi-disziplinären Fächer im Bereich der Neurowissenschaften ist gegenwärtig größer als 40. Auch dem erfahrenen Spezialisten, der mit der laufenden Literatur vertraut ist, fällt es nicht leicht, sich in ihrer Hierarchie und relativen Bedeutung auszukennen, ganz zu schweigen davon, daß es ihm etwa möglich wäre, sie in ihrer Rangfolge anzuordnen, den Grad ihrer Überlappung einzuschätzen und den möglichen Bedarf an Spezialisten entsprechenden Profils für die Zukunft zu bestimmen. Welchen unter ihnen nun darf man den Rang einer vollgültigen wissenschaftlichen Disziplin zubilligen und welchen nur den Rang einer Subdisziplin, einer methodischen Richtung? Welche erwiesen sich nur als modische Etiketts, als unhaltbare Begriffsbildungen, denen eine solche Anerkennung versagt bleibt und die von der Szene wieder verschwinden, hinter denen aber reale Prozesse intensiven Wachstums stehen? Welche Kriterien schließlich muß man derartigen Bewertungen und Datierungen zugrunde legen?

Wie eigentümlich sich hier die gegenwärtige Situation gestaltet, wird besonders

1 Source Publications for the Science Citation Index, Index to Scientific Reviews, Scisearch and SCI magnetic Tapes, Philadelphia 1980, S. 24.

2 Vgl. Science Citation Index, Philadelphia 1964–1982.

augenfällig, wenn man sie mit dem einfachen und stabilen Schema der disziplinären Gliederung neurologischer und psychologischer Forschungen vergleicht, die vor noch einem Vierteljahrhundert vorherrschte. Vor allem war darin während vieler Jahrzehnte der Kreis der klinischen Disziplinen hervorstechend. Dazu gehörte die klassische Psychiatrie, die sich in mehrere stabile Richtungen und Schulen verzweigte, weiter die beschreibende Neurologie, die in der russischsprachigen Literatur tendenziell mit dem Begriff Neuropathologie gleichgesetzt wurde.[3] Mit letzterer konnte man wiederum verschiedene Subdisziplinen wie die Pathomorphologie, die Pathohistologie und die Pathophysiologie des Nervensystems in Verbindung bringen.[4] Schließlich ist die Neurochirurgie zu nennen. Hauptgegenstand dieser klinischen Disziplinen ist der Mensch, ihre hauptsächliche Vorgehensweise die Systematisierung und Akkumulation beschreibend dargestellter Erfahrungen aus der klinischen Praxis. Neben ihnen gab es den eng daran angrenzenden Teil der experimentellen Physiologie – die Physiologie des Nervensystems (oder Neurophysiologie). Letztere kann man in allgemeine Neurophysiologie (die die mehr universalen, fundamentalen Eigenschaften elementarer Strukturen des Nervensystems untersucht), Physiologie des vegetativen (autonomen) Nervensystems, Physiologie der Sinnesorgane, Physiologie verschiedener struktureller Teilsysteme des Zentralnervensystems (ZNS) u. ä. untergliedern.[5] Schließlich hat sich seit den dreißiger Jahren die Physiologie der höheren Nerventätigkeit verselbständigt, die die dem Verhalten der Tiere und des Menschen zugrunde liegenden Systemeigenschaften des ZNS untersucht.[6] Vom methodischen Gesichtspunkt erwies es sich manchmal als bequem, solche quasi-disziplinären Gebilde wie die Elektrophysiologie, die Elektroenzephalographie, die Pharmakologie und Biochemie des Nervensystems u. a. hervorzuheben. Der Terminus „Neuroanatomie" kam erst zu Anfang der fünfziger Jahre auf[7], die Begriffe „Neuropsychologie" und „Neurochemie" zu Anfang der sechziger Jahre[8] (es ist bemerkenswert, daß diese Neuerungen hauptsächlich von Autoren wissenschaftlicher Bücher stammten, die bestrebt waren, ihren Monographien unkonventionelle, die Aufmerksamkeit fesselnde Bezeichnungen zu geben).

Dafür war in den 50er Jahren noch der Terminus „Biophysik des Neurons" in Gebrauch, gelegentlich – insbesondere in der verhaltenspsychologischen Literatur – konnte man Versuchen zur Einführung der Bezeichnung „Reflexologie" sowie Versuchen einer Zusammenfassung neurologischer und psycho-

3 Vgl. I. V. Viktorov, Predislovie k russkomu izdaniju, in: Dž. Sade/D. Ford, Osnovy nevrologii, Moskva 1976, S. 6.

4 Vgl. G. V. Archangelskij, Istorija nevrologii ot istokov do XX veka, Moskva 1965, S. 431.

5 Vgl. S. Oks, Osnovy nejrofiziologii, Moskva 1969, S. 447; P. G. Kostjuk, Fiziologija central'noj nervnoj sistemy, Kiev 1977, S. 319.

6 Vgl. Fiziologija vysšej nervnoj dejatel'nosti (čast' I), Moskva 1970, S. 319.

7 Vgl. E. J. S. Krieg, Functional Neuroanatomy, New York 1953.

8 Vgl. R. O. Brady/D. B. Tower, The Neurochemistry of Nucleotides and Amino Acids, New York – London 1960.

physiologischer Forschungen unter der Überschrift „Experimentelle Psychologie“ begegnen.[9] Zu jener Zeit war es also möglich, von fünf bis sechs mehr oder weniger eng miteinander verbundenen traditionellen wissenschaftlichen Disziplinen zu sprechen, die jeweils an den Hochschulen gelehrt wurden, zu denen Lehr- und Handbücher und Praktikumsanleitungen erschienen und deren Alter mindestens nach Jahrzehnten gemessen wurde.

Was aber geschieht heute? Neben, zwischen und in ihnen selbst treffen wir ständig neue, ganz andersartige Typen disziplinärer Grenzziehungen, die diese alten Bezeichnungen zurückdrängen – nicht nur in den Überschriften von Artikeln und Zeitschriften, sondern auch in den Titeln von Lehrbüchern und wissenschaftlichen Handbüchern. Über diesem ganzen dynamisch wachsenden Komplex dominiert heute der neue zusammenfassende Terminus „Neurowissenschaften“ (Neurosciences) – ein Terminus, der uns direkt aufzufordern scheint, automatisch alles als eine besondere Disziplin anzusehen, was mit der Vorsilbe „Neuro-“ beginnt und die Endung „-ie“ hat.

Dieser Aufforderung folgend, die nun einmal von der wissenschaftlichen Gemeinschaft und von den Redakteuren autoritativer Zeitschriften und Übersichtswerke sanktioniert worden ist[10], bleibt uns nur übrig, dies als Faktum hinzunehmen und so zu behandeln, als hätten wir es mit einer Art „Familie“ aus einigen Dutzend wirklich entstandender Subdisziplinen zu tun, von denen theoretisch jede – sofern sie nur lange genug besteht und ihre Lebensfähigkeit erwiesen ist – mit der Zeit den ehrenvollen Status einer echten wissenschaftlichen Disziplin erwerben kann. Indes entbindet uns dies nicht von der Aufgabe, objektive Merkmale zu finden, die als zuverlässiges diagnostisches Instrumentarium für Prozesse der Entstehung und Entwicklung wissenschaftlicher Disziplinen dienen können.

Wir haben den Versuch unternommen, als Mittel einer solchen Diagnose das Merkmal der relativen Häufigkeit des Auftretens der genannten unterscheidenden Termini in den Überschriften wissenschaftlicher Artikel zu verwenden. In der Tat kann man sich kaum einen empfindlicheren und genaueren Indikator des Verhältnisses der Mitglieder einer wissenschaftlichen Gemeinschaft zu dieser oder jener jungen „Disziplin“ vorstellen als die Bereitschaft, deren Bezeichnung im Resumé oder in der Überschrift eines Artikels zu benutzen. Selbstverständlich bedarf eine solche Bereitschaft der Voraussetzung, daß die neue „Disziplin“ eine bestimmte Schwelle der „Anerkennung“ und des „Einflusses“ erreicht hat. Klar ist auch, daß sich beim „Niedergang“ einer Disziplin ihre Chancen verringern, in den Überschriften von Artikeln genannt zu werden. In rein technischer Beziehung wird diese Aufgabe durch einen neuen Typ von Informationsmitteln sehr erleichtert; als ein Beispiel nennen wir den Informationsdienst „Forschungs-

9 Vgl. S. S. Stevens (Hrsg.), Handbook of Experimental Psychology, New York–London 1951.

10 Vgl. F. G. Worden u. a. (Hrsg.), The Neurosciences: Paths of Discovery, Cambridge (Mass.) – London 1975, S. 622; G. M. Edelmann/V. B. Mountcastle, The Mindful Brain, Cambridge (Mass.) – London 1979.

fronten in Biologie und Medizin" („BIOMED – 81")[11], der seit 1981 in den USA herausgegeben wird.

Welche Überlegungen veranlassen uns dazu, uns gerade auf dieses Organ zu beziehen? Der erste Grund ist seine relative Vollständigkeit. Der Informationsdienst gründet sich auf die Auswertung von rund 1500 in der Welt führenden Periodika medizinisch-biologischer Provenienz. In dieser Zahl sind selbstverständlich auch die in der UdSSR, der DDR und den anderen sozialistischen Staaten herausgegebenen Zeitschriften entsprechenden Profils enthalten, obgleich ihr prozentualer Anteil (infolge des Übermaßes der in der Welt erscheinenden englischsprachigen Zeitschriften) unseres Erachtens die Situation der Forschung nicht adäquat ausdrückt.

Der zweite Grund ist die Tatsache, daß der Informationsdienst die sich gegenwärtig herausbildenden thematischen und disziplinären Proportionen im Strom der in der Welt erscheinenden medizinisch-biologischen Publikationen richtig widerspiegelt. Bei Einteilungen, die von Menschen aufgestellt wurden, können natürlich jedesmal Zweifel geäußert werden, inwieweit diese oder jene Richtung adäquat und eindeutig bestimmt worden ist. Im gegebenen Fall werden derartige Zweifel in gewissem Maße behoben, weil der Informationsdienst unter Zugrundelegung nur eines Kriteriums, der Zitierhäufigkeit der wissenschaftlichen Arbeiten, maschinell zusammengestellt wird. Die Bedeutung dieses formalen Merkmals als Indikator stabiler „Wachstumsprozesse" in den Naturwissenschaften ist in jüngster Zeit ausreichend begründet worden.[12] Dieser Typ von Informationsdiensten gewährt erstmalig Zugang zu Kartogrammen als einer qualitativ neuartigen, besonderen Art der Strukturdarstellung naturwissenschaftlicher Forschungsfronten, die nach Maßstab und Auflösungsvermögen normiert ist und folglich auch – unter sonst gleichen Bedingungen – die realen quantitativen Verhältnisse adäquater widerspiegelt als „nach Augenmaß" aufgestellte Schemata.

Schließlich ist als dritter Umstand zu nennen, daß die Formulierung der Rubriken bzw. sogenannter „Forschungsfronten", von denen es in der Ausgabe des BIOMED – 81 mehr als fünftausend gibt, nur aus Schlüsselworten besteht, die in den Artikelüberschriften genannt und mittels elektronischer Datenverarbeitung nach einem vorgegebenen Programm aus dem Publikationsmassiv der Jahre 1979 und 1980 ausgewählt wurden. Wir haben es also nicht mit willkürlich aufgestellten Formeln, sondern mit dem realen Thesaurus der Wissenschaftler zu tun, deren Arbeiten mit größter Wahrscheinlichkeit die stabilen Richtungen thematisch verbundener Forschungen repräsentieren, welche gegenwärtig im allgemeinen Strom

11 Vgl. Research Fronts in Biomedicine (BIOMED — 81), Philadelphia, 1981.

12 Vgl. C. Montgomery/D. R. Swanson, Machinelike Indexing by People, in: American Documentation, 12/1962, S. 359–366; V. I. Gor'kova, Sistemno-strukturnye issledovanija dokumental'nych informacionnych potokov (Avtoreferat dissertacii na soiskanie učenoj stepeni doktora techničeskich nauk), Moskva 1970; E. Garfield, ABC of Cluster Mapping, Part 1. Most Active Fields in the Life Sciences in 1978, in: Current contents (Philadelphia), 40/1980, S. 5–12.

der medizinisch-biologischen Veröffentlichungen objektiv in Erscheinung treten. Uns ist damit eine Art systematisches Wörterbuch der „geläufigsten“ Termini der gegenwärtigen Biomedizin in die Hand gegeben. Namentlich dieser Umstand gestattet uns auch, es für eine vergleichende Bewertung des „Durchsetzungsgrades“ der in den Artikelüberschriften benannten und im Wortschatz der zeitgenössischen Wissenschaftler enthaltenen einzelnen Disziplinen und Subdisziplinen zu benutzen.

Welches Bild zeichnet sich im Ergebnis der Analyse dieses „Wörterbuches“ ab? Beginnen wir bei der Charakteristik der Gesamtproportionen. Aus der Gesamtzahl von 5136 genannten Forschungsfronten, die in den Informationsdienst BIOMED – 81 eingebracht wurden, können nach unseren Berechnungen 630 ± 10, d. i. ein Anteil von 12 %, dem Gebiet der Neurowissenschaften zugerechnet werden. In der Regel kann man nach diesen Benennungen die „subdisziplinäre Zuordnung“ einer entsprechenden Forschungsrichtung nur sehr annähernd beurteilen. So können z. B. die Forschungen, die sich hinter der Bezeichnung „Freisetzung von Calciumionen und das Membranverhalten in der synaptischen Transmission“ verbergen, sowohl der „Biophysik“ als auch der „allgemeinen Neurophysiologie“ und der „Synaptologie“ zugerechnet werden, offensichtlich aber nicht dem Gebiet der neuropsychologischen oder der neurobiologischen Forschungen. Im Falle von Bezeichnungen wie „Neuropeptide und Gedächtnis“ aber ist es allgemein unmöglich, auf eine solche Zugehörigkeit zu schließen.

Etwa in einem von sieben Fällen enthält der Titel der entsprechenden Rubrik jedoch die Bezeichnung dieser oder jener Disziplin (bzw. „Subdisziplin“), wie z. B. „Neurophysiologie der Tagesrhythmen“ oder „Genetik und Epidemiologie der Schizophrenie“. Wir betrachten nun die relative Häufigkeit der Termini vom Typ „Neuro...ie“ im Informationsdienst; die Gesamtzahl – 53 – des Auftretens derartiger Termini in den Bezeichnungen der „Forschungsfronten“ wird gleich 100% gesetzt: (siehe Tab. 1).

Die Struktur dieser Aufstellung erfährt auch dann keine wesentlichen Veränderungen, wenn in die Betrachtung alle Fälle einbezogen werden, in denen in den genannten „Forschungsfronten“ die abgeleiteten Termini des Typs „neuro...isch“ in Erscheinung treten. Dabei tauchen keinerlei zusätzliche Nennungen irgendwelcher neuer Subdisziplinen des Typs „Neuroethologie“ oder „Neurolinguistik“ auf, es erhöht sich nur die „spezifische Gesamtheit“ der Neurochemie, Neurologie und Neuroendokrinologie (siehe Tab. 2).

Wie ersichtlich, erlaubt uns diese einfache Methode, schnell und exakt zu bestimmen, welche der „Neurodisziplinen“ bei den Wissenschaftlern wirklich einen „Kredit“ genießen und welche die Schwelle der allgemeinen Anerkennung nicht erreicht (oder ihren früheren Einfluß eingebüßt) haben. Bemerkenswert ist, daß zu der letzteren Gruppe die kürzlich noch florierenden Gebiete „Neurokybernetik“ und „Neurobionik“ zu gehören scheinen[13], aber auch solche speziellen

13 Vgl. P. G. Kostjuk, Fiziologija central'noj nervnoj sistemy, Kiev 1977, S. 11.

Tabelle 1:

Relative Häufigkeit der Nennung verschiedener „Neurodisziplinen" im Informationsdienst „BIOMED-81"

Bezeichnung der „Disziplin"	Zahl der Nennungen	Prozent der Gesamtzahl der benutzten Termini vom Typ „Neuro...ie"
Neurophysiologie	18	34
Neuropharmakologie	10	19
Neurochemie	6	11
Neuroanatomie	6	11
Neuropsychologie	4	8
Neurologie	3	6
Neuropathologie	2	4
Neuropsychopharmakologie	1	weniger als 2
Neuroendokrinologie	1	" " 2
Neurobiologie	1	" " 2
Neurochirurgie	1	" " 2
Summe	53	100

Tabelle 2:

Relative Häufigkeit der Nennung verschiedener „Neurodisziplinen" und von ihnen abgeleiteter Begriffe im Informationsdienst „BIOMED-81"

Bezeichnung der „Disziplin"	Zahl der genannten Termini vom Typ „Neuro...ie" und „neuro...isch"	Prozent der Gesamtzahl der genannten Termini vom Typ „Neuro...ie" und „neuro...isch"
Neurophysiologie	21	30
Neuropharmakologie	12	17
Neurochemie	11	16
Neurologie	8	11
Neuroanatomie	6	8
Neuropsychologie	6	8
Neuroendokrinologie	2	3
Neuropathologie	2	3
Neuropsychopharmakologie	1	weniger als 2
Neurobiologie	1	" " 2
Neurochirurgie	1	" " 2
Summe	71	100

Richtungen wie die „Neurohistologie" und „Neurozytologie" (die in den allgemeineren Begriff „Neuroanatomie" eingegangen sind), die „Neurozytochemie" und „Neuroimmunozytochemie" (als Bestandteile der „Neurochemie") sowie schließlich Richtungen, die offensichtlich der Erkundungsforschung zuzurechnen sind wie die „Neuroethologie“ und die „Neuroembryologie“. Auf der anderen Seite setzen die „Neurochemie“ und die „Neuropharmakologie“, deren Bezeichnungen sich noch vor einigen Jahrzehnten exotisch anhörten, ihr Wachstum unbeirrt fort und sind zusammengenommen gegenüber der traditionell „elektrophysiologischen“ Neurophysiologie wohl bereits im Übergewicht (vgl. dazu Tab. 2).

Daß die letztgenannte Tendenz nicht zufällig ist, läßt sich auch mit anderen Mitteln zeigen, z. B. indem man das Verhältnis zwischen den elektrophysiologisch und den biochemisch orientierten Gruppen des „BIOMED – 81“ analysiert, in denen solche neutralen Schlüsselbegriffe wie „Großhirn“, „ZNS“, „Mechanismus“, „Verhalten“ u. ä. vorkommen. So enthalten 40 (34 %) aller aufgeführten „Forschungsfronten“ den Schlüsselbegriff „ZNS“ und 52 (43 %) den Begriff „Brain“, d. h. mehr als 80 % sind unmittelbar mit einer neurochemischen oder neuropharmakologischen Thematik verbunden: „Verteilung der Cholinacetyltransferase im Großhirn“ „Biochemie der Sterngliazellen des Großhirns“, „Immunozytochemische Lokalisation von Releasing-Hormonen im Großhirn“, „Biochemische Charakteristika des Tubulins des Großhirns“ u. ä. Zweifellos offenbart sich darin eine Tradition: Für den Neurophysiologen hat der Begriff „Großhirn“ fast keine Signalbedeutung, dagegen dient er dem Biochemiker als Schlüsselorientierung, mit der sich der Inhalt eines Artikels konkretisieren läßt. Nichtsdestoweniger ist die Situation symptomatisch, weil sie auf die eine oder andere Weise ein Ausdruck der rasch wachsenden Bedeutung der Biochemie in der neurowissenschaftlichen Forschung ist.

Ein anderes perspektivisches Verfahren der Diagnose von Entwicklungsprozessen interdisziplinärer Wechselwirkungen, die an der Nahtstelle zwischen den Neurowissenschaften und den traditionellen medizinisch-biologischen Disziplinen vor sich gehen, stellen reguläre „kartographische“ Bewertungen des Typs dar, wie er in der Tabelle 3 illustriert wird (siehe Tab. 3).

Auch solche orientierenden Bewertungen, die bisher vielleicht noch keine so allseitige und detaillierte statistische Begründung besitzen, wie wir sie zu Recht von wissenschaftsmetrischen Untersuchungen fordern, können eine zwar bescheidene, aber nützliche diagnostische Rolle spielen. In der Tat sind viele der erwähnten Tendenzen den neurophysiologischen Spezialisten wohlbekannt, allerdings mehr intuitiv und fragmentarisch, ohne die Möglichkeit, sie rasch und vollständig zu erfassen. Die vorgeschlagenen Verfahren machen diese Tendenzen sichtbar, bewertbar und operativ kontrollierbar und erlauben uns, die ganze Vielseitigkeit, Dynamik und Vielschichtigkeit der Prozesse, die mit der Formierung, der Entwicklung und dem Zusammenwirken der gegenwärtigen wissenschaftlichen Disziplinen verbunden sind, realer zu erkennen.

Wir haben hier nur kurz und exemplarisch einige der diagnostischen Möglichkeiten skizziert, die sich gegenwärtig mit Hilfe der Computeranalyse der vordersten Front der Naturwissenschaften eröffnen. In perspektivischer Sicht sind die konkreten Vorzüge und Mängel des maschinellen Programms, auf das sich der von uns hier benutzte Informationsdienst „BIOMED – 81“ stützt, wohl nicht so wesent-

Tabelle 3:

Bezeichnungen einiger traditioneller medizinisch-biologischer Disziplinen, die am häufigsten im Informationsdienst „BIOMED — 81" genannt werden, und die Intensität ihrer „Kopplung" mit Forschungen neurologischer Orientierung

Bezeichnung der „Disziplin"	Gesamtzahl der Nennungen dieser und von ihnen abgeleiteter* Bezeichnungen	Zahl der Nennungen dieser Bezeichnungen und Ableitungen in einem neurologischen Kontext	Grad der „Überlappung" mit dem jeweiligen Gebiet der Neurowissenschaften in %
Pharmakologie	144	22	15
Genetik	116	1	weniger als 1
Biochemie	55	6	11
Physiologie	40	13	33
Immunologie**	38	1	3
Elektrophysiologie	20	11	55
Histochemie	11	2	18
Psychiatrie	4	4	100

*) Tochterdisziplinen mit den Vorsilben „Neuro-", „Psycho-" und „Elektro-" wurden in der Tabelle nicht berücksichtigt.

**) Zu erwähnen ist, daß der Wortstamm „Immuno-" in den begrifflichen Formen „Immunreaktivität" und „zytoimmunochemisch" in die Bezeichnungen von mindestens 11 „Forschungsfronten" mit neurologischer Orientierung Eingang gefunden hat — ein Symptom, das an die potentielle Möglichkeit eines latenten Prozesses der Entstehung einer neuen Subdisziplin, der „Neuroimmunologie", denken läßt.

lich. Es ist ja doch zu erwarten, daß in den nächsten Jahren neue Programme und neue Verfahren einer solchen Analyse auftauchen, und das bedeutet auch neue Möglichkeiten immer genauerer quantitativer Bewertungen und ihrer wechselseitigen Überprüfung. Natürlich sind diese Verfahren nicht allmächtig. Sie können eine gründliche geistige Durchdringung der an der Forschungsfront ablaufenden Prozesse niemals ersetzen. Aber als ein originelles Hilfsmittel, als ein korrigierendes Hilfsinstrument verdienen sie unseres Erachtens, daß sowohl Historiker und Wissenschaftswissenschaftler als auch Planer, Koordinatoren und Organisatoren der naturwissenschaftlichen Forschung über ihre eventuelle Aufnahme in das Arsenal ihrer Methoden nachdenken.

Achim Thom

Die Entwicklung der Psychiatrie zur eigenständigen medizinischen Disziplin

Im gegenwärtigen Selbstverständnis der Medizin gilt die Psychiatrie als eine eigenständige klinische Disziplin. Ihrem Gegenstandsbereich werden dabei jene Krankheiten zugeordnet, die sich in ernsten Abwandlungen der subjektiven Widerspiegelung der Realität im Sinne der Inadäquatheit äußern, gravierende Einschränkungen des bewußten Handelns bedingen und wegen der dadurch entstehenden Gefährdung des Lebensvollzuges einer speziellen medizinischen Hilfe bedürfen.

Im Unterschied zu manchen anderen medizinischen Disziplinen sind für die Psychiatrie die Grenzen ihres Gegenstandes und ihrer Kompetenz weniger klar abgesteckt und in manchen Punkten noch umstritten. Dies betrifft vor allem ihr Verhältnis zur Neurologie, mit der sie in vielen Ländern eng vergesellschaftet geblieben ist, aber auch ihre Beziehungen zur Psychologie und zur gegenwärtig querschnittswissenschaftlich fungierenden Psychotherapie.[1] Dies betrifft aber auch unterschiedliche Auffassungen darüber, welche Zustände abgewandelter Subjektivität und auffälligen Verhaltens als krankhaft anzusehen sind und mit medizinischen Methoden behandelt werden sollen. Diese Unsicherheiten zeigen an, daß die Entwicklung der Disziplin noch nicht zu einem endgültigen Abschluß gelangt ist. Als Ursachen für die angedeuteten Komplikationen sind in Betracht zu ziehen: a) der noch unbefriedigende Reifegrad der wissenschaftlichen Erkenntnis psychischer Erkrankungen und b) die Einflußnahme auch sozialer Bedingungen auf die Definition und Wertung von Krankheit in diesem Bereich.[2]

1 Vgl. A. Katzenstein u. a., Überlegungen zur Stellung und Funktion der Psychotherapie in der Medizin der entwickelten sozialistischen Gesellschaft, in: A. Katzenstein/A. Thom (Hrsg.), Ausgewählte theoretische Aspekte psychotherapeutischen Erkennens und Handelns, Jena 1981, S. 13—34.

2 Vgl. H. F. Späte/A. Thom/K. Weise, Theorie, Geschichte und aktuelle Tendenzen in der Psychiatrie, Jena 1982.

1. Die Vorgeschichte der Psychiatrie

Da psychische Erkrankungen im menschlichen Dasein nicht auszuschließen und immer als bedrohlich erlebt worden sind, hat die Medizin seit ihrer Konstituierung als wissenschaftlich fundierte Heilkunde auch nach deren Erklärung und Behandlung gesucht. Auf die bis zum 16. Jahrhundert entstandenen Erklärungsweisen und Behandlungsformen kann hier nicht eingegangen werden – sie sind in einer ganzen Reihe von Übersichtsdarstellungen hinreichend charakterisiert.[3] Eine Beschleunigung der Erkenntnissuche erfolgte zwischen 1600 und 1800 im Zuge des allgemeinen Aufschwungs der Medizin, wobei vor allem der Psychovitalismus von G. E. Stahl, die daran anknüpfenden Affektlehren und die systematischen Rückführungen menschlichen Krankseins auf gestörte nervale Erregungsprozesse durch W. Cullen und J. Brown Bedeutung erlangten.[4] Als wichtige Basis für die später erfolgende Spezialisierung der psychiatrisch-ärztlichen Praxis muß vor allem die in diesen Zeitraum fallende Herausbildung neuer sozialer Bedürfnisse und neuartiger Formen des Umgangs mit psychisch Kranken gelten.

Im Zeitraum zwischen 1600 und 1800 blieb die Stellung des psychisch Kranken in den meisten europäischen Ländern noch weitgehend unbestimmt. Versuche zur ärztlichen Behandlung derartiger Erkrankungen sind in Einzelfällen nachweisbar, betrafen aber infolge der generell noch unzureichenden ärztlichen Versorgung in erster Linie Patienten aus begüterten Familien. Die Mehrheit der Kranken fand zunächst noch in den Familien eine Betreuung, wobei im Zuge der zunehmenden sozialen Mobilität eine allmählich wachsende Zahl von Erkrankten derartige Unterstützung verlor, sozial entwurzelte und das Heer der Invaliden, Bettler und Vagabunden vergrößerte. Während dabei in Staaten mit einer starken katholischen Tradition (etwa in Spanien, Österreich oder Polen) hilflose Irre von caritativen Institutionen aufgenommen wurden, entstanden in mehreren feudalabsolutistischen Staaten neue Einrichtungen für die Gesamtheit der die öffentliche Ordnung störenden Personen, in denen auch die psychisch Kranken einer repressiven Disziplinierung ausgesetzt wurden. Die bereits etwa 1650 beginnende Schaffung von Zucht-, Arbeits- und Waisenhäusern (bzw. auch Correctionsanstalten) nahm im 18. Jahrhundert einen raschen Aufschwung und wurde zum Hauptinstrument der Lösung des Problems der sozialen Entwurzelung. Eingehende Darstellungen dieser von neuen ökonomischen Bedingungen ebenso wie von den Ordnungsinteressen der Regierungen geprägten Internierungs- und Disziplinierungspraxis und deren Folgen für das Schicksal der psychisch Kranken

3 Vgl. S. Kronfeld, Geschichte der Psychiatrie, in: M. Neuburger/J. Pagel (Hrsg.), Handbuch der Geschichte der Medizin, Bd. 3, Jena 1905, S. 601–728; Th. Kirchhoff, Geschichte der Psychiatrie, in: W. Aschaffenburg (Hrsg.), Handbuch der Psychiatrie, allgem. Teil, 4. Abt., Leipzig 1912.

4 Vgl. W. Leibbrand/A. Wettley, Der Wahnsinn, Geschichte der abendländischen Psychopathologie, Freiburg–München 1961.

sind von K. Dörner und M. Foucault vorgelegt worden.[5] In allen diesen verschiedenen caritativen und staatlichen Einrichtungen erfolgte noch keine spezielle ärztliche Betreuung der psychisch Kranken. In der Regel wurden Ärzte von diesen Institutionen nur vorübergehend zur Behandlung gravierender körperlicher Erkrankungen oder für eine begrenzte hygienische Beratung hinzugezogen. Die Aufnahme von psychisch Kranken in sonstige ärztlich geleitete Spitäler kam zum Ende des 18. Jahrhunderts zwar in Einzelfällen vor, wurde jedoch nicht zur bestimmenden Praxis des gesellschaftlichen Umgangs mit den Irren. In ökonomisch rückständig bleibenden Territorien, etwa in Spanien, Italien, Polen, aber auch in einigen deutschen Zwergstaaten, blieb die caritative oder staatlich repressive Verwahrpraxis noch bis in die Mitte des 19. Jahrhunderts dominierend. Es läßt sich deshalb feststellen, daß die in der Medizin allmählich entstehenden speziellen Vorstellungen über das Wesen psychischer Erkrankungen zunächst nicht zum Ausgangspunkt einer organisierten ärztlichen Betreuung der Irren wurden. Vielmehr führte eine von sozialen Entwicklungen hervorgerufene neue Ordnungs- und Sicherheitspolitik gesellschaftlicher und vor allem staatlicher Institutionen dazu, daß die große Zahl der nicht wohlhabenden Irren dem medizinischen Interesse entzogen und in eine soziale Außenseiterposition abgedrängt wurde.

2. *Die unmittelbare Vorbereitung einer eigenständigen klinischen Disziplin „Psychiatrie"*

2.1. Die Herausbildung eines neuartigen medizinischen Systems der Betreuung und Behandlung psychisch Kranker

Als unmittelbare Vorbereitungsphase der Bildung der Disziplin „Psychiatrie" kann die Zeit zwischen 1750 und 1840/50 gelten, in der die Voraussetzungen für eine spezialisierte ärztliche Behandlung psychisch Kranker und damit für eine intensivere Aufarbeitung von Erfahrungen der klinischen Praxis entstanden. Dieser Prozeß begann dabei um 1750 in England, dem damals ökonomisch und politisch fortgeschrittensten Land Europas. Im Rahmen eines hier zum Ende des 17. Jahrhunderts neben den Internierungseinrichtungen (workhouses) entstandenen Systems von privat organisierten Irrenanstalten nahmen sich interessierte Ärzte der Irrenbetreuuung als einer therapeutischen Aufgabe an. 1751 konnte eine erste ärztlich geleitete und Therapie betreibende Irrenheilanstalt, das von W. Battie gegründete zweite „St.-Lukes-Hospital" bei London, ihre Tätigkeit aufnehmen. Weitere solche „Kliniken" entstanden dann in relativ rascher Folge in

5 Vgl. K. Dörner, Bürger und Irre. Zur Sozialgeschichte und Wissenschaftssoziologie der Psychiatrie, Frankfurt a. M. 1969; M. Foucault, Wahnsinn und Gesellschaft, Frankfurt a. M. 1969.

Manchester 1766, in Newcastle 1767, in York 1777.[6] Die Behandlung der Kranken in diesen neuen Einrichtungen umfaßte vor allem die Milieugestaltung, eine pragmatisch begründete somatische Therapie (mit Anwendung von Opium, Kampfer u. a.) und die Heranziehung der Patienten zu sinnvoll erscheinenden Arbeiten. Da die Dämpfung starker Gemütserregungen als besonders wichtiges Element der Therapie galt, wurden auch Zwangsmittel eingesetzt (Zwangsjacken, Zwangsstühle u. a.), jedoch mit der Absicht einer Hilfestellung für den Patienten. Das im Zuge dieser Entwicklung allmählich wachsende Gewicht der medizinischen Interpretation des Wahnsinns fand seinen Ausdruck schließlich auch darin, daß bereits 1774 ein Gesetz über die Beaufsichtigung privater Irrenanstalten durch staatlich beauftragte Ärzte geschaffen wurde, dem nach kurzer Zeit strenge Verordnungen über die ärztliche Genehmigung zur Aufnahme von Patienten folgten.

In Frankreich begann die „Medizinalisierung" der Betreuung psychisch Kranker in nennenswertem Umfange erst nach der Großen Französischen Revolution, als die 1790 erfolgte Auflösung der großen Internierungsanstalten im Zuge der Aufhebung aller nicht gesetzlich legitimierten Freiheitsbeschränkungen die Schaffung spezieller Einrichtungen für die Irrenbetreuung erzwang. Maßgeblichen Einfluß auf eine humanere ärztliche Betreuungspraxis in der Irrenbehandlung hatte dabei Ph. Pinel, der 1793 im Hospital de Bicêtre (einer der Anstalten, in die seit 1790 vornehmlich Geisteskranke aufgenommen wurden) eine Reform der Krankenbehandlung begann und eine kombinierte somatisch-pädagogische Therapiepraxis erheblich förderte. Fortgesetzt wurde Pinels Reformwerk durch dessen Schüler J. E. D. Esquirol, der schließlich 1838 eine einheitliche und im Wesen progressive Irrengesetzgebung in Frankreich erreichte, mit der ein ärztliches Behandlungsmonopol für die Betreuung psychisch Kranker weitgehend durchgesetzt worden ist. Die leitende therapeutische Idee dieser Anfangsperiode der französischen psychiatrischen Klinik war die des „traitement moral", d. h. der moralischen Erziehung im Sinne der Rückführung des Kranken zur Selbstverantwortung und bürgerlichen Normalität.

In den weiterhin feudalabsolutistisch regierten Staaten Europas, etwa in Österreich, in Preußen, in Sachsen und in Rußland, waren es die Jahre des Übergangs vom 18. zum 19. Jahrhundert, in denen sich dann ebenfalls neue Formen der Irrenbehandlung mit therapeutischen Zielstellungen herausbildeten. Entsprechende Reformen waren dabei einerseits durch aufklärerische Haltungen in den Regierungen, andererseits bereits durch die ersten Erfahrungen Englands und Frankreichs bestimmt. In Österreich begann dieser Prozeß mit der Errichtung der dem Allgemeinen Krankenhaus zugeordneten Wiener Irrenanstalt im Jahre 1784.[7] In Preußen entstanden die ersten der Heilbehandlung dienenden Irrenan-

6 Vgl. D. Jetter, Grundzüge der Geschichte des Irrenhauses, Darmstadt 1981.

7 Vgl. D. Jetter, Wiener Irrenhausprojekte, in: Fortschritte der Neurologie, Psychiatrie und ihrer Grenzgebiete (Stuttgart), 2/1981, S. 43–52.

stalten 1801 für die Kurmark in Neuruppin und 1805 für Franken in Bayreuth, wobei die letztere von J. C. Langermann reformierte Einrichtung Modellcharakter für dann rasch nachfolgende Anstaltsgründungen in anderen Landesteilen erlangte.[8] In Sachsen begann des Reformwerk der psychiatrischen Versorgung mit der Gründung der Heilanstalt Sonnenstein bei Pirna im Jahre 1811[9], und in Rußland entstand nach einigen sehr frühen Experimenten im Jahre 1832 in Petersburg das „Krankenhaus aller Leidtragenden" als bereits durchgehend medizinisch konzipierte Klinik zur Irrenbehandlung.[10] Nach den inzwischen vorliegenden historischen Analysen dieser Prozesse der Begründung einer „psychiatrischen Klinik" kann festgestellt werden, daß dabei erstens zunächst englische, dann französische und schließlich deutsche Erfahrungen maßgebliche Vorbildwirkung erlangten, zweitens neben engagierten Ärzten vor allem an einer rationalen Organisation der staatlichen Verwaltung interessierte Instanzen derartige Neugründungen förderten und initiierten und drittens die pädagogische Intention im ärztlich-therapeutischen Konzept eine dominierende Stellung einnahm.[11] Etwa um 1840 war dann jener Zeitpunkt erreicht, zu dem in allen ökonomisch entwickelten europäischen Staaten spezialisierte Formen der ärztlich geführten Anstaltsbehandlung von Geisteskranken existierten, in denen die Durchsetzung der medizinischen Betrachtungsweise des Phänomens der psychischen Erkrankungen zum Ausdruck kam. Die Konstituierung dieser neuen psychiatrischen Praxis war von der Ausprägung spezieller und strenger Rechtsvorschriften begleitet, die die Aufnahme in die Anstaltsbehandlung regelten, eine staatliche Kontrolle der Irrenbetreuung sicherten, aber auch den sozialen Status der Unmündigkeit der Patienten festschrieben. Umfassende Irrengesetzgebungen sind u. a. bekannt für Belgien 1836, für Frankreich und die meisten Schweizer Kantone 1838, für England 1845[12]. Noch früher entstandene Rechtsvorschriften gab es im Armen- und im Strafrecht.

In diesem in sich vielschichtig differenzierten Prozeß wurde nun zwar aus dem sozial diskriminierten Irren ein „Kranker", aber das vorher geschaffene System

8 Vgl. A. Thom (Hrsg.), Beiträge zur Entwicklung der Psychiatrie im 19. Jahrhundert, Berlin 1983.

9 Vgl. U. Trenckmann, Die institutionell-administrative Entwicklung der Unterbringung und Behandlung Geisteskranker in Sachsen vom Absolutismus bis zur bürgerlichen Revolution, in: Zeitschrift für die gesamte Hygiene und ihre Grenzgebiete, 7/1979, S. 536–539.

10 Vgl. A. M. Schereschewski, Prinzipien der Behandlung Geisteskranker im Rußland des 19. Jahrhunderts, in: Psychiatrie, Neurologie und medizinische Psychologie (im folgenden: Psychiat. Neurol. med. Psychol.), 7/1980, S. 424–429.

11 Vgl. D. Blasius, Der verwaltete Wahnsinn. Eine Sozialgeschichte des Irrenhauses, Frankfurt a. M. 1980; M. Schrenck, Über den Umgang mit Geisteskranken. Die Entwicklung der psychiatrischen Therapie vom „moralischen Regime" in England zu den „psychischen Curmethoden" in Deutschland, Berlin (West) – Heidelberg – New York 1973.

12 Vgl. E. Rittershaus, Die Irrengesetzgebung in Deutschland nebst einer vergleichenden Darstellung des Irrenwesens in Europa, Berlin – Leipzig 1927.

der Sicherungsverwahrung der armen Irren prägte den nun entstandenen spezialisierten Betreuungseinrichtungen Züge auf, die deren Entwicklungsmöglichkeiten erheblich begrenzten. Diese Begrenzungen betrafen vor allem die Beibehaltung der Asylierung und den pädagogisch-disziplinierenden Ansatz in der Therapie. Dennoch bildete die Formierung dieser neuen psychiatrischen Praxis ein wichtiges Fundament der Erkenntnisentwicklung, da sie erstmals die hinreichend gründliche und langfristige Beobachtung der Krankheitsprozesse an einer großen Population erlaubte und ebenso die Aufarbeitung von Erfahrungen der Irrenbehandlung erzwang.

2.2. Zur Erkenntnisentwicklung in der Vorbereitungsphase der Verselbständigung der Psychiatrie

Auf der Ebene der Ausprägung des kognitiven Gehalts des ärztlichen Wissens um psychische Erkrankungen wurden in dieser Phase in erster Linie Fortschritte bei der nosologischen Differenzierung, bei der Begründung der Ansatzpunkte therapeutischen Handelns und bei der Ausarbeitung von Organisationsprinzipien für die Versorgungseinrichtungen erreicht. Die Zentren der relevanten wissenschaftlichen Aktivitäten entsprachen dabei denen der praktischen Fortschritte im Aufbau der Anstaltsbehandlung und verlagerten sich demzufolge von England nach Frankreich und Deutschland.

In England erschien eine erste lehrbuchartige Darstellung neuer Erfahrungen der ärztlichen Irrenbetreuung bereits 1758 von dem bereits erwähnten W. Battie[13]; eine Reihe weiterer Arbeiten, die auch auf dem europäischen Kontinent rasch Beachtung fanden, folgte noch im Verlaufe des 18. Jahrhunderts.[14] Das in dieser Literatur dominierende theoretische Konzept war an die noch recht allgemeine Erregungspathologie angelehnt, wonach die unmittelbare Verursachung von psychischen Erkrankungen entweder in überstarken Gemütsbewegungen (Leidenschaften) mit Beeinträchtigungen des erregungsleitenden Nervensystems (idiopathische Formen) oder in das Nervensystem beeinflussenden körperlichen Erkrankungen (sympathische Formen) gesehen wurde. Die nosologischen Bestimmungen blieben zwar noch uneinheitlich, enthielten jedoch ein sich progressiv entfaltendes Wissen um unterschiedliche Verlaufsformen psychischer Erkrankungen, das den therapeutischen Optimismus zu fördern vermochte. Das Spektrum der somatischen Mittel wurde zwar nicht nennenswert erweitert, jedoch zielgerichteter eingesetzt. Einen deutlichen Aufschwung erlebte die sogenannte „moralische" Therapie im Sinne von Milieugestaltung, Psychagogik und sinnvoller Beschäftigung der Kranken. Die unzureichende Besetzung der großen An-

13 Vgl. W. Battie, A Treatise of Madness, London 1758.

14 Vgl. J. B. Friedreich, Literaturgeschichte der Pathologie und Therapie der psychischen Krankheiten von den ältesten Zeiten bis zum 19. Jahrhundert, Würzburg 1830.

stalten mit Ärzten (nach zeitgenössischen Berichten mußten zwei Ärzte oft 1000 und mehr Patienten betreuen) hatte jedoch zur Folge, daß die ungeschulten Wartungskräfte zur Disziplinierung der Kranken Zwangsmittel anwandten, die im therapeutischen Konzept eigentlich nur für extreme Bedingungen vorgesehen waren.

In Frankreich sind vereinzelt theoretische Arbeiten von Medizinern über psychische Erkrankungen auch schon vor 1800 erschienen; als repräsentativer Ausdruck einer nun ebenfalls auf hinreichender Erfahrung beruhenden psychiatrischen Literatur kann jedoch erst die rasch berühmt gewordene Arbeit Ph. Pinels „Philosophisch-medizinische Abhandlung über Geistesverwirrungen oder Manie" aus dem Jahre 1801 gelten.[15] Im Mittelpunkt dieses Buches standen nosologische Beschreibungen und therapeutische Empfehlungen, wobei eine deutliche Abwehrhaltung gegen moralisierende Beurteilungen der Kranken und ein engagierter therapeutischer Optimismus auffällig sind. Theoretische Überlegungen traten demgegenüber zurück. Die Ursachen des Wahnsinns sah Pinel vor allem in überschießenden menschlichen Leidenschaften, deren Wirkung auf die „animalische Ökonomie" er zwar annahm, jedoch nicht weiter diskutierte. Eigene pathologische Untersuchungen über das Auftreten von Verletzungen und Verformungen des Schädels bei Geisteskrankheiten ließen ihn zu einer sehr zurückhaltenden Bewertung hier von anderen vermuteter kausaler Beziehungen gelangen. Fortgesetzt und ausgebaut, aber natürlich auch modifiziert wurden Pinels Auffassungen durch dessen Schüler J. E. D. Esquirol. Esquirols Werke fanden auch in Deutschland viel Beachtung, insbesondere sein 1838 publiziertes Lehrbuch.[16] Das auch bei diesem Wissenschaftler primär auf klinischer Beobachtung beruhende Wissen fand seine Ergänzung dann durch Arbeiten anderer Autoren, die eine Erklärung psychischer Erkrankungen durch Veränderungen im morphologischen Aufbau und in den physiologischen Funktionen des menschlichen Gehirns anstrebten. Erwähnt werden muß hier vor allem das Werk des seit 1805 in Paris tätigen F. J. Gall, der bereits Geisteskrankheiten als direkte Folge von Gehirnerkrankungen ansah.[17] Die zu Beginn des 19. Jahrhunderts in Frankreich stattfindende dynamische Entwicklung naturwissenschaftlich-medizinischer Forschungen hat damals zwar noch keine schlüssigen Beweise für derartige vermutete Abhängigkeiten erbringen können, jedoch in den folgenden Jahrzehnten für die Psychiatrie wichtige Nachwirkungen gehabt.

15 Vgl. Ph. Pinel, Traité medico-philosophique sur l'aliénation mentale, Paris 1801 (deutsch: Philosophisch-medizinische Abhandlung über Geistesverwirrungen oder Manie, Wien 1801).

16 Vgl. J. E. D. Esquirol, Allgemeine und spezielle Pathologie und Therapie der Seelenstörungen, Leipzig 1827; J. E. D. Esquirol, Les maladies mentales, 2 Bde., Paris 1838 (deutsch: Die Geisteskrankheiten in Beziehung zur Medizin und Staatsarzneikunde, Berlin 1838).

17 Vgl. H. Selpert (Hrsg.), Gall'sche Vorlesungen über die Verrichtungen des Gehirns und die Möglichkeit, die Anlagen mehrerer Geistes- und Gemütseigenschaften aus dem Bau des Schädels der Menschen und Thiere zu erkennen, Berlin 1805; vgl. auch: E. Lesky, Franz Joseph Gall. Naturforscher und Anthropologe, Bern — Stuttgart — Wien 1979.

In Deutschland wies die Entwicklung der wissenschaftlichen Reflexionen über psychische Erkrankungen Besonderheiten auf, die mit dem zunächst noch bescheidenen Ausprägungsgrad der ärztlichen Praxis auf diesem Gebiet ebenso verbunden waren wie mit den spezifischen geistigen Bedingungen einer noch vom Feudalabsolutismus beherrschten Wirklichkeit.

Etwa ab 1780 tauchten ärztliche Berichte über auffällige Erscheinungsformen psychischer Krankheiten und erfolgreiche Heilbehandlungen in der medizinischen Literatur häufiger auf. Einige kurzlebige Journale mit scheinbar psychiatrischem Profil enthielten jedoch noch vorwiegend philosophische und theologische Beiträge, etwa das 1785 gegründete „Magazin für Erfahrungsseelenkunde". Erste Versuche zur systematischen Behandlung des Problems der Geisteskrankheiten beruhten zunächst noch vorwiegend auf der Rezeption des ausländischen Schrifttums. Die 1789 in Leipzig erschienene Dissertationsschrift von J. C. Langermann forderte bereits eine gründlichere Beobachtung, rezipierte aber fast ausschließlich den Psychovitalismus von G. E. Stahl.[18] Größere Beachtung fand dann J. Ch. Reil mit seinem Buch über die „psychische Curmethode" aus dem Jahre 1803.[19] Das theoretische Konzept Reils unterschied sich kaum von den bereits skizzierten Auffassungen der Erregungspathologie und Affektenlehre. Als „psychische Curmethode" galten ihm „methodische Anwendungen solcher Mittel auf den Menschen, welche zunächst auf die Seele desselben und auf diese in der Absicht wirken, damit dadurch die Heilung einer Krankheit zustande kommen möge". Die ausführliche Darstellung dieser in drei Klassen aufgeteilten Mittel läßt erkennen, daß sie zum überwiegenden Teil durch die Erweckung von Angst und Schmerzen wirksam werden sollten, wobei der vorgeschlagene Einsatz von Sturzbädern, Züchtigungen u. a. die eigentlich humanistische Intention des Autors partiell aufhob. In radikaler Form ist Reils therapeutisches Konzept nur selten zur Anwendung gelangt, u. a. jedoch in der nicht unbedeutenden Irrenabteilung der Berliner Charité unter Ernst Horn.[20]

Eine in den praktischen Konsequenzen weitgehend gleiche, in der theoretischen Begründung jedoch von der anthropologischen Idee geprägte Lehre, Geisteskrankheiten seien durch sündhaften Lebenswandel verschuldete Zustände des Verlustes an menschlicher Freiheit und Würde, vertrat der in Leipzig seit 1811 ein Extraordinariat für psychische Therapie einnehmende J. C. A. Heinroth. Sein 1818 erschienenes Lehrbuch enthielt neben einer langatmigen,

18 Vgl. J. C. Langermann, De methode cognoscendi curandique animi morbos stabilienda, Leipzig 1789.

19 Vgl. J. Ch. Reil, Rhapsodieen über die Anwendung der psychischen Curmethode auf Geisteszerrüttung, Halle 1803, S. 27/28; J. Ch. Reil, Über die Organisation der Versorgungsanstalten für unheilbare Irrende, in: J. M. Cox, Praktische Bemerkungen über Geisteszerrüttungen, Halle 1811, Anhang, S. 1–75.

20 Vgl. A. Mette, Über organisatorische und therapeutische Konzeptionen und Maßnahmen auf psychiatrischem Gebiet in der Berliner Charité nach der Gründung der Universität, in: Psychiat. Neurol. med. Psychol., 11/1960, S. 401–408.

Darstellung des angedeuteten philosophischen Deutungsrahmens und einer breiten referierenden Darstellung der historischen und zeitgenössischen Literatur vor allem ein für die Praxis ungeeignetes gekünsteltes nosologisches System und in keiner Weise originelle therapeutische Empfehlungen mit einem ebenfalls beachtlich breiten Repertoire an Zwangsmethoden.[21]

Bei Berücksichtigung hier nun nicht mehr näher zu besprechender weiterer Werke von A. Haindorf und C. W. Ideler zur Seelenheilkunde aus der ersten Hälfte des 19. Jahrhunderts[22] kann festgestellt werden, daß sich die realen Beiträge zur Bereicherung des allmählich Konturen gewinnenden psychiatrischen Spezialwissens im Verhältnis zu den breit angelegten Systemen sehr bescheiden ausnehmen. Bei einer deutlichen Vorherrschaft philosophisch-anthropologischer Reflexionen, die vornehmlich an I. Kant und an F. W. J. Schelling anknüpften[23], blieb die Theorienbildung fast ausschließlich deduktiv und ohne hinreichende Vermittlung mit der sich dann rasch entwickelnden Anstaltspraxis. Der breite philosophische Ansatz der ersten deutschen Theoretiker der Irrenheilkunde hat in den ersten Jahrzehnten des 19. Jahrhunderts sicher dazu beigetragen, die Ganzheitlichkeit und die personale Dimension des psychisch Kranken im Blick zu behalten, andererseits aber auch Verzögerungen des Ausbaus spezieller Forschungsstrategien zur Ätiologie und Pathogenese bedingt.[24]

Erreicht wurde in dem hier besprochenen Zeitraum auf der Ebene der Erkenntnisentwicklung jedoch erstens ein sich allmählich vereinheitlichendes nosologisches Klassifikationssystem für die wichtigsten Formen psychischer Erkrankungen, zweitens eine erste Systematisierung therapeutischer Verfahrensweisen mit allmählich genaueren Indikationen für somatische Mittel sowie drittens eine weitgehende Durchsetzung des medizinischen Kompetenzanspruches auf die Irrenbehandlung durch die Ableitung psychischer Erkrankungen aus dynamisch verstandenen psychischen oder organismischen Lebensvorgängen. In welch breitem Umfange auf dieser neu geschaffenen Grundlage auch bereits weitgehend einheitliche Standpunkte zum Verständnis psychischen Krankseins in das allgemeine ärztliche Wissen der Zeit Eingang fanden, kann am wesentlich gleichsinnigen Inhalt entsprechender Begriffsbildungen in verbreiteten medizinischen Enzyklopädien dieser Zeit nachgewiesen werden.

21 Vgl. J. C. A. Heinroth, Lehrbuch der Störungen des Seelenlebens oder der Seelenstörungen und ihrer Behandlung. Vom rationalen Standpunkt aus entworfen, 2 Bde., Leipzig 1818.

22 Vgl. A. Haindorf, Versuch einer Pathologie und Therapie der Geistes- und Gemüthskrankheiten, Heidelberg 1811; C. W. Ideler, Grundriß der Seelenheilkunde, 2 Bde., Berlin 1835 u. 1838.

23 Vgl. H. Ch. Hoffbauer, Untersuchungen über die Krankheiten der Seele und der verwandten Zustände, 3 Bde., Halle 1801–1807.

24 Vgl. G. Wunderlich, Krankheits- und Therapiekonzepte am Anfang der deutschen Psychiatrie, Husum 1981.

2.3. Zur Entwicklung professioneller und kommunikativer Momente der Irrenheilkunde bis 1840

Wichtige Vorgänge auf der Ebene der Organisation und Institutionalisierung des sich allmählich ausprägenden neuen medizinischen Fachgebietes in der Vorbereitungsphase der eigentlichen Disziplinbegründung betrafen neue Formen der spezialisierten ärztlichen Ausbildung, die Entwicklung eigener Organe für die fachspezifische Kommunikation sowie erste Ansätze der professionellen Vereinigung der Irrenärzte.

Zunächst erfolgte die berufliche Spezialisierung der in der Behandlung psychisch Kranker wirksam werdenden Ärzte in den neu entstehenden Versorgungseinrichtungen durch unmittelbar praktische Arbeit in der Stellung von Hilfs- bzw. Secundar-Ärzten. Als wichtiger Bestandteil einer solchen beruflichen Spezialisierung galten Studienreisen zu den Zentren der wissenschaftlichen Aktivität und besonders gut angesehenen Irrenanstalten des In- und Auslandes. Eine regelmäßige Ausbildung der Medizinstudenten in der Irrenheilkunde war nicht üblich; lediglich in einigen Einzelfällen (in Deutschland beispielsweise in Berlin, Leipzig und Jena) wurden von engagierten Anstaltsärzten klinische Lehrveranstaltungen für Studenten angeboten und durchgeführt – die bereits erwähnte, 1811 in Leipzig geschaffene a. o. Professur für psychische Therapie war noch für lange Zeit eine Ausnahme. In England sind solche Lehrveranstaltungen ab 1823 nachweisbar; in Frankreich soll Ph. Pinel 1814 mit solchen klinischen Demonstrationen begonnen haben – regelmäßig durchgeführt wurden sie von Esquirol in Paris. Als interessant kann der Umstand gelten, daß in fast allen größeren Werken zur Irrenheilkunde am Beginn des 19. Jahrhunderts (bei Pinel ebenso wie etwa bei Reil oder Heinroth) ausführliche Charakteristiken von beruflichen Anforderungen an den Irrenarzt enthalten sind.[25]

Von Zufälligkeiten bestimmt und instabil war in dieser Zeit noch der Aufbau fachspezifischer Kommunikationsorgane. In Deutschland entstand ein erstes medizinisches Journal für psychiatrische Themen erst 1805. Zwischen 1805 und 1844 sind für den deutschsprachigen Raum neun solcher Journalgründungen bekannt. In England entstanden trotz einer bereits entwickelten Praxis psychiatrische Zeitschriften erst 1848 und 1853.[26]

Stabile und praktisch bedeutende professionelle Vereinigungen von Irrenärzten sind für diesen Zeitraum noch kaum nachweisbar – die erste nationale Vereinigung der Irrenärzte, die „Association of Medical Officers of Asylums and Hospitals for the Insaness“, bildete sich 1841 in England.

25 Vgl. J. C. A. Heinroth, Anweisung für angehende Irrenärzte zu richtiger Behandlung ihrer Kranken, Leipzig 1825.

26 Vgl. A. Angst, Die ersten psychiatrischen Zeitschriften in Deutschland, Diss. A, Würzburg 1975.

3. *Die endgültige Formierung der Psychiatrie zur medizinischen Spezialdisziplin zwischen 1840 und 1900*

Als entscheidend bedeutsam für die endgültige Formierung der Psychiatrie zur medizinischen Spezialdisziplin erweisen sich im historischen Rückblick erstens der rasche Ausbau eines staatlich organisierten medizinischen Betreuungssystems für psychisch Kranke, zweitens die Entwicklung von Krankheitserklärungen und Arbeitsmethoden der Forschung mit deutlicher Orientierung am naturwissenschaftlichen Erkenntnisfortschritt und drittens der rasche Fortschritt bei der Bildung von Berufsorganisationen der Irrenärzte und bei der Durchsetzung der Vertretung des Faches in der akademischen Lehre. Da sich in dem hier zu behandelnden Zeitraum in den entwickelten kapitalistischen Ländern ein allmählicher Ausgleich der früheren Niveaudifferenzen vollzog, wurden auch die Entwicklungstrends in der Wissenschaft einheitlicher. Das ermöglicht es, die genannten Seiten des Prozesses allein am Beispiel Deutschlands darzustellen.

3.1. Der Ausbau des psychiatrischen Betreuungssystems

Das in den verschiedenen deutschen Teilstaaten um etwa 1840/50 bereits geschaffene System zur medizinischen Betreuung psychisch Kranker mit großen, für die Versorgung begrenzter Territorien (Staaten, Provinzen) bestimmten Anstalten wurde in den Folgejahren zunächst vervollständigt und quantitativ ausgebaut. Anstaltsgründungen erfolgten nun laufend, in besonders großem Umfange jedoch nach der Reichsgründung in den 70er Jahren. Die Prinzipien des Aufbaus dieser Einrichtungen blieben zunächst weitgehend konstant. Sie entstanden außerhalb der großen Städte, waren auf weitgehende Eigenversorgung eingerichtet, dienten weiterhin wesentlich der „Verwahrung" der Patienten, und ihre innere Strukturierung nach Geschlechtern einerseits und nach Heilbarkeit bzw. Unheilbarkeit andererseits blieb überaus problematisch. Manche Seiten dieser Anstaltsstruktur wurden bereits durchaus kritisch gesehen – die Gesamtentwicklung unterlag jedoch vorwiegend dem Druck eines kontinuierlich wachsenden Betreuungsbedarfs, der tiefgreifende Reformen zunächst nicht ermöglichte.[27] Aus allen bisher vorliegenden Daten statistischer Art geht dabei hervor, daß ein überaus rasches Wachstum der Zahl der in Anstalten verwahrten Patienten erfolgte und daß dieses Wachstum die ebenfalls in Rechnung zu stellende Zunahme der Bevölkerung überstieg. Für das Deutsche Reich wurden beispielweise 1877 in 93 öffentlichen Anstalten 33023 Patienten gezählt, 1904 in inzwischen 180 solcher Anstalten bereits 111951.[28] Als Ursachen dieser Ent-

27 C. W. F. Roller, Psychiatrische Zeitfragen aus dem Gebiet der Irrenfürsorge in und außer den Anstalten und ihren Beziehungen zum Staate und zum gesellschaftlichen Leben, Berlin 1874.

28 Vgl. D. Blasius, Psychiatrische Versorgung in Preußen, 1880–1910, in: Sudhoffs Archiv (Wiesbaden), 2/1982, S. 105–128.

wicklung, in deren Folge auch die Zahl der spezialisierten Anstaltspsychiater rasch wuchs, können gelten: mikrosoziale Wandlungen in den Familienstrukturen, die zur Abweisung der Problempatienten an soziale Institutionen drängten; eine mit den bürgerlichen Lebensverhältnissen eng verbundene und von administrativen Organen zunehmend perfekt betriebene Politik der sozialen Ausgrenzung leistungsunfähiger und die soziale Ordnung störender Personen sowie die inneren Konsequenzen einer therapeutisch weitgehend ineffektiven Anstaltsverwahrung, die darin bestanden, daß ein sehr großer Teil der aufgenommenen Krankheitsfälle chronifizierte und als „unheilbar" in Dauerbetreuung verbleiben mußte. Als ergänzende „Glieder" dieses Systems entstanden dann auch in wachsender Zahl „Privatirrenanstalten" (1900 gab es in Preußen 144 solcher Anstalten mit 17 800 Betten) und caritative Betreuungseinrichtungen für geistig Behinderte und chronisch psychisch Kranke.

In den therapeutischen Methoden und rehabilitativen Strategien sind in diesem Zeitraum keine wirklich folgenreichen Innovationen entstanden. Unter dem Einfluß einer um die Mitte des Jahrhunderts von England ausgehenden „No-restraint"-Bewegung zur Abschaffung von Zwangsmethoden in der psychiatrischen Behandlung ist sicher eine partielle Humanisierung der Lage der Kranken auch in Deutschland erreicht worden[29] – die noch fehlenden Mittel zur gezielten Beeinflussung von Erregungszuständen bei Psychosen und die allgemeine Misere der überbelegten Anstalten ließen es jedoch noch nicht zu, auf die Anwendung von Isolierzellen, die zeitweilige Fixierung von Kranken u. a. Mittel vollständig zu verzichten.

Eine positive Wertung verdienen eine Reihe von in den 70er und 80er Jahren unternommenen Versuchen zum Aufbau der Familienpflege, d. h. zur Übergabe von rehabilitationsfähigen Patienten an zur Betreuung bereite Familien unter der Kontrolle von Anstaltsleitungen sowie zur Auflockerung der traditionellen Anstaltsstrukturen durch den Aufbau sogenannter agriculturaler Kolonien, d. h. von Einrichtungen, in denen Patienten bei größerer Freizügigkeit in den Anstalten angeschlossenen landwirtschaftlichen und Handwerksbetrieben eine Rehabilitation erfahren sollten. Weitergehende Reformvorschläge zur Aufhebung des Asylcharakters der damaligen Irrenanstalten und zur weiteren Differenzierung der Betreuungseinrichtungen wurden von der überwiegenden Mehrheit der leitenden Anstaltspsychiater in speziellen Debatten der Jahre 1860 und 1868 noch abgelehnt.[30] Der medizinische Charakter dieses psychiatrischen Versorgungssystems wurde trotz seiner faktischen Grenzen bereits durchgehend anerkannt und war real auch insofern gegeben, als Ärzte die Kranken behandelten und dabei an das ärztliche Erfahrungswissen ihrer Zeit anknüpften. Eine effektive Therapie der psychischen Erkrankungen war jedoch noch nicht möglich, so

29 Vgl. J. Conolly, Die Behandlung der Irren ohne mechanischen Zwang, Lahr 1860 (engl. Fassung 1856).

30 Vgl. P. O. Schmidt, Asylierung oder familiale Versorgung, Husum 1982.

daß der Kompetenzanspruch der Medizin zunächst nicht voll eingelöst werden konnte. Die unmittelbare Folge dieser Diskrepanz waren verstärkte Bemühungen zur Erkenntniserweiterung mit Hilfe neuer Forschungsorientierungen.

3.2. Kognitive Entwicklungstrends in der zweiten Hälfte des 19. Jahrhunderts

Für das Verständnis der ab etwa 1860 einsetzenden neuen Trends auf der kognitiven und forschungsmethodischen Ebene der Psychiatrie ist in Rechnung zu stellen, daß zu diesem Zeitpunkt eine grundsätzliche wissenschaftliche Neuorientierung der Medizin in Deutschland wirksam wurde, die als Durchsetzung einer streng naturwissenschaftlichen Denkweise und Forschungsmethodik charakterisiert werden kann und und in der Zellularpathologie R. Virchows, in einer experimentell und reduktionistisch vorgehenden Physiologie sowie schließlich in der Bakteriologie ihre wichtigsten Forschungsfelder fand.[31] Diese sich sehr rasch durchsetzende Neuorientierung schuf Idealvorstellungen von als modern geltender medizinischer Forschung, die naturgemäß auch die Fragestellungen der Irrenheilkunde mit beeinflußten und diese für entsprechende Deutungen psychischer Erkrankungen als unmittelbarer Folge von Störungen der Hirntätigkeit erneut und nunmehr nachhaltiger sensibilisierten.

Einen ersten wichtigen Ausdruck gewann die in diesem Kontext einzuordnende Erweiterung der theoretischen Konzepte in der Aufwertung bereits früh publizierter Auffassungen W. Griesingers und der Veröffentlichung weiterer Arbeiten zu einer physiologischen Erklärung der Geistesstörungen.[32] Daneben traten kontinuierlich Bemühungen um die Rückführung von psychischen Erkrankungen auf gestörte somatische Grundprozesse in Erscheinung. Großes Gewicht erlangten dann die Ergebnisse differenzierter hirnanatomischer Untersuchungen bei Paralysen, mit deren Hilfe der entzündliche Charakter morphologischer Veränderungen bei dieser damals großen Krankheitsgruppe ermittelt werden konnte. Der Entwicklung neuer methodischer Ansatzpunkte zur Schaffung einer wissenschaftlich begründbaren Klassifikation und Ordnung der psychiatrischen Krankheitsbilder und Symptome wurde ebenfalls große Bedeutung beigemessen, wobei vor allem C. L. Kahlbaum mit der Orientierung auf die Erfassung von Prozessen und prognostischen Aspekten Einfluß gewann.[33]

31 Vgl. P. W. Ruff, Die naturwissenschaftliche Medizin — Entstehung, Wesen, Kritik und Aufhebung, Diss. B, Berlin 1979.

32 Vgl. W. Griesinger, Die Pathologie und Therapie der psychischen Erkrankungen, Stuttgart 1845 (weitere Auflagen 1861 und 1865).

33 Vgl. C. L. Kahlbaum, Die klinisch-diagnostischen Gesichtspunkte der Psychopathologie, Leipzig 1878; Ch. Donalis, Zur Systematik in der Psychiatrie vor Wernicke, Kraepelin und Bonhoeffer, in: Psychiat. Neurol. med. Psychol., 7/1971, S. 411—419.

In den 70er und 80er Jahren schließlich erreichte die angestrebte naturwissenschaftliche Fundierung der Krankheitslehre der Psychiatrie einen gewissen Höhepunkt im Aufschwung der sogenannten Gehirnpsychiatrie, die mit durchaus bedeutsamen Entdeckungen zur Struktur und Arbeitsweise des Gehirns mit Hilfe neuer methodischer Verfahren eng verbunden war. Elektrische Reizversuche von J. E. Hitzig belegten die funktionelle Differenzierung der Großhirnrinde, bestimmte Sprachäußerungsstörungen (motorische Aphasien) konnten von P. Broca auf Läsionen im Stirnhirn zurückgeführt werden und ebenso dann auch weitere aphasische Störungen auf Schädigungen in anderen Hirnregionen (C. Wernicke). Diese und weitere Beiträge etwa des Wiener Fachvertreters Th. Meynert oder auch des in Leipzig tätigen P. Flechsig zur Hirnforschung förderten die Hoffnung auf eine bald möglich werdende vollständige Herleitung aller Formen psychischer Erkrankungen aus umschriebenen Störungen morphologischer Art im Gehirn und auf radikaler wirkende therapeutische Eingriffsmöglichkeiten, ohne dabei jedoch wirklich Resultate erbringen zu können, die praktische Bedeutung für die Therapie erlangt hätten. So wertvoll diese Forschungsbemühungen letzten Endes für die Neuroanatomie und z. T. auch für die klinische Neurologie waren – ihr Ertrag für die klinische Psychiatrie blieb arm, in der Wirkungsrichtung partiell sogar problematisch, da dieser ganze Trend ein objektivierend-distanziertes Verhältnis zu den Kranken und eine zunehmende Desinteressiertheit für die psychosozialen Aspekte des Krankseins direkt begünstigte. Für die akademische Anerkennung der Psychiatrie war dieser Umorientierungsprozeß jedoch sicher ein Positivum, da der Anspruch des neuen Fachgebietes auf wissenschaftliche Solidität nun weitaus besser begründet schien.

3.3. Die institutionelle Formierung der Psychiatrie zur etablierten medizinischen Disziplin

Die dargestellten Prozesse des Ausbaus des psychiatrischen Versorgungssystems und der Annäherung ätiologischer wie auch nosologischer Konzepte an die naturwissenschaftlich orientierte Medizin bildeten die Grundlage für die Schaffung stabiler Formen der Kommunikation und Organisation der Fachvertreter bis zur endgültigen Etablierung des akademischen Lehrfaches Psychiatrie.

Eine große Rolle spielten dabei neu entstehende, lange Zeit bestehende und einen rasch wachsenden Nutzerkreis erreichende wissenschaftliche Journale. Die wichtigsten darunter waren die 1844 begründete „Allgemeine Zeitschrift für Psychiatrie und psychiatrisch-gerichtliche Medizin“, die vor allem die Probleme der Anstaltspsychiater behandelte, und die 1868 entstandene Zeitschrift „Archiv für Psychiatrie und Nervenkrankheiten“, die der sich rasch etablierenden Universitätspsychiatrie zur Mitteilung ihrer Forschungsresultate diente.

Die zunächst noch lockere Vereinigung der Irrenärzte Deutschlands und Österreichs begann mit der Bildung gesonderter Sektionen für Psychiatrie auf den regelmäßigen Jahrestagungen der 1822 gegründeten Gesellschaft Deutscher Naturforscher und Ärzte, erstmals bei der 24. Versammlung im Jahre 1846 in Kiel und dann regelmäßig auch in den folgenden Jahren. Die erste autonome Versammlung deutscher Irrenärzte wurde im Jahre 1860 in Eisenach auf Initiative der „Allgemeinen Zeitschrift für Psychiatrie" durchgeführt und fand in weiteren solchen jährlichen Treffen bis 1864 ihre Fortsetzung. Der „Deutsche Verein der Irrenärzte" als professionelle Organisation entstand 1864 in Frankfurt/M. mit einer zum Jahresende erreichten Mitgliederzahl von 91 Personen.[34] Zu den relativ beständigen und die zunächst noch unbefriedigende Stellung des neuen Fachgebietes charakterisierenden Themen der Veranstaltungen dieses Vereins gehörten dabei einmal Forderungen und Vorschläge zur Irrengesetzgebung und zum anderen Forderungen und Vorschläge zur akademischen Etablierung der Disziplin. Als entscheidendes Gremium der wissenschaftlichen Debatten galt dabei weiterhin die Sektion Psychiatrie der Naturforschertagungen.

Ihre sukzessive akademische Anerkennung erlangte die Psychiatrie dann auch relativ rasch und in dem Maße, wie sich namhafte Fachvertreter zur hirnanatomischen und neurologischen Forschung hinorientierten. Lehrstühle für Psychiatrie entstanden zunächst 1863 an den preußischen Universitäten Berlin und Göttingen und dann in Verbindung mit dem Aufbau psychiatrischer Universitätskliniken in den achtziger Jahren an fast allen weiteren größeren Hochschulen Deutschlands.[35] Bis zum Jahre 1900 waren in Deutschland bereits 19 Ordinariate und 39 Extraordinariate und Dozenturen eingerichtet worden. Die eigentliche Abschlußphase dieser akademischen Etablierung umfaßt dann schließlich den Kampf um die Anerkennung der Psychiatrie als obligatorisches und Examensfach in der medizinischen Ausbildung, der mit der 1901 eingeführten neuen Prüfungsordnung für das Medizinstudium auch das gewünschte Ziel erreichte. Mit diesem Moment kann die Formierung der Psychiatrie als eigenständige und gleichberechtigte klinische Disziplin der Medizin als abgeschlossen angesehen werden.

Kompliziert und widerspruchsvoll blieb allerdings in dieser letzten Entwicklungsetappe das Verhältnis der Psychiater zu der sich ebenfalls allmählich selbständig absetzenden Neurologie, die damals vor allem von aus der Inneren Medizin stammenden Wissenschaftlern als neues Arbeitsgebiet beansprucht wurde. Auf diese spezielle Problematik und deren Ursachen wird in anderen Arbeiten eingegangen.[36]

34 Vgl. dazu: H. E. Erhardt, 130 Jahre Deutsche Gesellschaft für Psychiatrie und Neurologie, Wiesbaden 1972. — Ein 1854 in Göttingen gegründeter Verband, die „Deutsche Gesellschaft für Psychiatrie und gerichtliche Medizin", wurde wegen seiner vorrangig gerichtsärztlichen Orientierung weniger wirksam.

35 Vgl. dazu: H. H. Eulner, Die Entwicklung der medizinischen Spezialfächer an den Universitäten des deutschen Sprachgebietes, Stuttgart 1970.

36 Vgl. dazu: A. Thom, Zur disziplinären Genese der Neurologie im ausgehenden 19. Jahrhundert — aus den Briefen Wilhelm Erbs an Adolf Strümpell, in: Zeitschrift für die gesamte innere

Die Gesamtheit der genannten Institutionalisierungen schuf den für die professionelle Identität und Stabilität maßgebenden Reproduktionsapparat, ohne den eine medizinische Disziplin nicht existieren kann. Die besonders enge Verflechtung der psychiatrischen Praxis mit sozialen und juristischen Problemen hat dabei bewirkt, daß in die professionelle Spezialisierung nicht nur naturwissenschaftliches Wissen und klinische Fertigkeiten einbezogen wurden, sondern auch Rollenstandards und ideologische Positionen, die von einem bleibenden Widerspruch zwischen dem therapeutischen Auftrag gegenüber kranken Individuen und der Verpflichtung des Psychiaters gegenüber dem kapitalistischen Staat und dessen ökonomischen und Sicherheitsinteressen geprägt worden sind.[37]

Medizin und ihre Grenzgebiete, 11/1982, S. 340–346; J. Richter, Wandlungen des Verhältnisses zwischen Neurologie und Psychiatrie. Ein Beitrag zur Geschichte der „Gesellschaft deutscher Nervenärzte" 1907–1936, in: Das deutsche Gesundheitswesen, 24/1981, S. IX–XIII.

37 Vgl. S. Jaeger/J. Staeuble, Die gesellschaftliche Genese der Psychologie, Frankfurt a. M.–New York 1978.

Sabine Fahrenbach

Die Herausbildung der Ophthalmologie in Preußen und die wissenschaftliche Schule Albrecht von Graefes (1828–1870)

Die Entwicklung der Medizin im 19. Jahrhundert – insbesondere in Deutschland – ist durch eine Aufspaltung in verschiedene Disziplinen gekennzeichnet. Diese Differenzierung trat im Gefolge der insbesondere in Deutschland naturwissenschaftlich geprägten Medizin auf. In ihrem Rahmen etablierte sich neben anderen Disziplinen auch die Ophthalmologie, die sich aus der Chirurgie löste und eine eigenständige Entwicklung nahm. Hier soll nun versucht werden, der Frage nach dem Übergang von der Vorgeschichte zur Emanzipationsphase nachzugehen, um sodann den Prozeß der Verselbständigung in seinen kognitiven, sozialen und institutionellen Seiten zu verfolgen. Wir wollen nachweisen, daß die Emanzipierung der Ophthalmologie in einer Phase ablief, die durch die Tätigkeit der wissenschaftlichen Schule Albrecht von Graefes bestimmt wird.

Hinweise auf Behandlungsmöglichkeiten bei Augenerkrankungen finden sich in medizinischen Überlieferungen in vereinzelten Formen sehr frühzeitig. Galen, der auf eklektischer Grundlage ein alle Teildisziplinen umfassendes Gesamtsystem der Medizin geschaffen hatte, war bis in das 17. Jahrhundert hin die Autorität auf dem Gebiet der Anatomie. Auch die arabisch-islamische Medizin stützte sich auf ihn. Von ihr kamen für die Augenheilkunde Impulse, die sich auf die Bereiche der Krankheitsbeschreibung sowie der Therapie erstreckten.[1] Therapeutisch wandte man sich von mystischen Vorstellungen und von auf Aberglauben beruhenden Mitteln ab und griff zu einfachen Präparaten. Operativ-therapeutisch gingen die arabischen Spezialisten bei der Behandlung des grauen Stars über die von Celsus (erste Hälfte des 1. Jahrhunderts u. Z.) erstmals beschriebene Depression der Linse hinaus und benutzten bei der Entfernung des weichen grauen Stars eine Hohlnadel bzw. Glasröhre, um durch Aussaugen die getrübte Linse zu entfernen. Somit gelang es, einen relativ systematischen Ansatz bei der Therapie des grauen Stars zu entwickeln, dessen Wirksamkeit bis weit in das 18., ja 19. Jahrhundert reichte.

Wichtig für den Prozeß der Entwicklung der Ophthalmologie war, daß sie innerhalb des Bereiches der Chirurgie entstand. Diese wurde nicht an Universi-

1 Vgl. N. Al-Hamarneh, Arabic Manuscripts on Ophthalmology, in: Arab Journal of Ophthalmology, Bd. 1, Nr. 2, (Damaskus) o. J.

täten gelehrt, sondern lag als „äußere Medizin" in den Händen von Wundärzten, Badern, Okulisten. Namen wie Georg Bartisch, der 1583 das erste Lehrbuch für Augenheilkunde in deutscher Sprache verfaßte[2], Jakob Schelling oder John Taylor, der bei der Behandlung des Musikers Johann Sebastian Bach allerdings traurige Berühmtheit erwarb, aber auch durchaus Positives leistete, sind progressive Stationen in der Geschichte der Augenheilkunde. Verfolgt man vor allem die Spur der operativen Behandlung des grauen Stars, so stößt man unweigerlich auf Jacques Daviel. Er hatte um 1745 eine Operationsmethode entwickelt, mit deren Hilfe die getrübte Linse aus dem Auge entfernt werden konnte und nicht nur in das Augeninnere niedergedrückt wurde. Dies ist in zweierlei Hinsicht ein Ereignis von weitreichender Bedeutung für die Ophthalmologiegeschichte. Zum einen war damit die Erkenntnis angenommen, daß der wahre Sitz des grauen Stars nicht ein Häutchen vor der Linse sei, das es zu zerstechen galt (und im Ergebnis dieser Manipulation wurde die Linse in Unkenntnis der anatomischen Verhältnisse „aus Versehen" mit niedergedrückt), sondern daß die getrübte Linse selbst das erkrankte Organ darstellte, wie Brisseau (1705) und Maître Jan (1707) angenommen, per Autopsie überprüft und bewiesen hatten. Die französischen Wundärzte waren somit einer Linie zuzuordnen, die durch Hypothesenbildung, empirische Überprüfung in der Praxis und bei Richtigkeit Aufstellung einer Theorie gekennzeichnet wurde. Die zweite Neuerung, spezieller auf optimalen Heilerfolg gerichtet, bestand in der *Extaktion* der Linse, wodurch eine erneute Störung im optischen System relativ ausgeschlossen war. Das zur Operation notwendige Instrumentarium entwickelte Daviel ebenfalls;[3] und es spricht für seine exakte Durchformung dieses Operationsbestecks, daß zwar in späterer Zeit verschiedene Modifikationen in Anwendung kamen, sich letztlich aber sein Keratotom bis zur Erfindung des Graefeschen Schmalmessers als handhabbar erwies. Der Löffel, den er zur Entfernung der Linse angegeben hatte, wird heute noch, wenn auch selten, bei der Entfernung von Linsenresten benutzt.

Aus dem Gesagten wird ersichtlich, daß sich mit Daviel im 18. Jahrhundert im Entstehungsprozeß der Ophthalmologie ein Einschnitt verbindet. Hier beginnt die unmittelbare Vorgeschichte der Disziplin. Ohne diesen Abschnitt der Disziplinentwicklung in seiner Bedeutung zu überschätzen, sprechen doch verschiedene Faktoren kognitiven wie gesellschaftlichen Charakters für eine solche Bewertung. So war es gelungen, ein Detailproblem auf wissenschaftlicher Grundlage zu untersuchen. Dazu gehörten anatomisch-pathologische Vorleistungen, auf die sich Daviel stützen konnte. Bei der Entwicklung seiner Operationsmethode ging er systematisch vor und gelangte durch ständiges Überprüfen und daraus folgenden weiteren Schritten schließlich zu jener überaus wirksamen Therapie des grauen Stars. Abgesehen von der Ursachenfindung hatte man also den Sitz der

2 Vgl. G. Bartisch, Ophthalmodouleia. Das ist Augendienst, Dresden 1583.

3 Vgl. J. Daviel, Sur une nouvelle méthode de guérir la cataracte per l'extraction du christallin, in: Mémoires de l'Académie Royale de Chirurgie, Bd. II, Paris 1769, S. 337—354.

Erkrankung, deren ungefähren Verlauf und vor allem eine wirkungsvolle Therapie gefunden und in ein zusammenhängendes Gefüge gebracht. Dieser Prozeß des wissenschaftlichen Erkenntnisgewinns läßt sich auch aus der historischen Situation in Frankreich erklären. Hier wurde in der feudalen Entwicklung ein Stadium erreicht, das durch das Erstarken bürgerlicher Elemente in allen Bereichen des gesellschaftlichen Lebens und durch den Kampf des Feudaladels um seine Machtpositionen gekennzeichnet war. In dieser Situation entstand ein großer Zuwachs an wissenschaftlichen Erkenntnissen, wesentlich gefördert durch den sich verschärfenden Machtkampf zwischen der historisch progressiven Klasse des Bürgertums und der überlebten, aber noch herrschenden Feudalklasse. Großartige Ergebnisse erzielten die Vertreter der Aufklärung. Ihr konsequenter Antiklerikalismus fand unter anderem seinen Niederschlag im Aufblühen der Naturwissenschaften. Die Situation in der französischen Wissenschaft jener Zeit ist punktuell am Lebensweg Daviels nachzuvollziehen, der aufgrund seiner hervorragenden Leistungen 1740 zum Mitglied der Königlichen Akademie für Chirurgie in Paris berufen, 1749 zum „Leibaugenarzt“ durch Ludwig XV. ernannt wurde – ein Ausdruck des Wunsches der Herrschenden, den Staat als entwickelt und progressiv erscheinen zu lassen. Hiermit soll angedeutet werden, daß die beschriebene Entwicklung keineswegs nur kognitiv bedingt war.

In der zweiten Hälfte des 18. und im beginnenden 19. Jahrhundert verlagerte sich der Schwerpunkt medizinischer Erkenntnisgewinnung nach Österreich. Innere Schwierigkeiten in diesem Nationalitätenstaat führten unter Maria Theresia und Joseph II. zu umfangreichen Reformmaßnahmen. An den Reformen im Bereich der Universität hatte der Niederländer und Boerhaave-Schüler Gerard van Swieten einen hohen Anteil. In ihrem Ergebnis entstand die erste oder ältere Wiener medizinische Schule, die Weltgeltung erlangte. Durch die Bestrebungen van Swietens wurden Voraussetzungen geschaffen, um die Hinwendung zum realen Objekt der medizinischen Wissenschaft zu gewährleisten. Das Bürgerspital, in dem ab 1753 der klinische Unterricht am Krankenbett stattfand, bot die Möglichkeit, den Lehr- und Lernprozeß vom Nur-Bücher-Wissen auf die Praxis umzustellen. Damit entstand eine moderne Bildungseinrichtung der Aufklärungszeit. Die angedeuteten Bedingungen der österreichischen Geschichte bildeten den Hintergrund für einen gravierenden Einschnitt in der Ophthalmologiegeschichte.

1773 wurde Joseph Barth „... in Anbetracht seiner besitzenden besonderen Geschicklichkeit auf den Augenkrankheiten, Augoperationen und feiner Anatomie“ als öffentlicher Lehrer „in dieser Wissenschaft“ an der Wiener Universität ernannt, wie es in einem Dekret vom 23. 10. 1773 heißt.[4]

Barth jedoch trat schon 1791 zurück. Die eigentliche Bedeutung Wiens für die Augenheilkunde ist verbunden mit dem Namen von Georg Joseph Beer, der in jungen Jahren bei Barth arbeitete, aber von diesem nicht in der Augenheil-

4 Vgl. W. Münchow, Kurze Geschichte der Augenheilkunde, in: K. Velhagen (Hrsg.), Der Augenarzt, Bd. 7, Leipzig 1967, S. 633.

kunde unterrichtet wurde, sondern anatomische Zeichnungen anfertigen und bei Operationen assistieren mußte. Nach einem Medizinstudium ließ sich Beer 1785 in Wien nieder und gründete 1786 eine Privatklinik für Augenkranke. 1780 war bereits in Göttingen ein Hospital mit 15 Betten eröffnet worden. Neben chirurgischen sollten dort auch ophthalmologische Erkrankungen behandelt werden. In seiner Klinik behandelte Beer eine vergleichsweise große Zahl an Patienten (1800–1805: 277 Patienten). Hier führte er auch Operationskurse und Vorlesungen durch und versah somit eine Vielzahl von Ärzten mit operativen Kenntnissen. Allerdings vertraten die bei Beer ausgebildeten Mediziner die Augenheilkunde im Normalfall nur als Nebenfach und erhielten die Berufung an Universitäten als Professoren für Chirurgie; sie waren Augenoperateure, aber keine Augenärzte. 1812 beschloß die österreichische Regierung, an der Universität einen Lehrstuhl für Augenheilkunde zu gründen. Beer wurde mit einer öffentlichen außerordentlichen Professur betraut, die 1818 in eine ordentliche umgewandelt wurde. In Wien wie in Prag lief die Entwicklung der Augenheilkunde nach einer zeitweiligen Verbindung mit der Physiologie auf eine Eigenständigkeit hinaus – allerdings waren das Einzelfälle. An anderen Universitäten waren stets noch Chirurgen mit der Vertretung der Augenheilkunde in Lehre, Forschung und klinischer Praxis befaßt und leiteten chirurgisch-ophthalmiatrische Kliniken bzw. nur chirurgische Einrichtungen. Die Ursachen für diese abweichende Entwicklung in Österreich sind noch nicht geklärt; zweifellos wird aber die persönliche Wirkung eines Arztes wie Beer eine entscheidende Rolle gespielt haben. Beer selbst war nur noch ein Jahr an der Universität tätig. Bis jetzt ist die Frage größtenteils noch ungelöst, warum das Wiener Beispiel so ohne unmittelbare Wirkung geblieben ist. Vor der Lehrstuhleinrichtung in Wien gab es wohl private Augenheilanstalten, die aber in ihrem Umfang und in ihrer Wirkung begrenzt blieben. In keinem anderen Fall, abgesehen von den Universitäten der österreichischen Monarchie, ist auch nur eine außerordentliche Professur für das Fach bekannt.[5]

Der Einfluß Beers auf den Prozeß der Verselbständigung der Ophthalmologie war groß. Durch ihn wurde eine bedeutende Zahl von Schülern ausgebildet, unter anderem Friedrich Ritterich (Leipzig), Johann Nepomuk Fischer (Prag), Friedrich Jäger (Wien), William Mackenzie (Glasgow), die später selbst als Lehrer wirkten. Beer wurde so zum Ausgangspunkt späterer augenärztlicher Ausbildungszentren in der Mitte des 19. Jahrhunderts und zum Mitbegründer der wissenschaftlichen Ophthalmologie. Seine hauptsächliche Wirkung lag in seiner Lehrtätigkeit. Dadurch vermittelte er den momentanen Wissensstand der sich herausbildenden Augenheilkunde einem breiten Kreis von Gelehrten. Das

5 Vgl. zur österreichischen Ophthalmologiegeschichte jener Zeit u. a.: A. Bader, Entwicklung der Augenheilkunde im 18. und 19. Jahrhundert mit besonderer Berücksichtigung der Schweiz, Basel 1933; H.-H. Eulner, Die Entwicklung der medizinischen Spezialfächer an den Universitäten des deutschen Sprachgebiets, Stuttgart 1970; B. Puchta, Die Bedeutung Georg Joseph Beers für die Entwicklung der Augenheilkunde, Diss. A, Dresden 1968.

war ein notwendiger Schritt, der einerseits auf dem Maß an bereits vorhandenem Wissen beruhte. Andererseits führte er dazu, daß das Interesse der wissenschaftlichen Gemeinschaft an Fragestellungen, die dem Bereich der Augenheilkunde zugehörten, erweitert wurde. Hinzu kamen seine Veröffentlichungen und vor allem sein Lehrbuch, das lange Zeit zur Grundlagenliteratur der Wissenschaftler, die sich mit der Ophthalmologie beschäftigten, zählte. In der Vorrede zu seiner „Lehre von den Augenkrankheiten, als Leitfaden zu seinen öffentlichen Vorlesungen entworfen"[6] verwies Beer darauf, daß sein Unterricht nur eine praktische Tendenz habe, weshalb er höchstens die unentbehrlichsten theoretischen Ansätze berühren würde. Ihnen ist zu entnehmen, daß er auf physiologischem Gebiet streng seiner Zeit verhaftet war. Seine Darstellungen von den Ursachen verschiedener Krankheiten lassen erkennen, daß er der Theorie vom Miasma als kontagiöser Substanz (das sind „Ausdünstungen" des Bodens, welche ansteckend wirken) anhing. Seine Darlegungen über den grauen Star zeugen von der ihn auszeichnenden hervorragenden Beobachtungsgabe.[7] Die Differenzierung der Starformen sowie ihre exakte Beschreibung ähneln in vielem denjenigen aus heutiger Zeit. Augenzeugenberichte über Beers Klinik und seinen Unterricht beeindrucken durch ihre sachliche Anerkennung und zeugen von der Begeisterung ihrer Verfasser.[8]

Man ist geneigt, bereits jetzt im Sinne einer Trias bei der Herausbildung wissenschaftlicher Disziplinen den Beginn des Emanzipationsprozesses der Ophthalmologie, also der eigentlichen Disziplingenese, anzusetzen. Dann kann mit Beer die Initialphase[9] der Disziplingenese der Ophthalmologie bestimmt werden. Im Vergleich zum davorliegenden Abschnitt ist die Schaffung von Teilsystemen bestimmter Erkenntnisse sowie eine Intensivierung des Erkenntnisprozesses zu verzeichnen. Beers Leistung liegt in dem Versuch einer systematisierenden Darstellung vorhandener Kenntnisse und ihrer Orientierung auf einen bestimmten Gegenstandsbereich. Die so aufgebauten Teilsysteme waren deutlicher Ausdruck der beginnenden Verselbständigung der Augenheilkunde. Ein tragendes Konzept konnte vor allem wegen mangelnder Voraussetzungen auf naturwissenschaftlichem Gebiet noch nicht entwickelt werden. Seine Bereitstellung bildet aber ein notwendiges Moment für den erweiterten Kenntnisgewinn. Beers Tätigkeit besaß einen hochgradig empirischen Charakter. Das wissenschaftliche Kommu-

6 G. J. Beer, Lehre von den Augenkrankheiten, als Leitfaden zu seinen öffentlichen Vorlesungen entworfen, Wien 1813, S. VI—VII.

7 Vgl. G. J. Beer, Methode den grauen Staar sammt der Kapsel auszuziehen. Nebst einigen anderen wesentlichen Verbesserungen der Staaroperation überhaupt, Wien 1799.

8 Vgl. M. Neuburger, Das alte medizinische Wien in zeitgenössischen Schilderungen, Wien—Leipzig 1921, S. 156/57 u. 213; J. F. Osiander, Nachrichten von Wien, über Gegenstände der Medizin, Chirurgie und Geburtshilfe, Tübingen 1817, S. 71/72.

9 Vgl. M. Guntau, Gedanken zur Herausbildung wissenschaftlicher Disziplinen in der Geschichte und zu Problemen der Disziplingenese in der Wissenschaftsgeschichtsschreibung, in: Rostocker Wissenschaftshistorische Manuskripte (im folgenden: Rostock. Wiss. Hist. Mskr.), Heft 8, Rostock 1982, S. 36 ff.

nikationssystem war noch unvollkommen ausgebildet. Wesentlich erscheint auch der vorerst noch einmalige, das heißt nicht über den nationalen Rahmen hinausgehende Verlauf, den die Ophthalmologie auch hinsichtlich ihrer Institutionalisierung eingeschlagen hatte. Der Wirkungsmechanismus der Beer-Schule bestand hauptsächlich in der Ausbildungsfunktion; sie ist kaum als Gruppe mit forschungsorientierter Tätigkeit zu bezeichnen. Beers unmittelbare Schüler erbrachten Einzelbeiträge, die sich in das wissenschaftliche Mosaik der entstehenden Disziplin fügten; jedoch war keiner unter ihnen, der es geschlossen darzustellen vermochte. Aus diesen Gründen kann man auch noch nicht von der Konstituierungsphase bei der Herausbildung der Ophthalmologie sprechen. Durch die Identifizierung der Beer-Schule mit der Initialphase ist es aber möglich, ihrem Einfluß innerhalb der Ophthalmologiegeschichte voll gerecht zu werden.

Auch in anderen Ländern gab es auf dem Gebiet der Medizin bemerkenswerte Erfahrungen und Leistungen. Stationen und Namen wie Leiden oder Oxford, Boerhaave, Locke, John Brown und viele andere erinnern an wissenschaftliche Kreativität in anderen Regionen. Da aber die Entstehung der Augenheilkunde betrachtet wird, kann nur auf die Zentren eingegangen werden, die für einen gewissen Zeitraum diesen Prozeß beeinflußten.

In den ersten Dezennien des 19. Jahrhunderts war immer noch Wien die Stätte, die Wissenschaftler aufsuchten, wenn sie sich mit ophthalmologischen Studien befaßten. Die deutsche Medizin stand in großem Maße unter naturphilosophischem Einfluß, der sich in dieser Zeit – man denke vor allem an die Arbeiten des späten Schelling – durch seinen spekulativ-mystischen Charakter hemmend auf ihre Entwicklung auswirkte. In dieser Zeit wurde alle empirische Forschung abgelehnt. Die sich anschließende Phase der Medizin des Vormärz (nach Rothschuh: Biedermeiermedizin) zeichnete sich vor allem durch eine starke Überbetonung des empirischen Moments und durch ein Zurückweichen vor theoretischen Verallgemeinerungen aus. Ihr folgte der Abschnitt der naturwissenschaftlichen Medizin.[10] In dieser Epoche der medizinischen Entwicklung verdeutlichen sich die wechselseitigen Bedingtheiten zwischen der Entwicklung der Produktivkräfte, der bürgerlichen Ideologie, der medizinischen Wissenschaft und den Erkenntnissen aus den exakten Naturwissenschaften. Die Ausprägung der naturwissenschaftlichen Medizin besonders seit der Mitte des 19. Jahrhunderts vor allem in Preußen-Deutschland war u. a. darin begründet, daß sich damals in Preußen die industrielle Revolution voll entfaltete. Ihr stürmischer Verlauf schuf Voraussetzungen für den Aufschwung der Naturwissenschaften und forderte gleichzeitig profitable Lösungsvarianten für technische Neuerungen. Die für die industrielle Revolution typische Ablösung der manufakturellen durch maschinelle Arbeit führte zur Schaffung eines Heeres von Fabrikarbeitern; deren unmensch-

10 Vgl. zu diesem Phasenverlauf innerhalb der Medizin und vor allem zur naturwissenschaftlichen Medizin: P. W. Ruff, Die Naturwissenschaftliche Medizin – Entstehung, Wesen, Kritik und Aufhebung, Diss. B, Berlin 1979.

liche Ausbeutung potenzierte die Gefahr gesundheitlicher Schädigung auf ungeahnte Weise. Außerdem profitierte die industrielle Revolution wie der Aufschwung der Naturwissenschaften in Deutschland vom Vorlauf des Auslandes, vor allem Englands und Frankreichs. Das traf auch für die Entwicklung auf medizinischem Gebiet zu. Hier „... hatte vor allem die französische Schule den Boden für den Umschlag von theoretischer Zerrissenheit und praktisch-klinischer Rückständigkeit zu relativer Einheitlichkeit und naturwissenschaftlicher Fundierung vorbereitet."[11]

Die Einbeziehung der Dampfkraft verhieß einen großen Aufschwung in der Industrie. Seit den dreißiger Jahren des 19. Jahrhunderts eroberten sich der Maschinenbau und die Metallindustrie führende Positionen. Besonders exponiert war in diesem Zusammenhang Preußens Hauptstadt. Berlin entwickelte sich zum ökonomischen und geistigen Zentrum. Die Bevölkerungszahl wuchs rasch. Textil- und Metallindustrie sowie der Maschinenbau benötigten immer mehr Arbeitskräfte. Das bedeutete eine Wandlung der ökonomischen Struktur und des Charakters der Stadt. Die mit diesem Prozeß verbundenen wachsenden Anforderungen an die Wissenschaft erforderten besser ausgebildete Kader. Die Neugründung von drei preußischen Universitäten zu Beginn des 19. Jahrhunderts (Berlin 1810, Breslau 1811, Bonn 1818) trug diesem Erfordernis Rechnung. Die Berliner Universität wurde bald zur führenden in Deutschland. Diese Universitäten dienten auch der weiteren Vervollkommnung des Entwicklungsstandes der Naturwissenschaften, deren Bedeutung Liebig in seinen „Chemischen Briefen" folgendermaßen skizzierte: „Ohne Kenntnis der Chemie muß der Staatsmann dem eigentlichen Leben im Staate, seiner organischen Entwicklung und Vervollkommnung fremd bleiben ..., die höchsten materiellen Interessen, die gesteigerte und vorteilhaftere Hervorbringung von Nahrung für Menschen und Tiere, die Erhaltung und Wiederherstellung der Gesundheit, sie sind aufs engste geknüpft an die Verbreitung und das Studium der Naturwissenschaften."[12] Wichtig sind diese Zusammenhänge deshalb, weil nunmehr Möglichkeiten geschaffen worden waren, dem breiten Spektrum menschlicher Bedürfnisse, dem sich die Medizin stets gegenüber sieht, besser zu entsprechen. Zumindest für klinisch-praktische Disziplinen der Medizin ist es nicht so sehr ein Bedürfniswandel, der disziplinkonstituierend wirkt. Mindestens auch das Auftreten und Entstehen von Kenntnissen und technischen Mitteln können eine Entwicklung einleiten, für die das Bedürfnis schon lange besteht. Im Ergebnis dieser Vorgänge stand für die Medizin ein breitangelegter Differenzierungsprozeß, in dessen Verlauf auch die Ophthalmologie ihre Selbständigkeit errang und aus der Verbindung mit der Chirurgie herausgelöst wurde. Dieser Vorgang verwirklichte sich in wesentlichem Maße

11 D. Tutzke, Hauptrichtungen der Entwicklung der Medizin in der Periode der industriellen Revolution, in: G. Wendel (Hrsg.), Beiträge zur Wissenschaftsgeschichte. Die Zeit der Industriellen Revolution, Berlin 1982, S. 193.

12 J. v. Liebig, Chemische Briefe, Heidelberg 1851, S. 25—26.

durch die Lehr- und Forschungstätigkeit von Albrecht von Graefe und seiner Schule.

Albrecht von Graefe[13] wurde am 22. 5. 1828 in Berlin geboren. 1843 begann er ein Medizinstudium unter Schönlein, Müller, Dieffenbach, Jüngken, Traube, Brücke, Du Bois-Reymond und Virchow. Nach der Promotion 1847, den Staatsexamen und den Prüfungen als Arzt, Operateur und Geburtshelfer begab er sich im Herbst 1848 auf eine ausgedehnte Studienreise, um sich mit dem medizinischen Wissensstand in anderen Städten und Ländern vertraut zu machen und eine spezielle Fachrichtung für die spätere Arbeit zu finden. Vor allem Prag war für seinen weiteren wissenschaftlichen Lebensweg entscheidend; hier hörte er neben anderem Vorträge zur Augenheilkunde bei Ferdinand Arlt, der in ihm die Liebe zu diesem Fach weckte. Paris, Wien und London waren weitere Stationen. Ausgerüstet mit dem Wissensstand, den diese Zentren vermittelten, eröffnete er am 1. 11. 1851 seine Privatpraxis in Berlin. Von einschneidender Bedeutung war der durch Hermann von Helmholtz entwickelte Augenspiegel; Graefe erprobte ihn 1851 erstmals in der Praxis und lehrte seine Schüler dessen Anwendung. 1852 habilitierte er sich an der Berliner medizinischen Fakultät als Privatdozent für Augenheilkunde, ohne indes an der Universität wirken zu können. Die folgenden Jahre waren geprägt durch seine fachwissenschaftlichen Leistungen auf dem Gebiet der Ophthalmologie, durch die Schaffung entsprechender Kommunikationsformen für werdende Spezialisten und durch die Ausbildung einer bedeutenden Schülerzahl. 1866 erfolgte die Ernennung zum ordentlichen Professor an der Universität Berlin, 1868 übernahm er die nach dem Rücktritt Johann Christian Jüngkens frei gewordene und separat eingerichtete Leitung der Augenklinik an der Charité. Am 20. Juli 1870, im Alter von 42 Jahren, verstarb Albrecht von Graefe an den Folgen einer fortschreitenden Lungentuberkulose.

Graefe und seine Schüler waren Träger der Konstituierungs- und Etablierungsphase innerhalb des Emanzipationsprozesses der Ophthalmologie. Ein Schlüsselereignis war dabei die Erfindung und praktische Einführung des Ophthalmoskops – eine revolutionierende Veränderung im Bereich der Untersuchungsinstrumentarien. Mit seiner Hilfe war es möglich geworden, Abschnitte des Auges zu betrachten, die bis dahin einer eingehenden Inspektion unzugänglich geblieben waren. Die neuen Beobachtungen mußten geordnet, gesichtet und in das bisherige Erkenntnissystem über das Objekt der Ophthalmologie integriert werden. Es galt, viele neue Erkrankungen zu erfassen, zu erklären sowie nach entsprechenden Therapiemöglichkeiten zu suchen.

Neben Helmholtz ist die Anwendung des Augenspiegels eng an das Wirken Graefes gebunden, der dieses Instrument – methodischer Vorläufer einer Reihe weiterer Geräte zur Untersuchung körperinnerer Organe – in die Praxis über-

13 Vgl. zu biographischen Angaben: W. Münchow, Albrecht von Graefe, Leipzig 1978; S. Fahrenbach, Der Emanzipationsprozeß in der Ophthalmologie und die wissenschaftliche Schule Albrecht von Graefes (1828–1870), in: Rostock. Wiss.-Hist. Mskr., Heft 7, Rostock 1981, S. 41–47.

führte.[14] Ihm kamen dabei seine mathematisch-physikalischen Interessen und seine ausgeprägte physiologische Denkweise zugute. 1854 bereits führte Graefe einen ersten Augenspiegelkurs in seiner Privatklinik durch, auf dem I. Internationalen Ophthalmologenkongreß 1857 in Brüssel popularisierte er die mit dem Ophthalmoskop verbundene Untersuchungsmethodik vor internationalem Publikum. Das grundlegende Konzept, das für diese Phase der Genese der Ophthalmologie wie für die Tätigkeit der wissenschaftlichen Schule Graefes charakteristisch war, bestand also vorrangig in diesem gerade für Graefe typischen physiologisch orientierten Denkstil, der auch seinen anderen maßgeblichen wissenschaftlichen Leistungen zugrunde lag. Die Gedanken und Ansichten Graefes über bestimmte Krankheitsbilder, die genaue und exakte Diagnose, im Rahmen des Möglichen angesiedelte Therapien und besonders seine operativen Methoden schufen ein Gebäude, das den Forderungen nach einem fest umrissenen Gegenstandsbereich entsprach. Entscheidende Bedeutung hatten dabei auf unmittelbar praktische Bedürfnisse gerichtete Methoden und Heilungsverfahren vorzugsweise operativen Charakters. Seine Operationsmethode der Iridektomie bei Glaukom, die von ihm modifizierte Kataraktextraktion, eine verbesserte Schielbehandlung sind heute noch bekannte Heilverfahren. Graefe stellte auch die Verbindung zu anderen medizinischen Disziplinen her, indem er krankhafte Befunde am Augenhintergrund, durch das Ophthalmoskop sichtbar geworden, mit anderen Organerkrankungen in Zusammenhang brachte und somit die sich verselbständigende Ophthalmologie in das Gefüge der medizinischen Wissenschaften einbettete. Graefe wertete die Bedeutung des Augenspiegels im Rahmen eines Vortrages am 22. März 1867 folgendermaßen: „Sie begreifen, daß diese Erfindung nicht blos für augenärztliche Zwecke sondern für die ganze medizinische Forschung von dem größten Einfluß werden mußte, da sie den Einblick auf den Sehnerven, einen directen Ausläufer des Gehirns, und auf andere Gebilde gestattete, die sich früher sammt ihren Analogis im Körper den Untersuchungen entzogen hatten."[15] Zu den wesentlichen Fragen des Zusammenhangs von Augenbefund und anderen Organerkrankungen sind zu rechnen die Retinitis albuminurica, Miliartuberkulose der Netzhaut, die Stauungspapille als diagnostisches Zeichen bei Hirnerkrankungen, Gefäßveränderungen am Augenhintergrund als Merkmal eines Hypertonus u. a. m.

Es wäre verfehlt, den Erkenntnisfortschritt innerhalb der sich emanzipierenden Ophthalmologie einzig an den Namen Graefes zu knüpfen. Neben den beiden anderen „Reformern der Augenheilkunde" (nach Hirschberg) Helmholtz und Frans Cornelis Donders erbrachten auch Graefes Schüler bedeutsame Leistungen. Zu den wichtigsten Schülern Albrecht von Graefes sind u. a. zu zählen:[16]

14 Vgl. zu dieser Problematik u. a.: S. Fahrenbach, Interdisziplinäre Momente bei der Herausbildung der Ophthalmologie als Disziplin. Vortrag, gehalten auf der Konferenz „Philosophie und Wissenschaft – Disziplinarität und Interdisziplinarität", Berlin, 27.–29. 1. 1983 (im Druck).

15 A. v. Graefe, Sehen und Sehorgan, Berlin 1867, S. 33/34.

16 Vgl. W. Münchow, Kurze Geschichte der Augenheilkunde, in: K. Velhagen (Hrsg.), Der

Karl Wilhelm von Zehender	(1819–1916)	Rostock
Theodor Leber	(1840–1917)	Göttingen
Julius Jacobson	(1828–1889)	Königsberg
Alfred Karl Graefe	(1830–1899)	Halle
Karl Ernst Theodor Schweigger	(1830–1905)	Berlin
Rudolf Schirmer	(1831–1896)	Greifswald
Ludwig Laqueur	(1839–1909)	Straßburg
Hermann Schmidt-Rimpler	(1838–1915)	Marburg
Julius von Michel	(1843–1911)	Erlangen
Johann Friedrich Horner	(1831–1886)	Zürich
Heinrich Schiess-Gemuseus	(1833–1914)	Basel
Henry Dor	(1835–1912)	Bern
Richard Liebreich	(1830–1917)	Paris – London
Albert Mooren	(1828–1899)	Düsseldorf
John Soelberg Wells	(1824–1879)	London

Das unterstreicht die Tatsache, daß die Gruppe um Graefe tatsächlich als eine wissenschaftliche Schule zu kennzeichnen ist; denn eine solche Gemeinschaft wird nicht nur durch Lehrtätigkeit (Reproduktion von Wissen), sondern auch durch forschende Arbeit (Produktion von Wissen) ihrer Mitglieder auf einer gemeinsamen Erkenntnisgrundlage zusammengehalten.

Graefes Tätigkeit als Lehrer konzentrierte sich im wesentlichen auf seine Wirksamkeit in seiner Klinik. Studenten fanden nur selten den Weg dorthin. Seine Schüler waren größtenteils bereits ausgebildete Mediziner, die durch das Studium bei Graefe dazu bewogen wurden, sich der Ophthalmologie zuzuwenden. Was ihnen dort an ophthalmologischen Kenntnissen vermittelt wurde, stand auf einem wesentlich höheren Niveau, als es die Ausbildung an der Universität, die von Chirurgen getragen wurde, gewährleistete. Berichte aus den Anfangsjahren[17] sowie aus der zweiten Hälfte der 60er Jahre des 19. Jahrhunderts[18] belegen dieses Faktum auf eindrucksvolle Weise. Samuelson charakterisierte den Unterricht als kleine Universität für Ophthalmologie.[19] A. v. Graefe trug die Augenheilkunde im Zusammenhang vor, wie es seitdem alle ernsthaften Lehrer des Faches taten. Das beweisen auch seine Vorlesungsankündigungen.[20]

Hervorragend verstand es Graefe, seine Mitarbeiter entsprechend ihren jeweils spezifischen Fähigkeiten einzusetzen. Sie übernahmen als Assistenten Lehrver-

Augenarzt, Bd. 7, a. a. O., S. 658/59, Tafel II (die angegebenen Orte bezeichnen das Haupttätigkeitsfeld dieser Ärzte).

17 Vgl. J. F. Horner, Dr. J. F. Horner. Ein Lebensbild, geschrieben von ihm selbst, ergänzt von E. Landolt, Frauenfeld 1867.

18 Vgl. A. Samuelson, Reminiscences of a Four Month Stay with Prof. A. v. Graefe in Berlin, in: British Medical Journal, London 1866, S. 305–309; 355–357; 381–385; 408–413.

19 Vgl. ebenda, S. 356/357.

20 Vgl. Vorlesungsverzeichnis der Friedrich-Wilhelms-Universität zu Berlin, 16. 10. 1857–20. 3. 1858, S. 4/5.

pflichtungen an seiner Privatklinik, wie z. B. Richard Liebreich, der einen Kursus über Augenuntersuchungen leitete, oder Theodor Schweigger, der unter anderem einen Demonstrationskurs zur Anatomie des Auges durchführte. Auch Wilhelm von Zehender hat bei Graefe gearbeitet und über „Dioptrik des Auges" gelesen, eine Thematik, die seinen Fähigkeiten auf physiologisch-optischem Gebiet entsprach. Diese besonderen Veranlagungen wurden von Graefe erkannt und gefördert. Liebreich hat als sein Hauptwerk den „Atlas der Ophthalmoskopie" geschrieben, der mindestens drei Auflagen erreichte (1863, 1870, 1885). Zehender veröffentlichte 1856 eines seiner wissenschaftlichen Hauptwerke, das „Studium der Dioptrik des menschlichen Auges". Alfred Graefe befaßte sich in Berlin mit Motilitätsstörungen des Auges. Im Sammelwerk „Handbuch der gesamten Augenheilkunde", das er gemeinsam mit Theodor Saemisch herausgab, verfaßte er den Abschnitt über Bewegungsstörungen des Auges.

Diese Erkenntnisleistungen, die zu einer neuen Qualität bei der Untersuchung des Gegenstandsbereiches führten, bedurften einer spezifischen Kommunikationsebene. Ihre Verbreitung innerhalb der Graefeschen Schule bedeutete noch nicht ihre Erreichbarkeit und Anwendbarkeit für einen breiteren Kreis von Fachwissenschaftlern. Für die Ophthalmologie war deshalb die Schaffung des „Archiv für Ophthalmologie", das Graefe 1854 ins Leben rief und zusammen mit Donders und Arlt herausgab, von wesentlicher Bedeutung. Ebenfalls durch Graefe erfolgte die Begründung der „Heidelberger Ophthalmologischen Gesellschaft" im Jahre 1857 (seit 1863 diesen Namen tragend, 1920 umbenannt in Deutsche Ophthalmologische Gesellschaft). Seit 1863 erschienen die „Klinische(n) Monatsblätter für Augenheilkunde", die Zehender herausgab. In diesen Gremien nahmen Graefe und seine Schüler führende Positionen ein, wie ein Blick auf die Autoren des „Archiv" oder eine personelle Erfassung der Teilnehmer bzw. Referenten der Heidelberger Gesellschaft verdeutlicht. Derartige Kommunikationsformen waren bestens geeignet, Diskussionen und Meinungsstreit zwischen vielen Fachvertretern zu initiieren und zu fördern, um damit den Erkenntnisgewinn zu stimulieren und seine Resultate aus der unmittelbaren Graefe-Schule hinauszutragen bzw. neue Impulse in sie zu bringen. Ihr Auftreten charakterisiert ein bestimmtes Niveau innerhalb der Disziplinentwicklung und ist keineswegs auf eine lokale Region beschränkt. Es spricht für den Reifegrad der Ophthalmologie im internationalen Maßstab, wenn zwischen 1864 und 1908 neun der Deutschen Ophthalmologischen Gesellschaft ähnliche Gesellschaften in anderen Ländern gegründet wurden.

Das waren[21]:

Deutschland	1857
USA	1864
Italien	1879

21 Vgl. J. Hirschberg, Geschichte der Augenheilkunde, 3. Buch: Die Reform der Augenheilkunde I, in: A. Graefe/Th. Saemisch (Hrsg.), Handbuch der gesamten Augenheilkunde, Bd. 15, Berlin 1918, S. 251.

England	1880
Frankreich	1883
Niederlande	1892
Mexiko	1893
Skandinavien	1900
Spanien	1903
Schweiz	1908

Ausdruck dessen waren auch die internationalen ophthalmologischen Kongresse, die gewonnene Erkenntnisresultate aus dem nationalen Rahmen hinaustreten ließen. Der erste Kongreß 1857 war bestimmt durch die Mitteilung Graefes, mit der Iridektomie eine Heilmethode gegen den mit Sicherheit zur Erblindung führenden grünen Star gefunden zu haben. Sowohl die internationalen Kongresse als auch vor allem die Gründung und Tätigkeit der Heidelberger Ophthalmologischen Gesellschaft verliefen übrigens offenbar ganz unabhängig von der Arbeit der Gesellschaft Deutscher Naturforscher und Ärzte. Es gibt keinen Anhaltspunkt anzunehmen, daß im Verlauf des Differenzierungsprozesses innerhalb der Gesellschaft (nach Pfetsch Sekundärdifferenzierung) auch die spätere Deutsche Ophthalmologische Gesellschaft begründet worden ist.[22]

In den 50er und 60er Jahren des 19. Jahrhunderts hatte die Augenheilkunde in Deutschland ein Niveau erreicht, das es unmöglich erscheinen ließ, sie weiterhin von Chirurgen in der Lehre vertreten zu lassen. Der Kampf um institutionelle Verselbständigung der Disziplin und ihre Anerkennung begann. Vor allem Julius Jacobson trat sehr entschieden dafür ein, die Ophthalmologie als eigenes Fach an den Universitäten einzuführen, Ordinariate zu schaffen und die Prüfung der Studenten durch Spezialisten abnehmen zu lassen. Bereits zu Beginn der 50er Jahre erhob die Universität Königsberg Forderungen nach eigenständiger Entwicklung des Faches.[23] Neben dem noch nicht spezialisierten Universitätsbetrieb gab es Privatkliniken für Augenheilkunde (nicht nur in Berlin, sondern zum Beispiel auch in Bonn und Königsberg), die für den Unterricht zur Verfügung standen. Aber die Tatsache, daß die Prüfungen im Fach von den an der Universität lehrenden Chirurgen abgenommen wurden, ließen kaum Studenten den Weg in die Privatinstitute finden. Aus diesem Grunde wurde zum Zweck einer optimalen Ausbildung der Studenten auch die Gründung von Kliniken und Polikliniken gefordert. Nicht zuletzt durch die Haltung Rudolf Virchows wurde jedoch zunächst diese notwendige Entwicklung behindert. Erwägungen finanzieller Natur sowie die nicht ausreichende Kenntnis der Errungenschaften der

22 Hier ist Pfetsch zu widersprechen, der einen solchen Zusammenhang sieht. — Vgl. F. R. Pfetsch, Die Institutionalisierung medizinischer Fachgebiete im deutschen Wissenschaftssystem, in: F. R. Pfetsch/A. Zloczower, Innovation und Widerstände in der Wissenschaft, Düsseldorf 1973, S. 44, 78, 81.

23 Vgl. Zentrales Staatsarchiv, Dienststelle Merseburg (ZStA Merseburg), Rep. 76 Va, Sekt. 1, Tit. VII, Nr. 9, Bd. 5, unnumm. Blatt.

Ophthalmologie und ihrer Anwendungsmöglichkeiten stellten weitere hemmende Elemente dar. Graefe, der anerkanntermaßen einer der führenden Ophthalmologen seiner Zeit war, erhielt erst 1868 als ordentlicher Professor eine Spezialklinik und bildete dabei im preußischen Raum sogar eine Ausnahme. Der Lehrstuhl blieb nach seinem Tod zunächst unbesetzt. Erst 1873 wurden an den preußischen Universitäten Lehrstühle errichtet, die zumeist mit Graefe-Schülern besetzt wurden:

Halle	Alfred Graefe
Königsberg	Julius Jacobson
Göttingen	Theodor Leber
Berlin	Karl Ernst Theodor Schweigger
Marburg	Hermann Schmidt-Rimpler
Greifswald	Rudolf Schirmer
Breslau	Rudolf Förster
Kiel	Karl Völkers
Bonn	Theodor Saemisch
Rostock	Wilhelm von Zehender[24]

Somit hatte die Augenheilkunde offiziellen Eingang in den Universitätsbetrieb gefunden.

Der Bau spezieller Kliniken für Lehr-, Behandlungs- und Forschungszwecke war im wesentlichen Ende der 80er Jahre abgeschlossen. Studienpläne aus dem Jahre 1886 lassen erkennen, daß die Ophthalmologie einen eigenständigen Platz als Lehr- und Prüfungsfach innehatte. Bis zum Ende der 80er Jahre des 19. Jahrhunderts war der Prozeß der Institutionalisierung dieser Disziplin in Deutschland zu einem solchen Reifegrad gelangt, daß man nunmehr von einer ausgereiften Konsolidierung sprechen kann. Dabei nahmen gerade Graefe-Schüler führende Positionen ein. Ihr Verdienst lag vorzugsweise in der Vervollkommnung des Methodenapparates in diagnostischer und therapeutischer Hinsicht sowie in ihrer Lehrerfunktion. Eine Persönlichkeit wie Graefe war unter ihnen aber nicht zu finden. Das führt zu dem Schluß, daß das von Graefe vorgelegte wissenschaftliche Konzept in Form und Denkstil, Problemsicht und praktischen Methoden hinreichend tragfähig war, daß es über Jahre und Jahrzehnte als orientierende Vorgabe wirksam blieb.

Detaillierter sind vor allem die Vorgänge in Preußen untersucht worden, weil sich die Herausbildung der Ophthalmologie als selbständiges Fach hier besonders deutlich vollzog und einen wesentlichen Einfluß auch auf andere Länder ausübte. Ein erster Blick auf die internationale Situation läßt den Schluß zu, daß die Entwicklung in Preußen kein singulärer Vorgang war, sondern in etwa dem gleichen

24 Die ersten sechs genannten Wissenschaftler und W. v. Zehender waren unmittelbare Graefe-Schüler. Die Angaben wurden den entsprechenden Akten des ZStA Merseburg entnommen.

Zeitraum ähnliche Prozesse (Gründung von Fachgesellschaften, Fachzeitschriften, Lehrstühlen) in anderen Ländern zu verfolgen sind. Dabei wird deutlich, daß die Graefe-Schule eine Leitfunktion erfüllte und ihre Wirkung über den enger bestimmten Schuleneffekt hinausreichte.[25]

25 Vgl. zur gesamten Problematik der Entstehung der Ophthalmologie: S. Fahrenbach, Die Herausbildung der Ophthalmologie als eigenständige Wissenschaftsdisziplin in Preußen unter Berücksichtigung der Wechselwirkung zwischen Disziplinbildungsprozeß und der Tätigkeit der wissenschaftlichen Schule Albrecht von Graefes, Diss. A, Rostock 1984.

Gesellschaftswissenschaften

Werner Berthold

Zur Entwicklung der marxistisch-leninistischen Geschichtswissenschaft zu einer voll entfalteten wissenschaftlichen Spezialdisziplin

Aus Gründen, die noch näher zu untersuchen wären, waren unter der Rubrik Wissenschaftsgeschichte lange Zeit nur die Geschichte naturwissenschaftlicher Disziplinen, der Medizin und der Mathematik zu finden. Erst in der letzten Zeit zeichnet sich hierin ein Wandel ab.[1] Der bisherige Zustand hat aber auch dazu geführt, daß die entwickelten begrifflichen Instrumentarien, die wissenschaftsgeschichtlichen Theorien und Methodologien bürgerlicher und auch marxistischer Provenienz vornehmlich auf naturwissenschaftlichen Feldern gewonnen und angewandt worden sind. Inwieweit sie im Bereich der Gesellschaftswissenschaften voll verwendbar sind, bedarf noch einer eingehenderen Überprüfung.

1. *Grundpositionen zur Genese der marxistisch-leninistischen Geschichtswissenschaft*

In diesem Beitrag soll eine erste Prüfung an Hand der Geschichte der marxistisch-leninistischen Geschichtswissenschaft, ihrer Entwicklung zu einer Spezialdisziplin versucht werden. Wie G. Fabiunke im vorliegenden Band für die politische Ökonomie ausführt, so muß auch für die Geschichtswissenschaft und für die Gesellschaftswissenschaften insgesamt eine doppelte Genesis konstatiert werden: die Genesis ihrer bürgerlichen und die Genesis ihrer proletarischen, marxistischen Gestalt. In Ergänzung zu Fabiunke, der sich mit einleuchtenden Gründen auf die erstere konzentriert, wendet sich dieser Beitrag der zweiten zu. Die Gedanken, die dazu im folgenden zur Diskussion gestellt werden, können zum großen Teil auch für andere Gesellschaftswissenschaften gelten. Zunächst

1 Vgl. S. Volk, Forschungen und Projekte zur Geschichte des gesellschaftlichen Denkens in der UdSSR, in: Beiträge zur Geschichte der Arbeiterbewegung (im folgenden: BzG), 1/1982, S. 82; J. Kuczynski, Studien zu einer Geschichte der Gesellschaftswissenschaften, 10 Bde., Berlin 1975—1978; vgl. auch die unter folgenden Titeln erschienenen Nummern der Wissenschaftlichen Zeitschrift der Karl-Marx-Universität Leipzig, Ges.-u. Sprachwiss. R.: ders., Geschichte der Gesellschaftswissenschaften-Voraussetzungen und Wege, 4/1980; ders., Zur Geschichte der Philosophie und gesellschaftswissenschaftlicher Disziplinen, 6/1982; W. Berthold, Arbeitsgruppe Geschichte der Gesellschaftswissenschaften — Konzeptionen, Erfahrungen, Projekte, in: BzG, 5/1981, S. 721—728.

kann festgestellt werden, daß die bereits formulierten Definitionen, Gesichtspunkte, Prämissen etc. vor allem zum Disziplinbegriff und zur Disziplingenese[2] weitgehend auch für die Geschichte der Geschichtswissenschaft fruchtbar gemacht werden können und – wenn auch oft inhaltlich oder terminologisch etwas modifiziert – teilweise bereits Anwendung finden. Das betrifft vor allem jene Begriffe, mit denen Phasen der Disziplingenese bestimmt werden sollen: Vorgeschichte, Emanzipierung, Initialphase, Etablierungsphase, Konsolidierungsphase. In der Geschichtswissenschaft hat sich zudem der Begriff der Konstituierung eingebürgert, der etwa im Übergangsfeld von der Etablierung zur Konsolidierung anzusiedeln wäre. An letztere wäre jedoch noch ein Stadium anzuschließen, das man als die Phase bzw. Etappe oder Periode der vollen und allseitigen Entfaltung bezeichnen könnte. Im Rahmen der Konstituierungsphase erhält die Professionalisierung und Institutionalisierung ein besonderes Gewicht. Hier beginnt auch die Schulenbildung, die mit der weiteren Entwicklung eine wachsende Bedeutung gewinnt. Dies müßte aber vor allem in die Merkmale der Phase voller und allseitiger Entfaltung eingehen. Denn sie verlangt als einen subjektiven Reproduktionsmechanismus das Zusammenwirken von mehreren Generationen, die kontinuierliche Heranbildung neuer und die kontinuierliche Ablösung der älteren Generationen.

Mit der Feststellung, daß die „Formierung ideologischer Klasseninteressen" und die „Herausbildung entsprechender Klassenauseinandersetzungen insbesondere auf den Entstehungsprozeß gesellschaftswissenschaftlicher Disziplinen bestimmenden Einfluß" ausübe, wurde schon anvisiert[3], was für die Geschichtswissenschaft und für alle Gesellschaftswissenschaften gegenüber den Naturwissenschaften stärker bzw. zusätzlich zu beachten wäre. Es kann in nachfolgend genannten fünf Gesichtspunkten zusammengefaßt werden:

1. Angesichts der Revolution, die Marx und Engels in der Auffassung von der Geschichte und in der Geschichtswissenschaft vollzogen haben, ist der grundlegende qualitative Unterschied zwischen der marxistischen Geschichtswissenschaft und der ihr vorhergehenden Geschichtsauffassung, -forschung und -schreibung zu beachten. Dieser wäre hinsichtlich der bürgerlichen Disziplin, die sich nun parallel und in Konfrontation zur marxistischen weiterentwickelt, noch entschiedener zu unterstreichen. Es erscheint aber dabei aus mehr als einem Grunde nicht gerechtfertigt, Wissenschaftsstatus allein der marxistischen Geschichtswissenschaft zuzubilligen. Dies wird in der Regel mit der richtigen Feststellung begründet, nur sie erfülle durch die Möglichkeit adäquater Gesetzeserkenntnis das wesentliche Kriterium des Wissenschaftsbegriffes. Dieser ist in einem weiteren Sinne jedoch auch auf vor- und nicht- marxistische Geschichtsforschung und -schreibung aus folgenden Gründen anwendbar: Erstens hat die

2 Rostocker Wissenschaftshistorische Manuskripte (im folgenden: Rostock. Wiss.-Hist. Mskr.), Heft 1, Rostock 1978, S. 11—34; Heft 8, Rostock 1982, S. 7—49.

3 Rostock. Wiss. -Hist. Mskr., Heft 1, Rostock 1978, S. 18.

Geschichtswissenschaft – wie auch andere Disziplinen – zum Untersuchungsgegenstand nicht nur Gesetze, sondern auch Tatsachen, Ereignisse, Entwicklungen, Strukturen, die nicht unter den Gesetzesbegriff subsumierbar sind; zweitens gehören zur Geschichtswissenschaft auch ein fachspezifisches Instrumentarium, eine Forschungsmethodik sowie Institutionen und Organisationsformen, die ähnlich wie die spezielle Tatsachenforschung zu bewerten und mit ihr teilweise auch verbunden sind, in ihrem Dienste stehen; drittens schließlich begannen sich in der vormarxschen Geschichtsauffassung, -forschung und -schreibung seit der Antike auch hinsichtlich der Gesetzerkenntnis jene Elemente zu entwickeln, die zur marxistischen Geschichtswissenschaft hinführten, die sie vorbereiteten. Unter diesen drei Gesichtspunkten dürfte es gerechtfertigt sein, den Begriff Geschichtswissenschaft auch in einem weiteren Sinne anzuwenden. Im engeren Sinne trifft er allerdings allein für die marxistische Geschichtswissenschaft zu.

2. Daraus ergibt sich auch eine mehrfache Anwendung des Begriffes „Vorgeschichte“: Im weiteren Sinne ist die gesamte Geschichte der Geschichtswissenschaft – mindestens seit Herodot – Vorgeschichte der marxistischen Geschichtswissenschaft von ihrer Begründung durch Marx und Engels bis zur Gegenwart. Mit dieser Begründung und auch mit ihrer Entwicklung bis zur ersten siegreichen proletarischen Revolution konnte ihre Herausbildung zu einer wissenschaftlichen Spezialdisziplin jedoch noch nicht erfolgen. Daher muß der Begriff Vorgeschichte im engeren Sinne auf die Entwicklungsstadien der marxistischen Geschichtswissenschaft angewendet werden, die ihrer eigentlichen Disziplingenese vorausgehen. Eine weitere Differenzierung des Begriffs wird für die genauere Bestimmung jenes Stadiums notwendig, das dieser Genese unmittelbar vorhergeht. Im Rahmen der Vorgeschichte im engeren Sinne kann dafür der Begriff der unmittelbaren Vorgeschichte gewählt werden.

3. Die Entwicklung der marxistischen Geschichtswissenschaft ist mit der Geschichte des Marxismus-Leninismus, der Arbeiterbewegung und des realen Sozialismus so eng verflochten, daß sie nur im Zusammenhang damit erforscht und dargestellt werden kann.

4. Die Dialektik des Internationalen und des Nationalen spielt in der marxistischen Geschichtswissenschaft eine größere Rolle als in anderen Disziplinen, wenn man von den nationalen Sprach- und Literaturwissenschaften absieht. Diese nationale Komponente hat zwei Aspekte: Erstens bildete sich nach ihrer Begründung durch Marx und Engels auch die marxistische Geschichtswissenschaft – unbeschadet ihres internationalen Charakters – vornehmlich in der marxistischen Arbeiterbewegung einzelner Nationen heraus. Nach dem Siege der proletarischen Revolution kann auch nur im Prozeß der Umwandlung der kapitalistischen in die sozialistische Nation ihre Herausbildung zu einer wissenschaftlichen Spezialdisziplin erfolgen. Zweitens wendet sich die marxistische Geschichtswissenschaft aus strategischen und ideologischen Bedürfnissen sowie in Konfrontation mit dem dominierenden nationalistischen bürgerlichen Geschichtsbild zunächst in erster Linie der Geschichte der eigenen Nation und ihrer Arbei-

terbewegung zu, gewinnt in ihr den wesentlichen Gegenstand. Daß auch dies im Geiste des Internationalismus erfolgte, fand darin Ausdruck, daß an die Geschichte des eigenen Landes und seiner Arbeiterbewegung ein weltgeschichtlicher Maßstab angelegt wurde. Das findet sich bereits in den Frühschriften von Marx. Es ist mit der Orientierung auf die Geschichte der internationalen Arbeiterbewegung, auf ihre Höhepunkte und damit auf jene Länder verbunden, in denen das Proletariat der Erfüllung seiner historischen Mission am nächsten war oder in denen es diese bereits zu erfüllen begonnen hatte. Daraus resultierten das leidenschaftliche Interesse an der Pariser Kommune, an der Großen Sozialistischen Oktoberrevolution und an der Geschichte der Bolschewiki in der revolutionären Arbeiterklasse aller Länder. Doch bereits die Bolschewisierungsthesen des V. erweiterten EKKI-Plenums von 1925 orientierten darauf, mit der Geschichte der Bolschewiki, der internationalen Arbeiterbewegung und der Weltgeschichte die des eigenen Landes und seiner Arbeiterbewegung zu studieren.[4] Der VII. Weltkongreß der Komintern potenzierte diese Orientierung im ideologischen Kampf gegen den Faschismus und für die antifaschistische Volksfront.[5] Für die Erforschung der Geschichte der marxistischen Geschichtswissenschaft bedeutet dies, daß man ihre Entwicklung in den einzelnen Ländern untersuchen muß, um zu sicheren Urteilen über ihre internationale Gesamtentwicklung zu gelangen. Andererseits sind Vorstellungen von dieser eine Voraussetzung für länderbezogene Forschungen.

5. Wie schon angedeutet, kann die Herausbildung der marxistischen Geschichtswissenschaft zur und als Spezialdisziplin erst nach dem Sieg der proletarischen Revolution, im Prozeß und als ein wesentlicher Bestandteil der sozialistischen Kulturrevolution erfolgen. Dafür gibt es zwei wesentliche, miteinander verbundene Gründe: Erstens setzt die Bourgeoisie eines jeden Landes, in dessen ideologischem Klassenkampf die konsolidierte bürgerliche Geschichtsdisziplin fast immer eine entscheidende Rolle spielt, in der Regel alles daran, um die Etablierung einer marxistischen Geschichtswissenschaft zu verhindern. Die Geschichtswissenschaft der DDR bietet dafür in ihrer Konstituierungsphase ein Lehrstück.[6] Zweitens ist das Proletariat im Unterschied zur Bourgeoisie vor seiner siegreichen Revolution keine besitzende Klasse. Es vermag daher auch nicht vor dieser Revolution die objektiven und subjektiven Voraussetzungen hervorzubringen, die für die Etablierung einer geschichtswissenschaftlichen Spezialdisziplin er-

4 K. Kinner, Marxistische deutsche Geschichtswissenschaft 1917 bis 1933. Geschichte und Politik im Kampf der KPD, Berlin 1982, S. 204—218.

5 W. Berthold, Zur Bedeutung des Volksfrontgedankens für die Entwicklung der nationalen Geschichtskonzeption und des nationalen Geschichtsbildes auf marxistischer Grundlage, in: Studien zur marxistisch-leninistischen Revolutionstheorie, Leipzig 1968, S. 381—397.

6 P. Schumann, Gerhard Ritter und die deutsche Geschichtswissenschaft nach dem zweiten Weltkrieg, in: Mentalitäten und Lebensverhältnisse. Beispiele aus der Sozialgeschichte der Neuzeit, Göttingen 1982, S. 399—415; W. Berthold, Trier 1958, Stockholm 1960 und die Konstituierung der Geschichtswissenschaft der DDR (im Druck).

forderlich sind. Zu diesen Voraussetzungen gehören: a) die Professionalisierung einschließlich der Heranbildung eines zahlreichen Nachwuchses, b) die Institutionalisierung in Forschung und Lehre, d. h. die Eroberung und Umgestaltung der überkommenen geschichtswissenschaftlichen Institutionen an Universitäten und Akademien, aber auch im Bereich der Bibliotheken und Archive, der Verlage und Zeitschriften, und Neugründungen, die aus den besonderen Bedürfnissen der marxistischen Geschichtswissenschaft erwachsen (Institute, Archive und Bibliotheken für Marxismus-Leninismus und Geschichte der Arbeiterbewegung, entsprechende Lehrstühle an Parteischulen und -institutionen, Zeitschriften für Geschichte der Arbeiterbewegung etc.); c) Bildung marxistischer Schulen; d) innerdisziplinäre Spezialisierung und interdisziplinäre Kooperation; e) die Herausbildung der Geschichte der Geschichtswissenschaft als geschichtswissenschaftliche Spezialdisziplin; f) eine mit der gesamtgesellschaftlichen Planung abgestimmte Planung für die gesamte Geschichtswissenschaft; g) internationalistische und internationale Wirksamkeit.

Ohne die marxistisch leninistische Partei, in deren Rahmen sich die marxistisch-leninistische Geschichtswissenschaft entwickelte bzw. weiterentwickelte, wäre ihre Herausbildung als Spezialdisziplin ebenso unmöglich wie der Sieg der sozialistischen Revolution und der Aufbau der sozialistischen Gesellschaft. Deshalb ist auch die Leitung dieses komplizierten Prozesses durch die Partei und den sozialistischen Staat zu ihren Merkmalen zu rechnen. Dabei unterliegen die Form und auch der Charakter dieser Leitung Wandlungen, die vom Reife- und Erfahrungsgrad sowohl der Partei als auch der Geschichtswissenschaft abhängig sind.

Es versteht sich, daß sich daraus auch Konsequenzen für die Periodisierung ergeben. Mit den Markierungen, die aus der disziplinspezifischen Genese resultieren, sind auch wesentliche Einschnitte und Perioden in der Geschichte der Partei, des sozialistischen Staates und der sozialistischen Gesellschaft zu beachten. Eine vermittelnde Funktion besitzen dabei solche Parteibeschlüsse, die sich auf die Geschichtswissenschaft direkt beziehen.

Im folgenden soll versucht werden, die formulierten Gesichtspunkte am Beispiel sehr knapp gehaltener Skizzen der geschichtswissenschaftlichen Disziplingenese in der UdSSR und in der DDR zu demonstrieren, zu konkretisieren und auch zu ergänzen.[7]

7 Folgende Darstellungen, die zugleich Hinweise auf weitere Titel und Quellen enthalten, bilden die Grundlage für diesen Versuch: L.-D. Behrendt/W. Berthold, Geschichte der Geschichtswissenschaft. Zur Geschichte der sowjetischen Geschichtswissenschaft (1917 bis zur Gegenwart), Potsdam 1978; W. Berthold/G. Katsch/K. Kinner, Geschichte der Geschichtswissenschaft. Zur Geschichte der marxistisch-leninistischen deutschen Geschichtswissenschaft (1917—1945), Potsdam 1978; K. Kinner, Marxistische deutsche Geschichtswissenschaft 1917 bis 1933, Geschichte und Politik im Kampf der KPD, a. a. O.; W. Berthold, Marxistisches Geschichtsbild — Volksfront und antifaschistisch-demokratische Revolution, Berlin 1970; Gesellschaftswissenschaftliche Informationen. Hauptetappen und Probleme der Geschichte der Geschichtswissenschaft der DDR, GW 17, Berlin 1982 (besonders der Bei-

2. *Der Weg der sowjetischen Geschichtswissenschaft*

Ihre Entwicklung als erste marxistisch-leninistische Geschichtswissenschaft eines Landes unter den Bedingungen der Diktatur des Proletariats und im Resultat der sozialistischen Kulturrevolution zu einer voll entfalteten Spezialdisziplin enthält Grundzüge, die für die Wiederholung dieses Prozesses unter analogen Bedingungen Geltung gewonnen haben. Sie wurden unter den angeführten Punkten bereits mitgenannt.

Für die Periodisierung muß der Begriff „Vorgeschichte" in dem mehrfachen Sinne Anwendung finden, auf den verwiesen wurde: Im weiteren Sinne geht sie in internationaler bzw. welthistorischer Hinsicht bis in die Antike zurück, wobei als eine besondere außerrussische Traditionskomponente die byzantinische Historiographie zu beachten ist, in nationaler Hinsicht bis zur Nestorchronik im 12. Jahrhundert. Unter diesem Aspekt ist auch das Verhältnis zur bürgerlichen russischen Geschichtswissenschaft einzubeziehen, die im 19. Jahrhundert ihre Disziplingenese vollzogen hatte. Im engeren Sinne begann sie international – wie für die marxistische Geschichtswissenschaft jedes Landes – mit der Begründung des historischen Materialismus und der marxistischen Geschichtswissenschaft durch Marx und Engels, national mit dem Eindringen des Marxismus nach Rußland in den 40er bis 70er Jahren, vor allem aber mit den 80er Jahren, in denen er durch Plechanov auch auf die Analyse der russischen Geschichte angewandt wurde. In der unmittelbaren Vorgeschichte, die im oben charakterisierten Sinne direkt in die Disziplingenese überging, wurden die internationale und die nationale Komponente identisch: Mit der Weiterentwicklung des Marxismus durch Lenin, mit ihrer Auswirkung auf die Geschichtswissenschaft begann im internationalen und im nationalen Maßstab deren neue, die Leninsche Etappe. Wenn mit dieser die marxistisch-leninistische Geschichtswissenschaft auf dem Territorium der heutigen Sowjetunion ihren Anfang nahm, so konnte ihre Herausbildung als Spezialdisziplin jedoch erst 1917, mit der Großen Sozialistischen Oktoberrevolution und der Errichtung der Diktatur des Proletariats einsetzen.

Die nachfolgend genannte Gliederung des Entwicklungsprozesses der sowjetischen Geschichtswissenschaft hat im Ergebnis einer umfassenden Periodisierungsdiskussion, die Anfang der 60er Jahre geführt wurde, weitgehende Anerkennung gefunden:

Die erste Entwicklungsperiode reicht von 1917 bis Mitte der 30er Jahre. Sie entspricht in der Geschichte der Sowjetunion weitgehend der „Periode des Übergangs vom Kapitalismus zum Sozialismus und des Aufbaus der Grundlagen des Sozialismus 1917–1937"[8]. Dafür könnte der Begriff der Etablierung

trag von H. Schleier sowie die hier genannten Titel von U. Fischer, H. Haun, H. Heinz und W. Schmidt); W. Schmidt, Die Geschichtswissenschaft der DDR in den fünfziger Jahren. Ihre Konstituierung als sozialistische deutsche Geschichtswissenschaft, in: Zeitschrift für Geschichte (im folgenden: ZfG), 4/1983, S. 291–312.

8 Geschichte der UdSSR. Von den Anfängen bis zur Gegenwart, Berlin 1976, S. 210, 215–374.

Anwendung finden. Charakteristisch ist die Organisation und die Institutionalisierung in Forschung und Lehre und für die Ausbildung des wissenschaftlichen Nachwuchses, die Gründung neuer Institutionen und Organisationen und die Eroberung der überkommenen; die Professionalisierung der marxistischen Historiker; die Auseinandersetzung mit der bürgerlichen Geschichtswissenschaft und zugleich das Bündnis mit bürgerlichen Historikern. Forschungsschwerpunkte waren die Geschichte der neuen und neuesten Zeit, besonders des Imperialismus, sowie die Revolutionsgeschichte, die Geschichte der drei russischen Revolutionen, der Großen Französischen Revolution, der Revolution von 1848/49, der Pariser Kommune; die Mitwirkung der Historiker an der MEGA und der Herausgabe der Werke Lenins, die Erschließung ihres Vermächtnisses für die Geschichtswissenschaft. In theoretisch-methodologischer Hinsicht gelang es jedoch nicht, den Leninismus voll in der Geschichtswissenschaft anzuwenden. Die zentrale Gestalt in dieser Periode war M. M. Pokrovskij mit seinen wesentlichen Vorzügen, aber auch mit seinen Grenzen. Unter seiner Leitung nahm eine Delegation sowjetischer Historiker mit großem Erfolg am 6. Internationalen Kongreß der Historischen Wissenschaften teil, der 1928 in Oslo stattfand. Zum ersten Mal erklang auf einem solchen Kongreß die Stimme der marxistischen Geschichtswissenschaft.

Die zweite Entwicklungsperiode begann Mitte der 30er Jahre und währte bis Mitte der 50er Jahre. In der Geschichte der UdSSR entspricht sie der „Periode der Festigung und Entwicklung der sozialistischen Gesellschaft auf ihrer eigenen ökonomischen Basis (1938–1958)“[9]. Sie wird ihrerseits in drei Etappen untergliedert, die vor allem auf der Geschichte der Sowjetunion und des 2. Weltkrieges beruhen: 1934–1941; 1941–1945 und 1945–1955. Die gesellschaftliche und politische Grundlage für den Beginn dieser Entwicklungsperiode war der Sieg des Sozialismus in der UdSSR. Inauguriert wurde sie durch Beschlüsse des Rates der Volkskommissare und des ZK der KPdSU. Der Geschichtsunterricht, der als ein selbständiges Fach abgeschafft worden war, wurde wieder eingeführt. Damit setzte eine intensive Lehrbucharbeit ein, welche die weitere Entwicklung der Geschichtswissenschaft ganz wesentlich stimulierte. Man könnte auf diese Periode die Begriffe der endgültigen Konstituierung und zugleich der Konsolidierung anwenden. Überwunden wurden die negativen Seiten der Pokrovskij-Schule in Gestalt vulgär-soziologischer Züge und der Tendenz zu einem nationalen Nihilismus auch gegenüber der russischen Geschichte. Ein wesentliches Ziel und Ergebnis war die historische Fundierung des Sowjetpatriotismus. Mit der Geschichte der Völker der Sowjetunion und – besonders seit 1941 – der Traditionen des Großen Vaterländischen Krieges erlangten auch Darstellungen weltgeschichtlichen Charakters ein bedeutendes Gewicht. Allerdings wurde in dieser Periode auch in der Geschichtswissenschaft der Personenkult um Stalin verstärkt wirksam. Wenn sie jedoch insgesamt unter diesen subsumiert wird, wie es bei zahlreichen bürgerli-

9 Ebenda, S. 210, 375–499.

chen Historikern üblich ist, so erinnert dies an die Verfahrensweise, die Hegel in seinem Artikel „Wer denkt abstrakt"[10] charakterisiert hat. Es sei noch angemerkt, daß mit den Konsequenzen, die seit dem VII. Weltkongreß der Komintern aus der Volksfrontstrategie für das Geschichtsdenken erwuchsen, auch in den Kommunistischen Parteien kapitalistischer sowie kolonialer und halbkolonialer Länder ein neues Stadium ihrer geschichtswissenschaftlichen Tätigkeit begann. Somit kann für die gesamte internationale marxistisch-leninistische Geschichtswissenschaft mit der Mitte der 30er Jahre eine neue Entwicklungsperiode angesetzt werden.

Die dritte Entwicklungsperiode reicht von der Mitte der 50er Jahre bis in die Gegenwart und gliedert sich in zwei Etappen: 1956 bis Mitte der 60er Jahre sowie seit dieser Zeitspanne. Sie entspricht im wesentlichen der „Periode der entwickelten sozialistischen Gesellschaft und des Aufbaus des Kommunismus (vom Ende der fünfziger Jahre bis zur Gegenwart)" in der Geschichte der UdSSR.[11] Für sie könnte der Begriff der allseitigen und vollen Entfaltung sowohl in theoretisch-methodologischer Hinsicht als auch für alle anderen Seiten der Geschichtswissenschaft angewandt werden. Einerseits erweiterte und vertiefte sich die Spezialisierung, andererseits entstanden im Ergebnis der Synopsis umfassende Darstellungen. Dazu zählen eine Weltgeschichte in 10 Bänden und Ergänzungsbänden, eine vielbändige Historische Enzyklopädie, die mehrbändige Geschichte der KPdSU, der internationalen Arbeiterbewegung, des 2. Weltkrieges und weitere herausragende Leistungen. Ein wichtiges Kriterium für den Reifegrad des Gebietes war die Herausbildung der Geschichte der Geschichtswissenschaft als Spezialdisziplin, die eine wesentliche theoretisch-methodologische und integrative Funktion für die gesamte Geschichtswissenschaft zu erfüllen begann. Vor allem im Rahmen dieser geschichtswissenschaftlichen Spezialdisziplin begann das Thema „Lenin als Historiker" eine zentrale Stellung einzunehmen. Mit der umfassenden Forschungsarbeit, die erst nach erfolgter qualitativer und quantitativer Professionalisierung und Institutionalisierung möglich wird, gewinnt auch die theoretische und methodologische Arbeit eine neue Basis, kann die Umsetzung des Marxismus-Leninismus in eine fachspezifische Theorie und Methodologie sowie ihre Anwendung in der Erforschung und Darstellung der Geschichte erfolgen. Hervorzuheben ist schließlich der gewachsene internationale Einfluß der sowjetischen Geschichtswissenschaft. Dieser fand darin einen besonderen Ausdruck, daß der XIII. Internationale Kongreß der historischen Wissenschaften 1970 in Moskau stattfand und daß hier erstmalig in der Persönlichkeit des führenden sowjetischen Wissenschaftlers A. A. Guber ein marxistischer Historiker zum Präsidenten des Internationalen Komitees der historischen Wissenschaften gewählt wurde.[12]

10 G. W. F. Hegel, Wer denkt abstrakt?, in: G. W. F. Hegel, Werke, 18 Bde., Berlin 1832–1845, Bd. 17, S. 400 ff.

11 Geschichte der UdSSR. Von den Anfängen bis zur Gegenwart, a. a. O., S. 210, 501–631.

12 E. A. Dudzinskaja, Meždunarodnyje naučnyje svazi sovetskich istorikov, Moskva 1978,

Diese bis in die Gegenwart reichende Entwicklungsperiode wurde gleichfalls durch wesentliche Beschlüsse inauguriert und markiert. Zu nennen sind vor allem die Beschlüsse „Über die Überwindung des Personenkultes und seine Folgen“ (Juni 1956) sowie „... zur weiteren Entwicklung der Gesellschaftswissenschaften ...“ (August 1967).

3. *Die marxistisch-leninistische Geschichtswissenschaft der DDR*

Sie entwickelte sich – wenn man von historischen und nationalen Besonderheiten absieht – wie auch in der ČSSR und in anderen sozialistischen Ländern auf analoge Weise wie die sowjetische Geschichtswissenschaft zu einer Spezialdisziplin. Auch in internationaler Dimension hat sie die gleiche Vorgeschichte im weiteren Sinne; in nationaler Hinsicht kann sie hierin bis auf die nationale Geschichtsschreibung deutscher Humanisten wie Jakob Wimpfeling, ja bis auf die Sachsengeschichte Widukind von Korveis (10. Jh.) zurückgehen.

Die Vorgeschichte im engeren Sinne, d. h. die Begründung und Entwicklung der marxistischen Geschichtswissenschaft durch Marx und Engels, vereint die internationale mit der nationalen Komponente. Das trifft auch hinsichtlich Franz Mehrings zu, des bedeutendsten Historikers seit Marx und Engels. Die unmittelbare Vorgeschichte kann dagegen nicht – wie in der sowjetischen Geschichtswissenschaft – mit der Entstehung des Leninismus angesetzt werden, sondern erst mit dem Beginn seiner schöpferischen Aneignung und Anwendung auf Deutschland, d. h. mit der Gründung der KPD. Für die Geschichtswissenschaft der DDR wie auch für die der anderen sozialistischen Staaten, die nach 1944 bzw. 1945 entstanden sind, ist aber folgendes zu berücksichtigen: Erstens begann sich mit der Gründung Kommunistischer Parteien in diesen Ländern in deren Rahmen und Umfeld auch eine marxistisch-leninistische Geschichtswissenschaft zu entwickeln; zweitens entstand mit der Vereinigung dieser Parteien in der Komintern und mit der Konstituierung der marxistisch-leninistischen Geschichtswissenschaft in der UdSSR als Spezialdisziplin eine wesentliche Basis für eine relativ einheitliche internationale Entwicklung der marxistisch-leninistischen Geschichtswissenschaft – ungeachtet ihrer unterschiedlichen nationalen Reifestadien. Das ermöglicht auch eine einheitliche internationale Periodisierung. So begann – wie schon erwähnt – Mitte der 30er Jahre nicht nur für die sowjetische Geschichtswissenschaft eine neue Entwicklungsperiode. Eine solche wurde mit dem Übergang zur Strategie der antifaschistischen Volksfront und der antiimperialistischen Einheitsfront auch im Rahmen der gesamten Komintern auf deren VII. Welt-

S. 185–191; W. Berthold. Zum XV. Internationalen Kongreß der Historischen Wissenschaften in Bukarest im August 1980 – wissenschaftsgeschichtliche Aspekte, in: Wiss. Z. Karl-Marx-Univ. Leipzig, Ges.- u. Sprachwiss. R., 6/1981, S. 610–618.

kongreß initiiert. Wie in der sowjetischen Geschichtswissenschaft wurde mit der Überwindung von Einseitigkeiten und Mängeln entschieden auf die nationale Geschichte und in dieser auf die Höhepunkte antifeudaler und nationaler Revolutionen und Befreiungskämpfe orientiert, in denen eine Art historisches Modell für die Volksfront, für nationale Fronten, für die Einheit des gesamten Volkes im antifaschistischen und antiimperialistischen Kampf gesehen wurde. Die theoretische Grundlage dafür war ein tieferes Verständnis der Dialektik des Internationalen und des Nationalen, des proletarischen Internationalismus und des Patriotismus, der Welt- und der Nationalgeschichte. Dabei spielte die Auswertung der Arbeit Lenins „Über den Nationalstolz der Großrussen“[13] eine wesentliche Rolle. Vor allem im zweiten Weltkrieg setzte auch in der KPD – im Rahmen der Ausarbeitung der Konzeption für eine „kämpferische Demokratie“[14], für die antifaschistisch-demokratische Umwälzung mit der Perspektive ihrer Weiterführung zur sozialistischen Revolution – eine intensive konzeptionelle Arbeit für die Vorbereitung des Geschichtsunterrichts, die geschichtswissenschaftliche Lehrtätigkeit, die Verbreitung der Wahrheit und der Lehren der Geschichte nach dem Sieg über den Hitlerfaschismus ein, die im Nationalkomitee „Freies Deutschland“ weitergeführt wurde. Die dabei erarbeiteten Konzeptionen und Materialien wurden nach 1945 schrittweise umgesetzt, verbreitet und weiterentwickelt. Daher gewinnt im Rahmen der unmittelbaren Vorgeschichte der Geschichtswissenschaft der DDR der Zeitraum von Mitte der 30er Jahre bis 1945 die entscheidende Bedeutung. Der Beginn ihrer Konstituierung als Spezialdisziplin setzte jedoch die antifaschistisch-demokratische Umwälzung und vor allem den Übergang zur sozialistischen Revolution voraus. Unter Beachtung der Periodisierung der Geschichte der DDR und der SED, jedoch auch bei Berücksichtigung fachspezifischer Gesichtspunkte muß ihre Periodisierung erfolgen. Dabei wird davon ausgegangen, daß wissenschaftsgeschichtliche Entwicklungen in der Regel nicht mit einem Ereignis und einer Zahl, sondern mit Zeitspannen bzw. mit einem Komplex von Ereignissen sachadäquater periodisiert werden können. Unter diesen Aspekten wird folgender Periodisierungsvorschlag zur Diskussion gestellt:

Die erste Etappe, die in der DDR-Geschichte mit der Etappe der antifaschistisch-demokratischen Umwälzung zusammenfällt[15], reicht von 1945 bis Ende der 40er Jahre. Für sie wurde der Begriff „Grundlegung“ geprägt. Folgende Momente sind dafür charakteristisch:

1. Die KPD und SED war im Bündnis mit anderen antifaschistischen Kräften bestrebt, das marxistische Geschichtsbild sowie die Geschichtsauffassung und -schreibung von der Aufklärung bis zum Vormärz (besonders Herder und Zimmermann) im Zusammenhang mit dem literarischen Vermächtnis von Lessing bis

13 W. I. Lenin, in: W. I. Lenin, Werke, Bd. 21, Berlin, S. 91–95.

14 H. Laschitza, Kämpferische Demokratie gegen Faschismus, Berlin 1969.

15 Geschichte der Deutschen Demokratischen Republik, Berlin 1981, S. 15, S. 47ff.

Heine und der antifaschistischen Literatur, die im Exil entstanden war, zu verbreiten und die Auseinandersetzung mit der faschistischen Geschichtsideologie und ihren Vorläufern zu führen. Von besonderer Bedeutung waren nach dem Aufruf der KPD vom 11. Juni 1945 Stellungnahmen der SED zu historischen Ereignissen, deren Jubiläen sich 1947/48 konzentrierten: Große Sozialistische Oktoberrevolution und deutsche Novemberrevolution, Kommunistisches Manifest und Revolution von 1848 sowie die Aufnahme des systematischen Studiums der Geschichte der KPdSU in der Schulungsarbeit der SED. Das erfolgte in enger Verbindung mit der Propagierung und im Kampf um die Verwirklichung der politischen Programmatik und mit der Entwicklung der SED zu einer marxistisch-leninistischen Kampfpartei.

2. Die geringe Zahl marxistischer Historiker (Meusel, Kuczynski, Markov, Engelberg, Stern u. a.) nahm ihre Tätigkeit an den Universitäten auf, die auch nach der Entfernung aktiver Faschisten insgesamt von der traditionellen Geschichtsdisziplin, die dem deutschen Faschismus dienstbar geworden war, beherrscht wurden. Ungeachtet aller damit verbundenen Schwierigkeiten strebten sie ein Bündnis mit kooperationsfähigen und -bereiten bürgerlichen Historikern im Geiste des Antifaschismus an. Unter diesen schwierigen Bedingungen begann die Heranbildung eines Nachwuchses für die marxistische Geschichtswissenschaft, der sich zu einem großen Teil aus Absolventen der Vorstudienanstalten bzw. der Arbeiter- und Bauernfakultäten rekrutierte.

3. Neben und mit dem Versuch, in den überkommenen Institutionen für die marxistische Geschichtswissenschaft Positionen zu gewinnen, erfolgten Neugründungen, in denen die marxistische Geschichtswissenschaft sofort leitende Stellungen und eine feste Basis gewann. Neben geschichtswissenschaftlichen Lehrstühlen, Abteilungen etc. an Parteischulen und -institutionen sind hier vor allem die Gesellschaftswissenschaftlichen und Pädagogischen Fakultäten zu nennen. Auf diese Weise wurden die ersten Schritte auf dem Wege der Professionalisierung und Institutionalisierung getan.

Die zweite Etappe, die der Etappe der Schaffung der Grundlagen des Sozialismus entspricht[16], währte vom Ende der 40er/Anfang der 50er bis Ende der 50er/Anfang der 60er Jahre. Für sie wurden die Begriffe der Durchsetzung des Marxismus-Leninismus und der Konstituierung geprägt.

1. Nach der Errichtung der Arbeiter- und Bauernmacht, durch die diese Konstituierung, die sich im Rahmen und als wichtiger Bestandteil der sozialistischen Kulturrevolution vollzog, ihre staatliche Basis gewann, sind als Ereignisse, die auch für die weitere Entwicklung der Geschichtswissenschaft eine besondere Bedeutung gewannen, der 3. Parteitag der SED 1950 und die 7. Tagung ihres ZK 1951 hervorzuheben. Orientiert wurde hier auf die Ausarbeitung eines umfassenden marxistisch-leninistischen Bildes der deutschen Geschichte, auf die systematische Erschließung der Arbeiten von Marx, Engels, Lenin und Stalin sowie auf

16 Ebenda, S. 15, 113 ff.

die Schaffung von Institutionen und Organisationsformen für diesen Zweck. So wurden im Zuge der zweiten, der sozialistischen Hochschulreform – neben Instituten für die Geschichte der Völker der UdSSR an allen Universitäten – 1951/52 an den Universitäten Berlin, Halle und Leipzig Institute für Geschichte des deutschen Volkes gegründet. In Berlin entstanden das Museum und an diesem das Autorenkollektiv eines Lehrbuches für deutsche Geschichte. 1953 erschien die erste Nummer der „Zeitschrift für Geschichtswissenschaft". Erst 1956 konnte aber die Gründung eines Geschichtsinstituts an der Akademie der Wissenschaften erfolgen.

Ein Beschluß des Politbüros von 1955 über „Die Verbesserung der Forschung und Lehre in der Geschichtswissenschaft der Deutschen Demokratischen Republik" zog die Bilanz des Erreichten und fixierte die noch zu lösenden Aufgaben unter den neuen Bedingungen. Er legte im Rahmen der Hauptaufgabe, in der Auseinandersetzung mit der reaktionären Verfälschung der deutschen Vergangenheit ein wissenschaftliches Bild der gesamten Geschichte unseres Volkes zu erarbeiten und zu vermitteln, ein besonderes Gewicht auf die deutsche Geschichte und die Geschichte der deutschen Arbeiterbewegung in der neuesten Zeit, auf theoretische Vertiefung, auf gründliche und umfassende Arbeit mit den Quellen, auf Qualifizierung der geschichtswissenschaftlichen Forschungsmethoden.

2. 1955–57 wurden die ersten Schritte zur Kooperation im Geiste des sozialistischen Internationalismus (1955, 56 und 57 Gründung von bilateralen Historikerkommissionen mit der ČSSR, der VR Polen und der UdSSR, im gleichen Jahr die erste Konferenz dieser Kommissionen und in der internationalen Arena (Teilnahme einer Delegation am Internationalen Historikerkongreß in Rom 1955) getan.

3. Charakteristisch sind in der zweiten Hälfte der 50er Jahre leidenschaftlich und teilweise kontrovers geführte Diskussionen unter marxistischen Historikern über konzeptionelle und theoretisch-methodologische Grundfragen der Geschichte sowie die Überwindung von Erscheinungsformen des Dogmatismus und des Revisionismus.

4. Die Gründung einer marxistischen Historiker-Gesellschaft im März 1958 in Leipzig, die vom Traditionsverband der restaurierten bürgerlichen Geschichtsdisziplin in der BRD herbeigeführte Abgrenzung (Trier 1958) sowie die erste große Bewährungsprobe auf dem Internationalen Historikerkongreß in Stockholm 1960 schließen die Etappe der Konstituierung ab.[17]

Die dritte Etappe, die mit der „beginnenden Errichtung des entwickelten Sozialismus"[18] übereinstimmt und für die der Begriff der Konsolidierung Anwendung finden kann, umfaßt den Zeitraum vom Beginn der 60er bis zum Anfang der 70er Jahre. Folgende Momente können für sie bestimmt werden:

17 W. Berthold, Trier 1958, Stockholm 1960 und die Konstituierung der Geschichtswissenschaft der DDR (im Druck).

18 Geschichte der Deutschen Demokratischen Republik, a. a. O., S. 15, S. 231.

1. Die zentrale Planung der Geschichtswissenschaft im Rahmen der Gesellschaftswissenschaften und die damit verbundene Gründung des Rates für Geschichtswissenschaft (1968), dem für die einzelnen Gebiete Problemräte angeschlossen sind; Neustrukturierung der Geschichtswissenschaft im Ergebnis der dritten Hochschulreform (Sektionsgründungen) und der Akademiereform (Bildung der Zentralinstitute für Geschichte und für Alte Geschichte und Archäologie).

2. Festigung der internationalen Stellung der Geschichtswissenschaft der DDR durch Aufnahme ihres Nationalkomitees (gegründet 1959) in das Internationale Historikerkomitee (1970).

3. Die Tendenz zu zusammenfassenden Darstellungen und zu weltgeschichtlicher Erweiterung des Geschichtsbildes: „Geschichte der deutschen Arbeiterbewegung in acht Bänden" (1966); „Lehrbuch der deutschen Geschichte (Beiträge)" in 12 Bänden (1959–70); „Einführung in das Studium der Geschichte" (1966); „Unbewältigte Vergangenheit. Handbuch zur Auseinandersetzung mit der westdeutschen bürgerlichen Geschichtsschreibung" (1970); „Studien über die Revolution" (1969) als erster Band einer Folge von Veröffentlichungen zur vergleichenden Revolutionsgeschichte u. a.

4. Konstituierung bzw. Konsolidierung neuer Spezialdisziplinen auf marxistischer Grundlage wie der Geschichte der Arbeiterbewegung, der DDR, der Vor- und Frühgeschichte, der Alten Geschichte, der Mediävistik, der Geschichte der Geschichtswissenschaft.

Bereits am Ende dieser Etappe wurden jedoch Schwierigkeiten und Erscheinungsformen des Subjektivismus signalisiert[19], die in der zweiten Hälfte der 60er Jahre aufgetreten und auch auf die Geschichtswissenschaft nicht ohne Einfluß geblieben waren.[20]

Die vierte Etappe, die bis zur Gegenwart reicht und die mit der Etappe der Gestaltung der entwickelten sozialistischen Gesellschaft zusammenfällt[21], wurde durch den VIII. Parteitag der SED und die Tagung der Gesellschaftswissenschaftler 1971 inauguriert.

Wesentliche geschichtstheoretisch-methodologische und konzeptionelle Bedeutung gewann die Betonung des dialektischen Zusammenhangs von Sozialismus und Kommunismus als der beiden Phasen der kommunistischen Gesellschaftsformation, die Kritik an den Thesen vom Sozialismus als einer relativ selbständigen Gesellschaftsformation, über die beiden Revolutionen in der DDR, einer vorgeblich bereits existierenden sozialistischen Menschengemeinschaft, die Zurückweisung eines Überhandnehmens kybernetischer Methodenund Modelle sowie die Erkenntnis der Notwendigkeit einer stärkeren Eingliederung der deut-

19 Geschichte der Sozialistischen Einheitspartei Deutschlands. Abriß, Berlin 1978, S. 543–545.

20 E. Diehl/W. Wimmer/F. Zimmermann, Erfahrungen und Erfordernisse. Zur Arbeit der Parteihistoriker bei der Durchführung der Beschlüsse des VIII. Parteitages der SED, in: BzG, 3/1972, S. 355–370.

21 Geschichte der Deutschen Demokratischen Republik, a. a. O., S. 15, S. 291.

schen Geschichte in die Weltgeschichte, der Geschichte der DDR, in der sich eine sozialistische deutsche Nation herauszubilden begonnen hatte, in die der sozialistischen Staatengemeinschaft.

Zum Inhalt der Etappe ist die volle und allseitige Entfaltung der Geschichtswissenschaft der DDR auf höherem theoretischen Niveau geworden, ihre weitere innerdisziplinäre Spezialisierung und ihre stärkere Orientierung auf interdisziplinäre Kooperation. Als entscheidende Momente und Resultate können hervorgehoben werden:

1. Eine intensive Erforschung und Diskussion geschichtstheoretisch-methodologischer Grundfragen, unter denen die Kategorie der ökonomischen Gesellschaftsformation und die Revolutionstheorie eine zentrale Stellung einnahmen und in deren Ergebnis sich Theorie und Methodologie endgültig als eine geschichtswissenschaftliche Spezialdisziplin konstituierte.

2. Die konzeptionelle und die Forschungsarbeit an einer umfassenden Geschichte der DDR als Nationalgeschichte im Rahmen der sozialistischen Staatengemeinschaft sowie deren erste Resultate.[22]

3. Die Arbeit an einer mehrbändigen Geschichte der SED seit dem Entstehen des Marxismus und der Herausbildung der revolutionären deutschen Arbeiterpartei, deren erste Ergebnisse bereits im Parteilehrjahr der SED Behandlung finden.[23]

4. Umfassende Forschungen und Darstellungen auf den Gebieten der Allgemeinen Geschichte, in die immer mehr Kontinente und Völker einbezogen werden, der vergleichenden Revolutionsgeschichte, die bereits von den bürgerlichen auf die sozialistischen Revolutionen ausgedehnt worden ist, der Wirtschaftsgeschichte, der Militärgeschichte, der Geschichte des ersten und zweiten Weltkrieges, der Konstituierung und Entwicklung der Arbeiterklasse, des Alltags, der Geschichtswissenschaft, der Gesellschaftswissenschaften u. a.

Durch die weitgespannte Diskussion über Erbe und Tradition der sozialistischen deutschen Nation wurde die Anwendung der Dialektik, die Weite und Tiefe des historischen Denkens ganz wesentlich gefördert und gefordert.

Die Verbindung von gründlicher Einzelforschung und Synopsis ihrer Ergebnisse mit weiten Horizonten, vertiefter theoretischer Fundierung und Fragestellung fand auch in der Thematik der Historikerkongresse der DDR in den 70er Jahren und 1982 Ausdruck: „Geschichte des deutschen Volkes im welthistorischen Prozeß“ (1972), „Volksmassen und Fortschritt in der Geschichte“ (1977) sowie „Gesellschaftliche Umgestaltung in der Geschichte. Wege und Formen,

22 Klassenkampf — Tradition — Sozialismus. Von den Anfängen der Geschichte des deutschen Volkes bis zur Gestaltung der entwickelten sozialistischen Gesellschaft in der Deutschen Demokratischen Republik. Grundriß, Berlin 1974 (erweiterte Auflagen unter dem Haupttitel: Grundriß der deutschen Geschichte, Berlin 1979 u. 1982); Deutsche Geschichte in zwölf Bänden, Bd. 1, Berlin 1982.

23 Geschichte der Sozialistischen Einheitspartei Deutschlands. Abriß, a. a. O.; Ernst Thälmann, Eine Biographie, Berlin 1980.

Führungs- und Triebkräfte" (1982). Dieses Thema des letzten Kongresses fand – analog zu den vorangegangenen – in 12 Sektionen in zeitlicher und räumlicher Dimension von der Urgesellschaft bis an die Schwelle der Gegenwart Behandlung. Bei der Würdigung des erzielten geschichtswissenschaftlichen Leistungsstandes und der Orientierung auf künftige Aufgaben wies im Schlußwort dieses Kongresses auch K. Hager auf noch bestehende Mängel hin. Mit der Warnung vor jeder „Trockenheit und Borniertheit bei der Schilderung geschichtlicher Ereignisse" wurde auf das Interesse orientiert, „die ungeschminkte Wahrheit" zu hören. Die Darstellung geschichtlicher Ereignisse, die niemals ohne Komplikationen und Widersprüche seien, verlören an Wahrheitsgehalt, wenn diese verniedlicht oder verschwiegen würden. So gelte es vielmehr zu zeigen, „wie diese Schwierigkeiten durch die Partei der Arbeiterklasse und die Aktivität der Werktätigen gemeistert werden."[24]

5. Seit Anfang der 70er Jahre ist auch eine bedeutende Festigung der internationalen Stellung der Geschichtswissenschaft der DDR und eine Ausdehnung ihrer internationalen Wirksamkeit zu verzeichnen: Im Geiste des sozialistischen und proletarischen Internationalismus werden mit der marxistisch-leninistischen Geschichtswissenschaft der UdSSR und der anderen Länder der sozialistischen Gemeinschaft gemeinsame Projekte realisiert.

Enge Verbindungen existieren zu marxistischen und anderen fortschrittlichen Wissenschaftlern in jungen Nationalstaaten und in kapitalistischen Ländern, eine kollegiale Kooperation verbindet Historiker der DDR auch mit bürgerlichen Kollegen, die an einer sachlichen Zusammenarbeit interessiert sind und die für die Sicherheit des Friedens eintreten. Auf den Internationalen Historikerkongressen 1970 in Moskau, 1975 in San Francisco und 1980 in Bukarest leisteten sie einen Beitrag, der auch von den bürgerlichen Historikern anerkannt wurde. Dabei begannen bereits neue Historikergenerationen in die internationalen Diskussionen einzugreifen.

Die „Reproduktionsmechanismen" haben auch in der Geschichtswissenschaft der DDR bewirkt, daß in ihr gegenwärtig drei bis vier Generationen tätig sind und daß sich deren Aufeinanderfolge relativ reibungslos vollziehen kann. Und neue Gipfel harren ihrer Bezwinger.

24 K. Hager, Geschichte und Gegenwart, in: Einheit, 2/1983, S. 170.

Rolf Lieberwirth

Die Entstehung der europäischen Rechtswissenschaft

Bei der Suche nach den Ursprüngen der europäischen Rechtswissenschaft kann von der gesicherten Erkenntnis ausgegangen werden, daß in den Anfängen der Menschheitsgeschichte weder Staat noch Recht vorhanden waren und daß es nach ihrer allmählichen Herausbildung wiederum eines längeren Entwicklungsprozesses bedurfte, ehe diese Institutionen einer vertiefteren Betrachtung unterzogen wurden. Damit kann zunächst relativ problemlos eine örtliche und zeitliche Eingrenzung der Nachforschungen auf das antike Griechenland und auf Rom sowie auf ihre Nachfolgestaaten vorgenommen werden. Darüber hinaus scheint eine weitere Erkenntnis das Untersuchungsfeld noch mehr einzuengen. Nach herrschender Auffassung der juristischen Gräzistik[1] soll es das griechische Volk, dem die Menschheit den Durchbruch zum wissenschaftlichen Denken verdankt, niemals zu einer analytischen Wissenschaft vom Recht gebracht haben, wobei durchaus anerkannt wird, daß „im attischen Rhetorikunterricht ein gewisses Studium der Gesetze berieben wurde", daß es Platons Nomoi und andere rechtsphilosophische Betrachtungen von der Sophistik bis Aristoteles und Demetrios von Phaleron gab und daß im Theophrast-Fragment[2] sowie in den Äußerungen von Aristoteles zum Staatsrecht echte wissenschaftliche Ansätze erkennbar sind, was allerdings mit wirklicher Jurisprudenz noch nichts zu tun habe. Mit dieser strikten Leugnung einer griechischen Rechtswissenschaft und mit dem Hinweis auf den lateinischen Fachausdruck Jurisprudentia[3] wird zwar das Augenmerk nunmehr zwangsläufig auf die römische Staats- und Rechtsentwicklung gelenkt, um erst einmal dort nach den Anfängen einer europäischen Rechtswissenschaft zu suchen, aber zugleich wird damit die Frage aufgeworfen, was in diesem Zu-

1 Vgl. H. J. Wolff, Juristische Gräzistik, in: H. J. Wolff/J. Modrzejewski/D. Nörr (Hrsg.), Symposien 1971. Vorträge zur griechischen und hellenistischen Rechtsgeschichte, Köln—Wien 1975, S. 5 f.

2 Vgl. O. Regenbogen, Theophrastos, in: W. Kroll/K. Mittelhaus (Hrsg.), Paulys Real-Encyclopädie der klassischen Altertumswissenschaften. Neue Bearbeitung, Supplementband VII, Stuttgart 1940, Spalte (abgekürzt: Sp.) 1354—1562, spez. Sp. 1519.

3 Vgl. H. Berger, Jurisprudentia, in: W. Kroll (Hrsg.), Paulys Real-Encyclopädie der klassischen Altertumswissenschaft. Neue Bearbeitung, 19. Halbband, Stuttgart 1917, Sp. 1159 ff.

sammenhang unter Rechtswissenschaft verstanden werden soll und ob Jurisprudenz und Rechtswissenschaft identische Begriffe sind.

Es liegt nahe, zur Gegenstandsbestimmung moderne Definitionen zu Rate zu ziehen; aber hier ist bei aller Berechtigung doch eine gewisse Vorsicht am Platze, weil sie mit ihrer engen Fassung möglicherweise den Zugang zu den historischen Anfängen erschweren. Auf der anderen Seite liegt es klar auf der Hand, daß nicht jede Beschäftigung mit dem Recht schon als Rechtswissenschaft anzusehen ist, was nicht ausschließt, daß hier schon Ansätze einer Jurisprudenz vorliegen können, wenn darunter etwas anderes verstanden werden muß.

Das Wort Jurisprudenz wurde in den römischen Quellen offensichtlich sowohl in der Bedeutung von Rechtskunde als auch in der von Rechtsgelehrsamkeit und Rechtswissenschaft verwandt. In der nichtjuristischen Literatur kommt auch der Ausdruck iuris scientia im Sinne von Rechtskunde vor, während schließlich im Alltag Jurisprudenz und Rechtswissenschaft gleichbedeutend benutzt worden sein sollen, woraus allerdings nicht klar hervorgeht, ob in diesem Zusammenhang Rechtswissenschaft in der Bedeutung von iuris scientia[4], also als Rechtskunde zu verstehen war. Gegen diese Gleichstellung von Jurisprudenz und Rechtswissenschaft ist sicher mit Recht eingewandt worden, daß in Wirklichkeit der Begriff Jurisprudenz weiter ist und jede fachmäßige Beschäftigung mit dem Recht umfaßt, wogegen Rechtswissenschaft eine Betätigung bezeichnet, welche die innere Ergründung des Rechts zum Gegenstand hat.[5] Zu dieser Überlegung trug sicher schon sehr stark die moderne Auffassung von Rechtswissenschaft bei. Immerhin wird hier wie in anderen Versuchen einer Definition auf wichtige Kriterien aufmerksam gemacht, die generell bei der Einordnung von Rechtswissenschaft und Jurisprudenz beachtet werden sollten. So erscheint es unumgänglich, von einer fachmäßigen Betätigung mit dem Recht auszugehen, was nicht ohne nähere Betrachtung des verantwortlichen Personenkreises möglich ist. Auch sollten Dauer[6] und Form dieser Betätigung[7] Berücksichtigung finden. Und schließlich gilt es zu überlegen, auf welche Ursachen der Verwissenschaftlichungsprozeß im Recht zurückzuführen ist.

Fachmännische Beschäftigung mit dem Recht[8] setzt seine Kenntnis und einen selbstverständlichen Umgang mit seiner Fachsprache voraus, also das Erfassen und Verstehen der einzelnen Rechtssätze, das Wissen um die Gültigkeit eines Rechtssatzes und um seine sinngemäße Anwendung. Diese Voraussetzungen treffen in der Regel auch auf den Praktiker zu. Der Wissenschaftler hat darüber

4 Vgl. ebenda, unter Hinweis auf Livius. Vgl. auch: Langenscheidtsche Bibliothek sämtlicher griechischen und römischen Klassiker in neueren deutschen Musterübersetzungen, 101. Band, Livius V, Neununddreißigstes Buch, Abschnitt 40, Berlin — Stuttgart 1855—1907, S. 637—638.

5 Vgl. P. Jörs, Römische Rechtswissenschaft zur Zeit der Republik. Erster Teil: Bis auf die Catonen, Berlin 1888, S. 6, Anm. 2.

6 Vgl. F. Schulz, Geschichte der römischen Rechtswissenschaft, Weimar 1959, S. 2.

7 Vgl. L. Wenger, Die Quellen des Römischen Rechts, Wien 1953, S. 475.

8 Ebenda, S. 2ff.

hinaus die Aufgabe, die Gesamtheit der Rechtssätze zu sichten und zu ordnen, Obersätze abzuleiten und ein System zu bilden, welches so zu gestalten ist, daß sich neu abzeichnende Lebensverhältnisse ebenfalls rechtlich erfaßt werden können. Diese Aufgabe kann nur durch eine kontinuierliche, nicht durch eine bloß gelegentliche Beschäftigung mit dem Recht gelöst werden und auch nur dann, wenn der Praktiker über ein Fachwissen verfügt, das ihn in die Lage versetzt, die Ergebnisse der Wissenschaft verstehen und verarbeiten zu können. Kann der Praktiker nur auf ein Allgemeinwissen und auf seine Lebenserfahrung zurückgreifen, dann muß er bei schwierigen Einzelfällen Rat bei denen suchen, die mit einem Sonderwissen, einem Fachwissen, ausgestattet sind. Hierin scheint mir auch der Unterschied zwischen Jurisprudenz und Rechtswissenschaft zu liegen.

Jurisprudenz ist eine sich verwissenschaftlichende Rechtskunde, die aus der Spezifik der römischen Rechtspraxis verstanden werden muß. Ihre Vertreter, die Juristen, beschäftigten sich dauernd mit dem Recht, waren aber in abgestufter Form Praktiker und Theoretiker zugleich. Als Mitglieder des Kollegiums der pontifices und als Staatsmänner entstammten sie den Familien der nobiles[9], die streng darauf achteten, daß die Rechtskenntnis nur innerhalb ihrer Gesellschaftsklasse[10] weitergegeben wurde, was ihnen bis ins 2. Jahrhundert v. u. Z. auch gelang. Seither sind unter den Juristen Angehörige der Ritterschaft ebenfalls und in zunehmendem Maße vertreten. Als Fachleute des Rechts, die zugleich auch die auctoritas besaßen, ihr Recht selber zu machen und zu ändern, übten sie eine weitgehend beratende Tätigkeit aus; sie waren iuris consulti, die in erster Linie kautelare und judizielle Gutachten für Privatleute abgaben, aber auch dem Laienrichter und dem Gerichtsmagistrat rechtlichen Rat erteilten sowie als Anwälte, seltener als Richter fungierten.[11] Diese Tätigkeit war ehrenamtlich; sie brachte keinen anderen Gewinn als Ehre, Popularität und – mit ihrer Hilfe – vielleicht eine erfolgreiche politische Laufbahn.[12]

Um die Wende des 3. zum 2. Jahrhundert und im 2. Jahrhundert v. u. Z. traten entscheidende Veränderungen in der Entwicklung Roms ein, die auch die Jurisprudenz tiefgreifend beeinflußt hatten. Die Eroberung des westlichen und später des östlichen Mittelmeerraumes zog einen gewaltigen Umschwung des Wirtschaftslebens nach sich. Neue Lebensverhältnisse auf der Grundlage einer aufblühenden Geldwirtschaft, in die auch zahlreiche Nichtrömer einbezogen waren, bedurften einer rechtlichen Regelung, wofür das bisherige an Formalitäten be- und überlastete ius civile nicht mehr ausreichte. Die Neubildungen vollzogen sich im Bereich der Rechtsanwendung, deren Leitung in der Hand der Jurisdiktionsmagistrate lag, also beim Stadtprätor, beim Fremden-

9 Vgl. W. Kunkel, Herkunft und soziale Stellung der römischen Juristen (Forschungen zum römischen Recht, 4), Weimar 1952, S. 38 ff.

10 Vgl. M. Bartošek, Verrinnae. Die Bedeutung der Reden Ciceros gegen Verres für die Grundprobleme von Staat und Recht, Praha 1977, S. 81 ff.

11 Vgl. F. Schulz, Geschichte der römischen Rechtswissenschaft, a. a. O., S. 64 ff.

12 Vgl. W. Kunkel, Römische Rechtsgeschichte, Weimar 1964, S. 92.

prätor, der seit Mitte des 3. Jahrhunderts für Prozesse unter Fremden und zwischen Römern und Fremden eingesetzt war, beim Ädil für Marktstreitigkeiten sowie beim Statthalter bzw. Provinzialquästor in den Provinzen. Ihre Stellung im Prozeß wurde durch eine freiere Verhandlung mit den Parteien gestärkt, was ihnen zusätzliche Möglichkeiten zur Fortbildung des Rechts eröffnete, so daß speziell für den Rechtsverkehr mit Fremden neue, flexiblere Normen (ius praetorium) entstanden. Durch die lex Aebutia wurde um die Mitte des 2. Jahrhunderts v. u. Z. diese Prozeßform auch auf den Bereich der Ansprüche des alten Zivilrechts ausgedehnt, was dazu führte, daß es durch Nichtanwendung veralteter Rechtssätze korrigiert und durch Zulassung neuer Einwendungen in seiner Strenge gelockert werden konnte.[13] Zu dieser Beweglichkeit in der Rechtsanwendung trug auch ein von außen kommendes Ereignis wesentlich bei.

Im 2. Jahrhundert v. u. Z. begann sich in Rom als zwangsläufige Folge der Besetzung griechischer Gebiete verstärkt die griechische Kultur geltend zu machen. Zunächst tauchten dort griechische Pädagogen, meist Sklaven, auf. Etwa vierzig Jahre später wurden griechische Schulen gegründet, an denen im Rahmen der artes liberales griechische Literatur und die Systeme der griechischen Philosophen gelehrt und damit zum Bestandteil der höheren Erziehung[14] wurden. Für die römische Rechtsentwicklung waren Grammatik, Rhetorik und Dialektik, häufig unter dem Namen der Logik zusammengefaßt[15], bedeutsam. Während die Rhetorik des Aristoteles den römischen Juristen mit der Gegenüberstellung von Gesetz und Billigkeit (aequitas) ein wichtiges Hilfsmittel zur Milderung des Formalismus an die Hand gab, trug besonders seine Dialektik zu ihrer wissenschaftlichen Schulung bei.[16] Unter ihrem Einfluß trat eine Erweiterung in den Aufgaben der Jurisprudenz ein. Sie wurde zu einer ars, zu einer Kunstfertigkeit, wie z. B. aus Ciceros Schriften hervorgeht, wobei er dafür neben großer Rechtskenntnis weitere Kriterien für unerläßlich hielt, wie das Gliedern des gesamten Rechtsstoffes, die Bestimmung des unerschlossenen Sinnes, Klärung des Unklaren, Erkenntnis und Distinktion des Strittigen sowie Finden der Regel, die das Wahre vom Falschen unterscheidet. Cicero betonte ferner die Wichtigkeit, nach diesen Grundsätzen auch Rechtsunterricht zu erteilen.[17] Nun war Cicero nach seinen eigenen Worten kein iuris consultus, sondern Gerichtsredner (orator). Als solcher,

13 Vgl. ebenda, S. 84—88.

14 Vgl. H. Coing, Zum Einfluß der Philosophie des Aristoteles auf die Entwicklung des römischen Rechts, in: ZRG RomA 69/1952, S. 27.

15 Vgl. E. Genzmer, Die iustinianische Kodifikation und die Glossatoren, in: Atti del Congresso internat. di dir. rom., Bologna I (1934), S. 365, Anm. 89.

16 Vgl. E. Pólay, Zur Geschichte der Rechtswissenschaft im republikanischen Rom, in: Gesellschaft und Recht im griechisch-römischen Altertum, Teil I, Berlin 1968, S. 155; — F. Schulz (Geschichte der römischen Rechtswissenschaft, a. a. O., S. 73 ff.) spricht von einer dialektischen Jurisprudenz, die sich auf dieser Grundlage herausbildete.

17 Vgl. E. Pólay, Zur Geschichte der Rechtswissenschaft im republikanischen Rom, in: Gesellschaft und Recht im griechisch-römischen Altertum, Teil I, Berlin 1968, S. 161 f.

insbesondere als ein an griechischer Rhetorik Geschulter, fühlte er sich den iuris consulti überlegen, obwohl er wie alle Gerichtsredner nur relativ geringe, keine umfassende Rechtskenntnisse aufzuweisen hatte.[18] Es ist also zu prüfen, ob sich die von Cicero nach griechischem Vorbild herausgearbeiteten Kriterien auch in der Arbeit der iuris consulti jener Zeit widerspiegelten.

Nach den neuesten Forschungen[19] sind bei den iuris consulti seit der Mitte des 1. Jahrhunderts v. u. Z., etwa seit M. Manilius, M. Junius Brutus und P. Mucius Scaevola, die im Enchiridium des Sextus Pomponius (2. Jahrhundert u. Z.) als die Begründer der römischen Rechtswissenschaft bezeichnet wurden[20], Einflüsse der griechischen Philosophie unverkennbar. Auch die führenden Juristen der folgenden Zeit müssen als Vertreter der dialektischen Jurisprudenz angesehen werden[21], was zu der Feststellung berechtigt, daß sich die römische Jurisprudenz seit jener Zeit zu einer Wissenschaft im eigentlichen und strengen Sinne entwickelt hat, ohne daß dadurch ihre spezifische Eigenart, ihre betonte Hinwendung zum praktischen Staats- und Rechtsleben, entscheidend berührt wurde oder gar verloren ging. Die römischen Juristen dachten weder daran, ihre Staats- und Rechtseinrichtungen als Gegenstand rein theoretischen Interesses zu behandeln, noch daran, mit geistreichen, aber inhaltlosen Konstruktionen zu operieren. Rechtsphilosophie und Rhetorik, die sich in Rom als Ausläufer der griechischen Vorbilder entwickelten[22], blieben im wesentlichen außerhalb der römischen Rechtswissenschaft, der ersten Wissenschaft vom positiv geltenden Recht[23], zu der es trotz aller Anstöße weder bei den Griechen noch bei anderen Völkern gekommen war. Das ist vielleicht darauf zurückzuführen, daß bei ihnen der Zwang zu einheitlichen praktischen Regelungen von Rechtsverhältnissen, wie sie zwischen den im Mittelmeerraum verstreut lebenden und wirkenden Römern und den zahllosen Nichtrömern einfach unumgänglich waren, nie so groß gewesen war.

Die dialektische Jurisprudenz fand ihre großartigste literarische Leistung während der hellenistischen Periode im Ius civile des Quintus Mucius Scaevola, pontifex, der mit seinem Werk in 18 Büchern das erste und für lange Zeit grundlegende dialektisch-juristische System großen Stils schuf, das noch im 3. Jahrhundert u. Z. von Gaius und Pomponius kommentiert wurde, dann aber verloren ging.[24] Neben diesem Werk können außer den Arbeiten von Servius Sulpicius Rufus, insbesondere seinem Kommentar zum prätorischen Edikt, die anderen Literaturformen jener Zeit kaum bestehen, obwohl auch in den Responsensammlungen und in der isagogischen Literatur Einflüsse der Dialektik erkennbar sind.

18 Vgl. F. Schulz, Geschichte der römischen Rechtswissenschaft, a. a. O., S. 50 ff.

19 Vgl. E. Pólay, Zur Geschichte der Rechtswissenschaft im republikanischen Rom, in: Gesellschaft und Recht im griechisch-römischen Altertum, Teil I, Berlin 1968, S. 167.

20 Vgl. ebenda, S. 188, Anm. 16.

21 Vgl. F. Schulz, Geschichte der römischen Rechtswissenschaft, a. a. O., S. 74.

22 Vgl. ebenda, S. 84 ff.

23 Vgl. W. Kunkel, Römische Rechtsgeschichte, a. a. O., S. 94.

24 Vgl. F. Schulz, Geschichte der römischen Rechtswissenschaft, a. a. O., S. 111.

Unter dem Prinzipat erreichte die römische Jurisprudenz ihre klassische Form und damit den Höhepunkt ihrer Entwicklung. Trotzdem ist unverkennbar, daß sich die römische Neigung, beim Fall stehen zu bleiben, wieder verstärkte[25], daß also in der Anwendung der dialektischen Methode, in der Entwicklung der Systematik keine wesentlichen Fortschritte mehr erzielt wurden. Auch hier trifft die Feststellung zu: Die großen Erfinder waren die Republikaner, die Klassiker nur die Vollender.[26] Es ist ferner hervorzuheben, daß in diesem Zeitraum das Nebeneinander von iuris consulti und Gerichtsrednern bei gleichbleibender Grundeinstellung ebenfalls fortbestand, und nach wie vor sahen die Gerichtsredner, die auf den Rhetorenschulen nur mit juristischen Elementarkenntnissen vertraut gemacht wurden, hochmütig auf die eigentlichen Rechtskundigen herab, deren Rechtsunterricht übrigens jetzt festere und schulmäßigere Formen annahm. Und wieder waren es Angehörige der ökonomisch am stärksten fundierten Kreise, Mitglieder des Senatoren- oder des Ritterstandes, die sich der Jurisprudenz zuwandten und dort ein großes fachliches Ansehen erlangten. Nur aus ihren Kreisen kamen die Respondierjuristen. Die Juristen zweiten Ranges gehörten meist den mittleren und unteren Bevölkerungsschichten an. Die soziale Herkunft der Gerichtsredner war noch differenzierter, so daß nicht selten versucht wurde, über diesen Beruf sozial aufzusteigen. Neben dem Dualismus Gerichtsredner – iuris consulti – ist auch eine weitere Aufgliederung der juristischen Berufe zu verzeichnen. So wurden die Juristen über die bisherigen Tätigkeiten hinaus seit Vespasian mehr und mehr in der kaiserlichen Bürokratie eingesetzt; einige waren sogar schon seit dem 2. Jahrhundert nur noch Lehrer und Schriftsteller[27] und verkörperten den rein akademischen Juristentyp, der an den großen und berühmten Rechtsschulen in Rom und Beryt (Beirut), seit 425 auch in Konstantinopel, aber auch an Provinzialrechtsschulen Unterricht erteilte[28], was wohl auf das steigende Bedürfnis nach sachkundigen Juristen zurückzuführen war, dem der exklusive Unterricht bei den großen Juristen nicht mehr gerecht werden konnte.[29] Gerade diese immer noch aufrechterhaltene Exklusivität einer relativ kleinen Gruppe, die den Kreis der Respondierjuristen ausmachten, brachte bei aller Anerkennung ihrer Verdienste für die römische Rechtspflege auch erhebliche Nachteile mit sich, die sich insbesondere dahingehend auswirkten, daß diese zwar anerkannte, aber zahlenmäßig geringe Elitegruppe die Rechtspraxis eines so ausgedehnten Staates nicht mehr allein bestimmen konnte. Die weitaus größere Zahl der außerdem noch praktizierenden Juristen, speziell in den Provinzen, war höchstwahrscheinlich weder willens noch in der Lage, die Grundsätze der klassischen Rechts-

25 Vgl. ebenda, S. 153.

26 Vgl. ebenda, S. 149.

27 Vgl. ebenda, S. 121 ff. – Vgl. auch: W. Kunkel, Herkunft und soziale Stellung der römischen Juristen, a. a. O., S. 334 ff.

28 Justinian verbot allen Rechtsunterricht außerhalb dieser drei Reichsuniversitäten. – Vgl. F. Schulz, Geschichte der römischen Rechtswissenschaft, a. a. O., S. 347 ff.

29 Vgl. W. Kunkel, Herkunft und soziale Stellung der römischen Juristen, a. a. O., S. 344.

literatur ebenso anzuwenden wie die Respondierjuristen, so daß schon in der klassischen Periode ein erhebliches Gefälle zwischen der stadtrömischen und der provinzialen Rechtskultur zu verzeichnen war.[30]

In der nachklassischen oder bürokratischen Periode der römischen Rechtswissenschaft, die unter der Regierung Diokletians begann und mit dem Abschluß der Kodifikation Justinians im Jahre 534 endete, setzte sich diese Tendenz, von Konstantin nachdrücklich gefördert[31], zunächst erst einmal fort. Inzwischen waren die meisten Juristen in der kaiserlichen Bürokratie eingesetzt. Auch die wenigen, welche die echt römische Tradition fortzusetzen bemüht waren, blieben letztlich auch nur bloße Funktionäre der kaiserlichen Rechtspflege. Erst im 4. und 5. Jahrhundert trat eine gewisse Rückbesinnung ein. Immerhin ist als Besonderheit hervorzuheben, daß seit dem 4. Jahrhundert im Ostreich die fachlichen Anforderungen für die Advokatur wesentlich erhöht wurden. Als Advokaten konnten nur noch Juristen zugelassen werden, die ein erfolgreiches Rechtsstudium nachzuweisen vermochten; der juristisch wenig gebildete Rhetor war in dieser Funktion nicht mehr gefragt. Im Westreich blieb dagegen die alte Unterscheidung zwischen den iuris consulti und den Gerichtsrednern bestehen.

In nachklassischer Zeit verstärkten sich auch die Einflüsse der griechischen Philosophie wieder.[32] Es vollzog sich insbesondere eine Ethisierung des Rechts im Bereich der Handlungslehre, der Lehre von der Billigkeit usw. auf der Grundlage aristotelischen und stoischen Gedankengutes.[33] Vermittler waren erneut die großen und berühmten Rechtsschulen der östlichen Reichshälfte mit fester, nach Jahreskursen gegliederter Studienordnung. Ihr Wirken führte trotz allgemeinen ökonomischen und kulturellen Rückgangs eine nochmalige Rückwendung zum klassischen Recht herbei.[34] Seine Ergebnisse gingen schließlich in das Gesetzgebungswerk Justinians ein, der damit und mit anderen Maßnahmen die alte Größe des römischen Imperiums wiederherstellen wollte. Vermittelt durch das Corpus iuris civilis, blieben die Zeugnisse der klassischen römischen Jurisprudenz sogar noch der Gegenwart erhalten, was über die Gesetzbücher des Westreiches einfach nicht möglich gewesen wäre. Das Bemühen um Vereinfachung des Rechts, das sich in diesen Gesetzbüchern widerspiegelte, weil es den Lebensverhältnissen jener Zeit entsprach, setzte sich auch in der Rechtspraxis des Ostreiches fort. Die justinianische Kodifikation und die wissenschaftliche Arbeit der Rechtsschulen, von denen Berytos nach dem Erdbeben von 551 praktisch zu existieren aufhörte, konnte diese Entwicklung nur aufhalten, aber nicht verhindern.

30 Vgl. ebenda, S. 369 ff. — Vgl. auch: E. Levy, West-östliches Vulgarrecht und Justinian, in: ZRG RomA 70/1959, S. 23.

31 Vgl. E. Levy, West-östliches Vulgarrecht und Justinian, in: ZRG RomA 70/1959, S. 23.

32 Vgl. F. Schulz, Geschichte der römischen Rechtswissenschaft, a. a. O., S. 153 f.

33 Vgl. H. Coing, Zum Einfluß der Philosophie des Aristoteles auf die Entwicklung des römischen Rechts, in: ZRG RomA 69/1952, S. 58.

34 Vgl. W. Kunkel, Römische Rechtsgeschichte, a. a. O., S. 133.

Während im Westreich sehr bald, spätestens seit seinem Untergang im Jahre 476, von einer leistungsfähigen Rechtswissenschaft kaum noch die Rede sein konnte, setzte im byzantinischen Reich erst seit Mitte des 6. Jahrhunderts ein Prozeß der allmählichen Verflachung der Rechtswissenschaft ein, der dort mit einer ständigen Vereinfachung und Verkürzung der Gesetze im Verhältnis zu der bisher geltenden justinianischen Gesetzgebung einherging. Erst Mitte des 11. Jh. gründete Kaiser Monomachos in Konstantinopel wieder eine Rechtsakademie mit einer festen und bis ins einzelne gehenden Studienordnung, die an Lehrkörper wie Studenten hohe wissenschaftliche Anforderungen stellte. Sie scheint mehrere Jahrhunderte überdauert zu haben.[35]

Dem Fortbestand des oströmischen Reiches im byzantinischen Staat auf der einen Seite stehen auf der anderen der Untergang des Westreiches sowie vorher und nachher sehr unterschiedliche neue Staatengründungen auf seinem Territorium gegenüber. Im Rahmen der damit verbundenen kriegerischen Auseinandersetzungen wurde in Teilen Italiens vorübergehend auch eine byzantinische Herrschaft errichtet und der dortigen Rechtsordnung das justinianische Gesetzgebungswerk zugrunde gelegt. In den anderen Gebieten des ehemaligen weströmischen Reiches lebte das römische Recht in anderen Formen (leges Romanae barbarorum) weiter. Die bisherige Entwicklung ließ zunächst erwarten, daß mit dem römischen Recht auch die römische Rechtswissenschaft, die Pflege des römischen Rechts in Theorie und Unterricht noch fortbestand. Der offensichtliche kulturelle Niedergang gibt allerdings zu Zweifeln Anlaß, was durch die unsichere Quellenlage nur noch bestärkt wird. Die wenigen Hinweise lassen wieder die Frage aufkommen, was man schon und was man noch „rechtswissenschaftlich" nennen darf. Es ist müßig, hier die Diskussion fortzusetzen, ob eine wissenschaftlich zu nennende Tätigkeit in diesem Raum während des 6.–10. Jahrhunderts zu verneinen oder von einer Kontinuität, also von einer dauernden, wenn auch unbedeutenden schulgemäßen Tradition des justinianischen Rechts auszugehen ist.[36] Immerhin gab es Rechtsschulen in Ravenna, Bologna, Pavia und Rom[37], was einen Rückgang der römischen Rechtswissenschaft auf einen Nullpunkt auszuschließen scheint. Doch es ist ungewiß, ob diese Rechtsschulen ihre frühere Qualität behalten oder ob sie sich nicht zu Rhetorikschulen mit Rechtsunterweisung zurückentwickelt haben[38], wie es sie nicht nur in Rom und in Italien, sondern überall in den westlichen latein-sprachigen Provinzen des römischen Reiches

35 Vgl. L. Wenger, Die Quellen des Römischen Rechts, a. a. O., S. 717 ff.

36 Einen Überblick über die Kontroverse bietet: P. Weimar, Die legistische Literatur in der Glossatorenzeit, in: H. Coing (Hrsg.), Handbuch der Quellen und Literatur der neueren europäischen Privatsrechtsgeschichte. Erster Band Mittelalter (1100–1500). Die gelehrten Rechte und die Gesetzgebung, München 1973, S. 133.

37 L. Wenger (Die Quellen des Römischen Rechts, a. a. O., S. 728 f.) nennt zusätzlich noch Lyon und Orléans, dabei stützt er sich auf H. Fittig (Die Anfänge der Rechtsschule zu Bologna; Berlin – Leipzig 1888, S. 33–55).

38 Vgl. E. Bussi, Italienisches Recht, in: HRG, I, S. 447 f.

in großer Zahl gegeben hatte. Sie gingen dort über das Niveau der Grammatikerschulen hinaus und boten eine Ausbildung für angehende Juristen, Verwaltungsbeamte und Träger öffentlicher Ämter.[39] Sicher ist auch hier von einem späteren Niveauabfall auszugehen, aber eine höhere Bildung wird in diesen Jahrhunderten ebenfalls eine Voraussetzung dafür gewesen sein, leitende Aufgaben in den damaligen Staaten dieses Raumes und auch in der immer umfangreicher und komplizierter werdenden Kirchenorganisation übernehmen zu können. Es verwundert daher nicht, daß die Klöster zu geistigen Zentren wurden, weil es im wesentlichen der Klerus war, der die Reste der antiken Wissenschaft zusammenfaßte und interpretierte. An den Klosterschulen wurde seit der Gründung des Benediktinerordens im Jahre 529 auch der Rhetorikunterricht weitergeführt, und in seinem Rahmen erfolgten einfache Rechtsunterweisungen. Ein Rechtsunterricht dieser Art kann zwischen dem 6. und 11. Jahrhundert für Italien, Spanien und Gallien nachgewiesen werden.[40] Für weitere Einzelheiten müßte allerdings ganz konkret die Frage aufgeworfen werden, für welche Tätigkeit höhere Bildung und Rechtskenntnisse eigentlich notwendig waren.

Soweit in den ehemaligen weströmischen Gebieten die bisherige Staatsorganisation bestehen blieb oder von den Eroberern weitgehend an sie angeknüpft wurde, wird es dort vermutlich auch weiterhin Gerichtsredner, in den Anfängen vielleicht sogar noch iuris consulti gegeben haben; aber ihr Blick richtete sich in erster Linie auf die Praxis. Sie ließen von den Rechtsquellen alles weg, was ihnen überflüssig erschien. So kamen die Digesten, der wertvollste Teil des justinianischen Gesetzgebungswerkes, außer Gebrauch und gerieten nach einer letzten Erwähnung bei Papst Gregor dem Großen (603) in Vergessenheit. Die wissenschaftliche Tätigkeit im eigentlichen Sinne trat vermutlich sehr schnell in den Hintergrund und äußerte sich nur noch in Sammlungen, Abschriften und Epitomierungen, ohne daß die Zusammenhänge noch verstanden wurden.[41] Es hat den Anschein, als sei das juristische Wissen fast nur noch aus der Rhetorik geschöpft worden, die zusammen mit der Grammatik und der Dialektik zum spätantiken Trivium der artes liberales zählte. Allerdings stand hier die Praxis mehr denn je im Vordergrund; denn der Rhetorik wurden in einem etwa seit dem 6. Jahrhundert beginnenden Prozeß praktische Zweige angegliedert. Die Regeln für eine öffentliche Rede oder für eine Gerichtsrede mit der dafür entwickelten Quästionenlehre traten als Übungsgegenstand vorübergehend in den Hintergrund. Im Mündlichen galt nunmehr der Predigt das Augenmerk; aber mehr noch wurden die

39 Vgl. P. O. Kristeller, Studien zur Geschichte der Rhetorik und zum Begriff des Menschen in der Renaissance, Göttingen 1981, S. 22.

40 Vgl. P. Weimar, Die legistische Literatur in der Glossatorenzeit, in: H. Coing (Hrsg.), Handbuch der Quellen und Literatur der neueren europäischen Privatsrechtsgeschichte, Bd. 1, a. a. O., S. 134, Anm. 5

41 Vgl. E. Seckel, Die Anfänge der europäischen Jurisprudenz im 11. und 12. Jahrhundert, in: ZRG RomA 45/1925, S. 391 f.

geschriebenen Äußerungen, die Methode zur Anfertigung von Briefen aller Art und von Urkunden ein entscheidender Schwerpunkt der Ausbildung.[42] Es entstand mit der ars dictandi eine mittelalterliche Sonderform der Rhetorik[43], zu der unter anderem auch die ars notariae zählte. Dieser Zweig war im Laufe der Zeit insofern notwendig geworden, als der Beruf des Notars den Untergang des weströmischen Reiches überlebt hatte und nun sogar an Bedeutung zunahm, weil bei der Bevölkerung Schriftkenntnis und juristisches Grundwissen zurückgingen.[44] Allerdings ist zu beachten, daß unter einem Notar sowohl ein einfacher Schreiber als auch ein leitender Kanzleibeamter verstanden werden kann. Es ist für die Beurteilung ferner wichtig, daß im Laufe der frühfeudalen Jahrhunderte die Zahl der Notare und ihre gesellschaftliche Bedeutung im stetigen Ansteigen begriffen waren.

Ursprünglich war das Notariat ein Laienberuf mit spezialisierter Ausbildung, wie die römischen Tabellionen, in Zünften vereinigte, nichtbeamtete, aber unter staatlicher Aufsicht stehende Berufsschreiber, die feste Standplätze für sich und ihre Gehilfen auf Märkten und öffentlichen Plätzen der Städte besaßen. Sie übten ihre Tätigkeit noch lange in den unter byzantinischer Herrschaft stehenden Gebieten Italiens aus und wurden zum Vorbild für das etwa im 12. Jahrhundert entstehende öffentliche Notariat (notarii publici).[45] Aber auch die anderen Herrschaftsbereiche, wie das Langobarden- oder später das Frankenreich und nicht zuletzt die Kirche, knüpften mit ihren Kanzleieinrichtungen an das römische Notariat und Referendariat an[46], deren Mitarbeiter ebenfalls eine entsprechende Ausbildung an den besonders seit Karl dem Großen zahlreich und systematisch errichteten Dom- und Klosterschulen benötigten, zu der eben auch ein zeitgemäßer Rhetorikunterricht zählte, und gerade hierbei wurden wie schon in der Spätantike juristische Elementarkenntnisse vermittelt, weil unter anderem Teile des Corpus iuris zur Stilübung dienten.[47]

Als sich im 11. Jahrhundert nach einer relativen Konsolidierung der Herrschaftsverhältnisse in Europa die Wirtschaft entscheidend belebte und die Bevölkerungszahl, insbesondere in den italienischen Stadtstaaten, anstieg, reichte der Bildungsstand

42 Vgl. P. O. Kristeller, Studien zur Geschichte der Rhetorik und zum Begriff des Menschen in der Renaissance, a. a. O., S. 32.

43 Vgl. P. Weimar, Die legistische Literatur der Glossatorenzeit, in: H. Coing (Hrsg.), Handbuch der Quellen und Literatur der neueren europäischen Privatrechtsgeschichte, Bd. 1, a. a. O., S. 129.

44 Vgl. P. O. Kristeller, Studien zur Geschichte der Rhetorik und zum Begriff des Menschen in der Renaissance, a. a. O., S. 32.

45 Vgl. A. Wolf, Das öffentliche Notariat, in: H. Coing (Hrsg.), Handbuch der Quellen und Literatur der neueren europäischen Privatrechtsgeschichte, Bd. 1, a. a. O., S. 505.

46 Vgl. H. Bresslau, Handbuch der Urkundenlehre für Deutschland und Italien, Bd. 1, Berlin 1969, S. 191.

47 Vgl. A. Wolf, Das öffentliche Notariat, in: H. Coing (Hrsg.), Handbuch der Quellen und Literatur der neueren europäischen Privatrechtsgeschichte, Bd. 1, a. a. O., S. 509.

der in den weltlichen und kirchlichen Verwaltungs- sowie Gerichtsorganisationen beschäftigten Mitarbeiter nicht mehr aus, um den komplizierteren Verhältnissen gerecht zu werden. Die Bildungsstätten mußten sich den steigenden Bedürfnissen anpassen. Es bildeten sich sogar Spezialschulen heraus, und bereits bestehende wie Rechtsschulen nahmen an Bedeutung wieder zu. So entstand südlich von Neapel in Salerno möglicherweise schon vor 900 ein Zentrum für die Ausbildung von Ärzten, das im Gegensatz zu den Ausbildungsstätten für Klerikalmedizin einen offensichtlich laikalen Charakter trug. Auch die in der langobardischen Königspfalz Pavia bestehende Rechtsschule trat nunmehr stärker in Erscheinung und stand bis ins 11. Jahrhundert hinein in hohem Ansehen. Neben der wissenschaftlich-literarischen Weiterbildung der langobardischen Königsgesetzgebung erläuterten ihre Rechtslehrer die karolingisch-ottonischen Kapitularien und machten sich sogar mit den Rechtstexten der justinianischen Kompilation vertraut.[48] Sie haben dieses römische Recht wissenschaftlich zu bearbeiten versucht, darüber hinaus aber auch mit dem langobardischen Recht in Zusammenhang gebracht, weil das römische Recht überall in Italien das personale Recht für die Bevölkerung römischer Herkunft war. Unter diesem Eindruck und möglicherweise auch fasziniert von der Stoffülle und gedanklichen Durcharbeitung der ihnen zur Verfügung stehenden Quellen des römischen Rechtes lehrten die Juristen von Pavia, daß dieses römische Recht das gemeine und subsidiäre, die lex omnium generalis sei, eine Ansicht, die später in Italien herrschend wurde.[49]

Der entscheidende Durchbruch zur europäischen Rechtswisenschaft gelang erst in Bologna. Im Gegensatz zu Pavia wurde hier von Anfang an auf der Grundlage von Regeln und Methoden der Scholastik gearbeitet. Es entstand eine Rechtswissenschaft, die in das Gesamtsystem der Scholastik eingegliedert war und die, wie alle Wissenschaften, mit den Wahrheiten der christlichen Religion in Einklang stehen wollte. Die Methoden entsprachen dem Wissensstand des mittelalterlichen Denkens. Dementsprechend bestimmten Grammatik und Logik die Arbeit der scholastischen Juristen. Diese Fächer wurden schon lange mit viel Erfolg an der bedeutsamen Artistenschule in Bologna gelehrt, aber als im Verlaufe eines längeren Prozesses die höheren scholastischen Wissenschaften entstanden, fand auch die Rechtswissenschaft, in den Anfängen durch die überragende Wissenschaftlerpersönlichkeit des Irnerius geprägt, in Bologna ihren Mittelpunkt, schuf sich aber eine eigene, von der Rhetorenschule unabhängige Organisationsform. Ein Einfluß von Pavia auf Bologna ist nicht anzunehmen, in späteren Jahrzehnten war es eher umgekehrt.

Wie die anderen scholastischen Wissenschaften befaßte sich die Rechtswissenschaft mit der Anwendung der scholastischen Methode auf anerkannte spätan-

48 Vgl. E. Molitor/H. Schlosser, Grundzüge der neueren Privatrechtsgeschichte, Karlsruhe 1975, S. 15.

49 Vgl. G. Wesenberg/G. Wesener, Neuere deutsche Privatrechtsgeschichte im Rahmen der europäischen Rechtsentwicklung, Lahr 1976, S. 27.

tike Texte[50]; denn diese galten nach wie vor als unerreichtes Vorbild und als unerschöpfliche Quelle der Erkenntnis.[51] Während für Theologen neben der Bibel die Sentenzen des Lombardus und für die Mediziner die Articella oder ars medicinae, ein von Constantinus Africanus um die Mitte des 11. Jahrhunderts in Salerno geschaffenes Corpus von Schriften des Hippokrates, Galens u. a. Gegenstand einer intensiven Auswertung wurden, war der autoritative Text für Juristen eine Gesetzessammlung der Spätantike, das Corpus iuris Justinians in seiner Gesamtheit, nachdem mit den Digesten um 1070 der wichtigste Teil dieser Kompilation nach 450jähriger Verschollenheit in Süditalien wieder aufgetaucht war. Gerade die Digsten als Sammlung von Gutachten der berühmtesten römischen Juristen boten in ihrer Reichhaltigkeit hervorragende Möglichkeiten für eine wissenschaftliche Bearbeitung[52], die in Bologna mit besonderem Nachdruck in ,Angriff genommen wurde, weshalb auch die Bezeichnung „Bologneser Wissenschaft" aufkam.[53] Im einzelnen bestand die Methode in Worterklärungen, Definitionen, in sorgfältiger Ermittlung der logischen Zusammenhänge durch Sammlung von Parallelstellen und (scheinbaren) Widersprüchen (contraria), Harmonisierung, insbesondere durch das Verfahren der Begriffsspaltung (divisio).[54] Daraus entwickelte sich eine selbständige Wissenschaft, die Legistik, die einer eigenen Ausbildungsstätte bedurfte. Bald wurden weitere Rechtsquellen wie das Decretum Gratiani und die jüngeren Dekretalensammlungen, das langobardische Recht und die libri faudorum in die wissenschaftlichen Bearbeitungen einbezogen. So trat gleichberechtigt neben die Legistik die Kanonistik, von dieser personell und organisatorisch getrennt, aber beide sind in der Einheit zu sehen.[55]

Das immer tiefere Eindringen in die Systematik eines Jahrhunderte zuvor ebenfalls unter den Bedingungen einer einfachen Warenproduktion entstandenen, verwissenschaftlichten Rechts, wie es insbesondere die Digesten darstellten, muß praktischen Bedürfnissen entsprochen haben. Bolognas erste Vertreter der Rechts-

50 Vgl. P. Weimar, Die legistische Literatur der Glossatorenzeit, in: H. Coing (Hrsg.), Handbuch der Quellen und Literatur der neueren europäischen Privatrechtsgeschichte, Bd. 1, a. a. O., S. 130.

51 Vgl. H. Coing, Die Juristische Fakultät und ihr Lehrprogramm, in: H. Coing (Hrsg.), Handbuch der Quellen und Literatur der neueren europäischen Privatrechtsgeschichte, Bd. 1, a. a. O., S. 40.

52 Vgl. P. Weimar, Die legistische Literatur in der Glossatorenzeit, in: H. Coing (Hrsg.), Handbuch der Quellen und Literatur der neueren europäischen Privatrechtsgeschichte, Bd. 1, a. a. O., S. 132.

53 Vgl. ebenda, S. 133.

54 Vgl. H. Coing, Die Juristische Fakultät und ihr Lehrprogramm, in: H. Coing (Hrsg.), Handbuch der Quellen und Literatur der neueren europäischen Privatrechtsgeschichte, Bd. 1, a. a. O., S. 69.

55 Vgl. K. W. Nörr, Die kanonistische Literatur, in: H. Coing (Hrsg.), Handbuch der Quellen und Literatur der neueren europäischen Privatrechtsgeschichte, Bd. 1, a. a. O., S. 365.

wissenschaft, die Glossatoren, waren keine weltfremden Theoretiker, sondern mit der Praxis vertraute und an ihr interessierte Rechtslehrer, die als Richter, Zeugen und im zunehmendem Maße als Rechtsgutachter im Gerichtsverfahren, im Urkundenwesen und schließlich auch an der Gesetzgebung mitwirkten. Aus ihrer umfangreichen und vielgestaltigen legistischen Literatur ist zu entnehmen, daß sie der Praxis dienen wollten. Im übrigen war das meiste, was sie ihren Untersuchungen zugrunde legten, letztlich geltendes Recht. Mit Sicherheit trifft diese Behauptung auf das kanonische, das langobardische und das Lehnrecht zu, aber auch das römische Recht war nicht gerade unbekannt. Es galt in weiten Bereichen zumindest in einer vulgären Form. Der Ruf Bolognas als Ausbildungsstätte war so nachhaltig, daß an vielen Orten, an denen die politischen und wirtschaftlichen Bedingungen ebenfalls günstig waren, Rechtsschulen entstanden, die allerdings zum Teil bald wieder erloschen, sich zum anderen Teil aber ebenfalls zu europäischen Zentren der Rechtswissenschaft entwickelten. So entstand in England eine anglo-normannische Rechtsschule kanonistischer Prägung. Eine französisch-rheinische Kanonistenschule ist ebenso bekannt wie Rechtsschulen in Arles, Montpellier, Pavia, Mailand, Piacenza, Mantua und Modena.[56] Seit 1220 folgten dann Universitätsgründungen mit Rechtsfakultäten in Städten Italiens, Frankreichs und Spaniens.[57]

Die Glossatoren der Rechtsschule in Bologna wurden die eigentlichen Väter der europäischen Rechtswissenschaft. Sie vollendeten den Verwissenschaftlichungsprozeß des römischen Rechtes, für den die iuris consulti nur die Ansätze, dafür aber die ungeheure Fülle der praktischen Regelungen geliefert hatten. Die Glossatoren schufen die entscheidenden wissenschaftlichen Grundlagen, auf denen die Konsiliatoren (Kommentatoren, Postglossatoren) und die folgenden Wissenschaftlergenerationen weiterbauen konnten. Damit wird den Leistungen der iuris consulti als den Ahnen der europäischen Rechtswissenschaft und der späteren Wissenschaftler kein Abbruch getan. Die Glossatoren und ihre Nachfolger fanden in den Universitäten gleich von Anfang an und nicht wie im Römischen Reich am Ende der Entwicklung die entscheidenden Wirkungsstätten, an denen sie in wenigen Jahrhunderten ein Heer von juristischen Fachleuten herausbildeten, welche die entscheidenden Positionen in Diplomatie, Verwaltung und Rechtspflege einnahmen. Die Glossatoren und ihre Nachfolger waren aber nicht nur Rechtslehrer, sondern füllten zugleich die Funktionen von iuris consulti aus und übten mit ihrer Gutachtertätigkeit einen entscheidenden Einfluß auf die Rechtspraxis der damaligen Zeit aus, was insofern von nicht zu unterschätzender Bedeutung war, als die außerordentliche Zersplitterung und die Un-

56 Vgl. P. Weimar, Die legistische Literatur in der Glossatorenzeit, in: H. Coing (Hrsg.), Handbuch der Quellen und Literatur der neueren europäischen Privatrechtsgeschichte, Bd. 1, a. a. O., S. 137 f.

57 Vgl. Übersicht bei: H. Coing, Die Juristische Fakultät und ihr Lehrprogramm, in: H. Coing (Hrsg.), Handbuch der Quellen und Literatur der neueren europäischen Privatrechtsgeschichte, Bd. 1, a. a. O., S. 40 ff.

sicherheit der örtlichen Rechte nach einem allgemeinen, erlernbaren, im einzelnen nachprüfbaren und sicherem Recht verlangte[58], das aber eben auch den Zeitverhältnissen entsprechen mußte. Alles, was an den Bestimmungen des Corpus iuris nicht brauchbar war, fand keine wissenschaftliche Bearbeitung und wurde damit ausgeschieden. Die Juristen von Bologna haben die Rechtswissenschaft für viele Staaten Europas nachhaltig geprägt, so daß noch heute ihr Wirken dort und sogar in überseeischen Gebieten zu spüren ist.

58 Vgl. F. Wieacker, Privatrechtsgeschichte der Neuzeit, Göttingen 1967, S. 70.

Günter Fabiunke

Grundlinien der Formierung der Politischen Ökonomie zur Wissenschaft

In gewisser Hinsicht hat die Politische Ökonomie, wie auch einige andere Gesellschaftswissenschaften, eine „doppelte Genesis“: erstens die, in der sie in Gestalt der klassischen Politischen Ökonomie des Bürgertums zur selbständigen Wissenschaft wurde, und zweitens jene, in der sie im Zuge der dialektischen Aufhebung der klassischen Politischen Ökonomie des Bürgertums durch Karl Marx als Politische Ökonomie der Arbeiterklasse zur uneingeschränkt gültigen Wissenschaft wurde. Wenn im folgenden von der Formierung der Politischen Ökonomie zur Wissenschaft die Rede sein soll, dann wollen wir uns auf die erstgenannte Genesis beschränken. Wir erlegen uns diese Beschränkung aus zwei Gründen auf: erstens, weil der Prozeß, in dessen Ergebnis die Politische Ökonomie als bürgerliche Wissenschaft und eine der drei Quellen des Marxismus entstanden ist, der Genesis der von Marx geschaffenen Politischen Ökonomie der Arbeiterklasse vorausgegangen ist und deshalb auch als erstes vorgestellt werden soll, und zweitens, weil zur Genesis der Marxschen Politischen Ökonomie gerade in jüngster Zeit eine solche Fülle neuer Erkenntnisse gewonnen worden ist, daß ihre Vorstellung den hier gegebenen Rahmen sprengen würde.

Wichtige Bedingung für die zuverlässige Analyse der Entwicklung der Politischen Ökonomie zur Wissenschaft ist die sorgfältige Berücksichtigung der Dialektik von gesellschaftlichem Sein und gesellschaftlischem Bewußtsein. Hieraus folgt, daß die Genesis der Politischen Ökonomie vor allem aus dem Charakter und Entwicklungsstand ihres materiellen Gegenstandes selbst abgeleitet werden muß. Um die Entstehung der Politischen Ökonomie und ihre Formierung zur Wissenschaft zu erfassen, ist also von der Frage auszugehen, unter welchen Bedingungen, ob und in welchem Maße die den Gegenstand der Politischen Ökonomie bildenden historisch bestimmten gesellschaftlichen Beziehungen der Menschen in der Produktion, die Produktionsverhältnisse und ihre Wechselbeziehungen mit den Produktivkräften und dem ideologischen und politischen Überbau der Gesellschaft Merkmale aufwiesen, die ihre wissenschaftliche Erfassung notwendig und möglich machten, ob und in welchem Maße sie ihre wissenschaftliche Widerspiegelung im gesellschaftlichen Bewußtsein, genauer im Bewußtsein gesellschaftlicher Klassen erforderten und gestatteten.

Die Notwendigkeit und Möglichkeit der wissenschaftlichen Widerspiegelung der gesellschaftlichen Produktionsverhältnisse und ihrer Wechselbeziehungen mit den Produktivkräften und dem ideologischen und politischen Überbau der Gesellschaft entstand erst unter den Bedingungen des Heranreifens der kapitalistischen Produktionsweise im Schoße des europäischen Feudalismus und ihrer vollen Herausbildung in England und Frankreich. Die Politische Ökonomie, schreibt Marx, kommt „als eigne Wissenschaft erst in der Manufakturperiode" auf.[1] „Wie sie geschichtlich aufgetreten", erklärt Engels, ist die Politische Ökonomie „nichts . . . als die wissenschaftliche Einsicht in die Ökonomie der kapitalistischen Produktionsperiode."[2] Auch mit der Bezeichnung Westeuropas, wo die kapitalistische Produktionsweise zuerst entstand, als „Heimatland der politischen Ökonomie"[3], macht Marx auf die untrennbare Verbindung zwischen der Herausbildung der kapitalistischen Produktionsweise und der Genesis der Politischen Ökonomie aufmerksam.

Aus der von Marx konstatierten Bindung der Genesis der wissenschaftlichen Politischen Ökonomie an die Herausbildung der kapitalistischen Produktionsweise folgt nun allerdings keineswegs, daß es in den vorkapitalistischen Gesellschaftsformationen noch keinerlei Vorstufen der wissenschaftlichen Politischen Ökonomie gegeben hätte. Im Gegenteil. Insoweit, wie sich in den vorkapitalistischen Gesellschaftsformationen Ausgangspunkte der kapitalistischen Produktionsweise – insbesondere in Gestalt der privaten Warenproduktion – entwickelten, waren diese die materielle Basis für die Entstehung von Vorstufen der im Prozeß der Herausbildung der kapitalistischen Produktionsweise entstehenden wissenschaftlichen Politischen Ökonomie. „Da die politische Ökonomie, wie sie geschichtlich aufgetreten", so erläutert Engels, „in der Tat nichts ist als die wissenschaftliche Einsicht in die Ökonomie der kapitalistischen Produktionsperiode, so können darauf bezügliche Sätze und Theoreme, z. B. bei den Schriftstellern der alten griechischen Gesellschaft, nur soweit vorkommen, wie gewisse Erscheinungen: Warenproduktion, Handel, Geld, zinstragendes Kapital usw. beiden Gesellschaften gemeinsam sind. Soweit die Griechen gelegentliche Streifzüge in dies Gebiet machen, zeigen sie dieselbe Genialität und Originalität wie auf allen andern Gebieten. Ihre Anschauungen bilden daher die theoretischen Ausgangspunkte der modernen Wissenschaft."[4]

Bilden die lange vor dem Aufkommen der kapitalistischen Produktionsweise gewonnenen Einsichten in wichtige Zusammenhänge der privaten Warenproduktion – darunter die großartigen Erkenntnisse des Aristoteles – die „theoretischen Ausgangspunkte der modernen Wissenschaft", so können sie doch noch

1 K. Marx, Das Kapital. Erster Band, in: K. Marx/F. Engels, Werke (im folgenden: MEW), Bd. 23, Berlin 1962, S. 386.

2 F. Engels, Herrn Eugen Dührings Umwälzung der Wissenschaft (Anti-Dühring), in: MEW, Bd. 20, Berlin 1962, S. 213 (die zitierte Aussage wurde von Marx verfaßt).

3 K. Marx, Das Kapital. Erster Band, in: MEW, Bd. 23, a. a. O., S. 792.

4 F. Engels, Herrn Eugen Dührings Umwälzung der Wissenschaft (Anti-Dühring), in: MEW, Bd. 20, a. a. O., S. 213.

keineswegs als Politische Ökonomie im Sinne eines wissenschaftlichen Systems des ökonomischen Denkens verstanden werden. Ein solches zur Wissenschaft werdendes System ökonomischen Denkens begann sich erst im Zuge der Herausbildung der kapitalistischen Produktionsweise zu entwickeln. Zu seinem Träger wurde das antifeudale Bürgertum, genauer gesagt, wurden immer die Teile des antifeudalen Bürgertums, deren materielle Interessen jeweils am stärksten mit den zur Ablösung der feudalen durch die kapitalistische Produktionsweise drängenden ökonomischen Entwicklungsgesetzen der Gesellschaft in Übereinstimmung standen und die daher auch am stärksten an der Aufdeckung (und Ausnutzung) dieser Gesetze interessiert waren.

Mit der Feststellung, daß die Formierung des ökonomischen Denkens zur Wissenschaft an die Herausbildung der kapitalistischen Produktionsweise gebunden war, ist nun allerdings noch nichts über die eigentliche Ursache selbst gesagt, die die Formierung des ökonomischen Denkens zur Politischen Ökonomie und dieser zur Wissenschaft bewirkte. Diese Ursache findet sich in einer Eigenart, durch die sich die kapitalistische Produktionsweise ganz wesentlich von allen vorkapitalistischen Produktionsweisen unterscheidet. Bei dieser Eigenart handelt es sich um das für die kapitalistische Produktionsweise charakteristische Auseinanderfallen von Inhalt und Form, Wesen und Erscheinung ihrer Produktionsverhältnisse. Diese Eigenart ergibt sich aus der Tatsache, daß die kapitalistische Produktionsweise eine Produktionsweise ist, in der die durch tiefe innere Widersprüche gekennzeichnete private Warenproduktion, die bis dahin nur in den „Poren" der vorkapitalistischen Produktionsweisen existiert hatte, zur totalen Entfaltung gelangt und allen Produktionsverhältnissen des Kapitalismus ihren prägenden Stempel aufdrückt. Wie der Reichtum in der bürgerlichen Gesellschaft, im Unterschied zum Reichtum in allen vorkapitalistischen Gesellschaften, als eine „ungeheure Warensammlung" (Marx)[5] erscheint, so sind auch alle ökonomischen Beziehungen im Kapitalismus, im Unterschied zu den wesentlich naturalwirtschaftlichen Beziehungen in den vorkapitalistischen Gesellschaften, in erster Linie Waren-Werte-Beziehungen, deren inneres Wesen nicht unmittelbar, sonder nur in vielfältigen Vermittlungen und Verzerrungen, in täuschenden Mystifikationen und irrationalen Formen in Erscheinung tritt. Krasses Beispiel hierfür ist der kapitalistische Arbeitslohn, der als Bezahlung der Arbeitsleistung des Arbeiters, als „Wert der Arbeit" erscheint, in der Tat jedoch die verwandelte Form des Wertes der zur Ware gewordenen Arbeitskraft des Arbeiters ist. Es ist gerade dieses für die kapitalistische Produktionsweise charakteristische Auseinanderfallen von Wesen und Erscheinung, Inhalt und Form ihrer Produktionsverhältnisse, aus dem sich die objektive Notwendigkeit ergab, daß das sich auf die Erkenntnisse des Systems der kapitalistischen Produktionsverhältnisse und der in ihnen wirkenden objektiven Gesetze richtende ökonomische Denken des aufstrebenden Bürgertums nicht bei der unmittelbaren Anschauung stehen bleiben konnte, sondern wissen-

5 K. Marx, Das Kapital. Erster Band, in: MEW, Bd. 23, a. a. O., S. 49.

schaftlichen Charakter annehmen mußte, wenn es die gesellschaftlichen Formen der kapitalistischen Produktion theoretisch erfassen und aktiven Einfluß auf ihre progressive Entwicklung ausüben sollte.

„Alle Wissenschaft", so betont Marx, „wäre überflüssig, wenn die Erscheinungsform und das Wesen der Dinge unmittelbar zusammenfielen."[6] Genau das war bis zum Aufkommen der kapitalistischen Produktionsweise der Fall. Alle bis dahin von der Menschheit durchschrittenen sozialökonomischen Formationen beruhten auf Produktionsverhältnissen, deren inneres Wesen weitgehend unvermittelt, offen und klar erkennbar in Erscheinung trat. Das sie und ihre Zusammenhänge mit den Produktivkräften und mit dem ideologischen und politischen Überbau der vorkapitalistischen Gesellschaftsformationen widerspiegelnde und ihre Entwicklung aktiv beeinflussende ökonomische Denken konnte und mußte daher noch kein von der Erscheinung zum Wesen, vom ungeordneten Konkreten zum Abstrakten vordringendes und von dort wieder zur Erscheinung, vom Abstrakten zum geordneten Konkreten aufsteigendes sowie die vielschichtigen Vermittlungen und Zusammenhänge zwischen beiden erfassendes ökonomisches Denken sein, wie es die Analyse der zutiefst widersprüchlichen und ihr Wesen verbergenden kapitalistischen Produktionsverhältnisse erfordert.

Ist das für die kapitalistische Produktionsweise charakteristische Auseinanderfallen von Wesen und Erscheinung, Inhalt und Form ihrer Produktionsverhältnisse die Ursache dafür, daß das vom aufsteigenden Bürgertum getragene ökonomische Denken über das sogenannte Alltagsbewußtsein hinausgehenden wissenschaftlichen Charakter annehmen mußte, so ist der historische Prozeß, in dem sich dieses Auseinanderfallen im Zuge der Herausbildung der kapitalistischen Produktionsweise vollzogen hat, die materielle Grundlage für die Formierung des bürgerlichen ökonomischen Denkens zur wissenschaftlichen Politischen Ökonomie. Materielle Basis für das Entstehen des ersten Systems der antifeudalen bürgerlichen Politischen Ökonomie war die gegen Ende des 15. Jahrhunderts in Westeuropa zur beschleunigten Entfaltung gekommene Warenproduktion. „Welthandel und Weltmarkt", schreibt Marx, „eröffnen im 16. Jahrhundert die moderne Lebensgeschichte des Kapitals."[7] Zur ersten Erscheinungsform des Kapitals wie auch zum Gegenstand des ersten Systems der antifeudalen bürgerlichen Politischen Ökonomie, des Monetarismus, wurde das Geld. „Historisch", so erklärt Marx, „tritt das Kapital dem Grundeigentum überall zunächst in der Form von Geld gegenüber, als Geldvermögen, Kaufmanns- und Wucherkapital."[8] Träger des auf die Ablösung der feudalen Naturalwirtschaft durch die bürgerliche Geldwirtschaft, der Subsumtion der noch nicht kapitalistischen Produktion unter die bereits kapitalistische Zirkulation gerichteten Monetarismus war das Handels- und Wucherkapital.

6 K. Marx, Das Kapital. Dritter Band, in: MEW, Bd. 25, Berlin 1964, S. 825.

7 K. Marx, Das Kapital. Erster Band, in: MEW, Bd. 23, a. a. O., S. 161.

8 Ebenda.

Das vom Monetarismus verkündete Ziel aller ökonomischen Aktivitäten war die Erlangung von Geld in Form von Gold und Silber, die Schatzbildung. Das vom Monetarismus theoretisch begründete ökonomische Hauptmittel der Schatzbildung war die Herauslösung des Geldes aus der Warenzirkulation, seine Überführung aus der Zirkulationsmittelfunktion in die Schatzbildungsfunktion. „Der Trieb der Schatzbildung", so erläutert Marx das Wesen des Monetarismus, „ist von Natur maßlos ... Um das Gold als Geld festzuhalten und daher als Element der Schatzbildung, muß es verhindert werden zu zirkulieren oder als Kaufmittel sich in Genußmittel aufzulösen. Der Schatzbildner opfert daher dem Goldfetisch seine Fleischeslust. Er macht Ernst mit dem Evangelium der Entsagung. Andererseits kann er der Zirkulation nur in Geld entziehn, was er ihr in Ware gibt. Je mehr er produziert, desto mehr kann er verkaufen. Arbeitsamkeit, Sparsamkeit und Geiz bilden daher seine Kardinaltugenden, viel verkaufen, wenig kaufen, die Summe seiner politischen Ökonomie."[9] Die vom Monetarismus begründete Geldakkumulation war die historische Vorstufe der Kapitalakkumulation. „Richtig sprachen sie" – „die ersten Dolmetscher der modernen Welt, die Urheber des Monetarismus" – schreibt Marx, „den Beruf der bürgerlichen Gesellschaft dahin aus, Geld zu machen, also, vom Standpunkt der einfachen Warenzirkulation, den ewigen Schatz zu bilden, den weder Motten noch Rost fressen ... Geld als Zweck der Zirkulation ist der Tauschwert oder der abstrakte Reichtum, nicht irgendein stoffliches Element des Reichtums, als bestimmender Zweck und treibendes Motiv der Produktion. Wie es der Vorstufe der bürgerlichen Produktion entsprach, hielten jene verkannten Propheten an der gediegenen, handgreiflichen und glänzenden Form des Tauschwertes fest, an seiner Form als allgemeine Ware im Gegensatz zu allen besonderen Waren. Die eigentlich bürgerlich ökonomische Sphäre der damaligen Zeit war die Sphäre der Warenzirkulation. Vom Gesichtspunkt dieser elementarischen Sphäre aus beurteilten sie daher den ganzen verwickelten Prozeß der bürgerlichen Produktion und verwechselten Geld mit Kapital."[10]

Da die Monetaristen nur die äußerlichste Erscheinungsform der aufkeimenden kapitalistischen Produktionsverhältnisse, das Geld, erfaßten, trug das von ihnen geschaffene Theoriensystem noch keinen in das Wesen der kapitalistischen Produktionsverhältnisse eindringenden wissenschaftlichen Charakter. Da jedoch die von der wissenschaftlichen Politischen Ökonomie sehr bald schon geforderte Erkenntnis des Kapitals die Erkenntnis des Geldes, die Erkenntnis des Mehrwertes die Erkenntnis des Wertes zur Voraussetzung hatte, bahnten sie mit ihrer Orientierung auf das Geld den Weg zur Erkenntnis von Mehrwert und Kapital, trugen ihre Lehren vorwissenschaftlichen Charakter. „Historisch ist es ganz richtig", bemerkt Marx, „daß das Suchen nach dem Wert sich zunächst an

9 K. Marx, Das Kapital. Erster Band, in: MEW, Bd. 23, a. a. O., S. 147.

10 K. Marx, Zur Kritik der politischen Ökonomie, in: MEW, Bd. 13, Berlin 1961, S. 133/134.

den erscheinenden Ausdruck der Waren als Wert, an das Geld sich anlehnt ..."[11] Indem die Monetaristen, wie Marx hervorhebt, „in brutal-naiver Form das Geheimnis der bürgerlichen Produktion ausplauderte(n), ihr Beherrschtsein durch den Tauschwert"[12], und, angeregt durch den von der Renaissance beflügelten Aufschwung der Naturwissenschaften ihrer Zeit, erstmalig, wenn auch nur in der Geldzirkulation, „wie Naturgesetze" wirkende Gesetze entdeckten, leisteten sie einen bedeutenden Beitrag zur Vorbereitung der wissenschaftlichen bürgerlichen Politischen Ökonomie.

Da es den Monetaristen noch nicht um Kapital, um den sich im Prozeß seiner ständigen Vermehrung befindlichen Wert (Mehrwert), sondern zunächst nur um die Anhäufung von Geld als *potentielles Kapital* ging, trug das von ihnen geschaffene System der bürgerlichen Politischen Ökonomie noch keinen kapitalistischen, sondern vorkapitalistischen Charakter. Indem es zur Ablösung der feudalen Naturalbeziehungen durch bürgerliche Ware-Geld-Beziehungen und zur Bildung großer privater Geldvermögen mit den Mitteln der ursprünglichen Akkumulation des Kapitals beitrug, übte es aktiven ideologischen und wirtschaftspolitschen Einfluß auf die Schaffung wichtiger Voraussetzungen der kapitalistischen Produktionsweise aus.

Trug das Monetarsystem zur Vorbereitung der kapitalistischen Produktionsweise bei, so war es zugleich auch der Boden, auf dem in Form des Merkantilismus das erste bereits kapitalistische System der antifeudalen bürgerlichen Politischen Ökonomie erwuchs. Klassenbasis des im 17. Jahrhundert im kapitalistisch fortgeschrittenen England in Fortführung und Überwindung des Monetarismus entstandenen Merkantilismus war das die Zirkulationssphäre beherrschende Handelskapital. Seine Schöpfer – Th. Mun, J. Child, Ch. Davenant – waren reiche kapitalistische Kaufleute und Bankiers. Im Mittelpunkt ihrer theoretischen Betrachtungen stand nicht mehr nur die Verwandlung des Produkts in Ware und der Ware in Geld, die Schatzbildung, sondern die hierüber hinausgehende Verwandlung von Geld in Kapital, von Geld in mehr Geld, von Wert in Mehrwert. „Der Wert wird also", so erläutert Marx, „prozessierender Wert, prozessierendes Geld und als solches Kapital. Er kommt aus der Zirkulation her, geht wieder in sie ein, erhält und vervielfältigt sich in ihr, kehrt vergrößert aus ihr zurück und beginnt denselben Kreislauf stets wieder von neuem. G – G', geldheckendes Geld – money which begets money – lautet die Beschreibung des Kapitals im Munde seiner ersten Dolmetscher, der Merkantilisten."[13]

Hatten die Monetaristen lediglich das Herausziehen des Geldes aus der Zirkulation gefordert, so orientierten die Merkantilisten nun bereits auf sein Wiederhineinwerfen in die Zirkulation zum Zwecke seiner Vermehrung in der Zirkulation, ging es ihnen schon nicht mehr nur um die bloße Akkumulation von Geld,

11 K. Marx, Theorien über den Mehrwert. Dritter Teil, in: MEW, Bd. 26. 3, Berlin 1968, S. 143.
12 K. Marx, Zur Kritik der politischen Ökonomie, in: MEW, Bd. 13, a. a. O., S. 134.
13 K. Marx, Das Kapital. Erster Band, in: MEW, Bd. 23, a. a. O., S. 170.

sondern um die Kapitalakkumulation. „Es ist schon früher bemerkt worden", schreibt Marx, „daß das Monetarsystem die Produktion für den Weltmarkt und die Verwandlung des Produkts in Ware, daher in Geld, richtig als Voraussetzung und Bedingung der kapitalistischen Produktion verkündet. In seiner Fortsetzung im Merkantilsystem entscheidet nicht mehr die Verwandlung des Warenwertes in Geld, sondern die Erzeugung von Mehrwert, aber vom begriffslosen Standpunkt der Zirkulationssphäre aus, und zugleich so, daß dieser Mehrwert sich darstellt in Surplusgeld, im Überschuß der Handelsbilanz."[14] Das vom Merkantilismus verkündete Ziel aller wirtschaftlichen Aktivitäten war der Mehrwert in Form des Handelsprofits, die Erzielung einer positiven Handelsbilanz. Seine Maxime lautete daher: billig einkaufen, teuer verkaufen; wertmäßig mehr Waren exportieren als importieren; aus Geld mehr Geld, aus Wert mehr Wert, Mehrwert machen!

Da die Merkantilisten die Entstehung des Mehrwertes nur in der Zirkulation erkannten, sich also noch keinen „Begriff" von seiner in der Produktion liegenden Quelle machten, trug das von ihnen geschaffene System der antifeudalen bürgerlichen Politischen Ökonomie, wie auch der Monetarismus, noch keinen in die inneren Zusammenhänge der kapitalistischen Produktionsverhältnisse eindringenden wissenschaftlichen Charakter. „Die erste theoretische Behandlung der modernen Produktionsweise – das Merkantilsystem –", erklärt Marx, „ging notwendig aus von den oberflächlichen Phänomenen des Zirkulationsprozesses, wie sie in der Bewegung des Handelskapitals verselbständigt sind und griff daher nur den Schein auf. Teils weil das Handelskapital die erste freie Existenzweise des Kapitals überhaupt ist. Teils wegen des überwiegenden Einflusses, den es in der ersten Umwälzungsperiode der feudalen Produktion, der Enstehungsperiode der modernen Produktion ausübt."[15]

Wenn auch prinzipiell noch nicht wissenschaftlich, weil am falschen Schein der Zirkulationssphäre hängenbleibend, leistete der Merkantilismus doch insofern wichtige Beiträge zur Vorbereitung der wissenschaftlichen Politischen Ökonomie, als seine Vertreter die von den Monetaristen eingeleitete Suche nach objektiven ökonomischen Gesetzen fortsetzten und hierbei zur Erkenntnis wesentlicher Zusammenhänge der kapitalistischen Warenzirkulation gelangten. Indem sie erstmalig, wenn auch nur in der Zirkulation, die allgemeine Grundbewegung des Kapitals als sich selbst verwertenden Wert erkannten, nicht mehr nur, wie die Monetaristen, den Tauschwert, sondern bereits den Profit, wenn auch nur den Handelsprofit, als treibendes Motiv der kapitalistischen Wirtschaft erfaßten, schufen sie wichtige Orientierungen für die wissenschaftliche Weiterentwicklung der bürgerlichen Politischen Ökonomie.

Obwohl noch nicht wissenschaftlich, war der Merkantilismus ein höchst aktiver Faktor nicht mehr nur, wie der Monetarismus, der Vorbereitung, sondern bereits

14 K. Marx, Das Kapital. Dritter Band, in: MEW, Bd. 25, a. a. O., S. 792.
15 Ebenda, S. 349.

der beschleunigten Durchsetzung der kapitalistischen Produktionsweise. Indem er den vom Profit stimulierten Heißhunger des Handelskapitals nach ständig mehr Produkten, die sich billig kaufen und teuer verkaufen ließen, ideologisch-theoretisch zum Ausdruck brachte und die zu seiner Befriedigung notwendige Wirtschaftspolitik der ursprünglichen Akkumulation des Kapitals theoretisch begründete, beförderte er die vom Handelskapital getragene Umwälzung der feudalen in die kapitalistische Produktion. Indem das Handelskapital mit Hilfe des vom Merkantilismus geforderten Einsatzes der materiellen Gewalt des Staates die zum Hemmnis der weiteren Entwicklung der Produktivkräfte gewordenen vorkapitalistischen Produktionsverhältnisse zerstörte und an ihre Stelle in den Formen der Hausindustrie, des Verlagswesens und schließlich der Manufakturen von ihm beherrschte kapitalistische Produktionsverhältnisse setzte, die den zur konzentrierten Anwendung drängenden gesellschaftlichen Produktivkräften einen weiten Entfaltungsspielraum schufen, wurde es zur Ziehmutter des industriellen Kapitals.

Waren die Merkantilisten die auf politökonomischem Gebiet entscheidenden geistigen Wegbereiter der kapitalistischen Produktionsweise, trugen ihre ideologisch-theoretischen und wirtschaftspolitischen Orientierungen maßgeblich zur beschleunigten Herausbildung des Manufakturkapitalismus (zunächst in England) bei, so konnte der damit in Gestalt der kapitalistischen Produktionsverhältnisse neu entstandene Gegenstand der Politischen Ökonomie schon nicht mehr von ihnen theoretisch erfaßt werden. „Das industrielle Kapital", schreibt Marx, „hat für sie Wert, und zwar den höchsten Wert – als Mittel, nicht als der Reichtum selbst in seinem produktiven Prozeß –, weil es das merkantile Kapital schafft und dies in der Zirkulation zu Geld wird."[16] Um den „Reichtum selbst in seinem produktiven Prozeß", die kapitalistische Produktion und damit den inneren Zusammenhang des ökonomischen Systems der aufsteigenden bürgerlichen Gesellschaft theoretisch erfassen zu können, war es notwendig, daß die Politische Ökonomie die ihre Erkenntnisfähigkeit begrenzenden Positionen des merkantilen Kapitals verließ und auf die tiefere Erkenntnisse möglich und notwendig machenden Positionen des industriellen Kapitals überging. Mit der Einleitung dieses Übergangs, der zugleich der Übergang von der theoretischen Analyse der kapitalistischen Zirkulation zur theoretischen Analyse der kapitalistischen Produktion und damit von der äußeren zur inneren Bewegung, von den Erscheinungsformen zum Wesen des kapitalistischen ökonomischen Systems war, begann die Genesis der wissenschaftlichen Politischen Ökonomie. Im Vollzug dieses Übergangs verwandelte sich die vorwissenschaftliche in die wissenschaftliche bürgerliche Politische Ökonomie, trat an die Stelle des Merkantilismus die klassische bürgerliche Politische Ökonomie. „Die wirkliche Wissenschaft der modernen Ökonomie beginnt erst", betont Marx, „wo die theoretische Betrachtung vom Zirkulationsprozeß zum Produktionsprozeß übergeht."[17] „Um es ein für allemal zu bemerken",

16 K. Marx, Grundrisse der Kritik der politischen Ökonomie, Berlin 1974, S. 233.
17 K. Marx, Das Kapital. Dritter Band, in: MEW, Bd. 25, a. a. O., S. 349.

schreibt er an anderer Stelle, „verstehe ich unter klassischer politischer Ökonomie alle Ökonomie seit W. Petty, die den inneren Zusammenhang der bürgerlichen Produktionsverhältnisse erforscht im Gegensatz zur Vulgärökonomie, die sich nur innerhalb des scheinbaren Zusammenhangs herumtreibt ..."[18]

Materielle Basis für das Entstehen der wissenschaftlichen bürgerlichen Politischen Ökonomie war der in England von der bürgerlichen Revolution seit Mitte des 17. Jahrhunderts beschleunigte Übergang zum Manufakturkapitalismus. Weltanschauliche Grundlage für die Anfänge der wissenschaftlichen bürgerlichen Politischen Ökonomie in England war die von René Descartes entwickelte rationalistisch-materialistische Philosophie und der von Francis Bacon in Zusammenfassung des philosophischen Denkens der Renaissance begründete englische sensualistische Materialismus. Es war Th. Hobbes, „einer der ältesten Ökonomen und originellsten Philosophen Englands" (Marx)[19], der mit seiner deterministisch-materialistischen Lehre, daß Natur, Gesellschaft und Denken einheitlichen Gesetzen unterworfen seien, die sowohl empirisch als auch logisch-mathematisch exakt aufgedeckt und in den Dienst des Menschen gestellt werden könnten, die Anwendung naturwissenschaftlicher Erkenntnismethoden auch auf dem Gebiet des ökonomischen Denkens begründete. Seiner Auffassung, daß die Politik Gegenstand der auf Vernunft und Erfahrung beruhenden exakten Wissenschaft sei und daher im Interesse des gesellschaftlichen Fortschritts wissenschaftlich gestaltet werden müsse, orientierte auf die Entwicklung der Politischen Ökonomie zur wissenschaftlichen Waffe des Bürgertums im Kampf für die Überwindung der feudalen durch die kapitalistische Produktionsweise. Einer der wichtigsten Beiträge, den Hobbes zur Grundlegung der in die inneren Zusammenhänge der kapitalistischen Produktionsverhältnisse eindringenden wissenschaftlichen bürgerlichen Politischen Ökonomie leistete, war seine Erkenntnis der Arbeit als die neben der Natur wichtigste Quelle des gesellschaftlichen Reichtums.

Den bedeutendsten Beitrag zur Grundlegung der wissenschaftlichen bürgerlichen Politischen Ökonomie in England leistete W. Petty, einer der größten Naturwissenschaftler und Mediziner seiner Zeit. Indem er die Erkenntnismethoden der rationalistisch-materialistischen Philosophie, der Naturwissenschaften und Mathematik auf ökonomischem Gebiet anwandte und hierbei zugleich auch die von ihm selbst im Prozeß der ursprünglichen Akkumulation des Kapitals gesammelten praktischen Erfahrungen theoretisch verallgemeinerte, wurde er „einer der genialsten und originellsten ökonomischen Forscher" (Marx)[20]. „Petty", bemerkt Marx, „fühlt sich als Gründer einer neuen Wissenschaft. Seine Methode, sagt er, sei ‚nicht die herkömmliche'. Statt eine Reihe komparativer und superlativer Worte und spekulativer Argumente zusammenzuflechten, habe er es unternommen, in

18 K. Marx, Das Kapital. Erster Band, in: MEW, Bd. 23, a. a. O., S. 95.
19 K. Marx, Lohn, Preis und Profit, in: MEW, Bd. 16, Berlin 1962, S. 130.
20 F. Engels, Herrn Eugen Dührings Umwälzung der Wissenschaft (Anti-Dühring), in: MEW, Bd. 20, a. a. O., S. 218.

terms of number, weight or measure zu sprechen, sich einzig aus sinnlicher Erfahrung abgeleiteter Argumente zu bedienen, und nur solche Ursachen zu betrachten, as have visible foundations in nature. Der Betrachtung anderer überlasse er die Ursachen, die abhängen von den mutable minds, opinions, appetites und passions of paticular men."[21] Indem Petty die ökonomischen Zusammenhänge des sich in England entwickelnden Kapitalismus stets in ihrer objektiven materiellen Kausalität und zugleich mathematisch-exakt als gesellschaftliche Massen- und Durchschnittserscheinungen zu erfassen bemüht war, wurde er, wie Marx bemerkt, zugleich zum „Vater der politischen Ökonomie" und „Erfinder der Statistik"[22], zum Schöpfer der „politischen Arithmetik, der ersten Form, worin die politische Ökonomie sich als selbständige Wissenschaft abscheidet."[23]

Theoretischer Hauptinhalt des von Petty eingeleiteten Formierungsprozesses der Politischen Ökonomie zur selbständigen Wissenschaft waren seine tief in die inneren Zusammenhänge der kapitalistischen Produktionsverhältnisse eindringenden Erkenntnisse zum Wert, zum Arbeitslohn und zum Mehrwert. Indem er den Wert der Waren, ihr in der Zirkulation zutagetretendes Austauschverhältnis, auf die in den Waren enthaltene gesellschaftlich durchschnittliche Arbeitszeit zurückführte, den kapitalistischen Arbeitslohn durch den Wert der zur Erhaltung des Arbeiters im gesellschaftlichen Durchschnitt notwendigen Lebensmittel bestimmte und schließlich den Mehrwert (in Form der Grundrente) als den vom Arbeiter über den Wert der für ihn notwendigen Lebensmittel hinaus produzierten Wert erklärte, leistete er einen bedeutenden Beitrag zur Aufdeckung der objektiven Gesetzmäßigkeiten des auf der Ausbeutung der Lohnarbeit beruhenden ökonomischen Funktionsmechanismus des Kapitalismus.

Nach Petty waren es in England vor allem J. Locke und D. North sowie R. Cantillon, J. Vanderlint, J. Massie und D. Hume, die das Theorien- und Kategoriensystem der wissenschaftlichen bürgerlichen Politischen Ökonomie in wichtigen Partien weiterentwickelten. „Locke und North" schreibt Engels nach Analyse ihrer Werke, „lieferten uns den Beweis, wie die ersten kühnen Griffe, die Petty fast in allen Sphären der politischen Ökonomie tat, von seinen englischen Nachfolgern einzeln aufgenommen und weiterverarbeitet wurden. Die Spuren dieses Prozesses während der Periode von 1691 bis 1752 drängen sich dem oberflächlichsten Beobachter schon dadurch auf, daß alle ihr angehörigen bedeutenderen ökonomischen Schriften, positiv oder negativ, an Petty anknüpfen. Diese Periode, voll origineller Köpfe, ist daher für die Erforschung der allmählichen Genesis der politischen Ökonomie die bedeutendste."[24]

Handelte es sich bei den in der 2. Hälfte des 17. und 1. Hälfte des 18. Jahr-

21 K. Marx, Zur Kritik der politischen Ökonomie, in: MEW, Bd. 13, a.a.O., S. 38.
22 K. Marx, Das Kapital. Erster Band, in: MEW, Bd. 23, a. a. O., S. 288.
23 K. Marx, Zur Kritik der politischen Ökonomie, in: MEW, Bd. 13, a. a. O., S. 39.
24 F. Engels, Herrn Eugen Dührings Umwälzung der Wissenschaft (Anti-Dühring), in: MEW, Bd. 20, a. a. O., S. 221.

hunderts in England und teilweise auch in Frankreich – hier insbesondere von Boisguillebert – gewonnenen Einsichten in die inneren Zusammenhänge der kapitalistischen Produktionsverhältnisse lediglich um die ersten Schritte auf dem Wege zur wissenschaftlichen bürgerlichen Politischen Ökonomie, so kam es in den 50er Jahren des 18. Jahrhunderts im vorrevolutionären Frankreich mit der Begründung des Physiokratismus durch F. Quesnay und seine Schule zu einem entscheidenden Sprung in der Genesis der wissenschaftlichen bürgerlichen Politischen Ökonomie. Inhalt des sich hierbei vollziehenden Umschlags von Quantität in Qualität war die Formierung des ersten wissenschaftlichen Systems der bürgerlichen Politischen Ökonomie. „Die Ökonomie", schreiben Marx und Engels, „die früher entweder von Finanzmännern, Bankiers und Kaufleuten, also überhaupt von Leuten, die unmittelbar mit ökonomischen Verhältnissen zu tun hatten, oder von allgemein gebildeten Männern wie Hobbes, Locke, Hume behandelt wurde, für die sie als ein Zweig des enzyklopädischen Wissens Bedeutung hatte – die Ökonomie wurde erst durch die Physiokraten zu einer besonderen Wissenschaft erhoben und seit ihnen als eine solche behandelt. Als besondere Fachwissenschaft nahm sie die übrigen, politischen, juristischen etc. Verhältnisse soweit in sich auf, daß sie diese Verhältnisse auf ökonomische reduziert. Sie hielt aber diese Subsumtion aller Verhältnisse unter sich nur für eine Seite dieser Verhältnisse und ließ ihnen damit im Übrigen auch eine selbständige Bedeutung außer der Ökonomie."[25]

Der Physiokratismus entstand unter den Bedingungen der in den 50er Jahren des 18. Jahrhunderts in ihre letzte Phase eintretenden Krise des französischen Feudalabsolutismus. Seine materielle Basis war die in Frankreich zur vollen Entfaltung drängende kapitalistische Produktionsweise. Seine weltanschauliche Grundlage bildete die rationalistisch-materialistische französische Aufklärungsphilosophie, insbesondere die von J. Locke begründete und u. a. von J. J. Rousseau und Ch. de Montesquieu weiterentwickelte antifeudale bürgerliche Lehre vom Naturrecht. Hauptinhalt des von den Physiokraten, den „ersten systematischen Dolmetscher(n) des Kapitals" (Marx)[26], geschaffenen ersten wissenschaftlichen Theorien- und Kategoriensystems der bürgerlichen Politischen Ökonomie war die Gesamtanalyse der sich aus dem Feudalismus herausarbeitenden kapitalistischen Produktionsweise. „In der Tat ...", betont Marx, „ist das physiokratische System die erste systematische Fassung der kapitalistischen Produktion."[27]

Indem Quesnay und seine Schüler davon ausgingen, daß allein die in der Landwirtschaft geleistete Arbeit produktiven Charakter trägt, weil sie dank der Natur in der Lage ist, ein über die elementaren Lebensnotwendigkeiten des Produzenten hinausgehendes Mehrprodukt hervorzubringen, das sich die Grundeigentümer in Form der Grundrente ohne Gegenleistung aneignen, legten sie, wenn auch

25 K. Marx/F. Engels, Die deutsche Ideologie, in: MEW, Bd. 3, Berlin 1959, S. 397.
26 K. Marx, Das Kapital. Dritter Band, in: MEW, Bd. 25, a. a. O., S. 792.
27 K. Marx, Das Kapital. Zweiter Band, in: MEW, Bd. 24, Berlin 1963, S. 360.

in stark feudaler und naturalwirtschaftlicher Verbrämung, wesentliche Zusammenhänge der kapitalistischen Mehrwertproduktion frei. Auf der Grundlage der von ihnen vorgenommenen Gliederung der aus dem Feudalismus herauswachsenden bürgerlichen Gesellschaft in die drei Grundklassen – der „Grundeigentümer", der in der Landwirtschaft tätigen „Produktiven" und der in Handel und Gewerbe tätigen „Sterilen" – analysierten sie die zwischen diesen Klassen bestehenden ökonomischen Beziehungen. Hierbei entdeckten sie erstmalig den gesellschaftlichen Reproduktionsprozeß des Kapitals und wichtige ihm zugrundeliegende ökonomische Gesetze. „In der Tat ...", so würdigt Marx das „Tableau économique", in dem Quesnay den Kreislauf des produktiven Kapitals in einer arithmetischen und graphischen Formel zur Darstellung gebracht hatte, „dieser Versuch, den ganzen Produktionsprozeß des Kapitals als Reproduktionsprozeß darzustellen, die Zirkulation bloß als die Form dieses Reproduktionsprozesses, die Geldzirkulation nur als ein Moment der Zirkulation des Kapitals, zugleich in diesen Reproduktionsprozeß einzuschließen den Ursprung der Revenue, den Austausch zwischen Kapital und Revenue, das Verhältnis der reproduktiven Konsumtion zur definitiven, und in die Zirkulation des Kapitals die Zirkulation zwischen Konsumenten und Produzenten (in fact zwischen Kapital und Revenue) einzuschließen, endlich als Moment dieses Reproduktionsprozesses die Zirkulation zwischen den zwei großen Teilungen der produktiven Arbeit – Rohproduktion und Manufaktur – darzustellen, und alles dies in einem Tableau, das in fact immer nur aus 5 Linien besteht, die 6 Ausgangspunkte oder Rückkehrpunkte verbinden – im zweiten Drittel des 18. Jahrhunderts, der Kindheitsperiode der politischen Ökonomie – war ein höchst genialer Einfall, unstreitig der genialste, dessen sich die politische Ökonomie bisher schuldig gemacht hat."[28]

Indem die Physiokraten wie in der gesamten Gesellschaft, so auch in der Wirtschaft die uneingeschränkte „Herrschaft der Natur" forderten, für die von staatlicher Reglementierung unbehinderte Entfaltung der „absoluten und ewigen Vernunft- und Naturgesetze" in der Wirtschaft eintraten, proklamierten sie das Wirksamwerden der in Frankreich zum Durchbruch drängenden ökonomischen Gesetze des Kapitalismus. Ihre im Kampf gegen die feudalabsolutistische Wirtschaftspolitik geborene Maxime „Laissez faire, laissez aller" wurde zur revolutionären Grundorientierung des auf die volle Entfaltung des kapitalistischen Konkurrenzmechanismus gerichteten klassischen bürgerlichen Liberalismus.

War das von Quesnay begründete politökonomische Theorien- und Kategoriensystem des Physiokratismus noch durch zahlreiche Widersprüche gekennzeichnet, die sich aus der subjektiv stark feudalnaturalwirtschaftlichen Verkleidung seines objektiv antifeudalen bürgerlichen Inhalts ergaben und seiner theoretischen Tiefe wie auch seiner revolutionären Wirksamkeit enge Grenzen setzten, so ge-

28 K. Marx, Theorien über den Mehrwert. Erster Teil, in: MEW, Bd. 26.1, Berlin 1965, S. 319.

lang es A.-R.-J. Turgot, dem Vollender des Physiokratismus, sich von diesen Widersprüchen weitgehend zu befreien und bis an die im Rahmen des Physiokratismus mögliche letzte Grenze der wissenschaftlichen Erkenntnisfähigkeit und revolutionären Wirksamkeit vorzustoßen. Indem Turgot nicht mehr nur die Grundrente, sondern auch Geldzins und Kapitalprofit als legitime Mehrwertformen nachwies und wichtige Gesetzmäßigkeiten ihrer Bildung und Entwicklung aufdeckte, wurde er zum politökonomischen Wortführer der zur politischen Herrschaft drängenden französischen Bourgeoisie und als solcher, wie Marx hervorhebt, „einer der direkten Väter der Französischen Revolution."[29] Sein kühner Versuch, als „radikaler Bourgeoisminister"[30] im Jahre 1776 durch sechs antifeudale Edikte „die Maßregeln der Französischen Revolution zu antizipieren"[31], und sein unmittelbar darauf folgender politischer Sturz markieren den Höhepunkt und Abschluß des Physiokratismus in Frankreich.

Im gleichen Jahr, als Turgot in Paris als Minister gestürzt wurde, erschien in London das Werk des Schotten Adam Smith „Eine Untersuchung über das Wesen und die Ursachen des Reichtums der Nationen". Mit ihm begann das höchste und letzte Entwicklungsstadium der Politischen Ökonomie als bürgerliche Wissenschaft. Seine materielle Basis war der mit Beginn der industriellen Revolution in England einsetzende Übergang vom Manufakturstadium des Kapitalismus zur vollen Herausbildung der kapitalistischen Produktionsweise auf Basis der maschinellen Großindustrie.

Indem Smith als „zusammenfassender politischer Ökonom der Manufakturperiode" (Marx)[32] alle von seinen Vorgängern gewonnenen Erkenntnisse kritisch verarbeitete und durch die von ihm am Vorabend der industriellen Revolution in England im Ergebnis umfangreicher empirischer und theoretischer Studien gewonnenen Einsichten bereicherte, begründete er ein politökonomisches Theorien- und Kategoriensystem, das die Totalität der Produktionsverhältnisse des Kapitalismus der freien Konkurrenz erstmalig konsequent vom Standpunkt der eigentlichen Kapitalistenklasse – der Manufaktur- bzw. Industriebourgeoisie, der progressivsten gesellschaftlichen Klasse seiner Zeit – erfaßte.

Bei der Schaffung des reifen Theorien- und Kategoriensystems der klassischen bürgerlichen Politischen Ökonomie stand Smith vor einer doppelten Aufgabe. Während er einerseits in die inneren Zusammenhänge des sich beschleunigt herausbildenden ökonomischen Systems des Kapitalismus eindringen mußte, um die verborgenen Gesetze seiner inneren Bewegung aufzudecken, mußte er andererseits seine in stürmische Bewegung gekommenen äußeren Lebensformen und Zusammenhänge zuverlässig erfassen. Obwohl er beide Aufgaben erkannte und jede, für sich genommen, erfolgreich in Angriff nahm, gelang es ihm nicht, die in

29 Ebenda.
30 Ebenda, S. 37.
31 Ebenda.
32 K. Marx, Das Kapital. Erster Band, in: MEW. Bd. 23, a. a. O., S. 369.

der Dialektik von Wesen und Erscheinung, Inhalt und Form, innerer und äußerer Bewegung der kapitalistischen Produktionsverhältnisse begründete Spezifik seiner doppelten und zugleich einheitlichen Aufgabenstellung zu erkennen.[33] Das sich daraus ergebende Neben-, Durch- und Gegeneinander seiner teils in die inneren Zusammenhänge eindringenden esoterischen, teils an den äußeren Zusammenhängen haftenbleibenden exoterischen Methode und die damit verbundenen „Quer- und Kreuzzüge" (Marx)[34] seines ökonomischen Denkens hinderten ihn am widerspruchsfreien Erfassen des Unterschieds und Zusammenhangs zwischen den wesentlichen inneren und den erscheinenden äußeren Zusammenhängen der kapitalistischen Produktionsverhältnisse. Das äußert sich u. a. im Neben- und Gegeneinander seiner verschiedenen Wertbestimmungen, in seinem Unvermögen, Wert und Produktionspreis auseinanderzuhalten, in seiner ständigen Verwechslung des Mehrwertes mit seinen konkreten Erscheinungsformen. Die hiermit verbundenen Irrtümer und Unzulänglichkeiten, „Halbheiten und Böcke"[35], wie auch mancher „närrischer Schnitzer"[36] Adam Smith' erklären sich, wie Marx bemerkt, aus der Tatsache, daß er als „Grundleger" des reifen Theorien- und Kategoriensystems der klassischen bürgerlichen Politischen Ökonomie notwendigerweise „tastet, experimentiert, mit einem erst sich gestaltenden Ideenchaos ringt".[37] Wenn er hierbei in mannigfaltige Widersprüche geriet, so waren sie historisch verständlich und zugleich äußerst fruchtbar. „Die Widersprüche A. Smith' haben das Bedeutende", lobt Marx, „daß sie Probleme enthalten, die er zwar nicht löst, aber dadurch ausspricht, daß er sich widerspricht."[38]

Hatte sich die Politische Ökonomie im Werk von A. Smith, wie Marx den am Vorabend der industriellen Revolution in England von Smith eingeleiteten Abschluß der Genesis der bügerlichen Politischen Ökonomie als Wissenschaft charakterisiert, „zu einer gewissen Totalität entfaltet, gewissermaßen das Terrain abgeschlossen, das sie umfaßt ..."[39], so krönte David Ricardo diesen Abschluß auf dem Höhepunkt der industriellen Revolution in England mit dem Versuch, die von Smith hinterlassenen Widersprüche des Theorien- und Kategoriensystems der klassischen bürgerlichen Politischen Ökonomie zu überwinden. Indem er in seinem 1817 in London erschienenen Werk „Grundsätze der politischen Ökonomie und der Besteuerung" die teils esoterische, teils exoterische, teils logisch-theoretische, teils empirisch-historische Methode des ökonomischen Denkens Smith' verwarf und sich für die Anwendung einer streng esoterischen, logisch-

33 Vgl. K. Marx, Theorien über den Mehrwert, Zweiter Teil, in: MEW, Bd. 26.2, Berlin 1967, S. 162.
34 K. Marx, Theorien über den Mehrwert. Erster Teil, in: MEW, Bd. 26.1, a. a. O., S. 74.
35 Ebenda.
36 K. Marx, Das Kapital. Zweiter Band, in: MEW, Bd. 24, a. a. O., S. 372.
37 F. Engels, Herrn Eugen Dührings Umwälzung der Wissenschaft (Anti-Dühring), in: MEW, Bd. 20, a. a. O., S. 217.
38 K. Marx, Theorien über den Mehrwert, Erster Teil, in: MEW, Bd. 26.1, a. a. O., S. 121.
39 K. Marx, Theorien über den Mehrwert. Zweiter Teil, in: MEW, Bd. 26.2, a. a. O., S. 162.

theoretischen Methode entschied, erreichte er die letzte Grenze wissenschaftlicher bürgerlicher Erkenntnisfähigkeit auf politökonomischem Gebiet.

Hatte Smith Wesen und Erscheinung, Inhalt und Form, die innere und die äußere Bewegung des kapitalistischen ökonomischen Systems ständig miteinander verwechselt, identifiziert, neben- und gegeneinander gestellt, so erkannte Ricardo, daß das ökonomische System des Kapitalismus in seiner Totalität nur dann wissenschaftlich zuverlässig erfaßt werden kann, wenn seine verschiedenen Bewegungsformen und -ebenen in einen logisch widerspruchsfreien Zusammenhang zueinander gebracht werden. Ausgehend von der Bestimmung des Warenwertes durch die gesellschaftlich notwendige Arbeitszeit, worin er das „innere Band aller Ökonomie" sah, versuchte er, alle ökonomischen Erscheinungen des Kapitalismus hiervon abzuleiten bzw. darauf zurückzuführen. Die „wissenschaftliche Berechtigung und den großen geschichtlichen Wert der Ricardoschen Untersuchungsweise"[40] erläutert Marx wie folgt: „Die Grundlage, der Ausgangspunkt der Physiologie des bürgerlichen Systems – des Begreifens seines inneren organischen Zusammenhangs und Lebensprozesses – ist die Bestimmung des Werts durch die Arbeitszeit. Davon geht Ricardo aus und zwingt nun die Wissenschaft, ihren bisherigen Schlendrian zu verlassen und sich Rechenschaft darüber abzulegen, wieweit die übrigen von ihr entwickelten und dargestellten Kategorien – Produktions- und Verkehrsverhältnisse –, Formen dieser Grundlage, dem Ausgangspunkt entsprechen oder widersprechen, wieweit überhaupt die wiedergebende, reproduzierende Wissenschaft (also auch diese Erscheinungen selbst) der Grundlage entsprechen, auf der der innere Zusammenhang, die wirkliche Physiologie der bürgerlichen Gesellschaft beruht oder die ihren Ausgangspunkt bildet, wie es sich überhaupt mit diesem Widerspruch zwischen der scheinbaren und wirklichen Bewegung des Systems verhält. Dies ist ... die große geschichtliche Bedeutung Ricardos für die Wissenschaft."[41]

Während es Ricardo auf diese streng logische Weise möglich war, viele Widersprüche und Ungereimtheiten Adam Smith' und seiner Nachfolger zu überwinden und dabei zu wertvollen Vervollkommnungen des Theorien- und Kategoriensystems der wissenschaftlichen Politischen Ökonomie zu gelangen, scheiterte er daran, daß er die Erscheinungsformen der bürgerlichen Produktionsverhältnisse unmittelbar mit ihrem Wesen gleichsetzte. Ricardo, so erläutert es Marx, „geht aus von der Bestimmung der Wertgröße der Ware durch die Arbeitszeit und untersucht dann, ob die übrigen ökonomischen Verhältnisse, Kategorien, dieser Bestimmung des Wertes widersprechen oder wie weit sie dieselbe modifizieren. Man sieht auf den ersten Blick sowohl die historische Berechtigung dieser Verfahrensart, ihre wissenschaftliche Notwendigkeit in der Geschichte der Ökonomie, aber zugleich auch ihre wissenschaftliche Unzulänglichkeit, eine Unzulänglichkeit, die sich nicht nur in der Darstellung (formell) zeigt, sondern zu irrigen

40 Ebenda, S. 163.
41 Ebenda.

Resultaten führt, weil sie notwendige Mittelglieder überspringt und in unmittelbarer Weise die Kongruenz der ökonomischen Kategorien untereinander nachzuweisen sucht."[42] Da Ricardo die zwischen Wesen und Erscheinung, zwischen der wirklichen inneren und der scheinbaren äußeren Bewegung des Systems der kapitalistischen Produktionsverhältnisse vermittelnden Kategorien „übersprang", blieben ihm zum Beispiel die komplizierten Verwandlungsprozesse des Mehrwertes in Profit und des Profits in Durchschnittsprofit, der Mehrwertsrate in die Durchschnittsprofitrate, des Wertes in den Produktionspreis verschlossen, konnte er zwar die Differentialrente auf die Wertbestimmung zurückführen, nicht aber die aus dem Unterschied von Wert und Produktionspreis entspringende absolute Rente erkennen.

In der Logik Ricardos kulminierte der für die gesamte klassische bürgerliche Politische Ökonomie charakteristische Ahistorismus, die durch ihre bürgerliche Klassenposition bestimmte Unfähigkeit ausnahmslos aller ihrer Vertreter, die ökonomischen Kategorien des Kapitalismus als historische Kategorien, als Ausdruck historisch bestimmter gesellschaftlicher Produktionsverhältnisse zu begreifen, die ökonomischen Gesetze des Kapitalismus als historische Gesetze zu verstehen. „Es ist einer der Grundmängel der klassischen politischen Ökonomie", schreibt Marx, „daß es ihr nie gelang, aus der Analyse der Ware und spezieller des Warenwertes die Form des Werts, die ihn eben zum Tauschwert macht, herauszufinden. Grade in ihren besten Repräsentanten, wie A. Smith und D. Ricardo, behandelt sie die Wertform als etwas ganz Gleichgültiges oder der Natur der Ware selbst Äußerliches. Der Grund ist nicht allein, daß die Analyse der Wertgröße ihre Aufmerksamkeit ganz absorbiert. Er liegt tiefer. Die Wertform des Arbeitsprodukts ist die abstrakte, aber auch allgemeinste Form der bürgerlichen Produktionsweise, die hierdurch als eine besondere Art gesellschaftlicher Produktion und damit zugleich historisch charakterisiert ist. Versieht man sie daher für die ewige Naturform gesellschaftlicher Produktion, so übersieht man notwendig auch das Spezifische der Wertform, also der Warenform, weiterentwickelt der Geldform, Kapitalform usw."[43]

Hatte der Ahistorismus die wissenschaftliche Erkenntnisfähigkeit der klassischen bürgerlichen Ökonomen von Anfang an eingeschränkt, woraus sich die zahlreichen vulgären Elemente ihrer ökonomischen Theorien erklären, so setzte er ihr unter den Bedingungen des Aufstiegs der kapitalistischen Produktionsweise jedoch insofern noch keine entscheidende Grenze, als die kapitalistische Produktionsweise gegenüber allen vorkapitalistischen Produktionsweisen in der Tat die höchste und produktivste war und zunächst auch noch eine lange und deshalb scheinbar unbegrenzte Zukunft vor sich hatte. In dem Maße jedoch, wie die Herausbildung der kapitalistischen Produktionsweise in England und Frankreich im Zuge der industriellen Revolution ihren Abschluß fand und ihr transitorischer

42 Ebenda, S. 161/162.
43 K. Marx, Das Kapital. Erster Band, in: MEW, Bd. 23, a. a. O., S. 95 (Fußnote).

Charakter immer deutlicher hervortrat, wurde der Ahistorismus zur unüberschreitbaren Grenze für die wissenschaftliche Weiterentwicklung der bürgerlichen Politischen Ökonomie. „Soweit sie bürgerlich ist, d. h. die kapitalistische Ordnung statt als geschichtlich vorübergehende Entwicklungsstufe, umgekehrt als absolute und letzte Gestalt der gesellschaftlichen Produktion auffaßt", begründet Marx, „kann die politische Ökonomie nur Wissenschaft bleiben, solange der Klassenkampf latent bleibt oder sich nur in vereinzelten Erscheinungen entwickelt."[44] Als schließlich die erste zyklische Wirtschaftskrise 1825 und der sich nach der Eroberung der politischen Macht durch die Industriebourgeoisie in England und Frankreich um 1830 offen entfaltende Klassenkampf zwischen Proletariat und Bourgeoisie die antagonistische Widersprüchlichkeit und damit zuzugleich auch die historische Begrenztheit der kapitalistischen Produktionsweise unübersehbar zutage treten ließen, begann für die bürgerliche Politische Ökonomie die „ein für allemal entscheidende Krise" (Marx)[45]. „Von da an", schreibt Marx, „gewann der Klassenkampf, praktisch und theoretisch, mehr und mehr ausgesprochne und drohende Formen. Er läutete die Totenglocke der wissenschaftlichen bürgerlichen Ökonomie. Es handelte sich jetzt nicht mehr darum, ob dies oder jenes Theorem wahr sei, sondern ob es dem Kapital nützlich oder schädlich, bequem oder unbequem, ob polizeiwidrig oder nicht. An die Stelle uneigennütziger Forschung trat bezahlte Klopffechterei, an die Stelle unbefangener wissenschaftlicher Untersuchung das böse Gewissen und die schlechte Absicht der Apologetik."[46]

Während die bürgerliche Politische Ökonomie um 1830 aufhörte, Wissenschaft zu sein, auf die Positionen der Apologetik und des Vulgarismus überging, vollzogen Marx und Engels in den 40er Jahren des 19. Jahrhunderts in dialektischer Aufhebung der klassischen bürgerlichen Politischen Ökonomie und unversöhnlicher Auseinandersetzung mit der apologetischen bürgerlichen Vulgärökonomie den Übergang der wissenschaftlichen Politischen Ökonomie von den Klassenpositionen der Bourgeoisie auf die Klassenpositionen des Proletariats. Damit leiteten sie jene tiefgreifendste Revolution in der Geschichte der Politischen Ökonomie ein, in der die Politische Ökonomie auf der Grundlage des dialektischen und historischen Materialismus und in untrennbarer Verbindung mit dem Wissenschaftlichen Kommunismus als Politische Ökonomie der Arbeiterklasse zur uneingeschränkt gültigen Wissenschaft wurde.

44 K. Marx, Nachwort zur zweiten Auflage des Ersten Bandes des Kapital, in: MEW, Bd. 23, Berlin 1962, S. 19/20.

45 Ebenda, S. 20.

46 Ebenda, S. 21.

Siegfried Wollgast

Zur Entwicklung der Philosophiegeschichtsschreibung als philosophische Disziplin bis zur Mitte des 19. Jahrhunderts

Die Geschichte der Philosophie ist eine relativ junge Wissenschaftsdisziplin; ihre Herausbildung erfolgte vom 17. bis zur Mitte des 19. Jahrhunderts. Martin Guntau formuliert zu Recht, daß es bei der Herausbildung einer Wissenschaftsdisziplin eine „Vorgeschichte" gibt, die „Disziplinierung oder Emanzipierung" und die „Konsolidierung" der betreffenden einzelwissenschaftlichen Disziplinen.[1] Nun ist Philosophiegeschichte keine einzelwissenschaftliche Disziplin. Wenn Philosophie selbst mehr ist als Einzelwissenschaft, so gilt dies auch für Philosophiegeschichte. Unter Vernachlässigung dieses Aspektes sei aber postuliert, daß bei der Philosophiegeschichte eine engere und eine weitere Vorgeschichte zu unterscheiden sind.

E. Hoffmann meint: „Zwischen den Placita philosophorum und Diogenes Laertius einerseits, Brucker und Bayle's Dictionaire historique andererseits ist kein prinzipieller Unterschied. Es kam den Geschichtsschreibern der Philosophie darauf an, die sogenannten Lehrmeinungen der Denker und Schulen herbarienmäßig in charakteristischen Satzprägungen festzuhalten."[2] Diese Auffassung ist ahistorisch. Zumindest ist die Doxographie der Antike, etwa in Platons zumeist polemischer Schilderung der Lehren anderer Denker in seinen „Dialogen" und in den „Gesetzen", oder bei Theophrast, dem Leiter der peripatetischen Schule nach Aristoteles, von den philosophiehistorischen Auffassungen der Renaissance und des 17. bzw. 18. Jahrhunderts abzuheben. Zugleich ist zu fragen, ob sich Aristoteles' „Metaphysik" mit ihrer Schilderung der Lehrmeinungen der „alten Philosophen" und Platons[3] nicht schon über das doxographische Niveau erhebt und inwieweit dies in der älteren Geschichte der Philosophie einen Ausnahmefall bildet, falls er wirklich einen solchen bezeichnet (vgl. etwa Johannes Baptista Buonosegnius' Geschichte der antiken Philosophie von 1458)[4].

1 M. Guntau, Zur Herausbildung wissenschaftlicher Disziplinen in der Geschichte (Thesen), in: Rostocker Wissenschaftshistorische Manuskripte, Heft 1, Rostock 1978, S. 15 ff.

2 E. Hoffmann, Über die Problematik der philosophiegeschichtlichen Methode, in: E. Hoffmann, Platonismus und christliche Philosophie, Zürich — Stuttgart 1960, S. 5.

3 Vgl. Aristoteles, Metaphysik, I. Buch (A) 983a—993a.

4 Vgl. L. Stein, Handschriftenfunde zur Philosophie der Renaissance, in: Archiv für Geschichte der Philosophie, Berlin 1 (1887/88), S. 534—553.

Einen wichtigen Platz in der engeren Vorgeschichte der Philosophiegeschichte als Wissenschaft nimmt in Deutschland vor allem Johann Jacob Brucker ein. Brucker ist als Philosophiehistoriker vor allem durch sein Hauptwerk „Historia critica philosophiae ..." (1741–1744) und seine schon zuvor erschienenen „Kurtzen Fragen aus der philosophischen Historie" (1731–1736) bekannt geworden. Er steht in der Traditionslinie von Christian Thomasius und Joh. Franz Buddeus. Auch G. W. Leibniz und Chr. Wolff üben im 18. Jahrhundert Einfluß auf die Herausbildung der Philosophiegeschichte als Disziplin aus; diesem Einfluß wird hier nicht nachgegangen. Brucker nimmt eine Bestimmung der Philosophiehistoriographie und ihres methodischen Instrumentariums im Verhältnis zur Philosophie und zu den Einzelwissenschaften vor, sucht ein weltgeschichtlich-ganzheitliches und quantitativ vollständiges Bild des philosophiehistorischen Geschehens zu geben. Er fragt bereits nach der Stellung der Philosophiegeschichte im Rahmen der Philosophie und auch nach ihrem Nutzen.[5] Voraussetzung für das Verständnis der philosophischen Historie sei eine Erklärung des Inhalts des Begriffs Philosophie. Es sei zu zeigen, „Was *Philosophus* und *Philosophia* seye/ ohne welches wir doch nicht verstehen können/was die *Philosophische* Historie seye/und von denen darinnen vorkommenden *Philosophis* und ihren Grund-Sätzen und daraus fliessenden Lehren kein gesundes Urteil fällen werden"[6]. Trotz aller Verdienste Bruckers erscheint mir folgendes Urteil Schröpfers nicht haltbar: „*Jacob Brucker* vollendet die Herausbildung der Philosophiehistoriographie als selbständige Disziplin in der Linie von Thomasius und Buddeus."[7] Diese Wertung unterschätzt die anderen philosophiehistorischen Ansätze im 18. Jahrhundert in Deutschland, die Schröpfer z. T. selbst gewissenhaft registriert. Nach Geldsetzer[8] ist die früheste eigentlich philosophiehistorische Arbeit in Deutschland die Dissertation „De studio Historiae Philosophicae" von M. Ephraim Gerhard und Samuel Laurentius Puschmann (Jena 1705). Aus dem „Conspectus tractionis" der mir vorliegenden zweiten Auflage, die Gerhard allein als Autor ausweist, seien einige der Themen angeführt: „Historia usus & varietas. § II. Speciatim historia litterariae. § III. Ejus pars historia philosophica. § IV. Historiae philosophicae definitio. §V. Ejus argumentum. § VI. De usu perverso

5 Vgl. J. J. Brucker, Dissertatio praeliminaris de natura, constitutione, usu mediisque historiae philosophicae, in: J. Brucker, Historia critica philosophiae a mundi incunabilis ad nostram usque aetatem deducta, t. 1, Lipsiae MDCCXLI, S. 3–45.

6 J. Brucker, Kurtze Fragen Aus der philosophischen Historie, T. 1, Ulm 1731, S. 3.

7 H. Schröpfer, Zur Herausbildung der Philosophiehistoriographie als eigenständige historische Disziplin in der europäischen Aufklärung von 1650–1750, Diss. A, Jena 1979, S. 264, vgl. S. 212–257; vgl. auch: H. Schröpfer, Zu methodologischen und methodischen Problemen der bürgerlichen Philosophiehistoriographie in der Phase ihrer Herausbildung, in: Deutsche Zeitschrift für Philosophie, 9/1981, S. 1083–1092.

8 Vgl. L. Geldsetzer, Die Philosophie der Philosophiegeschichte im 19. Jahrhundert. Zur Wissenschaftstheorie der Philosophiegeschichtsschreibung und -betrachtung, Meisenheim am Glan 1968, S. 16. – Unser Aufsatz verdankt Geldsetzer wertvolle Hinweise.

ejusdem ... § XXVII. Historiae philosophicae neglectus. § XXVIII. Ejusdem difficultas. § XXIX. Ejusdem abusus. § XXX. De requisitis ab historiam philosophicam adminiculis." Die anderen Punkte geben eine Aufzählung der Rolle der Philosophie in den verschiedenen Bereichen.[9] Auch diese Arbeit bezeichnet nicht *den* Anfang der engeren Vorgeschichte der Philosophiegeschichtsschreibung in Deutschland bzw. in Europa. Bereits im 17. Jahrhundert haben Gerhard Johannes Vossius und Georg Hornius in den Niederlanden, Thomas Stanley in England und Johannes Jonsius in Deutschland interessante Arbeiten zur Geschichte der Philosophie verfaßt.[10] Diese Arbeiten bezeichnen eine qualitativ neue Stufe in der Philosophiegeschichtsschreibung.

Der Herausbildungsprozeß der Philosophiegeschichte ist eingebettet in den bzw. eng verbunden mit dem Emanzipationsprozeß der Profan- von der Kirchengeschichte. In diesem Zusammenhang spielt in Deutschland der Frühaufklärer Gottfried Arnold eine bedeutende Rolle: „Er überwand die Annalistik und Chronistik, indem er seiner Darstellung einen leitenden Gedanken zugrunde legte, indem er riesige Stoffmassen nach diesem Gedanken ordnete und indem er eine wesentliche Entwicklungstendenz in der Wirklichkeit selbst aufdeckte: den Zusammenhang zwischen dem Kampf gegen die jeweils herrschenden Kreise des Klerus und dem Kampf gegen die herrschenden Klassen überhaupt."[11] Dies äußert sich vor allem in seiner „Unpartheischen Kirchen- und Ketzerhistorie" (1699/1700). Thomasius sprach sich für Arnolds Buch aus. Und es liegt zeitlich vor den Arbeiten von Buddeus bzw. Gerhard und Puschmann.

Sicherlich erfordern diese „Vorgeschichten" der Philosophiegeschichte auch für unseren Gegenstand nähere Untersuchung. Ihnen allen mangelt eine Grundvoraussetzung, um sie der eigentlichen Philosophiegeschichte zuordnen zu können: sie gehen nicht von einem wenigsten einigermaßen geschlossenen, *eigenständigen System* philosophischen Denkens aus.

Thomasius unterschied „Sectirische" und „eclectische" Philosophie. Die sektirischen Philosophen schwören danach auf die Lehren eines Meisters, was Thomasius für nutzlos hält. Er bekennt sich zur eklektischen Philosophie: „Ich

9 E. Gerhard, Introductio praeliminaris Historiam Philosophicam acta et recognita, Jena o. J. (wohl 1711) – (Exemplar der Sächs. Landesbibliothek Dresden Hist. philos. 16).

10 Vgl. G. J. Vossius, De Philosophia et philosophorum sectis, libri I–II, hrsg. von J. Vossius, Hagae MDCLVIII; G. Hornius, Historia philosophiae libri septem, Quibus de origine, successione, sectis & vita philosophorum ab orbe condita ad nostram aetatem agitur, Lugduni Batavorum MDCLV; Th. Stanleius, Historia philosophiae, Vitas, Opiniones, resque gestas et dictis Philosophorum Sectae ..., Lipsiae MDCCXI; Th. Stanley, The History of Philosophy, containing the lives, opinions, actions and discourses of the philosophers of every sect, Bde. I–III, London 1655–1662; J. Jonsius, De scriptoribus Historiae Philosophiae libri IV, nunc de novo recogniti ..., J. Chr. Dorni, cum praefatione B. G. Struvii, Jenae MDCCXVI.

11 J. Streisand, Geschichtliches Denken von der deutschen Frühaufklärung bis zur Klassik, 2. durchges. Aufl. Berlin 1967, S. 24.

nenne aber eine Eclectische Philosophie eine solche/welche da erfordert/daß man von dem Munde eines eintzigen Philosophi allein nicht dependiren/oder deren Worten eines eintzigen Lehr-Meisters sich mit einem Eyde verpflichten soll/ sondern aus dem Munde und Schrifft allerley Lehrer/alles und jedes was wahr und gut ist/in die Schatz-Kammer seines Verstandes sammelen müsse/und nicht so wohl auf die Autorität des Lehrers Reflexion mache/sondern ob dieser oder jener Lehr-Punct wohl gegründet sey/selbst untersuche/auch von dem Seinigen etwas hinzu thue/und also vielmehr mit seinen eigenen Augen als mit andern sehe. Derowegen dann ein grosser Unterschied zwischen den Philosophis Eclecticis ist/ und unter den Autodidactis Quodlibetisten und Zusammenschmierern."[12] Alle bedeutenden Philosophen seien Eklektiker gewesen. Das ist eine gängige Meinung der Aufklärung; Brucker z. B. teilt sie, und Diderot wiederholt dieses Urteil in der „Enzyklopädie."[13] Diese Form des Eklektizismus ist nicht mit jenem abwertenden Begriffsinhalt gleichzusetzen, der dem Eklektizismus in der Gegenwart zukommt. Die Philosophen des 17. und 18. Jahrhunderts suchen, gerade in Kontroversstellung zum systematisierten Aristotelismus, produktive Seiten aller philosophischen Systeme zu vereinen und für die Praxis nutzbar zu machen. Denn Aufklärungsphilosophie heißt – jedenfalls in Deutschland – Dominanz der praktischen Philosophie. Unter diesem Aspekt wird im 17. und 18. Jahrhundert Philosophiegeschichte als Geschichte philosophischer Sekten verstanden. Vossius hatte seine Geschichte der antiken Philosophie (Leiden 1657) „De philosophorum sectis" überschrieben. Dabei wird der Versuch deutlich, sich aus dem Meinungsstreit (Der Wahrheitsanspruch war auf einen Meinungsstreit reduziert) der Philosophie herauszuhalten: „Superest secta ἐκλεκτική, si nova secta dicenda, quae non condit nova dogmata, sed ex aliis sua excerpit."[14] Diesen Verzicht des Eklektizismus auf *eigene* philosophische Lehren begründete G. J. Vossius noch nicht historisch, sondern theologisch: „Praestantia hujus sectae ex eo dilucet, quòd tanta sit imperfectio humani Intellectus, ut ex vetustis illis sapientibus, nemo potuerit omne verum perspicere."[15] Dem Späthumanisten Vossius waren für die eklektische Methode Cicero, Plutarch, Plotin, Clemens von Alexandrien und Laktanz seine Autoritäten. Vossius' Geschichte der philosophischen Sekten endete mit dem Appell zum Eklektizismus[16].

Vossius' Schlußempfehlung seiner Philosophiegeschichte war auf seine Gegen-

12 Chr. Thomasius, Einleitung zur Hoff-Philosophie, Berlin–Leipzig 1712, S. 50.

13 Artikel aus der von Diderot und d'Alembert herausgegebenen Enzyklopädie, hrsg. v. M. Naumann, Leipzig 1972, S. 321 u. 862 ff.; vgl. generell zum Eklektizismus in der deutschen Philosophie des 17. und 18. Jh.: W. Schmidt-Biggemann, Topica universalis. Eine Modellgeschichte humanistischer und barocker Wissenschaft, Hamburg 1983, S. 249–292.

14 G. J. Vossius, De Artium et Scientiarum Natura ac constitutione libri quinque, Amstelodami 1696, S. 312; vgl. zum ff.: W. Schmidt-Biggemann, Topica universalis, a. a. O., S. 253–254.

15 Ebenda, S. 313, § 3.

16 Ebenda, S. 315.

wart, auf die Zeit nach 1650 gerichtet. Man unterschied die „Sekten“ der Aristoteliker, Ramisten und Lullisten. Vossius empfahl, mit philosophie- und literargeschichtlichen Mitteln den Eklektizismus gegen die sich in ihrem bornierten Wahrheitsanspruch gegenseitig paralysierenden systematischen Philosophien anzuwenden.

Fast eine Generation nach Vossius' Tod nahm der Altdorfer Mathematiker, Physiker und Philosoph Johann Christoph Sturm diese Gedanken des Leidener Polyhistors in seiner Abhandlung „De Philosophia sectaria & electiva“ auf. Inzwischen waren zu den bereits bestehenden philosophischen „Sekten“ die Cartesianer hinzugekommen, aber strukturell hatte sich die Ausgangslage gegenüber der Zeit um 1650 nicht verändert.

Sturm gab folgende Definition des Eklektizismus: „Eclecticorum Philosophorum nomine per totam hanc tractationem non alios nos intelligere, quàm eos, qui non rejiciunt promiscue quaecunque ab aliis sectis earumque capitibus inventa sunt aut tradita, nec unius Ducis authoritate ita commoventur, ut ejus effata & dicteria promiscuè probent & propugnent omnia; sed humani ingenii imbecillitatem agnoscentes, quae ab uno aut paucis quibusdam hominibus omnes Naturae & Rationis abyssos exhauriri nunquam patiatur, ab aliis quoq; verum ex parte pervideri posse, junctisq; viribus & communicato consilio scientias augendas & stabilendas esse, sibi persuadent.“ Dies sei dadurch möglich, daß man unparteiisch, „vocata ubique in consilium recta ratione, liberoque ac defaecato mentis judicio“[17], das rechte auswähle. W. Schmidt-Biggermann, der den Eklektizismus als „eine leise unterwandernde Tendenz“ charakterisiert, stellt fest: „Der Eklektizismus hatte zwar einen Anspruch auf Sachkompetenz, aber diese Sachkompetenz war ... auf einzelne Urteile gerichtet. Sachzusammenhänge waren nur nach praktischem Nutzen zu beurteilen möglich. Und praktischer Nutzen hatte ein breites Unsicherheitsfeld in der Argumentation, denn der Nutzen unterlag eben keinen sicheren theoretischen Kriterien. Eklektizismus hatte die argumentative Weichheit aller irenischen Argumente. Immer war schon das Argument des Gegners vereinnahmt und ins Repertoire aufgenommen, und alle neuen Argumente waren immer schon da. So konnte es zum Eklektizismus keine rechte Gegenposition geben, es konnte nur andere philosophische Auffassungen geben; aber das waren schon die Sektierer, die zugleich die Überforderer der menschlichen Vernunft waren, und denen gegenüber die Philosophie auf ihr rechtes Maß zu reduzieren die irenische Philosophia eclectica angetreten war. Regeln, Methode oder der Satz vom Widerspruch als formale Wahrheitsgarantien waren ausgeschlossen. Der Eklektizismus war die Philosophie repressiver Toleranz.“[18] Er war nicht auf Systeme angewiesen, er konnte sie benutzen, weil er sie irenisch aufgehoben zu haben glaubte. Es wäre zutiefst unhistorisch, würde man innerhalb der eklekti-

17 Vgl. J. Chr. Sturm, Philosophia Eclectica, h. e. Exercitationes Academicae ..., t. 1, Altdorf 1686, S. 7–8.

18 W. Schmidt-Biggemann, Topica universalis, a. a. O., S. 254–255.

schen Philosophiegeschichte als der engeren Vorgeschichte moderner Philosophiegeschichte keine Entwicklung sehen. In den mehr als hundert Jahren, da diese eklektische, über bloße Doxographie hinausgehende Richtung dominiert, gibt es qualitative Entwicklungen. Eine solche qualitativ neue Stufe von eklektischem Denken findet sich bei Thomasius. Eklektizismus wird bei ihm zur Kritik verschärft. Ein „Eclecticus“ ist für Thomasius – und das beschreibt die Aufgabe von Kritik – derjenige, „welcher aus allen Philosophischen Secten die Wahrheiten auslieset/ihre Fehler bemercket/und alle Lehren an dem Probierstein der gesunden Vernunfft streichet.“[19] Von Thomasius geht nicht nur Brucker, sondern auch Johann Christoph Adelung aus. Adelung vermag im Literaturverzeichnis seiner elfbändigen „Geschichte der Philosophie (1786 ff.) bereits 85 Titel zum Begriff, der Form und Methode der Geschichte der Philosophie, zu ihrer allgemeinen Geschichte und zur Geschichte einzelner ihrer Gebiete aufzuführen. Diese Philosophiegeschichte Adelungs ist die erste umfassende populäre Philosophiegeschichte in deutscher Sprache.

Lessing und Diderot hatten Bruckers Philosophiegeschichte hohes Lob gezollt. Brucker teilte das Streben von G. W. Leibniz, Chr. Thomasius, F. Buddeus und auch Chr. Wolff nach einer Harmonie von Glauben und Vernunft. Adelung lehnt hingegen diese Harmonie als verderblich ab. Dafür zieht er viele Belege heran. Leibniz erscheint ihm schon deshalb weniger vorbildlich als Thomasius, weil er den Versuchen einer Harmonisierung von Glauben und Wissen so viel Raum eingeräumt habe.[20] Im Gegensatz zu Brucker erhebt Adelung gegen Spinoza den Vorwurf des Atheismus und hebt Spinoza bei aller Verurteilung des Pantheismus insgesamt, worin er wieder Brucker folgt, als einen scharfsinnigen und vernünftigen Mann aus den von ihm insgesamt abgelehnten Pantheisten heraus. Im Gegensatz zu Brucker unternimmt Adelung nicht einmal den Ansatz zu einem Beweis der Unsterblichkeit der Seele. Versucht Brucker Epikur und Hobbes von jedem Verdacht des Atheismus reinzuwaschen, so ist Adelung hier bedeutend nüchterner: Adelung weiß nicht, schreibt er, wie er Epikur vom Verdacht der Gottesleugnung freisprechen soll, die ganze Theologie passe nicht in sein System, sie sei überhaupt eines Philosophen unwürdig, von Epikur bloß um der Volksreligion willen vorgetragen, um sich einigermaßen mit den Begriffen des Volkes auszusöhnen.[21] Entsprechend einem Grundprinzip der Philosophie in der Aufklärung ist die Definition der Philosophie bei Adelung ebenso wie bei Thomasius und Brucker auf Nutzen, auf praktische Wirksamkeit ausgerichtet.[22] Stärker als

19 Chr. Thomasius, Höchstnöthige Cautelen Welche ein Studiosus juris, Der sich zur Erlernung der Rechts-Gelehrheit Auff eine kluge und geschickte Weise vorbereiten will/zu beobachten hat, Halle 1713, S. 135 (VI, 95).

20 J. Chr. Adelung, Geschichte der Philosophie für Liebhaber, Bd. 3, Leipzig 1787, S. 408.

21 J. Chr. Adelung, Geschichte der Philosophie für Liebhaber, Bd. 2, Leipzig 1786, S. 32 ff.

22 Vgl. J. Brucker, Kurtze Fragen Aus der philosophischen Historie, T. 1, a. a. O., S. 4, 8 f., 15–18; J. Chr. Adelung, Geschichte der Philosophie für Liebhaber, Bd. 1, Leipzig 1786, S. 7 ff.

Brucker differenziert Adelung zwischen Philosophie und Einzelwissenschaften sowie ihrem Gegenstandsbereich. Adelungs aufklärerische Wendung gegen Schwärmerei und all das, was er im Emanationssystem zusammenfaßt und den niederen Seelenkräften unterhalb des Verstandes zuschreibt, ist bedeutend schärfer als bei Brucker bestimmt. Von hier aus erklärt sich auch Adelungs Schrift zur „Geschichte der menschlichen Narrheit" (1785 ff.), in der er das Leben und Auffassungen von 73 „berühmten Schwarzkünstlern, Goldmachern, Zeichen- und Liniendeutern, Schwärmern, Wahrsagern und anderer philosophischer Unholden" darstellt. Unterscheidet Brucker zwischen „sectirerischem, ecklectischem und syncretistischem Denken", so ist Adelungs Auffächerung differenzierter bzw. logischer angelegt. „Sectirerische" Philosophie ist für Brucker das Aufgreifen, Wiederentdecken und Verbreiten antiker philosophischer Strömungen, nach deren Grundideen eigene philosophische Lehrgebäude errichtet wurden. Unter der „synkretistischen" Denkweise versteht Brucker – wie auch schon Thomasius – das Verfahren, die Elemente unterschiedlicher Systeme formal zu vereinigen. Höhepunkt des Philosophierens ist für Brucker das eklektische Verfahren.

Bei Brucker wie bei Adelung spielen die Affekte des Menschen und deren Formung durch die Erziehung als Antriebe für das philosophische Denken eine wichtige Rolle. Eine Apologie des Offenbarungsglaubens findet sich bei Adelung nirgends. Adelung wie Brucker leiten die Periodisierung der Philosophie weitgehend aus der Chronologie und Geographie ab. Adelung bindet, darin Brucker folgend, zugleich den Werdegang des philosophischen Denkens an reale, erfahrbare Sachverhalte, sucht ihn von empirischen Gesichtspunkten aus zu werten. Teilt Brucker die Philosophiegeschichte in die vorchristliche und christliche Periode, die vorchristliche in die barbarische und die griechische Philosophie, so ist Adelungs Einteilung differenzierter. Adelung unterscheidet auch nicht wie Brucker die sog. christliche Periode in eine vor- und nachreformatorische Phase. Er periodisiert (wir folgen hier der Abschnittseinteilung): 1. Die Philosophie im Keimen, 2. Die Philosophie bei den Griechen, 3. Geschichte der Philosophie unter der Herrschaft der Römer bis zum 8. Jh., 4. Geschichte der Philosophie in dem mittleren Zeitalter, 5. Geschichte der Philosophie in den neueren Zeiten. Bei den 10 Kapitelüberschriften des 5. Abschnittes wird die Reformation noch nicht einmal genannt.

Zur Herausbildung der Philosophiegeschichte als Wissenschaft haben im Deutschland des 18. Jahrhunderts auch Karl Günther Ludovici, Johann Georg Walch, Anton Friedrich Büsching, Christian Garve, Christoph Meiners, Johann Gottlieb Buhle und andere beigetragen. Rationalismus wie Sensualismus sind ihren methodologischen Ausgangspunkten – wenn auch in unterschiedlichem Maße – eigen. Nachdem sich die Philosophiegeschichte emanzipiert hatte, wurden die Leistungen der „Vorläufer" dieser Disziplin weitgehend ahistorisch abgewertet. Vieles steht noch hinsichtlich der engeren Vorgeschichte der Philosophiegeschichte als Wissenschaft in Deutschland zu prüfen. So, ob und in welcher Hinsicht sie von André-François Boureau-Deslandes' „Histoire critique de la philosophie" (1737, deutsche Übersetzung 1770) beeinflußt ist, überhaupt von der französischen Aufklärung. Zu fragen ist nach der Rolle der Popularphilosophen bei der Herausbildung der Philosophiegeschichte als Wissenschaft in Deutschland u. a.

Die Emanzipierung der Philosophiegeschichte als selbständiger Disziplin fällt in die Zeit des späten Kant, in die Zeit, da sein System der Transzendentalphilosophie im wesentlichen entwickelt war. Die Renaissance hatte wieder die Rolle des menschlichen Subjekts im philosophischen Denken betont und – nach Vorarbeiten des Mittelalters – die antiken philosophischen Quellen umfassend bekannt gemacht. Dieser Prozeß wurde in der Schulphilosophie des 17. Jahrhunderts fortgesetzt. Spinoza, Leibniz, Descartes, Hobbes, der französische Materialismus, Empirismus bzw. Sensualismus und Rationalismus – sie alle hatten Bausteine zum Gebäude des bürgerlichen Philosophierens geliefert, das durch Humes und Kants erkenntnistheoretische Fragestellungen einen gewissen Abschluß erfuhr. Kein Bereich der damals zugänglichen objektiven Realität blieb von der philosophischen Erfassung ausgespart. So nimmt es nicht wunder, daß man auf qualitativ neue Manier nach dem Verhältnis, der Methodologie, den Quellen und Wechselbeziehungen der einzelnen philosophischen Schulen fragte.

Kant hat in seiner „Kritik der reinen Vernunft" auch Grundgedanken der Philosophiegeschichte bedacht: „Erstmalig ist in der Geschichte der Philosophie in dieser Stringenz der Versuch unternommen worden, das philosophiehistorische Feld aus der *inneren* Logik bzw. mittels der wesentlichen Struktur einer aktuellen Variante des systematischen Philosophierens zu erklären. Und umgekehrt: Die zeitgenössische Existenz des philosophischen Systems wurde als Ableitung oder als höchste Ausformung der *gesamten* philosophiehistorischen Vorleistungen angesehen. Damit initiierte Kant die synthetische Betrachtung von Philosophie und ihrer Historie, die die Grundlage für das dialektische Erfassen dieses Zusammenhanges darstellte und letztlich in der wissenschaftlichen Betrachtung der dialektischen Einheit von Logischem und Historischem im philosophischen Bereich einmündete."[23] Kant glaubte, in Karl Morgenstern den Mann zu finden, „der eine Geschichte der Philosophie, nicht nach der Zeitfolge der Bücher, die darin geschrieben worden, sondern nach der natürlichen Gedankenfolge, wie sie sich nach und nach aus der menschlichen Vernunft hat entwickeln müssen, abzufassen im Stande ist, so wie die Elemente derselben in der Kritik d. r. V. aufgestellt werden."[24]

Dieser Forderung suchten dann viele Schüler Kants nachzukommen. Karl Heinrich Heydenreich meint, „daß die kritischen Arbeiten Kants, so wie sie eine gänzliche Revolution der Philosophie verursachen mußten, auch eine völlige

23 H. Schröpfer, Zur Konstitution der Einheit von Philosophie und Philosophiegeschichte durch Immanuel Kant, in: Philosophie und Geschichte. Beiträge zur Geschichtsphilosophie der deutschen Klassik, Weimar 1983, S. 102–103.

24 I. Kant an Karl Morgenstern am 14. August 1795, in: I. Kant, Briefwechsel, hrsg. von der Preuß. Akad. der Wiss., Bd. 3, Berlin–Leipzig 1922, S. 36.

Umwandelung der Methode, die philosophische Geschichte zu behandeln, notwendig machen."[25]

Kant selbst hat seine Auffassungen zur Philosophiegeschichte in der Preisschrift „Welches sind die wirklichen Fortschritte, die die Metaphysik seit Leibnitzens und Wolffs Zeiten gemacht hat?" (1791), in den dazugehörigen Vorarbeiten „Lose Blätter zu den Fortschritten der Metaphysik" sowie in der 1800 von G. Jäsche herausgegebenen Schrift „Immanuel Kants Logik ein Handbuch für Vorlesungen" dargestellt. Diese Darstellung bleibt fragmentarisch. Erkennbar ist aber, daß sich Kant entschieden „gegen die mehr oder weniger empirisch-deskriptiven und systematisierend-ordnenden Darstellungen der Geschichte der Philosophie" wandte, wie sie etwa in den verbreiteten Kompendien J. J. Bruckers zum Ausdruck kamen. Kant umreißt sein philosophiehistorisches Grundprinzip mit den Worten: „Eine philosophische Geschichte der Philosophie ist selber nicht historisch oder empirisch sondern rational, d. i. *a priori* möglich. Denn ob sie gleich Facta der Vernunft aufstellt so entlehnt sie solche nicht von der Geschichtserzählung sondern sie zieht sie aus der Natur der menschlichen Vernunft als philosophische Archäologie."[26] Damit grenzt sich Kant von der bisherigen philosophia eclectica, der Popularphilosophie und auch der französischen materialistischen Philosophie ab. Die Geschichtsschreibung der französischen Aufklärung war von der den Chroniken „eigenen Betrachtung der Oberflächenerscheinungen ... zur Erforschung der Auseinandersetzungen im Innern der Gesellschaft" gelangt: „zu den Kämpfen zwischen den verschiedenen Schichten, Ständen, kirchlichen Parteien, zu den inneren gesellschaftlichen Umwälzungen."[27] Kant sieht in der Geschichte der Philosophie das historische Gegenstück eines Rationalismus und Apriorismus. Er postuliert, abstrakt und idealistisch, die Einheit von systematischem Philosophieren und dessen historisch-kontinuierlicher Entwicklung. Kant geht davon aus, daß der Vernunft die Zeit als Form der inneren Anschauung den historischen Entfaltungsbereich eröffnet. In diesem Sinne hält er ein apriorisch-rationalistisches „Schema" der Geschichte der Philosophie für möglich, „wenn nämlich die Idee einer Metaphysik der Menschlichen Vernunft unvermeidlich aufstößt und diese ein Bedürfnis fühlt sie zu entwickeln diese Wissenschaft aber ganz in der Seele obgleich nur embryonisch vorgezeichnet liegt."[28] Horst Schröpfer stellt zu recht fest: „Wenn in der europäischen Früh-

25 K. H. Heydenreich, Einige Ideen über die Revolution in der Philosophie, bewirkt durch Immanuel Kant, und besonders über den Einfluß derselben auf die Behandlung der Geschichte der Philosophie, in: A. Cromaziano, Kritische Geschichte der Revolutionen der Philosophie in den letzten drey Jahrhunderten, T. 1–2, Leipzig 1791, § 11.

26 I. Kant, Lose Blätter zu den Fortschritten der Metaphysik, in: Kants gesammelte Schriften, hrsg. von der Preuß. Akad. der Wiss., Bd. XX, Berlin 1942, S. 341.

27 M. Starke, Das geschichtliche Weltbild der französischen Aufklärung, in: Autorenkollektiv (Ltg. W. Schröder), Bürgerliche Emanzipation, Literatur und Bewußtseinsbildung, Leipzig 1979, S. 251.

28 I. Kant, Lose Blätter zu den Fortschritten der Metaphysik, in: Kants gesammelte Schriften,

aufklärung die ideologische Bedeutung der philosophischen Historie und der Zusammenhang von Philosophie und Philosophiegeschichte in wesentlichen Beziehungen erkannt wurde, so initiierte Kant – und das ist eine qualitativ neue Stufe – das Erfassen des Zusammenhangs von Systematischem und Historischem im philosophischen Denken aus dessen eigenständiger Zwecksetzung, aus seinem Wesen und aus seiner eigentümlichen Struktur. Er folgert von der Ziel-Inhalt-Methode-Relation des aktuellen Philosophierens auf dessen historische Entwicklung oder mutatis mutandis: er leitet von der 'Ontogenese' der Vernunfttätigkeit deren gesellschaftshistorische ,Phylogenese' ab."[29] Die Philosophiegeschichte ist für ihn Philosophie selbst, nur in einer anderen, systematischen Form. Hegel kann dann sagen: „Die Philosophie ist die Darsellung der Entwicklung des Gedankens, wie er an und für sich, ohne Beiwesen ist; die Geschichte der Philosophie ist diese Entwicklung in der Zeit. Folglich ist die Geschichte der Philosophie identisch mit dem System der Philosophie."[30] Dabei wendet er sich gegen die apriorisch-rationalistische Deutung dieses Verhältnisses durch Kant und seine Schüler. Aber bis Hegel bestimmen die Schüler Kants das Feld. Sie sind für die Emanzipierungsphase der Philosophiegeschichte in Deutschland von enormer Bedeutung.

Einen gewissen Anfang bezeichnet Carl Leonhard Reinholds 1791 erstmals erschienener Aufsatz „Über den Begriff der Geschichte der Philosophie". Reinhold, der mit seiner „Elementarphilosophie" Kant weiterentwickeln wollte, führt zunächst eine Reihe von Bestimmungen der Philosophie an, die ihn allesamt nicht befriedigen. Geschichte der Philosophie sei erst richtig in ihrem Gegenstand bestimmbar, wenn man den Gegenstand der Philosophie richtig erfaßt habe. Im kantischen Sinne bestimmt er Philosophie als Wissenschaft: „Philosophie im *strengsten* Sinne des Wortes ist *Wissenschaft des bestimmten von der Erfahrung unabhängigen Zusammenhangs der Dinge.*"[31] Ebenfalls im Sinne Kants begreift Reinhold die Teilgebiete der Philosophie. Geschichte der Philosophie ist ihm dann *„der dargestellte Inbegriff der Veränderungen, welche die Wissenschaft des nothwendigen Zusammenhanges der Dinge, oder der Schicksale, welche das Streben nach*

hrsg. von der Preuß. Akad. der Wiss., Bd. XX, a. a. O., S. 342. – Kant stellte bereits die von G. W. F. Hegel eindeutig beantwortete Frage, „ob die Geschichte der *Philosophie* selbst ein Theil der Philosophie sein könne oder der Geschichte der Gelehrsamkeit überhaupt seyn müsse" (ebenda, S. 343).

29 H. Schröpfer, Zur Konstitution der Einheit von Philosophie und Philosophiegeschichte durch Immanuel Kant, in: Philosophie und Geschichte, a. a. O., S. 105.

30 G. W. F. Hegel, System und Geschichte der Philosophie, hrsg. von J. Hoffmeister, Leipzig 1944, S. 119; vgl. auch: G. W. F. Hegel, Vorlesungen über die Geschichte der Philosophie, hrsg. von G. Irrlitz und K. Gurst, Bd. 1, Leipzig 1982, S. 26, 34.

31 C. L. Reinhold, Ueber den Begriff der Geschichte der Philosophie. Eine akademische Vorlesung, in: C. L. Reinhold, Auswahl vermischter Schriften, T. 1, Jena 1796, S. 217 – (Die Arbeit erschien erstmalig in: Beyträge zur Geschichte der Philosophie, hrsg. von G. G. Fülleborn, Erstes Stück, Züllichau – Freystadt 1791, S. 5–35).

einer solchen Wissenschaft von seiner Entstehung bis auf unsre Zeiten erfahren hat." Dementsprechend sei Philosophiegeschichte nicht zu verwechseln „mit der *Geschichte des menschlichen Geistes*, ... mit der *Geschichte der Wissenschaften überhaupt*, ... mit der *Geschichte einzelner philosophischer Wissenschaften*, ... mit der *Geschichte des Lebens* und der *Meynungen der Philosophen*"[32]. Dabei leugnet Reinhold keineswegs, daß all diese Bereiche in bestimmter Hinsicht – die er angibt, auch Gegenstand der Philosophiegeschichte sind.

Hat schon Reinhold für die Herausbildung der Philosophiegeschichte wesentliches geleistet – auf ihn bezieht man sich in den folgenden Jahrzehnten ständig, ablehnend oder zustimmend –, so gilt dies im gleichen Maße für Georg Gustav Fülleborns „Plan zu einer Geschichte der Philosophie" (1794) und seine Abhandlung „Was heißt den Geist einer Philosophie darstellen?" (1795). Er möchte die Philosophiegeschichte in vier voneinander relativ getrennten und selbständigen Teilen bearbeitet sehen: 1. Literarisch-quellenhistorische Vorarbeiten, 2. historisch-biographische Erörterungen, 3. die "*eigentliche Geschichte der Philosophie*", nach Völkern und Systemen angeordnet, 4. die „*specielle Geschichte* der Theile der Philosophie und einzelner wichtiger Lehren".[33] Damit erfaßt er so ziemlich alles, was man in jener Zeit unter Philosophiegeschichte verstand. Kant hatte die Geschichte der Philosophie in den Rang einer apriorisch konstruierten Geschichte der Wissenschaft zu erheben gesucht. Seine Schüler folgen ihm, dabei unterschiedliche Aspekte der Kantischen Intention jeweils hervorhebend.[34] Schon in dieser Zeit spielt der psychologische Faktor, der „Zeitgeist", die Hermeneutik, die Überhöhung der Philosophiehistorie zum Zentrum der Philosophie eine Rolle und gibt Anknüpfungspunkte etwa für W. Dilthey.

Das eigentliche Standardwerk vor Hegel ist Wilhelm Gottlieb Tennemanns „Geschichte der Philosophie". Ihr erster Teil widmet sich der „Theorie der Geschichte der Philosophie", der zweite der „Methodologie derselben", der dritte der „Literatur der Geschichte der Philosophie". Der dritte Teil vermag – auch bei dem gründlichen Tennemann – (Diogenes Laertius und P. Bayle bezeichnen die Ausnahmen) nur Literatur aus dem 18. Jahrhundert anzuführen. Hier sei nur auf den ersten Teil dieses Werkes eingegangen. Der Kantianer Tennemann zeigt sich von allen bisherigen Bestimmungen des Gegenstandes der Philosophiegeschichte unbefriedigt. Geschichte der Philosophie ist ihm Geschichte einer Wissenschaft: „*Geschichte der Philosophie ist Darstellung der successiven Ausbildung der Philosophie oder Darstellung der Bestrebungen der Vernunft, die Idee der Wissenschaft von den letzten Gründen und Gesetzen der Natur und Freiheit zu realisieren.*"

32 Ebenda, S. 226, 227.

33 Vgl. G. G. Fülleborn, Plan zu einer Geschichte der Philosophie, in: Beyträge zur Geschichte der Philosophie, hrsg. von G. G. Fülleborn, Viertes Stück, Züllichau – Freystadt 1794, S. 180–186.

34 Vgl. dazu: L. Geldsetzer, Die Philosophie der Philosophiegeschichte im 19. Jahrhundert, a. a. O., S. 25 ff.

Danach „ist der *Stoff* der Geschichte der Philosophie, *alles, was sich auf die Thätigkeit der Vernunft, die Idee der Philosophie zu realisieren, beziehet*".[35] Der Inhalt der Philosophiegeschichte umfaßt folgende Gesichtspunkte: „1) Entwicklung des Begriffs der Philosophie. 2) Bestimmung des Gebiets und Umfang der Philosophie. 3) Systematische Eintheilung und Anordnung ihrer Theile. 4) Untersuchungen über die Methode. 5) Untersuchungen über die Möglichkeit und Bedingungen der Philosophie als Wissenschaft. 6) Untersuchungen über das Princip der Philosophie. 7) Philosophische Systeme als Versuche, das Mannichfaltige der philosophischen Erkenntnisse unter Principien systematisch zu verbinden oder als Versuch, die Idee der Philosophie zu realisieren . . . 8) Die Trennung, Bearbeitung einzelner systematisch abgesonderter Theyle der Philosophie, ihre Verbindung unter einander. 9) Theorien und Untersuchungen über einzelne Gegenstände. 10) Bereicherung durch einzelne Begriffe und Sätze. 11) Durch das schon Vorhandene veranlaßte Untersuchungen, als Berichtigung und Verbesserung des Formellen und Materiellen, Streitigkeiten, skeptische Discussionen. 12) Winke. Probleme, aufgehellte Schwierigkeiten, überhaupt auch was Stoff und Reiz dem künftigen Forschungsgeiste gab. 13) Eine besondere Auszeichnung verdienen bei allen diesen Nummern die Principien und die Methode, die dabei befolgt worden . . . und überhaupt die formelle Beschaffenheit der Philosopheme."[36]

Tennemann hat sein umfängliches Programm in seinem elfbändigen Werk über Philosophiegeschichte auch zu realisieren gesucht. Letztlich verweist er im Verhältnis von Philosophie und deren Geschichte, wie schon Brucker, letztere auf den zweiten Platz. Betont Tennemann als ein Moment des philosophiehistorischen Forschens den Zusammenhang[37], so sieht er dies doch wesentlich als lineares Kausalverhältnis.

Mit Tennemann sind entscheidende Etappen der Emanzipierung der Philosophiegeschichte abgeschlossen. Den Höhepunkt in diesem Emanzipierungsprozeß und zugleich eine qualitativ neue Entwicklungsstufe der Philosophiegeschichte als Wissenschaft bezeichnen Hegels „Vorlesungen über die Geschichte der Philosophie". Das ist keineswegs sogleich erkannt; so folgt Ernst Christian Gottlieb Reinhold, ordentlicher Professor für Philosophie an der Jenenser Universität, in seinem „Handbuch der Allgemeinen Geschichte der Philosophie" 1828 bzw. 1829 im wesentlichen Tennemann[38], somit letztlich Kant. Er steht damit nicht allein. So vermag Friedrich Asts Philosophiegeschichte[39] Schellingsche Einflüsse nicht

35 W. G. Tennemann, Geschichte der Philosophie, Bd. 1, Leipzig 1798, S. XXIX, XXX.

36 Ebenda, S. XXXV/XXXVI.

37 Vgl. ebenda, S. XLII f.

38 Vgl. E. Reinhold, Handbuch der allgemeinen Geschichte der Philosophie für alle wissenschaftlich Gebildete, T. 1, Gotha 1828, S. XVIII/XIX; T. 2, Gotha 1829, S. III–IV.

39 G. A. F. Ast, Grundriß einer Geschichte der Philosophie, Landshut 1807; G. A. F. Ast, Hauptmomente der Geschichte der Philosophie, München 1829. – Zusammenfassend zu den

zu verleugnen. Schelling stimmt in wesentlicher Hinsicht mit dem genialen Grundkonzept von Hegels Philosophiegeschichtskonzeption überein. Aber sein Denken befand sich in ständigem Fluß und in dauernd wechselnder Abhängigkeit. Insofern ist er innerhalb der Hauptvertreter der klassischen deutschen Philosophie eine permanente Übergangserscheinung. Das gilt auch für sein philosophiehistorisches Konzept. Daher kann Schelling Vorlage für Denker unterschiedlichster Provenienz sein. Nicht selten wird ihm dabei zugeschrieben, was bei Hegel zur Reife gelangte.

Hegels „Vorlesungen über die Geschichte der Philosophie" wurden zuerst in Jena im Wintersemester 1805/06 gehalten, dann in immer wieder durchgearbeiteter Form 1816–1818 in Heidelberg und schließlich sechs Mal (1819–1830) in Berlin. Leider sind sie uns nur in Nachschriften überliefert. In breiter Öffentlichkeit zu wirken vermochten sie erst, als sie Karl Ludwig Michelet 1833/36 erstmalig herausgab.

„Hegels zentrale Fragestellung ist auf die Entwicklung der Idee der Philosophie als einer systematischen Wissenschaft gerichtet. Er betont, daß die geschichtliche Ansicht der Philosophie nur den Zweck haben könne, die Genesis der Philosophie als eines Ganzen wissenschaftlicher Begriffe zu rekonstruieren. Das ist der eigentliche Gehalt der Hegelschen Verschränkung der Geschichte der Philosophie mit dem System der Philosophie . . . Die aufklärerische Philosophiegeschichtsschreibung hatte das Problem der Verbindung von Historischem und Systematischem gestellt. Hegels philosophiehistorische Konzeption ist die Vollendung dieser Tendenz im Rahmen der bürgerlichen Wissenschaftsgeschichtsschreibung; eine Vollendung, die selbstverständlich die Aufhebung der beschränkten Ausbildungsstufen dieser Tendenz, also auch spezieller aufklärerischer Resultate, einschließt."[40] Für Hegel ist Philosophiegeschichte Problemgeschichte des Verhältnisses von Subjekt und Objekt, von menschlichem Selbstbewußtsein und Absolutem. Er greift aus der Philosophiegeschichte die wesentlichen Probleme heraus, durch deren Behandlung eine Philosophie in der Geschichte der Philosophie Epoche gemacht hat. Hegels Idealismus tritt auch in seiner Geschichte der Philosophie zutage. Er geht nicht vom realen gesellschaftlichen Entwicklungsprozeß aus, sondern vom Selbstentwicklungsprozeß der Idee, die noch dazu in Hegels System zu sich selbst kommt. Die Dialektik als methodologischer Leitfaden ist dabei Richtschnur. Hegel prüft alle Philosophien, inwieweit sie die dialektische Erkenntnis der Subjektivität des Absoluten (der

Hauptrichtungen philosophiegeschichtlicher Forschung in Hegels Zeit vgl.: G. Irrlitz, Hegel in der Geschichte der Philosophiegeschichtsschreibung, in: G. W. F. Hegel, Vorlesungen über die Geschichte der Philosophie, hrsg. von G. Irrlitz und K. Gurst, Bd. 1. a. a. O., S. LXI–LXVI.

40 G. Irrlitz, Hegel in der Geschichte der Philosophiegeschichtsschreibung, in: G. W. F. Hegel, Vorlesungen über die Geschichte der Philosophie, hrsg. von G. Irrlitz und K. Gurst, Bd. 1, a. a. O., S. LIII–LIV; vgl. K. Marx an Ferdinand Lasalle am 22. 2. 1859, in: K. Marx/ F. Engels, Werke (im folgenden: MEW), Bd. 29, Berlin 1970, S. 549.

Entwicklung des Selbstbewußtseins der Substanz) erfaßt haben. Das Verhältnis von Philosophie und Einzelwissenschaft faßt Hegel dialektisch unter dem Kategorienpaar von Abstraktem und Konkretem, dabei gleichzeitig die dialektische Einheit beider betonend. Die Aufgabe der Philosophie bestimmt Hegel „dahin, die Einheit des Denkens und Seins, welche ihre Grundidee ist, selbst zum Gegenstande zu machen und sie zu begreifen"[41]. Bereits in Hegels Fassung erweist sich dieser Gedanke als wertvoller Schlüssel zum Verständnis der Geschichte der Philosophie. Hegel wendet sich gegen Unparteilichkeit in der Geschichte der Philosophie[42] und gegen die „geläufige Vorstellung" über „Die Geschichte der Philosophie als Vorrat von Meinungen".[43] Hegel konstatiert: „So ist die Philosophie System in der Entwickelung, so ist es auch die Geschichte der Philosophie."[44] Hegel vertritt den Standpunkt des logischen Aufbaus des Systems der philosophischen Kategorien. Der Gedanke einer inneren Beziehung von System und Geschichte der Philosophie ergibt sich ja unweigerlich aus der Forderung, die Geschichte der Philosophie als einen geschlossenen wissenschaftlichen Entwicklungsprozeß aufzufassen. Das eben ist Hegels Anliegen, wenn er dabei auch vom idealistischen System ausgeht. Hegel sagt zu Recht, „daß nur eine Geschichte der Philosophie, als ein solches System der Entwickelung der Idee aufgefaßt, den Namen einer Wissenschaft verdient...; eine Sammlung von Kenntnissen macht keine Wissenschaft aus"[45]. Dazu tritt bei Hegel als unabdingbarer Bestandteil seines Verständnisses von Philosophiegeschichte die Auffassung und dialektische Handhabung der Einheit von Logischem und Historischem. Folgende Thesen stellt Hegel für eine Behandlung der Geschichte der Philosophie auf: 1. „daß das Ganze der Geschichte der Philosophie ein in sich notwendiger, konsequenter Fortgang ist". 2. „daß jede Philosophie notwendig gewesen ist und noch ist, keine also untergegangen ... Die Prinzipe sind erhalten, die neueste Philosophie ist das Resultat aller vorhergehenden Prinzipe". 3. „Jedes Prinzip hat eine Zeitlang die Herrschaft gehabt; daß in dieser Form dann das Ganze der Weltanschauung ausgeführt worden – das nennt man ein philosophisches System". 4. „Es ergibt sich daraus die Ansicht für die Geschichte der Philosophie, daß wir in ihr, ob sie gleich Geschichte ist, es doch nicht mit Vergangenem zu tun haben ... die Geschichte der Philosophie hat es mit dem nicht Alternden, gegenwärtig Lebendigen zu tun".[46] Jede Philosophie ist Hegel Philosophie ihrer Zeit. Der

41 G. W. F. Hegel, Vorlesungen über die Geschichte der Philosophie, hrsg. von G. Irrlitz und K. Gurst, Bd. 3, Leipzig 1982, S. 345.

42 G. W. F. Hegel, Vorlesungen über die Geschichte der Philosophie, hrsg. von G. Irrlitz und K. Gurst, Bd. 1, a. a. O., S. 6.

43 Ebenda, S. 18ff.

44 Ebenda, S. 34.

45 Ebenda, S. 36.

46 Ebenda, S. 41–43. – Natürlich ist hier vieles neu zu durchdenken, so auch die folgende Äußerung Hegels: „In Ansehung der Philosophien sind überhaupt aber nur diejenigen namhaft zu machen, deren Prinzip einen Ruck getan und durch welche das Wissen eine Er-

Idealismus ist bei ihm ebenso unverkennbar, wie daraus resultierende Mängel in Einzelfragen, auf die bereits K. Fischer, J. E. Erdmann und L. Feuerbach hinwiesen. Hegel bezeichnet die endgültige Konstituierung der Philosophiegeschichte als Wissenschaft, wobei nicht zu vergessen ist: „Die Philosophiegeschichtsschreibung der Aufklärung ... steht in einigen zentralen Punkten über der Hegelschen Ansicht. Das betrifft vor allem die Akzentuierung des Gegensatzes von Materialismus und Idealismus, sowie von Wissenschaft und Religion, wodurch die ganze Philosophiegeschichte als ein theoretischer Kampf zwischen Fortschritt und Reaktion erkennbar wird."[47] Der gesamte philosophiehistorische Fortschritt vollzieht sich bei Hegel über die idealistischen Systeme. Dennoch vermochten Marx und Engels bei der Konzipierung der marxistischen Philosophiegeschichte unmittelbar an Hegel anzuknüpfen.

Eine neue Betrachtungsweise in der Philosophiegeschichtsschreibung begründet Friedrich Daniel Ernst Schleiermacher, Hegels Antipode, der mit der Begründung der Hermeneutik Wilhelm Dilthey, seinen Biographen, wesentlich anregte.

Wilhelm Dilthey ist einer der Wegbereiter der Lebensphilosophie, seine Weltanschauung ist durch Schopenhauer, Eduard von Hartmann, die Romantik und schließlich Schleiermacher geformt. Er bringt in die Hermeneutik das Selbstverstehen des Menschen in seiner Geschichtlichkeit ein. Dilthey charakterisiert die erkenntnismäßige Funktion innerhalb der „Geisteswissenschaften" als „Verstehen", die Erkenntnis in den Naturwissenschaften hingegen als kausales Erklären. Hermeneutik ist für ihn nachvollziehendes Erfassen fremder Sinnformen. Sie ist ihm das Verfahren, den inneren Zusammenhang, die Bedeutung des Zeichens, als das jede Lebensäußerung wirke, zu erschließen. Die Geschichtlichkeit solcher geistig-kultureller Wesenheiten sei über Selbstbesinnung zu erfassen, wobei Verstehen dieser Wesenheiten mehr als Erklären bedeute; es handle sich nicht um eine einfache rationale Angelegenheit, sondern um ein Aufschließen der Sinne mittels der Kräfte der Seele, des Gemüts. Verstehen werde damit eine Hinwendung vom Leben zum Leben, weil die Wirklichkeit selbst Leben sei.

Jürgen Kuczynski bemerkt dazu: Es gibt „Wissenschaftler, die aufgrund ihrer Fähigkeit zu künstlerischer Perzeption weit mehr leisten können, als ihnen ebenbürtige Wissenschaftler, denen die Gabe künstlerischer Schau nicht gegeben ist. Und noch mehr: Es gibt auch Wissenschaftler, die die künstlerische Schau vor

weiterung erlangt hat" (ebenda, S. 109). Manche philosophische Richtung oder Strömung hat keinen „Ruck" in der Philosophiegeschichte bezeichnet, dennoch aber als Ideologie der unterdrückten Klassen eine außerordentlich wichtige Rolle gespielt. In drei Kernsätzen gibt Hegel (vgl. G. W. F. Hegel, Vorlesungen über die Geschichte der Philosophie, hrsg. von G. Irrlitz und K. Gurst, Bd. 3, a. a. O., S. 465f.) die beste Zusammenfassung seiner logisch-historischen Behandlung der Geschichte der Philosophie.

47 G. Irrlitz, Hegel in der Geschichte der Philosophiegeschichtsschreibung, in: G. W. F. Hegel, Vorlesungen über die Geschichte der Philosophie, hrsg. von G. Irrlitz und K. Gurst, Bd. 1, a. a. O., S. XI.

den Folgen ihrer wissenschaftlichen Theorie rettet."[48] Meines Erachtens ist diese These in ihrer Konsequenz nicht haltbar. Im Ansatz umreißt Kuczynski hier aber bedenkenswerte Probleme, die es mir gerechtfertigt sein lassen, auch noch Dilthey der Konsolidierungsphase der bürgerlichen Philosophiegeschichte als Wissenschaft zuzurechnen. Dilthey tendiert in der Philosophiegeschichte zum Biographischen und zum „Einleben in das Menschliche". Deshalb betont er z. B. auch die Bedeutung der Schilderungen von Zeitgenossen, von ungedruckten Arbeiten, von Briefen des jeweiligen Philosophen, von Einflüssen der Literatur bzw. Wissenschaft und Kunst auf den betreffenden Denker, die Bedeutung seiner psychischen Strukturiertheit, last not least auch der sozialhistorischen bzw. kulturellen Umwelt für die Kennzeichnung eines philosophischen Systems. Natürlich darf man das nicht vereinseitigen, wie es bei Dilthey geschieht, auch wenn er sich dabei auf den Entwicklungsgedanken beruft. Aus bürgerlicher Sicht ist jedenfalls bedenkenswert: „Zwischen dem Kultus der philosophischen Heroen in einer Geschichtsschreibung, welche zwischen diesen Einzelpersonen abstrakte Fäden spinnt, und der demokratischen Erklärung aus Massenbewegungen ... liegt die geschichtliche Wahrheit mitten inne: Sie läßt sich nicht in einer Formel aussprechen."[49] Sicherlich verabsolutiert Dilthey den Menschen und überhöht seine Affekte. Aber es ist ein bedenkenswerter Kern auch bei Dilthey, etwa in den Worten: „Man thut einen weiteren Schritt, indem man eine *einzelne wichtige Person entwicklungsgeschichtlich betrachtet*. Die Lösung dieses biographischen Problems steht an Bedeutung und Schwierigkeit hinter keiner umfassenderen historischen Aufgabe zurück. Denn in der Biographie gelangt der Grundkörper aller Geschichte zum Verständnis."[50] Natürlich ist der letzte Satz für den Marxisten problematisch. Und natürlich kann es gerade marxistischer Philosophiegeschichtsschreibung nicht um rührseliges Kramen in der Vergangenheit gehen. Aber: Psychische Prozesse und Bedingungen stimulieren als Interessen, Ziele, Einstellungen, Überzeugungen, Wünsche usw. auch das Individuum. Auch den Philosophen! Dem gilt es, Rechnung zu tragen. Ansonsten wäre marxistische Philosophiegeschichte einseitig.

Geschichtsschreibung der ersten Hälfte des 19. Jahrhunderts ist eng mit der Geschichtsphilosophie wie der Philosophiegeschichte verbunden. Das gilt etwa für Barthold Georg Niebuhr und andere bedeutende Historiker, die in der ersten Hälfte dieses Jahrhunderts wirken bzw. zu wirken beginnen. So wandte sich Leopold Ranke explizit und konzeptionell gegen Hegel. Wie Engels feststellt, ist nach 1848 aus den historischen Wissenschaften „der alte theoretisch-rücksichtslose Geist erst recht verschwunden ... Die offiziellen Vertreter dieser Wissen-

48 J. Kuczynski, Die Muse und die Historiker. Studien über Jacob Burckhardt, Hyppolite Taine, Henry Adams, Berlin 1974, S. 15.

49 W. Dilthey, Archive der Litteratur in ihrer Bedeutung für das Studium der Geschichte der Philosophie, in: Archiv für Geschichte der Philosophie, Berlin 2 (1889), S. 348.

50 Ebenda, S. 354. — Vgl. zu Diltheys Geschichtsphilosophie: I. S. Kon, Die Geschichtsphilosophie des 20. Jahrhunderts. Kritischer Abriß, Bd. 1, Berlin 1964, S. 82—108.

schaft' sind die unverhüllten Ideologen der Bourgeoisie und des bestehenden Staates geworden – aber zu einer Zeit, wo beide im offnen Gegensatz stehn zur Arbeiterklasse."[51] Hervorragende Einzelleistungen sind damit keineswegs ausgeschlossen, allein Dilthey bezeugt es. Das kann hier nicht näher ausgeführt werden.

Geldsetzer konstatiert für die erste Hälfte des 19. Jahrhunderts: „Die Geschichtsschreibung und -wissenschaft ist es nunmehr, die ein eigengewichtiges Richtmaß angibt für die Philosophiegeschichtsschreibung, während vordem eher umgekehrt die Philosophie noch darum rang, der Geschichte etwas von Wissenschaftlichkeit abzugeben oder einzuräumen. Die Vertreter dieser Richtung sind vor allem die Schleiermacherianer. Sie verbinden gediegene philosophische Bildung und Ausbildung mit dem relativistischen Moment historisierender Einstellung. Dies wird das vorherrschende Kennzeichen der Philosophiegeschichtsschreibung im 19. Jahrhundert sein, und es ist zugleich auch ein rein deutsches Kennzeichen."[52]

Schleiermachers philosophiehistorischer Einfluß auf die Folgezeit wurde bislang von den Marxisten unterschätzt. Hegels philosophiehistorische Vorlesungen sind das Maß, mit welchem man den Stand der Philosophiehistorie im 19. Jahrhundert mißt, bisweilen nur unkritisch wiederholend. Hegel ist zweifelslos der Beginn einer entscheidenden Linie, aber er ist *nicht* – auch nicht über seine Schüler – der *einzige*, der Philosophiegeschichte der Folgezeit progressiv bestimmt, ihr Impulse verleiht. So erscheint es mir z. B. hohe Zeit, auch die Philosophiegeschichtskonzeption der verschiedenen Vertreter der Romantik, vor allem Friedrich Schlegels, aus marxistischer Sicht zu untersuchen. Das gilt vor allem hinsichtlich ihrer Beziehungen zu Schlegels Freund Schleiermacher und zu F. W. J. Schelling, der die Bewegung der Romantiker philosophisch wesentlich anregte.

Hegel charakterisiert die aus seiner Sicht „merkwürdigsten Werke über die Geschichte der Philosophie" und deren Autoren: die von uns bereits erwähnten Th. Stanley, J. J. Brucker, W. G. Tennemann, F. Ast, daneben philosophiehistorische Arbeiten von Dietrich Tiedemann, J. G. Buhle, Thaddäus Anselm Rixner und Amadeus Wendt.[53] Selbstbewußt und detailliert entwickelt daneben Hegel sein eigenes philosophiehistorisches Konzept, ohne Verdienste der genannten Autoren zu leugnen, ohne auf ihre ständige Nutzung zu verzichten. Ludwig Feuerbach steht mit seinen großen philosophiehistorischen Arbeiten „Geschichte der neuern Philosophie von Bacon von Verulam bis Benedikt Spinoza" (1833), „Darstellung, Entwicklung und Kritik der Leibnitzschen Philosophie" (1836) und

51 F. Engels, Ludwig Feuerbach und der Ausgang der klassischen deutschen Philosophie, in: MEW, Bd. 21, Berlin 1962, S. 306.

52 L. Geldsetzer, Die Philosophie der Philosophiegeschichte im 19. Jahrhundert, a. a. O., S. 79.

53 G. W. F. Hegel, Vorlesungen über die Geschichte der Philosophie, hrsg. von G. Irrlitz und K. Gurst, Bd. 1, a. a. O., S. 106–109.

„Pierre Bayle“ (1838 bzw. 1839) noch wesentlich auf Hegelschen Positionen, bzw. denen der Junghegelianer. Erst mit der Abkehr von Hegel und vom Idealismus, mit der Herausbildung des eigenen Systems, erfolgt 1839 auch die Kritik an und Abkehr von Hegels Philosophiegeschichtskonzeption.[54]

Die vollständigste und expliziteste Darlegung, ja Dogmatisierung der Hegelschen Philosophiegeschichtstheorie gab Johann Eduard Erdmann. Das Ziel, zumindest der Philosophie seit Kant, erblickte er im Systemdenken Hegels. Erdmanns „Versuch einer wissenschaftlichen Darstellung der Geschichte der neuern Philosophie“ (1834) bezeichnet den Auftakt des ungemein fruchtbaren und nachhaltigen Wirkens des Philosophiehistorikers Erdmann und bietet zugleich seine theoretischen und philosophiehistorischen Prämissen. Die Taten des Weltgeistes und die Philosophie laufen parallel. Geschichte (Weltgeschichte) und Philosophie sind kaum trennbar. Jede Philosophie ist Produkt ihrer Zeit wie der vorhergehenden Philosophie. „Den Inhalt der Geschichte bilden die einzelnen Momente in dem Entwicklungsgange der Philosophie, die sich in der Weltgeschichte als die Thaten, in der Geschichte der Philosophie als die Gedanken und philosophischen Systeme einzelner Individuen (Völker oder Personen) manifestiren.“[55] Jede Geschichte ist nach Erdmann philosophisch darzustellen.[56] Unverkennbar verliert bei Erdmann die Dialektik Hegels gegenüber dessen Systemgedanken und Konstruktionen. Übrigens beginnt auch Eduard Zeller mit seinen Arbeiten von 1843 und 1844 weitgehend als Hegelianer, wenngleich er schon hier[57] wesentliche Vorbehalte gegen Hegels Methode der Philosophiehistoriographie äußert, die sich in der zweiten Hälfte des Jahrhunderts bis zur Absage an Hegel verstärken.

Eine völlig andere Darstellung der Philosophiehistorie bieten die Schüler Schleiermachers, nachdem Heinrich Richter 1839 die „Geschichte der Philosophie, aus Schleiermachers handschriftlichem Nachlaß“ herausgegeben und damit

54 „Mit solcher Innigkeit wie Hegel hat noch kein Geschichtsschreiber die Philosophen der Vergangenheit behandelt.“ (L. Feuerbach, Hegels Geschichte der Philosophie [Rezension], in: L. Feuerbach, Gesammelte Werke, hrsg. von W. Schuffenhauer, Bd. 8, Berlin 1969, S. 47.) — Erst 1839 erfolgte Feuerbachs Abgrenzung in seiner Schrift „Zur Kritik der Hegelschen Philosophie“ (in: L. Feuerbach, Gesammelte Werke, hrsg. von W. Schuffenhauer, Bd. 9, Berlin 1970, S. 16–26).

55 J. E. Erdmann, Versuch einer wissenschaftlichen Darstellung der neuern Philosophie. Ersten Bandes erste Abtheilung: Darstellung und Kritik der Philosophie des Cartesius, nebst einer Einleitung in die Geschichte der neueren Philosophie, Riga — Dorpat 1834, S. 24.

56 Ebenda, S. 39 ff., 82–84.

57 Vgl. E. Zeller, Die Geschichte der alten Philosophie in den letztverflossenen fünfzig Jahren, mit besonderer Rücksicht auf die neuesten Bearbeitungen derselben, in: Jahrbücher der Gegenwart, hrsg. von A. Schwegler, Tübingen, Jhrg. 1834, Nr. 12–22, S. 45 ff., 62–64; E. Zeller, Die Philosophie der Griechen. Eine Untersuchung über Charakter, Gang und Hauptmomente ihrer Entwicklung, 1. Theil, Tübingen 1844; E. Zeller, Wie soll man Geschichte der Philosophie schreiben? Eine Entgegnung an Herrn Dr. Wirth, in: Jahrbücher der Gegenwart, hrsg. von A. Schwegler, Tübingen, Jhrg. 1844, S. 818–830.

seine Vorlesungen einem breiten Publikum bekanntgemacht hatte. Gleichsam die Programmschrift der Schleiermacheranhänger in der Philosophiegeschichte ist eine „Propädeutik der Geschichte der Philosophie" von 1840, die Heinrich Christoph Wilhelm Sigwart, der Vater des bekannten Logikers Christoph von Sigwart verfaßte. Sigwarts philosophiehistorische Auffassungen richten sich vornehmlich gegen die Hegels. Dilthey und Rothacker vorwegnehmend fordert er: „Auszuwählen ist ... aus der allgemeinen Geschichte der Cultur, der Wissenschaft und Künste, aus der Geschichte der Staaten und Religionen, aus der Geographie und Naturgeschichte, aus der Lebensgeschichte der Philosophen Dasjenige, was dazu dienen kann, über die Gestaltung und Entwicklung der Philosophie Licht zu verbreiten und sie zu erklären."[58]

Die Entstehung des Marxismus bedeutet eine Revolution in der Philosophie und damit auch in der Philosophiegeschichte. Entsprechend der dialektischen Negation werden alle progressiven Elemente der Vorgeschichte, Konstituierung und Konsolidierung der Philosophiegeschichte als einer eigenständigen Disziplin aufgehoben im Sinne von aufbewahrt und kritisch verarbeitet. Dabei ist dieser Aufhebungsprozeß nicht ein einmaliger. Er vollzieht sich stets aufs Neue. Er ist u. a. auch vom Entwicklungsstand, von der Reife der marxistisch-leninistischen Philosophiegeschichte abhängig. Marx und Engels haben die Philosophie, ausgehend von der Interessenlage des Proletariats, neu gewertet. Sie haben, wobei Lenin und die Marxisten-Leninisten unserer Tage ihnen folgen, eine wissenschaftliche Einstufung philosophischer Systeme, Sprachen, Richtungen, Strömungen und Theoreme vorgenommen, erstmalig das Wechselverhältnis von Philosophie und objektiver Realität umfassend erklärt. Der Marxismus-Leninismus geht aus von der konsequent materialistischen Beantwortung der Grundfrage der Philosophie. Daraus ergibt sich ein qualitativ neues System von Methoden und Kriterien der Philosophiegeschichtsschreibung. Dialektische Einheit von Parteilichkeit und Objektivität, gebührende Beachtung der Eigengesetzlichkeit der philosophischen Entwicklung und ihrer Reflexionen in der Philosophiegeschichtsschreibung, dialektisch-materialistische Anwendung der Kategorienpaare Logisches und Historisches, Abstraktes und Konkretes u. a. – das sind nur einige der neuen Prinzipien, auf denen die marxistisch-leninistische Philosophiegeschichte basiert. Marx sprach mehrfach davon, daß die Anatomie des Menschen ein Schlüssel zur Anatomie des Affen sei, d. h. das Höherentwickelte erschließe das Geringerentwickelte, und zwar besonders schwer erschließbare Züge. Für die Philosophiegeschichte heißt das, daß auf jeder neuen Entwicklungsstufe faktisch die gesamte Philosophiegeschichte neu durchforscht und in ihrem reichen und subtiler begriffenen Zusammenhang dargestellt werden muß. Im Marxismus-Leninismus muß sich die Philosophiegeschichte stets aufs Neue den Anforderungen der

58 H. Chr. W. Sigwart, Die Propädeutik der Geschichte der Philosophie oder über den Begriff, die Methode und den Anfang der Geschichte der Philosophie. Nebst einem Anhang über die ersten Formen der griechischen Philosophie, Tübingen 1840, S. 95/96.

Praxis wie auch der neuen Beantwortung „ewiger Fragen" (was ist das Subjekt was ist das Objekt, wie ist die Beziehung zwischen Subjekt und Objekt, u. a. stellen.[59]

„Geschichte der Philosophie als Wissenschaft hat den Entstehungs- und Entwicklungsprozeß von Philosophie, das Werden, Wirken und Vergehen philosophischer Ideen und Systeme, die Stufen des Gesamtprozesses sind, den sich über diesen Stufen vollziehenden Prozeß philosophischen Erkennens zum Gegenstand."[60] Die Probleme der Philosophiegeschichte sind so philosophische Probleme. Außerdem hat es die Philosophiegeschichte mit einer Reihe von Problemen zu tun, die nicht zum Gegenstand der Philosophie gehören (etwa spezielle historische Probleme). Zum Gegenstand der Philosophiegeschichte gehört die historische Entwicklung der philosophischen Begriffe über die allgemeinen Grundlagen (Gesetze) des Seins und der Erkenntnis, ebenso die Geschichte der Entstehung und Entwicklung der Auffassungen der Menschen von der Grundfrage der Philosophie. Zur Geschichte der Philosophie gehört weiter die Entwicklung der Anschauungen über das Wesen des Denkens, seine Formen und Gesetzmäßigkeiten, über die Wahrheit, über das Wechselverhältnis von Sinnlichem und Rationalem usw. Sie erforscht die Herausbildung und Entwicklung der Denkmethoden in den verschiedenen philosophischen Systemen. Die Philosophiegeschichte ist keine Wissenschaftsdisziplin „auf der Nahtlinie" mehrerer Wissenschaftsdisziplinen, etwa ein Kreuzungsprodukt aus Geschichte und Philosophie. Sie ist der objektiv bedingte geschichtliche Entwicklungsprozeß der philosophischen Wissenschaft, sein kritisches Erfassen und letzten Endes sein Bewußtwerden. Das wichtigste Problem der Philosophiegeschichte ist die Philosophie selbst. Da die Philosophie sich verändert, verändert sich auch die Philosophiegeschichte.

59 Vgl. T. I. Oiserman, Probleme der Philosophie und der Philosophiegeschichte, Berlin 1972, S. 233—244, 259—285.

60 H. Seidel, Von Thales bis Platon. Vorlesungen zur Geschichte der Philosophie, Berlin 1980, S. 32.

Personenregister

Autorenverzeichnis

BEESE, WOLFGANG
Dr. phil., Medizinische Akademie, Erfurt

BERTHOLD, WERNER
Prof. Dr. sc., Karl-Marx-Universität Leipzig, Sektion Geschichte

FABIAN, EGINHARD
Doz. Dr. sc., Ernst-Moritz-Arndt-Universität, Greifswald, Institut für Marxistisch-Leninistische Philosophie

FABIUNKE, GÜNTER
Prof. Dr. sc., Karl-Marx-Universität Leipzig, Sektion Wirtschaftswissenschaften

FAHRENBACH, SABINE
Dr. phil., Wilhelm-Pieck-Universität Rostock, Sektion Geschichte

GIRNUS, WOLFGANG
Dr. phil., Akademie der Wissenschaften der DDR, Institut für Theorie, Geschichte und Organisation der Wissenschaft, Berlin

GUNTAU, MARTIN
Prof. Dr. sc., Wilhelm-Pieck-Universität Rostock, Sektion Geschichte

HOFFMANN, DIETER
Dr. phil., Akademie der Wissenschaften der DDR, Institut für Theorie, Geschichte und Organisation der Wissenschaft, Berlin

JAKUBOWSKI, PETER
Dr. rer. nat., Wilhelm-Pieck-Universität Rostock, Sektion Geschichte

JAROŠEVSKI, MICHAIL GRIGOVJEVIČ
Prof. Dr., Akademie der Wissenschaften der UdSSR, Institut für Geschichte der Naturwissenschaften und Technik, Moskau

KANT, HORST
Dr. rer. pol., Akademie der Wissenschaften der DDR, Institut für Theorie, Geschichte und Organisation der Wissenschaft, Berlin

Krivošeina, Galina Genadevna
Kand. Biol. Wiss., Akademie der Wissenschaften der UdSSR, Institut für Geschichte der Naturwissenschaften und Technik, Moskau

Krug, Klaus
Prof. Dr. sc., Technische Hochschule „Carl Schorlemmer", Leuna-Merseburg

Laitko, Hubert
Prof. Dr. sc., Akademie der Wissenschaften der DDR, Institut für Theorie, Geschichte und Organisation der Wissenschaft, Berlin

Lieberwrth, Rolf
Prof. Dr., Martin-Luther-Universität Halle – Wittenberg, Sektion Staats- und Rechtswissenschaft

Loginov, Boris Vassilevič
Kand. Psych. Wiss., Akademie der Wissenschaften der UdSSR, Institut für Geschichte der Naturwissenschaften und Technik, Moskau

Mauerberger, Klaus
Dr.-Ing., Technische Universität Dresden, Sektion Philosophie und Kulturwissenschaften, Bereich Geschichte der Produktivkräfte

Pápay, Gyula
Dr. rer. nat., Wilhelm-Pieck-Universität Rostock, Sektion Geschichte

Samin, Alexey Nicolajevič
Dr. sc., Akademie der Wissenschaften der UdSSR, Institut für Geschichte der Naturwissenschaften und Technik, Moskau

Thom, Achim
Prof. Dr. sc., Karl-Marx-Universität Leipzig, Karl-Sudhoff-Institut

Voronkov, Juri Sergeevič
Kand. Techn. Wiss., Akademie der Wissenschaften der UdSSR, Institut für Geschichte der Naturwissenschaften und Technik, Moskau

Wollgast, Siegfried
Prof. Dr. habil., Technische Universität Dresden, Sektion Philosophie und Kulturwissenschaften

Wissenschaft – das Problem ihrer Entwicklung

Band. 1: Kritische Studien zu bürgerlichen Wissenschaftskonzeptionen

Herausgegeben von
Günter Kröber und Hans-Peter Krüger
(Wissenschaft und Gesellschaft)

1987. Ca. 450 Seiten — 14,5 cm × 21,5 cm
DDR 28,– M; Ausland 28,– DM
ISBN 3-05-000 214-7
Bestell-Nr. 754 706 2
Bestellwort: Wissenschaft 2162/24/I

Von Max Weber bis Jürgen Habermas reicht das Spektrum der Untersuchungen, die den Leser in Herkunft und Geschichte moderner bürgerlicher Wissenschaftsauffassungen einführen.
Vor dem Hintergrund dieser Entwicklung, der durch Namen wie Husserl, Scheler, Mannheim, Heidegger, Kuhn, Toulmin und Lakatos gekennzeichnet ist, werden die aktuellsten und argumentativ stärksten Konzeptionen zur Wissenschaftsentwicklung durch namhafte marxistische Autoren konstruktiv problematisiert und auf ihren weiterführenden Gehalt hin befragt: M. Foucaults „Archäologie des Wissens“, die Erlanger Schule des Konstruktivismus und die Kommunikationstheorie von Jürgen Habermas.

Ihre Bestellung richten Sie bitte an eine Buchhandlung

AKADEMIE-VERLAG BERLIN
Deutsche Demokratische Republik
DDR-1086 Berlin, Leipziger Strasse 3-4 Postfach 1233

Ernst Abbe

Briefe an seine Jugend- und Studienfreunde Carl Martin und Harald Schütz 1858–1865

Herausgegeben und bearbeitet
von Volker Wahl und Joachim Wittig
unter Mitwirkung von
Bolko Schweinitz und Annette Vogt

1986. 350 Seiten — 16 Abbildungen im Text — 15,5 cm × 23 cm
DDR 35,–M; Ausland 45,– DM
ISBN 3-05-000 040-6
Bestell-Nr. 754 581 7
Bestellwort: Abbe, Briefe 6940

Ernst Karl Abbe (1840–1905) ist bekannt geworden als geistiger Schöpfer jener wissenschaftsorientierten Industriekultur, der das Zeiss-Werk in Jena seinen Weltruf verdankt. Die fast vollständig überlieferten Briefe an seine engsten Freunde, vor allem die an den Mathematiker Harald Schütz, geben Einblick in den weitgehend unbekannten Abschnitt seiner Laufbahn in den 50er und 60er Jahren des 19. Jahrhunderts.

Mit den 91 Briefen, die der Band mit detailliertem Kommentar, einer Einführung mit neuen Materialien zu den Biographien der drei Briefpartner sowie umfangreichen Verzeichnissen und Registern erschließt, wird eine ungewöhnlich anschauliche Quellenpublikation zur Lebenswelt und Wissenschaftsentwicklung des 19. Jahrhunderts vorgelegt.

Ihre Bestellung richten Sie bitte an eine Buchhandlung

AKADEMIE VERLAG BERLIN
Deutsche Demokratische Republik
DDR-1086 Berlin, Leipziger Strasse 3-4 Postfach 1233

Kolibri 360 GmbH
Ferdinand-Jühlke-Straße 7
99095 Erfurt, Deutschland
produktsicherheit@kolibri360.de